21世纪高等学校教材

电 路 分 析

（第 2 版）

徐贤敏 编

西南交通大学出版社
·成都·

内 容 提 要

本书内容符合教育部颁布的《电路课程教学基本要求》。

全书共分 14 章，内容包括：电路分析的基本概念，电路的等效分析，电路分析的规范方法，电路分析的重要定理，简单非线性电阻电路，正弦电流电路的基本概念，正弦稳态电路的分析，耦合电感和变压器电路，谐振电路，三相电路，周期非正弦电路，双口网络，动态电路的时域分析，动态电路的复频域分析等。各章均配有丰富的例题和习题，书末附有习题答案。

本书适用面广，可作为电力、自控、通信、电子信息、计算机及机电等专业本科生的《电路分析》或《电工基础》课教材，也可供科技人员、大专生、函授生和自考生参考。

图书在版编目（CIP）数据

电路分析/徐贤敏编. —2 版. —成都：西南交通大学出版社，2009.8（2015.1 重印）
21 世纪高等学校教材
ISBN 978-7-5643-0384-6

Ⅰ. 电… Ⅱ. 徐… Ⅲ. 电路分析－高等学校－教材
Ⅳ. TM133

中国版本图书馆 CIP 数据核字（2009）第 146880 号

21 世纪高等学校教材
电 路 分 析
（第 2 版）
徐贤敏 编

*

责任编辑 张 雪
封面设计 墨创文化
西南交通大学出版社出版发行
四川省成都市金牛区交大路 146 号 邮政编码：610031 发行部电话：028-87600564
http://www.xnjdcbs.com
成都蜀通印务有限责任公司印刷

*

成品尺寸：185 mm×260 mm 印张：24.875
字数：623 千字
2002 年 9 月第 1 版
2009 年 8 月第 2 版 2015 年 1 月第 5 次印刷
ISBN 978-7-5643-0384-6
定价：48.00 元

再版前言

本书系《电路分析》2002 年第一版的修订本。修订本保留了原版体系和编写特点：先电阻电路后动态电路，先稳态分析后动态（瞬态）分析，先时域分析后复频域分析；重视学科的系统性、严谨性以及电路理论应用的宽泛性。编写中注意面向学生、逐步深化、前后呼应，力求准确、精练、便于自学。

与原版本比，有较大变动以及需要说明的如下：

（1）作者在原版第一章中提出的分析任意两点间电压的计算式，本版中，将用此式分析计算电压的方法定名为"路径法"。

（2）在第三章"KVL 方程的独立性"中，突出、强调了确定独立回路的简易方法（通常所用），并从理论上给予了说明。作者将这一方法称之为"独占支路法"。"独占支路法"所确定的独立回路，实质上就是网络图论中的单连支回路——基本回路，因此原版中关于基本回路和相应的图论知识均予删除。

（3）在第九章中，删去了原版第三节"信号源内阻和负载对串联谐振电路的影响"，代以例题说明。

（4）在第十二章中，对双口网络参数的计算，除常规的"定义法"外，提出了简便易行的"方程法"，并给出了独特的分析技巧。增加了"双口电路的分析"一节，归纳介绍了"黑合"、"白合"两种不同的分析方法。

（5）对第十三章内容作了适当调整。

此外，对原版本的例题、习题，一一作了甄别、改写、增删及简化数据，旨在巩固、深化基础知识，联系实际，开阔思路，减少繁杂的数字计算。

本书难免有考虑不周和不足之处，敬请读者批评指正，意见请寄西南交通大学出版社转本人收。

编　者
2009 年 5 月

前　言

  《电路分析》是电类各专业本科生必修的技术先导课程。其主要任务是讨论线性、非时变、集中参数电路的基本理论和分析方法，使学生掌握电路分析的基本概念和基本原理，提高分析思维能力和系统计算能力，为学习后续课程，建立良好的专业素质，以及为今后的工作奠定良好的基础。因此，编写一本内容精练、层次清楚、重点突出、分析深入、涵盖面广、适应发展需要的教材是非常必要的。基于这样的考虑，编者在数十年从事《电路分析》及其他相关课程教学的基础上，编写了此书。

  本书内容符合教育部颁布的《电路课程教学基本要求》。可供高等院校电力、自控、通信、电子信息、计算机以及机电等专业本科教学使用。不同专业在使用时，可根据需要对教材内容作合理取舍。

  本教材的体系是先电阻电路，后动态电路，先稳态分析，后动态（瞬态）分析；先时域分析，后复频域分析。在内容上主要有如下几个特点：

  (1) 提出了电路分析的观察法，以培养学生直接使用电路定律和元件伏安关系灵活解题的能力。观察法是后续课程常用的方法，也是实际工作中很有用的方法。

  (2) 正弦稳态电路中加强了相量图的内容，这样有利于提高学生对电路的全面分析和用相量图直接解题的能力。

  (3) 直流一阶电路的时域分析中，改变了传统的零输入、零状态到完全响应的分析格式，而是紧接经典法引出三要素法，将三种响应的分析统一于一式。这样既简化了分析，又避免了产生"三种响应分析方法不同"的错误概念。作者对正弦一阶电路提出了四要素法，它有着更为普遍的意义，三要素法只是它的一个特例。

  (4) 在本书的编写中，特别注重了概念的准确性、分析推理的逻辑性和分析方法的多样性，对某些问题的分析、推理采用了自己的观点，叙述力求深入浅出、层次分明、便于自学。

  (5) 配合正文选编了较多的例题和习题。例题除了说明分析和计算的方法外，有的还对正文内容作了引申，并适当联系实际，扩充知识；习题的题型较多，涉及面较广，分层次、有梯度，以利选用。书末附有习题答案。

  在本书的编写过程中，得到了西南交通大学峨眉校区各级领导的关心、鼓励；得到了教研室同志的支持；马端副教授为本书编写了部分习题以及习题答案，付出了辛勤的劳动；西南交通大学出版社副社长、总编张雪同志对本书的出版给予了大力支持，在此谨向他们表示真诚的谢意。若本书能使读者的电路理论和分析计算能力确有提高，作者将会感到莫大的欣慰。

  书中可能存在不足之处，诚请批评指正，来信请寄四川成都西南交通大学出版社。

编　者

2002 年 7 月

目 录

第一章 电路分析的基本概念

本章主要内容：电路模型；电路的主要物理量(电流、电压和功率)；电路的基本定律(基尔霍夫电流定律和电压定律)；电路元件(电阻、电感、电容、电压源、电流源和受控源)及其伏安关系；电压分析的路径法和电路分析的观察法等。

基尔霍夫定律和元件的伏安关系是电路分析的重要基础，贯穿于全书；路径法是分析计算电压的基础方法，应用于各章；观察法是一个很直观的方法，对很多电路有效。

第一节 电路分析概述

电路理论是研究电路基本规律和电路分析与综合方法的学科，它经历了一个世纪的漫长道路，形成了完整的体系，并成为整个电气和电子工程，其中包括电力、通信、测量、控制及计算机等技术领域的主要理论基础，并在生产实践中获得了极其广泛的应用。

电路分析是电路理论中的一个重要分支，也是整个电路理论的基础。本章作为全书的开始，将介绍有关电路分析的一些基本概念和定律，为以后各章的学习奠定基础。

一、电路理论的发展及其研究领域

电路理论的发展经历了经典电路理论与近代电路理论两个阶段。从 19 世纪 20 年代到 20 世纪 60 年代，电路理论从物理学中电磁学的一个分支逐步发展成为一门独立的学科，这一阶段称为经典电路理论的形成与完备阶段。在这一阶段中，电路理论研究的对象主要是线性非时变无源电路。20 世纪 60 年代，电路理论发生了重大变革，这一变革的主要特征是：从原来主要研究线性、非时变、无源电路，进一步发展到非线性、时变、有源电路，另外在设计方法上采用了"系统的步骤"，以此与计算机辅助设计(CAD)相适应。20 世纪 60 年代至今的这一阶段被称为近代电路理论的形成及发展阶段。这一阶段虽然经历的时间不长，但电路理论的发展却极其迅速。电力、通信及控制技术、系统理论、计算机技术及大规模和超大规模集成电路的进展，对电路理论提出了一系列新的课题，从而促进了电路理论的发展。

电路理论研究的领域，包括电路分析与电路综合两个分支。电路分析是在给定的激励下，求给定电路的响应。电路综合则是在给定的激励下，为达到预期的响应而求得电路的结构及参数。这里，所谓"激励"，可理解为电源的作用；所谓"响应"，则可理解为电路各部分对电源作用的反应，例如电流、电压等。

近年来，在电路分析与综合之间，又出现了另一分支，即电路的故障诊断。电路的故障诊断，就是通过对电路的某些可及端钮的测量来确定电路中未知元件的状态及数值，从理论上说，就是元件参数的可解性问题，从实际上说，就是故障元件的定位与定值问题。

图 1-1 给出了电路分析、电路综合及电路故障诊断这三个研究领域的图解说明。

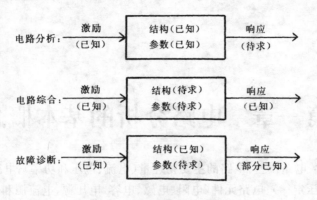

图 1 — 1 电路理论的三个分支

二、电路与电路模型

家用电器、照明设备以及工农业生产中的电机、电器等，统称为用电设备。它们消耗电能，故也称为负载。日光灯照明设备是由灯管、镇流器(铁芯线圈)和启动器(相当于自动开关)等连接而成的。灯管、镇流器及启动器等电器零件统称为电路器件或部件(供电电源也属于一种电路器件)。各种用电设备简繁不一，当接通电源后，即有电流流过，使电路进入工作状态。电路器件用导线连接起来构成电流通路，这样一个整体称为电路或网络。电路由电源、负载和连接导线组成。电源是供给电能的设备，电子技术中的信号源就是一种电源。负载是消耗电能的设备。导线的作用是将电源与负载连接起来进行能量传输。电路的作用是传输与分配电能，或者是传输与处理电信号。例如，供电电路就是传输与分配电能的电路；调谐电路是将输入的多频信号进行"处理"，然后输出单频或某一频带信号的电路。再如，放大电路是将输入的微弱信号放大"处理"而后输出的电路。

电路器件的特性与其工作时内部的电磁现象有关。根据电磁现象，可将器件用某个元件或若干元件的组合来模拟。所谓电路元件，是指具有单一电磁现象的器件，它是电路组成的最小单元，是理想化了的器件，因此也称为理想电路元件。理想电路元件有电阻、电容、电感、电压源、电流源、受控源、耦合电感、理想变压器及回转器等。电阻元件是只消耗电能并将其转换为热能或其他形式能量的元件。电容元件和电感元件是分别储存电场能量和磁场能量的元件。上述元件，前五种对外只有两个端钮，称为二端元件，后四种对外有四个端钮，称为四端元件。类似，对外只有两个端钮的网络称为二端网络，其他还有三端网络、四端网络等。三端以上的网络统称为多端网络。二端网络也称为单口网络，因为其一对端钮上的电流是一进一出并且相等。四端网络两对端钮上的电流，若都分别是一进一出并且相等，则此四端网络称为双口网络。元件及结构完全清楚(已知)的网络称为"白盒"网络，元件及结构不清楚或不大清楚的网络，分别称为"黑盒"和"灰盒"网络。在电路分析中，电路和网络这两个词并无明显区别，通常作为整体时可称电路，仅分析"口"与"口"之间特性时则称网络。

任何电路器件都可用电路元件的恰当组合来模拟，模拟以后的模型，称为器件的电模型，简称模型。同一个电器在不同的工作条件下，其内部电磁现象不完全相同，因此对应的模型就不完全一样。例如，电感线圈在低频时的模型为电感 L 与电阻 R 的串联，但在高频时，由于线圈匝间电场影响较大，因此对应模型除 R、L 串联外，还要在串联支路上并一电容 C(低频时也存在,但因其效应微弱,故而略去),若再考虑高频时的集肤效应,则模型中的电阻值还应增大。实际电路的各种器件用模型代替后,就构成了实际电路的电模型,称为电路模型。电路模型中的连接导线是理想导线,即电阻为零的导线。日光灯照明电路[图1-2(a)]的电路模型如图1-2(b)所示,它也称为电路图。

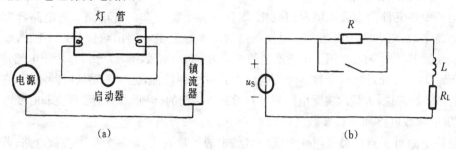

图 1 — 2　实际电路及其电路模型

电阻、电容、电感三个元件对应的电阻值 R、电容值 C 及电感值 L 称为电路参数。严格地讲,电路中的电路参数是分布型的,这是因为任何电器内的电磁现象分布在整个电器之中。电路传送能量是通过电磁波的传播而实现的,若实际电路的线性尺度远小于电路工作时的电磁波波长,则电路的实际尺寸就可以忽略不计,因而电路参数可集中在一起用一个或有限个分立的 R、L、C 描述,这样的一些参数称为集中参数,对应的电路称为集中参数电路。若实际电路的线性尺度并不远小于电路工作时的电磁波波长,电路的实际尺寸就不可以忽略不计,这时就要用分布参数模拟电路,这种电路称为分布参数电路。电磁波的波长 λ 与电路工作频率 f 及电磁波传播速度 v 有关,它们之间的关系为 $\lambda = v/f$。电磁波在空气中的传播速度近似为光速 $c(c = 3 \times 10^5 \text{ km/s})$,因此当电路工作频率 $f = 50 \text{ Hz}$(工频)时,其电磁波波长 $\lambda = 6\ 000 \text{ km}$。可见,一般电路在工频时都属集中参数电路,而长距离的输电线才是分布参数电路。当计算机主频为 $2 \text{ GHz}(2 \times 10^9 \text{ Hz})$ 时,它对应的波长 $\lambda = 15 \text{ cm}$,但由于采用超大规模集成电路,电路器件和电路被集成在几平方毫米或更小的硅片上,因此这时电路仍属集中参数电路。

电路模型是实际电路的一种抽象和近似,如何根据实际电路作出其电路模型,已成为近代电路理论中的一个重要研究课题,称为建模理论。本书只对电路模型进行分析,不考虑建模过程。

三、电路模型的分类

电路种类繁多,不同种类的电路,其基本特性与分析方法也不尽相同,因此在研究电路的分析方法之前,有必要先说明一下电路的分类以及各种电路的基本特性。

1. 线性电路与非线性电路

仅由线性元件构成的电路称为线性电路。若电路含有非线性元件,则为非线性电路。线性电路最基本的特性是它的叠加性和比例性。所谓叠加性是指,若激励 $x_1(t)$ 单独作用于电路产生的响应为 $y_1(t)$,激励 $x_2(t)$ 单独作用于电路产生的响应为 $y_2(t)$,则当 $x_1(t)$ 与 $x_2(t)$ 同时作用于电路时,产生的响应为 $y_1(t) + y_2(t)$。所谓比例性是指,若激励 $x(t)$ 单独作用于电路产生的响应为 $y(t)$,则激励 $kx(t)$ 单独作用于电路产生的响应为 $ky(t)$,这里 t 是时间(秒)、k 为任意常数。非线性电路则没有这些性质。

严格说来,真正的线性电路在实际中是不存在的,但是大量的实际电路都可以很好地近似为线性电路,因此研究线性电路有着重要的理论意义和实际意义。在电路理论中,对线性电路

3

的研究已有相当长的历史,并已有了相当成熟的理论和分析方法。随着科学技术的发展,对非线性电路的研究也愈来愈为人们所重视,并取得了一定的成果。本书主要研究线性电路,对于非线性电路,将在第五章作简要介绍。

2. 时变与非时变电路

若电路中各元件的参数不随时间变化,则称这种电路为非时变电路。若电路含有随时间变化的电路参数,则为时变电路。非时变电路的基本特性是电路的响应特性不随激励施加的时间而变化。若激励 $x(t)$ 作用于电路产生的响应为 $y(t)$,则激励 $x(t\pm t_0)$ 作用于电路产生的响应为 $y(t\pm t_0)$,t_0 为任意时间常数。时变电路不具有这种特性,施加激励的时间不同,它的响应也将不同。一般来说,大量的实际电路都可看做是非时变的,因此本书主要研究非时变电路。

3. 集中参数电路和分布参数电路

若电路中的每一器件都可用一个或一组集中的参数表征,则称为集中参数电路;若电路器件用分布参数表征,则称为分布参数电路。

4. 无源电路和有源电路

有源电路和无源电路是从能量观点定义的。如果某个元件在任何情况下及在任意时刻 t 所消耗的电能 $w(t)$ 恒非负值,即

$$w(t) = \int_{-\infty}^{t} p(\xi)\mathrm{d}\xi \geqslant 0 \qquad\qquad (1-1)$$

则此元件称为无源元件,式中 $p(\xi)$ 为功率。不满足上述条件的元件称为有源元件。具有有源元件的电路称为有源电路,否则为无源电路。

以上是按基本特性分类,还有其他分类方法,如按工作频率来分,有高频电路、中频电路和低频电路;按电路功能来分,有放大电路、整流电路、检波电路,等等。此处不再详述。

第二节　电路的基本变量

电路中最基本的物理量是电流、电压和电功率。一般情况下,它们都是时间 t 的函数,分别用 $i(t)$、$u(t)$ 及 $p(t)$ 表示,简写成 i、u 和 p。直流电路中,电流、电压和功率均与时间无关,它们分别用大写字母 I、U 和 P 表示。电路分析的任务,就是求解已知电路中的电流、电压和功率。

一、电　流

所谓电流是指电流强度,其定义为单位时间内通过导体横截面的电荷量,即

$$i = \frac{\mathrm{d}q}{\mathrm{d}t}$$

式中,q 是电荷;t 是时间。在国际单位制(SI)中,q 的单位是库仑,简称库,符号是 C;t 的单位是秒,符号为 s;i 的单位是安培,简称安,符号为 A,1 A=1 C/s。

电流的实际方向规定为正电荷定向运动的方向。电路中,流过各元件电流的实际方向往往难以预先确定,而分析电路时,首先要写出电路方程,电路方程的列写又必须知道电流的方向,为此,我们先给电流一个假定方向,这个假定方向称为电流的参考方向或正方向。这样,就可按照电流参考方向列写电路方程。若解得的电流 $i>0$,则表示电流的实际方向与参考方向一致;若 $i<0$,则电流的实际方向与参考方向相反。

二、电压与电位

电压与电位也是电路中的重要物理量。某点的电位，是将单位正电荷由该点移到参考点（电位为零的点，物理学中一般选为无穷远处）电场力所做的功。设参考点为 0，则 a 点电位的表达式为

$$u_a = \int_{l_{a0}} \vec{E} \cdot \mathrm{d}\vec{l}$$

式中，$\vec{E}$ 为电场强度；l_{a0} 为 a 点到参考点 0 的路径（线段）。

电压是对两点之间而言的。a、b 两点的电压 u_{ab} 定义为将单位正电荷由 a 点移到 b 点时电场力所做的功，即

$$u_{ab} = \int_{l_{ab}} \vec{E} \cdot \mathrm{d}\vec{l} \tag{1-2}$$

电场力做功仅与路径的起点、终点有关，而与路径的选择无关。使式（1-2）中的 l_{ab} 经过参考点 0，于是式（1-2）可表示为

$$u_{ab} = \int_{l_{a0b}} \vec{E} \cdot \mathrm{d}\vec{l} = \int_a^0 \vec{E} \cdot \mathrm{d}\vec{l} + \int_0^b \vec{E} \cdot \mathrm{d}\vec{l}$$

$$= \int_a^0 \vec{E} \cdot \mathrm{d}\vec{l} - \int_b^0 \vec{E} \cdot \mathrm{d}\vec{l} = u_a - u_b$$

上式表明，a、b 两点之间的电压就是 a、b 两点的电位差，所以电压表示的是电位降的概念。由电压及电位的定义可见，某点的电位就是该点到参考点的电压。电位与参考点的选择有关，而电压与参考点的选择无关。在国际单位制中，电压和电位的单位均为伏特，简称伏（V）。

电压的实际方向规定为电位降的方向。例如图 1-3(a)，a 点和 b 点的电位分别为 -1 V 和 3 V，于是 a、b 两点电压的实际方向为由 b 指向 a，其大小为 4 V。电压也可用极性表示，其实际极性是这样规定的：高电位点定为正极，标以"$+$"号；低电位点定为负极，标以"$-$"号。图 1-3(b)示出了 a、b 点的极性。与电流一样，分析电路时，要先给电压一个假定方向或极性，此方向（极性）称为参考方向（极性），电压参考方向是由参考正极指向参考负极的方向。电压参考方向（极性）的意义与电流类似。本书电路中所标的电流、电压方向，若无说明，均系参考方向。

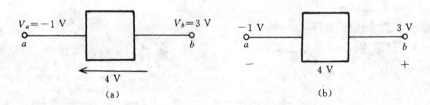

图 1-3 电压的实际方向或极性

任何二端元件（或网络），若电压与电流方向相同，如图 1-4(a)所示，则称电压与电流方向关联；若相反，如图 1-4(b)所示，则为非关联。通常负载的电压、电流取关联方向，而电源的电压、电流取非关联方向。图 1-4(c)中，对元件 A 而言，u 与 i 为非关联方向；对元件 B 而言，则为关联方向。

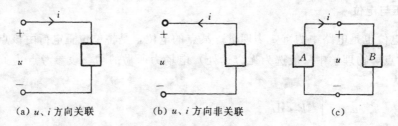

(a) u、i 方向关联 (b) u、i 方向非关联 (c)

图 1—4 电流、电压参考方向

三、电动势

电路中一般都接有电源以维持电流的流动。电源有将正电荷从低电位经电源内部移到高电位的能力。我们将使单位正电荷从电源负极经电源内部移至正极时,电源力(非静电力)所做的功定义为电源的电动势,用 e 表示。可见,电动势表示的是电位升的概念。电压 u 表示电位降,电动势 e 表示电位升,因此,当电源两端的 u 与 e 方向相反时 $u=e$,方向相同时 $u=-e$。

四、电功率

电流是单位时间内通过导体横截面的电量,电压是将单位正电荷由一点移到另一点电场力所做的功。因此,当二端元件的电流与电压方向关联时,电流与电压的乘积就表示单位时间内,将数值为 i 的电荷从二端元件(网络)的一端移到另一端电场力所做的功,即电功率,简称为功率。电场力做功,表明电场能量减少,减少的能量显然被二端元件(网络)所吸收或消耗。所以,当元件(网络)上电压 u 与电流 i 方向关联时,元件(网络)吸收的功率为

$$p_{吸}=ui$$

反之,若 u、i 非关联,则吸收的功率为

$$p_{吸}=-ui$$

二端元件供出的功率等于吸收功率的负值,所以 u、i 关联时 $p_{供}=-ui$;u、i 非关联时 $p_{供}=ui$。功率的单位是瓦特,符号为 W,1 W$=$1 V·A。在求解功率时,需要注明 p 的下标($p_{吸}$ 或 $p_{供}$)。若求得的 $p_{吸}<0$,则表示元件实际上供出能量,例如 $p_{吸}=-10$ W,表示供出功率 10 W。

根据能量守恒定律,电路(指整体电路)中各元件吸收(或供出)的功率之和恒等于零,即

$$\sum p_{吸}=0 \quad 或 \quad \sum p_{供}=0$$

这就是功率平衡或守恒原理。

例 1—1 试求图 1—5 所示二端网络 N_1、N_2 的功率 P_1、P_2 以及流过 N_3 的电流。设 N_3 供出的功率为 6 W。

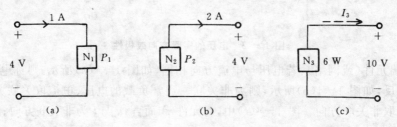

图 1—5 例 1—1 电路

解
$$P_{1吸} = (4 \times 1) \text{W} = 4 \text{ W} (吸收)$$
$$P_{2吸} = (-4 \times 2) \text{W} = -8 \text{ W} (供出 8 \text{ W})$$

设 N_3 的电流 I_3 如图 1-5(c)虚线所示,则
$$P_{3供} = 10 I_3$$
$$I_3 = \frac{P_{3供}}{10} = \frac{6}{10} \text{ A} = 0.6 \text{ A}$$

五、电能量

设元件吸收的功率为 $p(t)$,则 t 时刻元件吸收的总能量为
$$w(t) = \int_{-\infty}^{t} p(\xi) \mathrm{d}\xi$$

式中,积分上限为 t,为了区别,积分式内的时间变量改用 ξ。能量的单位是焦耳,符号为 J。

上面介绍了电路的基本物理量电流、电压及功率等,它们的基本单位分别是安、伏和瓦。实用中,有时感到这些单位太大或太小,使用不便,因此常在这些单位前加某一词头,用来表示这些单位乘以 10^n 后所得的辅助单位。词头的符号、名称及因次见表 1-1。例如:1 mA = 10^{-3} A;1 kV = 10^3 V;1 MW = 10^6 W。表 1-1 中各词头不仅用于安、伏、瓦前,也用于电路参数前,如 kΩ(千欧)、mH(毫亨)、μF(微法)等。

词头的符号、名称及因次　　　　　　　表 1-1

符　号	T	G	M	k	m	μ	n	p
词头名称	太	吉	兆	千	毫	微	纳	皮
因　次	10^{12}	10^9	10^6	10^3	10^{-3}	10^{-6}	10^{-9}	10^{-12}

第三节　电路的基本定律

在集中参数电路中,各电流之间、各电压之间遵循着一定的规律,此即基尔霍夫电流定律和基尔霍夫电压定律。基尔霍夫定律是德国物理学家 Gustav Robert kirchhoff(1824—1887)提出的。这个定律揭示了任一集中参数电路内的节点电流及回路电压的平衡关系。在叙述这两个定律之前,先介绍支路、节点、回路及网孔等几个名词。

电路中每一个二端元件称为一条支路,支路与支路的连接点称为节点。图 1-6(a)中有七条支路(ab、bc、ac、ae、bd、df 及 cg)和五个节点(a、b、c、d 及 f)。e、f、g 是一个节点,因为它们由理想导线连接。图 1-6(a)亦可画成图 1-6(b)形式。支路、节点的另一说法是:电路中由一个元件或若干元件串联组成的一条分支称为一条支路,三条及三条以上支路的汇聚点称为节点。按此说法,图 1-6 中有六条支路(ab、bc、ac、af、bf 及 cf)和四个节点(a、b、c 及 f)。电路中从某点出发,经过若干支路和节点(均不能重复)又回到原始点,这一首尾相连的通路称为回路。例如图 1-6(a)中的 $abdfea$、$bdfgcb$、$abca$、$abcgfea$……回路内若不另含支路,这种回路称为网孔,上述前三个回路为网孔。回路方向是指沿回路各节点绕行的方向,上述四个回路

中,两个是顺时针方向,两个是逆时针方向。

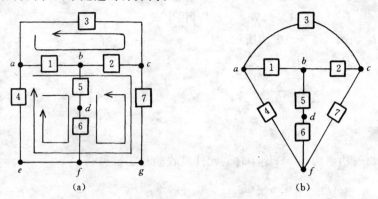

图 1－6　支路、节点、回路与网孔

一、基尔霍夫电流定律

基尔霍夫电流定律简写为 KCL(Kirchhoff's Current Law),表述为:在集中参数电路中,任一瞬间,流出(流入)任一节点电流的代数和恒为零。其表达式为

$$\sum i = 0 \qquad\qquad (1-3)$$

式(1－3)称为 KCL 方程。其中电流正、负号的取法是:当 i 的方向流出(流入)节点时取"＋",反之取"－"。例如对图 1－7(a)的节点 A 有

$$-i_1 + i_2 + i_3 - i_4 + i_5 = 0$$

即
$$i_2 + i_3 + i_5 = i_1 + i_4$$

上式说明,流出节点的总电流等于流入节点的总电流,这一特性称为电流连续性原理,实际上就是单位时间内流入节点的电荷量等于流出节点的电荷量,这正是电荷守恒定律在电路中的体现。根据电流连续性原理,在图1－7(b)中,流过各元件的电流应相等,且是同一个电流。

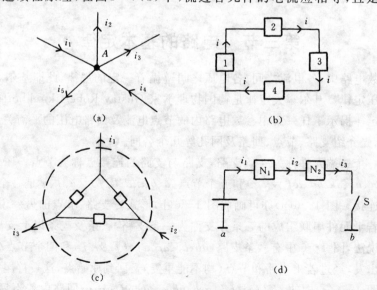

图 1－7　基尔霍夫电流定律

8

KCL 方程不仅适用于节点,而且对电路中任一封闭面也有效,此时 $\sum i=0$ 中的 i 是指被封闭面切割的各支路电流。图 $1-7$(c)中虚线所示为一封闭面,它切割的支路电流为 i_1、i_2 及 i_3,根据 KCL,于是有

$$i_1-i_2+i_3=0$$

电路中任一封闭面所包围的部分称为广义节点,KCL 方程对节点和广义节点均有效。根据 KCL,图 $1-7$(d)中,当开关 S 打开时,$i_1=i_2=i_3=0$(图中符号"⊥"为接机壳符号,a 点与 b 点等电位);当 S 闭合时,$i_1=i_2=i_3$ 一般不等于零。

KCL 反映了节点处各支路电流相互制约的关系,它仅与元件的连接方式有关,而与元件的性质无关。这种只与电路结构有关、而与元件性质无关的约束称为拓扑约束。

例 $1-2$ 试求图 $1-8$ 电路中的电流 i_1 与 i_2。

解 对节点 a 应用 KCL 得

$$-i_2-3+7=0$$
$$i_2=(7-3)\ \text{A}=4\ \text{A}$$

作一封闭面如图中虚线所示,对此封闭面构成的广义节点应用 KCL 有

$$-i_1-2+3-7=0$$
$$i_1=(-2+3-7)\ \text{A}=-6\ \text{A}$$

图 $1-8$ 例 $1-2$ 电路

由此电路还可求出哪条支路电流? 能否求出所有支路电流? 若要求出,还需要给出哪些条件? 请读者分析。

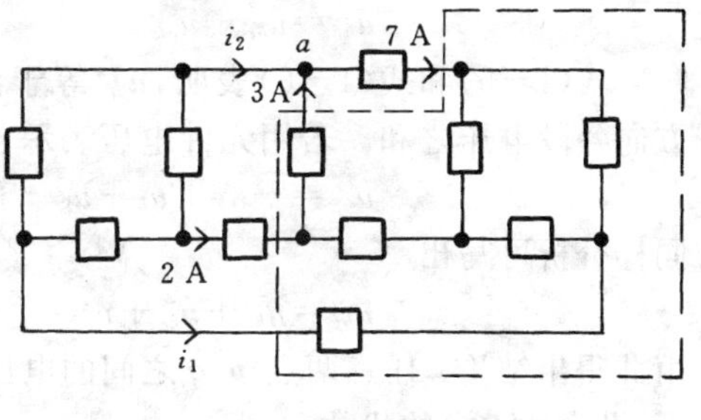

二、基尔霍夫电压定律

基尔霍夫电压定律简写为 KVL(Kirchhoff's Voltage Law),表述为:在集中参数电路中,任一瞬间,沿回路方向的各元件(或支路)电压之代数和恒等于零。其表达式为

$$\sum u=0 \tag{1-4}$$

式(1-4)称为 KVL 方程,其中电压的正、负号取法是:当 u 的方向与回路方向一致时取"+",反之取"−"。例如,对图 $1-9$ 的回路 $abdea$ 和 $abcfea$ 分别有

$$u_{ab}+u_{bd}+u_{de}+u_{ea}=0$$

和

$$u_{ab}+u_{bc}+u_{cf}+u_{fe}+u_{ea}=0$$

若用元件电压表示,则上两式分别为

$$u_1-u_5+u_6-u_4=0$$

和

$$u_1-u_2+u_7-u_8-u_4=0$$

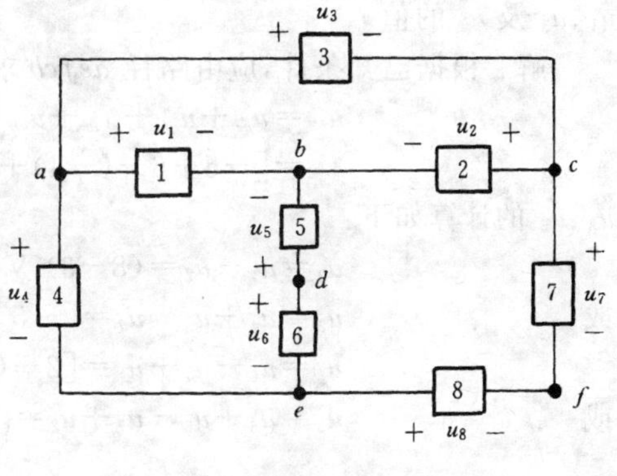

图 $1-9$ 基尔霍夫电压定律

读者试对图 $1-9$ 中其他回路写出 KVL 方程。

KVL 是能量守恒原理在电路中的体现。沿回路方向各元件电压的代数和等于零,即表示将单位正电荷沿回路方向移动一周后,电场力所做的功为零,这意味着此电荷移动一周后,既未获得能量,也未失去能量。

基尔霍夫电压定律反映了回路中各元件电压间相互制约的关系。与 KCL 方程一样,KVL

方程仅与电路结构有关，而与元件性质无关，因此 KVL 对回路电压之间的约束也是拓扑约束。

三、电压分析的路径法

KVL 不仅适用于具体回路，而且对任一广义回路也有效。图 1－9 中的 $bfedb$ 称为广义回路，因为 b,f 之间无支路。根据 KVL，对此回路有

$$u_{bf}+u_{fe}+u_{ed}+u_{db}=0$$

于是 $\qquad\qquad u_{bf}=-u_{db}-u_{ed}-u_{fe}$

即 $\qquad\qquad u_{bf}=u_{bd}+u_{de}+u_{ef}$ $\qquad\qquad$ (1－5)

同理，对广义回路 $bfcb$ 有

$$u_{bf}+u_{fc}+u_{cb}=0$$

$$u_{bf}=u_{bc}+u_{cf}$$ $\qquad\qquad$ (1－6)

式(1－5)和式(1－6)表明，u_{bf} 等于沿路径 $bdef$ 方向各段电压之和，也等于沿路径 bcf 方向各段电压之和。若用元件电压表示各段路径电压，则式(1－5)和式(1－6)分别为

$$u_{bf}=-u_5+u_6+u_8 \quad 和 \quad u_{bf}=-u_2+u_7$$

同样分析可写出

$$u_{bf}=u_{ba}+u_{ae}+u_{ef}=-u_1+u_4+u_8$$

由此得出结论：任意两点 p,q 之间的电压 u_{pq}，等于由起点 p 到终点 q 任一路径上各元件电压 u_k(设为 H 个)的代数和，即

$$u_{pq}=\sum_{k=1}^{H}u_k$$ $\qquad\qquad$ (1－7)

式中，当 u_k 的方向与路径方向一致时取"＋"，反之取"－"。

式(1－7)所示计算任意两点间电压的方法称为路径法。用路径法分析电压时，不必列 KVL 方程(回路电压方程)，而是沿路径直接计算。可见路径法简捷明了，使用方便。在用路径法时，一要注意起点和终点，不能搞错；二要善于选择路径，以便能够求出待求的电压。

例 1－3 图 1－9 电路中，设 $u_2=3$ V、$u_4=-5$ V、$u_6=2$ V、$u_7=-4$ V、$u_8=6$ V，试求 u_1、u_3 及 u_5 的值。

解 根据已知条件，应由路径 $aefcb$ 求 u_1

$$u_1=u_{ae}+u_{ef}+u_{fc}+u_{cb}=u_4+u_8-u_7+u_2$$
$$=[-5+6-(-4)+3]\text{ V}=8\text{ V}$$

u_3、u_5 的计算如下：

$$u_3=u_1-u_2=(8-3)\text{ V}=5\text{ V}$$

或 $\qquad\qquad u_3=u_4+u_8-u_7=[-5+6-(-4)]\text{ V}=5\text{ V}$

$$u_5=u_6-u_4+u_1=[2-(-5)+8]\text{ V}=15\text{ V}$$

或 $\qquad\qquad u_5=u_6+u_8-u_7+u_2=[2+6-(-4)+3]\text{ V}=15\text{ V}$

四、电路中各点的电位

电路分析中，常选一个节点，令其电位为零，这个点称为电位的参考点，简称参考点。实际电路中，常将参考点接地(符号为 ⊥)，或接仪器(设备)的机壳(符号为 ⊥)。习惯上常将参考点称为接地点。电路的参考点选定后，其他各点的电位即以此参考点来计算或测量。根据定义，某点 k 的电位即为 k 点到参考点的电压，记为 u_k，故求电位就是求电压。

例 1－4 例 1－3 中，(1)以 a 为参考点，求 d、f 点的电位及 u_{df}；(2)以 c 为参考点，重新求(1)。

解

(1) a 为参考点

由路径法 $u_d = u_{da} = u_6 - u_4 = [2-(-5)] \text{ V} = 7 \text{ V}$

$u_f = u_{fa} = -u_8 - u_4 = [-6-(-5)] \text{ V} = -1 \text{ V}$

由电位差 $u_{df} = u_d - u_f = [7-(-1)] \text{ V} = 8 \text{ V}$

(2) c 为参考点

由路径法 $u_d = u_{dc} = u_6 + u_8 - u_7 = [2+6-(-4)] \text{ V} = 12 \text{ V}$

$u_f = u_{fc} = -u_7 = [-(-4)] \text{ V} = 4 \text{ V}$

由电位差 $u_{df} = u_d - u_f = 8 \text{ V}$

由以上分析看出,电位与参考点有关,两点之间的电压与参考点无关。

在电子电路中,一般都把输入(电源)的一端和输出的一端连接在一起作为参考点,在此情况下,为了简便,习惯上不再画出电源,而是将电源非参考点的一端用电位表示,例如图 1—10 (a)可画成图 1—10(b)形式。为叙述方便,我们将图(a)形式的电路称为常规电路,图(b)形式的电路称为电位电路。

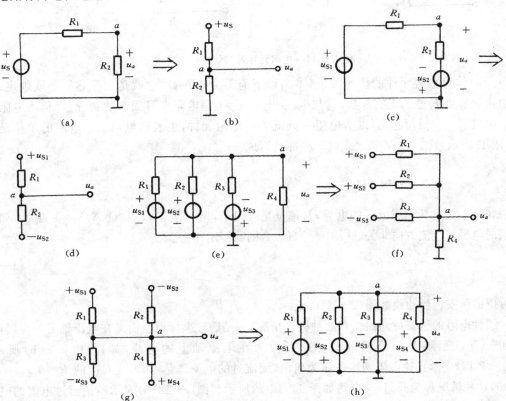

图 1—10　电路图的两种画法

图 1—10 中列举了若干常规电路及其对应的电位电路。需要说明的是,若电位电路中未标明参考点,这并不是说没有参考点,而是它无法显示于图中,当画它的常规电路时,必须将参考点标出。参见图 1—10(g)和(h)。

第四节 无源元件及其特性

一、电阻元件

电阻器是常用的电路器件,理想电阻器(只消耗电能,无电场、磁场效应)的电路模型称为电阻元件。电阻元件用 $u-i$ 特性(伏安特性)表征。电阻元件的广义定义是:在任意时刻 t,能用 $u-i$ 平面内一条曲线(称为伏安特性曲线)来表征其外部特性的二端网络称为电阻元件。根据电阻元件的伏安特性曲线是否为通过坐标原点的直线,而将它们分为线性电阻和非线性电阻两大类。线性电阻元件用图 $1-11$(a)所示符号表示,当电压 u 与电流 i 方向关联时,其伏安特性曲线是一条通过坐标原点的直线,如图 $1-11$(b)所示,它的数学表达式为

$$u=Ri \tag{1-8}$$

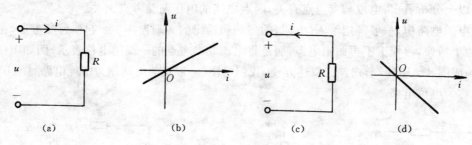

图 1 — 11 电阻元件及其伏安特性曲线

式(1−8)称为电阻元件的伏安关系(本书以下简写为 VAR),它就是大家熟知的欧姆定律。式中比例系数 R 是一正实常数,它与电压、电流无关,是电阻本身固有的物理量,称为电阻元件的电阻量。为简便起见,以后电阻一词既表示电阻元件,也表示电阻量。电阻的单位是欧姆,用 Ω 表示,$1\ \Omega=1\ V/A$。式(1−8)亦可写成

$$i=\frac{1}{R}u=Gu$$

式中,$G=1/R$ 称为电阻元件的电导,其单位是西门子,用 S 表示,$1\ S=1\ A/V=1\ \Omega^{-1}$。如果电阻的电压与电流方向非关联[图 $1-11$(c)],则欧姆定律为

$$u=-Ri \tag{1-9}$$

或 $\qquad\qquad i=-Gu$

其对应的伏安特性曲线如图 $1-11$(d)所示。

线性电阻的伏安特性曲线有两种极端情况,一是通过坐标原点而画在电压轴上的直线,如图 $1-12$(a)所示;另一是通过坐标原点而画在电流轴上的直线,如图 $1-12$(b)所示。图 $1-12$(a)表示不论电阻两端电压为何值,而流过的电流总是零,因此对应的 $R=u/i=\infty$ 或 $G=0$,这种情况称为开路,其电路如图 $1-12$(c)所示。图 $1-12$(b)表示不论流过电阻的电流为何值,其端电压总是为零,因此对应的 $R=u/i=0$ 或 $G=\infty$,这种情况称为短路,其电路如图 $1-12$(d)所示。

若电阻元件的伏安特性曲线不是通过坐标原点的直线,则为非线性电阻。非线性电阻不服从欧姆定律。图 $1-13$(a)所示为半导体二极管,它是非线性电阻元件,其伏安特性曲线如图 $1-13$(b)所示,对于理想二极管,则如图 $1-13$(c)所示。

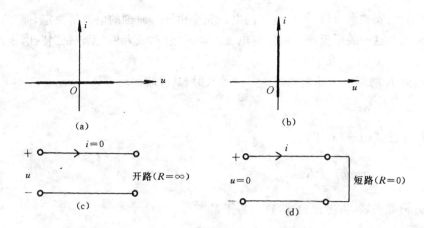

图 1 — 12　开路、短路及其伏安特性曲线

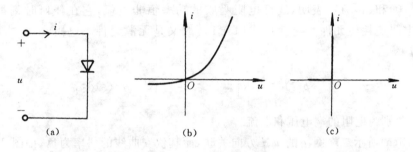

图 1 — 13　非线性电阻的伏安特性曲线

　　电阻还有时变和非时变之分。不论线性电阻还是非线性电阻,若它的伏安曲线随时间而异,则为时变电阻,否则为非时变电阻。图 1－14 示出了它们的伏安特性曲线。本书主要研究线性非时变电阻。

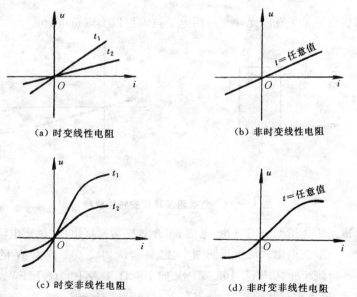

图 1 — 14　时变、非时变电阻

13

由电阻的伏安关系可以看出,电阻的电压完全由同一时刻的电流所决定,而与该时刻以前的电流值无关。这一关系反映了电压与电流的即时效应,或者说"无记忆"特性,因此电阻是一无记忆元件。

线性电阻 R 的端电压 u 与电流 i 方向关联时,其吸收的功率

$$p=ui$$

考虑到欧姆定律式(1-8),于是

$$p=ui=i^2R=\frac{u^2}{R} \tag{1-10}$$

若 u 与 i 方向非关联,再考虑到式(1-9),于是

$$p=-ui=-(-Ri)i=i^2R=\frac{u^2}{R} \tag{1-11}$$

式(1-10)和(1-11)表明,线性电阻吸收的功率恒非负值,它在任何时刻都不可能供出能量,故电阻是耗能元件。它满足式(1-1),故又是无源元件。电阻在 $t_1 \sim t_2$ 时间内消耗的能量为

$$w_R = \int_{t_1}^{t_2} p(\xi)\mathrm{d}\xi = R\int_{t_1}^{t_2} i^2(\xi)\mathrm{d}\xi = G\int_{t_1}^{t_2} u^2(\xi)\mathrm{d}\xi$$

式中,u 和 i 分别为电阻的端电压和电流。

图 1-15(a)所示二端网络的 u、i 方向关联,而其伏安曲线的斜率为负,如图 1-15(b)所示,这种二端网络对应的电阻称为负电阻,其伏安关系仍为

$$u=Ri$$

但式中的 $R<0$,为常数。负电阻吸收的功率

$$p=ui=i^2R=-i^2|R|$$

恒非正值,可见,负电阻是一有源元件。利用电子技术可以实现负电阻。

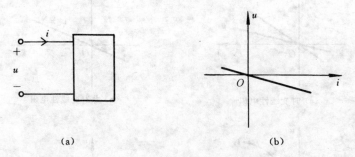

(a)　　　　　　　　　　(b)

图 1-15　负电阻及其伏安特性曲线

电阻元件在额定工作情况下的电压、电流和功率,称为额定电压、额定电流和额定功率,电阻值称为标称值。一般在电阻元件上标明两个额定值,例如 220 V、100 W 的电烙铁(意即在 220 V 电压作用下,其吸收的功率为 100 W);又如 100 Ω、1 A,100 Ω、1/4 W 的电阻等等。若电阻工作时的电压、电流超过其额定值,就有可能被烧毁或寿命缩短。

例 1-5　二端网络 N_1、N_2 和 N_3 的伏安特性曲线分别如图 1-16(a)、(b)和(c)所示,试

14

求各网络对应的电阻 R_1、R_2 和 R_3。

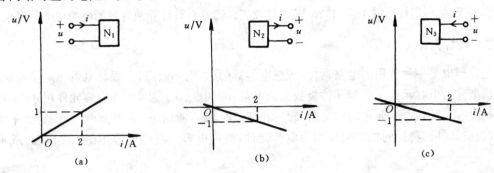

图 1—16 例 1—5 电路及曲线

解

图(a)：u 与 i 方向关联，故

$$R_1 = \frac{u}{i} = \frac{1}{2}\ \Omega = 0.5\ \Omega$$

图(b)：u 与 i 方向非关联，故

$$R_2 = -\frac{u}{i} = -\frac{-1}{2}\ \Omega = 0.5\ \Omega$$

图(c)：u 与 i 方向关联，故

$$R_3 = \frac{u}{i} = \frac{-1}{2}\ \Omega = -0.5\ \Omega$$

例 1—6 (1) 100 Ω、1/4 W 的电阻，允许长期通过的最大电流为多少？(2) 400 Ω、1 A 的电阻，允许最大端电压是多少？

解

(1) $$p = i^2 R$$

$$i = \sqrt{\frac{p}{R}} = \sqrt{\frac{1/4}{100}}\ A = 0.05\ A = 50\ mA$$

故 100 Ω、1/4 W 的电阻允许长期通过的最大电流为 50 mA。

(2) $$u = Ri = (400 \times 1)\ V = 400\ V$$

故 400 Ω、1 A 的电阻，允许的最大端电压为 400 V。

例 1—7 (1) 试求 220 V、60 W 白炽灯的电阻；(2) 两个 220 V、60 W 的白炽灯串联后接于 220 V 电压上，它们消耗的总功率为多少？(3) 220 V、60 W 白炽灯与 220 V、25 W 白炽灯串联后接于 220 V 电压上，试问哪个亮，哪个暗？

解

(1) $$R = \frac{U^2}{P} = \frac{220^2}{60}\ \Omega = 806.7\ \Omega$$

(2) 设一个白炽灯的电阻为 R，故

$$P = \frac{U^2}{2R} = \frac{1}{2}\frac{U^2}{R} = \left(\frac{1}{2} \times 60\right)\ W = 30\ W$$

（3）两灯串联，电流相等，瓦数小的灯电阻大（因为 $R=U^2/P$），所以 220 V、60 W 与 220 V、25 W 的白炽灯串联工作时，25 W 的灯较亮。读者自行计算两灯各消耗的功率是多少？

二、电容元件

电容器也是一种常用的电路器件，理想电容器（只有电场效应，无损耗电阻和磁场效应）的电路模型称为电容元件。电容元件极板上的电荷 q 由电压 u 产生，因此电容元件用 $q-u$ 特性（库伏特性）表征。电容元件的广义定义是：在任意时刻 t，能用 $q-u$ 平面内一条曲线（库伏曲线）来表征其外部特性的二端网络称为电容元件，简称电容。线性电容用图 1-17(a)所示符

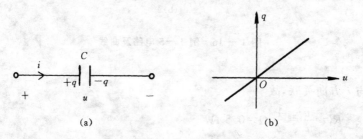

图 1-17 电容及其库伏特性曲线

号表示。其库伏特性曲线是通过坐标原点的直线，如图 1-17(b)所示。线性电容的库伏关系为

$$q=Cu$$

式中，比例系数 C 是一个正实常数，它与 q、u 无关，是电容本身固有的物理量，称为电容元件的电容量，简称电容。电容的单位是法拉，用 F 表示，1 F=1 C/V。实际电容元件的电容量往往很小，多采用 μF（微法）和 pF（皮法）单位。

根据库伏曲线的特点，电容也有线性和非线性、时变和非时变之分，其定义与电阻的分类相类似。本书主要分析线性非时变电容。

在电路分析中，主要的电路变量是电流和电压，因此有必要分析电容的伏安关系。作用于电容两端的电压若不随时间变化（直流电压），则极板上的电荷是稳定的，这时导线中不会有电荷的移动，即没有电流，电容相当于开路。若加在电容上的电压随时间变化，则极板上的电荷就会随之而变，于是导线中有电流流过。图 1-17(a)中，电流

$$i=\frac{\mathrm{d}q}{\mathrm{d}t}$$

将 $q=Cu$ 代入上式，于是

$$i=C\frac{\mathrm{d}u}{\mathrm{d}t} \tag{1-12}$$

这就是电容伏安关系的微分形式，其前提是 u 与 i 方向关联。若电容的 u 与 i 方向非关联，则上式等号右侧加一"一"号。式（1-12）表明，任一时刻，电容的电流与该时刻电压的变化率成正比，而与该时刻的电压值无关。电容电压也可表示为其电流的函数，当 u、i 方向关联时，由式（1-12）有

$$u(t)=\frac{1}{C}\int_{-\infty}^{t}i(\xi)\mathrm{d}\xi \tag{1-13}$$

这就是电容伏安关系的积分形式。式（1-13）表明，t 时刻电容电压与 $-\infty$ 到 t 这一段时间内

16

所有的电流都有关,也就是与电流的全部过去历史有关。可见,电容电压有"记忆"电容电流之作用,故称电容是一种"记忆"元件。设 t_0 为从 $-\infty$ 到 t 之间的一个瞬时,根据分段积分,式(1—13)可写成如下形式:

$$u(t) = \frac{1}{C}\int_{-\infty}^{t} i(\xi)\mathrm{d}\xi = \frac{1}{C}\int_{-\infty}^{t_0} i(\xi)\mathrm{d}\xi + \frac{1}{C}\int_{t_0}^{t} i(\xi)\mathrm{d}\xi$$

$$= u(t_0) + \frac{1}{C}\int_{t_0}^{t} i(\xi)\mathrm{d}\xi \qquad (1-14)$$

式(1—14)是电容伏安关系积分形式的另一种表达式,式中

$$u(t_0) = \frac{1}{C}\int_{-\infty}^{t_0} i(\xi)\mathrm{d}\xi$$

称为电容在 t_0 时刻的状态。若 t_0 为初始时刻,则称为电容的初始状态。

伏安关系是微分(或积分)形式的元件称为动态元件,电容是一动态元件。

电容电压 u 与电流 i 方向关联时,其吸收的功率为 $p=ui$,将式(1—12)代入,于是

$$p = Cu\frac{\mathrm{d}u}{\mathrm{d}t} \qquad (1-15)$$

若电容的 u 与 i 方向非关联,则 $p=-ui$,但同样可以得到式(1—15)。由式(1—15)可见,p 可能为正,也可能为负,这意味着电容可能吸收功率,也可能供出功率。这一特性不同于电阻元件。

电容是储能元件,它能将外部输入的电能储存在它的电场中。电容在 t 时刻的能量为

$$w_C(t) = \int_{-\infty}^{t} p(\xi)\mathrm{d}\xi$$

将式(1—15)代入上式,于是

$$w_C(t) = \int_{-\infty}^{t} Cu(\xi)\frac{\mathrm{d}u(\xi)}{\mathrm{d}\xi}\mathrm{d}\xi = C\int_{u(-\infty)}^{u(t)} u(\xi)\mathrm{d}u(\xi)$$

式中,时间变量 $\xi = -\infty$ 时,电容未充电,$u(-\infty)=0$,因此

$$w_C(t) = C\int_{0}^{u(t)} u(\xi)\mathrm{d}u(\xi) = \frac{1}{2}Cu^2(t) \qquad (1-16)$$

一般写成 $\qquad w_C(t) = \frac{1}{2}Cu_C^2(t)$

式中,$u_C(t)$ 为电容电压。式(1—16)就是从 $-\infty$ 到 t 时刻这段时间内,电容所吸收的能量,即 t 瞬时电容的储能。式(1—16)表明,电容在任意 t 瞬时的能量正比于该时刻电容电压的平方,恒非负值,它满足式(1—1),故电容是一无源元件。从 t_1 到 t_2 时间内,电容吸收的能量为

$$W_C = w_C(t_2) - w_C(t_1) = \frac{1}{2}Cu_C^2(t_2) - \frac{1}{2}Cu_C^2(t_1)$$

例 1—8 图 1—18(a)电路中,$u(t)$ 的波形如图(b)所示,试求 $i(t)$ 并画 $i(t)$ 的波形($i-t$ 曲线)。

解 $0 < t < 1$ ms: $\quad u = 4t$ V $\quad(t\text{:ms})$

$$\frac{\mathrm{d}u}{\mathrm{d}t} = 4 \text{ V/ms} = (4 \times 10^3) \text{ V/s}$$

$$i = C\frac{\mathrm{d}u}{\mathrm{d}t} = (2 \times 10^{-6} \times 4 \times 10^3)\text{A} = 8 \times 10^{-3} \text{ A}$$

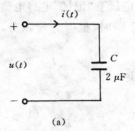

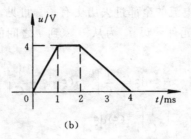

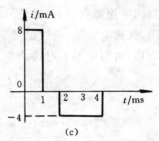

(a)　　　　　　　　(b)　　　　　　　　(c)

图 1 — 18　例 1 —8 电路及波形

1 ms<t<2 ms:　$u=4$ V　(t:ms)

$$i=C\frac{\mathrm{d}u}{\mathrm{d}t}=0$$

2 ms<t<4 ms:　$u=(-2t+8)$ V　(t:ms)

$$\frac{\mathrm{d}u}{\mathrm{d}t}=-2 \text{ V/ms}=(-2\times10^3)\text{ V/s}$$

$$i=C\frac{\mathrm{d}u}{\mathrm{d}t}=[2\times10^{-6}(-2\times10^3)]\text{A}=-4\times10^{-3}\text{ A}$$

$i(t)$ 波形如图 1—18(c)所示。

　　例 1 —9　图 1—19(a)电路,$u(o)=0$,$i(t)$ 的波形如图(b)所示。试求 $u(t)$ 并画其波形。

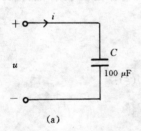

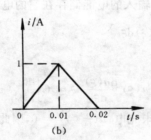

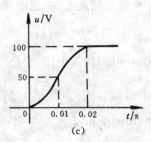

(a)　　　　　　　　(b)　　　　　　　　(c)

图 1 — 19　例 1 —9 电路及波形

解

0<t<0.01 s:

$$i(t)=100t\text{ A}$$

$$u(t)=\frac{1}{C}\int_{-\infty}^{t}i(\xi)\mathrm{d}\xi=u(o)+\frac{1}{100\times10^{-6}}\int_{0}^{t}100\xi\mathrm{d}\xi=5\times10^5 t^2\text{ V}$$

$$u(0.01)=(5\times10^5\times0.01^2)\text{ V}=50\text{ V}$$

0.01 s<t<0.02 s:

$$i(t)=(-100t+2)\text{ A}$$

$$u(t)=u(0.01)+\frac{1}{C}\int_{0.01}^{t}i(\xi)\mathrm{d}\xi=\left[50+\frac{1}{100\times10^{-6}}\int_{0.01}^{t}(-100\xi+2)\mathrm{d}\xi\right]\text{ V}$$

$$=(-5\times10^5 t^2+2\times10^4 t-100)\text{ V}$$

$$u(0.02)=100\text{ V}$$

t > 0.02 s:

18

$$i(t) = 0$$
$$u(t) = u(0.02) = 100 \text{ V}$$

$u(t)$波形如图 1-19(c)所示。

三、电感元件

首先说明磁链的概念。图 1-20(a)所示为一电感线圈,当电流 i 流过线圈时,其周围出

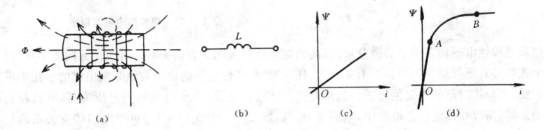

图 1 — 20   电感及其韦安特性曲线

现磁场,线圈内有磁通 Φ。磁通 Φ 的参考方向与电流 i 的参考方向规定为右手螺旋关系。磁力线是发散的,因此与线圈各匝交链的磁通不等,我们将线圈各匝磁通之和,即全磁通称为线圈的磁链,用 Ψ 表示。设线圈匝数为 N,则磁链

$$\Psi = \sum_{k=1}^{N} \Phi_k$$

若各匝磁通相等且为 Φ(铁芯线圈近似此情况),则

$$\Psi = N\Phi$$

磁通和磁链的单位为韦伯,符号为 Wb。

电感线圈是一种常用的电路元件,理想电感线圈(只有磁场效应,无损耗电阻和电场效应)的电路模型称为电感元件。电感元件的磁链 Ψ 由电流 i 产生,因此电感元件用 Ψ-i 特性(韦安特性)表征。电感元件的广义定义是:在任意时刻,能用 Ψ-i 平面内一条曲线(韦安曲线)来表征其外部特性的二端网络称为电感元件,简称电感。线性电感的电路符号如图 1-20(b)所示,其韦安曲线为通过坐标原点的直线,如图 1-20(c)所示。线性电感的 Ψ 正比于 i,即

$$\Psi = Li$$

式中,比例系数 L 为一正实常数,它与 Ψ、i 无关,是电感元件本身固有的物理量。L 称为线性电感元件的电感量(或自感量),简称电感(或自感)。电感的单位是亨利,符号为 H。

根据韦安曲线的特点,电感也有线性和非线性、时变和非时变之分,其定义与电阻的分类相类似。铁芯电感线圈是一种非线性电感元件,其韦安特性曲线如图 1-20(d)所示。由图可见,当电流较小时,Ψ-i 曲线近似为一通过坐标原点的直线(OA 段),工作在这一段的电感近似为线性电感。曲线的 AB 段,Ψ 增长比 i 的增长要慢,最后 Ψ 基本稳定,它不再随 i 的增长而加大。这一特点是由铁芯磁化时的饱和现象所致。电路分析中的电感,若无特殊说明,一般均为线性非时变电感。

图 1-21 所示电感的电流 i 若随时间变化,则磁链 Ψ 也随之而变。Ψ 变化将在线圈两端

19

产生感应电压 u，u 与 Ψ 的参考方向一般采
用右螺旋关系，如图 1－21(a)所示。在此方
向的前提下，根据法拉第电磁感应定律及楞
次定律有

$$u = \frac{\mathrm{d}\Psi}{\mathrm{d}t}$$

对于线性电感，因为 $\Psi = Li$，故

$$u = L\frac{\mathrm{d}i}{\mathrm{d}t} \qquad (1-17)$$

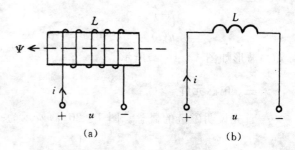

图 1 － 21　电感的电流与电压

这就是线性电感伏安关系的微分形式，其前提条件是 u 与 i 方向关联。若 u、i 方向非关联，则
上式等号右侧要加一"－"号。上式表明，任一时刻，线性电感的电压与该时刻电流的变化率成
正比，而与该时刻的电流值无关。如果电流不随时间变化（直流电流），则电压为零，电感相当
于短路，所以在直流稳态电路中，电感视为一根短接线。由式(1－17)可得电感伏安关系的积
分形式如下

$$i(t) = \frac{1}{L}\int_{-\infty}^{t} u(\xi)\mathrm{d}\xi \qquad (1-18)$$

式(1－18)表明，电感在 t 时刻的电流值与 t 时刻以前电感电压的全部历史有关，因此电感电
流有"记忆"电感电压的作用，故电感也是一个"记忆"元件。设 t_0 为从 $-\infty$ 到 t 之间的一个瞬
时，于是式(1－18)可写成

$$i(t) = \frac{1}{L}\int_{-\infty}^{t} u(\xi)\mathrm{d}\xi = \frac{1}{L}\int_{-\infty}^{t_0} u(\xi)\mathrm{d}\xi + \frac{1}{L}\int_{t_0}^{t} u(\xi)\mathrm{d}\xi$$

$$= i(t_0) + \frac{1}{L}\int_{t_0}^{t} u(\xi)\mathrm{d}\xi \qquad (1-19)$$

式(1－19)是电感伏安关系积分形式的另一种表达式，式中

$$i(t_0) = \frac{1}{L}\int_{-\infty}^{0} u(\xi)\mathrm{d}\xi$$

称为电感在 t_0 时刻的状态，若 t_0 为初始时刻，则 $i(t_0)$ 称为电感的初始状态。

电感是一动态元件，也是一储能元件，它将外部输入的电能储存在它的磁场中。

电感的功率和能量的分析与电容类似，此处不再推导。电感 L 在 t 瞬时吸收的功率 $p_L(t)$
及储存的能量 $w_L(t)$ 分别为

$$p_L(t) = Li_L\frac{\mathrm{d}i_L}{\mathrm{d}t}$$

和

$$w_L(t) = \frac{1}{2}Li_L^2(t) \qquad (1-20)$$

式中，$i_L(t)$ 为 t 瞬时流过电感的电流。式(1－20)表明，电感元件在任意时刻 t 的能量恒非负
值，故电感是一无源元件。从 t_1 到 t_2 时间内，电感吸收的能量为

$$W_L = w_L(t_2) - w_L(t_1) = \frac{1}{2}Li_L^2(t_2) - \frac{1}{2}Li_L^2(t_1)$$

现将 R、C、L 的特性、伏安关系及储能列于表 1−2。

R、C、L 的特性、伏安关系及储能 表 1−2

电 路 元 件	特 性	伏安关系(u、i 关联时)	储 能
电阻元件 $i_R(t)$　R $+$　$u_R(t)$　$-$	耗能 非记忆元件 静态元件	$u_R(t)=Ri_R(t)$ $i_R(t)=Gu_R(t)$	无
电容元件 $i_C(t)$　C $+$　$u_C(t)$　$-$	储存电场能量 记忆元件 动态元件	$i_C(t)=C\dfrac{\mathrm{d}u_C(t)}{\mathrm{d}t}$ $u_C(t)=\dfrac{1}{C}\displaystyle\int_{-\infty}^{t}i_C(\xi)\mathrm{d}\xi$	$w_C(t)=\dfrac{1}{2}Cu_C^2(t)$
电感元件 $i_L(t)$　L $+$　$u_L(t)$　$-$	储存磁场能量 记忆元件 动态元件	$u_L(t)=L\dfrac{\mathrm{d}i_L(t)}{\mathrm{d}t}$ $i_L(t)=\dfrac{1}{L}\displaystyle\int_{-\infty}^{t}u_L(\xi)\mathrm{d}\xi$	$w_L(t)=\dfrac{1}{2}Li_L^2(t)$

第五节　有源元件及其特性

电源是为电路提供能量的器件,其理想模型有电压源和电流源两种。

一、电压源和压源支路欧姆定律

一个二端元件,若能提供一个随时间按一定规律变化的电压 $u_S(t)$,且此电压与流过元件的电流 $i(t)$ 无关,则此二端元件称为电压源,简称为压源。电压源的电路符号如图 1−22(a)所示,图 1−22(b)为其伏安特性曲线。

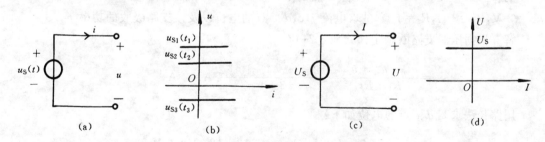

图 1 − 22　电压源及其伏安特性曲线

直流电压源的电压是一与时间无关的常数 U_S,其电路符号及伏安曲线分别如图 1−22(c)和(d)所示。由电压源的伏安曲线可以看出,电压源的端电压 u 与流过它的电流 i 无关,恒有 $u(t)=\pm u_S(t)$。当 u 与 u_S 方向一致时,取"$+$",反之取"$-$"。流过电压源的电流取决于外电路,并与 u_S 有关,例如 10 V 压源作用于 10 Ω 电阻上时,压源输出电流为 1 A,而当作用于 5 Ω 电阻上时,输出电流为 2 A。

图 1-23(a)为压源串电阻的支路,简称压源支路,其伏安关系为

$$u = R_1 i + u_{S1} + R_2 i - u_{S2} = u_{S1} - u_{S2} + (R_1 + R_2)i$$

或

$$i = \frac{u - u_{S1} + u_{S2}}{R_1 + R_2}$$

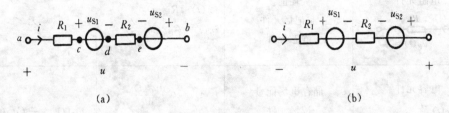

图 1-23 含压源的电阻支路

若支路电压 u 的极性反过来如图 1-23(b)所示,则支路电流

$$i = \frac{-u - u_{S1} + u_{S2}}{R_1 + R_2}$$

推广到一般情况,对于 n 个压源、m 个电阻相串联的支路,支路电流 i_b 的表达式的普遍形式为

$$i_b = \frac{\pm u_b + \sum_1^n u_S}{\sum_1^m R} \tag{1-21}$$

式中,u_b 为支路电压,当 u_b 与 i_b 方向关联时,取"+",反之取"-";$\sum u_S$ 为支路中各压源电压的代数和,当压源的电位升方向与支路电流方向一致时,取"+",反之取"-";$\sum R$ 为支路各电阻之和。式(1-21)称为压源支路欧姆定律,电路中常用式(1-21)分析压源支路的电流,既直接,又简便。

例 1-10 图 1-23(a)中,若 a 点的电位 $u_a = 12$ V,b 点电位 $u_b = -4$ V,$u_{S1} = 10$ V,$u_{S2} = 2$ V,$R_1 = 3$ Ω,$R_2 = 1$ Ω,试求电流 i,c,d,e 点的电位以及该支路吸收的功率 p。

解 根据压源支路欧姆定律式(1-21)有

$$i = \frac{u_{ab} - u_{S1} + u_{S2}}{R_1 + R_2} = \frac{12 - (-4) - 10 + 2}{3 + 1} \text{ A} = 2 \text{ A}$$

用路径法求 c、d、e 点的电位如下:

$$u_c = u_{ca} + u_a = -R_1 i + u_a = (-3 \times 2 + 12) \text{ V} = 6 \text{ V}$$

$$u_d = u_{dc} + u_c = -u_{S1} + u_c = (-10 + 6) \text{ V} = -4 \text{ V}$$

$$u_e = u_{ed} + u_d = -R_2 i + u_d = (-2 - 4) \text{ V} = 6 \text{ V}$$

以上均由左边路径求得,读者试由右边路径进行计算,并验证之。

$a-b$ 支路吸收的功率

$$p = u_{ab} i = (u_a - u_b)i = \{[12 - (-4)] \times 2\} \text{ W} = 32 \text{ W}$$

22

二、电流源

电流源(简称流源)也是一个有源二端元件,它为电路提供一个随时间按一定规律变化的电流 $i_S(t)$,且该电流与元件的端电压 $u(t)$ 无关。图 1-24 给出了 $i_S(t)$ 和 I_S(恒定电流)的电

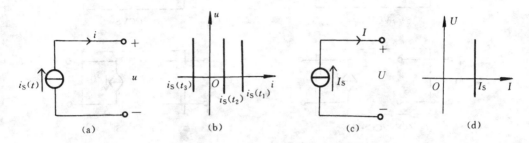

图 1-24 电流源及其伏安特性曲线

路符号及伏安特性曲线。由电流源的伏安曲线可以看出,电流源的输出电流 i 与其端电压 u 无关,恒有 $i(t)=\pm i_S(t)$。式中"+"号对应于 i 与 i_S 方向一致的情况,"-"号对应于相反的情况。电流源的端电压取决于外电路,且与 $i_S(t)$ 有关,例如图 1-25(a)~(d)电路中,根据欧姆定律,电流源的端电压分别为:$U_1=1\text{ V}$、$U_2=2\text{ V}$、$U_3=-4\text{ V}$ 及 $U_4=0$。初学者在分析电路时,往往未考虑流源的端电压,而将其误认为零,这是非常错误的,要特别注意。

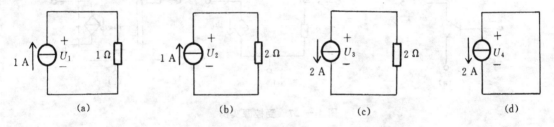

图 1-25 电流源端电压与外电路及 i_S 有关

上述的电压源 $u_S(t)$ 和电流源 $i_S(t)$ 均与电路中其他的物理量无关,这种电源称为独立源。独立源在电路中可能供出能量,也可能吸收能量,它们不满足式(1-1),故为有源元件。

以上介绍了电阻、电容、电感、电压源和电流源,其固有的物理量分别是 R、C、L、$u_S(t)$ 和 $i_S(t)$,它们均由元件本身的特性所确定,故称为元件的特性参数,简称参数。

三、受控源

除上述介绍的独立源外,还有另一种与之不尽相同的电源,这种电源的特点是其电压(或电流)受电路中某个电压或电流所控制,故而称为受控源,也称非独立源。根据电源参数与控制量的关系,受控源可分为电压控制的电压源(VCVS)、电流控制的电压源(CCVS)、电压控制的电流源(VCCS)和电流控制的电流源(CCCS)四种,它们分别简称为压控压源、流控压源、压控流源和流控流源。若受控压源的电压及受控流源的电流与控制它的量成正比,则这种受控源称为线性受控源(本书只分析这类)。为区别于独立源,受控源用菱形符号表示,如图 1-26 所示。受控源属于四端元件,其中一对端子为受控压源或流源的输出端钮,另一对为控制电压或控制电流所对应的端钮。图中,μ、r、g 和 β 称为受控源的参数,μ 和 β 无量纲,r 和 g 的量纲分别是欧姆(Ω)和西门子(S)。

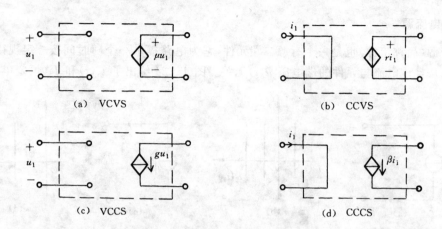

(a) VCVS (b) CCVS

(c) VCCS (d) CCCS

图 1 − 26 四种受控源的电路模型

受控源是某些电子器件的抽象模型,图 1−27 所示即为一例。图 1−27(a)为半导体三极管的电路符号,图(b)是三极管的近似电路模型,它可画成图(c)形式,其中虚线方框所示部分就是流控流源的电路模型。受控源在电路中可能供出能量,也可能吸收能量,它们不满足式(1−1),故为有源元件(见例 1−14)。

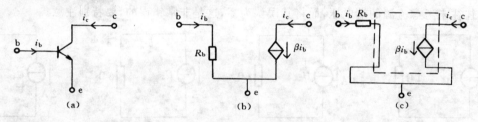

图 1 − 27 受控源实例

电路分析中,对受控源的处理与独立源一样,只不过其控制量是一未知量而已,但它可通过电路分析求得。

第六节 观 察 法

对于某些含源电阻电路,可直接根据基尔霍夫定律、电压路径法、欧姆定律及压源支路欧姆定律逐个求出各元件的电流和电压(不需列出联立方程求解),这种分析方法称为观察法,下面举例说明。

例 1 −11 (1) 求图 1−28(a)所示电路的 I_1、I_2、U_2、U_S、R_1 及 R_2;(2) 图 1−28(b)电路中,开关 S 合时,电流表读数为 1 A,试求 S 开、S 合两种情况下的 U_a、I_1 和 I_2(设电流表内阻很小,忽略不计)。

解

(1) 图(a):

$$I_2 = \frac{3}{2} \text{ A} = 1.5 \text{ A}$$

$$U_2 = (-3+5) \text{ V} = 2 \text{ V}$$

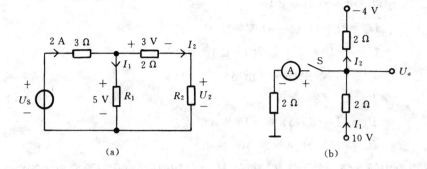

图 1-28 例 1-11 电路

$$R_2 = \frac{U_2}{I_2} = \frac{2}{1.5} \ \Omega \approx 1.33 \ \Omega$$

$$I_1 = 2 - I_2 = 0.5 \ \text{A}$$

$$R_1 = \frac{5}{I_1} = 10 \ \Omega$$

$$U_S = (2 \times 3 + 5) \ \text{V} = 11 \ \text{V}$$

(2) 图 b：

S 开时　　　$I_1 = I_2 = \dfrac{10 - (-4)}{2 + 2} \ \text{A} = 3.5 \ \text{A}$

　　　　　　$U_a = -2I_1 + 10 = 3 \ \text{V}$

S 合时　　　$U_a = (2 \times 1) \ \text{V} = 2 \ \text{V}$

　　　　　　$I_1 = \dfrac{10 - U_a}{2} = \dfrac{10 - 2}{2} \ \text{A} = 4 \ \text{A}$

　　　　　　$I_2 = \dfrac{U_a - (-4)}{2} = \dfrac{2 + 4}{2} \ \text{A} = 3 \ \text{A}$

例 1-12　试求图 1-29 电路中所示的电压、电流(不包括虚线所示)及功率。

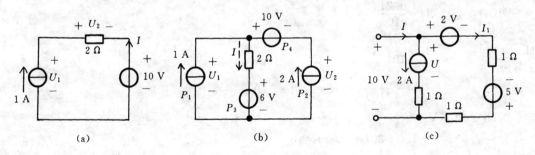

图 1-29　例 1-12 电路

解

图(a)：　　　$I = -1 \ \text{A}$

　　　　　　$U_2 = (2 \times 1) \ \text{V} = 2 \ \text{V}$

　　　　　　$U_1 = U_2 + 10 = 12 \ \text{V}$

图(b)：设电流 I(虚线所示)，于是有

$$I=(1+2)\ A=3\ A$$

$$U_1=2I+6=(6+6)\ V=12\ V$$

$$U_2=-10+U_1=(-10+12)\ V=2\ V$$

$$P_1=U_1\times1=12\ W\ (供出)$$

$$P_2=U_2\times2=4\ W\ (供出)$$

$$P_3=6I=(6\times3)\ W=18\ W\ (吸收)$$

$$P_4=(10\times2)\ W=20\ W\ (供出)$$

思考：更改中间支路哪个元件参数可使 $U_1=0$,如何改？更改后,它对各支路电流和各电源功率有何影响？

图(c)：由压源支路欧姆定律有

$$I_1=\frac{10-2+5}{1+1}\ A=\frac{13}{2}\ A=6.5\ A$$

于是 $$I=2+I_1=8.5\ A$$

$$U=(10-2\times1)\ V=8\ V$$

例 1—13 (1) 求图 1—30(a)所示电路的电流 I_2;(2) 求图(b)所示电路的 I 及 U_{ab}。

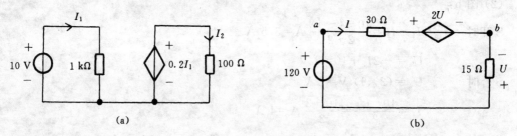

(a)   (b)

图 1—30 例 1—13 电路

解

图(a)： $$I_2=\frac{0.2I_1}{100}$$

而 $$I_1=\frac{10}{10^3}\ A=10^{-2}\ A$$

于是 $$I_2=\frac{0.2\times10^{-2}}{100}\ A=2\times10^{-5}\ A$$

图(b)：由 KVL 有

$$-120+30I+2U-U=0$$

而 $$U=-15I$$

故 $$-120+30I-15I=0$$

$$I=8\ A$$

$$U_{ab}=120-15I=0$$

或 $$U_{ab}=30I+2U=30I+2(-15I)=0$$

思考：若将图中 a、b 两点短接,试问此时电路中电压、电流有无改变？短路线中的电流为多少？

例 1—14 (1) 求图 1—31(a)所示电路的 I_1、I_2、U、$P_{吸}$ 和 R_x;(2) 求图 1—31(b)所示电

26

路的 U_{S1} 和 $P_{吸}$。

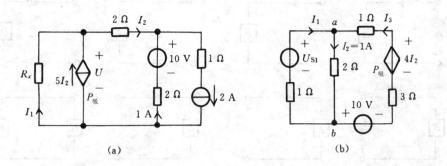

图 1—31 例 1—14 电路

解

图(a)：
$$I_2 = (2-1) \text{ A} = 1 \text{ A}$$
$$U = 2I_2 + 10 - 2 \times 1 = 10 \text{ V}$$
$$I_1 = I_2 - 5I_2 = -4I_2 = -4 \text{ A}$$
$$P_{吸} = -U \times 5I_2 = -50 \text{ W}（供出 50 \text{ W}）$$
$$R_x = -\frac{U}{I_1} = -\frac{10}{-4} \text{ Ω} = 2.5 \text{ Ω}$$

图(b)：
$$U_{ab} = 2I_2 = (2 \times 1) \text{ V} = 2 \text{ V}$$
$$I_3 = \frac{U_{ba} - 10 + 4I_2}{1+3} = \frac{-2-10+4}{4} \text{ A} = -2 \text{ A}$$
$$I_1 = I_2 - I_3 = [1-(-2)] \text{ A} = 3 \text{ A}$$
$$U_{S1} = U_{ab} + 1 \times I_1 = (2+3) \text{ V} = 5 \text{ V}$$
$$P_{吸} = -4I_2 \times I_3 = 8 \text{ W}$$

由上面各例看出,观察法灵活简便,概念清楚。观察法解题的关键是要找准切入点。观察法的应用非常广泛,要牢固掌握,学会观察电路并进行分析。需要说明的是,不是任何电路都可用观察法分析,后几章将逐步介绍其他的分析方法。

习　　　题

1—1 图示各元件:

(1) 元件 A 吸收功率为 10 W,求 U_a;

(2) 元件 B 吸收功率为 10 W,求 I_b;

(3) 求元件 C 吸收的功率;

(4) 元件 D 供出功率为 10 W,求 I_d;

(5) 求元件 E 吸收的功率;

(6) 元件 F 吸收功率为 10 W,求 U_f;

(7) 求元件 G 供出的功率;

(8) 元件 H、K 是吸收还是供出功率,各为多少?

1—2 应用 KCL 求图示电路(各支路元件未画出)所示的未知电流。

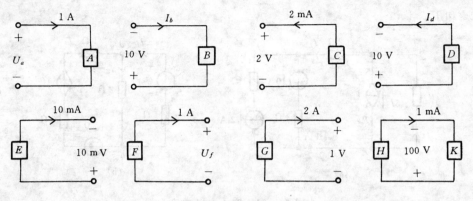

题 1-1 图

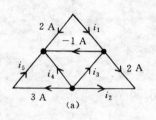 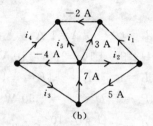

题 1-2 图

1-3 对题 1-2 图(b)电路,应用广义节点的 KCL,直接由图示的已知电流求 i_2 和 i_4 (必须画出广义节点的封闭面)。

1-4 求图中(各支路元件未画出)所示的未知电流。

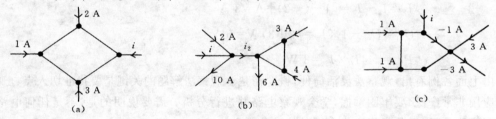

题 1-4 图

1-5 试用路径法求电路中所示的未知电压。不能确定的,试指出尚需知道哪些电压方可。

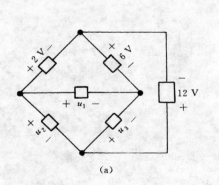 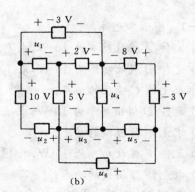

题 1-5 图

1—6 试计算图示电路各元件吸收的功率,并验证功率平衡。

1—7 求图中各电阻元件上所示的未知量(R 或 i 或 u)及功率。

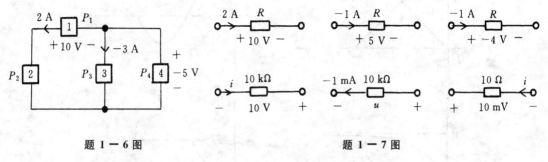

题 1—6 图   题 1—7 图

1—8 根据图所示各二端网络的伏安特性曲线确定其电阻值。

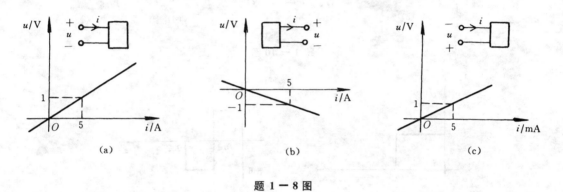

(a)   (b)   (c)

题 1—8 图

1—9 对图示电路:

(1) 求图(a)中的 R;

(2) 求图(b)中的 R_1、R_2 及 P_2;

(3) 求图(c)中的 I_1、I_2 及 P_2。

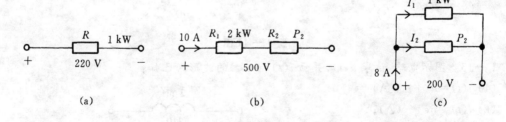

(a)   (b)   (c)

题 1—9 图

1—10 30 μF 的电容元件,其电压和电流方向关联。若电压波形如图所示,试求对应的电流波形。

1—11 求一无初始电压的 30 μF 电容元件的端电压波形,电容电流的波形如图所示。设电流与电压方向关联。

1—12 若上题中电容初始电压 $u(0)=10$ V,重解题 1—11。

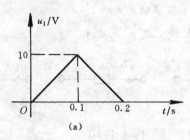

(a)

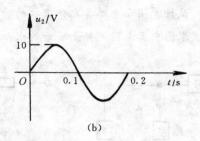

(b)

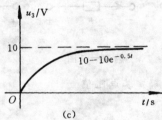

$10-10e^{-0.5t}$

(c)

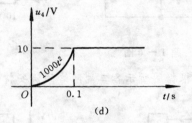

$1000t^2$

(d)

题 1－10 图

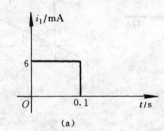

(a)

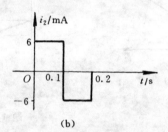

(b)

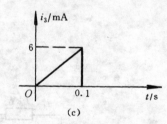

(c)

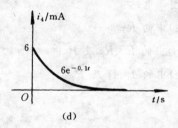

$6e^{-0.1t}$

(d)

题 1－11 图

1－13 图示电路，试求 $u(t)$，并画 $i(t)$ 和 $u(t)$ 的波形。已知：

(1) $i(t)=4t+2$　(A)；

(2) $i(t)=6e^{-2t}$　(A)；

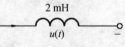

题 1－13 图

(3) $i(t)=4\cos 10t$　(A)；

(4) $i(t)=6$ A。

1－14 对图示支路

(1) 求图(a)中的 I 及支路消耗的功率；

(2) 求图(b)中的 I；

(3) 图(c)中，a 点和 b 点的电位分别为 -3 V 和 4 V（见图中所示），试求支路电流 I 及 C

30

点的电位 U_c（分别由两条不同路径求解）；

（4）图(d)中,a 点和 b 点的电位分别为 4 V 和 −6 V,试求 I 及 c 点的电位 U_c。

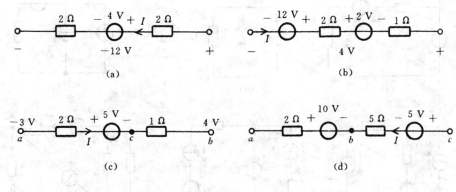

题 1 — 14 图

1 — 15 求图示各电路中 a、b、c 点的电位 u_a、u_b、u_c。

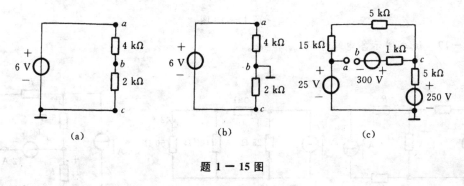

题 1 — 15 图

1 — 16

（1）用观察法求图(a)电路的 I_1、I_2 及 N 网络所消耗的功率 P；

（2）用观察法求(b)图所示电路的 I_1、I_2、U_S 和 U_{ab}（分别由几条不同路径计算）。

1 — 17

（1）图示电路当以 d 点为参考点（即 $U_d=0$）时,a 点和 b 点的电位分别为 $U_a=2.5$ V 和 $U_b=−2.5$ V,试用压源支路欧姆定律和欧姆定律求各支路电流及 R_3；

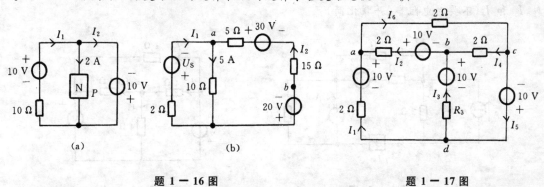

题 1 — 16 图　　　　　　　　　　题 1 — 17 图

（2）R_3 不变,若以 b 点为参考点（$U_b=0$）,试求 U_a、U_c 和 U_d。

1－18 试求图中各电路所示的电压和电流。

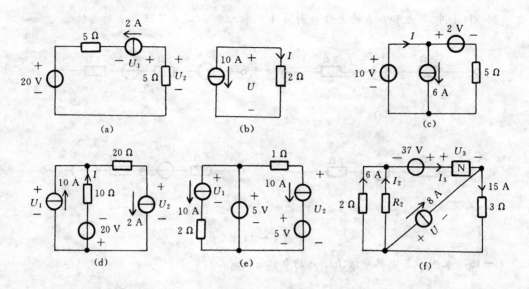

题 **1－18** 图

1－19 试求图示各电路中的 i_x 和 u_x。

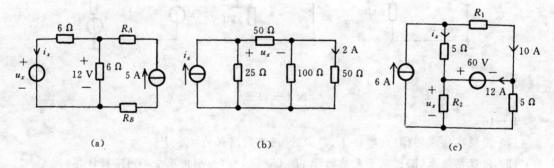

题 **1－19** 图

1－20 试求图中所示的 I、U 和 P_x。

1－21 图示电路中，电压表读数为 11 V（电压表内阻视为无穷大）。试用观察法求 I_1、I_2、I_3 和 I_4（不要对电阻串、并联化简）。

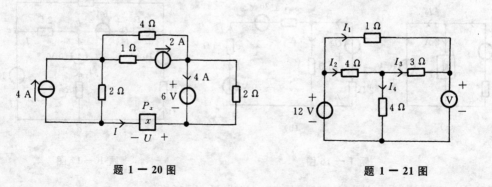

题 **1－20** 图   题 **1－21** 图

1—22

(1) 求图(a)所示电路的 I_1、I_2、I_3 和 I_4;

(2) 求图(b)中的 U_{ac} 和 U_{bd}:① a、b 端开路;② a 端输入电流 0.1 A。

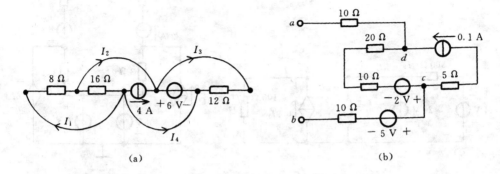

(a)   (b)

题 1—22 图

1—23　求图中的 U_2 和 U_{ab}。

1—24　如图示电路。

(1) $R=3\ \Omega$、$I_1=2\ A$,求 I_S;

(2) I_S 不变,R 支路断开,求 U_{ab};

(3) I_S 不变,$R=0$,求 I_1。

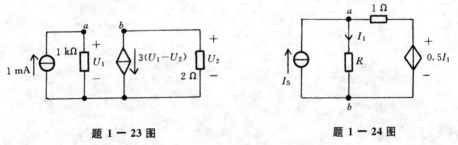

题 1—23 图　　　　题 1—24 图

1—25

(1) 求图(a)中的 I;

(2) 求图(b)中的 U_a 和 U_b。

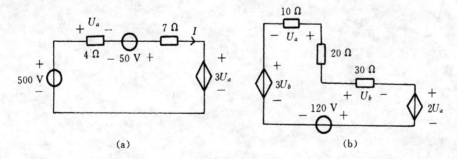

(a)   (b)

题 1—25 图

1—26　求图示电路中的 U 和 U_{ab}。

1—27 求图示电路中的 u_{ab} 。

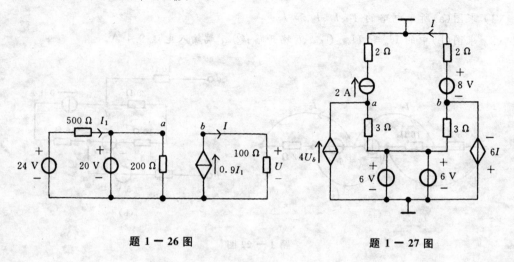

题 1—26 图　　　　　　　　　题 1—27 图

第二章 电路的等效分析

本章主要内容：网络(电路)的等效概念；电阻串、并联的等效及分压、分流公式；简单电阻电路的分析；实际电压源与实际电流源的等效互换；电阻 Y—△等效互换；无独立源二端网络输入电阻的三种分析方法；运算放大器(简称运放)外部特性及等效电路的简介；理想运放的"虚断"、"虚短"特性及理想运放电路的分析(观察法)；电路的对偶性等。

第一节 等效概念与电阻的等效分析

两个网络 N_1 和 N_2，如果它们端钮上的伏安关系完全相同或伏安曲线重合，则该两网络称为等效网络。在等效网络端钮外部接以相同电路时，外电路中电压、电流的分布情况将完全一样，由此可见，两网络等效是对端钮外部而言的。一般情况是将复杂网络等效转换为简单网络。

一、电阻的串联与分压

图 2-1(a)为 n 个电阻串联的二端网络，其端口的伏安关系为

$$u = u_1 + u_2 + \cdots + u_n = (R_1 + R_2 + \cdots + R_n)i = R_{eq}i$$

式中

$$R_{eq} = R_1 + R_2 + \cdots + R_n = \sum_1^n R$$

由上可得图 2-1(a)的等效网络如图 2-1(b)所示，图中 R_{eq} 称为图 2-1(a)所示二端网络的等效电阻，它也可用 R_{ab} 表示。

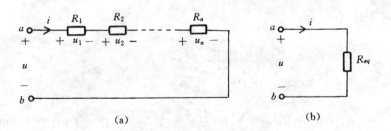

(a)   (b)

图 2-1 电阻的串联

图 2-1(a)中，电阻 R_k 的电压

$$u_k = R_k i = \frac{R_k}{\sum\limits_1^n R} \cdot u \tag{2-1}$$

式(2-1)称为串联电阻的分压公式。分压公式表明，各串联电阻的电压与其电阻成正比，它们均小于输入电压。

图 2-1(a)中各电阻消耗的功率分别为

$$p_1 = i^2 R_1 , \quad p_2 = i^2 R_2 , \quad \cdots , \quad p_n = i^2 R_n$$

用 R_{eq} 代替 n 个电阻后，R_{eq} 消耗的功率

$$p = i^2 R_{eq} = i^2 R_1 + i^2 R_2 + \cdots + i^2 R_n = p_1 + p_2 + \cdots + p_n$$

可见，R_{eq} 消耗的功率等于各串联电阻消耗的功率之和，这一关系正是等效的必然结果。

例 2-1 图 2-2 所示为一分压电路。设电源电压 $U_S = 100$ V，$R_1 + R_2 + R_3 + R_4 = 10$ kΩ。转换开关 S 与点 1、2、3 相接时，要求输出的空载电压(未接负载，即开路电压) U 分别为 10 V、1 V 及 0.1 V，试求 R_1、R_2、R_3 和 R_4 的值。

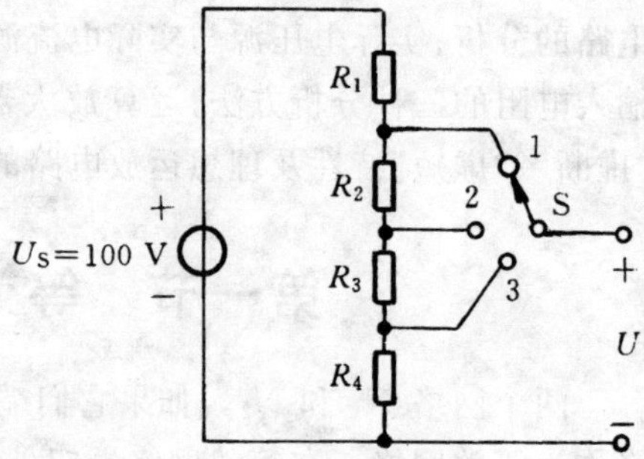

解 因为输出端空载，故 R_1、R_2、R_3 和 R_4 为串联。S 与点 3 接通时，输出电压为

$$U = U_3 = \frac{R_4}{\sum\limits_{1}^{4} R} U_S = \frac{R_4}{10} \times 100 = 10 R_4$$

要求 $U_3 = 0.1$ V，故

$$R_4 = \frac{U_3}{10} = \frac{0.1}{10} \text{ kΩ} = 0.01 \text{ kΩ} = 10 \text{ Ω}$$

当 S 与点 2 接通时，输出电压

$$U = U_2 = \frac{R_3 + R_4}{\sum\limits_{1}^{4} R} U_S$$

$$R_3 + R_4 = \left(\sum\limits_{1}^{4} R \right) \frac{U_2}{U_S} = \frac{10 \times 1}{100} \text{ kΩ} = 0.1 \text{ kΩ} = 100 \text{ Ω}$$

$$R_3 = 100 - R_4 = (100 - 10) \text{ Ω} = 90 \text{ Ω}$$

当 S 与点 1 接通时

$$U = U_1 = \frac{R_2 + R_3 + R_4}{\sum\limits_{1}^{4} R} U_S$$

$$R_2 + R_3 + R_4 = \left(\sum\limits_{1}^{4} R \right) \frac{U_1}{U_S} = \frac{10 \times 10}{100} \text{ kΩ} = 1 \text{ kΩ} = 1\,000 \text{ Ω}$$

$$R_2 = 1\,000 - (R_3 + R_4) = (1\,000 - 100) \text{Ω} = 900 \text{ Ω}$$

于是

$$R_1 = \sum\limits_{1}^{4} R_j - \sum\limits_{2}^{4} R_j = (10 - 1) \text{ kΩ} = 9 \text{ kΩ}$$

图 2-2 例 2-1 电路

这里需要指出，只有当输出端开路(空载)时，才能应用分压公式。若输出端接有负载时，上述分析必须考虑负载电阻。

电压表是串联电阻电路的一个实例。指示仪表的核心是表头，表头的内阻和满度电流分

36

别设为 R_g 和 I_g。所谓满度电流,是指表头允许通过的最大电流,在此电流作用下,指针处于满刻度位置。满度电流 I_g 很小,一般为微安级,表头内阻 R_g 也不大,因此表头直接可测的最大电压 $U_g = R_g I_g$ 很小,无实用性。为测量大于 U_g 的电压,必须与表头串一电阻 R_f,如图2-3(a)所示,R_f 称为分压电阻。分压电阻的大小取决于电压表的量程 U_m(指针满度时,电压表两端的电压)、表头内阻 R_g 及满度电流 I_g。

例2-2 图2-3(a)中,$R_g = 1\ \text{k}\Omega$、$I_g = 50\ \mu\text{A}$,电压表量程 $U_m = 10\ \text{V}$,试求分压电阻 R_f。

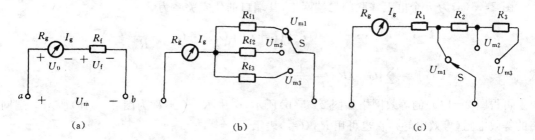

图2-3 电压表电路

解 $U_m = 10\ \text{V}$ 时,表头指针满度,故

$$R_{ab} = \frac{U_m}{I_g} = \frac{10}{50 \times 10^{-6}}\ \Omega = (2 \times 10^5)\ \Omega = 200\ \text{k}\Omega$$

$$R_f = R_{ab} - R_g = (200 - 1)\ \text{k}\Omega = 199\ \text{k}\Omega$$

电压表亦可做成多量程的,其电路如图2-3(b)、(c)所示,分析方法与上类似。

图2-4(a)中,R_1 与 R_2 串联,R_3 与 R_4 串联,若 $R_1/R_2 = R_3/R_4$,则由分压公式有

$$u_1 = \frac{R_1}{R_1 + R_2}u = \frac{\dfrac{R_2 R_3}{R_4}}{\dfrac{R_2 R_3}{R_4} + R_2}u = \frac{R_3}{R_3 + R_4}u = u_3$$

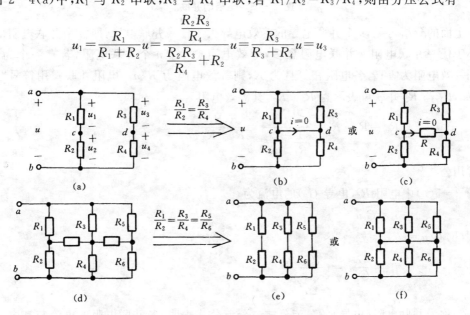

图2-4 用分压原理分析平衡电桥

$u_1 = u_3$ 意味着 c 点与 d 点等电位,因此将 c、d 两点短接(图b)或接一电阻 R(图c)时,电路各处电压、电流不变,c、d 连线上的电流为零。图2-4(c)电路称为电桥电路。c、d 之间电流 $i = 0$ 时,称为平衡电桥。平衡电桥的条件是 $R_1/R_2 = R_3/R_4$ 或 $R_1 R_4 = R_2 R_3$(常用此式)。电桥平

衡原理广泛用于各种测量电路中。图2-4(c)平衡电桥可等效为图(a)、(b)所示的 c、d 开路和 c、d 短路两种情况。

以上是根据串联电阻的分压原理对平衡电桥的分析。根据这一分析,图 2-4(d)电路在满足 $R_1/R_2 = R_3/R_4 = R_5/R_6$ 条件时,则可等效为图 2-4(e)或(f)。

二、电阻的并联与分流

图 2-5(a)为 n 个电阻并联的二端网络,其端口的伏安关系为

$$i = i_1 + i_2 + \cdots + i_n = (G_1 + G_2 + \cdots + G_n)u = G_{eq}u = \frac{u}{R_{eq}}$$

式中

$$G_{eq} = \sum_1^n G, \quad R_{eq} = \frac{1}{G_{eq}}$$

由上可得图 2-5(a)的等效网络如图 2-5(b)所示,图中 $R_{eq}(G_{eq})$ 称为图 2-5(a)所示二端网络的等效电阻(等效电导),它也可用 $R_{ab}(G_{ab})$ 表示。

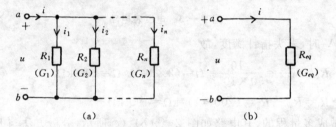

图 2-5 电阻的并联

由上面的分析可见,n 个并联电导的等效电导大于任一并联电导,即 n 个并联电阻的等效电阻小于任一并联电阻。并联电阻愈多,等效电阻愈小。n 个并联电阻,若有一个为零(短路),则等效电阻为零;若各电阻相等且为 R,则等效电阻为 R/n。电阻并联常用符号"//"表示,例如,R_1 与 R_2 并联可表示为 $R_1 // R_2$,其等效电阻

$$R_{eq} = R_1 // R_2 = \frac{1}{\frac{1}{R_1} + \frac{1}{R_2}} = \frac{R_1 R_2}{R_1 + R_2}$$

这是常用公式。

图 2-5(a)中电阻 R_k(电导 G_k)的电流为

$$i_k = G_k u$$

而由图(b)有 $u = i/G_{eq}$,故

$$i_k = \frac{G_k}{G_{eq}} i = \frac{G_k}{\sum\limits_1^n G} i \qquad\qquad (2-2)$$

式(2-2)称为并联电阻(电导)的分流公式。分流公式表明,各并联电阻的电流与其电导成正比或与电阻成反比,它们都小于输入电流 i。根据式(2-2),R_1 与 R_2 并联时,R_1、R_2 中的电流分别为

$$i_1 = \frac{R_2}{R_1 + R_2} i, \quad i_2 = \frac{R_1}{R_1 + R_2} i \qquad\qquad (2-3)$$

式(2-3)也是常用公式。

电流表是并联电阻电路的一个实例。表头满度电流 I_g 很小,若要测大于 I_g 的电流,就必须与表头并一电阻 R_p,如图 2-6(a)所示,否则表头会被烧毁。R_p 称为分流电阻,其大小取决于电流表的量程 I_m 以及表头的内阻 R_g 和满度电流 I_g。

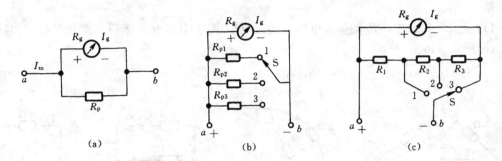

图 2-6 电流表电路

例 2-3 图 2-6(a)中,$R_g=1$ kΩ,$I_g=50$ μA,电流表量程 $I_m=1$ A。试求分流电阻 R_p。

解 在 $I_m=1$ A 作用下,指针满度,故

$$R_p = \frac{R_g I_g}{I_m - I_g} = \left(\frac{10^3 \times 50 \times 10^{-6}}{1 - 50 \times 10^{-6}}\right) \ \Omega = 0.05 \ \Omega$$

实际应用中,电流表常做成多量程的,其对应电路如图 2-6(b)所示,这种电路的主要缺点是,开关转换瞬间或接触不良时,被测电流全部通过表头,表头可能被烧毁。一种改进的电路如图 2-6(c)所示,在此不再分析。

三、电阻的混联及混联电路的分析

电阻串联与并联相结合的连接称为混联。电阻混联的二端网络可以通过电阻串、并联化简,最后等效为一个电阻。混联电路各元件的电压和电流可通过 KCL、KVL 和分压、分流公式求得。

例 2-4 如图 2-2 中,已知 $U_s=100$ V、$R_1=9$ kΩ,$R=R_2+R_3+R_4=1$ kΩ。开关 S 与点 1 相接时,输出的开路电压 $U=10$ V。若用内阻 R_v 分别为 10 kΩ 和 30 kΩ 的电压表测量此开路电压,试求测得的 $U=$?

解

(1) $R_v=10$ kΩ 时,

$$R /\!/ R_v = \frac{1 \times 10}{1 + 10} \text{ kΩ} = \frac{10}{11} \text{ kΩ}$$

$$U = \left[\frac{10/11}{9 + (10/11)} \times 100\right] \text{ V} = \frac{1\,000}{109} \text{ V} = 9.17 \text{ V}$$

(2) $R_v=30$ kΩ 时,

$$R /\!/ R_v = \left(\frac{1 \times 30}{1 + 30}\right) \text{ kΩ} = \frac{30}{31} \text{ kΩ}$$

$$U = \left[\frac{30/31}{9 + (30/31)} \times 100\right] \text{ V} = \frac{3\,000}{309} \text{ V} = 9.71 \text{ V}$$

39

可见,电压表测量开路电压时,测得之值总比理论值小,电压表内阻愈小,误差愈大;内阻愈大,误差愈小。只有当电压表内阻远大于被测两端的电阻时,测量值才近似为理论值。

例 2—5 (1) 试求图 2—7(a)电路中 a、b 端等效电阻 R_{ab};(2) 若 a、b 之间输入电压 u 为 10 V,试求各电阻的电流及 cd 线中的电流。

解

(1) 图 2—7(a)中,a、b 端等效电阻可通过电阻串、并联简化法求得。简化过程如图(b)、(c)、(d)所示。由图(d),

$$R_{ab}=(4+6)\ \Omega=10\ \Omega$$

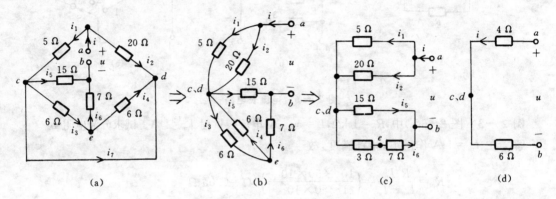

图 2—7 例 2—5 电路

(2) 求各电流。由图(d)有

$$i=\frac{u}{R_{ab}}=\frac{10}{10}\ \text{A}=1\ \text{A}$$

返回到图(c)有

$$i_1=\left(\frac{20}{5+20}i\right)=0.8\ \text{A},\quad i_2=\left(\frac{5}{5+20}i\right)=0.2\ \text{A}$$

$$i_5=\left[\frac{3+7}{15+(3+7)}i\right]=0.4\ \text{A},\quad i_6=\left[\frac{15}{15+(3+7)}i\right]=0.6\ \text{A}$$

由图(b)得

$$i_3=\frac{i_6}{2}=0.3\ \text{A},\quad i_4=-\frac{i_6}{2}=-0.3\ \text{A}$$

最后由图(a)求得

$$i_7=-i_2-i_4=(-0.2+0.3)\ \text{A}=0.1\ \text{A}$$

或

$$i_7=i_1-i_3-i_5=(0.8-0.3-0.4)\ \text{A}=0.1\ \text{A}$$

通过上例看出,在简化电路时,为了不易出错,最好以字母标明各节点。由最后的简化电路求出输入电流 i 后,必须逐步返回到前面各电路,以求得其余的电流和电压。

图 2—8(a)所示为二节梯形电路,当已知电源电压 u_S 及各电阻时,可用上例方法通过简化电路求出输入电阻、输入电流,再用分流、分压公式求得各电阻的电流和电压。但这种方法对于节数较多的梯形电路来说很烦琐,即使节数少但并联电阻值不易计算时,也很复杂。这里

介绍一种简便易算的方法。图 2-8 所示电路只有一个激励源,只有一个电源激励的线性电路,响应与激励成正比,根据这一特性,我们可以先假设 R_6 中的电流为 i_6'(一般取为 1 A),然后根据 KCL、KVL 和欧姆定律逐次往前(电源端)推算,最后求出 u_S'。一般情况下 $u_S' \neq u_S$,因此由 i_6' 求出的各电流、电压需要乘一修正系数 K 才能得到真实值。根据比例性,修正系数 $K = u_S / u_S'$,于是

$$i_k = K i_k', \quad u_k = K u_k' \quad (k = 1, 2, \cdots, n)$$

例 2-6　图 2-8 所示为二节梯形电路,已知:$u_S = 20$ V,$R_1 = 4$ Ω,$R_2 = 5$ Ω,$R_3 = R_4 = 4$ Ω,$R_5 = 2$ Ω,$R_6 = 1$ Ω。求:$i_1 - i_6$。

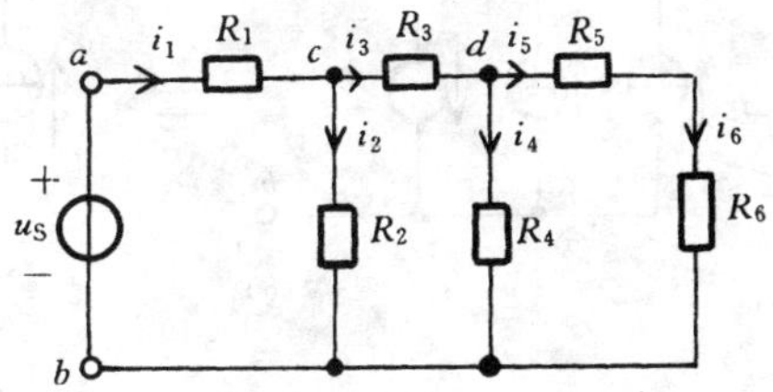

解　设 $i_6' = 1$ A,则 $i_5' = i_6' = 1$ A

$$u_{db}' = (R_5 + R_6) i_5' = 3 \text{ V}$$

$$i_4' = \frac{u_{db}'}{R_4} = \frac{3}{4} \text{ A} = 0.75 \text{ A}$$

$$i_3' = i_4' + i_5' = (0.75 + 1) \text{ A} = 1.75 \text{ A}$$

$$u_{cb}' = R_3 i_3' + u_{db}' = (4 \times 1.75 + 3) \text{ V} = 10 \text{ V}$$

$$i_2' = \frac{u_{cb}'}{R_2} = \frac{10}{5} \text{ A} = 2 \text{ A}$$

$$i_1' = i_2' + i_3' = (2 + 1.75) \text{ A} = 3.75 \text{ A}$$

$$u_S' = R_1 i_1' + u_{cb}' = (4 \times 3.75 + 10) \text{ V} = 25 \text{ V}$$

图 2-8　例 2-6 电路

修正系数　　　　$K = \dfrac{u_S}{u_S'} = \dfrac{20}{25} = 0.8$

由　　　　　　$i_k = K i_k' \quad (k = 1, 2, \cdots, 6)$

得　　　　　　$i_1 = 3$ A,　$i_2 = 1.6$ A,　$i_3 = 1.4$ A,　$i_4 = 0.6$ A,　$i_5 = i_6 = 0.8$ A

上述分析方法称为比例性法。节数多的 T 形网络用计算机编程计算最为简便。

第二节　独立电源的等效分析

一、独立电源的串并联

若干个独立压源可以串联,而只有电压相等、极性相同的独立压源才能并联,否则违反 KVL;若干个独立流源可以并联,而只有电流相等、方向相同的独立流源才能串联,否则违反 KCL。根据等效条件,上述情况可分别等效为一个电压源和一个电流源,如图 2-9 所示。

电压源的输出电压和电流源的输出电流均与外电路无关,因此电压源与任何二端网络 N(不能短路)并联所构成的二端网络仍等效为原电压源;电流源与任何二端网络 N(不能开路)串联所构成的二端网络仍等效为原电流源。图 2-10 表明了这两种情况。

应用以上基本等效变换,一个复杂的仅含电源的二端网络可等效为一个电源。图 2-11 给出了电路等效变换的过程。其实,图 2-11(a)可直接等效为图(d)所示的流源,因为由 KCL,图(a)的输入电流(a 端输入)为 $i_{S2} - i_{S1}$,而它与端口电压无关。

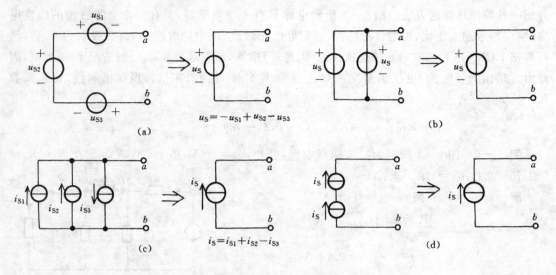

$u_S = -u_{S1} + u_{S2} - u_{S3}$

(a)

(b)

$i_S = i_{S1} + i_{S2} - i_{S3}$

(c)

(d)

图 2 — 9 　电源的串并联

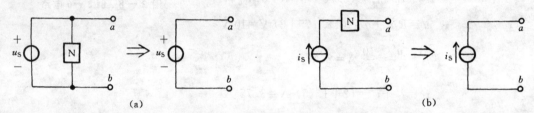

(a)

(b)

图 2 — 10 　电源与网络 N 的串并联

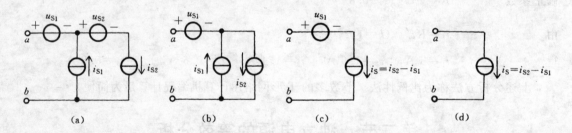

(a)　　　　　　(b)　　　　　　(c)　　　　　　(d)

图 2 — 11 　仅含电源的二端网络的等效

二、实际电压源和实际电流源的等效互换

图 2—12(a)和(b)分别为串电阻的压源和并电阻的流源,一般实际电源在其工作范围内的电路模型就是这两种形式,为了称呼简便,以后我们将它们分别称为实际压源和实际流源,图中的 R_1、R_2(G_1、G_2)称为它们的内阻(内导)。内阻等于零(内导无穷大)的实际压源称为理想压源,它正是第一章介绍的电压源;内阻为无穷大(内导为零)的实际流源称为理想流源,它正是第一章介绍的电流源。故电压源和电流源也分别称为理想压源和理想流源。

图 2—12(a)所示实际压源的伏安关系为

$$u = u_S - R_1 i \qquad\qquad\qquad (2-4)$$

式(2—4)对应的伏安曲线如图 2—12(c)所示。图 2—12(b)所示实际流源的伏安关系为

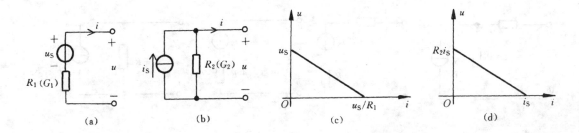

图 2－12 实际电源及其伏安曲线

$$i = i_S - \frac{u}{R_2}$$

或
$$u = R_2 i_S - R_2 i \qquad\qquad\qquad (2-5)$$

式(2－5)对应的伏安曲线如图 2－12(d)所示。对照式(2－4)和式(2－5)可以看出,若 $R_1 = R_2 = R_0$ 及 $u_S = R_0 i_S$(或 $i_S = u_S/R_0$),则式(2－4)与式(2－5)完全相同,它们对应的伏安曲线也完全重合,因此图 2－12(a)和(b)所示的实际压源和实际流源等效,可以互相等效转换。图 2－13 示出了实际压源与实际流源相互转换的情况。由图可见,实际电源互换时,内阻不变。实际压源转换为实际流源时,流源的电流 i_S 等于实际压源的短路电流;实际流源转换为实际压源时,压源的电压 u_S 等于实际流源的开路电压。

需要指出,实际压源和实际流源的等效只是对外部而言,至于内部,一般是不等效的。例如图 2－12(a)、(b)所示的电源,当它们开路时,实际压源不消耗功率,而实际流源却消耗功率,其值为 $i_S^2 R$。理想压源和理想流源不能相互转换,因为前者的内阻 $R_0 = 0$,而后者的内阻 $R_0 = \infty$。对于受控源,也有实际受控压源和实际受控流源之分,它们也可相互等效转换。理想受控压源与理想受控流源同样不能互相转换。

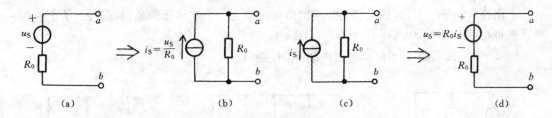

图 2－13 实际电源的等效互换

例 2－7 试将图 2－14(a)所示二端网络变换为最简形式。

解 应用实际压、流源转换,将图 2－14(a)变换为图(b)、(c)、(d)。各元件已示于图中,图(c)、(d)均为图(a)的最简形式。

例 2－8 试求图 2－15(a)所示二端网络的最简等效网络,并画出其端钮上的伏安曲线。

解 图 2－15(a)二端网络等效简化过程如图 2－15(b)~(f)所示,图(e)和图(f)均为图(a)的最简形式。由图(e)或(f)可得二端网络的伏安关系为

$$I = U - 1 \quad 或 \quad U = I + 1$$

它们对应的伏安曲线如图 2－15(g)所示。

43

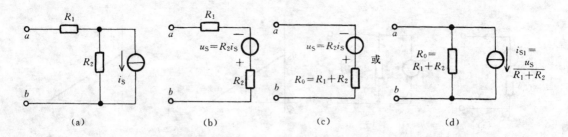

图 2 — 14   例 2—7 电路

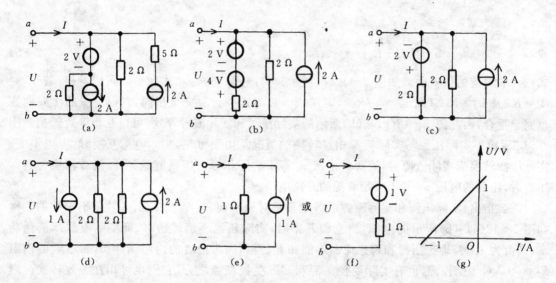

图 2 — 15   例 2—8 电路

上面两个例子表明,含独立源的二端网络可等效为一个实际压源或实际流源,关于它的一般证明将在第四章中介绍。

例 2—9   试求图 2—16(a)电路中的 I_1、I_2 及 I。

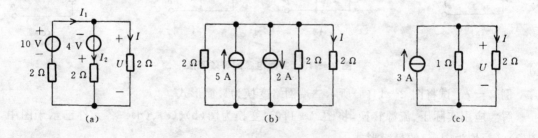

图 2 — 16   例 2—9 电路

解   将图 2—16(a)电路简化为图(b)、图(c),由图(c)有

$$I=\left(\frac{1}{1+2}\times 3\right) \text{A}=1 \text{A}, \quad U=2I=2 \text{V}$$

返回到图(a),根据压源支路欧姆定律可得

$$I_1 = \frac{-U+10}{2} = \frac{-2+10}{2} \text{ A} = 4 \text{ A}, \quad I_2 = \frac{U+4}{2} = \frac{2+4}{2} \text{ A} = 3 \text{ A}$$

该例亦可先求 I_1，然后再求其他电流,请读者分析应如何等效化简电路。

思考:图 2—17 所示两个二端网络是否等效?

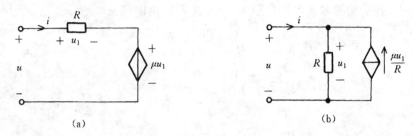

(a)   (b)

图 2 — 17   思考电路

第三节   电阻星形连接与三角形连接的等效互换

在电路中,有时会遇到如图 2—18 所示的电阻连接,其中图(a)称为电阻的星形连接或 Y 形连接,图(b)称为电阻的三角形连接或△形连接,它们均属于三端网络。根据等效的概念,若 Y 形连接与△形连接对应端钮的伏安关系完全相同,则它们等效。下面分析当 Y 形连接与△形连接等效时,其各电阻之间的关系。

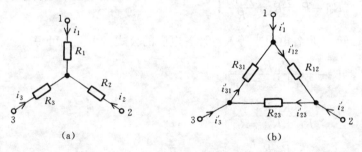

(a)   (b)

图 2 — 18   电阻 Y 形与△形连接

设图 2—18(a)和(b)各对应端钮之间的电压相同,分别为 u_{12}、u_{23} 和 u_{31}。图 2—18(a)中,各端钮输入电流分别为 i_1、i_2 和 i_3,于是

$$u_{12} = R_1 i_1 - R_2 i_2 \tag{2—6}$$

$$u_{23} = R_2 i_2 - R_3 i_3 \tag{2—7}$$

$$i_1 + i_2 + i_3 = 0 \tag{2—8}$$

式(2—6)、(2—7)和(2—8)是一组独立方程[①],由它们解得电流与电压的关系如下:

$$i_1 = \frac{R_3}{R_1 R_2 + R_2 R_3 + R_{31}} u_{12} - \frac{R_2}{R_1 R_2 + R_2 R_3 + R_3 R_1} u_{31} \tag{2—9}$$

---

① 由图 2—18(a)还可列出 $u_{31} = R_3 i_3 - R_1 i_1$ 方程,但不独立,因为它可由式(2—6)与式(2—7)之和得到。而式(2—6)、式(2—7)和式(2—8)之间没有依附关系,所以它们是一组独立方程。

$$i_2 = \frac{R_1}{R_1 R_2 + R_2 R_3 + R_3 R_1} u_{23} - \frac{R_3}{R_1 R_2 + R_2 R_3 + R_3 R_1} u_{12} \qquad (2-10)$$

$$i_3 = \frac{R_2}{R_1 R_2 + R_2 R_3 + R_3 R_1} u_{31} - \frac{R_1}{R_1 R_2 + R_2 R_3 + R_3 R_1} u_{23} \qquad (2-11)$$

图 2-18(b)中,各端钮的输入电流分别为 i_1'、i_2' 及 i_3'。由图可见

$$i_1' = i_{12}' - i_{31}' = \frac{1}{R_{12}} u_{12} - \frac{1}{R_{31}} u_{31} \qquad (2-12)$$

$$i_2' = i_{23}' - i_{12}' = \frac{1}{R_{23}} u_{23} - \frac{1}{R_{12}} u_{12} \qquad (2-13)$$

$$i_3' = i_{31}' - i_{23}' = \frac{1}{R_{31}} u_{31} - \frac{1}{R_{23}} u_{23} \qquad (2-14)$$

若图 2-18(b)与图(a)各对应端钮的电流相等,即 $i_1' = i_1$、$i_2' = i_2$ 和 $i_3' = i_3$,则两网络等效。对照式(2-9)和式(2-12),当 $i_1 = i_1'$时,两式右侧各项对应的系数应相等。同理,式(2-10)和式(2-13)、式(2-11)和式(2-14)对应的系数也应相等,于是得到

$$\left. \begin{aligned} R_{12} &= R_1 + R_2 + \frac{R_1 R_2}{R_3} \\ R_{23} &= R_2 + R_3 + \frac{R_2 R_3}{R_1} \\ R_{31} &= R_3 + R_1 + \frac{R_3 R_1}{R_2} \end{aligned} \right\} \qquad (2-15)$$

式(2-15)是由已知 Y 形各电阻求等效△形各电阻的公式。由上式可得

$$\left. \begin{aligned} R_1 &= \frac{R_{31} R_{12}}{R_{12} + R_{23} + R_{31}} \\ R_2 &= \frac{R_{12} R_{23}}{R_{12} + R_{23} + R_{31}} \\ R_3 &= \frac{R_{23} R_{31}}{R_{12} + R_{23} + R_{31}} \end{aligned} \right\} \qquad (2-16)$$

式(2-16)是由已知△形各电阻求等效 Y 形各电阻的公式。

当星形各个电阻值相等,即 $R_1 = R_2 = R_3 = R_Y$ 时,则此星形称为对称星形。同样,当三角形各个电阻相等,即 $R_{12} = R_{23} = R_{31} = R_\triangle$ 时,则称为对称三角形。根据式(2-15)和式(2-16),可得对称 Y、△等效互换的公式为

$$\left. \begin{aligned} R_\triangle &= 3 R_Y \\ R_Y &= \frac{1}{3} R_\triangle \end{aligned} \right\} \qquad (2-17)$$

应用 Y—△变换,可将某些非串并联电路变换为串并联电路,从而简化电路的计算。

例 2-10 试求图 2-19(a)虚线所示二端网络的等效电阻 R_{ab} 及电流 I。

解 图 2-19(a)等效转换为图(b)。图中

$$R_1 = \left(\frac{3 \times 5}{3 + 5 + 2} \right) \Omega = 1.5 \ \Omega, \qquad R_2 = \left(\frac{2 \times 5}{3 + 5 + 2} \right) \Omega = 1 \ \Omega$$

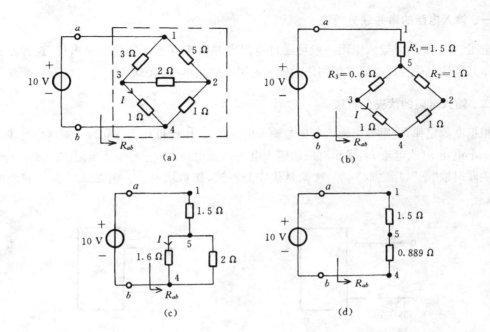

图 2 — 19 例 2 — 10 电路

$$R_3 = \left(\frac{2 \times 3}{3 + 5 + 2}\right) \Omega = 0.6 \ \Omega$$

图(b)是一混联电路,它可简化为图(c)、图(d)电路。由图(d)有

$$R_{ab} = (1.5 + 0.889) \ \Omega = 2.389 \ \Omega$$

$$U_{54} = \left(\frac{0.889}{1.5 + 0.889} \times 10\right) \text{V} = 3.721 \text{ V}$$

返回到图(c),于是

$$I = \frac{U_{54}}{1.6} = \frac{3.721}{1.6} \text{ A} = 2.326 \text{ A}$$

若直接由图(c)求 I,则

$$I = \left[\frac{10}{1.5 + (1.6 // 2)} \times \frac{2}{1.6 + 2}\right] \text{A} = \left(\frac{10}{1.5 + \frac{1.6 \times 2}{1.6 + 2}} \times \frac{2}{3.6}\right) \text{A} = 2.326 \text{ A}$$

图 2−19(a)还有其他三种转换简化法,读者可自行分析并比较之。

第四节 无独立源二端网络的输入电阻

无独立源的二端网络(用 N_0 表示)包括两种:一种只含电阻元件,称为电阻二端网络,用 N_R 表示;另一种除含电阻外,还有受控源,称为受控源电阻二端网络。上述两种二端网络,只要电阻和受控源都是线性的,就可以等效为一个线性电阻。无独立源二端网络的等效电阻也称为输入电阻,用 R_i 表示。本节讨论输入电阻的计算方法。

一、输入电阻的串并联分析法

电阻二端网络,其输入电阻一般可通过电阻串并联或 Y—△变换化简求得,这种方法简称为串并联法。受控源电阻二端网络的输入电阻不能用串并联法求解。

二、输入电阻的伏安分析法

根据欧姆定律,电阻等于输入电压与输入电流之比,因此可在无独立源二端网络的输入端假设一个电压 u(或电流 i),求出对应的输入电流 i(或电压 u),于是输入电阻 $R_i = \pm u/i$。u、i 方向关联时取"+",反之取"-",这就是伏安分析法,简称伏安法。图 2—20 为伏安法的示意图。

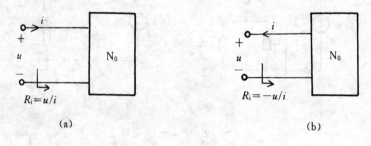

(a)   (b)

图 2—20 求输入电阻的伏安法

电阻二端网络的输入电阻一般可用串并联法求得,因而没有必要用伏安法,但是对某些电阻网络,用伏安法分析更为简便(见例 2—11)。含受控源、电阻的二端网络,其输入电阻只能用伏安法求解。

例 2—11 图 2—21(a)各电阻均为 $1\ \Omega$,试求 a、g 端的输入电阻 R_{ag}。

解 该电路无法直接用电阻串并联法求得,现用伏安法分析。设 a、g 二端网络的输入电流为 i,由于电路对称,故各支路电流如图 2—21(b)所示。对图 2—21(b),由路径法可得

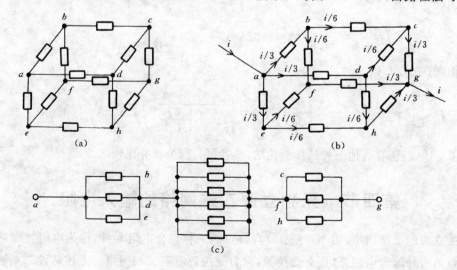

图 2—21 例 2—11 电路

48

$$u_{ag} = 1 \times \frac{i}{3} + 1 \times \frac{i}{6} + 1 \times \frac{i}{3} = \frac{5}{6} i$$

于是

$$R_{ag} = \frac{u_{ag}}{i} = \frac{5}{6} \ \Omega$$

例 2－12 试求图 2－22(a)所示二端网络的输入电阻 R_i。

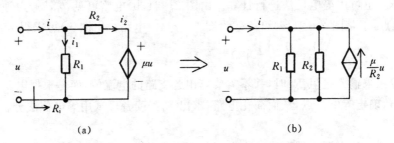

图 2 － 22　例 2 －12 电路

解 1 设 u 为已知,求 i。根据 KCL、欧姆定律和压源支路欧姆定律,有

$$i = i_1 + i_2 = \frac{u}{R_1} + \frac{u - \mu u}{R_2} = \frac{(1 - \mu) R_1 + R_2}{R_1 R_2} u$$

故

$$R_i = \frac{u}{i} = \frac{R_1 R_2}{(1 - \mu) R_1 + R_2}$$

解 2 设 i 为已知,求 u。由 R_2 支路有

$$u = R_2 i_2 + \mu u$$

而

$$i_2 = i - i_1 = i - \frac{u}{R_1}$$

于是

$$u = R_2 \left(i - \frac{u}{R_1} \right) + \mu u$$

$$u = \frac{R_1 R_2}{(1 - \mu) R_1 + R_2} i$$

故

$$R_i = \frac{u}{i} = \frac{R_1 R_2}{(1 - \mu) R_1 + R_2}$$

设 i 为已知,求 u 时,也可由 R_1 支路进行,请读者自行分析。

解 3 将图 2－22(a)等效转换为图(b),设 u 为已知,求 i。由图(b)有

$$i = \frac{u}{R_1} + \frac{u}{R_2} - \frac{\mu}{R_2} u = \left[\frac{1}{R_1} + (1 - \mu) \frac{1}{R_2} \right] u$$

$$R_i = \frac{u}{i} = \frac{1}{\frac{1}{R_1} + (1 - \mu) \frac{1}{R_2}} = \frac{R_1 R_2}{(1 - \mu) R_1 + R_2}$$

由上例看出,若 $(1 - \mu) R_1 + R_2 > 0$ 即 $\mu < (R_1 + R_2)/R_1$ 时,$R_i > 0$,说明二端网络在电路中吸收能量;若 $(1 - \mu) R_1 + R_2 < 0$ 即 $\mu > (R_1 + R_2)/R_1$ 时,$R_i < 0$,二端网络供出能量。可见,受控源电阻二端网络的输入电阻 R_i 可能为正,也可能为负。这一特点是因为受控源是一有源元件所致。对于不含受控源的电阻二端网络(不含有负电阻),其 R_i 不可能为负。

三、输入电阻的等电位分析法

输入电阻的等电位分析法,是在伏安法分析的基础上,判断电路中的等电位点,从而简化电路,求出输入电阻,这种方法特别适用于一些平衡电路和对称电路。例如,平衡桥的输入电阻即可用等电位法简便地求出。对于某些对称电路,例如图 2—21(a)所示的六面体电路,其输入电阻 R_{ag} 也可用等电位法进行计算。由图 2—21(b)电路可见,b、d、e 为等电位点,c、f、h 也是等电位点,于是图 2—21(a)可等效为图 2—21(c)电路。由图(c)可求得

$$R_{ag} = \left(\frac{1}{3} + \frac{1}{6} + \frac{1}{3} \right) \ \Omega = \frac{5}{6} \ \Omega$$

由等电位法求输入电阻 R_i 时,并不需要算出各支路的电流值,而是根据电路的对称性,判断电流的分布,确定等电位点,从而简化电路,求出 R_i。读者可试用等电位法分析图 2—21(a)电路的 R_{ae}。

以上介绍了无独立源二端网络输入电阻的三种分析方法——串并联法、伏安法和等电位法。这三种方法对电阻二端网络均适用,至于选择哪一种,要视具体电路而定。对于受控源电阻二端网络,其输入电阻只能用伏安法进行计算。

第五节 含运算放大器电路的分析

运算放大器(简称运放)是一种多端器件,利用它可实现对电压、电流的数学运算。例如加、减、乘、除、微分和积分等,运放其名即由此来。实际上,运放的功能远远超出上述范围,故它得到了广泛的应用。早期的运放是用电子管组装制成的,体积较大,后来由晶体管组成。随着半导体技术的发展,现已制成集成化或固体组件的运放,使之成为一种独特的器件。运放是一种高增益(可达几万倍甚至更高)、高输入电阻、低输出电阻的放大器。有关运放的内部结构和工作原理,将在模拟电子电路课程中介绍,这里我们只将它作为一种电路元件看待,着重分析其外部特性、电路模型,并用观察法分析含运放的电路。

一、运算放大器的基本特性及电路模型

实际运放有许多引出端子,型号不同,其端子数目也可能不同,但从分析的角度看,它们均可看做一个四端元件,其电路符号如图 2—23(a)所示。图中" ▷ "表示的是放大器,A 是运放的开环增益,也称放大倍数。端子 a、b 为输入端,c 为输出端,d 为接地端。运放也采用图 2—23(b)所示符号,这是因为很多实际运放没有引出接地端子,但是考虑到图 2—23(b)中的 u_+、u_- 是对地电压,所以往往由外电路引入一个接地端,如图 2—23(c)所示。运放 b、a 端子的输入电压(电位)分别为 u_+ 和 u_-,b、a 之间的电压为 u_d,$u_d = u_+ - u_-$ 称为差动输入电压。输出端子 c 的电压(电位)为 u_o。需要指出,图 2—23(b)和(c)中的运放,绝不能视为三端网络,因为运放本身有接地端(通过偏置电源实现)。

1. 运放的输入—输出特性

当图 2—23 所示运放输出端开路时,测得 u_o 与 u_d 的输入—输出曲线如图 2—24(a)所示,它可近似成图 2—24(b)所示形状,我们仅对图(b)进行分析。图(b)中,$-\varepsilon \leqslant u_d \leqslant \varepsilon$ 是线性区域,ε 很小(mV 级),曲线很陡,斜率很大。输出电压 u_o 达到一定值后趋于饱和,饱和电压用 $\pm U_{sat}$ 表示,一般为几伏或几十伏。

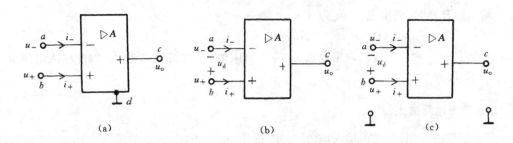

图 2－23 运放的电路符号

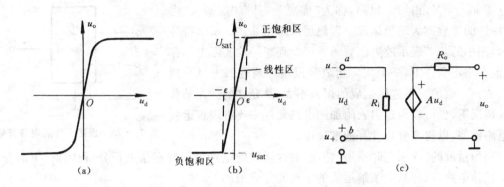

图 2－24 运放的输入—输出曲线及电路模型

运放一般工作在线性区域。由图 2－24(b)所示的输入—输出曲线可见,在 $-\varepsilon \leqslant u_d \leqslant \varepsilon$ 线性范围内,输入—输出关系可表示为

$$u_o = A u_d = A(u_+ - u_-) \tag{2-18}$$

式(2－18)称为运放的输入—输出特性或传输特性,式中 $A = U_{sat}/\varepsilon$ 称为运放的电压放大倍数或开环增益,A 很大,其典型值是 10^5。若运放输入端的 b 点接地($u_+ = 0$),a 点输入信号 u_-,则由式(2－18)可得输出电压

$$u_o = -A u_-$$

可见,当 $u_- > 0$ 时,$u_o < 0$;反之,当 $u_- < 0$ 时,$u_o > 0$。这种关系称为输出电压 u_o 与输入电压 u_- 反相,故 a 端称为反相输入端。同理,若运放输入的 a 端接地($u_- = 0$),b 端输入信号 u_+,由式(2－18)可得输出电压

$$u_o = A u_+$$

可见,$u_+ > 0$ 时,$u_o > 0$,反之 $u_o < 0$。这种关系称为 u_o 与 u_+ 同相,故 b 端称为同相输入端。

运放反相输入端和同相输入端的电流分别为 i_- 和 i_+(见图 2－23)。实测表明,i_-、i_+ 很小(有的还不到 1 nA),可近似看做为零。运放的 u_o—u_d 特性一般与输入电流 i_-、i_+ 无关。

运放只有在输入端加信号电压时,输出端才有如式(2－18)所示的输出,即实现电压的放大作用。反之,如果信号加于输出端,这时输入端不能实现这种放大。所以运放是"单方向"工作的器件。

2. 运放的电路模型

运放工作在线性区域时,其电路模型如图 2－24(c)所示。图中 R_i 为运放的输入电阻,其值很大,可达几兆欧,故输入电流很小,接近于零;R_o 称为运放的输出电阻,其值很小($R_o \ll$

51

R_i)。输出端开路时,输出电压 u_o 为

$$u_o = A(u_+ - u_-) = Au_d$$

它与式(2-18)一致。运放的输出电压 u_o 为一有限值,放大倍数 A 很大,因此输入电压 $u_d = u_o/A$ 很小,接近于零。

二、理想运算放大器

由上面分析可知,运放的输入电流 i_+、i_- 很小,接近于零;运放的输入电压 u_d 也很小,也接近于零。在理想情况下,运放的输入电流 $i_+ = i_- = 0$ A,相当于断路,称为"虚断";运放的输入电压 $u_d = 0$ V,相当于短路,称为"虚短"。具有"虚断"、"虚短"特性的运放称为理想运放。理想运放用图 2-25 所示符号表示,图中的"∞"表示放大倍数 $A = \infty$。理想运放实际上不存在,但在一定条件下,一个实际运放可以很好地近似为一个理想运放。一般情况下这样造成的误差不大,是允许的。在某些特殊情况下,也可以通过引入附加的电路元件来改进理想运放的电路模型,以提高分析计算的准确度。

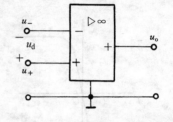

图 2 — 25　理想运放的电路符号

利用运放的"虚断"和"虚短"特性,对含运放的电路可用观察法进行分析计算。下面分析几个具体电路,以便从中了解运放的一些实际应用。

三、运算放大器的应用电路

1. 电压跟随器

电压跟随器电路如图 2-26(a)所示,现用观察法分析该电路输出电压 u_o 与输入电压 u_i 的关系。根据理想运放"虚断"($i_- = 0$、$i_+ = 0$)、"虚短"($u_d = 0$)特性,由图 2-26(a)可直接看出

$$i_i = i_+ = 0$$
$$u_o = -u_d + u_i = u_i$$

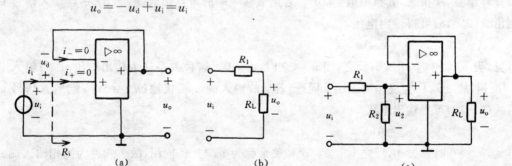

图 2 — 26　电压跟随器及其应用

上式表明,电路的输出电压与输入电压完全相同,因此该电路称为电压跟随器。由于 $i_i = 0$,故电压跟随器的输入电阻 $R_i = u_i/i_i = \infty$。这一特性,使电压跟随器起到了"隔离作用"。图 2-26(b)所示电路中,负载 R_L 的电压 $u_o = R_L u_i/(R_1 + R_2)$,它将随 R_L 而变。如果要求在负载 R_L 上获得一个与 R_L 值无关的稳定电压,我们可应用电压跟随器的特性将电路接成图 2-26(c)的形式,这时 R_L 上的电压

$$u_o = u_2 = \frac{R_2}{R_1 + R_2} u_i$$

它与负载 R_L 无关，这相当于负载的作用被"隔离"了。调整 R_1、R_2 值，可得到负载所需的电压。

2. 比例器（反相放大器）

比例器电路如图 2—27 所示，由于 $u_d = 0$ 及 $i_- = 0$，所以有

$$i_f = i_1 = \frac{u_1}{R_1} = \frac{u_i}{R_1}$$

故

$$u_o = -u_f = -R_f i_f = -\frac{R_f}{R_1} u_i, \quad \frac{u_o}{u_i} = -\frac{R_f}{R_1}$$

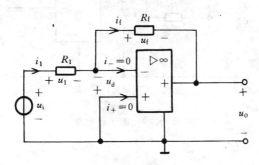

图 2 — 27 反相放大器电路

由上式可见，该电路的输出电压 u_o 与输入电压 u_i 符号相反、成比例，故称为比例器，当 $R_f/R_1 > 0$ 时，也称为反相放大器。R_f/R_1 称为放大倍数，选择不同的 R_f/R_1，可以得到不同的放大倍数。

3. 同相放大器

同相放大器的电路如图 2—28 所示。由于 $u_d = 0$ 及 $i_- = 0$，所以有

$$u_1 = u_i$$

$$i_f = i_1 = \frac{u_1}{R_1} = \frac{u_i}{R_1}$$

$$u_f = R_f i_f = \frac{R_f}{R_1} u_i$$

于是

$$u_o = u_f + u_1 = \frac{R_f}{R_1} u_i + u_i = \left(1 + \frac{R_f}{R_1}\right) u_i$$

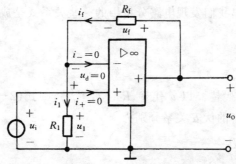

图 2 — 28 同相放大器电路

53

由此可见,该电路的输出电压与输入电压符号相同,$u_o > u_i$ 且是 u_i 的 $(1+R_f/R_1)$ 倍,故称为同相放大器。改变 R_f/R_1,即可改变放大倍数。

4. 加法器

加法器电路如图 2-29 所示。由于 $u_d = 0$ 和 $i_- = 0$,故

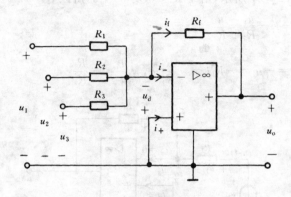

图 2-29 加法器电路

$$u_o = -R_f\, i_f$$

$$i_f = \frac{u_1}{R_1} + \frac{u_2}{R_2} + \frac{u_3}{R_3}$$

于是

$$u_o = -R_f\left(\frac{u_1}{R_1} + \frac{u_2}{R_2} + \frac{u_3}{R_3}\right)$$

若 $R_1 = R_2 = R_3 = R_f$,则

$$u_o = -(u_1 + u_2 + u_3)$$

这就实现了三个电压相加的运算。式中负号说明输出电压与输入电压反向。

由以上各电路的分析可以看出,用观察法分析含运放的电路时,关键是要正确应用理想运放的"虚断"、"虚短"特性,根据这些特性,再结合电路的具体情况,应用基尔霍夫定律及欧姆定律,问题即可解决。对于较复杂的运放电路,可用第三章的节点电压法进行分析(参见例 3-13)。

第六节 电路的对偶性

通过第一、二章的分析,我们发现电路分析中的一些关系式是成对出现的。例如欧姆定律的两种形式

$$u = Ri \tag{2-19}$$

和

$$i = Gu \tag{2-20}$$

若将式(2-19)中的 u 以 i 代替、i 以 u 代替、R 以 G 代替,则式(2-19)就变成了式(2-20),反之亦然。又如电感和电容的伏安关系分别为

$$u_L = L\frac{\mathrm{d}i_L}{\mathrm{d}t} \tag{2-21}$$

和

$$i_C = C\frac{\mathrm{d}u_C}{\mathrm{d}t} \tag{2-22}$$

同样,若将式(2—21)中的 u_L、i_L 和 L 分别以 i_C、u_C 和 C 代替,则它就变成了式(2—22),反之亦然。具有这种特点的两个公式称为对偶关系式。电阻的电压与电导的电流是对偶量,电阻与电导是对偶量。电容的电流、电压和 C 分别与电感的电压、电流和 L 对偶。实际上,这种对偶关系具有普遍性,在电路理论中,称它为对偶性。根据第一、二章内容可列出电路变量的对偶关系及元件参数的对偶关系,如表 2—1 所示。电阻串联电路与电导并联电路对偶,它们的对应关系式如表 2—2 所示。另外,KCL 与 KVL 对偶,电压源的 VAR 与电流源的 VAR 对偶,等等。在今后几章的学习过程中,将会发现更多的对偶关系。

电路变量的对偶关系及元件参数的对偶关系　　　　表 2—1

电荷 q	电流 i	电阻 R	电容 C	电压源 u_S	开路
磁通 Φ	电压 u	电导 G	电感 L	电流源 i_S	短路

电阻串联电路与电导并联电路的对偶关系　　　　表 2—2

电阻串联电路	i 相同	$u = \sum u_k$	$R = \sum R_k$	$u_k = \dfrac{R_k}{\sum R_k} u$
电导并联电路	u 相同	$i = \sum i_k$	$G = \sum G_k$	$i_k = \dfrac{G_k}{\sum G_k} i$

认识电路的对偶性,可以帮助我们掌握电路的规律,由此及彼,举一反三。

习　　题

2—1　求图示各电路的等效电阻 R_{ab}。

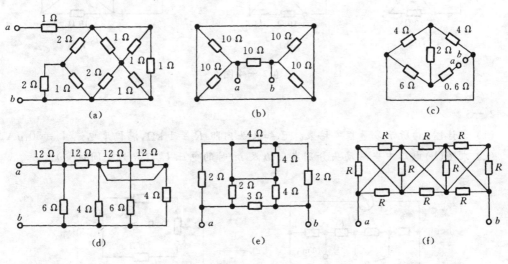

题 2—1 图

2—2

(1) 设计图(a)所示分压器。已知 $R_1 = 1\ \text{k}\Omega$,试确定 R_2、R_3 和 R_4 的值;

(2) 设计图(b)所示多量程伏特表。已知表头内阻 $R_g = 1\ \text{k}\Omega$,满偏度电流 $I_g = 50\ \mu\text{A}$。试确定 R_1、R_2、R_3。

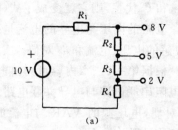
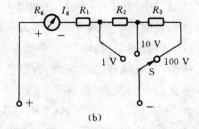

題 2－2 图

2－3 求图示各分压器当触头由 a 移至 b 时，输出电压 u_o 的变化范围。

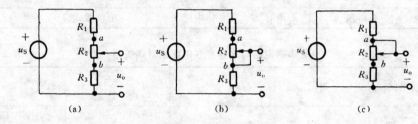

題 2－3 图

2－4 求图示各电路的未知电流和电压。

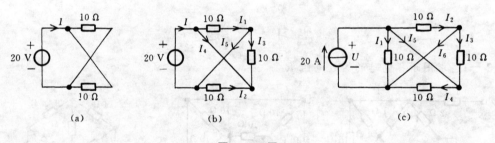

題 2－4 图

2－5

(1) 设计图(a)所示多量程安培表。已知表头内阻 $R_g=1\ \text{k}\Omega$，满偏度电流 $I_g=50\ \mu\text{A}$。

(2) 求图(b)电路中当滑动头分别在 a、b 及 m 时的电压 U_{ab}（m 为中间位置）。

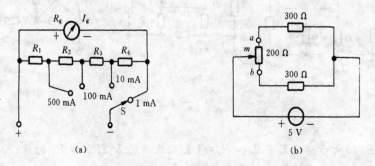

題 2－5 图

56

2—6

(1) 求图(a)电路中每个元件吸收的功率；

(2) 求图(b)电路中的 I_a。

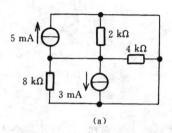
(a)

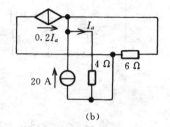
(b)

题 2—6 图

2—7 用电压表测量图所示电路的电压 U。若电压表内阻为 10 kΩ，相对误差 γ 是多少 {相对误差＝[(测量值－理论值)/理论值]100%}？若要使相对误差的绝对值 $|\gamma| \leqslant 1\%$，电压表内阻至少应为多少？

2—8 求图所示各电路的 I 及 U。

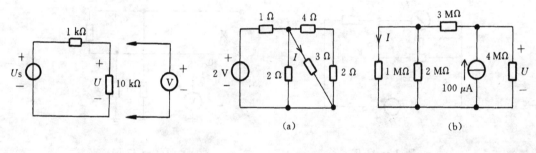

(a)   (b)

题 2—7 图   题 2—8 图

2—9 求图所示各电路的 I 和 U。

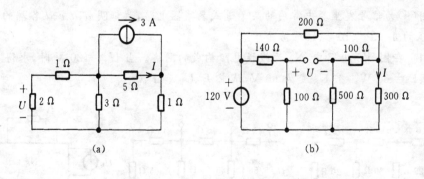

(a)   (b)

题 2—9 图

2—10

(1) 求图(a)所示分压器无负载和有负载时的电压 U_1 和 U_2；

(2) 求图(b)所示电路 a、b 点的电位 U_a、U_b 和电流 I_1、I_2。

2—11 测表头内阻方法之一是：按图所示电路接线。S 断开，调 R_1 使表针指示满刻度，

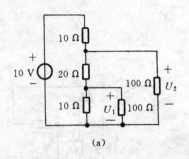
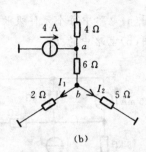

题 2 — 10 图

然后闭合 S,调 R_2,使表针指示满刻度电流的一半,试证明表头内阻 R_g 的计算公式为

$$R_g = \frac{R_1 R_2}{R_1 - R_2}$$

2 — 12 图示为一种测输电线绝缘电阻的电路。R_1、R_2 表示输电线的绝缘电阻,R 为负载。电压表量程为 600 V,内阻 200 kΩ。当 S 合于"1"时读得 -300 V,合于"2"时读得 +30 V,试求 R_1 和 R_2。

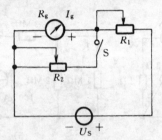

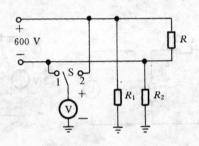

题 2 — 11 图　　　　　　　　　　题 2 — 12 图

2 — 13 用比例性原理分析图所示电路。

(1) 求图(a)的 U_2 和 I_1;

(2) 图(b)为信号发生器中常用的某十进式衰减器电路,试证明 a、b、c、d 各端的电压分别为输入电压的 1、10^{-1}、10^{-2}、10^{-3} 倍。

2 — 14 在图所示电路中,N_R 为线性电阻构成的网络。当 $U_S = 120$ V 时,求得 $I_1 = 3$ A、$U_2 = 50$ V、$P_3 = 60$ W。若 U_S 变为 60 V,试求 I_1、U_2 和 P_3。

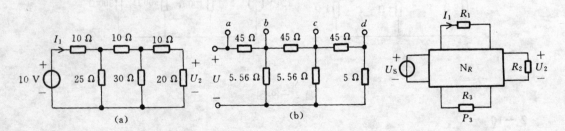

题 2 — 13 图　　　　　　　　　　题 2 — 14 图

2 — 15 利用等效的概念,化简图所示各二端网络。

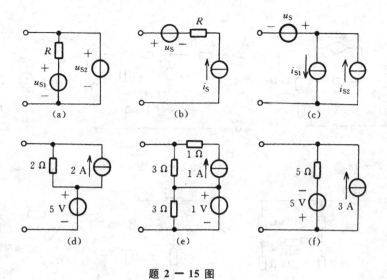

題 2 — 15 图

2 —16 求图所示各电路的 U_0 或 I。

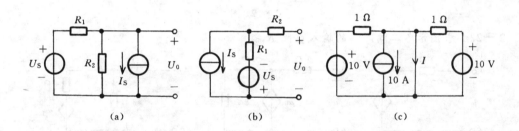

题 2 — 16 图

2 —17 求图所示电路的 U 或 I。

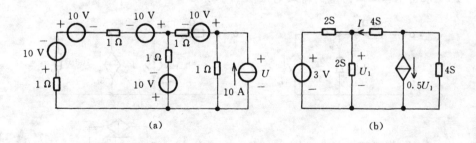

题 2 — 17 图

2 —18 利用等效概念化简图示二端网络。若输入电压 $U_{ab}=50$ V,试求 I 及各元件电流。

2 —19 求图示电路各支路电流。

2 —20 求图示电路的 I_5。要求:

(1) 转换 R_3、R_4、R_5;

(2) 转换 R_2、R_4、R_5。

2 —21 求图示二端网络的输入电阻 R_i。

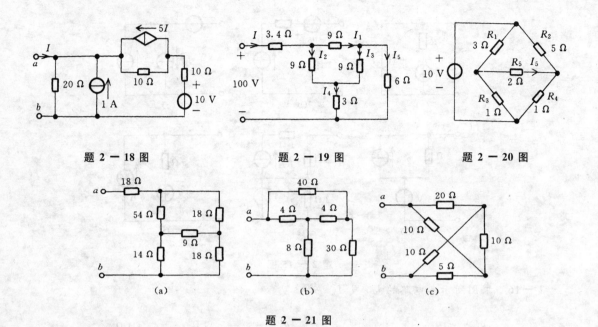

题 2 — 18 图　　　　题 2 — 19 图　　　　题 2 — 20 图

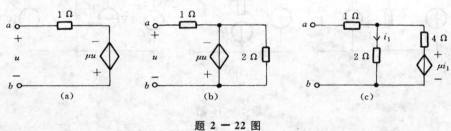

（a）　　　　　　（b）　　　　　　（c）

题 2 — 21 图

2 —22　求图示各二端网络的输入电阻 R_{ab}。

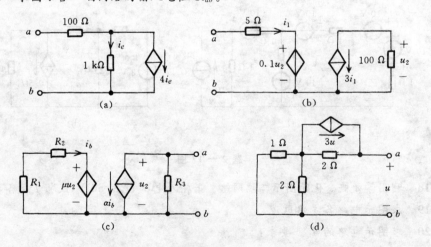

（a）　　　　　　（b）　　　　　　（c）

题 2 — 22 图

2 —23　求图示各二端网络的输入电阻 R_{ab}。

（a）　　　　　　　　　　　（b）

（c）　　　　　　　　　　　（d）

题 2 — 23 图

2 —24　求图示各二端网络的 R_{ab}。图（a）、（d）中各电阻均为 1 Ω。

2 —25　求图 2—21（a）所示六面体电路的等效电阻 R_{ab} 和 R_{ac}。图中各电阻均为 1 Ω。

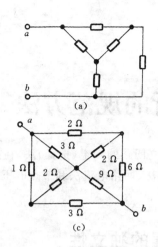

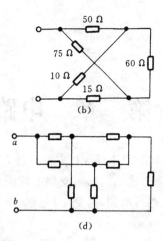

(a)　　　　　　　　　　　　　　(b)

(c)　　　　　　　　　　　　　　(d)

题 2 — 24 图

2 — 26　求图示电路中的输出电压 u_o。

2 — 27　求图示电路中的输出电压 u_o。

2 — 28　电路如图所示。

(1) 求电压增益 u_o / u_i；

(2) 求由电压源 u_i 两端向右看进去的输入电阻 R_i。

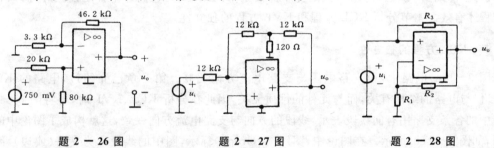

题 2 — 26 图　　　　　题 2 — 27 图　　　　　题 2 — 28 图

2 — 29　电路如图所示。

(1) 求电压增益 u_o / u_i；

(2) 求由电压源 u_i 两端向右看进去的输入电导 G_i。

2 — 30　电路如图所示。

(1) 求电流增益 I_o / I_i；

(2) 求由电流源两端向右看进去的输入电阻 R_i。

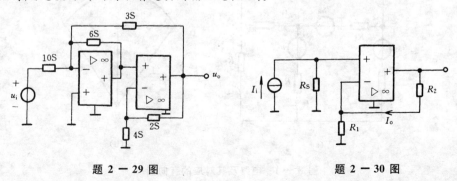

题 2 — 29 图　　　　　　　　　题 2 — 30 图

第三章 电路分析的规范方法

本章首先介绍 KCL、KVL 方程的独立性以及独立回路的判定(选择)法,在此基础上介绍电路分析的规范方法,它们是:支路电流法、网孔电流法、回路电流法和节点电压法。这些方法的方程式规范、列写简便,得到了广泛的应用。

第一节 电路方程的独立性

电路分析的任务是在已知电路结构及元件参数的条件下,求解电路各支路的电流和电压。第一章介绍了电路分析的观察法,第二章介绍了电路分析的等效变换法,可是这些方法都局限于一定结构形式的电路,且不够规范,本章讨论几种规范的分析方法。

电路分析的依据是基尔霍夫定律和元件的伏安关系。电路中,对每个节点可列 KCL 方程,对每个回路可列 KVL 方程,但是并不需要全部列出,因为它们并不都是独立的,而只有独立方程才有效。本节分析 KCL 方程和 KVL 方程的独立性。

一、KCL 方程的独立性

图 3-1(a)电路中,设支路电压与支路电流方向关联。第一章已介绍过,电路的 KCL、KVL 仅与电路的结构有关,而与元件的性质无关,因此在分析 KCL、KVL 时,可将图 3-1(a)电路中的各条支路用有向线段表示,线段的方向与支路电流方向一致,这就构成了图论中的有向图,如图 3-1(b)所示。在图论中,图用 G(Graph)标示,图中的线段称为支路(或边),线段的端点称为节点(或顶点)。图 3-1(b)为平面图。所谓平面图,是指没有空间交叉支路的图,否则为非平面图。例如,图 3-2(a)、(b)为平面图,其中图(b)虽然看起来有交叉支路,但可将它画成图(c)形式。图(d)为非平面图。

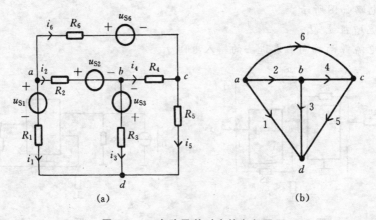

(a)　　　　　　　　　　(b)

图 3-1　电路及其对应的有向图

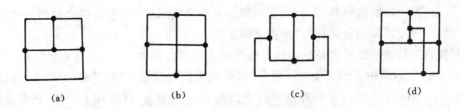

图 3 — 2 平面图和非平面图

图 3-1 有 4 个节点,其 KCL 方程分别为

节点 a:　　　　$i_1 + i_2 + i_6 = 0$

节点 b:　　　　$-i_2 + i_3 + i_4 = 0$

节点 c:　　　　$-i_4 + i_5 - i_6 = 0$

节点 d:　　　　$-i_1 - i_3 - i_5 = 0$

由这组方程可以看出,将任意三个方程相加,可得到另一个方程,这表明独立方程数不会大于3。现任选三个方程(例如前三个方程)进一步分析,可以看出,任意两个方程相加都不能得到另一个方程,可见这三个方程之间没有约束关系,故它们彼此独立。可以证明,具有 n 个节点的电路或图,其独立的 KCL 方程为 $n-1$ 个,且为任意的 $n-1$ 个。论证如下:

每一条支路都接于两个节点之间,因此每一条支路电流对一个节点为流入,对另一个节点则必为流出。当对所有节点列 KCL 方程时,在这些方程中,每个电流势必都出现两次,一次为正,一次为负,故 n 个节点的 KCL 方程之和必为零,因此 n 个 KCL 方程中至少有一个不独立。现在去掉一个方程,分析余下的 $n-1$ 个。由于被去掉的方程中的电流在余下的 $n-1$ 个方程中只可能出现一次,因此这 $n-1$ 个方程相加不可能为零,故此 $n-1$ 个 KCL 方程必定独立。提供独立 KCL 方程的节点称为独立节点,显然独立节点数为 $n-1$ 个。

二、KVL 方程的独立性

对图 3-1 电路的 3 个网孔按顺时针方向列 KVL 方程,于是

$$
\left.
\begin{aligned}
\text{网孔 } abda: && u_2 + u_3 - u_1 = 0 \\
\text{网孔 } bcdb: && u_4 + u_5 - u_3 = 0 \\
\text{网孔 } acba: && u_6 - u_4 - u_2 = 0
\end{aligned}
\right\}
\tag{3-1}
$$

可以看出,它们独立。式(3-1)中的 $u_1 - u_6$ 是支路电压。图 3-1 中还有 4 个回路:$acda$、$abcda$、$acbda$ 和 $acdba$。但是它们的 KVL 方程不独立,因为它们都可由上面三个方程的某种组合得到。可以证明,具有 b 条支路、n 个节点的平面图,其网孔数 $m = b-n+1$,且网孔的 KVL 方程独立[①]。

提供独立 KVL 方程的回路称为独立回路。网孔是一组独立回路,此外还有其他独立回路组。可以证明,独立回路组的回路数 $l = b-n+1$(b 为支路数,n 为节点数)。一般确定独立回路的方法是:选 $b-n+1$ 个回路,使每一个回路都有一条不被其他回路占有的支路(即各有一条独占的支路),则此组回路独立。这是因为独占支路的电压只可能出现在对应回路的

---

① 见参考文献[1]中的 KVL 方程的独立性。

KVL方程中,因此各回路的KVL方程不可能由其他回路KVL方程的组合得到。这里,将这种确定(判定)独立回路的方法称为"独占支路法"[1]。

按照独占支路法可以很容易地确定电路的独立回路。图3-3所示电路(线段表示支路)的独立回路数为3,图中示出了4组回路,可以看出它们都是独立的。图(a)中,3个回路的独占支路是1、5、6;图(b)中,3个回路的独占支路是3、4、5;等等。(除此4组外,还有其他独立回路组)。

图3-3电路的网孔[见图3-3(a)]满足独占支路法的条件,所以网孔是独立回路的一个特例,但需说明,并不是任何电路的网孔都能满足独占支路法的条件。

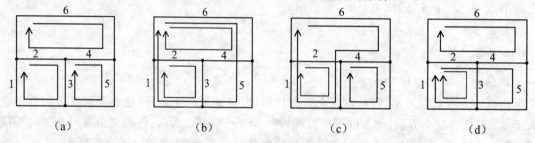

图 3-3 几种独立回路组

第二节 支路电流法

电路的独立KCL方程有$n-1$个,独立KVL方程有$b-n+1$个,即

$$\sum i_b = 0 \quad —— n-1 \text{个} \tag{3-2}$$

$$\sum u_b = 0 \quad —— b-n+1 \text{个} \tag{3-3}$$

上两式中,i_b是支路电流,u_b是支路电压。根据支路的伏安关系,支路电压可以用支路电流表示,于是式(3-3)中的未知量u_b变成了支路电流i_b。式(3-2)和式(3-3)方程总数为b,未知的i_b数也是b(设电路中无电流源),因此式(3-2)与式(3-3)联立后即可求得b条支路电流。这种以支路电流为变量列KCL和KVL方程并求解支路电流的方法称为支路电流法,简称支路法。下面以图3-1(a)所示电路为例说明。

列节点a、b、c的KCL方程如下

$$\left. \begin{array}{l} i_1 + i_2 + i_6 = 0 \\ -i_2 + i_3 + i_4 = 0 \\ -i_4 + i_5 - i_6 = 0 \end{array} \right\} \tag{3-4}$$

各支路的伏安方程为

$$\left. \begin{array}{ll} u_1 = u_{S1} + R_1 i_1, & u_2 = R_2 i_2 + u_{S2} \\ u_3 = -u_{S3} + R_3 i_3, & u_4 = R_4 i_4 \\ u_5 = R_5 i_5, & u_6 = R_6 i_6 + u_{S6} \end{array} \right\} \tag{3-5}$$

---

[1] 由独占支路法确定的回路就是网络图论中的基本回路。基本回路内容见参考文献[1]中的回路分析法。

将式(3−5)代入网孔 KVL 方程式(3−1),经整理后得

$$-R_1 i_1 + R_2 i_2 + R_3 i_3 = u_{S1} - u_{S2} + u_{S3}$$
$$-R_3 i_3 + R_4 i_4 + R_5 i_5 = -u_{S3}$$
$$-R_2 i_2 - R_4 i_4 + R_6 i_6 = u_{S2} - u_{S6}$$

(3−6)

式(3−4)和式(3−5)联立,即可求出 6 个支路电流。式(3−6)是网孔 $\sum u = 0$ 方程与支路伏安方程相结合的结果,它是 KVL 方程的另一种形式。式(3−6)的一般形式为

$$\sum Ri = \sum u_S$$

(3−7)

虽然它是由网孔写出的,但它对任何回路均成立。式(3−7)中的 $\sum Ri$ 为回路中各电阻压降的代数和,当支路电流 i 的方向与回路方向一致时,取"+",反之取"−";$\sum u_S$ 为回路中各压源电压 u_S 的代数和,当压源的电位升方向与回路方向一致时,取"+",反之取"−"。

支路电流法的解题步骤如下:

(1) 设定各支路电流及其方向;

(2) 任选 $n-1$ 个独立节点,按 KCL 列节点 $\sum i = 0$ 方程;

(3) 任选一组独立回路,按 KVL 列回路 $\sum Ri = \sum u_S$ 方程;

(4) 联立 $\sum i = 0$ 和 $\sum Ri = \sum u_S$ 方程,解出各支路电流。

例 3−1　试求图 3−4 所示直流电路各支路电流及各元件电压。

解

(1) 设定各支路电流如图 3−4 所示。

(2) 列独立的 $\sum I = 0$ 方程。该电路节点数 $n = 2$,独立节点数为 1。任选一点,于是有

$$I_1 + I_2 - I_3 = 0$$

(3) 列独立回路的 $\sum Ri = \sum U_S$ 方程。独立回路选为网孔,方向如图 3−4 中所示,于是有

$$5I_1 + 20I_3 = 20$$
$$10I_2 + 20I_3 = 10$$

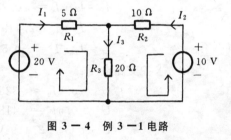

图 3−4　例 3−1 电路

(4) 联立并化简以上方程,求解支路电流。

$$I_1 + I_2 - I_3 = 0$$
$$I_1 + 4I_3 = 4$$
$$I_2 + 2I_3 = 1$$

由上组方程求得

$$I_1 = 1.14 \text{ A}, \quad I_2 = -0.43 \text{ A}, \quad I_3 = 0.71 \text{ A}$$

(5) 求各元件电压。

设各元件电压与对应电流方向关联,于是

$$U_{R1} = R_1 I_1 = (5 \times 1.14) \text{ V} = 5.7 \text{ V}$$
$$U_{R2} = R_2 I_2 = [10 \times (-0.43)] \text{ V} = -4.29 \text{ V}$$
$$U_{R3} = R_3 I_3 = (20 \times 0.71) \text{ V} = 14.3 \text{ V}$$

(6) 校核。

上述结果可以由其他回路的 $\sum U$ 是否为零来校核,例如外沿回路。外沿回路的 $\sum U$ 为

$$R_1 I_1 - R_2 I_2 + 10 - 20 = 5 \times 1.14 - 10 \times (-0.43) + 10 - 20 = 0$$

可见以上计算结果正确。

例 3-2 试用支路电流法求解图 3-5 所示电路的支路电流和支路电压。

解 设各支路电流如图 3-5 所示,$I_4 = 3$ A 为已知,故未知电流仅有 5 个,只需列 5 个独立方程。

(1) 列节点 a、b、c 的 $\sum I = 0$ 方程:

$$I_1 + I_2 - 3 = 0$$
$$I_2 - I_3 - I_5 = 0$$
$$I_1 + I_3 + I_6 = 0$$

(2) 只需列 2 个回路的 $\sum RI = \sum U_S$ 方程。因为流源电压未知,故在选回路 时应避开流源支路。现选回路如图 3-5 所示,于是有

$$I_1 - 0.5 I_3 - 0.1 I_2 = -1$$
$$0.5 I_3 - I_5 = -2$$

(3) 求各支路电流。整理以上方程,有

$$1.1 I_2 + 0.5 I_3 = 4$$
$$-I_2 + 1.5 I_3 = -2$$

解得

$$I_2 = 3.256 \text{ A}$$
$$I_3 = 0.837 \text{ A}$$
$$I_1 = I_4 - I_2 = -0.256 \text{ A}$$
$$I_5 = I_2 - I_3 = 2.419 \text{ A}$$
$$I_6 = I_5 - I_4 = -0.581 \text{ A}$$

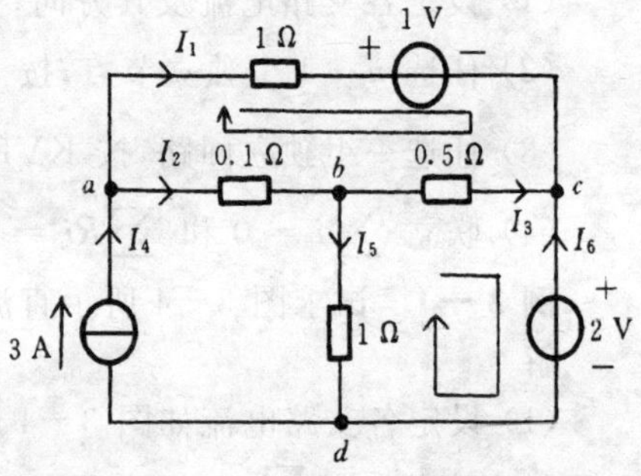

(4) 求各支路电压:

$$U_{ab} = 0.1 I_2 = 0.325\ 6 \text{ V}$$
$$U_{bc} = 0.5 I_3 = 0.418\ 5 \text{ V}$$
$$U_{bd} = 1 I_5 = 2.419 \text{ V}$$
$$U_{ac} = 1 I_1 + 1 = 0.744 \text{ V}$$
$$U_{ad} = U_{ab} + U_{bd} = 2.744\ 6 \text{ V}$$
$$U_{cd} = 2 \text{ V}$$

(5) 校核:用外沿网孔的 KVL 方程校核,有

$$U_{ac} + U_{cd} + U_{da} = 0.744 + 2 - 2.744\ 6 \approx 0$$

因此上列各计算值正确。校核出现的误差是因为各电流、电压是近似值。

图 3-5 例 3-2 电路

第三节 网孔电流法

支路电流法的方程数等于电路的支路数(设电路中无流源),显然,当支路较多时,支路电流法就很烦琐。我们希望减少方程,以使分析简化。支路电流法由两组独立方程 —— $\sum i = 0$ 和 $\sum Ri = \sum u_S$ 组成,为了减少方程数,考虑只选其中的一组进行分析,这里选 $\sum Ri = $

$\sum u_S$。对这组方程不能用支路电流作为变量,否则方程数 $b-n+1$ 少于变量数 b,无法求解,为此需寻求一组与方程数相等的独立变量。对这组独立变量的要求是,它满足该组方程,且各支路电流可以由它们简便地求出。这是一种间接求支路电流的方法,它是以增加运算步骤来换取方程数的减少,从而使运算得到简化。

一、网孔电流

图 3-6(a)所示为具有两个网孔的电路,其对应的平面图 G 如图 3-6(b)所示,各支路电流已示于图中。由 KCL 有 $i_3=i_1-i_2$,于是图 3-6(b)可等效为图(c)。由图(c)可见,电流

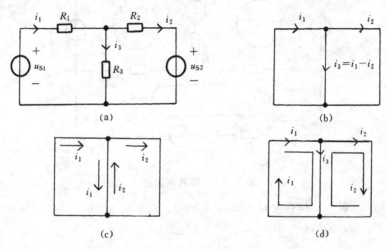

图 3-6 网孔电流

i_1、i_2 分别在左、右网孔中流动,它们各自连续。这种在网孔中连续流动的电流称为网孔电流。为清楚起见,将它们画成图 3-6(d)中所示的连续形式。为了看清支路电流与网孔电流的关系,图 3-6(d)中也示出了支路电流。由图可见

支路电流 i_1＝网孔电流 i_1

支路电流 i_2＝网孔电流 i_2

支路电流 i_3＝网孔电流 i_1－网孔电流 i_2

上述分析虽是对两个网孔的电路进行的,但实际上对任何平面电路的任一网孔,均可假设一个网孔电流。这种假设的合理性在于,它对网孔中的任何节点来说,总是流入一次又流出一次,自然地满足 KCL。支路电流和网孔电流的普遍关系可表示为

$$i_b = \sum i_m$$

式中,i_b 是支路电流,$\sum i_m$ 是流过支路的网孔电流的代数和,当 i_m 方向与 i_b 方向一致时取"+",反之取"-"。$\sum i_m$ 中最多为两项,因为任一支路或仅在一个网孔中,或为两网孔所共有。由此可见,任一支路电流可用网孔电流表出。网孔电流之间没有如节点电流之间的 KCL 约束关系,因此它们彼此独立,网孔电流是一组独立变量。

二、网孔电流法

支路电流法中,网孔 KVL 方程的形式为 $\sum Ri_b = \sum u_S$,若各支路电流 i_b 用网孔电流 i_m

表示,则 $\sum Ri_b = \sum u_S$ 可写成 $\sum(R\sum i_m) = \sum u_S$ 形式。该式中,网孔电流 i_m 有 $b-n+1$ 个且独立,它和方程数相等,故由这组方程可解出 $b-n+1$ 个网孔电流。这种以网孔电流为变量,对网孔列 KVL 方程并求解网孔电流的方法,称为网孔电流法,简称网孔法。下面分几种情况分析。

图 3-7 为不含流源及受控源的电路,称为标准型电路,该电路有 3 个网孔,设网孔电流分别为 i_{m1}、i_{m2}、i_{m3}。按网孔电流方向列网孔的 KVL 方程如下:

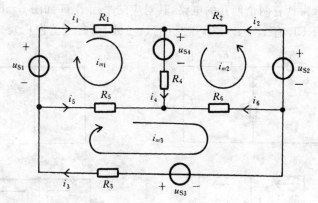

图 3 - 7 网孔电流法

网孔 1:　$R_1 i_1 + R_4 i_4 - R_5 i_5 = u_{S1} - u_{S4}$

网孔 2:　$R_2 i_2 + R_4 i_4 - R_6 i_6 = u_{S2} - u_{S4}$　　　　　　(3-8)

网孔 3:　$R_3 i_3 + R_5 i_5 - R_6 i_6 = u_{S3}$

各支路电流与网孔电流的关系为

$$i_1 = i_{m1}, \quad i_2 = i_{m2}$$
$$i_3 = i_{m3}, \quad i_4 = i_{m1} + i_{m2} \tag{3-9}$$
$$i_5 = -i_{m1} + i_{m3}, \quad i_6 = -i_{m2} - i_{m3}$$

式(3-9)代入式(3-8),经整理后得

$$(R_1 + R_4 + R_5)i_{m1} + R_4 i_{m2} - R_5 i_{m3} = u_{S1} - u_{S4}$$
$$R_4 i_{m1} + (R_2 + R_4 + R_6)i_{m2} + R_6 i_{m3} = u_{S2} - u_{S4} \tag{3-10}$$
$$-R_5 i_{m1} + R_6 i_{m2} + (R_3 + R_5 + R_6)i_{m3} = u_{S3}$$

这就是网孔电流方程。网孔电流方程的普遍形式(以 3 个网孔为例)为

$$R_{11} i_{m1} + R_{12} i_{m2} + R_{13} i_{m3} = u_{S11}$$
$$R_{21} i_{m1} + R_{22} i_{m2} + R_{23} i_{m3} = u_{S22} \tag{3-11}$$
$$R_{31} i_{m1} + R_{32} i_{m2} + R_{33} i_{m3} = u_{S33}$$

式中,R_{11}、R_{22} 和 R_{33} 分别称为网孔 1、网孔 2 和网孔 3 的自电阻,它们分别是各自网孔内所有电阻之和。图 3-7 中,$R_{11} = R_1 + R_4 + R_5$,$R_{22} = R_2 + R_4 + R_6$,$R_{33} = R_3 + R_5 + R_6$。自电阻的一般表达式为

R_{kk} = 网孔 k 中各电阻之和

式(3-11)中,R_{12}称为网孔 1 与网孔 2 的互电阻,它是该两网孔共有支路的电阻。R_{13}、R_{21}、$\cdots$ 的概念类似。互电阻可能取正,也可能取负。互电阻的一般表达式为

$$R_{jk} = \pm(\text{网孔 } j \text{ 与网孔 } k \text{ 的公共电阻})$$

式中"+"、"-"号的取法是:当流过公共电阻的两个网孔电流方向一致时取"+",反之取"-"。可以看出 $R_{jk} = R_{kj}$。图 3-7 中,互电阻 $R_{12} = R_{21} = R_4$,$R_{13} = R_{31} = -R_5$,$R_{23} = R_{32} = R_6$。如果所有网孔电流的方向均为顺(逆)时针方向,则全部互电阻都为负。网孔电流方程式(3-11)左端各项系数构成的行列式称为系数行列式,由于 $R_{jk} = R_{kj}$,因此标准型电路的网孔电流方程式的系数行列式对称。式(3-11)中,u_{S11} 为网孔 1 中各电压源电压的代数和,u_{S22}、u_{S33} 与 u_{S11} 类似,它们的普遍表达式为

$$u_{Skk} = \sum u_S$$

式中,当压源电位升方向与网孔电流方向一致时,u_S 取"+",反之取"-"。例如图 3-7 所示电路的 $u_{S11} = u_{S1} - u_{S4}$.

由上分析可见,只需判断各个自电阻、互电阻以及 $\sum u_S$ 的正、负,就可直接简便地列出全部网孔电流方程式,它是一种规范化的方程。必须指出,网孔电流法只适用于平面电路。

例 3-3 应用网孔电流法求解图 3-8 所示电路中的各支路电流。

解 设各支路电流和各网孔电流如图所示,根据支路电流与网孔电流的关系,左、右两个网孔电流分别设为 I_1 和 I_2。网孔电流方程为

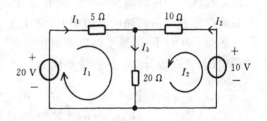

$$25I_1 + 20I_2 = 20$$
$$20I_1 + 30I_2 = 10$$

化简上式得

$$5I_1 + 4I_2 = 4$$
$$2I_1 + 3I_2 = 1$$

图 3-8 例 3-3 电路

用行列式解

$$I_1 = \frac{\begin{vmatrix} 4 & 4 \\ 1 & 3 \end{vmatrix}}{\begin{vmatrix} 5 & 4 \\ 2 & 3 \end{vmatrix}} = \frac{12-4}{15-8} \text{ A} = \frac{8}{7} \text{ A} = 1.14 \text{ A}$$

$$I_2 = \frac{\begin{vmatrix} 5 & 4 \\ 2 & 1 \end{vmatrix}}{\begin{vmatrix} 5 & 4 \\ 2 & 3 \end{vmatrix}} = \frac{5-8}{15-8} \text{ A} = \frac{-3}{7} \text{ A} = -0.43 \text{ A}$$

$$I_3 = I_1 + I_2 = 0.71 \text{ A}$$

上述结果与用支路法(例 3-1)解得的相同。

电路中若含有实际流源(流源并电阻),则可将它等效为实际压源(压源串电阻),然后按上述方法列网孔电流方程。电路中若含有理想流源,这时不能如上转换。理想流源在电路中的位置有两种情况,或仅在一个网孔中,或为两个网孔所共有。下面以图 3-9 所示电路为例对这两种情况进行分析。

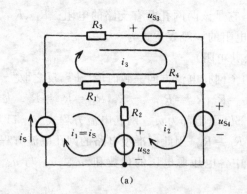 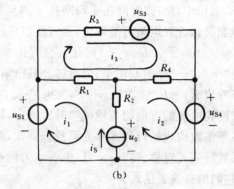

(a)   (b)

图 3—9 含理想流源电路的网孔电流法

图 3-9(a)所示电路,理想流源仅在一个网孔中,流过它的网孔电流只有一个 i_1,显然 $i_1 = i_S$。未知网孔电流只有两个:i_2 和 i_3。因此只需列网孔 2、3 的网孔电流方程,它们为

$$-R_2 i_S + (R_2 + R_4) i_2 - R_4 i_3 = u_{S2} - u_{S4}$$
$$-R_1 i_S - R_4 i_2 + (R_1 + R_3 + R_4) i_3 = -u_{S3}$$

联立上两方程,即可求得网孔电流 i_2 和 i_3。由此可见,当一个流源仅处在一个网孔中时,网孔电流方程式可相应的减少一个。若有 k 个类似情况,则方程式相应减少 k 个。可以看出,只有当流源处在外沿回路的支路中时,它才属一个网孔所有,否则它必为两个网孔所共有。

图 3-9(b)中,流源支路为两网孔所共用。对该电路列网孔电流方程时,必须考虑流源两端的电压,现设为 u_0,u_0 的处理类同 u_S。网孔电流方程为

$$\left. \begin{aligned} (R_1 + R_2) i_1 - R_2 i_2 - R_1 i_3 &= u_{S1} - u_0 \\ -R_2 i_1 + (R_2 + R_4) i_2 - R_4 i_3 &= -u_{S4} + u_0 \\ -R_1 i_3 - R_4 i_2 + (R_1 + R_3 + R_4) i_3 &= -u_{S3} \end{aligned} \right\} \qquad (3-12)$$

这是一混合变量方程组。式(3-12)的 3 个方程中,有 4 个未知量,因此还必须补充一个方程。根据已知条件,该补充方程(也称附加方程)为

$$-i_1 + i_2 = i_S$$

它与式(3-12)联立后,即可求得 i_1、i_2、i_3 和 u_0。

例 3—4 试用网孔电流法求图 3-10 所示电路的电流 I。

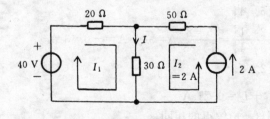

图 3—10 例 3—4 电路

解 设网孔电流 I_1 和 I_2,$I_2 = 2$ A,故只需列网孔 1 的方程。

$$(20 + 30) I_1 + 30 \times I_2 = 40$$

即 $$50 I_1 + 60 = 40$$

得 $\qquad I_1 = \dfrac{40-60}{50}\text{ A} = -0.4\text{ A}$

$$I = I_1 + I_2 = (-0.4 + 2)\text{ A} = 1.6\text{ A}$$

例 3—5 试用网孔电流法求图 3—11 所示电路的 I_1、I_2、I_3 和 I_4 以及各电源供出的功率。

解 设 3 A 流源和 2 A 流源的端电压分别为 U_1 和 U_2，网孔电流分别为 I_1、I_4 和 2 A。网孔电流方程和补充方程为

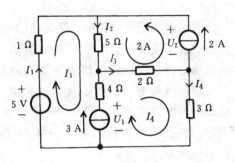

$$(1+5+4)I_1 - 4I_4 + 5 \times 2 = 5 - U_1$$
$$-4I_1 + (2+3+4)I_4 + 2 \times 2 = U_1$$
$$-I_1 + I_4 = 3$$

联立上面的 3 个方程，解得

$$I_1 = -\frac{24}{11}\text{ A} = -2.182\text{ A}$$

$$I_4 = \frac{9}{11}\text{ A} = 0.818\text{ A}$$

$$U_1 = \frac{221}{11}\text{ A} = 20.091\text{ V}$$

图 3—11 例 3—5 电路

于是 $\qquad I_2 = I_1 + 2 = -0.182\text{ A}$

$$I_3 = I_4 + 2 = 2.818\text{ A}$$

由路径法 $\quad U_2 = 5I_2 + 2I_3 = [5(-0.182) + 2 \times 2.818]\text{ V} = 4.726\text{ V}$

压源功率 $\quad P_{1供} = 5I_1 = 5(-2.182)\text{ W} = -10.91\text{ W}$ （吸收 10.91 W）

3 A 流源 $\quad P_{2供} = U_1 \times 3 = 20.091 \times 3\text{ W} = 60.27\text{ W}$

2 A 流源 $\quad P_{3供} = U_2 \times 2 = 4.726 \times 2\text{ W} = 9.954\text{ W}$

当电路含有受控源时，受控压源和受控流源的处理分别与独立压源和独立流源的一样，但要注意的是，受控源的控制量必须用网孔电流表示。下面举例说明。

例 3—6 试列图 3—12 电路的网孔电流方程。

解 网孔电流方程为

$$\left.\begin{array}{l}(R_1 + R_4 + R_5)i_1 - R_4 i_2 - R_5 i_3 = u_S \\ -R_4 i_1 + (R_2 + R_4)i_2 = -\mu u_3 \\ -R_5 i_1 + (R_3 + R_5)i_3 = \mu u_3\end{array}\right\} \quad \text{(a)}$$

控制量 u_3 必须用网孔电流表示，由图可见

$$u_3 = R_3 i_3$$

将它代入方程组中，经整理后得

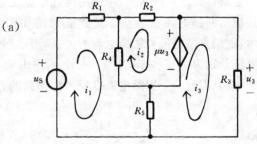

$$\left.\begin{array}{l}(R_1 + R_4 + R_5)i_1 - R_4 i_2 - R_5 i_3 = u_S \\ -R_4 i_1 + (R_2 + R_4)i_2 + \mu R_3 i_3 = 0 \\ -R_5 i_1 + (R_3 + R_5 - \mu R_3)i_3 = 0\end{array}\right\} \quad \text{(b)}$$

图 3—12 例 3—6 电路

上组方程中，互电阻 $R_{23} = \mu R_3$，而 $R_{32} = 0$，$R_{23} \neq R_{32}$。由此看出，含受控源的电路中，受控源所在

网孔与控制量所在网孔间的互电阻不等,因此含受控源电路的网孔电流方程中的系数行列式不对称。需要说明,按照式(3-11)所示的网孔电流方程的规范形式,该例的 R_{33} 为式(b)中的 $R_3+R_5-\mu R_3$,即 $R_{33}=(1-\mu)R_3+R_5$,而不是式(a)中的 R_3+R_5;$R_{23}=\mu R_3$,而不是式(a)中的零。

第四节 回路电流法

前面介绍了在网孔中连续流动的电流称为网孔电流;网孔电流是一组独立变量。同样,在回路中连续流动的电流称为回路电流,独立回路电流也是一组独立变量,因此电路也可以用回路电流分析。以回路电流为变量列回路的 KVL 方程并求解回路电流的方法称为回路电流法,简称回路法。回路电流方程的形式、规律以及各项的物理概念与网孔电流方程的完全一样,下面以图 3-13 所示电路为例说明。

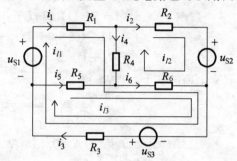

图 3-13 回路电流法

图 3-13 示出了一组独立回路(独立回路数 $l=b-n+1=3$),它们的独占支路分别是 R_1、R_2 和 R_5 支路。设回路电流分别为 i_{l1}、i_{l2} 和 i_{l3},则回路电流方程为

$$(R_1+R_3+R_4+R_6)i_{l1}-(R_4+R_6)i_{l2}+(R_3+R_6)i_{l3}=u_{S1}+u_{S3}$$
$$-(R_4+R_6)i_{l1}+(R_2+R_4+R_6)i_{l2}-R_6 i_{l3}=-u_{S2}$$
$$(R_3+R_6)i_{l1}-R_6 i_{l2}+(R_3+R_5+R_6)i_{l3}=u_{S3}$$

3 个方程联立求得 i_{l1}、i_{l2} 和 i_{l3} 后,则各支路电流为

$$i_1=i_{l1},\quad i_2=i_{l2},\quad i_3=i_{l1}+i_{l3},\quad i_4=i_{l1}-i_{l2},\quad i_5=i_{l3},\quad i_6=i_{l1}-i_{l2}+i_{l3}$$

需要指出:① 网孔法中,当网孔电流的方向全为顺(逆)时针方向时,互电阻全为负的这一结论对回路法不适用。回路法中,互电阻的正、负要由流过互电阻的两个回路电流的方向是相同还是相反而定;② 网孔电流法只适用于平面电路,而回路电流法对平面电路和非平面电路均适用。

例 3-7 试用回路电流法求图 3-14 所示电路的 I_1、I_2、I_3 和 I_4 以及流源电压 U_1 和 U_2。

解 该题在例 3-5 中已用网孔电流法分析求得,这里用回路电流法分析。选独立回路如图 3-14 所示,根据支路电流与回路电流的关系,所示回路的回路电流分别为 I_1、2 A 和 3 A。三个回路电流仅一个未知,故只需列一个回路电流方程。I_1 回路的方程为

$$(1+5+2+3)I_1+(5+2)\times 2+(2+3)\times 3=5$$

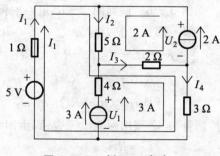

图 3-14 例 3-7 电路

解得

$$I_1=\frac{-24}{11}\text{ A}=-2.182\text{ A}$$

于是

$$I_2=I_1+2=-0.182\text{ A}$$
$$I_3=I_1+2+3=2.818\text{ A}$$
$$I_4=I_1+3=0.818\text{ A}$$

由路径法求 U_1、U_2,

$$U_1 = 4 \times 3 - 5I_2 - I_1 + 5 = 20.091 \text{ V}$$
$$U_2 = 5I_2 + 2I_3 = 4.726 \text{ V}$$

以上求得的结果与由例 3-5 求得的相同。相比之下,回路法比网孔法简便得多。

例 3-8 应用回路电流法求图 3-15 所示电路的 I_1。

解 选独立回路如图所示,回路电流分别为 I_1、4 A 和 $1.5I_1$。对 I_1 回路列回路电流方程如下:

$$(5+4+2)I_1 + (4+2) \times 4 - 4 \times 1.5I_1$$
$$= -30 - 25 + 19$$

解得 $\qquad I_1 = -1.2 \text{ A}$

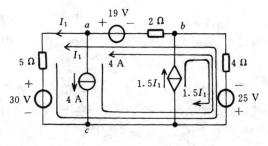

图 3-15 例 3-8 电路

例 3-9 试用回路法求解图 3-16 所示电路的各支路电流。

解 选独立回路如图所示,回路电流分别为 i_S、$g_m u_4$ 和 i_4。受控流源的控制量 u_4 用回路电流表示为 $u_4 = -R_4 i_4$,可见,三个回路电流只有一个变量。对 i_4 回路列方程为

$$(R_2 + R_4 + R_5)i_4 - R_2 i_S + R_5 g_m u_4 = u_S$$

将 $u_4 = -R_4 i_4$ 代入上式,整理后得

$$(R_2 + R_4 + R_5 - g_m R_4 R_5)i_4 = u_S + R_2 i_S$$

于是
$$i_4 = \frac{u_S + R_2 i_S}{R_2 + R_4 + R_5 - g_m R_4 R_5}$$

其他各支路电流为

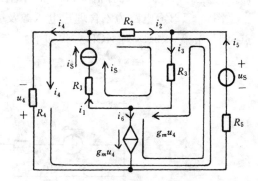

图 3-16 例 3-9 电路

$$i_1 = i_S$$
$$i_2 = i_S - i_4$$
$$i_3 = i_S - g_m R_4 i_4$$
$$i_5 = i_4 - g_m R_4 i_4$$
$$i_6 = -g_m R_4 i_4$$

将 i_4 代入上列各式即可求出各支路电流。

由上面的分析看出,回路电流法灵活、简便,对含流源的电路最为适用。但是,回路电流法的互电阻没有网孔法的那样好确定,容易出错,要格外注意。

第五节 节点电压法

支路电流法方程有两组,一组是 $\sum i = 0$,另一组是 $\sum Ri = \sum u_S$。由第二组方程,借助独立变量回路(网孔)电流,我们得到了回路(网孔)电流法,从而简化了电路的计算。很自然地提出,能否由第一组方程,借助另一组独立变量来简化电路的分析呢?下面进行讨论。

电路中,不含流源的支路无外乎图 3-17 所示的两种形式。根据欧姆定律和压源支路欧姆定律,图 3-17(a)和(b)的电流分别为

$$i = \frac{u_1 - u_2}{R} \quad \text{和} \quad i = \frac{u_1 - u_2 - u_S}{R}$$

图 3 - 17 含未知电流支路的形式

可见,支路电流是节点电压的函数。设节点电压为 $u_k (k=1,2,\cdots)$,于是支路电流 $i=f(u_k)$,将这一关系代入独立的 KCL 方程($n-1$ 个)中,则 $\sum i=0$ 变成了 $\sum f(u_k)=0$ 的形式。式中未知节点电压有 $n-1$ 个(n 个节点中,有一个参考点,其电压为零,已知),它和方程数相等,故由这一组方程可求得各节点电压,从而求出各支路电流。节点电压之间不能用 KVL 联系,因此节点电压是一组独立变量。

以节点电压为变量列节点 KCL 方程并求解节点电压的方法称为节点电压法,简称节点法。

用节点电压法求支路电流也是一种间接方法。同样因其方程数量少、列写规范、解题简便而广泛应用。下面分几种情况讨论节点电压方程的列写方法。

图 3-18(a)电路为不含理想电压源及受控源的标准型电路,具有四个节点。任选三个节点,例如节点 1、2、3,列 KCL 方程如下:

$$\left. \begin{array}{l} i_1+i_2-i_7-i_{S1}+i_{S2}=0 \\ -i_2+i_3-i_4-i_5=0 \\ i_4+i_5-i_6+i_7-i_{S2}=0 \end{array} \right\} \tag{3-13}$$

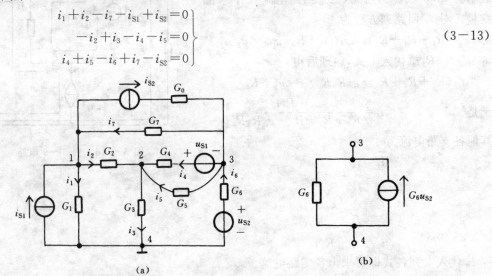

图 3 - 18 节点电压法

选节点 4 为参考点,即 $u_4=0$,节点 1、2、3 的电压分别设为 u_1、u_2、u_3。根据欧姆定律或压源支路欧姆定律,各支路电流可表示为

$$\left. \begin{array}{l} i_1=G_1 u_{14}=G_1 u_1 \\ i_2=G_2 u_{12}=G_2(u_1-u_2) \\ i_3=G_3 u_{24}=G_3 u_2 \\ i_4=G_4(u_{32}+u_{S1})=G_4(u_3-u_2+u_{S1}) \\ i_5=G_5 u_{32}=G_5(u_3-u_2) \\ i_6=G_6(u_{43}+u_{S2})=G_6(-u_3+u_{S2}) \\ i_7=G_7 u_{31}=G_7(u_3-u_1) \end{array} \right\} \tag{3-14}$$

将式(3—14)代入式(3—13),经整理后得

$$\left.\begin{array}{l}(G_1+G_2+G_7)u_1-G_2u_2-G_7u_3=i_{S1}-i_{S2}\\ -G_2u_1+(G_2+G_3+G_4+G_5)u_2-(G_4+G_5)u_3=G_4u_{S1}\\ -G_7u_1-(G_4+G_5)u_2+(G_4+G_5+G_6+G_7)u_3=i_{S2}-G_4u_{S1}+G_6u_{S2}\end{array}\right\} \qquad (3-15)$$

式(3—15)的普遍形式为

$$\left.\begin{array}{l}G_{11}u_1+G_{12}u_2+G_{13}u_3=i_{S11}\\ G_{21}u_1+G_{22}u_2+G_{23}u_3=i_{S22}\\ G_{31}u_1+G_{32}u_2+G_{33}u_3=i_{S33}\end{array}\right\} \qquad (3-16)$$

式(3—16)就是具有三个独立节点电路的节点电压方程。式中 G_{11} 称为节点 1 的自电导,它是连接在节点 1 上所有非流源支路的电导之和,恒为正。G_{22}、G_{33} 与 G_{11} 类似。这里 $G_{11}=G_1+G_2+G_7$,$G_{22}=G_2+G_3+G_4+G_5$,…自电导的一般表达式为

$$G_{kk}=\sum_{\text{节点}\,k}G \quad (\text{不包括与流源串联的电导})$$

G_{12} 称为节点 1 与节点 2 的互电导,它是连接在节点 1、2 之间所有非流源支路电导之和的负值。G_{21}、G_{13}、G_{23}、…与其类似。这里 $G_{12}=G_{21}=-G_2$,$G_{13}=G_{31}=-G_7$,$G_{23}=G_{32}=-(G_4+G_5)$。互电导的一般表达式为

$$G_{jk}=G_{kj}=-\sum_{j,\,k\text{之间}}G \quad (\text{不包括与流源串联的电导})$$

由此可见,式(3—16)的系数行列式对称。所有自电导、互电导都不包括与流源串联的电导,这是因为流源支路对节点提供的电流与其支路电导无关。由式(3—15)、(3—16)可见

$$i_{Skk}=\sum i_S+\sum Gu_S$$

式中,$\sum i_S$ 为流入节点 k 各电流源电流的代数和,当 i_k 指向节点 k 时取"+",反之取"−";$\sum Gu_S$ 为连接在节点 k 上各实际压源支路(u_S 串联 G)的 Gu_S 的代数和,当压源电位升方向指向节点 k 时取"+",反之取"−"。这里,$i_{S11}=i_{S1}-i_{S2}$,$i_{S22}=G_4u_{S1}$,$i_{S33}=i_{S2}-G_4u_{S1}+G_6u_{S2}$。$Gu_S$ 的物理概念可以从图 3—18(b)看出。图(b)是图(a)中实际压源支路(u_{S2} 串联 G_6)等效转换的结果。G_6u_{S2} 即为转换后电流源的电流,它指向节点 3,故在 i_{S33} 中取"+"。需要指出,节点电压方程的规律与支路电流无关,在列写节点电压方程时,支路电流一概不必考虑。应用节点法时,宜选支路数最多的节点为参考点,这样可使方程简单。节点电压法对平面电路及非平面电路均适用,它的最大优点是独立节点极易判断。

例 3—10 试对图 3—19 电路用节点电压法求 I_1、I_2、I_3 和 U。

解 选节点 4 为参考点,列节点 1、2、3 的节点电压方程

$$\left(\frac{1}{2}+1+\frac{1}{4}+\frac{1}{4}\right)U_1-U_2-\frac{1}{2}U_3=3+\frac{8}{4}$$

$$-U_1+\left(1+\frac{1}{0.5}+1\right)U_2-\frac{1}{0.5}U_3=-2$$

$$-\frac{1}{2}U_1-\frac{1}{0.5}U_2+\left(\frac{1}{2}+\frac{1}{0.5}+\frac{1}{2}\right)U_3=-3$$

化简后为
$$2U_1-U_2-0.5U_3=5$$
$$-U_1+4U_2-2U_3=-2$$

$$-0.5U_1-2U_2+3U_3=-3$$

最后求得　　　　$U_1=2\text{ V}$

$$U_2=-0.5\text{ V}$$

$$U_3=-1\text{ V}$$

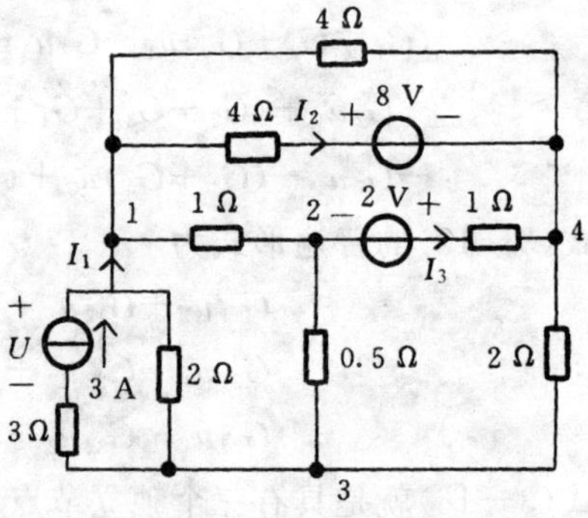

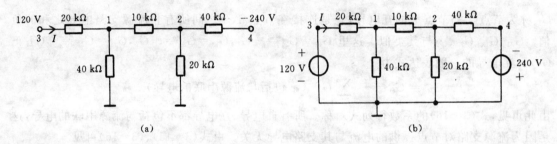

图 3－19　例 3－10 电路

各支路电流 I 及电压 U 为

$$I_1=3+\frac{U_{31}}{2}=3+\frac{U_3-U_1}{2}=1.5\text{ A}$$

$$I_2=\frac{U_{14}-8}{4}=\frac{U_1-8}{4}=-1.5\text{ A}$$

$$I_3=\frac{U_{24}+2}{1}=U_2+2=1.5\text{ A}$$

$$U=U_{13}+3\times3=U_1-U_3+9=12\text{ V}$$

例 3－11　试用节点电压法求图 3－20(a)电路中的 I。

图 3－20　例 3－11 电路

解　设节点 1、2、3、4，由图 3－20 得

$$U_3=120\text{ V},\quad U_4=-240\text{ V}$$

节点 1、2 的节点电压方程为

$$\left(\frac{1}{20}+\frac{1}{40}+\frac{1}{10}\right)U_1-\frac{1}{10}U_2-\frac{1}{20}U_3=0$$

$$-\frac{1}{10}U_1+\left(\frac{1}{10}+\frac{1}{20}+\frac{1}{40}\right)U_2-\frac{1}{40}U_4=0$$

将 $U_3=120\text{ V}$、$U_4=-240\text{ V}$ 代入上组方程得

$$0.175U_1-0.1U_2=6$$

$$-0.1U_1+0.175U_2=-6$$

待求量为 I，故只需求 U_1。由上组方程求得

$$U_1=21.8\text{ V}$$

于是　　　　$$I=\frac{U_3-U_1}{20}=\frac{120-21.8}{20}\text{ mA}=4.91\text{ mA}$$

该题亦可对图(a)对应的常规电路图(b)进行计算，读者可自行分析。

图 3－21 电路含有理想压源 u_S，当以节点 3 为参考点时，显然节点 1 的电压 $u_1=u_\mathrm{S}$ 为已知，因此只需要列节点 2 的方程

$$-G_2u_1+(G_2+G_3)u_2=i_\mathrm{S}$$

$u_1 = u_S$ 代入上式即可求得 u_2。

由上分析可见,这种情况节点电压方程数减少了,问题得到了简化。该电路若选节点 2 为参考点,则在列节点 1、3 的方程时,由于 u_S 支路的电导 $G_S = \infty$,不能用 $G_S u_S$ 这一关系,故将该支路电流作为未知量列入方程。设 u_S 支路的电流为 i,对它的处理同流源,于是有

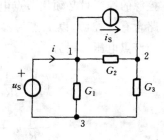

图 3—21 含理想压源电路的节点电压法

$$(G_1 + G_2)u_1 - G_1 u_3 = i - i_S$$
$$-G_1 u_1 + (G_1 + G_3)u_3 = -i$$

该方程组各项概念及规律仍与式(3—16)的一样,只不过 i_{Skk} 中包含了理想压源支路电流。这两个方程含有 3 个未知量,因此还需补充一个方程。由已知条件,补充方程为

$$u_1 - u_3 = u_S$$

联立上面的 3 个方程,即可解得 u_1、u_3 和 i。

例 3—12 用节点电压法求图 3—22 电路中各支路电流。

解 1 若以 b 点为参考点列方程,则

节点 a:　　　　$U_a = 3$ V

节点 c:　　　　$-5U_a + (5+10)U_c = 5 - 2 - 5 \times 3 - 10 \times 2$

上式可写成　　　$-5U_a + 15U_c = -32$

将 $U_a = 3$ V 代入,求得

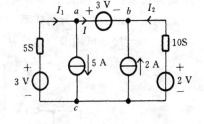

图 3—22 例 3—12 电路

$$U_c = -\frac{17}{15}\ \text{V}$$

于是　　　　$I_1 = 5(U_c - U_a + 3) = -\frac{17}{3}\ \text{A} = -5.667\ \text{A}$

$$I_2 = 10(U_c - U_b + 2) = \frac{130}{15}\ \text{A} = 8.667\ \text{A}$$

$$I = I_1 - 5 = -10.667\ \text{A}$$

解 2 若以 c 点为参考点列方程,则

节点 a:　　$5U_a = 5 \times 3 - 5 - I$　　　　　　$\begin{cases} 5U_a + I = 10 \\ 10U_b - I = 22 \\ U_a - U_b = 3 \end{cases}$

节点 b:　　$10U_b = 10 \times 2 + 2 + I$　　即

补充:　　　　$U_a - U_b = 3$

这是一组混合变量方程组,由该组方程求得

$$U_a = \frac{62}{15}\ \text{V}, \quad U_b = \frac{17}{15}\ \text{V}, \quad I = -\frac{32}{3}\ \text{A} = -10.667\ \text{A}$$

于是　　　　$I_1 = 5 + I = -5.667\ \text{A}, \quad I_2 = -(2 + I)\ \text{A} = 8.667\ \text{A}$

若电路含有受控源,在列节点电压方程时,受控源按独立源一样对待。需要注意的是,受

77

控源的控制量必须用节点电压表示。例如,图 3—20 电
路含有受控源,以 c 点为参考点进行分析时,节点 a、b
的节点电压方程为

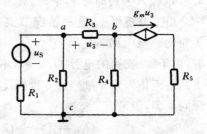

图 3—23 含受控源电路的节点电压法

$$\left(\frac{1}{R_1}+\frac{1}{R_2}+\frac{1}{R_3}\right)u_a-\frac{1}{R_3}u_b=\frac{u_S}{R_1}$$

$$-\frac{1}{R_3}u_a+\left(\frac{1}{R_3}+\frac{1}{R_4}\right)u_b=-g_mu_3$$

式中 u_3 用节点电压表示为

$$u_3=u_a-u_b$$

将它代入上组方程,于是有

$$\left(\frac{1}{R_1}+\frac{1}{R_2}+\frac{1}{R_3}\right)u_a-\frac{1}{R_3}u_b=\frac{u_S}{R_1}$$

$$-\left(\frac{1}{R_3}-g_m\right)u_a+\left(\frac{1}{R_3}+\frac{1}{R_4}-g_m\right)u_b=0$$

由此即可求得 u_a 和 u_b。该方程组中 $G_{ab}\neq G_{ba}$,这是由受控源所造成。因此,含受控源电路的
节点电压方程的系数行列式不对称。

例 3—13 试用节点电压法求图 3—24 中的 u_o/u_i。设 $R_5=R_6$。

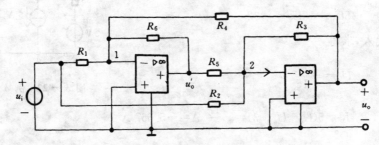

图 3—24 例 3—13 电路

解 对节点 1、2 列节点电压方程。由运放的"虚断"特性,于是节点电压方程为

$$\left(\frac{1}{R_1}+\frac{1}{R_4}+\frac{1}{R_6}\right)u_1-\frac{1}{R_1}u_i-\frac{1}{R_6}u_o{}'-\frac{1}{R_4}u_o=0$$

$$\left(\frac{1}{R_2}+\frac{1}{R_3}+\frac{1}{R_5}\right)u_2-\frac{1}{R_2}u_i-\frac{1}{R_5}u_o{}'-\frac{1}{R_3}u_o=0$$

由运放的"虚短"特性,故有 $u_1=0$ 和 $u_2=0$,因此上组方程变为

$$-\frac{1}{R_1}u_i-\frac{1}{R_6}u_o{}'-\frac{1}{R_4}u_o=0$$

$$-\frac{1}{R_2}u_i-\frac{1}{R_5}u_o{}'-\frac{1}{R_3}u_o=0$$

$R_5=R_6$ 代入上式,将上两式相减得

$$\left(\frac{1}{R_1}-\frac{1}{R_2}\right)u_i-\left(\frac{1}{R_3}-\frac{1}{R_4}\right)u_o=0$$

78

或 $(G_1-G_2)u_i-(G_3-G_4)u_o=0$

于是有 $\dfrac{u_o}{u_i}=\dfrac{G_1-G_2}{G_3-G_4}$

　　需要注意,用节点电压法分析含运放的电路时,不能对运放的输出端(图 3—24 中的 u'_o 端和 u_o 端)列节点电压方程。请读者分析为什么?

　　本章讨论了电路分析的支路电流法、网孔电流法、回路电流法和节点电压法,这四种规范方法在方程式变量选择、列写和方程式数目等方面都不尽相同。支路电流法有两组方程,其他都只有一组。只有一组方程的网孔电流法、回路电流法和节点电压法由于方程少,并且方程式都有很强的规律性,列写简便、计算简单,因而得到了广泛的应用。然而,这四种方法又各具特点,其中每种方法都不能保证对一切电路所列的方程式数目达到最少,因此在应用时应针对具体电路选用最适当的方法,只有这样,才能充分发挥每种方法的优越性,使电路的分析计算得到简化。

　　现将各种方法的特点、适用范围及应用技巧简单总结如表 3—1 所示,以供参考。

电路分析方法的简单比较　(设电路有 b 条支路、n 个节点)　　　　表 3—1

方法	方程式变量	方程式形式	方程式数目	适用电路	应用技巧
支路电流法	支路电流 i	$\sum i=0(n-1$ 个$)$ $\sum Ri=\sum u_S$ $(\leqslant b-n+1$ 个$)$	$\leqslant b$	简单电路	尽量减少回路方程式
网孔电流法	网孔电流 i_m	$\sum Ri_m=\sum u_S$	$\leqslant b-n+1$	节点较多而网孔较少的平面电路	
回路电流法	回路电流 i_l	$\sum Ri_l=\sum u_S$	$\leqslant b-n+1$	电流源较多的电路	将电流源和受控流源支路定为回路的独占支路
节点电压法	节点电压 u_n	$\sum Gu_n=\sum i_S+\sum Gu_S$	$\leqslant n-1$	独立回路较多而节点较少的电路	将电压源或受控压源的一端定为参考点,或选择支路数较多的节点为参考点

习　　题

3—1　用支路电流法求解图示电路各支路电流。

3—2　应用支路电流法求图中的各支路电流。

3—3　用网孔电流法求图中的 I_1、I_2、I_3。

3—4　电路如图所示。

(1) 用网孔电流法求 a 点对地电压;

(2) a 点对地短路,试求从 a 入地的电流(观察法)。

3—5　已知网孔电流方程式如下,试画一个可能的电路结构。

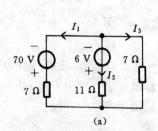

题 3－1 图

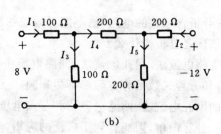

(a)   (b)

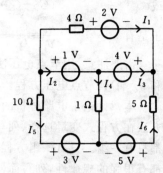

题 3－2 图

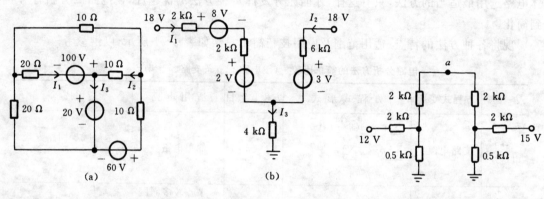

题 3－3 图

题 3－4 图

$$10i_1 - 5i_2 = 10$$
$$-5i_1 + 10i_2 - i_3 = 10$$
$$-i_2 + 10i_3 = 0$$

3－6 一个三网孔电路,已知其中网孔电流 i_1 如下式所示,试画出三种不同的电路结构图。

$$i_1 = \begin{vmatrix} -5 & 0 & -1 \\ 2 & 1 & -1 \\ 0 & -1 & 3 \end{vmatrix} \bigg/ \begin{vmatrix} 2 & 0 & -1 \\ 0 & 1 & -1 \\ -1 & -1 & 3 \end{vmatrix}$$

3－7 用网孔电流法求图示电路中的 U_x。已知 $U_{ab} = 2\ \text{V}$。

3－8 用网孔电流法求图中各支路电流及 U。若与流源串联的电阻为零,试分析电路中何处的电流、电压将受影响。

3－9 用网孔电流法求图中的 I_1、U_2。

3－10 用网孔电流法求图示电路所示各功率。

3－11 用网孔电流法求图示电路中的电流 I_1、I_2、I_3 和 I_4,各电源的功率 P_1、P_2、P_3 和 P_4。

3－12 电路如图所示。

（1）列网孔电流方程式（未知量仅为 I_1 和 I_2）；

（2）求 R_{11}、R_{12}、R_{21} 和 R_{22}。

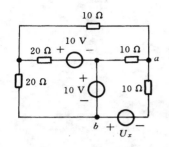

题 3－7 图

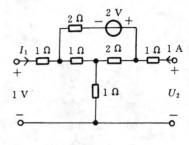

题 3－8 图   题 3－9 图

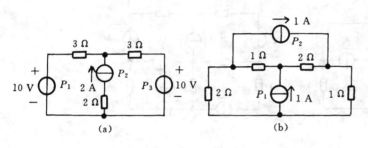

(a)   (b)

题 3－10 图   题 3－11 图

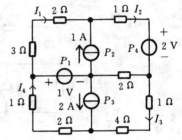

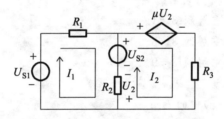

题 3－12 图

3－13 应用网孔电流法计算图中的 U_1 及 U_2。

3－14 应用网孔电流法求图中的 I_A 及受控源的功率。

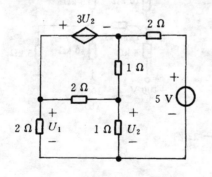

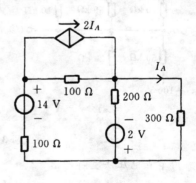

题 3－13 图   题 3－14 图

3－15 用回路电流法重解题 3－10(只列一个方程)。

3－16 用回路电流法重解题 3－11(列两个方程)。

3－17 电路如图所示,试用回路电流法只列一个方程求解电流 I。

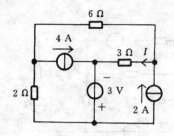

题 3 − 17 图

3 − 18　应用回路电流法只列一个方程式求图所示电路中的 I_1。

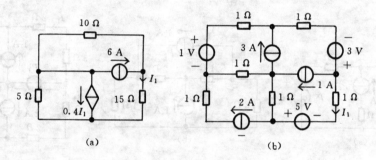

题 3 − 18 图

3 − 19　用节点电压法重解题 3−1。

3 − 20　用节点电压法重解题 3−8。

3 − 21　用节点电压法重解题 3−9。

3 − 22

(1) 用节点电压法求图(a)中的 U_a；

(2) 用节点电压法求图(b)中的 I。

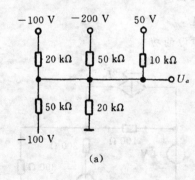

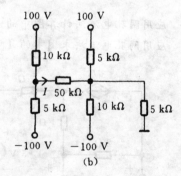

题 3 − 22 图

3 − 23　用节点电压法重解题 3−2。

3 − 24　用节点电压法重解题 3−3 中的图(a)。

3 − 25　图所示电路中,$U_{ab}=5$ V,试用节点电压法求 U_x。

3 − 26　列写图所示电路的节点电压方程式。

3 − 27　列写求解图示电路的节点电压所必需的方程式。

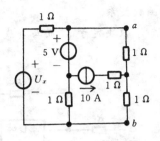

题 3－25 图

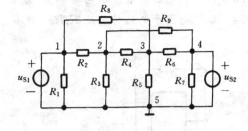

题 3－26 图

3－28 应用节点电压法求图示电路中电压源的输出功率 P_1 和 P_2。

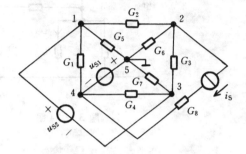

题 3－27 电路

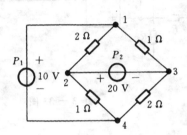

题 3－28 电路

3－29 应用节点电压法求图中的 U_0。

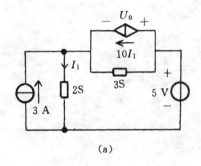

(a)

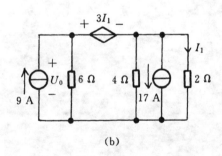

(b)

题 3－29 电路

3－30 用节点电压法求图示中的 I_1。

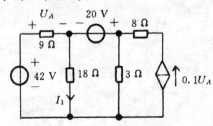

题 3－30 图

3－31 用节点电压法重新求题 2－26、2－27。

3－32 用节点电压法重新求题 2－29(1)。

3-33 用节点电压法求图示电路中 u_o 与 u_1、u_2 的函数关系。

3-34 试证明图示电路若满足 $R_1 R_4 = R_2 R_3$，则电流 i_L 仅决定于 u_1 而与负载 R_L 无关。

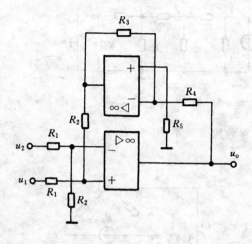

题 3-33 图

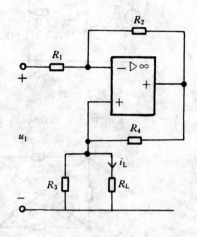

题 3-34 图

第四章 电路分析的重要定理

本章主要内容:叠加定理;替代定理;戴维南定理和诺顿定理;最大功率传输定理;互易定理和参数变动定理。这些定理既是电路分析的重要理论,又是电路分析的基本方法,因此得到了广泛的应用。

第一节 叠加定理

叠加定理体现了线性电路的基本特性,在电路分析中占有很重要的地位。下面先看一个简单例子。

图 4-1(a)电路有三个独立源,我们用网孔电流法分析 R_1 支路的电流 i_1。网孔电流如图所示,已知 $i_3 = i_S$,只需列 i_1 网孔电流方程

$$(R_1 + R_2)i_1 + R_2 i_S = u_{S1} - u_{S2}$$

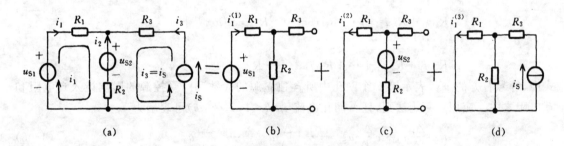

图 4-1 叠加定理电路

于是

$$i_1 = \frac{1}{R_1 + R_2} u_{S1} - \frac{1}{R_1 + R_2} u_{S2} - \frac{R_2}{R_1 + R_2} i_S \qquad (4-1)$$

或表示为

$$i_1 = i_1^{(1)} - i_1^{(2)} - i_1^{(3)} \qquad (4-2)$$

式中

$$\left. \begin{array}{l} i_1^{(1)} = \dfrac{1}{R_1 + R_2} u_{S1} \\[2mm] i_1^{(2)} = \dfrac{1}{R_1 + R_2} u_{S2} \\[2mm] i_1^{(3)} = \dfrac{R_2}{R_1 + R_2} i_S \end{array} \right\} \qquad (4-3)$$

由式(4-1)看出,当 $u_{S2} = 0$ 及 $i_S = 0$ 时,

$$i_1 = \frac{1}{R_1 + R_2} u_{S1} = i_1^{(1)}$$

可见,$i_1^{(1)}$ 是 u_{S1} 单独作用时(其余独立源全为零值)在 R_1 中产生的电流。同理,$i_1^{(2)}$ 和 $i_1^{(3)}$ 分别是 u_{S2} 和 i_S 单独作用时在 R_1 中产生的电流。各独立源单独作用所对应的电路分别如图 4-1(b)、(c)和(d)所示。由它们不难求出 $i_1^{(1)}$、$i_1^{(2)}$ 和 $i_1^{(3)}$,它们的表达式与式(4-3)完全相同。式(4-2)可写成

$$i_1 = \sum_{k=1}^{3} i_1^{(k)} \tag{4-4}$$

它表明:R_1 支路电流 i_1 是各个独立源(u_{S1}、u_{S2}、i_S)单独作用时在 R_1 支路产生的电流的代数和。当 $i_1^{(k)}$ 方向与 i_1 方向相同时取"+",反之取"-"。式(4-4)就是 i_1 的叠加公式,$i_1^{(k)}$ 是 i_1 的第 k 个分量。各分量对应的电路不同,叠加公式对应的叠加电路如图 4-1 所示。

叠加定理可表述为:在任何含有多个独立源的线性电路中,每一支路的电流(电压)都可看成是各个独立源单独作用(除该电源外,其他独立源全置零)时在该支路产生的电流(电压)的代数和。定理中独立源置零,对电压源就是短路(令 $u_S=0$),即电压源用短路线代之;对电流源就是开路(含 $i_S=0$),即将电流源移去。

叠加定理可以用不同的方法加以证明,我们采用网孔电流法证明如下:

任意线性电路,其中含有电阻、线性受控源及独立压源。电路有 m 个网孔和 n 个独立源。按照网孔电流法列出网孔电流方程式为

$$\left. \begin{aligned} R_{11}i_1 + R_{12}i_2 + \cdots + R_{1k}i_k + \cdots + R_{1m}i_m &= u_{S11} \\ R_{21}i_1 + R_{22}i_2 + \cdots + R_{2k}i_k + \cdots + R_{2m}i_m &= u_{S22} \\ \vdots \\ R_{k1}i_1 + R_{k2}i_2 + \cdots + R_{kk}i_k + \cdots + R_{km}i_m &= u_{Skk} \\ \vdots \\ R_{m1}i_1 + R_{m2}i_2 + \cdots + R_{mk}i_k + \cdots + R_{mn}i_m &= u_{Smm} \end{aligned} \right\} \tag{4-5}$$

式中,等号右方的 u_{Skk} 表示第 k 个网孔中所含独立源的代数和。受控源的影响计入自电阻和互电阻之中。应用克莱姆法则,任一网孔电流 $i_k(k=1,2,\cdots,m)$ 可表示为

$$i_k = \frac{\Delta_{1k}}{\Delta}u_{S11} + \frac{\Delta_{2k}}{\Delta}u_{S22} + \cdots + \frac{\Delta_{jk}}{\Delta}u_{Sjj} + \cdots + \frac{\Delta_{mk}}{\Delta}u_{Smm} \tag{4-6}$$

式中,Δ 为方程组式(4-5)的系数行列式;$\Delta_{jk}(j=1,2,\cdots,m)$ 为 Δ 的第 j 行第 k 列的余因式;比值 Δ_{jk}/Δ 仅与电路中的电阻值和受控源参数有关。由于每个 u_{Sjj} 都是电路中独立压源的不同组合,都可分解为不多于 n 个独立源的代数和,因此式(4-6)可改写为

$$i_k = a_{1k}u_{S1} + a_{2k}u_{S2} + \cdots + a_{jk}u_{Sj} + \cdots + a_{nk}u_{Sn}$$

式中,a_{jk} 为系数,取决于 Δ_{jk}/Δ 的不同组合;u_{Sj} 为各独立压源的电压。可见,电路中任一网孔电流是各个独立压源单独作用时在该网孔产生的电流的叠加。电路中任一支路电流都可由相对应的网孔电流的代数和表示,因此任一支路电流也是各个独立压源单独作用时在该支路产生的电流的叠加。各独立源单独产生的电流,其方向可任定,故电流的叠加是代数和。以上证明了叠加定理。若电路中含有电流源,可用类似方法证明叠加定理。

由上面的分析可见,若电路中有 m 个压源、n 个流源,则任一元件(或支路)的电流 i_k 可表示为

$$i_k = \alpha_1 u_{S1} + \alpha_2 u_{S2} + \cdots + \alpha_m u_{Sm} + \beta_1 i_{S1} + \beta_2 i_{S2} + \cdots + \beta_n i_{Sn} \tag{4-7}$$

式中各压源、流源前的系数由电路结构及参数决定。式(4-7)为计算电流的叠加公式。计算

电压的叠加公式与式(4-7)类似。

叠加定理集中体现了第一章中所述的线性电路的叠加性和比例性,它是一切线性电路所具有的基本特性。应用叠加定理,可使电路的分析计算得到一定的简化,特别是当电路中某个独立源参数发生变化或某支路增、减一个电源时,电路中电流、电压的增减量最宜用叠加定理进行分析。需要指出,应用叠加定理时,独立源可以逐个单独作用,也可以一部分、一部分的单独作用。例如,求图 4-1(a)电路的 i_1 时,可以使 u_{S1} 和 u_{S2} 共同作用(令 $i_S=0$)在 R_1 产生的电流与 i_S 单独作用(令 $u_{S1}=u_{S2}=0$)在 R_1 产生的电流叠加,其结果与式(4-1)相同。

值得注意的是,虽然支路电流和支路电压可以应用叠加定理计算,然而功率却不能。例如在含有两个独立电源的线性电路中,某支路 k 的电流和电压已由叠加定理求得为

$$u_k = u_k^{(1)} + u_k^{(2)}$$
$$i_k = i_k^{(1)} + i_k^{(2)}$$

其功率不难求出为

$$\begin{aligned}
P_k &= u_k i_k = (u_k^{(1)} + u_k^{(2)})(i_k^{(1)} + i_k^{(2)}) \\
&= u_k^{(1)} i_k^{(1)} + u_k^{(1)} i_k^{(2)} + u_k^{(2)} i_k^{(1)} + u_k^{(2)} i_k^{(2)} \\
&\neq u_k^{(1)} i_k^{(1)} + u_k^{(2)} i_k^{(2)}
\end{aligned}$$

由此可见,不能应用叠加定理计算功率。

由叠加定理可以看出,当线性电路中所有激励(独立压源 u_S 和独立流源 i_S)都同时增大或缩小 k 倍时,响应(电流和电压)也将同样增大或缩小 k 倍,这称为线性电路的均匀性原理或齐性原理。显然,当电路中只有一个激励时,响应将与激励成正比。

例 4-1 试用叠加法求图 4-2(a)电路的电流 I_1、I_2、I_3 以及 I_3 支路的功率 P。

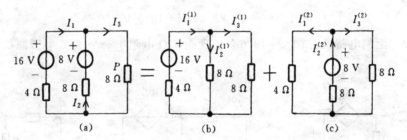

图 4-2 例 4-1 电路

解 叠加图如图 4-2 所示。

图(b)：
$$I_1^{(1)} = \frac{16}{4 + (8/2)} \text{ A} = 2 \text{ A}$$
$$I_2^{(1)} = I_3^{(1)} = I_1^{(1)}/2 = 1 \text{ A}$$

图(c)：
$$I_2^{(2)} = \frac{8}{8 + \dfrac{4 \times 8}{4 + 8}} \text{ A} = \frac{8}{8 + \dfrac{8}{3}} \text{ A} = \frac{3}{4} \text{ A} = 0.75 \text{ A}$$

$$I_1^{(2)} = \frac{8}{4 + 8} I_2^{(2)} = 0.5 \text{ A}$$

$$I_3^{(2)} = \frac{4}{4 + 8} I_2^{(2)} = 0.25 \text{ A}$$

图(a)：
$$I_1 = I_1^{(1)} - I_1^{(2)} = (2 - 0.5) \text{ A} = 1.5 \text{ A}$$

$$I_2 = -I_2^{(1)} + I_2^{(2)} = (-1 + 0.75) \text{ A} = -0.25 \text{ A}$$

$$I_3 = I_3^{(1)} + I_3^{(2)} = (1 + 0.25) \text{ A} = 1.25 \text{ A}$$

$$P = I_3^2 \times 8 = (1.25^2 \times 8) \text{ W} = 12.5 \text{ W} \quad (吸收)$$

例 4-2　电路如图 4-3(a)所示,试用叠加定理求 U_3。

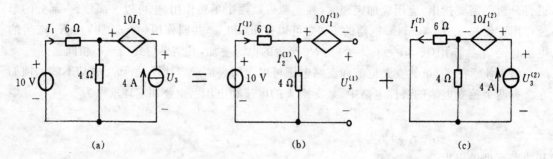

图 4-3　例 4-2 电路

解　叠加图如图 4-3 所示。

图(b):　　　$I_1^{(1)} = I_2^{(1)} = \dfrac{10}{6+4} \text{ A} = 1 \text{ A}$

　　　　　$U_3^{(1)} = -10I_1^{(1)} + 4I_2^{(1)} = (-10 + 4)I_1^{(1)} = -6 \text{ V}$

图(c):　　　$I_1^{(2)} = \left(\dfrac{4}{6+4} \times 4\right) \text{ A} = 1.6 \text{ A}$

　　　　　$U_3^{(2)} = 10I_1^{(2)} + 6I_1^{(2)} = 16I_1^{(2)} = 25.6 \text{ V}$

图(a):　　　$U_3 = U_3^{(1)} + U_3^{(2)} = (-6 + 25.6) \text{ V} = 19.6 \text{ V}$

例 4-3　上例电路,已知 $U_3 = 19.6$ V。现与 4 Ω 电阻串一个 6 V 电压源如图 4-4(a)所示,试求 U_3。

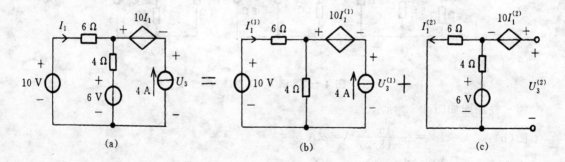

图 4-4　例 4-3 电路

解　叠加电路如图 4-4 所示。

图(b):　　　$U_3^{(1)} = 19.6 \text{ V}$

图(c):　　　$I_1^{(2)} = \dfrac{6}{6+4} \text{ A} = 0.6 \text{ A}$

　　　　　$U_3^{(2)} = 10I_1^{(2)} + 6I_1^{(2)} = 16I_1^{(2)} = 9.6 \text{ V}$

图(a):　　　$U_3 = U_3^{(1)} + U_3^{(2)} = 29.2 \text{ V}$

如果例 4-3 中 6 V 电压源增至 8 V,则由线性电路的比例性有

$$U_3^{(2)} = \left(\frac{9.6}{6} \times 8\right) \text{V} = 12.8 \text{ V}$$

于是 $\quad U_3 = U_3^{(1)} + U_3^{(2)} = (19.6 + 12.8) \text{ V} = 32.4 \text{ V}$

例 4-4 图 4-5 电路中,N_0 为一线性无独立源网络,内部结构不详。已知当 $u_S = 1$ V、$i_S = 1$ A时,$u_2 = 0$;当 $u_S = 10$ V、$i_S = 0$ 时,$u_2 = 1$ V。求当 $i_S = 10$ A、$u_S = 0$ 时,$u_2 = ?$

解 根据叠加定理,u_2 可以看成是两个独立源单独作用时的叠加,因此有

$$u_2 = k_1 u_S + k_2 i_S$$

式中系数 k_1、k_2 可由给定条件确定。由已知条件有

$$k_1 + k_2 = 0$$
$$10 k_1 = 1$$

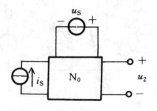

图 4-5 例 4-4 电路

于是 $\quad k_1 = 0.1, \quad k_2 = -0.1$

$$u_2 = 0.1(u_S - i_S)$$

将 $u_S = 0$、$i_S = 10$ A 代入上式,于是得到

$$u_2 = -1 \text{ V}$$

第二节 替代定理

替代定理可表述为:在任意电路(线性、非线性、非时变、时变)中,若已知第 k 条支路的电压 u_k 和 i_k,则该支路可用大小为 u_k、极性与 u_k 相同的理想电压源替代,也可用大小为 i_k、方向与 i_k 相同的理想电流源替代,还可用阻值为 u_k/i_k(当 u_k 与 i_k 方向关联时)的电阻替代。替代后,电路所有的支路电压和支路电流仍保持原值不变。替代定理可用图 4-6 表示。

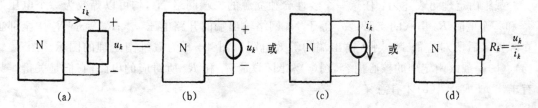

图 4-6 替代定理的图示

替代定理的正确性基于上述替代并不改变被替代支路端钮上的工作条件,因此它也不会影响电路中其他部分的工作状态。替代定理不仅适用于线性非时变电路,而且也适用于时变电路及非线性电路。不同的是,对于时变电路,定理只是表征某个时刻的情况,而对于非线性电路,定理只描述某个电压值与某个电流值时的情况,这两种情况都只能是特殊情况而不具有普遍意义。下面举例说明替代定理的应用。

例 4-5 图 4-7(a)电路,已知 $U_3 = 8$ V、$I_3 = 1$ A,试用替代定理求 I_1 和 I_2。

解 1 支路 3 用 8 V 压源替代,如图(b)所示,得

$$I_1 = \frac{20 - 8}{6} \text{ A} = 2 \text{ A}$$

$$I_2 = \frac{8}{8} \text{ A} = 1 \text{ A}$$

解 2 支路 3 用 1 A 流源替代,如图(c)所示。列网孔电流方程为

$$(6+8)I_1-8\times 1=20$$

得

$$I_1=\frac{20+8}{14}\ A=2\ A$$

$$I_2=I_1-1=1\ A$$

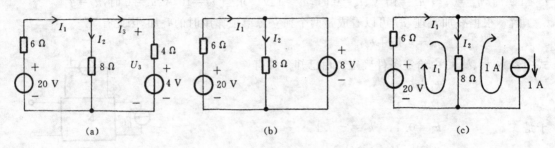

图 4 — 7 例 4 — 5 电路

第三节 戴维南定理和诺顿定理

戴维南定理和诺顿定理提供了简化任意线性含独立源二端网络的有效方法,因而是电路分析中极为重要的两个定理。两个定理概念相同,仅表现形式不一样。戴维南定理是法国电报工程师 M. L. Thevenin 于 1883 年提出的,诺顿定理是美国工程师 A. L. Norton 于 1926 年提出的。

一、戴维南定理

戴维南定理可表述为:任意一个线性含独立源的二端网络 N_S,均可以等效为一个电压源 u_0 和一个电阻 R_0 串联的支路。u_0 等于 N_S 网络输出端的开路电压 u_{OC};R_0 等于 N_S 中全部独立源置零后所对应的 N_0 网络输出端的等效电阻。图 4—8 为戴维南定理的图示。图 4—8 (a)、(b)是戴维南定理的核心内容,图(c)和图(d)是 u_0 和 R_0 所对应的电路,它们是关键。只有求出 u_0、R_0,图(b)才有意义。

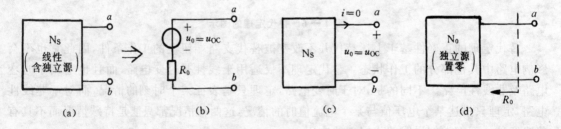

图 4 — 8 戴维南定理的图示

应用叠加定理和替代定理可以证明戴维南定理。我们从等效的概念出发,分析任意一个线性含独立源二端网络输出端的伏安关系,根据这个关系,即可得到该二端网络的等效电路。设图 4—9(a)的 N_S 为任意线性含独立源二端网络,输出电流为 i,输出电压为 u。根据替代定理,N_S 外部网络可以用 $i_S=i$ 的电流源替代,如图(b)所示,替代后,N_S 输出端的电压 u 及电流 i 仍保持原值不变。现在分析 u 与 i 的关系,根据叠加定理,图(b)中输出电压 u 可看成是

N_S 内部所有独立源共同作用(令外部 $i_S = 0$)产生的电压 $u^{(1)}$ 与电流源 i_S 单独作用产生的电压 $u^{(2)}$ 的叠加,即

$$u = u^{(1)} + u^{(2)} \tag{4-8}$$

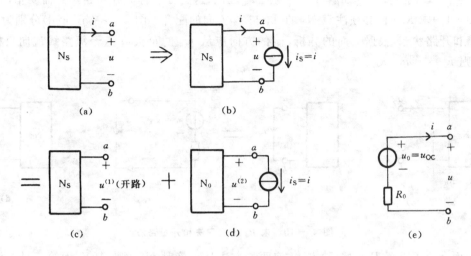

图 4—9 戴维南定理证明图

$u^{(1)}$ 和 $u^{(2)}$ 分别对应图 4—9(c) 和(d) 电路。由图(c) 可见,$u^{(1)}$ 就是 N_S 的开路电压 u_{OC},即

$$u^{(1)} = u_{OC} \tag{4-9}$$

图(d) 中的 N_0 是将 N_S 中各独立源置零后的无独立源二端网络,它可等效为一个电阻 R_0,于是由图(d) 可得

$$u^{(2)} = -R_0 i \tag{4-10}$$

将式(4—9)、式(4—10) 代入式(4—8),于是

$$u = u^{(1)} + u^{(2)} = u_{OC} - R_0 i$$

上式即为含独立源二端网络 N_S 输出端的伏安方程。按此式我们可得 N_S 的等效电路如图(e) 所示,它是一个实际电压源支路,其中 $u_0 = u_{OC}$ 为 N_S 的开路电压,R_0 为 N_0 的等效电阻。这就证明了戴维南定理。图 4—9(e) 电路称为 N_S 的戴维南等效电路或等效电源。R_0 称为戴维南等效电阻或等效电源内阻,也称为 N_S 的输出电阻。

需要注意的是,在计算 N_S 的开路电压 u_{OC} 时,应首先画出 N_S 网络,并令其输出端开路。u_{OC} 的极性必须与戴维南等效压源中 u_0 的极性相对应,如图 4—8(b)、(c) 所示。图(b) 中 u_0 的"+"极在 a 点,则图(c) 中 u_{OC} 的"+"也在 a 点,这样才有 $u_0 = u_{OC}$,否则 $u_0 = -u_{OC}$。u_{OC} 可以应用前面所述的基本分析方法(观察法、分压、分流、等效变换、回路法、节点法、叠加等)计算。

求戴维南等效电阻 R_0 有三种方法:

(1) 电阻串并联法。画出 N_S 所对应的 N_0 网络(令 N_S 中各独立源为零值),通过电阻 Y—△ 及串并联简化后,求出其端钮的等效电阻 R_0。此法对含受控源的 N_0 网络无效;

(2) 伏安法。画出 N_0 网络,如图 4—10(a) 所示。在 N_0 的两端钮处设一输入电压 u(或电流 i),求出对应的输入电流 i(或电压 u)。当 u 与 i 方向关联时,$R_0 = u/i$,若 u 与 i 非关联,则 $R_0 = -u/i$。

(3) 开短路法。由戴维南定理知,当 N_S 输出端短路如图 4—10(b) 所示时,其等效电路为

图(c)，它们的短路电流 i_{SC} 相等。由图(c)可得

$$R_0 = \frac{u_0}{i_{\text{SC}}} = \frac{u_{\text{OC}}}{i_{\text{SC}}} \tag{4-11}$$

即 R_0 等于 N_s 的开路电压 u_{OC} 与短路电流 i_{SC} 之比，这一方法称为开短路法。需要指出，在应用式(4-11)求 R_0 时，必须注意 N_s 的 u_{OC} 与 i_{SC} 方向的配合。图 4-10(b)和(d)分别为 N_s 外部短路和开路状态，根据上面的分析，i_{SC} 的方向应从 u_{OC} 的正极 a 点经短路线流向负极的 b 点，否则 $R_0 = -u_{\text{OC}}/i_{\text{SC}}$。

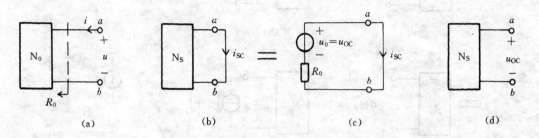

(a)　　　　　　　(b)　　　　　　　(c)　　　　　　　(d)

图 4-10　求 R_0 的伏安法和开短路法

上面介绍了求解 R_0 的三种方法，前两种方法是直接对 N_0 网络求解，而第三种方法——开短路法，则是对 N_s 网络求解，这一点必须分清。不含受控源的 N_s 二端网络，其戴维南等效电阻 R_0 一般可用串并联法求得，而含受控源的 N_s 网络，其对应的 R_0 只能用伏安法或开短路法计算。不论用哪种方法分析，都应先画出对应电路，然后求解。需要说明，用开短路法求 R_0 并不总是有效，当 N_s 的开路电压和短路电流均为零时，$R_0 = u_{\text{OC}}/i_{\text{SC}} = 0/0$ 为不定式，这种情况下只能用伏安法求 R_0。

戴维南等效电阻 R_0 可根据开短路法测得。实际的 N_s 网络在短路实验时可能会出现很大的短路电流，它将使元件烧毁，因此一般用两次电压测量法测 R_0。该方法是：先测出 N_s 的开路电压 U_{OC}，然后在 N_s 输出端接一已知负载 R_L，测出 R_L 的电压 U_L，于是可得

$$R_0 = \left(\frac{U_{\text{OC}}}{U_L} - 1 \right) R_L$$

电子电路中常用此方法测定 R_0。上式请读者自行推导。

例 4-6　试求图 4-11(a)所示二端网络的戴维南等效电路。

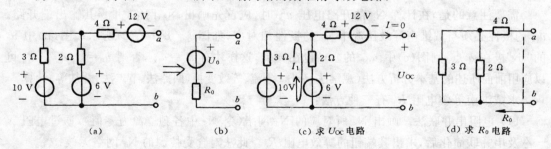

(a)　　　　　(b)　　　　　(c) 求 U_{OC} 电路　　　　　(d) 求 R_0 电路

图 4-11　例 4-6 电路

解

(1) 画出图(a)的戴维南等效电路，如图(b)所示。

(2) 求 $U_0 = U_{\text{OC}}$：

画出 a、b 开路情况的电路,如图(c)所示。因为 $I=0$,故只有一个回路电流 I_1,由图可见

$$I_1=\frac{10-6}{3+2}\ \text{A}=0.8\ \text{A}$$

$$U_{OC}=-12+2I_1+6=(-12+1.6+6)\ \text{V}=-4.4\ \text{V}$$

$$U_0=U_{OC}=-4.4\ \text{V}$$

(3)求 R_0:

画出 N_0 网络,如图(d)所示,于是

$$R_0=R_{ab}|_{N_0}=[4+(3/\!/2)]\ \Omega=5.2\ \Omega$$

例 4−7 求图 4−12(a)电路的戴维南等效电路。

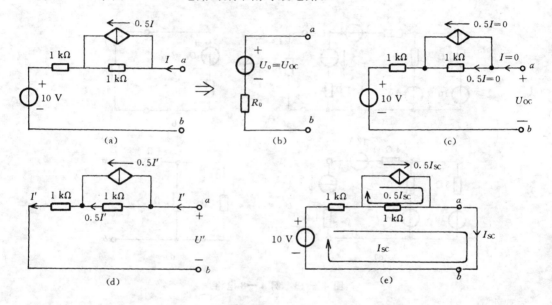

图 4 − 12   例 4 −7 电路

解

(1)画出图(a)的戴维南等效电路图(b)。

(2)求 $U_0=U_{OC}$。画出 a、b 端开路时的电路图(c),可见

$$U_{OC}=10\ \text{V}$$

$$U_0=U_{OC}=10\ \text{V}$$

(3)伏安求 R_0。画出伏安法对应电路图(d)。设输入电流为 I',则输入电压 U' 为

$$U'=1\,000\times 0.5I'+1\,000I'=1\,500I'$$

于是 $R_0=U'/I'=1\,500\ \Omega=1.5\ \text{k}\Omega$

(4)开短路法求 R_0。已求出开路电压为 $U_{OC}=10\ \text{V}$,现求短路电流 I_{SC}。求解短路电流的电路如图(e)所示,应用回路法有

$$(1\,000+1\,000)I_{SC}-1\,000\times 0.5I_{SC}=10$$

$$1\,500I_{SC}=10$$

$$I_{SC}=\frac{1}{150}\ \text{A}$$

于是 $$R_0 = \frac{U_{OC}}{I_{SC}} = 1\ 500\ \Omega$$

与伏安法解得的相同。

上述用伏安法及开短路法求 R_0 时，也可先将受控流源与 $1\ k\Omega$ 并联的部分转换为实际受控压源，然后再计算。

电路中，当只要求解某一支路（或元件）的响应时，用戴维南定理分析最为简便，方法是：将待求响应支路（或元件）以外的部分（含独立源二端网络）用戴维南定理等效为一个实际电压源，原电路等效为一个单回路，对此单回路进行计算即可求得待求响应。

例 4 -8 试求图 $4-13$(a)所示电路中负载 R_L 的电流 I。

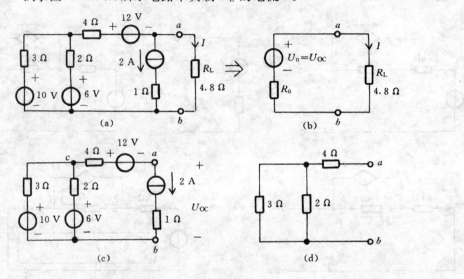

图 4 — 13 例 4 —8 电路

解

(1) 画出图(a)的等效电路图(b)。

(2) 求 U_0。将图(a)中 a、b 两端开路，得到图(c)。用节点电压法求开路电压 U_{OC}。以 b 点为参考点列 c 点的方程为

$$\left(\frac{1}{3} + \frac{1}{2}\right)U_c = \frac{10}{3} + \frac{6}{2} - 2$$

即 $$\frac{5}{6}U_c = \frac{13}{3}$$

$$U_c = 5.2\ V$$

于是 $$U_0 = U_{OC} = U_{ac} + U_c = (-12 - 4 \times 2 + 5.2)\ V = -14.8\ V$$

也可以列 a、c 点的节点电压方程如下：

$$\frac{1}{4}U_a - \frac{1}{4}U_c = -2 - \frac{12}{4}$$

$$-\frac{1}{4}U_a + \left(\frac{1}{3} + \frac{1}{2} + \frac{1}{4}\right)U_c = \frac{10}{3} + \frac{6}{2} + \frac{12}{4}$$

联立求解可得

$$U_a = -14.8\ V$$

$$U_0 = U_{OC} = U_a = -14.8 \text{ V}$$

(3) 求 R_0。画出 N_0 网络图(d),于是

$$R_0 = [(3 /\!/ 2) + 4] \ \Omega = 5.2 \ \Omega$$

(4) 求 I。由图(b)可得

$$I = \frac{U_0}{R_0 + R_L} = \frac{-14.8}{5.2 + 4.8} \text{ A} = -1.48 \text{ A}$$

例 4—9 试求图 4—14(a)电路中的 I。

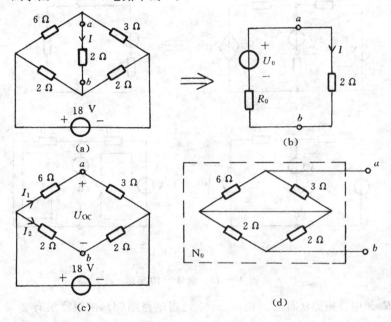

图 4—14 例 4—9 电路

解

(1) 应用戴维南定理将图(a)转换为图(b)。

(2) 求 U_0。画出求 U_{OC} 的电路,如图(c)所示。

$$U_0 = U_{OC} = 3I_1 - 2I_2 = \left(3 \times \frac{18}{6+3} - 2 \times \frac{18}{2+2}\right) \text{ V} = -3 \text{ V}$$

(3) 求 R_0。画出 N_0 网络,如图(d)所示。

$$R_0 = R_{ab}|_{N_0} = [(6 /\!/ 3) + (2 /\!/ 2)] \ \Omega = 3 \ \Omega$$

(4) 求 I。由图(b)有

$$I = \frac{U_0}{R_0 + 2} = \frac{-3}{3+2} \text{ A} = -0.6 \text{ A}$$

例 4—10 试用戴维南定理求图 4—15(a)电路中的 I 及该支路的功率 P。

解

(1) 图(a)等效为图(b)。

(2) 求 U_0。画出求开路电压 U_{OC} 的电路,如图(c)所示。设回路电流 I',于是有

$$(2+2)I' + 4U_{OC} = 10 \tag{a}$$

而 $\qquad\qquad U_{OC} = -2 - 2I' + 10 = 8 - 2I' \tag{b}$

95

由式(b)

$$I' = \frac{8 - U_{OC}}{2}$$

I'代入式(a),则

$$4 \times \frac{8 - U_{OC}}{2} + 4U_{OC} = 10$$

解得

$$U_{OC} = -3 \text{ V}, \quad U_0 = U_{OC} = -3 \text{ V}$$

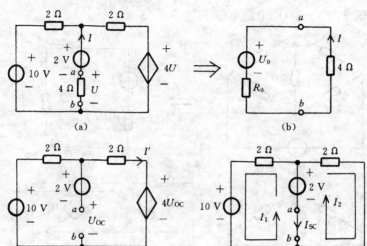

图 4 — 15   例 4 — 10 电路

(3) 求 R_0。用开短路法计算。画出 $a—b$ 短路电路图(d),由观察法有

$$I_1 = \frac{2 - 10}{2} \text{ A} = -4 \text{ A}$$

$$I_2 = \frac{2}{2} \text{ A} = 1 \text{ A}$$

$$I_{SC} = -I_1 - I_2 = (4 - 1) \text{ A} = 3 \text{ A}$$

于是

$$R_0 = \frac{U_{OC}}{I_{SC}} = \frac{-3}{3} \text{ } \Omega = -1 \text{ } \Omega$$

读者试用伏安法求 R_0 以资比较。

(4) 求 I、P。由图(b)有

$$I = \frac{-U_0}{R_0 + 4} = \frac{3}{-1 + 4} \text{ A} = 1 \text{ A}$$

返回图(a)求 4 Ω 支路吸收的功率 P 为

$$P = 4I^2 - 2I = 2 \text{ W}$$

应用戴维南定理的目的是为了使电路简化为含压源的单回路,解题时,应灵活运用。例如图 4—16(a)电路,当要求 i_3 时,可将左、右两个含独立源的二端网络(虚线部分)分别等效为两个实际压源 u_{01}、R_{01} 和 u_{02}、R_{02},如图(b)所示。于是可得

$$i_3 = \frac{-u_{01} + u_{S3} + u_{02}}{R_{01} + R_3 + R_{02}}$$

读者试计算 u_{01}、R_{01} 和 u_{02}、R_{02}。

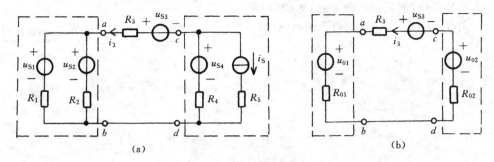

图 4 — 16 戴维南定理的应用

二、诺顿定理

诺顿定理与戴维南定理类似,仅等效电路的形式不同。诺顿定理可表述为:任意一个线性含独立源的二端网络 N_S,均可以等效为一个电流源 i_0 与电阻 R_0 相并联的电路。i_0 等于 N_S 网络输出端的短路电流 i_{SC};R_0 等于 N_S 中全部独立源置零后所对应的 N_0 网络的等效电阻。R_0 也称为 N_S 的输出电阻。图 4—17 为诺顿定理的图示,图(b)称为图(a)所示网络的诺顿等效电路或诺顿等效流源;图(c)和图(d)是 i_0 和 R_0 所对应的电路。需要注意的是图(c)中短路电流 i_{SC} 与图(b)中 i_0 在方向上的配合:图(b)中,若 i_0 是由 b 点指向 a 点,则图(c)中的 i_{SC} 应由 a 点经短路线流向 b 点。

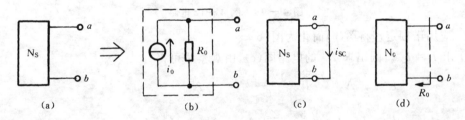

图 4 — 17 诺顿定理的图示

诺顿定理的证明方法与戴维南定理的证明类似,在此从略分析。不难看出,戴维南等效电路通过电源的等效转换后就是诺顿等效电路,这从另一个角度也说明了诺顿定理的正确性。

例 4 — 11 试求图 4—18(a)所示二端网络的诺顿等效电路。

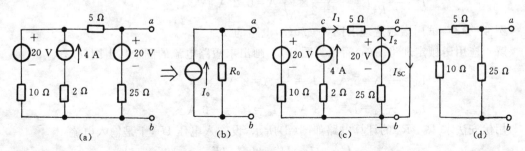

图 4 — 18 例 4 — 11 电路

解

(1) 画出图(a)的诺顿等效电路,如图(b)所示。

(2) 求 $I_0 = I_{SC}$。画出求解 I_{SC} 的电路图(c),选 b 点为参考点,列 c 点的节点电压方程为

$$\left(\frac{1}{10} + \frac{1}{5}\right)U_c = \frac{20}{10} + 4$$

$$0.3U_c = 6$$

$$U_c = 20 \text{ V}$$

由图(c)有
$$I_1 = \frac{U_{ca}}{5} = \frac{U_c}{5} = 4 \text{ A}, \qquad I_2 = \frac{20}{25} \text{ A} = 0.8 \text{ A}$$

$$I_{SC} = I_1 + I_2 = 4.8 \text{ A}, \qquad I_0 = I_{SC} = 4.8 \text{ A}$$

(3) 求 R_0。画出无独立源二端网络 N_0,如图(d)所示。由图可得

$$R_0 = R_{ab}\big|_{N_0} = (10+5) /\!/ 25 = 9.375 \ \Omega$$

例 4-12 应用诺顿定理求图 4-19(a)电路中的 I。

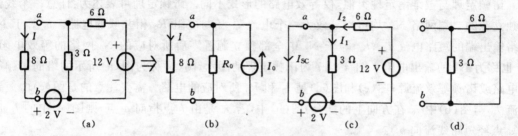

图 4-19 例 4-12 电路

解 应用诺顿定理将图(a)简化为图(b)。

(1) 求 $I_0 = I_{SC}$。画出求 I_{SC} 的电路图(c),由观察法可得

$$I_1 = \frac{2}{3} \text{ A}, \qquad I_2 = \frac{12-2}{6} \text{ A} = \frac{5}{3} \text{ A}$$

$$I_{SC} = I_2 - I_1 = \left(\frac{5}{3} - \frac{2}{3}\right) \text{ A} = 1 \text{ A}, \qquad I_0 = I_{SC} = 1 \text{ A}$$

(2) 求 R_0。画出求 R_0 的电路图(d),于是

$$R_0 = (3 /\!/ 6) \ \Omega = \frac{3 \times 6}{3+6} \ \Omega = 2 \ \Omega$$

(3) 求 I。由图(b)电路求得

$$I = \frac{R_0}{8+R_0} I_0 = \left(\frac{2}{8+2} \times 1\right) \text{ A} = 0.2 \text{ A}$$

例 4-13 试用诺顿定理求图 4-20(a)电路的 I。

解 应用诺顿定理将图(a)简化为图(b)。画出求短路电流的图(c),由图(c)有

$$I_1 = \frac{20}{4} \text{ A} = 5 \text{ A}, \quad I_2 = \frac{10}{5} \text{ A} = 2 \text{ A}$$

$$I_{SC} = -I_1 + I_2 = -3 \text{ A}, \quad I_0 = I_{SC} = -3 \text{ A}$$

用伏安法求 R_0。R_0 的计算电路如图(d)所示,设输入电压 U',于是输入电流

$$I' = I_1' + I_2' = \frac{U_1'}{4} + \frac{U'}{5} = \frac{U'-3U'}{4} + \frac{U'}{5} = -\frac{3}{10}U'$$

故

$$R_0 = \frac{U'}{I'} = -\frac{10}{3} \ \Omega$$

由图(b)求得

$$I = \frac{R_0}{R_0 + 5} I_0 = \left[\frac{10/3}{(-10/3) + 5} (-3) \right] \text{A} = 6 \text{ A}$$

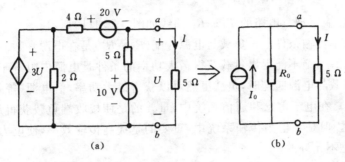

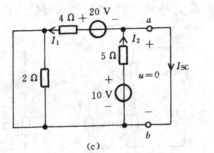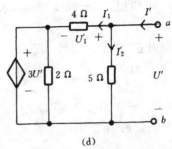

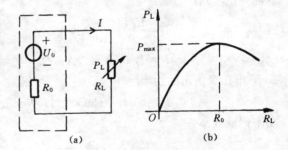

图 4 — 20   例 4 —13 电路

第四节   最大功率传输定理

最大功率传输定理是讨论如何使负载获得最大功率的问题。图 4—21(a)所示直流电路,当电源(可以是戴维南或诺顿等效电源)的参数(U_0、R_0)一定时,负载 R_L 获得最大功率的条件是负载电阻 R_L 等于电源的内阻 R_0,这就是最大功率传输定理。负载电阻等于电源内阻这一条件称为负载与电源匹配。最大功率传输定理的证明如下:

图 4—21(a)所示电路,负载 R_L 吸收的功率为

图 4 — 21   最大功率传输定理

$$P_L = I^2 R_L = \left(\frac{U_0}{R_0 + R_L} \right)^2 R_L$$

为求 P_L 为最大值时所对应的 R_L,则应求 P_L 对 R_L 的一阶导数,并令其为零,即

$$\frac{dP_L}{dR_L} = U_0^2 \left[\frac{(R_0 + R_L)^2 - 2(R_0 + R_L)R_L}{(R_0 + R_L)^4} \right] = \frac{U_0^2 (R_0 - R_L)}{(R_0 + R_L)^3} = 0$$

由此得到

$$R_L = R_0$$

P_L 的极值是最小还是最大,需根据其对 R_L 的二阶导数的正、负而定。这里 P_L 的二阶导数为负,故 P_L 极值为最大值,因此,当负载与电源匹配($R_L=R_0$)时,R_L 可获得最大功率 P_{max}。不难看出

$$P_{max}=I^2R_L=\left(\frac{U_0}{R_0+R_L}\right)^2R_L=\frac{U_0^2}{4R_0} \tag{4-12}$$

以上证明了最大功率传输定理。电路的 P_L—R_L 曲线如图 4—21(b)所示。

应当指出,最大功率传输条件——负载与电源匹配($R_L=R_0$)是在电源参数一定的前提下得到的。若负载电阻已定,绝不能得出负载获得最大功率的条件是电源内阻等于负载电阻的结论。还应指出,当负载与电源匹配时,负载虽然可以获得最大功率,但电源(等效电源)的功率传输效率只有 50%。在电子信息和通信系统中,重要的是使接收端负载获得最大功率,而传输效率不是主要的。但是在电力传输系统中,重要的是提高传输效率,使电力得到充分利用,所以 50% 的效率是不允许的。

例 4—14 电路如图 4—22(a)所示,求负载电阻 R_L 为何值时能获得最大功率,并计算功率传输的效率。

解 用戴维南定理将图(a)等效为图(b),

$$U_0=\left(\frac{10}{2+8+10}\times20\right)V=10\ V$$

$$R_0=[(2+8)/\!/10]\ \Omega=5\ \Omega$$

故当 $R_L=R_0=5\ \Omega$ 时,R_L 可获得最大功率。由式(4—12)得

$$P_L=P_{max}=\frac{10^2}{4\times5}\ W=5\ W$$

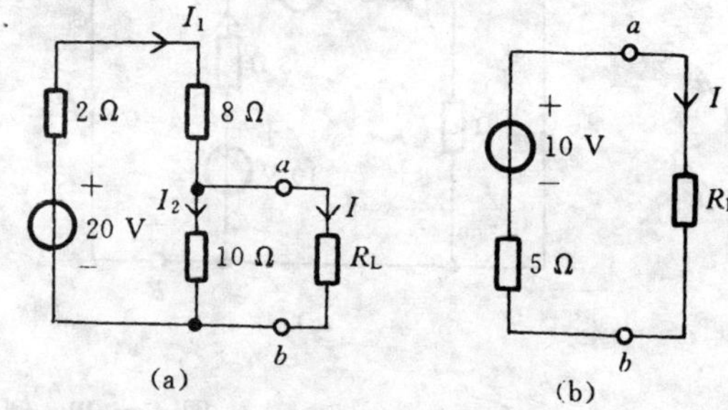

虽然戴维南等效电源的功率传输效率是 50%,但这并不是原电路中 20 V 电源的效率。因为由图(b)有

$$I=\frac{10}{5+5}\ A=1\ A$$

返回到图(a)有

$$I_2=\frac{R_LI}{10}=\frac{5}{10}\ A=0.5\ A$$

$$I_1=I_2+I=1.5\ A$$

20 V 电压源供出的功率

$$P_s=20I_1=(20\times1.5)\ W=30\ W$$

功率传输效率

$$\eta=\frac{P_L}{P_s}\times100\%=\frac{5}{30}\times100\%\approx16.7\%$$

图 4—22 例 4—14 电路

第五节 互易定理

图 4—23 所示的两个电路均只有一个电压源,图中虚线方框所示部分完全相同,且为无源线性电阻网络,图(b)与图(a)仅电压源位置与待求支路位置互换而已。计算结果表明,两个

支路电流完全相等。可以证明,对于任何仅含一个电压源的电阻电路,此结论均成立。这就是线性电路的互易特性。对于仅含一个电流源的电阻电路,也有类似的结论,但响应必须是电压而不是电流。

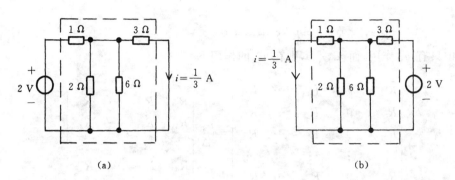

图 4 — 23 线性电路的互易特性

互易定理可表述为:

(1) 在只含一个独立压源的线性电阻电路中,设 j 支路的压源 u_S 在 k 支路产生的电流为 i_k [见图 4—24(a)],则当压源 u_S 移至(插入)k 支路且方向与原 i_k 方向一致(相反)时[见图 4—24(b)],其在 j 支路产生的电流 i_j 与原 i_k 相等,方向与原 u_S 的方向相同(相反)。

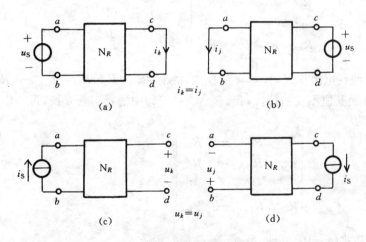

图 4 — 24 互易定理的图示

(2) 在只含一个独立流源的线性电阻电路中,设 a、b 两点间的流源 i_S 在 c、d 两点间产生的电压为 u_k[图 4—24(c)],则当流源 i_S 移至 c、d 两点且方向与原 u_k 方向相同(相反)时[见图4—24(d)],其在 a、b 两端产生的电压 u_j 与原 u_k 相等,方向与原 i_S 方向相同(相反)。

互易定理可以用不同方法证明,我们采用网孔电流法证明如下:

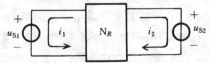

图 4—25 所示为一线性电阻电路,共有 m 个网孔及两个分别作用于 1、2 支路的电压源 u_{S1} 和 u_{S2}。

图 4 — 25 互易定理的证明

根据网孔电流法,不失一般性,我们可写出电路的网孔电流方程为

$$\left.\begin{array}{l} R_{11}i_1+R_{12}i_2+R_{13}i_3+\cdots+R_{1m}i_m=-u_{S1}\\ R_{21}i_1+R_{22}i_2+R_{23}i_3+\cdots+R_{2m}i_m=-u_{S2}\\ R_{31}i_1+R_{32}i_2+R_{33}i_3+\cdots+R_{3m}i_m=0\\ \quad\vdots\\ R_{m1}i_1+R_{m2}i_2+R_{m3}i_3+\cdots+R_{mm}i_m=0 \end{array}\right\} \tag{4-13}$$

若电路中只有 u_{S1} 作用,而 $u_{S2}=0$,则在 u_{S1} 的作用下

$$i_2=\frac{1}{\Delta}\begin{vmatrix} R_{11}&-u_{S1}&R_{13}&\cdots&R_{1m}\\ R_{21}&0&R_{23}&\cdots&R_{2m}\\ R_{31}&0&R_{33}&\cdots&R_{3m}\\ \vdots&\vdots&\vdots&&\vdots\\ R_{m1}&0&R_{m3}&\cdots&R_{mm} \end{vmatrix}=\frac{u_{S1}}{\Delta}\begin{vmatrix} R_{21}&R_{23}&\cdots&R_{2m}\\ R_{31}&R_{33}&\cdots&R_{3m}\\ \vdots&\vdots&&\vdots\\ R_{m1}&R_{m3}&\cdots&R_{mm} \end{vmatrix} \tag{4-14}$$

式中,Δ 为式(4-13)等号左侧的系数行列式。

若电路中只有 u_{S2} 作用,而 $u_{S1}=0$,则在 u_{S2} 的作用下

$$i_1=\frac{1}{\Delta}\begin{vmatrix} 0&R_{12}&R_{13}&\cdots&R_{1m}\\ -u_{S2}&R_{22}&R_{23}&\cdots&R_{2m}\\ 0&R_{32}&R_{33}&\cdots&R_{3m}\\ \vdots&\vdots&\vdots&&\vdots\\ 0&R_{m2}&R_{m3}&\cdots&R_{mm} \end{vmatrix}=\frac{u_{S2}}{\Delta}\begin{vmatrix} R_{12}&R_{13}&\cdots&R_{1m}\\ R_{32}&R_{33}&\cdots&R_{3m}\\ \vdots&\vdots&&\vdots\\ R_{m2}&R_{m3}&\cdots&R_{mm} \end{vmatrix} \tag{4-15}$$

由于网络 N_R 由线性电阻构成,且不含受控源,故有 $R_{12}=R_{21}$,$R_{13}=R_{31}$,$\cdots$,$R_{nm}=R_{mn}$。根据行列式行与列互换其值不变的特性,我们令式(4-15)中的行与列互换,再考虑到 $R_{jk}=R_{kj}$,于是式(4-15)变为

$$i_1=\frac{u_{S2}}{\Delta}\begin{vmatrix} R_{21}&R_{23}&\cdots&R_{2m}\\ R_{31}&R_{33}&\cdots&R_{3m}\\ \vdots&\vdots&&\vdots\\ R_{m1}&R_{m3}&\cdots&R_{mm} \end{vmatrix} \tag{4-16}$$

比较式(4-14)和式(4-16)可见,当 $u_{S1}=u_{S2}=u_S$ 时有

$$i_1=i_2$$

以上证明了互易定理的第一种情况。同样,应用节点电压法可以证明互易定理的第二种情况,此处从略。

在应用互易定理时,应注意以下几点:

(1)互易定理仅适用于双向线性非时变电路,且只能含有一个独立电源。因为受控源不具有双向性,所以含受控源的电路一般情况下互易定理不成立。

(2)激励与响应互换时,电路中其他元件必须保持不变。

(3)定理中的响应变量,只能是电压源激励下的电流或电流源激励下的电压。应注意激励源与响应变量对调时参考方向的标定。

互易定理在电路理论与电路测量中都有重要的应用。线性电路的互易特性表明,从甲方

向乙方传输信号的效果(压源产生的电流或流源产生的电压)与从乙方向甲方传输信号的效果相同,这就是信号传输的双向性。在电路测量中,互易定理意味着电压源(激励)与内阻近于零的电流表位置互换后,电流表的读数不变。这为电路测量提供了方便,因而得到了广泛的应用。

例 4 — 15 应用互易定理求图 4-26(a)所示直流电路的电流 I。

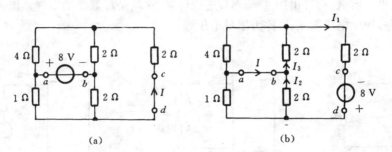

图 4 — 26 例 4 — 15 电路

解 根据互易定理,图(a)互易后的电路如图(b)所示。图(b)中,设电流 I_1、I_2 和 I_3,由图可得

$$I_1 = \frac{8}{2 + \frac{2 \times 1}{2+1} + \frac{4 \times 2}{4+2}} \text{ A} = 2 \text{ A}$$

$$I_2 = \frac{1}{2+1} I_1 = \frac{2}{3} \text{ A} = 0.667 \text{ A}$$

$$I_3 = \frac{4}{4+2} I_1 = \frac{4}{3} \text{ A} = 1.333 \text{ A}$$

于是

$$I = I_3 - I_2 = \left(\frac{4}{3} - \frac{2}{3} \right) \text{ A} = \frac{2}{3} \text{ A} = 0.667 \text{ A}$$

显然,这比直接由图(a)进行计算要简便得多。

第六节 参数变动定理

本节分析当电路某元件 R 值发生变化时,各支路电流、电压变化量(增量)的计算方法,并在此基础上介绍电路的灵敏度。灵敏度的计算是现代电路理论的重要内容之一。

一、参数变动定理

图 4-27(a)所示电路中,N_S 为一线性含独立源的二端网络,已知流过电阻 R 的电流为 i。今设电阻 R 增加了 ΔR(可正可负)如图(b)所示,此时该支路的电流变成了 $i+\Delta i$,Δi 为支路电流的增量(可正可负)。下面分析图(b)电路中电流增量 Δi 的计算方法。

图 4-27(b)所示电路,设 ΔR 上的电压为 $u_{\Delta R}$,由图可见

$$u_{\Delta R} = (i+\Delta i)\Delta R = \Delta i \cdot \Delta R + i\Delta R \tag{4-17}$$

应用替代定理,将图 4-27(b)等效为图(c)。由叠加定理,图(c)中各物理量(电流、电压)为图(d)和图(e)中各物理量的叠加[图(e)中的 N_0 为 N_S 所对应的无独立源的二端网络]。图(d)与图(a)完全相同,所以流过 R 中的电流仍为 i。根据叠加定理,图(e)中流过 R 的电流显然应为 Δi。图(e)中 $u_{\Delta R}$ 有两项(见式 4-17),第一项 $\Delta i \cdot \Delta R$ 表示的是 ΔR 上的电压降,故可将图(e)等效为图(f)。由图(f)可得电流增量

$$\Delta i = \frac{-i\Delta R}{R_0 + R + \Delta R} \tag{4-18}$$

式中，R_0 为 N_0 网络的等效电阻，也即 N_S 的戴维南等效电源的内阻。式(4-18)表明，图 4-27(b)中的电流增量 Δi 可由图 4-27(f)电路进行计算。实际上，由上面分析的过程可见，任一支路的电流、电压增量，均可由图 4-27(f)进行计算，这就是参数变动定理。图 4-27(f)称为增量计算电路，图中电压源 $i\Delta R$ 称为增量电压源。

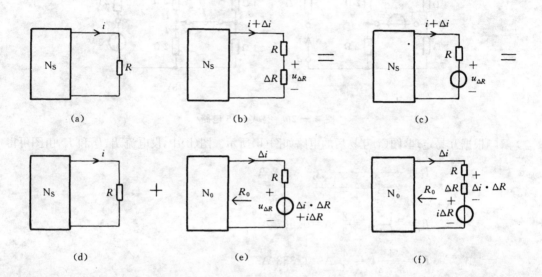

图 4-27 参数变动定理

参数变动定理可叙述为：线性电路中，若已知流过某一电阻 R 支路的电流 i，则当该支路电阻增加了 ΔR(可正可负)时，电路中各支路电流、电压的增量，为该支路插入的一个增量电压源 $i\Delta R$ 单独作用的结果。增量电压源的电压方向与 i 的方向一致。

例 4-16 图 4-28(a)所示为一平衡电桥，若 R_L 由 20 Ω 增至 24 Ω，试求此时支路 1、2、5 的电流增量及电流。

解

(1) 图(a)电路为一平衡电桥，故

$$i_5 = 0$$

$$i_1 = i_2 = \frac{50}{20+5} \text{ A} = 2 \text{ A}$$

$$i_3 = i_4 = \frac{50}{2+8} \text{ A} = 5 \text{ A}$$

(2) R_L 由 20 Ω 增至 24 Ω 时，增量 $\Delta R_L = 4$ Ω，对应电路如图(b)所示，1、2、5 支路电流分别为 i_1'、i_2'、i_5'。

(3) 图(b)中各支路电流的增量可根据参数变动定理求得。画出增量计算电路，如图(c)所示，简化为图(d)。图中增量电压源

$$i_2 \Delta R_L = (2 \times 4) \text{ V} = 8 \text{ V}$$

由图(d)有

104

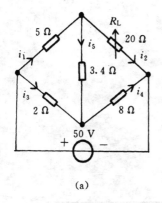

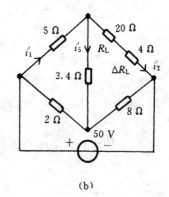

(a)

(b)

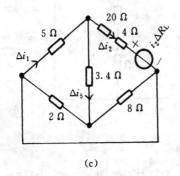

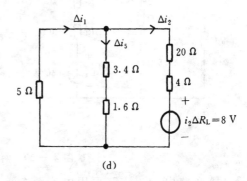

(c)

(d)

图 4 — 28　例 4 —16 电路

$$\Delta i_2 = \left[\frac{-8}{24+(5 /\!/ 5)} \right] \text{A} = \frac{-8}{26.5} \text{ A} = -0.302 \text{ A}$$

$$\Delta i_1 = \frac{\Delta i_2}{2} = -0.151 \text{ A}$$

$$\Delta i_5 = -\frac{\Delta i_2}{2} = 0.151 \text{ A}$$

（4）根据叠加定理求图（b）中的 i_1'、i_2'、i_5'

$$i_1' = i_1 + \Delta i_1 = (2 - 0.151) \text{ A} = 1.849 \text{ A}$$

$$i_2' = i_2 + \Delta i_2 = (2 - 0.302) \text{ A} = 1.698 \text{ A}$$

$$i_5' = i_5 + \Delta i_5 = \Delta i_5 = 0.151 \text{ A}$$

该题若直接对图（b）进行计算，显然要复杂得多。

例 4 —17　上例电路，（1）若 $R_L=0$，求支路 1、2、5 的电流增量；（2）若 R_L 支路断开，重求（1）。

解

（1）画增量计算电路如图 4—29（a）所示，增量电压源

$$i_2 \Delta R_L = [2 \times (-20)] \text{ A} = -40 \text{ V}$$

由图可得

105

$$\Delta i_1 = \frac{40}{5} \text{ A} = 8 \text{ A}$$

$$\Delta i_5 = \frac{-40}{3.4 + 1.6} \text{ A} = -8 \text{ A}$$

$$\Delta i_2 = \Delta i_1 - \Delta i_5 = 16 \text{ A}$$

（2）R_L 断开时,相当于 $\Delta R_L = \infty$。由式(4—18)得

$$\Delta i_2 = \frac{-i_2 \Delta R_L}{R_0 + R_L + \Delta R_L} = -i_2 = -2 \text{ A}$$

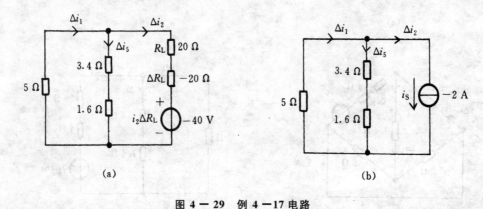

图 4 — 29   例 4 — 17 电路

故增量计算电路中,Δi_2 支路可用电流源 $i_S = \Delta i_2 = -2$ A 替代,如图 4—29(b)所示。由图(b)有

$$\Delta i_1 = \frac{i_S}{2} = -1 \text{ A}$$

$$\Delta i_5 = -\frac{i_S}{2} = 1 \text{ A}$$

$$\Delta i_2 = \Delta i_1 - \Delta i_5 = -2 \text{ A}$$

二、电路灵敏度概念

若电阻增量 $|\Delta R| \ll R$ 时,式(4—18)可写为

$$\Delta i \approx \frac{-i \Delta R}{R_0 + R}$$

于是

$$\frac{\Delta i}{i} \approx -\frac{\Delta R}{R_0 + R} = -\frac{\dfrac{\Delta R}{R}}{1 + \dfrac{R_0}{R}}$$

或

$$S_R^i = \frac{\dfrac{\Delta i}{i}}{\dfrac{\Delta R}{R}} = -\frac{1}{1 + \dfrac{R_0}{R}}$$

S_R^i 称为支路电流 i 对支路电阻 R 的灵敏度,它描述了支路电阻 R 的相对变化量所能引起的支路电流 i 的相对变化量。

习　　题

4—1 图示电路,已知:$U_S = 10$ V,$i_S(t) = 4\cos 10t$ A。试用叠加定理求图中的 $i(t)$ 和 $u(t)$。

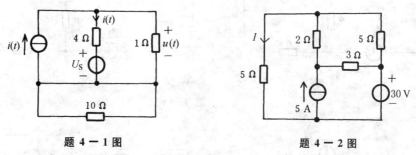

题 4—1 图　　　　　　　题 4—2 图

4—2 试用叠加定理求图示电路中的 I。

4—3 电路如图所示,试用叠加定理求 I(将电源分为两部分进行叠加运算)。

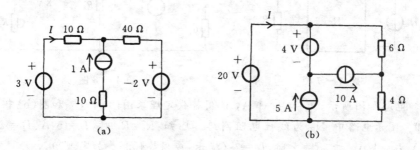

(a)　　　　　　　　　(b)

题 4—3 图

4—4 电路如图所示。若 48 V 压源突然降为 24 V,试求电流 I_2 有多大变化,增加了还是减少了?

4—5 电路如图所示,试用叠加定理求 U 和 I。

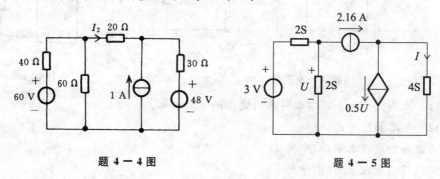

题 4—4 图　　　　　　　题 4—5 图

4—6 已知图(a)所示电路的 $U_S = 20$ V、$U = 8$ V,若将 U_S 去掉并用短路线代替如图(b)所示,试求图(b)电路的 U。

4—7 电路如图所示,N_R 为线性电阻网络。已知:当 $U_S = 5$ V、$I_S = 6.25$ A 时,$I_2 = 4$ A;当 $U_S = 6$ V,$I_S = -5$ A 时,$I_2 = -1.2$ A。求当 $U_S = 10$ V、$I_S = 5$ A 时,$I_2 = ?$

4—8 图示电路,当开关 S 接在 1 点位置时,$I = 10$ mA;S 接在 2 点时,$I = 14$ mA。试用叠加定理求 S 接在 3 点时的 I。

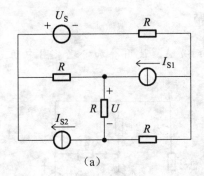

(a)

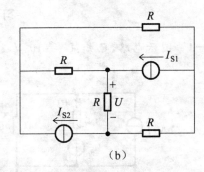

(b)

题 4 — 6 图

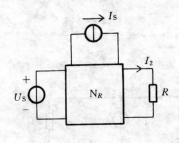

题 4 — 7 图

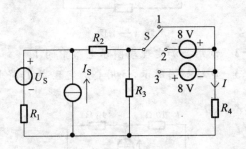

题 4 — 8 图

4 — 9 电路如图所示。已知 $I=1\,\mathrm{A}$，试用替代定理求图(a)中 U_S 和图(b)中 R 的值。

4 — 10 图示电路中，N_R 为线性电阻网络。已知：$R=R_1$ 时，$I_1=5\,\mathrm{A}$、$I_2=2\,\mathrm{A}$；$R=R_2$ 时，$I_1=4\,\mathrm{A}$、$I_2=1\,\mathrm{A}$。求：$R=\infty$ 时，$I_1=?$（提示：应用替代和叠加定理。）

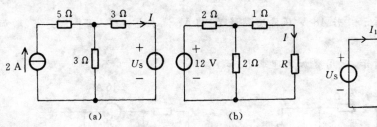

(a)   (b)

题 4 — 9 图

题 4 — 10 图

4 — 11 求图所示各含源二端网络的戴维南等效电路。

4 — 12 电路如图所示。

(1) 用戴维南定理求图(a)中的 I；

(2) 用戴维南定理求图(b)中的 U_a。

4 — 13 用戴维南定理求图示中的 I。

4 — 14 用戴维南定理求图示中的 U。

4 — 15 电路如图所示，当 $U_\mathrm{S}=8\,\mathrm{V}$ 时，$I=?$ 若欲使 $I=0$，U_S 应为多少？

4 — 16 用戴维南定理求图示电路中的 I。

4 — 17 应用戴维南定理重解题 4—2。

4 — 18 测得某二端网络在关联参考方向下的伏安关系如图所示，试求它的戴维南等效电路。

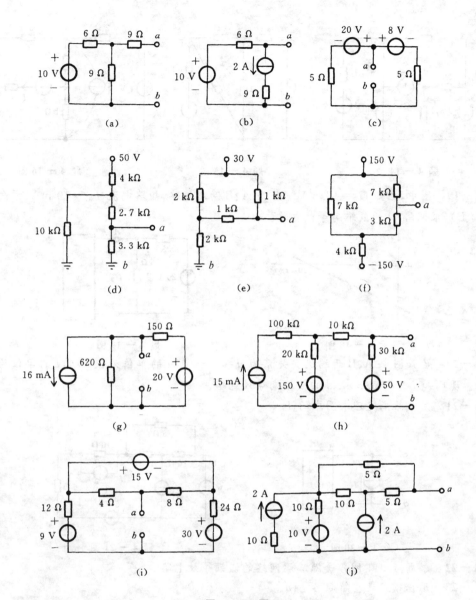

(a)

(b)

(c)

(d)

(e)

(f)

(g)

(h)

(i)

(j)

题 4 — 11 图

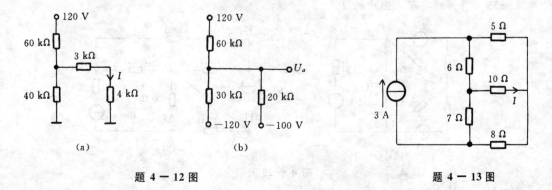

(a)

(b)

题 4 — 12 图

题 4 — 13 图

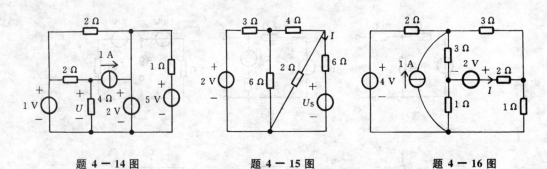

题 4—14 图   题 4—15 图   题 4—16 图

4—19 图中,已知 $U_2 = 12.5$ V。若将 A、B 两端短路,短路电流 $I_{SC} = 10$ mA(方向为由 A 指向 B),求网络 N 的戴维南等效电路。

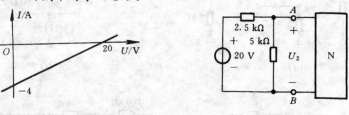

题 4—18 图   题 4—19 图

4—20 已知图中 A、B 两端伏安关系为 $u = 2i + 10$,u 的单位为伏(V),i 的单位为毫安(mA)。现已知 $i_S = 2$ mA,求 N 的戴维南等效电路。

4—21 用戴维南定理求图中的 I。

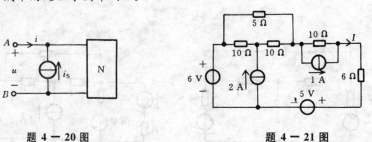

题 4—20 图   题 4—21 图

4—22 求题 4—11 图各含源二端网络的诺顿等效电路。

4—23 用诺顿定理重解题 4—13。

4—24 用诺顿定理重解题 4—14。

4—25 用诺顿定理求图中的 I。

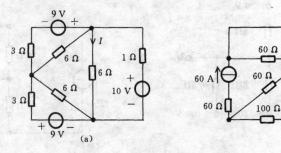

(a)   (b)

题 4—25 图

4—26 电路如图所示。

(1) 求图(a)的戴维南等效电路;

(2) 求图(b)的诺顿等效电路。

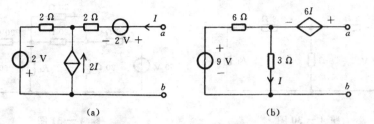

题 4 — 26 图

4 — 27 求图所示二端网络的戴维南等效电路。

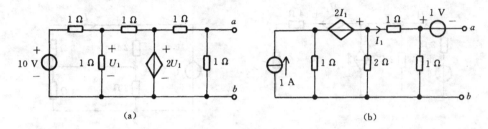

题 4 — 27 图

4 — 28 求图所示二端网络的诺顿等效电路。

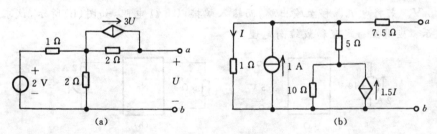

题 4 — 28 图

4 — 29 用戴维南定理求图示电路中的 I。

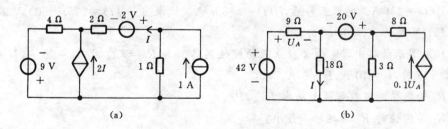

题 4 — 29 图

4 — 30 电路如图所示,求 R_L 为何值时其可获得最大功率,最大功率等于多少? 计算功率传输效率 $\eta(\eta = R_L$ 吸收的功率/电源产生的功率)。

4 — 31 电路如图所示。

(1) R_L 为多大时,其吸收的功率最大? 并求此最大功率;

111

(2) 若 $R_L = 80\ \Omega$，欲使 R_L 电流为零，a、b 间应并接什么理想元件，其参数多大？画出对应电路图。

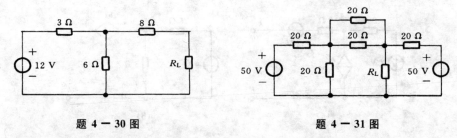

题 4 — 30 图   题 4 — 31 图

4 — 32 电路如图所示，R_L 为何值时可获得最大功率？最大功率等于多少？

4 — 33 电路如图所示，试用互易定理求 I。

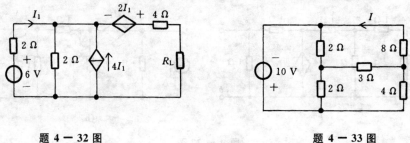

题 4 — 32 图   题 4 — 33 图

4 — 34 图(a)中 N_R 为线性电阻网络。已知直流电流源为 2 A 时，输入电压为 10 V、输出电压为 5 V。若将电流源移至输出端，而输入端接以 5 Ω 电阻，如图(b)所示，试求图(b)中的 I。（提示：应用互易定理和戴维南定理。）

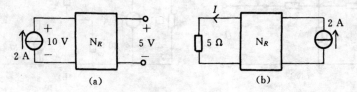

题 4 — 34

4 — 35 图中的 N_R 为一线性电阻网络，已知当 $u_1(t) = 50\ t$ V 及 $u_2(t) = 0$ V 时，$i_1(t) = 37.5t$ A，$i_2(t) = 25t$ A。电源互易后，$i_2(t) = -35t$ A。试求当 $u_1(t) = (75t + 50)$ V 及 $u_2(t) = (25t + 15)$ V 时的 $i_1(t)$ 和 $i_2(t)$。

4 — 36 图示电路中，N_S 为含独立源的线性网络。当 $R_1 = 7\ \Omega$ 时，$I_1 = 20$ A、$I_2 = 10$ A；当 $R_1 = 2.5\ \Omega$ 时，$I_1 = 40$ A、$I_2 = 6$ A。求：

(1) R_1 为何值时可获得最大功率 P_{max}，$P_{max} = $ ？

(2) R_1 为何值时 R_2 消耗功率最小？

4 — 37 图示电路中，N_R 为线性电阻网络。已知图(a)中的 $u_{S1} = 20$ V、$i_1 = 10$ A、$i_2 = 2$ A。如果图(a)改接成图(b)，已知 $i' = 4$ A，试求 u_{S2}。（提示：应用互易、替代和叠加定理。）

4 — 38 图示电路，试用参数变动定理求：

(1) 电阻 R 由 8 Ω 增至 8.8 Ω 时各支路电流的增量 Δi、Δi_1、Δi_2；

(2) 将 R 支路短路后，各支路电流的增量；

(3) 将 R 支路断开后各支路电流增量。

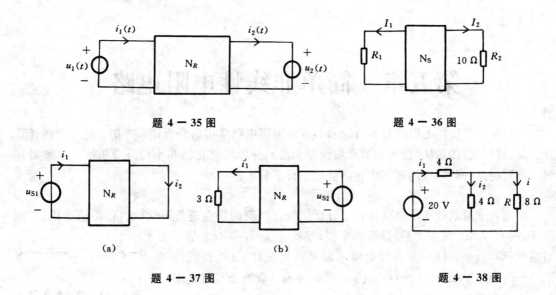

题 4 — 35 图

题 4 — 36 图

(a)

(b)

题 4 — 37 图

题 4 — 38 图

第五章　简单非线性电阻电路

本章介绍非线性电阻的基本概念和非线性电阻电路常用的分析计算方法。这些分析计算方法是：解析法；图解法（曲线相加和曲线相交法）；分段线性化法和小信号分析法。本章对理想二极管电路（网络）应用解析法和图解法进行了分析。

前面各章对线性电阻电路进行了分析。线性电阻的特点是其参数（电阻）不随电压、电流而变，它的 VAR（伏安关系）是欧姆定律，反映在 $u-i$ 平面上是一条通过坐标原点的直线。非线性电阻不满足欧姆定律，其电路模型如图 5-1 所示，VAR 用 $u=f(i)$ 或 $i=f(u)$ 表示。含有非线性电阻元件的电阻电路称为非线性电阻电路。

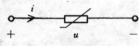

图 5-1　非线性电阻
电路模型

电阻有线性、非线性之分，同样，电感、电容也有线性、非线性之分。非线性电阻、电感、电容统称为非线性元件。一切实际电路严格来说都是非线性的，但在非线性程度不显著的情况下，可按线性处理，这样不会带来本质上的差异。但是，许多情况下，非线性元件的非线性特征不容忽视，否则无法解释电路中所发生的现象，所以研究非线性电路有很重要的意义。

第一节　非线性电阻

非线性电阻的伏安特性曲线一般可通过实验测得。图 5-2 示出了几种非线性电阻的伏安特性曲线，图(a)～(d)依次对应的是二极管、隧道二极管、气体放电管和碳化硅电阻。曲线下方所示为该元件的电路符号。碳化硅电阻常用在避雷器中。

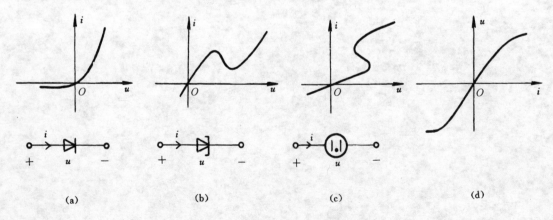

图 5-2　几种非线性电阻的伏安特性曲线

按照非线性电阻伏安特性曲线的特点，可以将它们进行分类。其电压是电流单值函数的电阻,称为流控(型)电阻;其电流是电压单值函数的电阻,称为压控(型)电阻。图 5-2(a)、(b)是压控型的,图(c)是流控型,图(d)既可称为压控型,也可称为流控型。流控电阻的 VAR 用 $u=f(i)$ 表示,压控电阻的 VAR 用 $i=f(u)$ 表示。

非线性电阻有时变和非时变之分,我们仅讨论非时变电阻。

第二节　非线性电阻电路的解析法

解析法是列电路方程,并对方程进行计算求解的方法。当非线性电阻的 VAR 能用解析式(数学函数式)表达时,可用解析法。解析法分析的依据仍然是基尔霍夫定律和元件的 VAR。与线性电路相比,非线性电路不存在叠加性、比例性和互易性;含独立源的非线性单口网络不能使用戴维南定理和诺顿定理。

一、含一个非线性元件的电阻电路的分析

这里只讨论含一个非线性元件的电阻电路,下面以例说明。

例 5-1 图 5-3(a)所示电路,已知非线性电阻的 VAR 为 $i=u+0.13u^2$(A),试求 u、i。

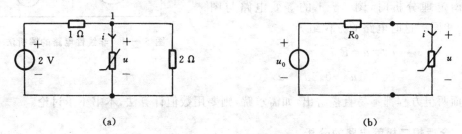

(a)　　　　　　　　　　　　　　(b)

图 5-3　例 5-1 电路

解 1 列节点 1 的节点电压方程

$$\left(\frac{1}{1}+\frac{1}{2}\right)u=\frac{2}{1}-i$$

即　　　　　$1.5u=2-i$

将非线性电阻的伏安关系 $i=u+0.13u^2$ 代入上式,则得

$$1.5u=2-(u+0.13u^2)$$
$$0.13u^2+2.5u-2=0$$
$$u_{1,2}=\frac{-2.5\pm\sqrt{(2.5)^2-4(0.13)(-2)}}{2\times0.13}=\frac{-2.5\pm2.7}{0.26}$$

解得　　　　　$u_1=0.769$ V,　$u_2=-20$ V

将它们代入非线性电阻的 VAR,于是对应的电流为

$$i_1=0.846 \text{ A},　i_2=32 \text{ A}$$

解 2 将非线性电阻以外的线性部分简化为戴维南等效电路,于是图(a)等效为图(b)。图(b)中

$$u_0=\left(\frac{2}{1+2}\times2\right)\text{V}=\frac{4}{3}\text{ V}$$

$$R_0=(1 /\!/ 2)\text{ }\Omega=\frac{2}{3}\text{ }\Omega$$

$$u + R_0 i = u_0$$

将 u_0、R_0 值以及非线性电阻的 VAR 代入上式,则

$$u + \frac{2}{3}(u + 0.13u^2) = \frac{4}{3}$$

即 $\quad\quad\quad 0.13u^2 + 2.5u - 2 = 0$

解得 $\quad\quad u_1 = 0.769 \text{ V}, \quad u_2 = -20 \text{ V}$

$$i_1 = 0.846 \text{ A}, \quad i_2 = 32 \text{ A}$$

非线性电阻的 VAR 比较复杂时,用解析法列出的方程并非都能简便地求出。图 5—4 所示电路,若非线性电阻的 VAR 为 $i = 0.1u^3 + 0.5u^2 + u$,则当用网孔电流法分析时,电路方程组为

$$(R_1 + R_2)i_1 - R_2 i = u_S$$
$$-R_2 i_1 + (R_2 + R_3)i + u = 0$$
$$i = 0.1u^3 + 0.5u^2 + u$$

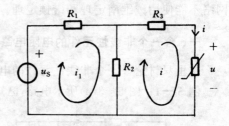

用戴维南定理分析时,图 5—4 的等效电路与图 5—3(b) 相同。这时电路的方程组为

$$u_0 = u + R_0 i$$
$$i = 0.1u^3 + 0.5u^2 + u$$

图 5—4 非线性电路的解析法

上面两组方程都不易直接解出,如需求解,则要用数值计算法,本书不予讨论。

二、含理想二极管电路的分析

理想二极管的电路符号和伏安特性曲线如图 5—5(a)、(b) 所示,该曲线表明,理想二极管既不是流控型,也不是压控型。理想二极管的 VAR 可表示为

$$\left.\begin{array}{ll} i = 0 & u < 0 \\ u = 0 & i > 0 \end{array}\right\} \quad\quad (5-1)$$

式(5—1) 表明:$u < 0$(反向偏置)时,二极管 D 相当于开路(因为 $i = 0$),称 D 截止;$i > 0$ 时,$u = 0$,D 相当于短路,称 D 导通。可见,理想二极管是一单向导电元件,它的作用如同开关。实际二极管也是单向导电元件,反向偏置($u < 0$)时,反向电流很小[见图 5—2(a)],微安级,故可忽略。

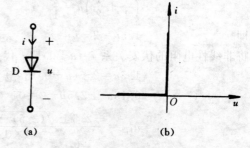

(a)   **(b)**

图 5—5 理想二极管及其伏安特性曲线

电子电路中经常遇到理想二极管与线性电阻、电压源串联的单口网络,如图 5—6(a)、(b) 所示。现分析 a—b 端口的 VAR。

对图 5—6(a),根据理想二极管的 VAR,$i > 0$ 时 $u_D = 0$;$i = 0$ 时,$u_D < 0$。于是得到

$$\left.\begin{array}{ll} u = Ri & i > 0 \\ i = 0 & u < 0 \end{array}\right\} \quad\quad (5-2)$$

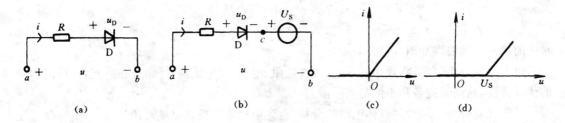

(a)   (b)   (c)   (d)

图 5—6　理想二极管与理想电阻、电压源串联

对应的伏安特性曲线如图 5—6(c)所示。式(5—2)表明,图 5—6(a)所示理想二极管串电阻的支路电压 u 与电流 i 为下列关系:

$$\left. \begin{array}{ll} u>0 \text{ 时} & i>0 \\ u<0 \text{ 时} & i=0 \end{array} \right\} \qquad (5-3)$$

常以上式判断二极管是否导通。

对图 5—6(b),根据式(5—3)、式(5—1),$u_{ac}>0$ 时,$i>0$、$u_D=0$,故有 $u=Ri+U_s$;$u_{ac}<0$ 时,$i=0$,故有 $u_{ac}=u-U_s<0$,即 $u<U_s$。因此图(b)单口网络的 VAR 为

$$u=Ri+U_s \qquad i>0$$
$$i=0 \qquad\qquad u<U_s$$

对应的伏安特性曲线如图 5—6(d)所示。

例 5—2　图 5—7(a)所示电路,D 为理想二极管,试分析 a—b 端口的 VAR,并画伏安特性曲线。

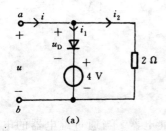   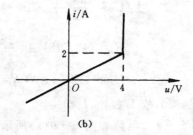

(a)   (b)

图 5—7　例 5—2图

解

(1) $i_1>0$ 时,$u_D=0$,故有

$$u=4 \text{ V}$$

$$i=i_1+i_2=i_1+\frac{u}{2}=i_1+2>2 \text{ A}$$

(2) $i_1=0$ 时,$u_D<0$,故有

$$i=i_2$$

$$u=2i_2=2i$$

$$u_D=2i_2-4=2i-4<0$$

即　　　　　　$i<2 \text{ A}$

综上所述,图(a)的 VAR 为

$$u=\begin{cases} 4\text{ V} & i>2\text{ A} \\ 2i\text{ (V)} & i<2\text{ A} \end{cases}$$

对应的伏安特性曲线如图(b)所示。

由上面的分析可见,将理想二极管、线性电阻、电压源(电流源)等组合在一起,可得出不同的伏安特性,从而适应各种不同的实际需要。

对于含有理想二极管的整体电路的分析,首先应确定二极管是导通还是截止,然后就可按线性电路进行分析。

例 5—3 求图 5—8(a)电路中理想二极管的电流 I。

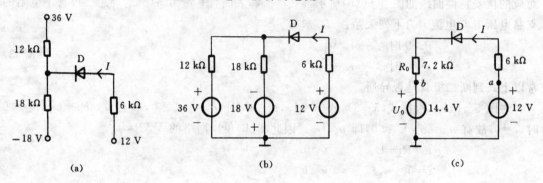

(a)　　　　　　　　(b)　　　　　　　　(c)

图 5—8 例 5—3 电路

解 先将图(a)电路改画成常规电路图(b),应用戴维南定理将图(b)等效为图(c)。图(c)中

$$U_0=\left(\frac{36+18}{12+18}\times18-18\right)\text{ V}=(32.4-18)\text{ V}=14.4\text{ V}$$

$$R_0=(12/\!/18)\ \Omega=\frac{12\times18}{12+18}\ \Omega=7.2\text{ k}\Omega$$

$$U_{ab}=(12-14.4)\text{ V}=-2.4\text{ V}$$

因为 $U_{ab}<0$,故 D 截止,$I=0$。

例 5—4 电路如图 5—9(a)所示,K_1、K_2 是两个继电器。当通过继电器的电流大于 2 mA 时,继电器动作。试问这两个继电器是否动作?

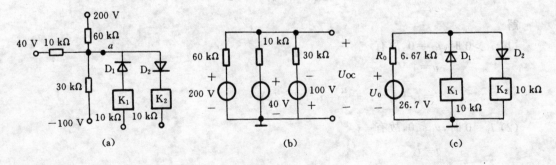

(a)　　　　　　　　(b)　　　　　　　　(c)

图 5—9 例 5—4 电路

解 图(a)中,a 点左侧单口网络如图(b)所示,其戴维南等效电路为图(c)中的 U_0 串 R_0 支路,图(c)为图(a)的等效电路。

由节点电压方程,图(b)的开路电压 U_{OC} 为

118

$$U_{OC} = \frac{\dfrac{200}{60} + \dfrac{40}{10} - \dfrac{100}{30}}{\dfrac{1}{60} + \dfrac{1}{10} + \dfrac{1}{30}} \text{ V} = \frac{4}{0.15} \text{ V} = 26.7 \text{ V}$$

故 $\qquad U_0 = U_{OC} = 26.7 \text{ V}$

$$R_0 = (60 /\!/ 10 /\!/ 30) \text{ k}\Omega = \frac{1}{\dfrac{1}{60} + \dfrac{1}{10} + \dfrac{1}{30}} \text{ k}\Omega = 6.67 \text{ k}\Omega$$

对图(c)电路,显然 D_1 截止、D_2 导通,故 K_1 不动作。流过 K_2 的电流为

$$I_2 = \frac{U_0}{R_0 + 10} = \frac{26.7}{6.67 + 10} \text{ mA} = 1.6 \text{ mA} < 2 \text{ mA}$$

所以 K_2 也不动作。

第三节　非线性电阻电路的图解法

非线性电阻的伏安特性曲线已知时,电路可用图解法分析。

一、曲线相加法

1. 非线性电阻串联电路

图 5-10(a)电路,设非线性电阻 1 和 2 的 VAR 分别为 $u_1 = f_1(i_1)$ 和 $u_2 = f_2(i_2)$,对应的伏安特性曲线如图(b)所示。非线性电阻串联后的等效电阻仍属非线性,其 VAR 为 $u = f(i)$。现在分析如何画等效电阻的伏安特性曲线。

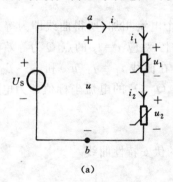 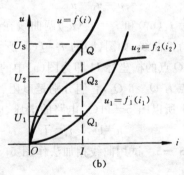

图 5-10　非线性电阻串联曲线相加法

根据 KCL、KVL,图 5-10(a)中

$$i = i_1 = i_2$$
$$u = u_1 + u_2$$

因此,将 $u_1 = f_1(i_1)$ 和 $u_2 = f_2(i_2)$ 两曲线在同一个电流(横坐标值)下对应的两个电压(纵坐标值)相加所得的曲线,即为等效电阻的伏安特性曲线,如图(b)的 $u = f(i)$ 所示。$u = f(i)$ 曲线上,对应 $u = U_s$ 的点为 Q,Q 点的横坐标值 I 即为图(a)电路的电流,即 $i = I$。Q 点称为等效电阻的工作点。横坐标值 I 在曲线 $u_1 = f_1(i_1)$ 和 $u_2 = f_2(i_2)$ 上对应的点分别为 Q_1 和 Q_2,它

们的纵坐标值 U_1 和 U_2 即为对应的非线性电阻的电压。Q_1 和 Q_2 分别为非线性电阻 1 和 2 的工作点。所以图(a)电路的电流、电压为

$$i=I, \quad u_1=U_1, \quad u_2=U_2$$

由上分析可见,等效电阻的伏安特性曲线 $u=f(i)$ 是由 $u_1=f_1(i_1)$ 和 $u_2=f_2(i_2)$ 两曲线电压坐标值相加而得,故将这种分析方法称为曲线相加法。电路中若有多个非线性电阻(也可含线性电阻)串联,同样可用曲线相加法分析。

2. 非线性电阻并联电路

图 5—11(a)电路中,非线性电阻 1 和 2 的伏安特性曲线如图(b)的 $i_1=f_1(u_1)$ 和 $i_2=f_2(u_2)$ 所示。

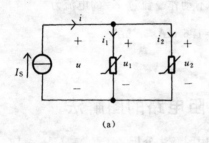 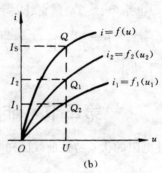

图 5—11 非线性电阻并联曲线相加法

两电阻并联的等效电阻的 VAR 为 $i=f(u)$,其对应的伏安特性曲线也可用与上述串联情况类似的方法得到。图 5—11(a)中,因为

$$i=i_1+i_2$$
$$u=u_1=u_2$$

故将 $i_1=f_1(u_1)$ 和 $i_2=f_2(u_2)$ 两曲线在同一电压下的两个电流相加,所得曲线即为等效电阻的伏安特性曲线,如图(b)的 $i=f(u)$ 所示。$i=f(u)$ 曲线上,对应 $i=I_S$ 的点 Q 为等效电阻的工作点,Q 点的横坐标 U 即为图(a)中的 u。横坐标值 U 在曲线 $i_1=f_1(u_1)$ 和 $i_2=f_2(u_2)$ 上对应的点为 Q_1 和 Q_2,它们分别是电阻 1 和 2 的工作点。Q_1、Q_2 的电流坐标值即为电阻 1、2 的电流。所以图 5—11(a)电路的电压、电流为

$$u=U, \quad i_1=I_1, \quad i_2=I_2$$

例 5—5 试用曲线相加法作图 5—12(a)单口网络的伏安特性曲线。

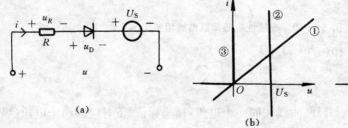 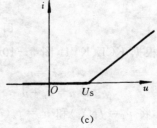

图 5—12 例 5—5 图

120

解 对图(a)作电阻、电压源、理想二极管的伏安特性曲线,它们分别如图(b)中的曲线
①、②、③所示。将这三条曲线的横坐标相加,即得单口网络的伏安特性曲线,如图(c)所示。
它与前面解析法分析的结果一致[见图 5-6(d)]。

例 5-6 试用曲线相加法作图 5-13(a)单口网络的伏安特性曲线。

解 对图(a)作电阻、电流源、理想二极管的伏安特性曲线,它们分别为图(b)中的曲线
①、②、③。将这三条曲线的纵坐标相加,即得单口网络的伏安特性曲线,如图(c)所示。

该题亦可用解析法求,读者可自行分析。

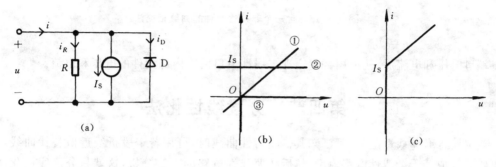

图 5-13 例 5-6 图

二、曲线相交法

图 5-14(a)所示为两个非线性单口网络 N_1 与 N_2 相连的电路。设 N_1、N_2 端口的 VAR
分别为 $u_1=f_1(i_1)$ 和 $u_2=f_2(i_2)$,它们对应的伏安特性曲线如图(b)所示。图(a)中

$$i_1=i_2, \qquad u_1=u_2$$

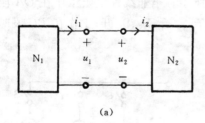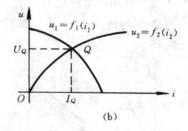

图 5-14 曲线相交法

图(b)中,两曲线交点 Q 的坐标值(I_Q,U_Q)正满足此关系,故 Q 点为 N_1、N_2 的工作点,所以

$$i_1=i_2=I_Q, \qquad u_1=u_2=U_Q$$

这种由曲线相交确定电路工作点的方法,称为曲线相交法。

含一个非线性元件的电阻电路常用曲线相交法分析,这时将非线性元件作为一个单口网
络,其余的线性部分作为另一个单口网络,如图 5-15(a)所示。利用戴维南定理,图(a)等效
为图(b)。设非线性元件为二极管,伏安特性曲线如图(c)的 $i=f(u)$ 所示。图(b)中 $a—b$ 左端
口的 VAR 为

$$u=u_0-R_0 i$$

其对应的伏安特性曲线为图(c)中的直线。两曲线的交点 $Q(U_Q,I_Q)$ 为工作点,故图(a)的

121

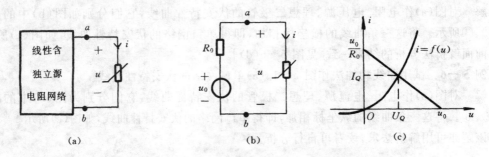

(a)   (b)   (c)

图 5－15　含一个非线性元件的曲线相交法

$$u = U_Q, \qquad i = I_Q$$

求得端口电压和电流后,就可用替代定理求线性单口网络内部元件的电压和电流。

第四节　分段线性化法

当电路含有非线性电阻,且已知其伏安特性曲线时,可用若干段折线近似替代曲线,从而使电路等效成若干个线性电路模型,然后按照线性电路的方法分析,这就是分段线性化法,也称折线近似法。显然,以折线替代曲线会引入误差,但是分段愈多,误差愈小,足够的分段可达到任意的精度要求。

图 5－16(a)所示为某非线性电阻的伏安特性曲线,它可用三段直线 OA、AB 和 BC 来近似表示。根据每一段直线的 VAR,可画出对应的线性电路模型。OA 段对应的是线性电阻,其阻值 $R_1 = U_1/I_1$;AB、BC 段对应的是压源串电阻支路。表 5－1 示出了图 5－16(a)中各段对应的电路模型、VAR 及元件参数[元件参数中各电压、电流见图 5－16(a)中的坐标值]。这样处理后,非线性电阻的电路模型如图 5－16(b)所示。当非线性电阻工作在 OA 段时,相当于 S_1 合,S_2、S_3 开的情况;工作在 AB 段时,相当于 S_2 合,S_1、S_3 开;工作在 BC 段时,相当于 S_3 合,S_1、S_2 开。

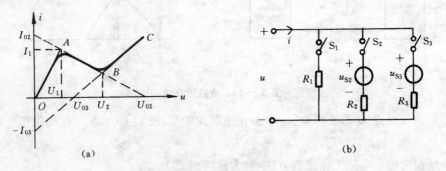

(a)   (b)

图 5－16　非线性电阻分段线性化及电路模型

分段线性化法首先需要确定非线性电阻的实际工作区段。在只含一个非线性元件的电阻电路中,可以先用曲线相交法确定非线性电阻的工作区,然后在对应的线性电路模型上进行计算。显然计算结果比图解法准确。在含有多个非线性元件的电阻电路中,一般事先无法判知工作区段,为此只能采用试探法。试探法是首先假设各非线性电阻的工作区段,由此确定相应的电路模型,然后进行计算。如果计算结果表明其工作点的确在假设的折线区段内,说明假设合理,计算正确;若计算结果不在所假设的区段内,则要重新假设、计算,直至计算结果符合假设为止。显然,这种方法计算量较大,一般可借助计算机完成。

图 5 — 16(a)中各段电路模型、VAR 及参数　　表 5 —1

折线段	电压区间	电路模型和 VAR	元件参数
OA	$0<u<U_1$	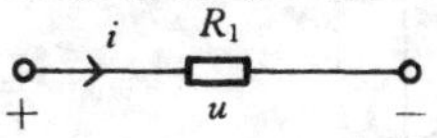 $u=R_1i$	$R=\dfrac{U_1}{I_1}$
AB	$U_1<u<U_2$	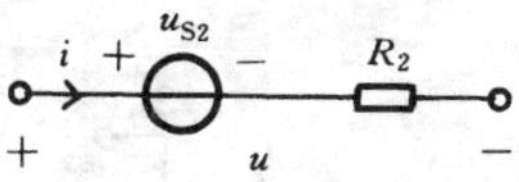 $u=u_{S2}+R_2i$	$u_{S2}=U_{02}>0$ $R_2=\dfrac{-U_{02}}{I_{02}}<0$
BC	$u>U_2$	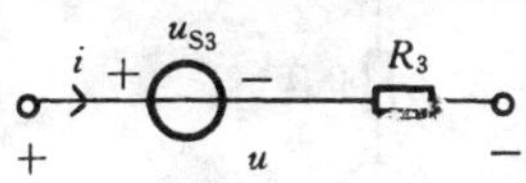 $u=u_{S3}+R_3i$	$u_{S3}=U_{03}>0$ $R_3=\dfrac{U_{03}}{I_{03}}>0$

例 5 —7　图 5—17（a）所示电路,非线性电阻的伏安特性曲线如图（b）所示。试求 u_1 和 i_1。

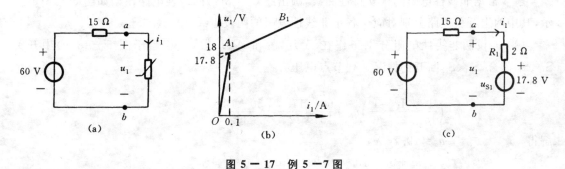

图 5 — 17　例 5 —7 图

解　图(a)中,$a-b$ 左端口的 VAR 为
$$u_1=60-15i_1$$
其对应的伏安特性曲线是一直线(未画出),它与纵轴交点的电压为 60 V,与横轴交点的电流为 $\dfrac{60}{15}=4$ A。对照图(b)可见,非线性电阻工作区段为 A_1B_1,即 $i_1>0.1$ A 的区段。

$i_1>0.1$ A 时,非线性电阻的 VAR 为
$$u_1=2i_1+17.8$$
于是,图(a)等效为图(c),由图(c)得

$$i_1=\frac{60-17.8}{15+2}\ \text{A}=2.48\ \text{A}$$

$$u_1 = 2i_1 + 17.8 = 22.76 \text{ V}$$

例 5-8 图 5-18(a)电路,非线性电阻 1 的伏安特性曲线如上例的图 5-17(b)所示,非线性电阻 2 的伏安特性曲线如图 5-18(b)所示。试求电流 i_2。

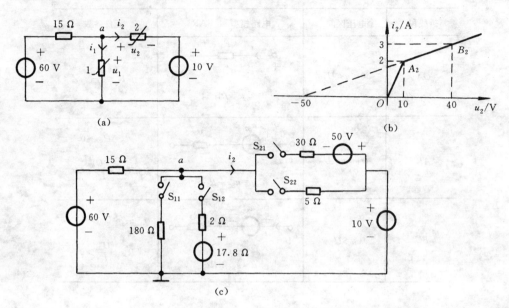

图 5-18 例 5-8 图

解 根据非线性电阻的伏安特性曲线,画出图 5-18(a)的线性电路模型如图 5-18(c)所示,其中两组开关支路分别对应于各个非线性电阻的两段折线。

(1) 假设两非线性电阻分别工作在 A_1B_1 段和 A_2B_2 段,这相当于图 5-18(c)中开关 S_{12}、S_{21} 闭合,S_{11}、S_{22} 断开的情况。列节点电压方程

$$\left(\frac{1}{15} + \frac{1}{2} + \frac{1}{30}\right)u_a = \frac{60}{15} + \frac{17.8}{2} - \frac{50-10}{30}$$

解得 $\qquad\qquad u_a = 19.28 \text{ V}$

于是 $\qquad\qquad i_2 = \dfrac{u_a + 50 - 10}{30} = \dfrac{19.28 + 40}{30} \text{ A} = 1.976 \text{ A}$

对照图 5-18(b),上述结果不在 A_2B_2 段内,故假设有错。

(2) 假设非线性电阻 1 工作在 A_1B_1 段,非线性电阻 2 工作在 OA_2 段,这相当于开关 S_{12}、S_{22} 闭合,S_{11}、S_{21} 断开,这时节点电压方程为

$$\left(\frac{1}{15} + \frac{1}{2} + \frac{1}{5}\right)u_a = \frac{60}{15} + \frac{17.8}{2} + \frac{10}{5}$$

解得 $\qquad\qquad u_a = 19.43 \text{ V}$

于是 $\qquad\qquad i_2 = \dfrac{u_a - 10}{5} = \dfrac{9.43}{5} \text{ A} = 1.886 \text{ A}$

对照图 5-18(b),上述结果在 OA_2 段,符合假设,故正确。

124

第五节　小信号分析法

小信号分析法又称局部线性化近似法。当电路只含有一个非线性电阻且其工作电流或工作电压变化幅度很小时,我们可以用线性电路模型来分析电压、电流的变化量,这就是小信号分析法。下面用图 5−19 来说明。

图 5−19(a)所示直流电路中,非线性电阻 VAR 为 $i = f(u)$,其对应的伏安特性曲线如图(b)所示。设图(a)中非线性电阻电压 u 的解为 U_Q,电流 i 的解为 I_Q,它们对应图(b)曲线上的 Q 点。Q 点称为非线性电阻的直流工作点,也称静态工作点。根据 KCL,图(a)有

$$I_S - \frac{1}{R}U_Q - f(U_Q) = 0 \tag{5−4}$$

若电流 I_S 有一很小的增量 Δi_S(可正可负),则图(a)等效为图(c),此时图(c)中的电压、电流分别为

$$u = U_Q + \Delta u, \quad i = I_Q + \Delta i$$

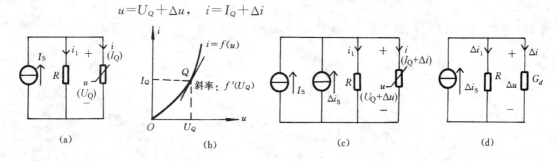

图 5 − 19　小信号分析法

式中,Δu 和 Δi 为 Δi_S 引起的电压和电流增量,当 $|\Delta i_S| \ll I_S$ 时,$|\Delta u| \ll U_Q$。图(c)的 KCL 方程为

$$(I_S + \Delta i_S) - \frac{1}{R}(U_Q + \Delta u) - f(U_Q + \Delta u) = 0 \tag{5−5}$$

由于 $\Delta u \ll U_Q$,故可将函数 $f(U_Q + \Delta u)$ 在静态工作点 Q 附近用泰勒级数展开,略去高阶项,于是有

$$f(U_Q + \Delta u) \approx f(U_Q) + \frac{\mathrm{d}f(u)}{\mathrm{d}u}\bigg|_{u = U_Q} \Delta u$$

即

$$f(U_Q + \Delta u) \approx f(U_Q) + f'(U_Q)\Delta u \tag{5−6}$$

将式(5−6)代入式(5−5)得

$$(I_S + \Delta i_S) - \frac{1}{R}(U_Q + \Delta u) - f(U_Q) - f'(U_Q)\Delta u = 0$$

即

$$I_S - \frac{1}{R}U_Q - f(U_Q) + \Delta i_S - \frac{1}{R}\Delta u - f'(U_Q)\Delta u = 0$$

将式(5−4)代入上式得

$$\Delta i_S - \frac{1}{R}\Delta u - f'(U_Q)\Delta u = 0$$

或

$$\Delta i_S - \frac{1}{R}\Delta u - G_d\Delta u = 0 \tag{5−7}$$

式中
$$G_d = f'(U_Q) = \frac{\mathrm{d}f(u)}{\mathrm{d}u}\bigg|_{u=U_Q}$$

G_d 为非线性电阻在伏安特性曲线工作点 Q 处的斜率 $\frac{\mathrm{d}i}{\mathrm{d}u}\bigg|_{u=U_Q}$ [见图 5-19(b)]，它具有电导量纲，因此称为非线性电阻在 Q 点的动态电导或增量电导。动态电导 G_d 的倒数称为动态电阻，用 R_d 表示，$R_d = 1/G_d$。就时变 Δu 和时变 Δi 来说，G_d、R_d 为常数。

根据式(5-7)可画出增量等效电路如图 5-19(d)所示，称为小信号等效电路。由图(d)即可求得

$$\Delta u = \frac{\Delta i_S}{\dfrac{1}{R} + G_d}$$

$$\Delta i = G_d \Delta u = \frac{G_d}{\dfrac{1}{R} + G_d} \Delta i_S$$

将 U_Q 与 Δu 相加、I_Q 与 Δi 相加，即得图(c)中 u、i 的全解，即

$$u = U_Q + \Delta u = U_Q + \frac{\Delta i_S}{\dfrac{1}{R} + G_d}$$

$$i = I_Q + \Delta i = I_Q + \frac{G_d}{\dfrac{1}{R} + G_d} \Delta i_S$$

若电路的激励是电压源，当压源出现小增量时，也可用小信号法分析。

现将小信号法分析非线性电阻电路的步骤总结如下：

(1) 首先求出非线性电阻在直流电源激励下的静态工作点 $Q(U_Q, I_Q)$；

(2) 求出非线性电阻在静态工作点处的动态电导 G_d 或动态电阻 R_d（非线性电阻是压控型时求 G_d，流控型时求 R_d）；

(3) 画出小信号等效电路，由等效电路求非线性电阻的电压增量 Δu 和电流增量 Δi；

(4) 将直流静态解 (U_Q, I_Q) 与增量解 $(\Delta u, \Delta i)$ 相加，此即为非线性电阻上的电压、电流的全解。

例 5-9 设电路如图 5-19(c)所示。$I_S = 10$ A，$\Delta i_S = \cos t$ A，$R = 1/3$ Ω，非线性电阻的 VAR 为 $i = f(u) = u^2$ A($u > 0$，单位为 V)。试求静态工作点以及在工作点处 Δi_S 产生的 Δu 和 Δi，电压 u 和电流 i。

解 由于 Δi_S 在 $+1$ 和 -1 之间变化，其值仅为 I_S 的 1/10，故可用小信号分析法求解。

(1) 求 $I_S = 10$ A 作用时的静态工作点。

静态工作点对应的电路如图 5-19(a)所示，其 KCL 方程为

$$I_S - \frac{1}{R}U_Q - I_Q = 0$$

将非线性电阻的 VAR 代入上式，则

$$I_S - \frac{1}{R}U_Q - U_Q^2 = 0$$

即
$$U_Q^2 + 3U_Q - 10 = 0$$

解得
$$U_Q=2\ \text{V}(\text{另一根为}-5,\text{不合题意},\text{舍去})$$
$$I_Q=U_Q^2=4\ \text{A}$$

故静态工作点为 $Q(2\ \text{V},4\ \text{A})$。

（2）求静态工作点处的动态电导 G_d

$$G_d=\frac{\mathrm{d}f(u)}{\mathrm{d}u}\bigg|_{u=U_Q}=\frac{\mathrm{d}}{\mathrm{d}u}(u^2)\bigg|_{u=U_Q}=2u\bigg|_{u=2}=4\ \text{S}$$

（3）画出小信号等效电路，如图 $5-19$(d)所示，求 Δu 和 Δi。由图(d)有

$$\Delta u=\frac{\Delta i_S}{\frac{1}{R}+G_d}=\frac{\cos t}{3+4}=\frac{1}{7}\cos t=0.143\cos t\ \text{V}$$

$$\Delta i=G_d\Delta u=4\times\frac{1}{7}\cos t=\frac{4}{7}\cos t=0.571\cos t\ \text{A}$$

（4）求全解 u、i，即

$$u=U_Q+\Delta u=(2+0.143\cos t)\ \text{V}$$
$$i=I_Q+\Delta i=(4+0.571\cos t)\ \text{A}$$

习　　题

5-1 图示电路，非线性网络 N 的 VAR 为 $i=10^{-3}u^2$ A($u>0$，u 单位：V)。试求 u、i_1 和 i_2。

5-2 图示电路，非线性电阻 VAR 为 $u=(i^2+2i)$ V($i>0$，i 单位：A)。试求 i、u。

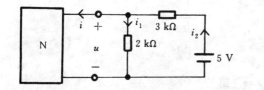

| 题 5-1 图 | 题 5-2 图 |

5-3 图示电路，非线性电阻 VAR 为 $i=0.25u^2$($u>0$，u 单位：V)。求非线性电阻吸收的功率 p。

5-4 图示电路，非线性电阻 VAR 为 $u=i^2$ V(i 单位：A)。试用节点电压法求 u、i 和 i_1。

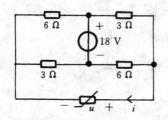
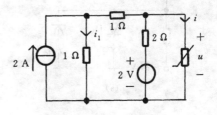

| 题 5-3 图 | 题 5-4 图 |

5－5 图示电路，已知 G_1、G_2、G_3 和 u_{S1}、i_{S2}，非线性电阻 VAR 为：$i_4 = 2u_4^{1/3}$、$i_5 = 6u_5^{1/5}$。试写出此电路的节点电压方程。

5－6 试用解析法求图示单口网络的 VAR，并画出伏安特性曲线（横坐标为 u，纵坐标为 i）。

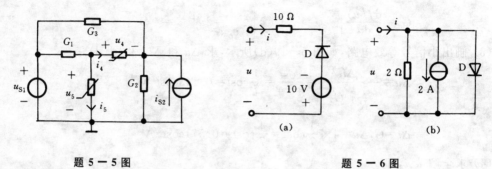

题 5－5 图　　　　　　　　　题 5－6 图

5－7 电路如图所示，设二极管为理想二极管。

(1) 分析图(a)中二极管是否导通，若导通，试求流过二极管的电流；

(2) 求图(b)中 a 点的电位 U_a。

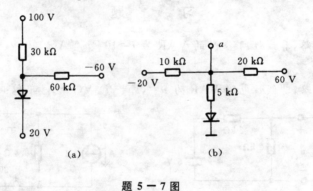

题 5－7 图

5－8 电路如图所示。

(1) 求图(a)中的 I_1 和 I_2；

(2) 求图(b)中的 U_a。

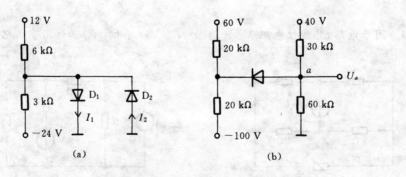

题 5－8 图

5－9 试用曲线相加法画题 5－6 所示单口网络的伏安特性曲线。

5－10 两个非线性电阻的伏安特性曲线如图中的曲线①和②所示，试分别画出这两个

128

电阻串联后和并联后的等效伏安特性曲线。

5 —11 图(a)所示电路中,非线性网络 N 的伏安特性曲线如图(b)所示。试求三种情况下的 U 和 U_1。

(1) $U_s = 2$ V;

(2) $U_s = 1/2$ V;

(3) $U_s = -2$ V。

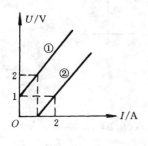 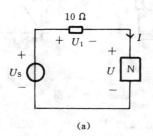 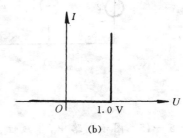

题 5 — 10 图　　　　　　　　　　　题 5 — 11 图

5 —12 图(a)所示电路中,非线性电阻的伏安特性曲线如图(b)所示,试用图解法求 U 和 I。

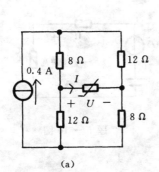 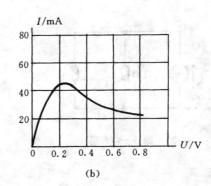

题 5 — 12 图

5 —13 图(a)所示非线性网络 N 的 VAR 如图(b)所示。

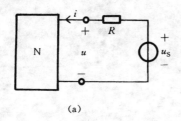 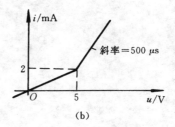

题 5 — 13 图

(1) 若 $u > 5$ V,试求 N 的等效电路;

(2) 若 $u < 5$ V,试重复(1);

(3) 若 $u_s = 10$ V、$R = 1$ kΩ,试确定电流 i;

129

(4) 若 $u_S = 5$ V、$i = 1$ mA,试确定电阻 R。

5—14 图(a)所示非线性电阻的伏安特性曲线如图(b)所示。试用分段线性化法求在 $i_S = 2$ A 时及 $i_S = 1$ A 时的 u。

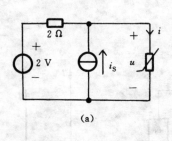

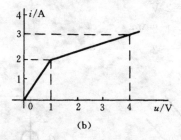

题 5 — 14 图

5—15 图示电路中,非线性电阻的 VAR 为 $i = (2u^2 + u)$ A($u > 0$,u 单位:V),$i_S = (10 + \cos\omega t)$ A。试用小信号分析法求 u 和 i。

5—16 图示电路中,非线性电阻的 VAR 为 $u = (i^3 + 2i)$ V(i 单位:A)。现已知当 $u_S(t) = 0$ V 时,回路中的电流为 1 A。如果 $u_S(t) = 0.1\cos2t$ V 时,试用小信号分析法求增量 Δi 和 Δu。

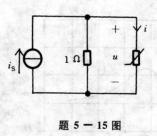

题 5 — 15 图

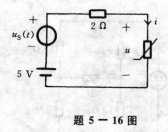

题 5 — 16 图

第六章　正弦电流电路的基本概念

本章主要内容:正弦信号的基本概念及正弦量的有效值;正弦量的相量表示及正弦量与相量的对应关系;基尔霍夫定律的相量形式;电阻、电感、电容元件伏安关系的相量形式及对应的相量图。

第一节　正弦信号的基本概念和有效值

随时间而变化的电压和电流称为时变电压和时变电流,下面以时变电压为例说明。时变电压在任一瞬时 t 的值称为瞬时值,用小写字母 $u(t)$ 表示,简写成 u。在选定参考极性的前提下,电压瞬时值可能为正,也可能为负,为正时,表明电压的实际极性与参考极性相同,反之相反。

时变电压若按一定规律周而复始地出现,则称为周期电压,图 6—1 示出了几种周期电压的波形。周期电压满足的条件是

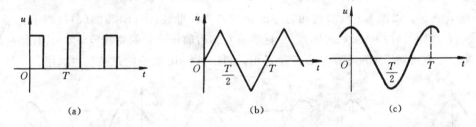

(a) (b) (c)

图 6—1　周期电压波形

$$u(t)=u(t+KT)$$

式中,K 为整数;T 为周期,它是波形(函数)再次重复出现所需的最短时间间隔(见图 6—1 中所示),单位为秒(s)。周期电压在单位时间内变化的次数称为频率,用 f 表示,$f=1/T$,其单位为 1/秒(1/s),称为赫兹(Hz),简称赫。电子技术中,常用千赫(1 kHz $=10^3$ Hz)、兆赫(1 MHz $=10^6$ Hz)和吉赫(1 GHz $=10^9$ Hz)。

一、正弦信号的基本概念

随时间按正弦规律变化的电压和电流称为正弦电压和正弦电流,同样地还有正弦电动势、正弦磁通等。这些按正弦规律变化的物理量统称为正弦信号。正弦信号可以用 sin 函数表示,也可以用 cos 函数表示,本书采用后者。

图 6—2(a)所示元件的电压为

$$u=U_\mathrm{m}\cos(\omega t+\psi_u) \tag{6—1}$$

式中,u 称为电压的瞬时值;U_m 称为电压的最大值或振幅(注意:要严格区分字母的大小写,小写均为瞬时值),恒为正;ωt 是随时间变化的角度。图 6—2(b)示出了电压 u 的波形,其横坐

标可用 t 表示,亦可用 ωt 表示,它们分别示于坐标轴的上、下方。正弦量变化一周时,对应的时间为 T,对应的 ωt 为 2π(弧度),因此 $\omega T = 2\pi$,故有

$$\omega = \frac{2\pi}{T} = 2\pi f \qquad (6-2)$$

ω 称为角频率,它表示正弦信号在单位时间内变化的角度,其单位是弧度/秒(rad/s)。式(6-2)表明了 ω 与 f 的关系。电力系统使用的正弦交流电的频率为 50 Hz,通常称为工频(工业频率),其对应的角频率 $\omega = 100\pi$ 弧度/秒(≈ 314 rad/s)。

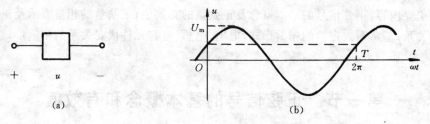

图 6-2　正弦电压

式(6-1)中的 $\omega t + \psi_u$ 称为正弦电压 u 的相位或相位角,ψ_u 为 $t = 0$ 时的相位,称为初相位或初相角,简称初相。初相的单位用弧度或度(°)表示,通常在主值范围内取值,即 $|\psi_u| \leqslant 180°$。初相的大小与计时起点有关,图 6-3 示出了同一正弦信号在不同时间起点的情况。图(a)中,$u = U_m\cos\omega t$,其初相 $\psi_u = 0$;图(b)中,$u = U_m\cos(\omega t + \psi_u)$,$\psi_u > 0$;图(c)中,$u = U_m\cos(\omega t + \psi_u)$,$\psi_u < 0$。以图 6-3(a)初相为零的正弦波为标准波,图(b)和图(c)相当于标准波分别左移和右移 $|\psi_u|$ 后的结果。由图可见,标准波左移后的正弦量的初相位 $\psi_u > 0$,右移后的 $\psi_u < 0$。此结论不仅对以 cos 表示的正弦量适用,而且对以 sin 表示的正弦量也适用。

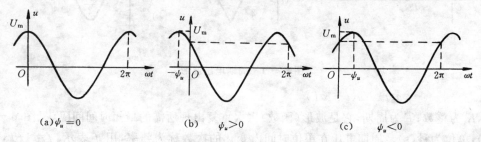

图 6-3　正弦信号初相与时间起点的关系

式(6-1)中,当已知 U_m、ω(或 f 或 T)和 ψ_u 时,即可确定该正弦量,因此将最大值、角频率(或频率或周期)和初相位称为正弦量的三要素。$\omega = 0$ 时,式(6-1)为一常数,因此直流电压可视为频率为零或周期为无穷大的正弦电压。

例 6-1　正弦电压 $u(t)$ 的最大值 $U_m = 220\sqrt{2}$ V,频率 $f = 50$ Hz,初相角 $\psi_u = 30°$。(1) 求 T、ω,写出 $u(t)$ 的表达式并画波形;(2) 求 $t = 1$ s 时的电压值 $u(1)$。

解

(1)
$$T = \frac{1}{f} = \frac{1}{50} = 0.02 \text{ s} = 20 \text{ ms}$$

$$\omega = 2\pi f = 100\pi \text{ rad/s} \approx 314 \text{ rad/s}$$

$$u(t) = U_m\cos(\omega t + \psi_u) = 220\sqrt{2}\cos(100\pi t + 30°)$$

$$\approx 220\sqrt{2}\cos(314t + 30°) \text{ V}$$

$u(t)$波形如图6-4所示。由于初相 $\psi_u = 30° > 0$，故$u(t)$波形为标准波向左移 $\pi/6$。

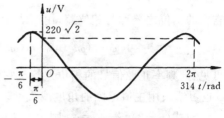

图 6-4 例 6-1 图

(2)　$u(1) = 220\sqrt{2}\cos(100\pi \times 1 + 30°) \text{ V}$

式中，括号内第一项为弧度，第二项为度，计算时应将弧度化为度，即

$$u(1) = 220\sqrt{2}\cos\left(100\pi \times \frac{360°}{2\pi} + 30°\right)$$

$$= 269.44 \text{ V}$$

例 6-2　电流波形如图6-5所示。试求 T、f、ω，并分别用 cos 和 sin 写出 $i(t)$ 的表达式（对实线纵轴）。

解　由横坐标可见，$\omega = 1\,000 \text{ rad/s}$，所以

$$f = \frac{\omega}{2\pi} = \frac{1\,000}{2\pi} \text{ Hz} = 159 \text{ Hz}$$

$$T = \frac{1}{f} = \frac{2\pi}{1\,000} \text{ s} = 6.28 \text{ ms}$$

图6-5所示波形为标准波右移 $\pi/4$ 的结果，因此 $i(t)$ 的初相为负，大小为 $\pi/4$ 即 $45°$，故

$$i(t) = 10\cos(1\,000t - 45°) \text{ A}$$

根据三角公式 $\cos\alpha = \sin(\alpha + 90°)$，$i(t)$ 可表示为

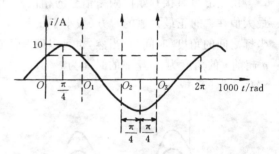

图 6-5 例 6-2 图

$$i(t) = 10\sin(1\,000t - 45° + 90°) = 10\sin(1\,000t + 45°) \text{ A}$$

上式亦可用波形移动分析。图6-5所示波形相当于标准波 $10\sin\omega t$ 左移 $\pi/4$ 的结果，因此 $i(t)$ 用 sin 函数表示时，其初相为正，大小为 $\pi/4$，故可直接写出

$$i(t) = 10\sin\left(1\,000t + \frac{\pi}{4}\right) = 10\sin(1\,000t + 45°) \text{ A}$$

例 6-3　上题所示波形（图6-5），若时间起点分别为 O_1、O_2 和 O_3（虚线纵轴所示），试写出 i 的表达式（用 cos 表示）。

解

O_1 起点：　　$i = 10\cos\left(1\,000t + \dfrac{\pi}{4}\right) = 10\cos(1\,000t + 45°) \text{ A}$

O_2 起点：　　$i = 10\cos\left(1\,000t + \dfrac{3\pi}{4}\right) = 10\cos(1\,000t + 135°) \text{ A}$

O_3 起点：　　$i = 10\cos\left(1\,000t - \dfrac{3\pi}{4}\right) = 10\cos(1\,000t - 135°) \text{ A}$

正弦电流电路中，经常要比较同频率正弦信号的相位差。设两个同频率正弦信号 u 和 i 分别为

$$u = U_m \cos(\omega t + \psi_u) $$
和
$$i = I_m \cos(\omega t + \psi_i) \tag{6-3}$$

它们的相位之差称为相位差,用 φ 表示,即

$$\varphi = (\omega t + \psi_u) - (\omega t + \psi_i) = \psi_u - \psi_i$$

可见,同频率正弦信号的相位差等于它们的初相位之差,它是一个与频率、时间均无关的常数。φ 也习惯采用主值范围的角度或弧度表示。

对式(6-3),若 $\psi_u = \psi_i$,则 u 与 i 的相位差 $\varphi = 0$,称 u 与 i 同相(位);若 $\varphi = \pm\pi$,称 u 与 i 反相;若 $\varphi = \pm\pi/2$,称 u 与 i 正交;若 $0 < \varphi < \pi$,称 u 超前 i 为 φ,或 i 滞后 u 为 φ;若 $-\pi < \varphi < 0$,结论与前相反。图 6-6(a)~(d)分别示出了 u 与 i 同相、反相、正交和 u 超前 i 为 φ 的波形。由图 6-6 可见,同频率正弦信号的相位差与计时起点无关,即与纵坐标轴的位置无关。

由波形可直接判断同频率信号的相位差,即判断超前、滞后的关系。其方法是:若 u 的正最大值在 i 的正最大值的左方(按小于 π 计),则 u 超前 i,超前的角度(时间)为它们对应的横坐标之间的角度(时间)。当然,也可以以其他对应点来判断,如图 6-6(d)中所示。图(d)中,u 超前 i 的角度为 φ,超前的时间为 φ/ω(这里 φ 必须用弧度)。图 6-6(c)正交情况,反映了 u 滞后 i 为 90° 或 $\pi/2$。

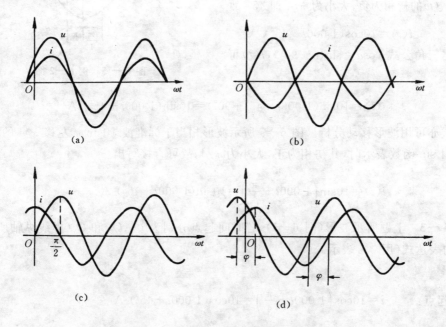

图 6-6 同频率正弦信号的相位差

例 6-4 已知:$u_1 = 100\cos(\omega t + 60°)$ V, $u_2 = 50\cos(\omega t + 10°)$ V, $u_3 = 50\sin(\omega t - 150°)$ V, $u_4 = -60\cos(\omega t + 30°)$ V。试求 u_1 与 u_2、u_3、u_4 的相位差,并说明它们超前或滞后的关系。

解 同频率正弦量的相位关系必须在相同函数(均为 cos 或均为 sin)的前提下进行比较,同时函数的最大值应该用正值表示。为此将 u_3、u_4 改写为

$$u_3 = 50\sin(\omega t - 150°) \text{ V} = 50\cos(\omega t - 150° - 90°) \text{ V} = 50\cos(\omega t + 120°) \text{ V}$$

$u_4 = -60\cos(\omega t + 30°) \; \text{V} = 60\cos(\omega t + 30° - 180°) \; \text{V} = 60\cos(\omega t - 150°) \; \text{V}$

$\varphi_{12} = 60° - 10° = 50°(u_1 \text{ 超前 } u_2 \text{ 为 } 50°)$

$\varphi_{13} = 60° - 120° = -60°(u_1 \text{ 滞后 } u_3 \text{ 为 } 60°)$

$\varphi_{14} = 60° - (-150°) = 210°(u_1 \text{ 超前 } u_4 \text{ 为 } 210°，即 u_1 \text{ 滞后 } u_4 \text{ 为 } 150°)。$

在分析和书写 φ 值时，应使它在主值（$\pm180°$）范围内，所以 φ_{14} 应写成

$$\varphi_{14} = -150°$$

例 6—5 试由图 6—7 所示波形说明 u_1、u、u_3 的相位关系。

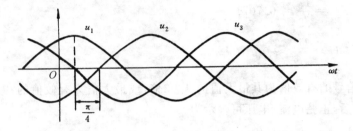

图 6 — 7 例 6—5 图

解 由图可见：

u_1 与 u_2 的相位差 $\varphi_{12} = \dfrac{\pi}{2} + \dfrac{\pi}{4} = \dfrac{3\pi}{4}$，$u_1$ 超前 u_2 为 $135°$；

u_2 与 u_3 的相位差 $\varphi_{23} = \dfrac{\pi}{2} + \dfrac{\pi}{4} = \dfrac{3}{4}\pi$，$u_2$ 超前 u_3 为 $135°$；

u_3 与 u_1 的相位差 $\varphi_{31} = \dfrac{\pi}{2}$，$u_3$ 超前 u_1 为 $90°$。

二、周期信号和正弦信号的有效值

同期电流、电压的瞬时值随时间而变化，为了表明它们产生的效果（如能量），需要定义一个新的物理量——有效值。现以电流为例说明。两个相同的电阻 R 分别通以周期电流 i 和直流电流 I，若它们在一个周期 T（i 的周期）内消耗的电能相等，则此两电流的效果相同，因此将直流 I 的值定义为周期电流 i 的有效值。电阻 R 通以电流 i 时，其在一个周期 T 内消耗的电能为

$$\int_0^T p\,\mathrm{d}t = \int_0^T i^2 R\,\mathrm{d}t = R\int_0^T i^2\,\mathrm{d}t$$

当通以电流 I 时，其在同等时间内消耗的电能为

$$PT = RI^2 T$$

根据有效值定义，

$$R\int_0^T i^2\,\mathrm{d}t = RI^2 T$$

于是 i 的有效值为

$$I = \sqrt{\frac{1}{T}\int_0^T i^2\,\mathrm{d}t} \qquad\qquad (6-4)$$

式（6—4）表明，周期电流的有效值等于周期电流平方在一个周期内的平均值的平方根，故有效值又称为方均根值。同理，周期电压 u 的有效值为

$$U = \sqrt{\frac{1}{T}\int_0^T u^2 \, \mathrm{d}t}$$

周期电流为正弦量时,将 $i = I_\mathrm{m}\cos(\omega t + \psi_i)$ 代入式(6-4),于是

$$I = \sqrt{\frac{1}{T}\int_0^T I_\mathrm{m}^2 \cos^2(\omega t + \psi_i)\,\mathrm{d}t}$$

$$= \sqrt{\frac{1}{T}\int_0^T \frac{1}{2}I_\mathrm{m}^2[1 - \cos 2(\omega t + \psi)]\,\mathrm{d}t}$$

$$= \frac{I_\mathrm{m}}{\sqrt{2}} \approx 0.707 I_\mathrm{m}$$

同理 $\qquad U = \dfrac{U_\mathrm{m}}{\sqrt{2}} \approx 0.707 U_\mathrm{m}$

由此可见,正弦信号的有效值为其最大值的 $1/\sqrt{2}$ 倍,或最大值为有效值的 $\sqrt{2}$ 倍。有效值恒为正。引入有效值后,正弦电流、电压可表示为

$$i = \sqrt{2}I\cos(\omega t + \psi_i)$$

$$u = \sqrt{2}U\cos(\omega t + \psi_u)$$

可见,正弦量的三要素也可以是有效值、频率和初相。人们通常所说的正弦电压、电流的大小均指有效值,交流电压、电流表所指示的读数,电气设备铭牌上所标明的电压、电流都是有效值。

第二节　正弦量的相量表示

正弦量乘以常数,正弦量的微分、积分,同频率正弦量的代数和等运算,其结果仍为同频率正弦量。因此线性电路中,如果激励是正弦量,则各元件(R、L、C 等)的电流、电压是与激励同频率的正弦量,处于这种状态的电路称为正弦稳态电路,也称为正弦电流电路。电力、供电系统中,大多数问题都按正弦稳态电路分析处理,许多电气、电子设备的设计和性能指标也往往按正弦稳态考虑,电工技术中的周期非正弦信号可分解为傅里叶级数,这类问题也可用正弦稳态方法处理。

正弦稳态电路如果用正弦量的瞬时值进行分析,会涉及繁杂的三角运算及微分、积分等运算,为简化分析,我们采用一种变换方法——相量法。相量法的基础是复数运算,下面先对复数作扼要说明,然后介绍正弦量的相量表示法。

一、复数及其四则运算

复数 A 可表示为

$$A = a_1 + \mathrm{j}a_2 \qquad\qquad\qquad (6-5)$$

式(6-5)称为复数的代数式或直角坐标式,式中 $\mathrm{j} = \sqrt{-1}$ 为虚数单位(为避免与电流 i 混淆,电路中虚数单位用 j 表示),a_1 是 A 的实数部分,简称实部;a_2 是 A 的虚数部分,简称虚部。它们分别记为

$$a_1 = \mathrm{Re}[A]$$

和 $\qquad a_2 = \mathrm{Im}[A]$

复数 A 在复平面上可用坐标 (a_1, a_2) 的点表示,如图 6-8(a)所示;亦可用从坐标原点指

向点(a_1,a_2)的矢量表示,如图 6—8(b)所示。

复数 A 矢量的长度称为 A 的模,记为$|A|$;复数 A 矢量与正实轴的夹角 θ 称为 A 的辐角,由图 6—8(b)可见

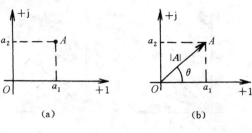

(a)　　　(b)

图　6—8

$$\begin{cases} |A|=\sqrt{a_1^2+a_2^2} \\ \theta=\arctan\dfrac{a_2}{a_1} \end{cases}$$

$$\begin{cases} a_1=|A|\cos\theta \\ a_2=|A|\sin\theta \end{cases}$$

因此　　　　　$A=a_1+\mathrm{j}a_2=|A|\cos\theta+\mathrm{j}|A|\sin\theta=|A|(\cos\theta+\mathrm{j}\sin\theta)$

根据欧拉公式 $\mathrm{e}^{\mathrm{j}\theta}=\cos\theta+\mathrm{j}\sin\theta$,于是上式可写成

$$A=|A|\mathrm{e}^{\mathrm{j}\theta} \qquad\qquad (6-6)$$

式(6—6)称为复数的指数形式。复数 A 还可用极坐标形式表示,即

$$A=|A|\underline{/\theta}$$

例 6—6　复数 $A=\mathrm{j}, B=-\mathrm{j}, C=-1, D=2+\mathrm{j}1.5$。试写出它们的极坐标式,并在复平面上画出对应的矢量。

解　　　　　$A=\mathrm{j}=1\underline{/90°}$

$$B=-\mathrm{j}=1\underline{/-90°}$$

$$C=-1=1\underline{/\pm180°}$$

$$D=2+\mathrm{j}1.5=\sqrt{2^2+1.5^2}\ \underline{\bigg/\arctan\dfrac{1.5}{2}}=2.5\underline{/36.87°}$$

它们对应的矢量如图 6—9 所示。

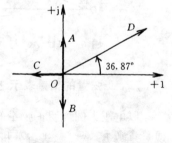

图 6—9　例 6—6图

复数的加、减运算用代数式进行。例如复数 $A=a_1+\mathrm{j}a_2, B=b_1+\mathrm{j}b_2$,它们之和设为 C,则

$$\begin{aligned} C=A+B&=(a_1+\mathrm{j}a_2)+(b_1+\mathrm{j}b_2) \\ &=(a_1+b_1)+\mathrm{j}(a_2+b_2) \end{aligned}$$

容易证明,复数 A 和 B 构成的平行四边形的对角线即为复数 C,如图 6—10(a)所示。为了减少辅助线(虚线所示),经常将它们画成图(b)形式。

设复数 A 与 B 的差为 D,则

$$D=A-B=(a_1+\mathrm{j}a_2)-(b_1+\mathrm{j}b_2)=(a_1-b_1)+\mathrm{j}(a_2-b_2)$$

D 矢量可看做 A 矢量与$-B$ 矢量之和,如图 6—10(c)所示,也可画成图(d)形式($A=B+D$)。

复数的乘除运算一般宜用指数式或极坐标式进行,例如复数 A、B 为

$$A=a_1+\mathrm{j}a_2=|A|\underline{/\theta_A}$$

$$B=b_1+\mathrm{j}b_2=|B|\underline{/\theta_B}$$

则其乘积为

$$AB=|A||B|\underline{/\theta_A+\theta_B}$$

A 与 B 的商为

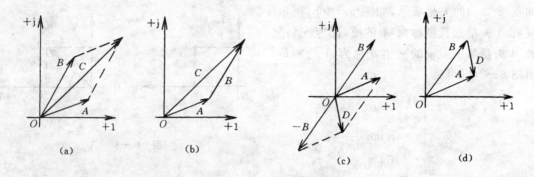

图 6 − 10 复数加、减的矢量图

$$\frac{A}{B}=\frac{|A| \underline{/\theta_A}}{|B| \underline{/\theta_B}}=\frac{|A|}{|B|}\underline{/\theta_A-\theta_B}$$

复数 A 乘以 $e^{j\varphi}$ 与 A 的关系在正弦稳态电路分析中经常遇到。设 $A=ae^{j\theta}$，则

$$Ae^{j\varphi}=|A|e^{j(\theta+\varphi)}$$

A 和 $Ae^{j\varphi}$ 的矢量如图 6−11 所示。由图可见，$Ae^{j\varphi}$ 矢量为 A 矢量逆时针方向旋转 φ 角后所得的矢量。例如 $jA=Ae^{j90°}$ 为 A 逆时针转 90° 后的结果，$-jA=Ae^{-j90°}$ 为 A 顺时针转 90° 的结果，$-A=Ae^{\pm j180°}$ 为 A 逆时针或顺时针转 180° 的结果，它们的矢量如图 6−12 所示。

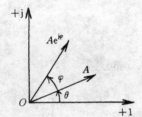

图 6 − 11 $Ae^{j\varphi}$ 与 A 的关系

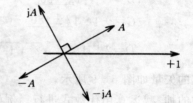

图 6 − 12 A、$-A$、$\pm jA$ 的关系

二、正弦量的相量表示法

以电压为例说明正弦量的相量表示法。设 $u(t)=U_m\cos(\omega t+\psi_u)=\sqrt{2}U\cos(\omega t+\psi_u)$，现对复数 $U_m e^{j(\omega t+\psi_u)}$ 进行分析。

$$U_m e^{j(\omega t+\psi_u)}=U_m\cos(\omega t+\psi_u)+jU_m\sin(\omega t+\psi_u)$$

可见

$$u(t)=U_m\cos(\omega t+\psi_u)=\mathrm{Re}[U_m e^{j(\omega t+\psi_u)}]$$

$$=\mathrm{Re}[U_m e^{j\psi_u}\cdot e^{j\omega t}]=\mathrm{Re}[\dot{U}_m e^{j\omega t}] \tag{6-7}$$

式中

$$\dot{U}_m=U_m e^{j\psi_u}$$

称为电压 u 的最大值相量，ψ_u 称为 $\dot{U}_m$ 的相角。$u(t)$ 亦可写成如下形式：

$$u(t)=\mathrm{Re}[\sqrt{2}U e^{j\psi_u}\cdot e^{j\omega t}]=\mathrm{Re}[\sqrt{2}\dot{U}e^{j\omega t}] \tag{6-8}$$

式中

$$\dot{U}=U e^{j\psi_u}$$

称为电压有效值相量。$\dot{U}_m$ 与 $\dot{U}$ 的关系为

$$\dot{U}_m=\sqrt{2}\dot{U}$$

$\dot{U}$和 $\dot{U}_m$ 都是复数。我们将表示正弦量的复数称为相量，因此 $\dot{U}$和 $\dot{U}_m$ 称为相量。电路中经常使用的是有效值相量。

由上分析可见，有效值相量 $\dot{U}$的大小为 $u(t)$的有效值，相角为 $u(t)$的初相位，因此，若已知正弦量 $u(t)$，则可写出它的相量 $\dot{U}$；反之，若已知 $\dot{U}$和频率，则可写出对应的 $u(t)$。对电流 $i(t)$和 $\dot{I}$也如此。需要指出的是，u 和 $\dot{U}$是一一对应的关系，它们处于完全不同的坐标系中，u 是时(间)域函数，而 $\dot{U}$是复数域函数，它们之间不存在直接关系。式(6－7)和式(6－8)不是运算式，只是说明 u 是复数 $\dot{U}_m e^{j\omega t}$ 或$\sqrt{2}\dot{U}e^{j\omega t}$ 的实部。当 u 用 sin 函数表示时，则 u 是 $\dot{U}_m e^{j\omega t}$ 或 $\sqrt{2}\dot{U}e^{j\omega t}$ 的虚部，即

$$u(t)=\mathrm{Im}[\sqrt{2}\dot{U}e^{j\omega t}]=\sqrt{2}U\sin(\omega t+\psi_u)$$

相量$\dot{U}$、$\dot{I}$用矢量表示的图形称为相量图，利用相量图可直观地比较各正弦量的相位关系。正弦稳态电路中，相量图占有很重要的地位。

例 6－7 已知：$i_1=10\cos(314t+45°)$ A，$i_2=-10\cos(314t+45°)$ A，$i_3=10\sin(314t+45°)$ A。试写出它们对应的有效值相量，并画相量图。

解 将 i_2 和 i_3 改写如下：

$$\begin{aligned} i_2 &=-10\cos(314t+45°)=10\cos(314t+45°-180°) \\ &=10\cos(314t-135°)\ \mathrm{A} \\ i_3 &=10\sin(314t+45°)=10\cos(314t-45°)\ \mathrm{A} \end{aligned}$$

于是

$$\dot{I}_1=\frac{10}{\sqrt{2}}\angle 45°\ \mathrm{A}$$

$$\dot{I}_2=\frac{10}{\sqrt{2}}\angle -135°\ \mathrm{A}$$

亦可根据已知的 i_2 直接写出 $\dot{I}_2$，即

$$\dot{I}_2=-\frac{10}{\sqrt{2}}\angle 45°\ \mathrm{A}=\frac{10}{\sqrt{2}}\angle 45°-180°\ \mathrm{A}=\frac{10}{\sqrt{2}}\angle -135°\ \mathrm{A}$$

由已知的 i_3 得

$$\dot{I}_3=\frac{10}{\sqrt{2}}\angle -45°\ \mathrm{A}$$

$\dot{I}_1$、$\dot{I}_2$、$\dot{I}_3$ 的相量图如图 6－13 所示。

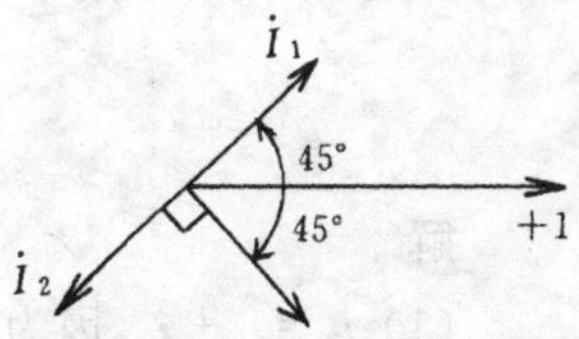

图 6－13 例 6－7图

例 6－8 已知：$\dot{U}_1=100\angle -45°$ V，$\dot{U}_2=220\angle 120°$ V，$\dot{U}_3=(-55-j95.5)$ V，$f=50$ Hz。试写出 $u_1(t)$、$u_2(t)$和 $u_3(t)$的表达式。

解

$$\begin{aligned} u_1(t) &=\mathrm{Re}[\sqrt{2}\dot{U}_1 e^{j\omega t}]=\mathrm{Re}[\sqrt{2}100e^{-j45°}e^{j\omega t}] \\ &=100\sqrt{2}\cos(314t-45°)\ \mathrm{V} \end{aligned}$$

也可根据正弦量的三要素直接写出 $u_1(t)$和 $u_2(t)$，

$$u_1(t)=100\sqrt{2}\cos(314t-45°)\ \mathrm{V}$$

$$u_2(t)=220\sqrt{2}\cos(314t+120°)\ \mathrm{V}$$

因为 $\qquad \dot{U}_3 = (-55 - j95.5)\ \text{V} = 110\underline{/-120^\circ}\ \text{V}$

故 $\qquad u_3(t) = 110\sqrt{2}\cos(314t - 120^\circ)\ \text{V}$

第三节　基尔霍夫定律的相量形式

集中参数电路中,基尔霍夫电流定律和电压定律的普遍形式分别为 $\sum i(t) = 0$ 和 $\sum u(t) = 0$,在线性非时变正弦稳态电路中,各处的电流、电压都是同频率的正弦量,因此 KCL 可写成如下形式:

$$\sum i(t) = \sum \text{Re}[\sqrt{2}\ \dot{I}e^{j\omega t}] = 0$$

复数运算中,取实部与求和的运算顺序可以交换,因此

$$\sum i(t) = \sum \text{Re}[\sqrt{2}\ \dot{I}e^{j\omega t}] = \text{Re}[\sum \sqrt{2}\ \dot{I}e^{j\omega t}] = 0$$

上式中,$e^{j\omega t} \neq 0$,故必有

$$\sum \dot{I} = 0 \quad \text{或} \quad \sum \dot{I}_m = 0 \qquad\qquad (6-9)$$

式(6-9)为 KCL 的相量形式。同理,正弦稳态电路中,KVL 的相量形式为

$$\sum \dot{U} = 0 \quad \text{或} \quad \sum \dot{U}_m = 0$$

例 6-9 图 6-14(a)所示为电路中的一个节点,试求 i_3 和 I_3,并画相量图。(1) $i_1 = 10\sqrt{2}\cos(\omega t + 45^\circ)$ (A),$i_2 = 10\sqrt{2}\sin\omega t$ (A);(2) i_1 同(1),$i_2 = -10\sqrt{2}\sin\omega t$ (A)。

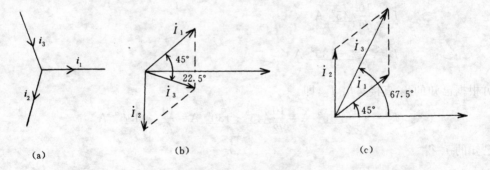

(a) (b) (c)

图 6-14　例 6-9 图

解

(1) $i_3 = i_1 + i_2$,因为 i_1 和 i_2 为同频率正弦量,故可用相量计算。

$$i_2 = 10\sqrt{2}\sin\omega t = 10\sqrt{2}\cos(\omega t - 90^\circ)\ \text{A}$$

$$\dot{I}_1 = 10\underline{/45^\circ}\ \text{A} = (10\cos45^\circ + j10\sin45^\circ)\ \text{A} = (7.07 + j7.07)\ \text{A}$$

$$\dot{I}_2 = 10\underline{/-90^\circ}\ \text{A} = -j10\ \text{A}$$

$$\dot{I}_3 = \dot{I}_1 + \dot{I}_2 = (7.07 + j7.07 - j10)\ \text{A} = (7.07 - j2.93)\ \text{A} = 7.65\underline{/-22.5^\circ}\ \text{A}$$

$$I_3 = 7.65\ \text{A}$$

$$i_3 = 7.65\sqrt{2}\cos(\omega t - 22.5^\circ)\ \text{A}$$

相量图如图 6-14(b)所示。

(2)　　　　　$i_2 = -10\sqrt{2}\sin\omega t = 10\sqrt{2}\cos(\omega t + 90°)$ A

$$\dot{I}_2 = 10\underline{/90°}\ \text{A} = \text{j}10\ \text{A}$$

$$\dot{I}_3 = \dot{I}_1 + \dot{I}_2 = (7.07 + \text{j}7.07 + \text{j}10)\ \text{A} = (7.07 + \text{j}17.07)\ \text{A} = 18.5\underline{/67.5°}\ \text{A}$$

$$I_3 = 18.5\ \text{A}$$

$$i_3 = 18.5\sqrt{2}\cos(\omega t + 67.5°)\ \text{A}$$

相量图如图 6-14(c)所示。

图 6-14(b)相量图反映了 $\dot{I}_3$ 滞后 $\dot{I}_1$ 为 22.5°+45°=67.5°, $\dot{I}_3$ 超前 $\dot{I}_2$ 为 90°-22.5°=67.5°。

图 6-14(c)相量图反映了 $\dot{I}_3$ 超前 $\dot{I}_1$ 为 67.5°-45°=22.5°, $\dot{I}_3$ 滞后 $\dot{I}_2$ 为 90°-67.5°=22.5°。

例 6-10　已知: $u_{ab} = -100\cos(\omega t + 60°)$ V, $u_{bc} = 80\sin(\omega t + 120°)$ V。求 u_{ac}, 并画相量图。

解　　　　　$u_{bc} = 80\sin(\omega t + 120°) = 80\cos(\omega t + 30°)$ V

$$u_{ac} = u_{ab} + u_{bc}$$

为方便起见,用最大值相量进行计算,得

$$\dot{U}_{acm} = \dot{U}_{abm} + \dot{U}_{bcm} = (-100\underline{/60°} + 80\underline{/30°})\ \text{V}$$

$$= [(-50 - \text{j}86.6) + (69.3 + \text{j}40)]\ \text{V} = (19.3 - \text{j}46.6)\ \text{V}$$

$$= 50.4\underline{/-67.5°}\ \text{V}$$

$$u_{ac} = 50.4\cos(\omega t - 67.5°)\ \text{V}$$

相量图如图 6-15 所示。由图可见, u_{ac} 超前 u_{ab} 为 52.5°,滞后 u_{bc} 为 97.5°。

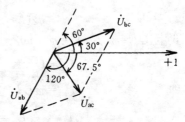

上两例的相量图不仅反映了各相量之间的相位关系,而且也反映了相量形式的 KCL 和 KVL。由相量图和表达式还可看出,两正弦信号之和不一定大于各分量,这是因为相量和(复数和)不同于实数和,这一点务必注意。

图 6-15　例 6-10 图

第四节　电阻、电感、电容元件伏安关系的相量形式

一、电阻元件伏安关系的相量形式

图 6-16(a)所示为电阻元件的时域模型。时域模型是指元件用参数表示,电压、电流用瞬时值表示的电路图。设电流瞬时值为

$$i_R = \sqrt{2}I_R\cos(\omega t + \psi_i)$$

对应的相量为 $\dot{I}_R = I_R\underline{/\psi_i}$。由欧姆定律有

$$u_R = Ri_R = \sqrt{2}RI_R\cos(\omega t + \psi_i) = \sqrt{2}U_R\cos(\omega t + \psi_u)$$

式中, $U_R = RI_R$, $\psi_u = \psi_i$。 u_R 对应的相量为

$$\dot{U}_R = U_R\underline{/\psi_u} = RI_R\underline{/\psi_i} = R\dot{I}_R \quad \text{或} \quad \dot{I}_R = \frac{1}{R}\dot{U}_R = G\dot{U}_R \tag{6-10}$$

式(6-10)是电阻元件 VAR 的相量形式,它表明了电阻电压与电流有效值的关系为

$$U_R = RI_R \quad \text{或} \quad I_R = GU_R$$

141

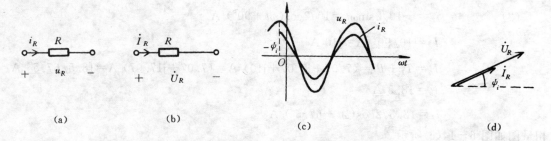

$$(a) \qquad (b) \qquad (c) \qquad (d)$$

图 6 — 16 电阻元件模型、波形图和相量图

相位关系是：u_R（或 $\dot{U}_R$）与 i_R（或 $\dot{I}_R$）同相。

图 6—16(b)为电阻元件的相量模型，图(c)和(d)分别为电阻电压和电流的波形图和相量图。

二、电感元件伏安关系的相量形式

图 6—17(a)为电感元件的时域模型，设

$$i_L = \sqrt{2} I_L \cos(\omega t + \psi_i)$$

对应的相量为 $\dot{I}_L = I_L e^{j\psi_i}$。由电感的 VAR 有

$$u_L = L \frac{di_L}{dt} = -\sqrt{2} \omega L I_L \sin(\omega t + \psi_i) = \sqrt{2} \omega L I_L \cos(\omega t + \psi_i + 90°)$$

$$= \sqrt{2} U_L \cos(\omega t + \psi_u)$$

式中，$U_L = \omega L I_L$，$\psi_u = \psi_i + 90°$。由上式可见，u_L 对应的相量为

$$\dot{U}_L = U_L e^{j\psi_u} = \omega L I_L e^{j(\psi_i + 90°)} = \omega L I_L e^{j\psi_i} e^{j90°} = \omega L \dot{I}_L e^{j90°}$$

即 $\qquad\qquad \dot{U}_L = j\omega L \dot{I}_L$

或 $\qquad\qquad \dot{I}_L = \dfrac{1}{j\omega L} \dot{U}_L = -j \dfrac{1}{\omega L}$ $\qquad\qquad$ (6—11)

式(6—11)为电感元件 VAR 的相量形式，它表明电感电压与电感电流有效值的关系为

$$U_L = \omega L I_L \quad 或 \quad I_L = \frac{1}{\omega L} U_L$$

相位关系是：$u_L(\dot{U}_L)$ 超前 $i_L(\dot{I}_L)$ 为 90° 或 $i_L(\dot{I}_L)$ 滞后 $u_L(\dot{U}_L)$ 为 90°。

图 6—17(b)所示为电感元件的相量模型，图(c)和(d)分别为电感电压与电感电流的波形图和相量图。

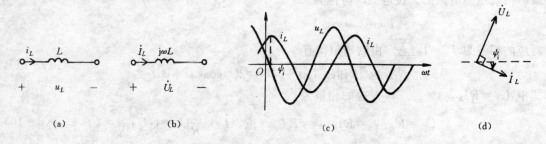

$$(a) \qquad (b) \qquad (c) \qquad (d)$$

图 6 — 17 电感元件模型、波形图和相量图

例 6-11 图 6-17(a),设 $u_L = 220\sqrt{2}(314t+30°)$ V，$L=0.2$ H。试求 i_L，并画相量图。

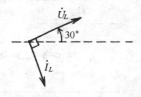

解
$$\dot{I}_L = \frac{\dot{U}_L}{j\omega L} = \frac{220\underline{/30°}}{j314\times0.2} \text{ A} = 3.503\underline{/-60°} \text{ A}$$

$$i_L = 3.503\sqrt{2}\cos(314t-60°) \text{ A}$$

相量图如图 6-18 所示。

图 6 - 18   例 6-11 图

三、电容元件伏安关系的相量形式

图 6-19(a)为电容元件的时域模型,设

$$u_C = \sqrt{2}U_C \cos(\omega t + \psi_u)$$

对应的相量为 $\dot{U}_C = U_C e^{j\psi_u}$。由电容的 VAR 有

$$i_C = C\frac{\mathrm{d}u_C}{\mathrm{d}t} = -\sqrt{2}\omega C U_C \sin(\omega t + \psi_u) = \sqrt{2}\omega C U_C \cos(\omega t + \psi_u + 90°)$$

$$= \sqrt{2}I_C \cos(\omega t + \psi_i)$$

式中,$I_C = \omega C U_C$,$\psi_i = \psi_u + 90°$。i_C 对应的相量

$$\dot{I}_C = I_C e^{j\psi_i} = \omega C U_C e^{j\psi_u} \cdot e^{j90°} = \omega C \dot{U}_C e^{j90°}$$

即
$$\left.\begin{aligned}\dot{I}_C &= j\omega C \dot{U}_C \\ \dot{U}_C &= \frac{1}{j\omega C}\dot{I}_C = -j\frac{1}{\omega C}\dot{I}_C\end{aligned}\right\} \tag{6-12}$$

式(6-12)为电容元件 VAR 的相量形式,它表明了电容电压与电流有效值的关系为

$$U_C = \frac{1}{\omega C}I_C \quad \text{或} \quad I_C = \omega C U_C$$

相位关系是:$i_C(\dot{I}_C)$ 超前 $u_C(\dot{U}_C)$ 为 90° 或 $u_C(\dot{U}_C)$ 滞后 $i_C(\dot{I}_C)$ 为 90°。

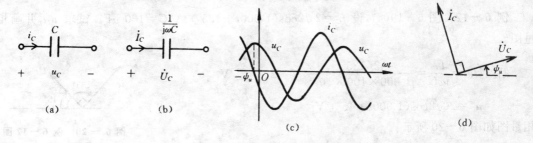

(a)   (b)   (c)   (d)

图 6 - 19   电容元件模型、波形图和相量图

图 6-19(b)所示为电容元件的相量模型,图(c)和(d)分别为电容电压与电容电流的波形图和相量图。

由上面的分析可见,电阻、电感、电容伏安关系(VAR)的时域形式与相量形式一一对应,现将它们列于表 6-1 中。

電阻、電感、電容 VAR 的時域形式與相量形式 　　　　　　　表 6－1

元　件	時域形式 VAR		相量形式 VAR		電流、電壓相位關係
R	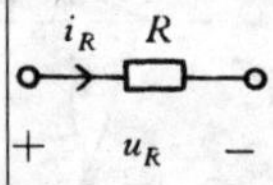	$u_R = Ri_R$ $i_R = u_R/R$	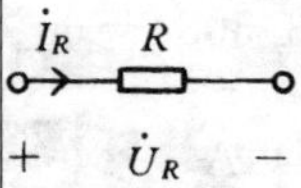	$\dot{U}_R = R\dot{I}_R$ $\dot{I}_R = \dot{U}_R/R$	i_R 與 u_R 同相 ($\dot{I}_R$ 與 $\dot{U}_R$ 同相)
L	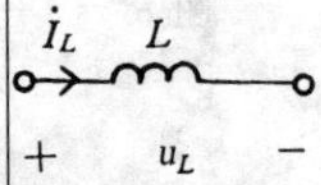	$u_L = L\dfrac{di_L}{dt}$ $i_L = \dfrac{1}{L}\int u_L\,dt$	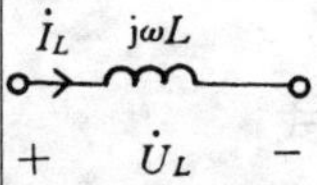	$\dot{U}_L = j\omega L\,\dot{I}_L$ $\dot{I}_L = \dfrac{1}{j\omega L}\dot{U}_L$	i_L 滯後 u_L 為 90° ($\dot{I}_L$ 滯後 $\dot{U}_L$ 為 90°)
C	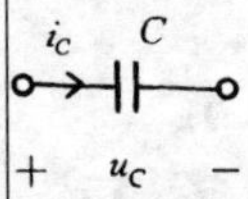	$i_C = C\dfrac{du_C}{dt}$ $u_C = \dfrac{1}{C}\int i_C\,dt$	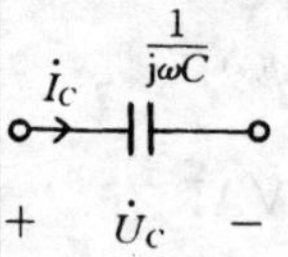	$\dot{I}_C = j\omega C\,\dot{U}_C$ $\dot{U}_C = \dfrac{1}{j\omega C}\dot{I}_C$	i_C 超前 u_C 為 90° ($\dot{I}_C$ 超前 $\dot{U}_C$ 為 90°)

由表 6－1 可見,元件時域 VAR 有的是代數式,有的是微分式或積分式,而它們的相量 VAR 卻都是代數式。時域中的微分符號 $\dfrac{d}{dt}$ 在相量式中變成了 $j\omega$,積分符號 $\int dt$ 在相量式中變成了 $\dfrac{1}{j\omega}$。這一規律對任何物理量均適用,但只有在正弦穩態電路中才成立。例如鐵芯變壓器電感線圈的感應電壓為 $u(t) = N\dfrac{d\varphi(t)}{dt}$,其在正弦穩態電路中對應的相量形式為 $\dot{U} = j\omega N\dot{\Phi}$。

表 6－1 中的 VAR 是在電壓、電流方向關聯的前提下得到的。在此前提下,電阻的電流與電壓同相,電感的電流滯後電壓 90°,電容的電流超前電壓 90°。若元件的電壓與電流方向非關聯,則 VAR 的等號右邊要加一負號,這時各元件電流與電壓的相位關係與上述相反,但有效值的關係並不改變,仍為 $U_R = RI_R$,$U_L = \omega L I_L$,$I_C = \omega C U_C$。由有效值關係可見,當 $\omega = 0$ 即直流情況下,$U_L = 0$、$I_C = 0$,這說明在直流穩態情況下,電感 L 相當於短路,電容 C 相當於開路。

例 6－12　圖 6－19(a),設 $i_C = 2\sqrt{2}\cos(1\,000t + 135°)$ A,$C = 100\ \mu F$。試求 u_C,並畫相量圖。

解　$\dot{U}_C = \dfrac{\dot{I}_C}{j\omega C} = \dfrac{2\underline{/135°}}{j1\,000 \times 100 \times 10^{-6}}$ V $= 20\underline{/45°}$ V

$u_C = 20\sqrt{2}\cos(1\,000t + 45°)$ V

相量圖如圖 6－20 所示。

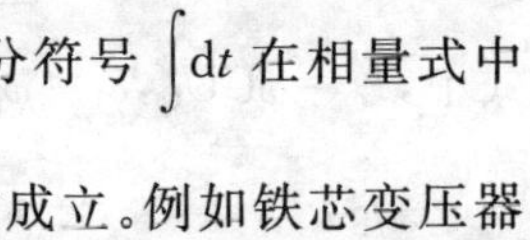

圖 6－20　例 6－12 圖

例 6－13　圖 6－21(a)所示電路中已知:$R = 5\ \Omega$,$L - 1$ H,$C = 0.1$ F,$i_S(t) = 10\sqrt{2}\cos 5t$ (A)。試求 u_R、u_L、u_C 和 u,並畫相量圖。

解　將圖 6－21(a)中各元件用其相量模型表示,如圖(b)所示。圖(b)稱為圖(a)的相量模型,圖(b)中

$$\dot{I}_S = 10\underline{/0°}\text{ A},\quad j\omega L = (j5 \times 1)\ \Omega = j5\ \Omega,\quad -j\dfrac{1}{\omega C} = -j\dfrac{1}{5 \times 0.1}\ \Omega = -j2\ \Omega$$

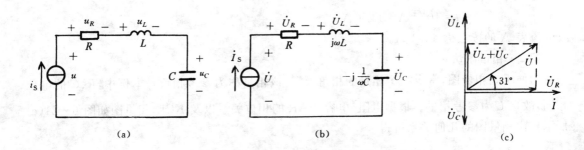

图 6－21　例 6－13 图

$$\dot{U}_R = R\dot{I}_s = (5 \times 10\underline{/0^\circ})\ \text{V} = 50\underline{/0^\circ}\ \text{V}$$

$$\dot{U}_L = j\omega L\dot{I}_s = (j5 \times 10\underline{/0^\circ})\ \text{V} = j50\ \text{V} = 50\underline{/90^\circ}\ \text{V}$$

$$\dot{U}_C = -j\frac{1}{\omega C}\dot{I}_s = (-j2 \times 10\underline{/0^\circ})\ \text{V} = -j20\ \text{V} = 20\underline{/-90^\circ}\ \text{V}$$

由 KVL　　　$\dot{U} = \dot{U}_R + \dot{U}_L + \dot{U}_C = (50 + j50 - j20)\ \text{V} = (50 + j30)\ \text{V} = 58.3\underline{/31^\circ}\ \text{V}$

所以　　　　$u_R = 50\sqrt{2}\cos 5t\ \text{V}$

$$u_L = 50\sqrt{2}\cos(5t + 90^\circ)\ \text{V}$$

$$u_C = 20\sqrt{2}\cos(5t - 90^\circ)\ \text{V}$$

$$u = 58.3\sqrt{2}\cos(5t + 31^\circ)\ \text{V}$$

相量图如图 6－21(c)所示。

例 6－14　图 6－22(a)所示正弦稳态电路中,电流表 A_1、A_2 的读数均为有效值。试求电流表 A 的读数。

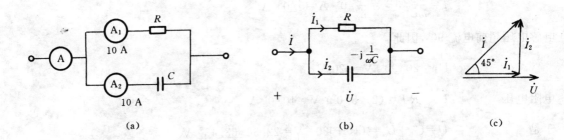

图 6－22　例 6－14 图

解 1　解析法

作图 6－22(a)的相量模型,如图(b)所示。设

$$\dot{U} = U\underline{/0^\circ}$$

根据 R、C 元件 VAR 的相量形式,$\dot{I}_1$ 与 $\dot{U}$ 同相,$\dot{I}_2$ 超前 $\dot{U}$ 为 90°,故有

$$\dot{I}_1 = 10\underline{/0^\circ}\ \text{A} = 10\ \text{A}$$

$$\dot{I}_2 = 10\underline{/90^\circ}\ \text{A} = j10\ \text{A}$$

由 KCL　　　$\dot{I} = \dot{I}_1 + \dot{I}_2 = (10 + j10)\ \text{A} = 10\sqrt{2}\underline{/45^\circ}\ \text{A}$

145

$$I = 10\sqrt{2} \text{ A} = 14.1 \text{ A}$$

故电流表 A 的读数为 14.1 A。

解2 相量图法

为便于画相量图,常令一个相量的相角为零,该相量称为参考相量。本例中,R、C 的电压相同,故选 $\dot{U}$ 为参考相量。根据电阻、电容 VAR 的相位关系以及 KCL,相量图如图 6—21(c) 所示。由相量图的几何关系可得

$$I = \sqrt{I_1^2 + I_2^2} = \sqrt{10^2 + 10^2} \text{ A} = 10\sqrt{2} \text{ A} = 14.1 \text{ A}$$

例 6—15 图 6—23(a)所示电路,已知 $\omega L = 4 \text{ }\Omega$,电压表 V_2 读数为 20 V。试求电压表 V 的读数。

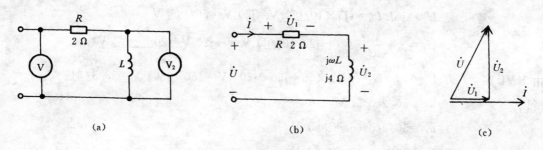

(a)   (b)   (c)

图 6—23   例 6—15 图

解1 解析法

画图(a)的相量模型,如图(b)所示。R 与 L 串联,它们的电流相同,故以 $\dot{I}$ 为参考相量进行分析。

$$\dot{I} = \frac{U_2}{\omega L} \underline{/0^\circ} = \frac{20}{4} \underline{/0^\circ} \text{ A} = 5\underline{/0^\circ} \text{ A}$$

电感电压超前电流 90°,因此

$$\dot{U}_2 = 20\underline{/90^\circ} \text{ V} = j20 \text{ V}$$

电阻电压 $$\dot{U}_1 = R\dot{I} = (2 \times 5\underline{/0^\circ}) \text{ V} = 10\underline{/0^\circ} \text{ V}$$

于是 $$\dot{U} = \dot{U}_1 + \dot{U}_2 = (10 + j20) \text{ V} = 22.36\underline{/63.43^\circ} \text{ V}$$

$$U = 22.36 \text{ V}$$

解2 相量图法

计算有效值:

$$I = \frac{U_2}{\omega L} = \frac{20}{4} \text{ A} = 5 \text{ A}$$

$$U_1 = RI = (2 \times 5) \text{ V} = 10 \text{ V}$$

以 $\dot{I}$ 为参考相量画相量图,如图(c)所示。由相量图的几何关系有

$$U = \sqrt{U_1^2 + U_2^2} = \sqrt{10^2 + 20^2} \text{ V} = 22.36 \text{ V}$$

146

习　　题

6 —1　已知 $u_{ab} = 100\cos(1\,000t + 60°)$ V。

(1) 求 u_{ab} 的振幅、频率、周期和初相位,并画 u_{ab} 波形图;

(2) 求 $t = 0$ 和 $t = 1$ s 时的 u_{ab} 值,说明这两瞬时实际上是哪点电位高;

(3) 写出 u_{ba} 表达式。

6 —2　图示电流波形,最大值为 10 A,时间起点分别设在 a、b、c 和 d 点,试用 cos 函数写出对应的电流 $i(t)$。

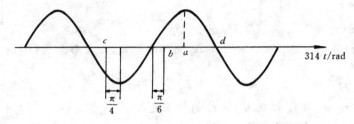

题 6 — 2 图

6 —3　已知 $u_1 = 100\cos(\omega t + 30°)$ V,$u_2 = 100\sin(\omega t - 90°)$ V,$u_3 = -100\cos(\omega t + 60°)$ V。

(1) 试求 u_1 与 u_2、u_3 的相位差,说明超前、滞后关系;

(2) 试在同一坐标下画 $u_1(t)$、$u_2(t)$ 和 $u_3(t)$ 的波形。

6 —4　图示波形,试说明 u_1 与 u_2、u_3 的相位关系(超前或滞后多少度)。

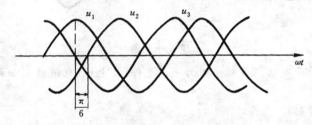

题 6 — 4 图

6 —5

(1) 将下列复数表示为代数式:

(a) $18\underline{/26.6°}$;　(b) $40\underline{/120°}$;　(c) $80\underline{/-150°}$;　(d) $10\underline{/53.13°} + 4 + j2$

(2) 将下列复数表示为极坐标式:

(a) $3 + j4$;　(b) $15 - j12$;　(c) $-6 + j8$;　(d) $8 + j2 + 10\underline{/-90°}$。

6 —6

(1) 求下列正弦信号有效值相量 $\dot{U}$ 或 $\dot{I}$ 的极坐标式(正弦信号以 cos 计):

(a) $5\sqrt{2}\cos(314t - 100°)$ V;　(b) $-100\cos(\omega t + 20°)$ V;

(c) $-40\sin(100t + 70°)$ mA;　(d) $-20\cos 2t + 30\sin 2t$ A。

(2) 求下列有效值相量对应的正弦信号(用 cos 表示),设 $f = 100$ Hz:

(a) $(-8 + j16)$ V;　(b) $-j10$ V;　(c) $\dfrac{16 - j8}{j2}$ A;　(d) $(5\underline{/-30°} + 8\underline{/60°})$ A。

6 —7　利用相量求解下列各组正弦信号的和或差,并画相量图。

147

(1) $i_1 = 20\cos(500\pi t + 25°)$ A, $i_2 = 20\sin(500\pi t - 25°)$ A, 求: $i = i_1 + i_2$;

(2) $i_1 = 10\cos 314t$ A, $i_2 = 10\cos(314t - 120°)$ A, 求: $i = i_1 + i_2$ 和 $i = i_1 - i_2$;

(3) $u_1 = 4\cos 1\,000t$ V, $u_2 = 3\cos(1\,000t + 90°)$ V, $u_3 = 3\cos(1000t - 90°)$ V, 求: $u = u_1 + u_2 + u_3$。

6—8 图示三个电压源的电压分别为 $u_A = 220\sqrt{2}\cos 314t$ V, $u_B = 220\sqrt{2}\cos(314t - 120°)$ V, $u_C = 220\sqrt{2}\cos(314t + 120°)$ V, 求:

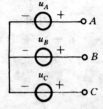

(1) $u_A + u_B + u_C$;

(2) u_{ab}、u_{bc} 和 u_{CA};

(3) 画相量图(包括 $\dot{U}_A$、$\dot{U}_B$、$\dot{U}_C$、$\dot{U}_{ab}$、$\dot{U}_{bc}$、$\dot{U}_{CA}$)。

题 6—8 图

6—9 图(a)所示电路, $i_S = 10\cos\omega t$ A, 测得 u_{ab}、u_{bc} 的波形如图(b)所示。

(1) 求 u_{ac} 及 U_{ac};

(2) 求 u_{ac} 与 i_S, u_{ab} 与 i_S 以及 u_{bc} 与 i_S 的相位关系;

(3) 画相量图(包括上述各电压及电流相量)。

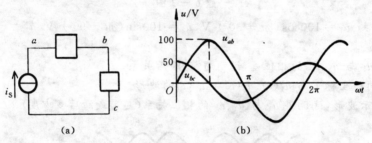

题 6—9 图

6—10 图(a)所示电路, ab 端子间为一单元件, 其电压、电流波形如图(b)所示。求下列情况下该元件的值:

(1) u 为 u_{ab} 的波形;

(2) u 为 u_{ba} 的波形。

6—11 图示电路, 已知: $R = 8\ \Omega$, $L = 40$ mH, $C = 500\ \mu$F, $u = 80\sqrt{2}\cos 100t$ V,

(1) 画电路的相量模型, 求 i_R、i_L、i_C 和 i;

(2) 画相量图(包括各电压、电流)。

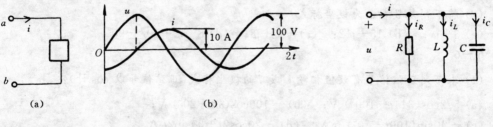

题 6—10 图　　　　　　　　　　　　　题 6—11 图

6—12 图示电路, 已知 $u = 10\cos 2t$ V。试画电路的相量模型, 求 $\dot{I}$ 和 i。

6—13 图示电路, $i_S = 2\cos(\omega t + 30°)$ A, 频率 $f = 200$ Hz。试画电路的相量模型并求图示各电压有效值相量及瞬时量。

148

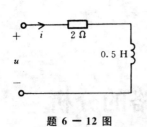

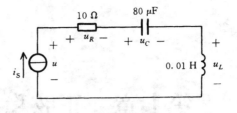

题 6 — 12 图   题 6 — 13 图

6 —14 图示为正弦电流电路,电压表读数为有效值。

(1) 分别用解析法和相量图法求图(a)中电压表 V_1 的读数;

(2) 分别用解析法和相量图法求图(b)中电压源 u_S 的有效值 U_S。

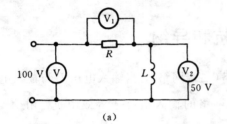

(a)

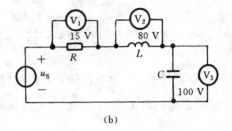

(b)

题 6 — 14 图

6 —15 图示电路,已知各电流表读数为 A_1:5 A;A_2:20 A;A_3:25 A。求:

(1) 电流表 A 的读数;

(2) 若电路的频率增加 1 倍,而 A_1 读数不变,试求 A_2、A_3 和 A 的读数。

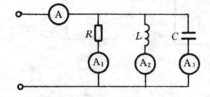

题 6 — 15 图

6 —16 RL 串联电路,当输入直流电压 90 V 时,输入电流为 3 A;当输入 $f=50$ Hz、有效值为 90 V 的正弦电压时,输入电流为 1.8 A。求 R 和 L。

第七章　正弦稳态电路的分析

本章主要内容:正弦稳态电路阻抗、导纳的基本概念、性质和等效转换;正弦稳态电路分析的解析法(相量法);正弦稳态电路的相量图及相量图分析法;正弦稳态电路的功率、功率因数和最大功率传输定理等。

第一节　阻抗和导纳

图 7-1(a)所示 N_0 为不含独立源的单口网络(二端网络),当输入电压 $\dot{U}$ 与输入电流 $\dot{I}$ 方向关联时,我们将 $\dot{U}$ 与 $\dot{I}$ 之比定义为该单口网络的输入阻抗或等效阻抗,用 Z 表示,即

$$Z=\frac{\dot{U}}{\dot{I}} \qquad (7-1)$$

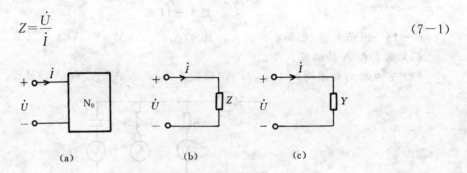

图 7-1　无独立源单口网络的阻抗和导纳

将 $\dot{I}$ 与 $\dot{U}$ 之比定义为该单口网络的输入导纳或等效导纳,用 Y 表示,即

$$Y=\frac{\dot{I}}{\dot{U}}=\frac{1}{Z} \qquad (7-2)$$

阻抗的单位为欧姆(Ω),导纳的单位为西门子(S)。无独立源单口网络既可用阻抗描绘,也可用导纳描绘,因此图 7-1(a)可用图(b)或图(c)表示。阻抗 Z 和导纳 Y 都是复数,故也称为复阻抗和复导纳。

一、基本元件(R、L、C)的阻抗和导纳

第六章已说明,当 R、L、C 元件上的电压与电流方向关联时,它们的 VAR 相量形式为

$$\dot{U}_R=R\dot{I}_R, \quad \dot{U}_L=j\omega L\dot{I}_L, \quad \dot{U}_C=\frac{1}{j\omega C}\dot{I}_C$$

根据阻抗定义式(7-1),于是得到 R、L、C 元件的阻抗分别为

$$Z_R = \frac{\dot{U}_R}{\dot{I}_R} = R$$

$$Z_L = \frac{\dot{U}_L}{\dot{I}_L} = \mathrm{j}\omega L = \mathrm{j}X_L \qquad\qquad (7-3)$$

$$Z_C = \frac{\dot{U}_C}{\dot{I}_C} = \frac{1}{\mathrm{j}\omega C} = -\mathrm{j}\frac{1}{\omega C} = \mathrm{j}X_C$$

式中, $X_L = \omega L$ 称为电感的电抗, 简称感抗; $X_C = -\dfrac{1}{\omega C}$ 称为电容的电抗, 简称容抗[①], 它们的单位均为欧姆(Ω)。感抗与频率成正比, 容抗与频率成反比, 它们随频率变化的特性曲线如图 7－2 所示。人们正是利用了电感、电容的这一频率特性而制成了许多实用电路, 例如谐振电路、整流滤波电路、阻容耦合电路, 等等。

根据导纳的定义式(7－2), 电阻、电感和电容的导纳分别为

$$Y_R = \frac{1}{Z_R} = \frac{1}{R} = G$$

$$Y_L = \frac{1}{Z_L} = \frac{1}{\mathrm{j}\omega L} = -\mathrm{j}\frac{1}{\omega L} = \mathrm{j}B_L \qquad (7-4)$$

$$Y_C = \frac{1}{Z_C} = \mathrm{j}\omega C = \mathrm{j}B_C$$

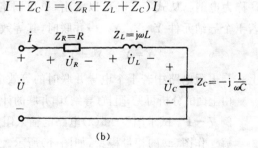

图 7 － 2 感抗、容抗的频率特性曲线

式中, $G = 1/R$ 称为电导; $B_L = -1/\omega C$ 称为电感的电纳, 简称感纳; $B_C = \omega C$ 称为电容的电纳, 简称容纳, 它们的单位均为西门子(S)。

二、R、L、C 构成的无源单口网络的阻抗和导纳

图 7－3(a)所示为 RLC 串联电路的时域模型, 其相量模型如图 7－3(b)所示。上一章已介绍过相量模型, 这里对相量模型作一明确说明。正弦稳态电路中, 将元件用阻抗或导纳表示, 电压、电流用相量表示, 这样所得的电路称为相量模型或相量电路。图 7－3(b)电路, 根据 KVL 及元件 VAR 的相量形式, 于是有

$$\dot{U} = \dot{U}_R + \dot{U}_L + \dot{U}_C = Z_R \dot{I} + Z_L \dot{I} + Z_C \dot{I} = (Z_R + Z_L + Z_C)\dot{I}$$

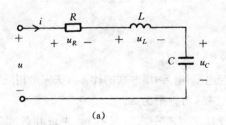

(a)　　　　　　　　　　　　　　　(b)

图 7 － 3 RLC 串联电路

根据阻抗的定义, 该单口网络的阻抗为

---

① 有些资料定义 $X_C = 1/\omega C$, 这时 $Z_C = -\mathrm{j}/\omega C = -\mathrm{j}X_C$。

$$Z = \frac{\dot{U}}{\dot{I}} = Z_R + Z_L + Z_C = R + j\left(\omega L - \frac{1}{\omega C}\right) = R + jX \qquad (7-5)$$

式中
$$X = \omega L - \frac{1}{\omega C} = X_L + X_C$$

X 称为电抗。由式(7-5)可见,单口网络的阻抗 Z 等于各串联元件阻抗之和,因此,当若干个阻抗元件 Z_1、Z_2、Z_3、…串联时,其等效阻抗为

$$Z = Z_1 + Z_2 + Z_3 + \cdots$$

上式与电阻电路中若干个电阻串联的等效电阻的表达式类似,仅将电阻换成了阻抗。

图 7-4(a)、(b)分别为 RLC 并联电路的时域模型和相量模型。根据 $\sum \dot{I} = 0$ 及元件 VAR 的相量形式,于是有

$$\dot{I} = \dot{I}_R + \dot{I}_L + \dot{I}_C = Y_R \dot{U} + Y_L \dot{U} + Y_C \dot{U} = (Y_R + Y_L + Y_C)\dot{U}$$

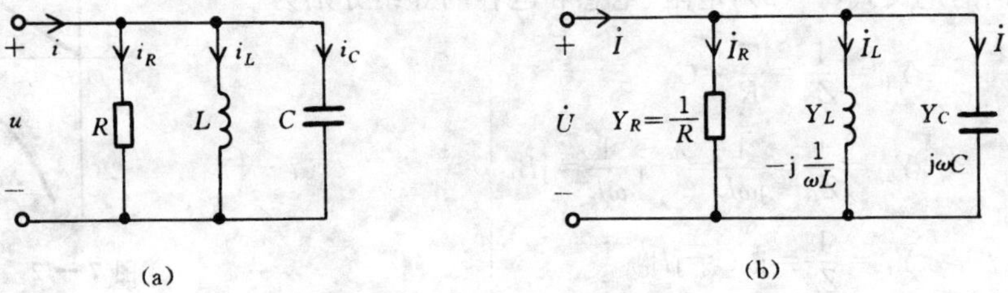

图 7-4 RLC 并联电路

根据导纳的定义,该单口网络的导纳为

$$Y = \frac{\dot{I}}{\dot{U}} = Y_R + Y_L + Y_C = \frac{1}{R} + j\left(\omega C - \frac{1}{\omega L}\right) = G + jB \qquad (7-6)$$

式中
$$G = \frac{1}{R}$$

$$B = \omega C - \frac{1}{\omega L} = B_C + B_L$$

B 称为电纳。从式(7-6)可以看出,单口网络的导纳 Y 等于各并联元件导纳之和。因此,当若干个导纳元件 Y_1、Y_2、Y_3、…并联时,其等效导纳为

$$Y = Y_1 + Y_2 + Y_3 + \cdots$$

上式与电阻电路中若干个电导并联时的等效电导的表达式类似。

由上面的分析可见,阻抗(导纳)串并联的计算方法与电阻(电导)串并联的计算方法完全相同。

例 7-1 试求图 7-5(a)电路的输入阻抗,设电路的角频率为 ω。

解 作图(a)的相量模型,如图(b)所示。由图(b)有 $Z = Z_C + (Z_{R1} /\!/ Z_L)$。先求并联部分的阻抗

$$Z_{R1} /\!/ Z_L = \frac{Z_{R1}Z_L}{Z_{R1} + Z_L} = \frac{jR_1\omega L}{R_1 + j\omega L} = \frac{jR_1\omega L(R_1 - j\omega L)}{R_1^2 + (\omega L)^2}$$

$$= \frac{R_1(\omega L)^2}{R_1^2 + (\omega L)^2} + j\frac{R_1^2\omega L}{R_1^2 + (\omega L)^2}$$

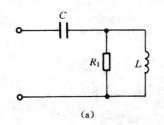 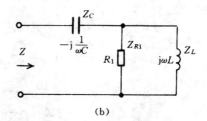

图 7-5 例 7-1电路

于是输入阻抗

$$Z = -j\frac{1}{\omega C} + \frac{R_1(\omega L)^2}{R_1^2 + (\omega L)^2} + j\frac{R_1^2 \omega L}{R_1^2 + (\omega L)^2}$$

即

$$Z = \frac{R_1(\omega L)^2}{R_1^2 + (\omega L)^2} + j\left(\frac{R_1^2 \omega L}{R_1^2 + \omega^2 L^2} - \frac{1}{\omega C}\right) \qquad (7-7)$$

三、广义欧姆定律

设阻抗 Z 的电压为 $\dot{U}_Z$，电流为 $\dot{I}_Z$，当它们方向关联时，根据阻抗的定义有

$$\left.\begin{array}{l} \dot{U}_Z = Z\dot{I}_Z \\[4pt] \dot{I}_Y = Y\dot{U}_Y \end{array}\right\} \qquad (7-8)$$

对于导纳有

式(7-8)称为广义欧姆定律,其形式与电阻电路中的欧姆定律 $U_R = RI_R$ 和 $I_G = GU_G$ 相似。

式(7-8)中电压、电流有效值的关系为

$$U_Z = |Z|I_Z \quad 和 \quad I_Y = |Y|U_Y$$

式中,$|Z|$ 和 $|Y|$ 分别为 Z 和 Y 的模,在不致混淆的情况下也常简称为阻抗和导纳。

例 7-2 图 7-6(a)电路,已知 $u_S = 100\sqrt{2}\cos 5t$ V,求该电路的阻抗 Z,电流有效值 I,电压有效值 U_R、U_L、U_C 及各电压、电流瞬时值表达式。

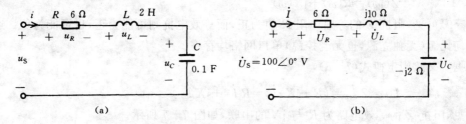

图 7-6 例 7-2电路

解 各元件阻抗

$$Z_R = R = 6 \ \Omega$$

$$Z_L = j\omega L = (j5 \times 2) \ \Omega = j10 \ \Omega$$

$$Z_C = -j\frac{1}{\omega C} = -j\frac{1}{5 \times 0.1} \ \Omega = -j2 \ \Omega$$

作图(a)电路的相量模型,如图(b)所示,于是

$$Z = Z_R + Z_L + Z_C = (6 + j10 - j2) \ \Omega = (6 + j8) \ \Omega = 10\underline{/53.13°} \ \Omega$$

$$\dot{I}=\frac{\dot{U}_S}{Z}=\frac{100\underline{/0°}}{10\underline{/53.13°}}\,\text{A}=10\underline{/-53.13°}\,\text{A}$$

$$\dot{U}_R=Z_R\dot{I}=(6\times10\underline{/-53.13°})\,\text{V}=60\underline{/-53.13°}\,\text{V}$$

$$\dot{U}_L=Z_L\dot{I}=(\text{j}10\times10\underline{/-53.13°})\,\text{V}=100\underline{/36.87°}\,\text{V}$$

$$\dot{U}_C=Z_C\dot{I}=(-\text{j}2\times10\underline{/-53.13°})\,\text{V}=20\underline{/-143.1°}\,\text{V}$$

所以 $\qquad I=10\ \text{A},\quad U_R=60\ \text{V},\quad U_L=100\ \text{V},\quad U_C=20\ \text{V}$

$$i=10\sqrt{2}\cos(5t-53.13°)\ \text{A}$$

$$u_R=60\sqrt{2}\cos(5t-53.13°)\ \text{V}$$

$$u_L=100\sqrt{2}\cos(5t+36.87°)\ \text{V}$$

$$u_C=20\sqrt{2}\cos(5t-143.13°)\ \text{V}$$

四、阻抗、导纳三角形,阻抗、导纳的物理概念

阻抗 Z 是一个复数,其代数式为

$$Z=R+\text{j}X$$

式中,R 为 Z 的实部,即 $R=\text{Re}[Z]$,称为 Z 的电阻分量,简称电阻;X 为 Z 的虚部,即 $X=\text{Im}[Z]$,称为 Z 的电抗分量,简称电抗,它们的单位均为欧姆。对单口网络而言,R 和 X 分别为其等效电阻和等效电抗。式(7-7)所示的阻抗 Z 中,等效电阻和等效电抗分别为

$$\left.\begin{aligned}R&=\frac{R_1(\omega L)^2}{R_1^2+(\omega L)^2}\\[2mm]X&=\frac{R_1^2\omega L}{R_1^2+(\omega L)^2}-\frac{1}{\omega C}\end{aligned}\right\} \tag{7-9}$$

和

可见,阻抗 Z 及其电阻、电抗分量均是频率 ω(或 f)的函数,故也常将 Z 的代数式表示为

$$Z(\text{j}\omega)=R(\omega)+\text{j}X(\omega)$$

由式(7-9)可见,阻抗 Z 的等效电阻 R 恒为正,而等效电抗则可能为正,也可能为负。这一特点对任何无源(无独立源,也无受控源)单口网络均存在。

根据广义欧姆定律式(7-8),

$$\dot{U}_Z=Z\dot{I}_Z=(R+\text{j}X)\dot{I}_Z=R\dot{I}_Z+\text{j}X\dot{I}_Z$$

由此可见,阻抗 Z 的等效电路为 R 与 $\text{j}X$ 的串联,如图 7-7 所示。

导纳 Y 的代数式为

$$Y=G+\text{j}B$$

或

$$Y(\text{j}\omega)=G(\omega)+\text{j}B(\omega)$$

式中,G 为 Y 的实部,$G=\text{Re}[Y]$ 称为导纳 Y 的电导;B 为 Y 的虚部,$B=\text{Im}[Y]$ 称为 Y 的电纳。由式(7-8)有

$$\dot{I}_Y=Y\dot{U}_Y=G\dot{U}_Y+\text{j}BY$$

可见,导纳 Y 的等效电路为 G 与 $\text{j}B$ 的并联,如图 7-8 所示。

阻抗 Z 的极坐标式为

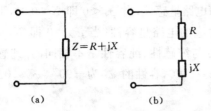

图 7－7 阻抗及其等效串联电路

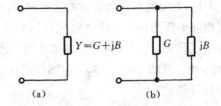

图 7－8 导纳及其等效并联电路

$$Z = |Z| \underline{/\varphi_Z} \tag{7-10}$$

式中，$|Z|$ 称为阻抗模；φ_Z 称为阻抗角。$|Z|$、φ_Z 与代数式中 R、X 的关系如下：

$$|Z| = \sqrt{R^2 + X^2}, \quad \varphi_Z = \arctan \frac{X}{R}$$

和

$$R = |Z| \cos\varphi_Z, \quad X = |Z| \sin\varphi_Z$$

它们可用图 7－9 所示的直角三角形表示，该三角形称为阻抗三角形。图 7－9(a) 为 $X > 0$ 即 $\varphi_Z > 0$ 的情况，图(b)为 $X < 0$ 即 $\varphi_Z < 0$ 的情况。

导纳 Y 的极坐标式为

$$Y = |Y| \underline{/\varphi_Y} \tag{7-11}$$

式中，$|Y|$ 称为导纳模；φ_Y 称为导纳角。$|Y|$、φ_Y 与 G、B 的关系如下：

$$|Y| = \sqrt{G^2 + B^2}, \quad \varphi_Y = \arctan \frac{B}{G}$$

和

$$G = |Y| \cos\varphi_Y, \quad B = |Y| \sin\varphi_Y$$

它们可用图 7－10 所示的导纳三角形表示。图 7－10(a) 为 $B > 0$ 即 $\varphi_Y > 0$ 的情况，图(b)为 $B < 0$ 即 $\varphi_Y < 0$ 的情况。

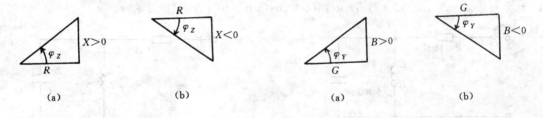

图 7－9 阻抗三角形　　　　　　　图 7－10 导纳三角形

设阻抗 Z 上的电压相量和电流相量分别为 $\dot{U} = U \underline{/\psi_u}$ 和 $\dot{I} = I \underline{/\psi_i}$，当 $\dot{U}$ 与 $\dot{I}$ 方向关联时，根据阻抗的定义有

$$Z = \frac{\dot{U}}{\dot{I}} = \frac{U \underline{/\psi_u}}{I \underline{/\psi_i}} = \frac{U}{I} \underline{/\psi_u - \psi_i}$$

对照式(7－10)，于是

$$\left. \begin{array}{ll} \text{阻抗模} & |Z| = \dfrac{U}{I} \\[2mm] \text{阻抗角} & \varphi_Z = \psi_u - \psi_i \end{array} \right\} \tag{7-12}$$

式(7－12)表明，阻抗模 $|Z|$ 等于阻抗上的电压有效值(最大值)与电流有效值(最大值)之比，阻抗角 φ_Z 等于电压初相位与电流初相位之差，它表示电压超前电流或电流滞后电压的角度。当 $\varphi_Z > 0$ 即 $X > 0$ 时(见图 7－9 所示阻抗三角形)，阻抗上的电流滞后电压为 φ_Z，这种阻抗我们称

155

为感性阻抗,对应的单口网络称为感性网络,或者说该电路呈感性;当 $\varphi_Z < 0$ 即 $X < 0$ 时,阻抗上的电流超前电压为 $|\varphi_Z|$,这种阻抗称为容性阻抗,对应的电路呈容性;当 $\varphi_Z = 0$ 即 $X = 0$ 时,电流与电压同相,电路呈阻性。需要指出,感性、容性与纯感性、纯容性是不相同的,纯感性的 $\varphi_Z = 90°$,纯容性的 $\varphi_Z = -90°$;而感性的 φ_Z 为 $0 < \varphi_Z < 90°$,容性的 φ_Z 为 $-90° < \varphi_Z < 0$。

根据导纳的定义

$$Y = \frac{\dot{I}}{\dot{U}} = \frac{I\underline{/\psi_i}}{U\underline{/\psi_u}} = \frac{I}{U}\underline{/\psi_i - \psi_u}$$

对照式(7—11),于是

导纳模 $\qquad |Y| = \dfrac{I}{U}$

导纳角 $\qquad \varphi_Y = \underline{/\psi_i - \psi_u}$

导纳角 φ_Y 表示电流超前电压的角度。当 $\varphi_Y > 0$ 即 $B > 0$ 时,导纳上的电流超前电压为 φ_Y,电路呈容性;当 $\varphi_Y < 0$ 即 $B < 0$ 时,电流滞后电压为 $|\varphi_Y|$,电路呈感性;当 $\varphi_Y = 0$ 即 $B = 0$ 时,电路呈阻性。

下面分析电感与电容并联阻抗的属性。L、C 并联时的等效导纳 Y_{LC} 和等效阻抗 Z_{LC} 分别为

$$Y_{LC} = j\left(\omega C - \frac{1}{\omega L}\right) = jB \quad \text{和} \quad Z_{LC} = \frac{1}{Y_{LC}} = -jB$$

式中,$B = \omega C - 1/\omega L$。若 $\omega L > 1/\omega C$(即 $\omega C > 1/\omega L$),则 $B > 0$,阻抗 Z_{LC}(或导纳 Y_{LC})为纯容性;若 $\omega L < 1/\omega C$(即 $\omega C < 1/\omega L$),则 $B < 0$,阻抗 Z_{LC}(或导纳 Y_{LC})为纯感性。可见,L、C 并联阻抗 Z_{LC}(或 Y_{LC})的性质与欧姆值小的并联元件的性质相同,例如 $\omega L = 10\ \Omega$ 与 $1/\omega C = 5\ \Omega$ 并联的阻抗为纯容性。这一方法可以很简便地判断某些电路的属性。

例 7—3 (1) 试判定图 7—11(a)所示电路的属性并求输入阻抗 Z。① $\omega = 0$;② $\omega = 10$ rad/s;③ $\omega = 20$ rad/s。(2) 若 $u = 100\sqrt{2}\cos(10t - 30°)$ V,试求 I 和 i。

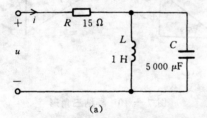 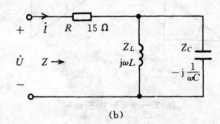

(a) (b)

图 7—11 例 7—3 电路

解

(1) 作图(a)的相量模型,如图(b)所示。

① $\omega = 0$:$Z_L = 0$(短路),$Z_C = \infty$(开路)

$\qquad Z = R = 15\ \Omega$ (阻性)

② $\omega = 10$ rad/s:

$\qquad Z_L(j10) = j\omega L = j10\ \Omega$

$\qquad Z_C(j10) = -j\dfrac{1}{\omega C} = -j\dfrac{10^6}{10 \times 5\,000}\ \Omega = -j20\ \Omega$

因为 $\omega L < 1/\omega C$,所以 L、C 并联部分为纯感性,整体电路为感性。

$$Z(j10)=R+\frac{Z_L Z_C}{Z_L+Z_C}=\left[15+\frac{j10(-j20)}{j10-j20}\right]\Omega$$

$$=(15+j20)\ \Omega=25\underline{/53.13^\circ}\ \text{（感性）}$$

③ $\omega=20$ rad/s：此时的 ω 是②中的 2 倍，由于 X_L 与 ω 成正比，X_C 与 ω 成反比，故

$$Z_L(j20)=2Z_L(j10)=j20\ \Omega$$

$$Z_C(j20)=\frac{1}{2}Z_C(j10)=-j10\ \Omega$$

$1/\omega C<\omega L$，所以 L、C 并联部分为纯容性，电路为容性。

$$Z(j20)=\left[15+\frac{j20(-j10)}{j20-j10}\right]\Omega=(15-j20)\ \Omega=25\underline{/-53.13^\circ}\ \Omega\ \text{（容性）}$$

由上可见，原电路在 $\omega=0$、$\omega=10$ rad/s 和 $\omega=20$ rad/s 时的属性不同，第一种为阻性，第二种为感性，第三种为容性。

(2) $\dot{U}=100\underline{/-30^\circ}$ V， $Z(j10)=25\underline{/53.13^\circ}$ Ω

$$I=\frac{U}{|Z(j10)|}=\frac{100}{25}\ \text{A}=4\ \text{A}$$

阻抗角 $\varphi_Z(j10)=53.13^\circ$，表示 i 滞后 u 为 53.13°，故

$$i=I\sqrt{2}\cos(10t-30^\circ-53.13^\circ)=4\sqrt{2}\cos(10t-83.13^\circ)\ \text{A}$$

或由

$$\dot{I}=\frac{\dot{U}}{Z(j10)}=\frac{100\underline{/-30^\circ}}{25\underline{/53.13^\circ}}\ \text{A}=4\underline{/-83.13^\circ}\ \text{A}$$

得

$$i=4\sqrt{2}\cos(10t-83.13^\circ)\ \text{A}$$

$$I=4\ \text{A}$$

例 7—4 (1) 试求图 7—12(a)电路的输入导纳 Y，设 $\omega=2$ rad/s。电路属何性？(2) 若 $i=20\cos(2t+25^\circ)$ A，求 U 和 u。

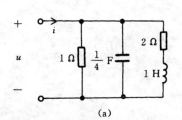 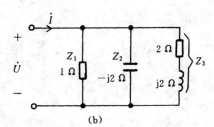

$$\text{(a)}\qquad\qquad\qquad\qquad\qquad\text{(b)}$$

图 7—12 例 7—4 电路

解 图(a)的相量模型如图(b)所示。

(1) $$Y_1=\frac{1}{Z_1}=\frac{1}{1}\ \text{S}=1\ \text{S}$$

$$Y_2=\frac{1}{Z_2}=\frac{1}{-j2}\ \text{S}=j0.5\ \text{S}$$

$$Y_3=\frac{1}{Z_3}=\left(\frac{1}{2+j2}\right)\ \text{S}=\left(\frac{1}{2\sqrt{2}\underline{/45^\circ}}\right)\ \text{S}=(0.25-j0.25)\ \text{S}$$

$$Y=Y_1+Y_2+Y_3=(1+j0.5+0.25-j0.25)\ \text{S}=(1.25+j0.25)\ \text{S}$$

$$=1.275\underline{/11.31^\circ}\ \text{S}$$

电路属容性。

（2）
$$\dot{I}=\frac{20}{\sqrt{2}}\underline{/25^\circ}\ \text{A}$$

$$U=\frac{I}{|Y|}=\frac{20/\sqrt{2}}{1.275}\ \text{V}=11.09\ \text{V}$$

导纳角 $\varphi_Y=11.31^\circ$，表示电压 u 滞后电流 i 为 11.31°，故

$$u=11.09\sqrt{2}\cos(2t+25^\circ-11.31^\circ)=11.09\sqrt{2}\cos(2t+13.69^\circ)\ \text{V}$$

或由
$$\dot{U}=\frac{\dot{I}}{Y}=\frac{20\underline{/25^\circ}/\sqrt{2}}{1.275\underline{/11.31^\circ}}\ \text{V}=11.09\underline{/13.69^\circ}\ \text{V}$$

得
$$u=11.09\sqrt{2}\cos(2t+13.69^\circ)\ \text{V}$$
$$U=11.09\ \text{V}$$

五、阻抗与导纳的等效互换

线性无独立源单口网络既可用阻抗表示，也可用导纳表示。我们常常需要由已知的阻抗 Z 求出对应的导纳 Y，或反之。

阻抗变换为导纳：设单口网络的阻抗

$$Z=|Z|\underline{/\varphi_Z}=R+jX$$

则等效导纳 Y 的极坐标式为

$$Y=\frac{1}{Z}=\frac{1}{|Z|\underline{/\varphi_Z}}=\frac{1}{|Z|}\underline{/-\varphi_Z}=|Y|\underline{/\varphi_Y}$$

导纳模
$$|Y|=\frac{1}{|Z|}$$

导纳角
$$\varphi_Y=-\varphi_Z$$

等效导纳 Y 的代数式为

$$Y=\frac{1}{Z}=\frac{1}{R+jX}=\frac{R-jX}{R^2+X^2}=\frac{R}{|Z|^2}+j\frac{-X}{|Z|^2}=G+jB \qquad (7-13)$$

式中
$$G=\frac{R}{|Z|^2}=\frac{R}{R^2+X^2}$$

$$B=\frac{-X}{|Z|^2}=\frac{-X}{R^2+X^2}$$

导纳变换为阻抗：设单口网络的导纳

$$Y=|Y|\underline{/\varphi_Y}=G+jB$$

则等效阻抗 Z 的极坐标式为

$$Z=\frac{1}{Y}=\frac{1}{|Y|}\underline{/-\varphi_Y}=|Z|\underline{/\varphi_Z}$$

阻抗模
$$|Z|=\frac{1}{|Y|}$$

阻抗角
$$\varphi_Z=-\varphi_Y$$

等效阻抗 Z 的代数式为

158

$$Z=\frac{1}{Y}=\frac{1}{G+\mathrm{j}B}=\frac{G-\mathrm{j}B}{G^2+B^2}=\frac{G}{|Y|^2}+\mathrm{j}\frac{-B}{|Y|^2}=R+\mathrm{j}X \qquad (7-14)$$

式中

$$R=\frac{G}{|Y|^2}=\frac{G}{G^2+B^2}$$

$$X=\frac{-B}{|Y|^2}=\frac{-B}{G^2+B^2}$$

阻抗和导纳可以等效互换,因此,阻抗和导纳可用串联参数表示,亦可用并联参数表示。

例 7-5 试求图 7-13(a)在 $\omega=4$ rad/s 时的等效串联形式和并联形式的相量模型,并求等效串联参数和并联参数。

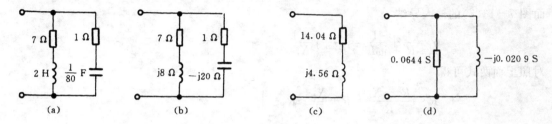

图 7-13 例 7-5 电路

解 $\omega=4$ rad/s 时,图(a)的相量模型如图(b)所示。由图(b)得阻抗为

$$Z(\mathrm{j}4)=\left[\frac{(7+\mathrm{j}8)(1-\mathrm{j}20)}{7+\mathrm{j}8+1-\mathrm{j}20}\right]\ \Omega=\left(\frac{167-\mathrm{j}132}{8-\mathrm{j}12}\right)\ \Omega=\left(\frac{2\ 920+\mathrm{j}948}{64+144}\right)\ \Omega$$

$$=(14.04+\mathrm{j}4.56)\ \Omega=14.76\underline{/17.99^\circ}\ \Omega$$

电路属感性,串联形式相量模型如图(c)所示,对应参数 R、L 为

$$R=14.04\ \Omega$$

$$L=\frac{4.56}{\omega}=\frac{4.56}{4}\ \mathrm{H}=1.14\ \mathrm{H}$$

导纳为

$$Y(\mathrm{j}4)=\frac{1}{Z}=\frac{1}{14.76\underline{/17.99^\circ}}\ \mathrm{S}=0.067\ 75\underline{/-17.99^\circ}\ \mathrm{S}=(0.064\ 4-\mathrm{j}0.020\ 9)\ \mathrm{S}$$

并联形式相量模型如图(d)所示,对应参数为 R' 和 L',因

$$\frac{1}{R'}=0.064\ 4,\quad \frac{1}{\omega L'}=0.020\ 9$$

得

$$R'=\frac{1}{0.064\ 4}\ \Omega=15.5\ \Omega$$

$$L'=\frac{1}{0.020\ 9\ \omega}=\frac{1}{0.020\ 9\times 4}\ \mathrm{H}=11.96\ \mathrm{H}$$

需要指出,上面求得的等效参数都仅在 $\omega=4$ rad/s 时成立。

下面分析 R、L 串联电路等效为 R'、L' 并联电路时的特点。

图 7-14(a)所示 R、L 串联电路可以等效转换为图(b)所示的 R'、L' 并联电路。图 7-14 (a)的输入阻抗

图 7 — 14 RL 串联电路等效为 $R'L'$ 并联电路

$$Z = R + j\omega L = R + jX_L$$

输入导纳由式(7−13)有

$$Y = \frac{R}{R^2 + X_L^2} + j\frac{-X_L}{R^2 + X_L^2}$$

而图 7−13(b)的输入导纳

$$Y = \frac{1}{R'} + \frac{1}{j\omega L'} = \frac{1}{R'} + j\frac{-1}{X_L'}$$

对照上面两式可得

$$\left.\begin{array}{l} R' = \dfrac{R^2 + X_L^2}{R} = R + \dfrac{X_L^2}{R} > R \\[3mm] X_L' = \dfrac{R^2 + X_L^2}{X_L} = X_L + \dfrac{R^2}{X_L} > X_L \\[3mm] L' > L \end{array}\right\} \tag{7−15}$$

同理，RC 串联电路等效转换为 $R'C'$ 并联电路时

$$\left.\begin{array}{l} R' = \dfrac{R^2 + X_C^2}{R} = R + \dfrac{X_C^2}{R} > R \\[3mm] |X_C'| = \dfrac{R^2 + |X_C|^2}{|X_C|} = |X_C| + \dfrac{R^2}{|X_C|} > |X_C| \\[3mm] C' < C \end{array}\right\} \tag{7−16}$$

由上可得结论为：若 R、X 串联，等效为 R'、X' 并联，则 R'、X' 均增大（L' 增、C' 减）；反之，若 R、X 并联，等效为 R'、X' 串联，则 R'、X' 均减小（L' 减、C' 增）。简言之为：R、X 串变并则增，并变串则减。这一特点在对电路做定性分析时很有用。

第二节   正弦稳态电路的分析

正弦稳态电路可用相量模型（相量电路）表示，相量模型存在相量形式的 KCL、KVL 和广义欧姆定律，即在相量模型中有

$$\left.\begin{array}{l} \Sigma \dot{I} = 0 \\[2mm] \Sigma \dot{U} = 0 \\[2mm] \dot{U}_Z = Z\dot{I}_Z \end{array}\right\} \tag{7−17}$$

而直流电阻电路的相应定律为

$$\left.\begin{array}{l} \Sigma I = 0 \\[2mm] \Sigma U = 0 \\[2mm] U_R = RI_R \end{array}\right\} \tag{7−18}$$

对照式(7-17)和(7-18)可见,它们的形式完全相同。直流电阻电路的分析和计算方法全是依据式(7-18)而得的,因此,直流电阻电路的一切分析和计算方法对正弦稳态电路的相量模型全部适用。但要注意,这时的电压、电流必须用相量 $\dot{U}$、$\dot{I}$ 表示,元件参数 R、L、C 以及它们的组合必须用阻抗(或导纳)表示。这种用相量和阻抗(或导纳)分析正弦稳态电路的方法称为相量法或符号法。正弦相量电路(相量模型)的分析计算方法同样有观察法、阻抗串并联法、Y—△等效转换,压—流源等效转换、支路电流法、回路(网孔)电流法和节点电压法等。同样存在叠加定理、戴维南定理、诺顿定理、互易定理等。

用相量法分析正弦稳态电路响应的步骤为:

(1) 画出与时域电路相对应的相量模型;

(2) 选用适当的分析计算法求响应相量;

(3) 将求得的响应相量变换为时域响应。

例 7-6 图 7-15(a)电路,已知 $u_S=100\sqrt{2}\cos 1\,000t$ (V),试求 i、i_1、i_2、u_1 和 u_2。

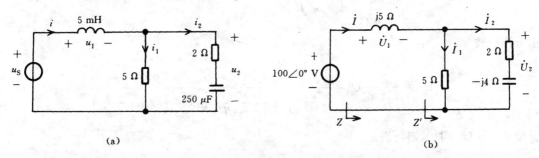

(a)   (b)

图 7-15 例 7-6 电路

解 $\omega=1\,000$ rad/s,图(a)的相量模型如图(b)所示,由图(b)有

$$Z'=\frac{5(2-\text{j}4)}{5+2-\text{j}4}\ \Omega=\frac{10-\text{j}20}{7-\text{j}4}\ \Omega=2.774\underline{/-33.69°}\ \Omega=(2.308-\text{j}1.539)\ \Omega$$

$$Z=\text{j}5+Z'=(2.308+\text{j}3.461)\ \Omega=4.16\underline{/56.30°}\ \Omega$$

$$\dot{I}=\frac{\dot{U}_S}{Z}=\frac{100\underline{/0°}}{4.16\underline{/56.30°}}\ \text{A}=24.04\underline{/-56.30°}\ \text{A}$$

由分流公式

$$\dot{I}_1=\frac{2-\text{j}4}{5+(2-\text{j}4)}\dot{I}=\left(\frac{2-\text{j}4}{7-\text{j}4}\times24.04\underline{/-56.30°}\right)\ \text{A}=13.34\underline{/-89.99°}\ \text{A}$$

$$\dot{I}_2=\frac{5}{5+(2-\text{j}4)}\dot{I}=\frac{5\times24.04\underline{/-56.30°}}{8.062\underline{/-29.74°}}\ \text{A}=14.91\underline{/-26.56°}\ \text{A}$$

或

$$\dot{I}_2=\dot{I}-\dot{I}_1=(24.04\underline{/-56.30°}-13.34\underline{/-89.99°})\ \text{A}$$

$$=14.91\underline{/-26.53°}\ \text{A}$$

$$\dot{U}_1=\text{j}5\dot{I}=(5\times24.04\underline{/90°-56.30°})\ \text{V}=120.2\underline{/33.70°}\ \text{V}$$

$$\dot{U}_2=5\dot{I}_1=(5\times13.34\underline{/-89.99°})\ \text{V}=66.7\underline{/-90°}\ \text{V}$$

$$i=24.04\sqrt{2}\cos(1\,000t-56.3°)\ \text{A}$$

$$i_1 = 13.34\sqrt{2}\cos(1\,000t - 90°) \text{ A}$$
$$i_2 = 14.91\sqrt{2}\cos(1\,000t - 26.53°) \text{ A}$$
$$u_1 = 120.2\sqrt{2}\cos(1\,000t + 33.7°) \text{ V}$$
$$u_2 = 66.7\sqrt{2}\cos(1\,000t - 90°) \text{ V}$$

例 7－7 图 7－16 所示为常用的 RC 选频电路,欲使 u_2 与 u_1 同相,试求电源角频率 ω 和此时的 $\dot{U}_2/\dot{U}_1$。

解 将 RC 串联部分阻抗设为 Z_1,RC 并联部分阻抗设为 Z_2,于是

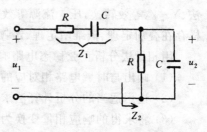

图 7－16 例 7－7 电路

$$Z_1 = R - j\frac{1}{\omega C}$$

$$Z_2 = \frac{R \times \dfrac{1}{j\omega C}}{R + \dfrac{1}{j\omega C}} = \frac{R}{1 + j\omega CR}$$

由分压公式

$$\dot{U}_2 = \frac{Z_2}{Z_1 + Z_2}\dot{U}_1 = \frac{\dfrac{R}{1+j\omega CR}\dot{U}_1}{R - j\dfrac{1}{\omega C} + \dfrac{R}{1+j\omega CR}} = \frac{R\dot{U}_1}{3R + j\left(\omega CR^2 - \dfrac{1}{\omega C}\right)}$$

欲使 $\dot{U}_2$ 与 $\dot{U}_1$ 同相,则应满足

$$\omega CR^2 - \frac{1}{\omega C} = 0$$

故得

$$\omega = \frac{1}{RC}$$

$$\frac{\dot{U}_2}{\dot{U}_1} = \frac{1}{3}$$

此时的 U_2/U_1 为最大。

自控技术中,常用到这种网络。

例 7－8 试求图 7－17(a)所示电路的输入阻抗 Z。

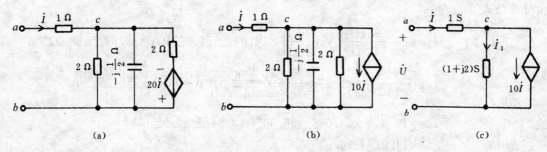

(a)　　　　　　　(b)　　　　　　　(c)

图 7－17 例 7－8 电路

解 图(a)所示单口网络含有受控源,因此要用伏安法求 Z。

(1)用观察法求端口的 VAR。

将图(a)等效为图(b)，再简化成图(c)，图(c)中的无源元件为导纳。设输入电压为U，于是

$$\dot{I}_1 = \dot{I} - 10\dot{I} = -9\dot{I}$$

$$\dot{U} = \frac{\dot{I}}{1} + \frac{\dot{I}_1}{1+j2} = \dot{I} - \frac{9\dot{I}}{1+j2}$$

输入阻抗 $Z = \dot{U}/\dot{I}$，为便于计算，可令 $\dot{I} = 1$ A，于是

$$Z = \frac{\dot{U}}{\dot{I}}\bigg|_{\dot{I}=1} = \dot{U} = \left(\dot{I} - \frac{9\dot{I}}{1+j2}\right)\bigg|_{\dot{I}=1} = \left[1 - \frac{9(1-j2)}{5}\right]\ \Omega$$

$$= (1 - 1.8 + j3.6)\ \Omega = (-0.8 + j3.6)\ \Omega$$

(2) 对图(a)电路用节点电压法求端口的 VAR。

以图(a)电路中的 b 点为参考点，列 c 点的节点电压方程如下：

$$\left(\frac{1}{1} + \frac{1}{2+j2} + \frac{1}{2}\right)\dot{U}_c - \frac{1}{1}\dot{U}_a = -\frac{20\dot{I}}{2}$$

补充方程
$$\dot{I} = 1(\dot{U}_a - \dot{U}_c)$$

联立解得

$$\dot{U}_a = \frac{-8+j2}{1+j2}\dot{I}$$

于是
$$Z = \frac{\dot{U}}{\dot{I}} = \frac{\dot{U}_a}{\dot{I}} = \frac{-8+j2}{1+j2}\ \Omega = \frac{(-8+j2)(1-j2)}{5}\ \Omega = \frac{-4+j18}{5}\ \Omega$$

$$= (-0.8 + j3.6)\ \Omega$$

由此例看出，阻抗的电阻分量为负值，这是因为网络内含有受控源的缘故。含有受控源的单口网络 N_0（不含独立源），其阻抗的电阻分量可能为正，也可能为负。

例 7—9 图 7—18 电路，(1) 列图示回路电流方程；(2) 列节点电压方程。

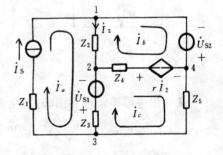

图 7—18 例 7—9 电路

解

(1) 回路电流方程：

$$\dot{I}_a = \dot{I}_S$$

$$-Z_2\dot{I}_a + (Z_2+Z_4)\dot{I}_b - Z_4\dot{I}_c = r\dot{I}_2 + \dot{U}_{S2}$$

$$-Z_3\dot{I}_a - Z_4\dot{I}_b + (Z_3+Z_4+Z_5)\dot{I}_c = -\dot{U}_{S1} - r\dot{I}_2$$

$$\dot{I}_2 = \dot{I}_a - \dot{I}_b$$

整理后得

$$\dot{I}_a = \dot{I}_S$$

$$(Z_2+Z_4+r)\dot{I}_b - Z_4\dot{I}_c = \dot{U}_{S2} + (Z_2+r)\dot{I}_S$$

$$-(Z_4+r)\dot{I}_b + (Z_3+Z_4+Z_5)\dot{I}_c = -\dot{U}_{S1} + (Z_3-r)\dot{I}_S$$

（2）节点电压方程。

以节点 1 为参考点列节点电压方程如下：

$$\dot U_4 = \dot U_{S2}$$

$$\left(\frac{1}{Z_2}+\frac{1}{Z_3}+\frac{1}{Z_4}\right)\dot U_2 - \frac{1}{Z_3}\dot U_3 - \frac{1}{Z_4}\dot U_4 = \frac{r\dot I_2}{Z_4} - \frac{\dot U_{S1}}{Z_3}$$

$$-\frac{1}{Z_3}\dot U_2 + \left(\frac{1}{Z_3}+\frac{1}{Z_5}\right)\dot U_3 - \frac{1}{Z_5}\dot U_4 = \frac{\dot U_{S1}}{Z_3} - \dot I_S$$

$$\dot I_2 = \frac{-\dot U_2}{Z_2}$$

整理后得

$$\dot U_4 = \dot U_{S2}$$

$$\left(\frac{1}{Z_1}+\frac{1}{Z_3}+\frac{1}{Z_4}+\frac{r}{Z_2 Z_4}\right)\dot U_2 - \frac{1}{Z_3}\dot U_3 = -\frac{\dot U_{S1}}{Z_3}+\frac{\dot U_{S2}}{Z_4}$$

$$-\frac{1}{Z_3}\dot U_2 + \left(\frac{1}{Z_3}+\frac{1}{Z_5}\right)\dot U_2 = \frac{\dot U_{S1}}{Z_3}+\frac{\dot U_{S2}}{Z_5} - \dot I_S$$

例 7 - 10 试用戴维南定理求图 7-19(a)电路中的 $\dot U_L$。

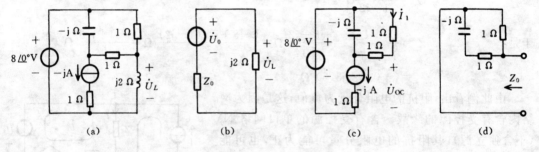

$$(a) \qquad (b) \qquad (c) \qquad (d)$$

图 7 - 19 例 7 - 10 电路

解 用戴维南定理将图(a)简化成图(b)。

（1）$\dot U_0 = \dot U_{OC}$。画出求 $\dot U_{OC}$ 的电路如图(c)所示，由分流公式

$$\dot I_1 = \frac{-j}{2-j}(-j)\text{ A} = \frac{-1}{2-j}\text{ A} = \frac{-(2+j)}{5}\text{ A} = (-0.4-j0.2)\text{ A} = 0.447\underline{/-153.4^\circ}\text{ A}$$

$$\dot U_0 = \dot U_{OC} = -1\times\dot I_1 + 8\underline{/0^\circ} = (0.4+j0.2+8)\text{ A} = (8.4+j0.2)\text{ A} = 8.402\underline{/1.36^\circ}\text{ V}$$

（2）Z_0：画出求 Z_0 的电路如图(d)所示。

$$Z_0 = [1/\!/(1-j)]\ \Omega = \frac{1-j}{2-j}\ \Omega = (0.6-j0.2)\ \Omega$$

（3）$\dot U_L$：由图(b)根据分压公式得

$$\dot U_L = \frac{j2}{Z_0+j2}\dot U_0 = \left(\frac{j2}{0.6-j0.2+j2}\times 8.402\underline{/1.36^\circ}\right)\text{ V} = 8.856\underline{/19.8^\circ}\text{ V}$$

例 7 - 11 图 7-20(a)所示电路中，$Z_1 = 10\ \Omega$，$Z_2 = 5\underline{/45^\circ}\ \Omega$，$\dot U_S = 100\underline{/0^\circ}\text{ V}$，$\dot I_S = 5\underline{/0^\circ}$ A。试求图(a)的戴维南等效电路。

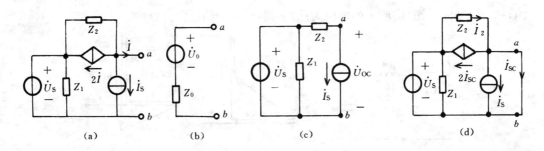

图 7—20 例 7—11 电路

解 作图(a)的戴维南等效电路如图(b)所示。

(1) $\dot{U}_0 = \dot{U}_{OC}$：$\dot{U}_{OC}$ 的计算电路如图(c)所示。由观察法得

$$\dot{U}_0 = \dot{U}_{OC} = -Z_2 \dot{I}_s + \dot{U}_s = (-5\underline{/45^\circ} \times 5 + 100)\ \text{V} = 84.2\underline{/-12.12^\circ}\ \text{V}$$

(2) Z_0：用开短路法求 Z_0。短路电流 I_{sc} 的计算电路如图(d)所示，由观察法有

$$\dot{I}_2 = \frac{\dot{U}_s}{Z_2}$$

由 KCL

$$2\dot{I}_{sc} + \dot{I}_{sc} = \dot{I}_2 - \dot{I}_s$$

$$3\dot{I}_{sc} = \frac{\dot{U}_s}{Z_2} - \dot{I}_s = \frac{100}{5\underline{/45^\circ}} - 5 = 16.84\underline{/-57.12^\circ}$$

$$\dot{I}_{sc} = \frac{16.84\underline{/-57.12^\circ}}{3}\ \text{A} = 5.613\underline{/-57.12^\circ}\ \text{A}$$

$$Z_0 = \frac{\dot{U}_{OC}}{\dot{I}_{sc}} = \frac{84.2\underline{/-12.12^\circ}}{5.613\underline{/-57.12^\circ}}\ \Omega = 15\underline{/45^\circ}\ \Omega = (10.61 + j10.61)\ \Omega$$

第三节 正弦稳态电路的相量图

第六章已对相量图作了初步介绍，本节进一步讨论。

为了表明正弦电路中各电压、电流的有效值关系以及它们的相位关系，常常需要画电路的相量图。所谓相量图，就是电路中各电压、电流相量用矢量表示的图形。矢量的长度由有效值确定，方向由相量的辐角(初相角)确定。相量图要反映 KCL 和 KVL。由于相量图能全面地反映各相量之间的关系，因此在分析电路时常辅以相量图。实际上，在很多情况下用相量图分析计算电路比用解析法更为便捷，因此相量图在正弦稳态电路的分析中占有重要地位。

电路中，从相位的角度上来讲，感兴趣的是各相量之间的相位差，即它们之间的超前、滞后关系，因此在画相量图时，可选一个相量为参考相量(即令其初相为零)，其他相量则根据它们与参考相量之间的相位关系逐一画出。参考相量可任选，但为了便于画图，一般情况下，阻抗串联的电路宜选电流为参考相量，阻抗并联的电路宜选电压为参考相量，阻抗混联的电路则视具体情况而定，原则上宜选电路末端(电源作为始端)的电流或电压为参考相量。下面以例说明。

例 7—12 试画图 7—21(a)所示 RLC 串联电路的相量图。

解 选电流 $\dot{I}$ 为参考相量，根据元件电压与电流的相位关系以及 KVL，画相量图如图

7－21(b)、(c)所示。图(b)所示的电路为感性，图(c)所示的电路为容性。

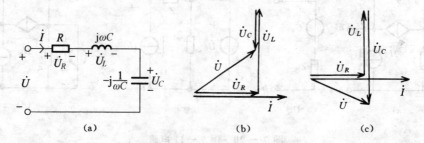

图 7 － 21　例 7 －12 图

例 7 －13　图 7－22(a)所示电路，试分析 $\dot{U}_1$ 与 $\dot{U}_2$ 的相位。

解1　解析法

设 $\dot{I}$、$\dot{U}_R$、$\dot{U}_C$ 如图(b)所示。由图(b)有

$$\dot{U}_1 = \dot{U}_R = R\,\dot{I}$$

$$\dot{U}_2 = -\dot{U}_C = -Z_C\,\dot{I} = -\left(-j\frac{1}{\omega C}\right)\dot{I} = j\frac{1}{\omega C}\dot{I}$$

由上两式可见，$\dot{U}_1$ 与 $\dot{I}$ 同相，$\dot{U}_2$ 超前 $\dot{I}$ 为 $90°$，故 $\dot{U}_2$ 超前 $\dot{U}_1$ 为 $90°$。

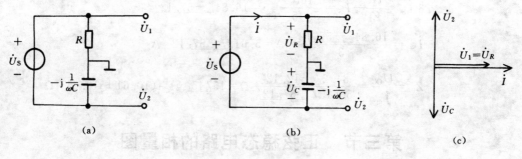

图 7 － 22　例 7 －13 图

解2　相量图法

以 $\dot{I}$ 为参考相量画相量图如图(c)所示。$\dot{U}_1 = \dot{U}_R$ 与 $\dot{I}$ 同相，$\dot{U}_C$ 滞后 $\dot{I}$ 为 $90°$。$\dot{U}_2 = -\dot{U}_C$ 超前 $\dot{I}$ 为 $90°$。由相量图可见，$\dot{U}_2$ 超前 $\dot{U}_1$ 为 $90°$。

例 7 －14　图 7－23 所示电路，试分析输出电压 u_2 与输入电压 u_1 的相位关系。

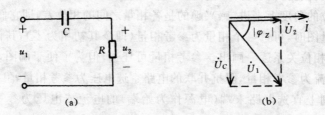

图 7 － 23　例 7 －14 图

解　设电路的电流为 i，其方向与 u_1 关联，u_C 方向与 i 关联。以 $\dot{I}$ 为参考相量画相量图

如图(b)所示。输入电压 $\dot{U}_1$ 与输入电流 $\dot{I}$ 的夹角为电路阻抗角的绝对值 $|\varphi_Z|$($\varphi_Z<0$),由相量图可见,输出电压 $\dot{U}_2(u_2)$ 超前输入电压 $\dot{U}_1(u_1)$ 为 $|\varphi_Z|$。由阻抗三角形知

$$\varphi_Z = -\arctan \frac{1}{\omega CR}$$

例 7 -15　图 7-24(a)所示电路,已知 $R=1/\omega C$,Z_{ab} 的阻抗角为 45°,电流表 A 的读数为 2 A。求电流表 A_1、A_2 的读数。

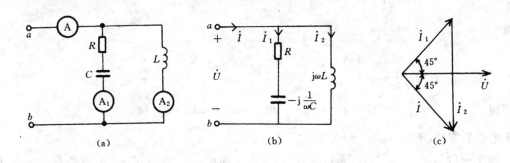

图 7 - 24　例 7 -15 图

解　画相量模型如图(b)所示。以 $\dot{U}$ 为参考相量画相量图。

$\dot{I}_1$:因为 $R=1/\omega C$,所以该支路的阻抗角为 $-45°$,呈容性。$\dot{I}_1$ 超前 $\dot{U}$ 为 45°。

$\dot{I}_2$:纯电感支路,$\dot{I}_2$ 滞后 $\dot{U}$ 为 90°。

$\dot{I}$:$\dot{I}=\dot{I}_1+\dot{I}_2$,由于 Z_{ab} 的阻抗角为 45°,表明电路为感性,输入电流 $\dot{I}$ 滞后输入电压 $\dot{U}$ 为 45°。根据上面的分析,画相量图如图(c)所示,由相量图的几何关系得

$$I_1 = I = 2 \text{ A}$$
$$I_2 = \sqrt{2}I = (\sqrt{2}\times2) \text{ A} = 2.83 \text{ A}$$

例 7 -16　试判断图 7-25(a)所示电路的属性,并画相量图。若 $U=100$ V,试利用相量图求 I_1、I_2、I 和电路的阻抗角 φ_Z。

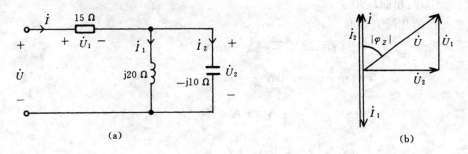

图 7 - 25　例 7 -16 图

解　图(a)中,$\omega L=20$ Ω,$1/\omega C=10$ Ω。$\omega L>1/\omega C$,所以图 7-25(a)所示电路为容性。

以 $\dot{U}_2$ 为参考相量画相量图如图(b)所示。画图顺序如下:

$$\dot{U}_2 \longrightarrow \left\{ \begin{array}{l} \dot{I}_1:\text{滞后}\dot{U}_2 90° \\ \dot{I}_2:\text{超前}\dot{U}_2 90°,\ I_2=2I_1 \end{array} \right\} \longrightarrow \dot{I}=\dot{I}_1+\dot{I}_2,\ \text{且}\ I=I_2-I_1=I_1 \longrightarrow \dot{U}_1:\text{与}\dot{I}\text{同相} \longrightarrow$$

$\dot{U}=\dot{U}_1+\dot{U}_2$。

由于 $I_2=2I_1$ 和 $I=I_1$，因此

$$U_1=15I=15I_1,\quad U_2=10I_2=20I_1$$

由图(b)所示相量图的几何关系有

$$U=\sqrt{U_1^2+U_2^2}=\sqrt{(15I_1)^2+(20I_1)^2}=25I_1$$

所以

$$I_1=\frac{U}{25}=\frac{100}{25}\ \text{A}=4\ \text{A}$$

$$I_2=2I_1=8\ \text{A}$$

$$I=I_1=4\ \text{A}$$

阻抗角

$$|\varphi_Z|=90°-\arctan\frac{U_1}{U_2}=90°-\arctan0.75=53.13°$$

由于电路属容性，所以 $\varphi_Z=-53.13°$。

例 7－17 图 7－26(a)所示电路，已知 u 与 i 同相，$\omega=10^3$ rad/s。有效值 $U_R=6$ V、$U_L=8$ V、$I=3$ A，求 R、L 和 C。

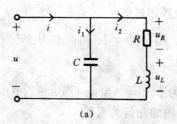
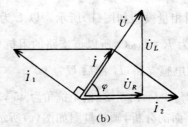

(a)   (b)

图 7－26 例 7－17 图

解 以 $\dot{I}_2$ 为参考相量画相量图如图(b)所示，画相量图的顺序为

$$\dot{I}_2 \longrightarrow \left\{ \begin{array}{l} \dot{U}_R:\text{与}\dot{I}_2\text{同相} \\ \dot{U}_L:\text{超前}\dot{I}_2 90° \end{array} \right\} \longrightarrow \dot{U}=\dot{U}_R+\dot{U}_L \longrightarrow \dot{I}_1:\text{超前}\dot{U}90° \longrightarrow \dot{I}=\dot{I}_1+\dot{I}_2:\text{与}\dot{U}\text{同相}。$$

由相量图的几何关系得

$$U=\sqrt{U_R^2+U_L^2}=\sqrt{6^2+8^2}\ \text{V}=10\ \text{V}$$

$$\varphi=\arctan\frac{U_L}{U_R}=\arctan\frac{8}{6}=53.13°$$

$$I_2=\frac{I}{\cos\varphi}=\frac{3}{\cos53.1°}\ \text{A}=5\ \text{A}$$

$$I_1=I\tan\varphi=\left(3\times\frac{8}{6}\right)\ \text{A}=4\ \text{A}$$

$$R=\frac{U_R}{I_2}=\frac{6}{5}\ \Omega=1.2\ \Omega$$

$$L=\frac{U_L}{\omega I_2}=\frac{8}{10^3\times5}\ \text{H}=1.6\ \text{mH}$$

$$C = \frac{I_1}{\omega U} = \frac{4}{10^3 \times 10} \text{ F} = 400 \ \mu\text{F}$$

第四节　正弦稳态电路的功率

正弦稳态电路中的无源元件除了电阻外,还有电感和电容,因此正弦电路的功率和能量比直流电路中的复杂。本节介绍正弦电路的瞬时功率、平均功率、无功功率、视在功率、功率因数和复功率。

一、瞬时功率

图 7-27(a)所示 N 为任意线性单口网络,设输入电压 u 与输入电流 i 方向关联,因此网络在任一瞬时吸收的功率,即瞬时功率为

$$p = ui \tag{7-19}$$

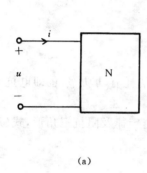

(a)

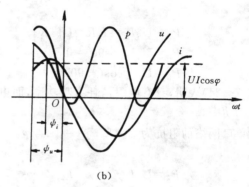

(b)

图 7-27　单口网络的瞬时功率

设
$$u = \sqrt{2} U \cos(\omega t + \psi_u)$$
$$i = \sqrt{2} I \cos(\omega t + \psi_i)$$

将上两式代入式(7-19),则

$$\begin{aligned}
p = ui &= \sqrt{2} U \cos(\omega t + \psi_u) \times \sqrt{2} I \cos(\omega t + \psi_i) \\
&= UI \cos(\psi_u - \psi_i) + UI \cos(2\omega t + \psi_u + \psi_i) \\
&= UI \cos\varphi + UI \cos(2\omega t + \psi_u + \psi_i)
\end{aligned} \tag{7-20}$$

式中, $\varphi = \psi_u - \psi_i$。

由上式可见,瞬时功率含有一个恒定分量 $UI\cos\varphi$ 和一个正弦分量 $UI\cos(2\omega t + \psi_u + \psi_i)$,正弦分量的频率是电压、电流频率的 2 倍。图 7-27(b)示出了电压 u、电流 i 和瞬时功率 p 的波形。由波形图可以看出, u、i 同号(同为正或同为负)时, $p > 0$,网络在这期间内吸收能量; u、i 异号时, $p < 0$,网络在这期间内释放能量。

瞬时功率实际意义不大,通常需要了解电路的平均功率。

二、平均功率

瞬时功率在一个周期内的平均值称为平均功率或有功功率,简称功率,用大写字母 P 表示,即

$$P = \frac{1}{T}\int_0^T p\,\mathrm{d}t \qquad\qquad (7-21)$$

式(7-20)代入式(7-21)得

$$P = \frac{1}{T}\int_0^T p\,\mathrm{d}t = \frac{1}{T}\int_0^T [UI\cos\varphi + UI\cos(2\omega t + \psi_u + \psi_i)]\,\mathrm{d}t$$

$$= UI\cos\varphi = UI\cos(\psi_u - \psi_i) \qquad\qquad (7-22)$$

式(7-22)是任意线性单口网络吸收的有功功率的计算公式。有功功率的单位是瓦(W)，也称有功伏安。式(7-22)中的 $\cos\varphi$ 称为功率因数(后面还将详细讨论)。

无源单口网络可用阻抗 Z 表示，由式(7-12)可知，阻抗角 $\varphi_Z = \psi_u - \psi_i$，因此阻抗 Z 吸收的有功功率为

$$P_Z = U_Z I_Z \cos\varphi_Z \qquad\qquad (7-23)$$

式中，U_Z、I_Z 为阻抗 Z 上的电压、电流有效值。

R、L、C 单元件的阻抗角分别为 $0°$、$+90°$、$-90°$，根据式(7-23)，它们吸收的有功功率分别为

$$\left.\begin{array}{l} P_R = U_R I_R = I_R^2 R = U_R^2/R \\ P_L = U_L I_L \cos 90° = 0 \\ P_C = U_C I_C \cos(-90°) = 0 \end{array}\right\} \qquad\qquad (7-24)$$

式(7-24)表明，只有电阻消耗有功功率，而电感、电容不消耗有功功率，也即电抗元件不消耗有功功率。

设单口网络的阻抗为 $Z = R + \mathrm{j}X = |Z|\underline{/\varphi_Z}$，根据广义欧姆定律及阻抗三角形，式(7-23)可写成

$$P_Z = U_Z I_Z \cos\varphi_Z = I_Z^2 |Z|\cos\varphi_Z = I_Z^2 R$$

式中，I_Z 也就是流过电阻 R 的电流，即 $I_R = I_Z$，因此上式可写为

$$P_Z = I_R^2 R = \frac{U_R^2}{R} \qquad\qquad (7-25)$$

式(7-25)反映了阻抗 Z 消耗的有功功率就是其电阻分量消耗的有功功率，这与式(7-24)相吻合。由 R、L、C 构成的单口网络的有功功率恒为正，但若网络内含有受控源，则有功功率可能为负，这是因为阻抗的电阻分量 R 有可能为负(见例 7-8)所致。

可以证明，有功功率满足功率守恒定律，即正弦稳态电路各元件(或支路)吸收的有功功率之和恒为零，即

$$\sum P = 0$$

三、无功功率

瞬时功率式(7-20)可改写成

$$p = UI\cos\varphi + UI\cos(2\omega t + 2\psi_u - \varphi)$$

$$= UI\cos\varphi + UI\cos\varphi \cdot \cos(2\omega t + 2\psi_u) + UI\sin\varphi \cdot \sin(2\omega t + 2\psi_u)$$

$$= UI\cos\varphi[1 + \cos(2\omega t + 2\psi_u)] + UI\sin\varphi \cdot \sin(2\omega t + 2\psi_u) \qquad\qquad (7-26)$$

可以证明，对于 Z 元件($Z = R + \mathrm{j}X$)，式(7-26)中第一项为电阻 R 吸收的瞬时功率 p_R，第二项为电抗 X 吸收的瞬时功率 p_X。它们均以 2ω 的频率周期地变化，其波形分别如图 7-28(a)和(b)所示。

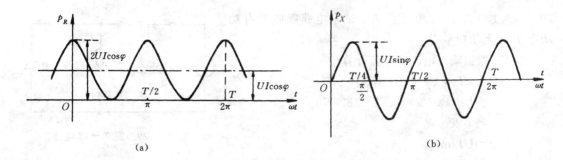

(a)　　　　　　　　　　　　　　　　　　　(b)

图 7 — 28　阻抗的电阻分量和电抗分量上的瞬时功率

由图可见,电阻分量的瞬时功率 p_R 总是大于或等于零,其最大值为 $2UI\cos\varphi$,平均值为 $UI\cos\varphi$;电抗分量的瞬时功率 p_X 以 2ω 角频率在横轴上、下波动,平均值为零,最大值为 $UI\sin\varphi$。在 $p_X>0$ 的 1/4 周期内,电抗从外部电源吸收能量,在 $p_X<0$ 的 1/4 周期内,电抗释放能量,返回外电源。电抗在一个周期内吸收的能量和放出的能量相等,因此电抗不消耗有功功率。电抗反复地吸、放等量能量,说明了电抗与电源之间存在着能量交换关系,我们将电抗瞬时功率的最大值定义为无源单口网络的无功功率,用大写字母 Q 表示,即

$$Q = UI\sin\varphi \tag{7—27}$$

或

$$Q_Z = U_Z I_Z \sin\varphi_Z \tag{7—28}$$

无功功率 Q 的单位是乏(var),也称无功伏安,它不是国际标准单位。阻抗的无功功率亦可写成

$$Q_Z = U_Z I_Z \sin\varphi_Z = I_Z^2 |Z| \sin\varphi_Z = I_Z^2 X$$

即

$$Q_Z = I_X^2 X = \frac{U_X^2}{X} \tag{7—29}$$

根据式(7—28)和式(7—29),阻抗 Z 为感性时,$Q_Z>0$;阻抗 Z 为容性时,$Q_Z<0$。因此在同一电路中,感性负载和容性负载的无功功率可以相互补偿。

R、L、C 单元件的无功功率分别为

$$Q_R = U_R I_R \sin 0° = 0$$

$$Q_L = I_L^2 X_L = I_L^2 \omega L \quad 或 \quad Q_L = \frac{U_L^2}{X_L} = \frac{U_L^2}{\omega L}$$

$$Q_C = I_C^2 X_C = -\frac{I_C^2}{\omega C} \quad 或 \quad Q_C = \frac{U_C^2}{X_C} = -\omega C U_C^2$$

无功功率也满足功率守恒定律,即正弦稳态电路各元件(或支路)吸收的无功功率之和恒为零。

上述无功功率是对无源单口网络分析而得的。实际上,对任一线性单口网络,式(7—26)中的第二项均为网络与外部进行等值能量交换的功率,因此无功功率仍为

$$Q = UI\sin\varphi = UI\sin(\psi_u - \psi_i)$$

若网络内不含独立源,则 $\varphi = \psi_u - \psi_i = \varphi_Z$,于是上式变成了式(7—28)。

例 7 — 18　图 7 — 29 所示电路,已知 $\dot{U} = 100\underline{/0°}$ V、$\dot{I} = 12.65\underline{/18.44°}$ A、$\dot{I}_1 =$

$20\underline{/-53.13°}$ A、$\dot{I}_2=20\underline{/90°}$ A。试求电路吸收的有功功率 P 和无功功率 Q。

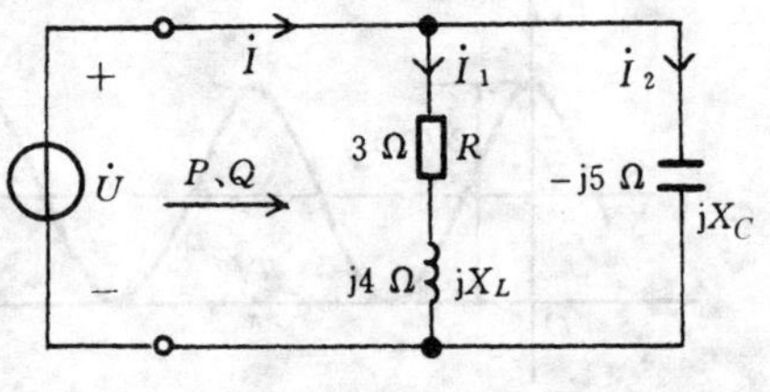

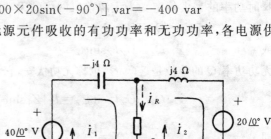

图 7—29 例 7—18 电路

解1 根据输入电压和电流计算

$$P=UI\cos(\psi_u-\psi_i)$$
$$=[100\times12.65\cos(-18.44°)] \text{ W}$$
$$=1\,200 \text{ W}$$

$$Q=UI\sin(\psi_u-\psi_i)$$
$$=[100\times12.65\sin(-18.44°)] \text{ var}=-400 \text{ var}$$

解2 根据各元件吸收的功率计算

$$P=I_1^2 R=(20^2\times3) \text{ W}=1\,200 \text{ W}$$
$$Q=Q_L+Q_C=I_1^2 X_L+I_2^2 X_C=[20^2\times4+20^2(-5)] \text{ var}=-400 \text{ var}$$

解3 根据各支路计算

$$P=UI_1\cos(\psi_u-\psi_{i1})=(100\times20\cos53.13°) \text{ W}=1\,200 \text{ W}$$
$$Q=UI_1\sin(\psi_u-\psi_{i1})+UI_2\sin(\psi_u-\psi_{i2})$$
$$=[100\times20\sin53.13°+100\times20\sin(-90°)] \text{ var}=-400 \text{ var}$$

例 7—19 图 7—30 所示电路,试求各无源元件吸收的有功功率和无功功率,各电源供出的有功功率和无功功率。

解 设回路电流 $\dot{I}_1$ 和 $\dot{I}_2$ 如图所示。回路电流方程为

$$(4-j4)\dot{I}_1-4\dot{I}_2=40\underline{/0°}$$
$$-4\dot{I}_1+(4+j4)\dot{I}_2=-20\underline{/0°}$$

解得

$$\dot{I}_1=(5+j10) \text{ A}=11.18\underline{/63.4°} \text{ A}$$
$$\dot{I}_2=(5+j5) \text{ A}=7.07\underline{/45°} \text{ A}$$

图 7—30 例 7—19 电路

4 Ω 支路电流设为 $\dot{I}_R$,如图所示。则

$$\dot{I}_R=\dot{I}_1-\dot{I}_2=j5 \text{ A}=5\underline{/90°} \text{ A}$$

R、L、C 元件吸收的有功功率和无功功率为

$$P_R=I_R^2 R=(25\times4) \text{ W}=100 \text{ W}$$
$$Q_L=I_2^2 X_L=[(5^2+5^2)\times4] \text{ var}=200 \text{ var}$$
$$Q_C=I_2^2 X_C=[(5^2+10^2)(-4)] \text{ var}=-500 \text{ var}$$
$$Q_R=0,\quad P_L=0,\quad P_C=0$$

40 V 电源供出的有功功率和无功功率分别为

$$P_1=[40\times11.18\cos(0°-63.4°)] \text{ W}=200 \text{ W}$$
$$Q_1=[40\times11.18\sin(-63.4°)] \text{ var}=-400 \text{ var}$$

20 V 电源供出的有功功率和无功功率分别为

$$P_2=[-20\times7.07\cos(0°-45°)] \text{ W}=-100 \text{ W}$$
$$Q_2=[-20\times7.07\sin(-45°)] \text{ var}=100 \text{ var}$$

172

由此例看出,电路中有功功率和无功功率均守恒。

四、视在功率、功率因数

单口网络的电压有效值 U 和电流有效值 I 的乘积定义为该网络的视在功率,用大写字母 S 表示,即

$$S=UI \tag{7-30}$$

视在功率的单位为伏安(V·A)。许多电气设备的容量是以它们的额定电压(有效值)和额定电流(有效值)的乘积表示的,因此电气设备的容量即为它们的额定视在功率。

由 $P=UI\cos\varphi$、$Q=UI\sin\varphi$ 和 $S=UI$ 可见,P、Q、S 之间的关系可用图 7—31 所示的直角三角形——功率三角形表示。由功率三角形有

$$P=S\cos\varphi, \quad Q=S\sin\varphi$$

$$S=\sqrt{P^2+Q^2}, \quad \varphi=\arctan\frac{Q}{P}$$

对于无源单口网络,功率三角形与阻抗三角形相似。

视在功率不满足功率守恒定律。

单口网络的有功功率 P 与视在功率 S 之比称为单口网络的功率因数,用 λ 表示,即

$$\lambda=\frac{P}{S}=\cos\varphi$$

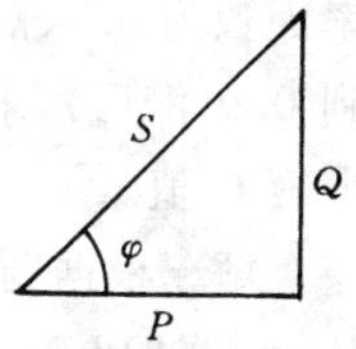

图 7—31 功率三角形

式中,$\varphi=\psi_u-\psi_i$ 称为功率因数角。电阻的功率因数角 $\varphi=\varphi_Z=0$,$\cos\varphi=1$ 为最大;电抗的 $\varphi=\varphi_Z=\pm90°$,$\cos\varphi=0$ 为最小。无源单口网络不论是感性还是容性,它们的功率因数均为正,其范围是:$0<\cos\varphi<1$。为了区分网络的性质,常在 $\cos\varphi$ 值后面注明滞后或超前。滞后表示的是电流滞后电压,网络呈感性,超前表示电流超前电压,网络呈容性。

供电系统中,功率因数是一重要参数。一般负载都以并联方式接到供电线路上,设电源的额定容量为 S_N,即电源输出的最大视在功率为 S_N,至于它对负载能提供多大的有功功率,则取决于负载的功率因数 $\cos\varphi$。电源满载(输出额定电压和额定电流的情况)时供出的有功功率 $P=S_N\cos\varphi$,当 $\cos\varphi=1$ 时,$P=S_N$;$\cos\varphi<1$ 时 $P<S_N$。可见,功率因数较低时,电源不能得到充分利用。在电压和功率 P 一定的情况下,功率因数低,负载电流 $I(=P/U\cos\varphi)$ 将增大,传输线阻抗上的功率损耗和电压降也随之增大,这将造成较大的电能损失,降低了传输效率,并使负载用电电压下降,这是不利的。因此功率因数不宜过低。

实际用电设备中,大部分负载是异步电动机,其功率因数为感性,为了提高功率因数,可与负载并联一个恰当的电容,以使整体(用户)的功率因数得以提高,同时也不影响负载的正常工作。提高功率因数从物理概念上讲,就是用电容的无功功率(负值)去补偿感性负载的无功功率(正值),以使电源输出的无功功率减少。一般不必将功率因数提高到1,因为这样将使电容量增加很多,致使设备的投资过大(见习题 7—40),通常 $\cos\varphi$ 达到 0.9 左右即可。并联电容提高功率因数亦可用相量图分析说明。此处从略。

例 7—20 图 7—32 电路,各负载的功率和功率因数为:$P_1=10\text{ kW}$、$\lambda_1=0.8$(滞后),$P_2=20\text{ kW}$,$\lambda_2=0.7$(滞后),$P_3=5\text{ kW}$,$\lambda_3=0.5$(超前)。试求电路的视在功率 S 和功率因数 λ。

解 由功率三角形得

$$Q_1 = P_1 \tan\varphi_1 = P_1 \tan(\arccos 0.8)$$
$$= (10 \times 0.75) \text{ kvar} = 7.5 \text{ kvar}$$
$$Q_2 = P_2 \tan\varphi_2 = 20 \tan(\arccos 0.7)$$
$$= 20.4 \text{ kvar}$$
$$Q_3 = -P_3 \tan\varphi_3 = -5 \tan(\arccos 0.5) \text{ kvar}$$
$$= -8.66 \text{ kvar}$$
$$P = P_1 + P_2 + P_3 = (10+20+5) \text{ kW}$$
$$= 35 \text{ kW}$$

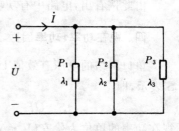

图 7－32　例 7－20 电路

$$Q = Q_1 + Q_2 + Q_3 = (7.5+20.4-8.66) \text{ kvar} = 19.24 \text{ kvar}$$
$$S = \sqrt{P^2 + Q^2} = \sqrt{35^2 + 19.24^2} \text{ kV} \cdot \text{A} = 39.94 \text{ kV} \cdot \text{A}$$
$$\lambda = \frac{P}{S} = \frac{35}{39.94} = 0.876 \text{(滞后)}$$

例 7－21　额定值为 220 V、50 Hz、50 kW 的负载并接在 220 V 电压上，已知负载的功率因数为 0.5(滞后)。(1) 求电源供出的电流 I 和无功功率 Q；(2) 并电容 C 使功率因数提高到 0.9(滞后)，求电源供出的电流 I、无功功率 Q 及电容 C 值。

解　根据题意画电路图如图 7－33 所示。图中 $P_M = 50$ kW，$\cos\varphi_M = 0.5$(滞后)，电源输出的有功功率为 P、无功功率为 Q。

(1) 未并电容 C 时，i 的有效值为

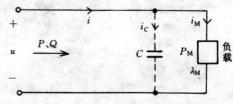

图 7－33　例 7－21 电路

$$I = I_M = \frac{P_M}{U\cos\varphi_M} = \frac{50 \times 10^3}{220 \times 0.5} \text{ A}$$
$$= 454.5 \text{ A}$$

电源输出的无功功率

$$Q = Q_M = P_M \tan\varphi_M = 50 \tan(\arccos 0.5) \text{ kvar} = 86.6 \text{ kvar}$$

(2) 并电容 C。

并电容 C 后，电路的有功功率不变，即 $P = P_M$，功率因数 $\cos\varphi = 0.9$(滞后)。i 的有效值为

$$I = \frac{P}{U\cos\varphi} = \frac{50 \times 10^3}{220 \times 0.9} \text{ A} = 252.5 \text{ A}$$
$$Q = P\tan\varphi = 50 \tan(\arccos 0.9) \text{ kvar} = 24.2 \text{ kvar}$$
$$Q_C = Q - Q_M = (24.2 - 86.6) \text{ kvar} = -62.4 \text{ kvar}$$

而
$$Q_C = -\omega C U^2$$

故
$$C = -\frac{Q_C}{\omega U^2} = -\frac{-62.4 \times 10^3}{100\pi \times 220^2} \text{ F} = 4\ 104\ \mu\text{F}$$

五、复功率

根据功率三角形，我们用一个复数

$$\tilde{S} = P + jQ = S\angle\varphi \qquad (7-31)$$

来反映 P、Q、S 之间的关系。$\tilde{S}$ 称为复功率，单位为伏安。

174

设单口网络的电压为 $\dot{U}=U\underline{/\psi_u}$，电流为 $\dot{I}=I\underline{/\psi_i}$，则复功率可写成如下形式

$$\tilde{S}=S\underline{/\varphi}=UI\underline{/\psi_u-\psi_i}=U\underline{/\psi_u}\cdot I\underline{/-\psi_i}=\dot{U}\dot{I}^* \qquad (7-32)$$

式中，$\dot{I}^*=I\underline{/-\psi_i}$ 是 $\dot{I}$ 的共轭复数。由式(7-31)、式(7-32)有

$$\tilde{S}=\dot{U}\dot{I}^*=P+jQ=UI\cos\varphi+jUI\sin\varphi$$

所以 $\qquad\qquad P=\mathrm{Re}[\tilde{S}]=\mathrm{Re}[\dot{U}\dot{I}^*]$

$$Q=\mathrm{Im}[\tilde{S}]=\mathrm{Im}[\dot{U}\dot{I}^*]$$

复功率将 P、Q、S 和 $\cos\varphi$ 统一在一个公式中，因此只要算出电压、电流相量，即可很方便地求出有功功率，无功功率和功率因数。复功率的吸收或供出同样根据输入电压和电流方向关联或非关联而定。

无独立源单口网络的阻抗可用 Z 或 Y 表示，因此复功率还可表示为

$$\tilde{S}=\dot{U}\dot{I}^*=Z\dot{I}\dot{I}^*=I^2Z$$

或 $\qquad\qquad \tilde{S}=\dot{U}\dot{I}^*=\dot{U}(Y\dot{U})^*=U^2Y^*$

式中，Y^* 是 Y 的共轭复数。

可以证明复功率满足功率守恒定律。

例 7-22 对例 7-18，(1)求电源输出的复功率、有功功率和无功功率；(2)求 $\dot{I}_1$ 支路和 $\dot{I}_2$ 支路吸收的复功率，并验证复功率守恒。

解

(1) 电源输出的 $\tilde{S}$、P、Q。由已知的 $\dot{U}=100\underline{/0°}$ V 和 $\dot{I}=12.65\underline{/18.44°}$ A，有

$$\tilde{S}=\dot{U}\dot{I}^*=(100\underline{/0°}\times12.65\underline{/-18.44°})\text{ V}\cdot\text{A}=1\,265\underline{/-18.44°}\text{ V}\cdot\text{A}$$
$$=(1\,200-j400)\text{ V}\cdot\text{A}$$
$$P=1\,200\text{ W}$$
$$Q=-400\text{ var}$$

(2) 计算 $\dot{I}_1$ 支路 $\tilde{S}_1$ 和 $\dot{I}_2$ 支路 $\tilde{S}_2$。由已知的 $\dot{I}_1=20\underline{/-53.13°}$ A 和 $\dot{I}_2=20\underline{/90°}$ A，有

$$\tilde{S}_1=\dot{U}\dot{I}_1^*=(100\underline{/0°}\times20\underline{/53.13°})\text{ V}\cdot\text{A}=2\,000\underline{/53.13°}\text{ V}\cdot\text{A}$$
$$=(1\,200+j1\,600)\text{ V}\cdot\text{A}$$
$$\tilde{S}_2=\dot{U}\dot{I}_2^*=(100\underline{/0°}\times20\underline{/-90°})\text{ V}\cdot\text{A}=-j2\,000\text{ V}\cdot\text{A}$$
$$\tilde{S}_1+\tilde{S}_2=(1\,200+j1\,600-j2\,000)\text{ V}\cdot\text{A}=(1\,200-j400)\text{ V}\cdot\text{A}$$

由上可见 $\tilde{S}=\tilde{S}_1+\tilde{S}_2$，复功率平衡。

第五节　正弦稳态电路最大功率传输定理

正弦稳态电路中，由于有无功功率，因此最大功率传输定理比直流电阻电路复杂。现以图 7-34 所示电路为例进行讨论。图中 Z 为负载，$\dot{U}_0$、Z_0 为戴维南等效电源的电压和内阻抗。若电源不变，负载可调，现在分析下面几种情况下负载满足什么条件可获得最大功率。

一、负载的电阻和电抗均可调节的情况

设 $Z_0 = R_0 + jX_0$，$Z = R + jX$，则负载 Z 吸收的功率为

$$P = I^2 R = \frac{U_0^2}{|Z_0 + Z|^2} R = \frac{U_0^2 R}{(R_0 + R)^2 + (X_0 + X)^2}$$

首先调节 X，由上式可见，当 $X_0 + X = 0$ 即 $X = -X_0$ 时，负载吸收的
功率最大，此时

$$P = \left(\frac{U_0}{R_0 + R}\right)^2 R$$

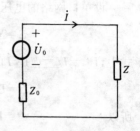

图 7-34 最大功率传输

上式与直流电阻电路的式（4-12）相同，与直流电路最大功率的分析
一样，只有当 $R = R_0$ 时负载才能获得最大功率。由此可见，负载获得最大功率的条件是 $R = R_0$ 和 $X = -X_0$，即

$$Z = R_0 - jX = Z_0^*$$

式中，Z_0^* 是 Z_0 的共轭复数。这种情况下负载与电源的匹配称为共轭匹配。共轭匹配时负载
获得的最大功率为

$$P_{\max} = \frac{U_0^2}{4R_0}$$

二、负载阻抗角恒定而阻抗模可调节的情况

图 7-34 中，设负载

$$Z = |Z| \underline{/\varphi_Z} = |Z| \cos\varphi_Z + j|Z| \sin\varphi_Z = R + jX$$

则负载吸收的功率为

$$P = I^2 R = \frac{U_0^2 R}{|Z_0 + Z|^2} = \frac{U_0^2 |Z| \cos\varphi_Z}{(R_0 + |Z| \cos\varphi_Z)^2 + (X_0 + |Z| \sin\varphi_Z)^2}$$

上式中的变量是 $|Z|$，令 $\dfrac{dP}{d|Z|} = 0$ 并化简，可得最大功率的条件是

$$|Z| = \sqrt{R_0^2 + X_0^2} = |Z_0|$$

上式说明，若负载阻抗角固定而阻抗模可调节，则当负载阻抗模等于电源内阻抗模时，负
载可获得最大功率。这种情况下负载与电源的匹配称为模匹配。电子电路中常通过理想变压
器使负载获得最大功率的情况就属模匹配（见第八章）。模匹配时的最大功率比共轭匹配时的
小，共轭匹配称为最佳匹配。

三、负载为电阻 R 的情况

负载是电阻 R 时，调节 R 以获得最大功率的情况仍为模匹配，因为 $Z_R = R\underline{/0°}$。此时匹配
的条件是

$$R = |Z_0| = \sqrt{R_0^2 + X_0^2}$$

例 7-23 图 7-35(a)的负载 Z_L 为何值时可获得最大功率，并求最大功率。（1）Z_L 的
实部和虚部均可调节；（2）$Z_L = R_L$ 可调节。

解 应用流、压源等效转换或戴维南定理将图(a)简化为图(b)。图(b)中

$$\dot{U}_0 = (100 \times 2\underline{/0°})\ \text{V} = 200\underline{/0°}\ \text{V}$$

176

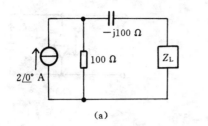
(a)

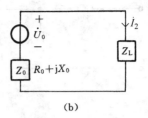
(b)

图 7 — 35   例 7 —23 电路

$$Z_0 = (100 - j100)\ \Omega$$

(1) $\qquad Z_L = Z_0^* = (100 + j100)\ \Omega$

$$P_{\max} = \frac{U_0^2}{4R_0} = \frac{200^2}{4 \times 100}\ W = 100\ W$$

(2) $\qquad R_L = |Z_0| = \sqrt{R_0^2 + X_0^2} = 100\sqrt{2}\ \Omega$

$$P_{\max} = I_2^2 R_L = \frac{U_0^2}{|Z_0 + R_L|^2} R_L = \frac{U_0^2 R_L}{(R_0 + R_L)^2 + X_0^2}$$

$$= \left[\frac{200^2 \times 100\sqrt{2}}{(100 + 100\sqrt{2})^2 + (-100)^2} \right]\ W = 82.84\ W$$

习　　题

7—1　无独立源单口网络的电压 u 与电流 i 方向关联,试求以下条件下各输入阻抗和输入导纳(极坐标式和代数式)。

(1) $u = 10\cos(10t + 45°)$ V, $i = 2\cos(10t + 55°)$ A;

(2) $u = 220\sqrt{2}\cos(314t + 30°)$ V, $i = 5\sqrt{2}\cos(314t - 30°)$ A;

(3) $u = 100\cos(\pi t - 15°)$ V, $i = \sin(\pi t + 45°)$ A;

(4) $u = -5\cos 2t + 12\sin 2t$ V, $i = 1.3\cos(2t + 40°)$ A;

(5) $u = \text{Re}[je^{j2t}]$ V, $i = \text{Re}[(1+j)e^{j(2t+30°)}]$ mA。

7—2　求图示电路的 Z_{ab} 和 Y_{ab}。图(c)中所示为元件的导纳模。

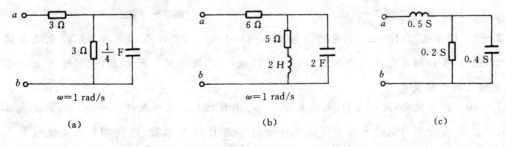

(a)　　　　　　　　　　(b)　　　　　　　　(c)

题 7—2 图

7—3　图示电路,求输入阻抗和输入导纳,它们有何特点?

7—4　图示电路,已知 $u_S = 100\sqrt{2}\cos 20t$ V。

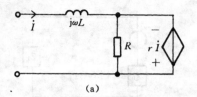 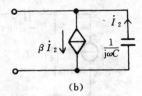

(a)   (b)

题 7 - 3 图

(1) 求 $\dot{I}$、$\dot{U}_{ab}$、$\dot{U}_{bc}$ 和 $\dot{U}_{cd}$ 以及它们的瞬时式;

(2) 画电路的相量图。

7 - 5 图示电路,已知 $R = 2$ kΩ,$L = 0.1$ mH,$C = 4$ μF,$i = 2\sqrt{2}\cos 5 \times 10^4 t$ mA。

(1) 求输入导纳 Y、u、i_R、i_L、i_C;

(2) 画电路的相量图。

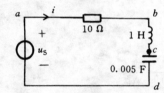 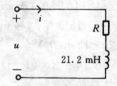

题 7 - 4 图   题 7 - 5 图

7 - 6 题 7-5 图所示电路,若 $R = 6$ Ω,$X_L = 3$ Ω,$X_C = -4$ Ω,$U = 24$ V(有效值),求有效值 I_R、I_L、I_C 和 I,说明 i 与 u 的相位关系。

7 - 7 图示电路,求下列两种情况下网络的等效参数 R 和 L(或 C)。

(1) $u = 283\cos(800t + 150°)$ V,$i = 11.3\cos(800t + 140°)$ A;

(2) $u = 50\cos(2\,000t - 25°)$ V,$i = 8\cos(2\,000t + 5°)$ A。

7 - 8 图示电路,当电源频率 $f = 50$ Hz 时,i 滞后 u 为 53.13°,试求 R 值。

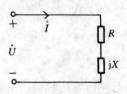

题 7 - 7 图   题 7 - 8 图

7 - 9 图示电路,$R = 20$ Ω,电源角频率 $\omega = 100$ rad/s,电压表读数为 60 V,电流表读数为 2 A,试求 A 分别为电感元件和电容元件时的电抗 X 及其对应的参数,说明输入电压 $\dot{U}$ 与输入电流 $\dot{I}$ 的相位关系。

7 - 10 图示电路,$R = 10$ Ω,电源角频率 $\omega = 100$ rad/s,电压表读数为 50 V,电流表读数为 10 A。求 A 分别为电感元件和电容元件时的导纳 B 及其参数值,说明输入电流 $\dot{I}$ 与输入电压 $\dot{U}$ 的相位关系。

7 - 11 图示无源单口网络,已知 $u = 50\sin(10t + 45°)$ V,$i = 400\cos(10t + 30°)$ A。

(1) 画出该单口网络的串联等效电路并求元件参数;

(2) 画出网络的并联等效电路并求元件参数。

178

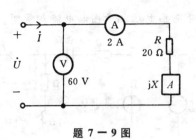

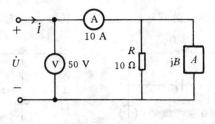

题 7 - 9 图　　　　　　　　　　　　题 7 - 10 图

7 - 12 图示电路,电源频率 $f = 50$ Hz。调节电阻 R,当 $R = 10$ Ω 时,两个电压表读数相等,试求 L。

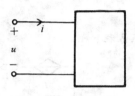

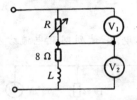

题 7 - 11 图　　　　　　　　　　　　题 7 - 12 图

7 - 13 图示电路,已知 $U_{ab} = 120$ V, $U_{bc} = 130$ V, $U_{ac} = 220$ V,电源频率 $f = 50$ Hz,试求 R、L。

7 - 14 图示电路。

(1) 试分析 u_2 与 u_1 的超前滞后关系,若它们之间相位差角绝对值为 $60°$,电源角频率为 ω,试求 R 与 C 的关系;

(2) 在满足(1)的相位差条件下,若 $u_1 = 5\sqrt{2}\cos(2\pi \times 168 \times 10^3 t)$ V,输入阻抗的模 $|Z| = 100\sqrt{5}$ Ω,试求 R、C。

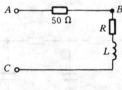

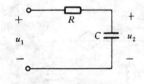

题 7 - 13 图　　　　　　　　　　　　题 7 - 14 图

7 - 15 RLC 串联正弦稳态电路。

(1) 已知 $U_R = 3$ V, $U_L = 6$ V, $U_C = 2$ V,求总电压 U 及电路的阻抗角 φ_Z,电路属何性?

(2) 若电源频率降了一半,U_R 仍为 3 V,求总电压 U 及电路阻抗角 φ_Z,电路属何性?

7 - 16 图示电路,已知 $U_1 = 100$ V, $I_L = 10$ A, $I_C = 15$ A, $\dot{U}_2$ 滞后 $\dot{U}_1$ 为 $45°$。试求 R, X_L 和 X_C。

7 - 17 图示电路,已知 $u_C = \sqrt{2}\cos 2t$ V,试求 u_S 并画相量图(包括各电压、电流)。

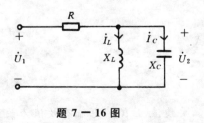

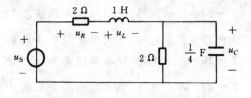

题 7 - 16 图　　　　　　　　　　　　题 7 - 17 图

7-18 图示电路,试求 $\dot{U}_{ab}$、$\dot{U}_{bc}$ 及各支路电流,分别画电压相量图和电流相量图。

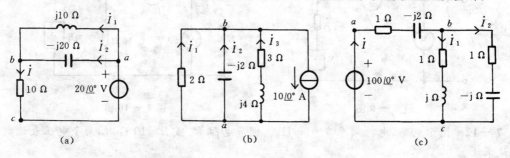

题 7-18 图

7-19 图示电路,试列网孔电流方程和节点电压方程。

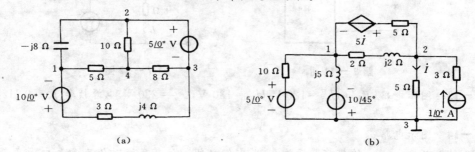

题 7-19 图

7-20 图示电路,已知 $u_S = 6\cos 3\,000t$ V,试用网孔电流法求 i。

7-21 图示电路为 RC 移相式振荡器的移相电路,已知 R、C。如果要求输出电压 $\dot{U}_2$ 与输入电压 $\dot{U}_1$ 反相,求 ω 及 U_2/U_1。(应用网孔电流法)

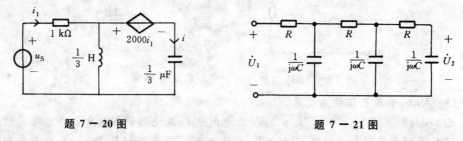

题 7-20 图　　　　　　　　　　题 7-21 图

7-22 题 7-21 图所示电路去掉最后一节 RC 支路,要求输出电压滞后输入电压 $90°$。试求 ω 及 U_2/U_1。

7-23 图示电路,试用节点电压法求各支路电流。

7-24 图示电路,试用节点电压法求 $\dot{U}$。

7-25 图示电路,试用节点电压法求 $\dot{U}_0$ 的表达式。

7-26 图示电路,试求戴维南等效电源。

7-27 图示电路,试用戴维南定理求 $\dot{I}$。

7-28 图示电路,已知 $u_S = \sqrt{2}\cos(10^4 t - 45°)$ V。要使流过 R 的电流有效值为最大,C 应为何值?(应用戴维南定理)

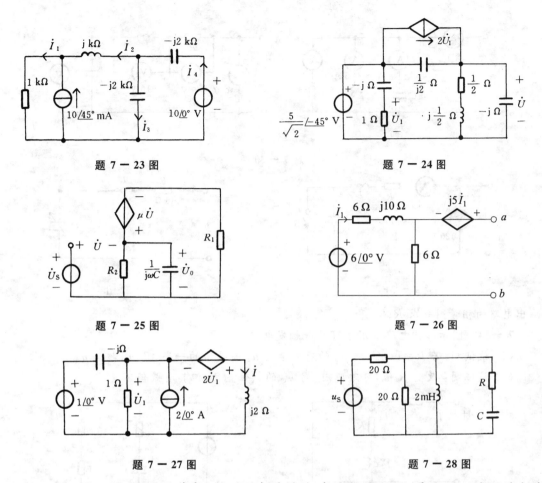

题 7 — 23 图

题 7 — 24 图

题 7 — 25 图

题 7 — 26 图

题 7 — 27 图

题 7 — 28 图

7—29 图示电路为晶体管高频电路的相量模型,求放大器的输入导纳 Y_i 及电压放大倍数 $\dot{U}_2/\dot{U}_1$。

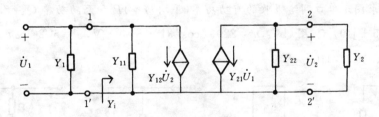

题 7 — 29 图

7—30 图示电路中,电表所示为有效值。试求电流表 A 的读数;电压表 V 的读数。(应用相量图法)

7—31 图示电路,电压表 V 的读数为 120 V,开关 S 断开和 S 闭合两种情况下电流表 A 读数不变,均为 4 A。已知容抗 $X_C = -48\ \Omega$,求 R 和感抗 X_L。(应用相量图法)

7—32 图示电路,u 的有效值 $U = 20$ V,调节 C,使 $U_{ab} = U_{bc} = U = 20$ V。试画电路的相量图,并计算电流有效值 I。(应用相量图法)

7—33 图示电路,已知 $I_1 = 5$ A,$I_2 = 4$ A,$X_C = -12.5\ \Omega$,$U = 100$ V,且 $\dot{U}$ 与 $\dot{I}$ 同相。试

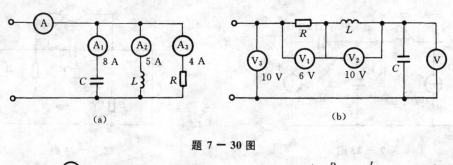

(a)

(b)

题 7 — 30 图

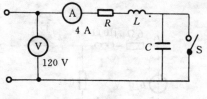

题 7 — 31 图

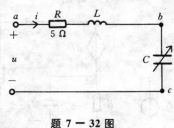

题 7 — 32 图

画出电路的相量图并求 R、R_L 和 X_L。

7 — 34 图示移相电路常用于可控硅触发电路中。

(1) 试证明：若 $R = 1/\omega C$，则 u_{ab} 的有效值为 u_S 有效值的一半，且 u_{ab} 超前 u_S 为 $90°$；

(2) 试证明：改变 R 值，可改变 u_{ab} 对 u_S 的相位差角，但其有效值不变。

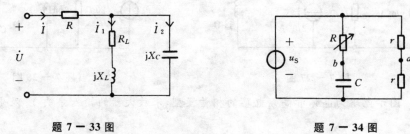

题 7 — 33 图   题 7 — 34 图

7 — 35 求图示单口网络吸收的有功功率(平均功率) P 和无功功率 Q。已知图(a)：$U = 100$ V，$Z = (15 + \mathrm{j}10)$ Ω；图(b)：$u = 220\sqrt{2}\cos(314t + 40°)$ V，$i = 5\sqrt{2}\sin\omega t$ A；图(c)：$i = 10\cos t$ A；图(d)：$\dot{U} = 100\underline{/0°}$ V。

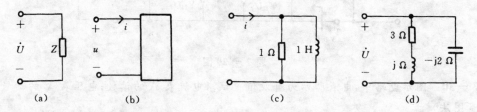

(a)   (b)   (c)   (d)

题 7 — 35 图

7 — 36 图示电路，已知 $\dot{U}_S = 10\underline{/0°}$ V，$\dot{I}_S = 1\underline{/0°}$ A，$R = 5$ Ω，$X_1 = 5$ Ω，$X_2 = 10$ Ω，$X_C = -5$ Ω。求两个电源供出的有功功率和无功功率。

7 — 37 图示电路，试求 R_1、R_2、X_1 和 X_2。

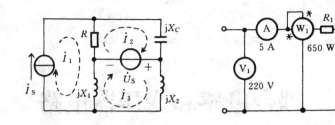

题 7—36 图   题 7—37 图

7—38   100 kW 负载接于有效值为 220 V 的正弦电源上,求负载功率因数 λ 为以下三种情况下电源供出的视在功率 S、无功功率 Q 及电流 I。

(1) $\lambda = 0.5$(滞后);

(2) $\lambda = 0.9$(滞后);

(3) $\lambda = 0.9$(超前)。

7—39   220 V 电源供某厂动力和照明用电。动力负载为 20 台 1.7 kW 的电动机,功率因数为 0.8(滞后),照明负载为 100 盏 100 W 电灯(电阻性)。

(1) 求该用户吸收的平均功率 P、无功功率 Q、视在功率 S 及用户的功率因数 λ;

(2) 求动力负载的总电流 $I_\text{动}$、照明负载的总电流 $I_\text{照}$ 及用户的总电流 I。

7—40   接在 220 V 工频电源上的负载:$P = 100$ kW,功率因数 $\lambda = 0.8$(滞后)。

(1) 求负载电流;

(2) 欲使用户的功率因数提高到 0.9,应并多大的电容 C,并求此时负载电流和总电流;

(3) 欲使用户功率因数为 1,重求(2)。

7—41   求以下三种条件下单口网络的阻抗:

(1) 网络的 $U = 230$ V,吸收的 $\tilde{S} = 4\ 600\underline{/30°}$ V·A;

(2) 网络的 $I = 12.5$ A,$\tilde{S} = 5\ 000\underline{/45°}$ V·A;

(3) 网络的 $U = 230$ V,$I = 10$ A,吸收的无功功率 $Q = -1\ 500$ var。

7—42   三个负载并联接到 220 V 正弦电源上,各负载取用的功率和电流分别为:$P_1 = 4.4$ kW,$I_1 = 44.7$ A(感性);$P_2 = 8.8$ kW,$I_2 = 50$ A(感性);$P_3 = 6.6$ kW,$I_3 = 60$ A(容性)。求电源供给的总电流和电路的功率因数。

7—43   图示电路,$u_\text{S} = 10\sqrt{2}\cos 1\ 000t$ V,$Z_\text{S} = (50 + j62.8)$ Ω,负载为 R、C 并联电路,求负载与电源共轭匹配时的 R、C 值和负载获得的最大功率。

7—44   图示电路。

(1) 负载 Z 为何值时其可获得最大功率,并求此功率;

(2) 若负载 $Z = R$,R 为何值时其可获得最大功率,并求此功率。

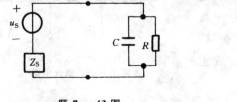

题 7—43 图

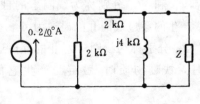

题 7—44 图

第八章 耦合电感和变压器电路

本章主要内容:耦合电感的互感和伏安关系;耦合电感的同名端及互感电压极性的判定;正弦稳态互感耦合电路的计算;耦合电感的去耦等效;空心变压器电路的分析,反映电路和反映阻抗;理想变压器的伏安关系、阻抗变换及等效电路;全耦合变压器的伏安关系及等效电路等。

根据电磁感应原理制成的各种耦合线圈和变压器,在电工和电子技术中有着广泛的应用。例如收音机中,用耦合线圈将天线接收到的电信号耦合到输入电路;在电子电路中利用变压器变换阻抗实现前级电路与后级负载之间的阻抗匹配;在电力系统中,用变压器来降低或升高电压,等等。为了分析含有耦合线圈和变压器的电路,建立这一类实际器件的电路模型,仅仅依靠 R、L、C 三种基本元件是不够的,因此本章引入两种新的电路元件——耦合电感和理想变压器以及它们的参数(互感 M 和匝比 n)。

第一节 耦合电感的伏安关系和同名端

一、互感电压,耦合电感的伏安关系

当某线圈 I 通以时变电流 i_1 时,线圈中的磁通随之变化。根据电磁感应定律,这些变化的磁通将在线圈两端产生感应电压(自感电压)。若线圈 I 附近有另一线圈 II,则线圈 I 产生的磁场可能穿过线圈 II 而使其两端也出现感应电压,这一感应电压称为线圈 I 对 II 的互感电压。一线圈中的时变电流在另一线圈中产生感应电压的现象叫做磁耦合现象或互感现象,产生磁耦合现象的这对线圈称为互感线圈或耦合线圈。互感线圈的理想模型(忽略线圈的损耗电阻以及电场效应)即是耦合电感。下面分析耦合电感的 VAR。

图 8-1 所示为两个耦合电感线圈。设仅线圈 I 通有电流 i_1。i_1 在线圈 I 中产生的磁通为 Φ_{11},磁链为 Ψ_{11},Φ_{11} 和 Ψ_{11} 分别称为线圈 I 的自磁通和自磁链。i_1 产生的穿过线圈 II 的磁通为 Φ_{21},磁链为 Ψ_{21},Φ_{21} 和 Ψ_{21} 分别称为线圈 I 对 II 的互磁通和互磁链。当周围无铁磁物质时,磁链与产生它的电流成正比,即

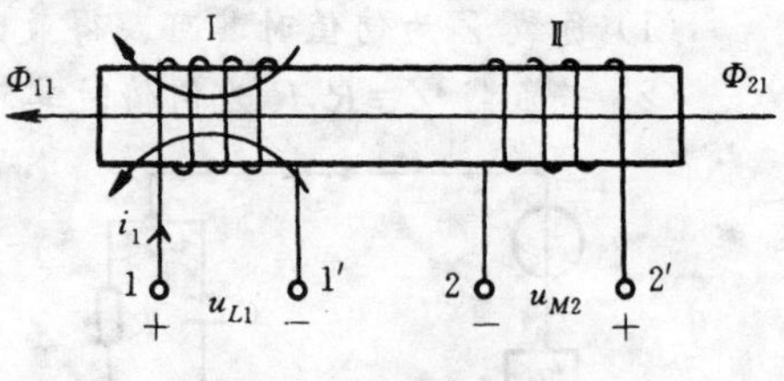

图 8-1 耦合电感

$$\Psi_{11}=L_1 i_1, \qquad \Psi_{21}=M_{21} i_1,$$

或

$$L_1=\frac{\Psi_{11}}{i_1}, \qquad M_{21}=\frac{\Psi_{21}}{i_1} \tag{8-1}$$

式中,比例系数 L_1 是线圈 I 的自感(系数),常称为电感。M_{21} 称为线圈 I 对 II 的互感(系数),单位也是亨(H)。若磁链随时间变化,则在线圈两端出现感应电压,Ψ_{11} 在线圈 I 产生自感电压 u_{L1},Ψ_{21} 在线圈 II 产生互感电压 u_{M2}。通常规定:磁链(或磁通)的方向与产生它的电流的方向(均指参考方向,以下同)为右(手)螺旋关系,感应电压方向(极性)与产生它的磁链方向也为右(手)螺旋关系。在此前提下,由图 8−1 可以看出,u_{L1} 的方向永远与 i_1 的方向关联,u_{M2} 的方向则取决于 i_1 的方向以及两线圈的绕向。u_{L1} 和 u_{M2} 分别为

$$u_{L1} = \frac{\mathrm{d}\Psi_{11}}{\mathrm{d}t} = L_1 \frac{\mathrm{d}i_1}{\mathrm{d}t}$$

和
$$u_{M2} = \frac{\mathrm{d}\Psi_{21}}{\mathrm{d}t} = M_{21} \frac{\mathrm{d}i_1}{\mathrm{d}t}$$

图 8−1 中,若仅线圈 II 通有电流 i_2,则它在线圈 II 产生自感电压 u_{L2},在线圈 I 产生互感电压 u_{M1}。它们的分析与上面的完全类似,这时有

$$u_{L2} = \frac{\mathrm{d}\Psi_{22}}{\mathrm{d}t} = L_2 \frac{\mathrm{d}i_2}{\mathrm{d}t}$$

$$u_{M1} = \frac{\mathrm{d}\Psi_{12}}{\mathrm{d}t} = M_{12} \frac{\mathrm{d}i_2}{\mathrm{d}t}$$

式中,Ψ_{22} 和 Ψ_{12} 分别为线圈 II 的自磁链和线圈 II 对 I 的互磁链,L_2 和 M_{12} 分别是线圈 II 的自感和线圈 II 对 I 的互感,即

$$L_2 = \frac{\Psi_{22}}{i_2}, \qquad M_{12} = \frac{\Psi_{12}}{i_2} \tag{8-2}$$

可以证明,$M_{12} = M_{21}$,今后将它们一律用 M 表示。

图 8−2 中,设两耦合电感的电流分别为 i_1 和 i_2,它们产生的磁通在图中分别用实线和虚线表示。图 8−2(a)中,互磁链与自磁链方向相同,因而互感电压与自感电压极性相同。为便于观察,直接将它们的极性示于线圈两端,但要注意,绝不能认为 $u_{11'} = u_{L1} = u_{M1}$。图 8−2(b)中,互磁链与自磁链方向相反,因而互感电压与自感电压极性相反。图 8−2(a)和(b)所示线圈的电压分别为

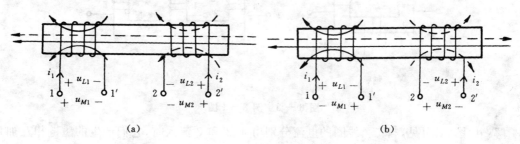

图 8 − 2 耦合电感的伏安关系

$$\left.\begin{aligned} u_{11'} &= u_{L1} + u_{M1} = L_1 \frac{\mathrm{d}i_1}{\mathrm{d}t} + M \frac{\mathrm{d}i_2}{\mathrm{d}t} \\ u_{22'} &= -u_{L2} - u_{M2} = -L_2 \frac{\mathrm{d}i_2}{\mathrm{d}t} - M \frac{\mathrm{d}i_1}{\mathrm{d}t} \end{aligned}\right\} \tag{8-3}$$

和

$$u_{11'} = u_{L1} - u_{M1} = L_1 \frac{di_1}{dt} - M \frac{di_2}{dt} \left.\begin{array}{c} \\ \\ \end{array}\right\}$$

$$u_{22'} = -u_{L2} + u_{M2} = -L_2 \frac{di_2}{dt} + M \frac{di_1}{dt} \left.\begin{array}{c} \\ \\ \end{array}\right\} \tag{8-4}$$

式(8−3)和式(8−4)即为耦合电感的 VAR。若 i_1、i_2 为同频率正弦量,则上两式可写成相量形式,它们分别为

$$\dot{U}_{11'} = \dot{U}_{L1} + \dot{U}_{M1} = j\omega L_1 \dot{I}_1 + j\omega M \dot{I}_2 \left.\begin{array}{c} \\ \\ \end{array}\right\}$$

$$\dot{U}_{22'} = -\dot{U}_{L2} - \dot{U}_{M2} = -j\omega L_2 \dot{I}_2 - j\omega M \dot{I}_1 \left.\begin{array}{c} \\ \\ \end{array}\right\} \tag{8-5}$$

和

$$\dot{U}_{11'} = \dot{U}_{L1} - \dot{U}_{M1} = j\omega L_1 \dot{I}_1 - j\omega M \dot{I}_2 \left.\begin{array}{c} \\ \\ \end{array}\right\}$$

$$\dot{U}_{22'} = -\dot{U}_{L2} + \dot{U}_{M2} = -j\omega L_2 \dot{I}_2 + j\omega M \dot{I}_1 \left.\begin{array}{c} \\ \\ \end{array}\right\} \tag{8-6}$$

式(8−5)和(8−6)为耦合电感在正弦稳态时 VAR 的相量形式。

二、耦合电感的同名端及互感电压极性的判定

由以上分析看出,当两耦合电感均有电流流过时,其上的电压由两部分组成,一是自感电压,另一是互感电压。前者由本线圈的电流产生,后者由它线圈的电流产生。自感电压的方向永远与产生它的电流方向一致,互感电压的方向与自感电压的方向可能相同,也可能相反,这取决于互磁链与自磁链的方向是一致或是相反。互磁链与自磁链的方向取决于线圈电流的方向以及线圈的绕向。为了便于判定互感电压的方向(极性),引出了同名端的概念。两耦合电感的同名端是指这样一对端子:当电流分别从这一对端子流入或流出时,它们在线圈内产生的磁通方向一致(加强)。同名端用符号"·"或"*"或"△"表示。图 8−2(a)中点 1 与点 2′(或点 1′和点 2)为同名端,图 8−2(b)中,1 与 2(或 1′与 2′)为同名端。

例 8−1 试确定图 8−3 所示三个耦合线圈的同名端。

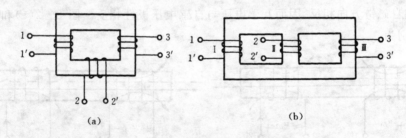

图 8−3 例 8−1图

解 由图(a)可见,当三个线圈的电流分别由 1、2′和 3 流入时,它们产生的磁链相互加强(方向一致)。可见 1、2′、3 为同名端,可同时标以"·"号。而对图(b),需要一对一对线圈分别判定。对线圈Ⅰ和Ⅱ,当电流分别由 1 和 2′流入时,所产生的磁链相互加强,故 1 和 2′为同名端,可用"·"表示;对线圈Ⅰ和Ⅲ,当电流分别从 1 和 3 流入时,所产生的磁链相互加强,故 1 和 3 为同名端,可用"*"表示;对线圈Ⅱ和Ⅲ,当电流分别从 2 和 3 流入时,它们产生的磁链相互加强,故 2 和 3 为同名端,可用"△"表示。

由此例可以看出,三个耦合线圈的同名端,在有些情况下可以全部用一个符号标明,如图(a),而在另一些情况下,则必须两两分别标明,如图(b)。

利用同名端的概念可以判定互感电压方向,因而图中不必再画出线圈的绕向。对实际的线圈,经过绝缘处理及固定后,其绕向已无法观察确定。耦合电感的电路模型是一个由 L_1、L_2、M 和同名端表征的四端元件。图 8-2 的电路模型如图 8-4 所示。图 8-4(a)中,i_1 和 i_2 由同名端流入,因此两耦合电感上的互感电压和自感电压极性相同;图 8-4(b)中,i_1 和 i_2 由异名端流入,因此两耦合电感上的互感电压和自感电压极性相反。自感电压和互感电压的极性均示于图 8-4 之中。实际上,我们只需判定互感电压的极性就可确定耦合电感的端电压。互感电压是由它线圈的电流产生的,其与本线圈的电流无关,因此判定其极性时,只需考虑它线圈电流的方向以及同名端的位置。由同名端的概念可知,当某线圈的电流由"·"流入时,其在另一线圈产生的互感电压的"+"极应在"·"端,反之,当某线圈的电流由"·"流出时,其在另一线圈产生的互感电压的"-"极应在"·"端。由此可作出结论为:两耦合线圈,当某线圈的电流由"·"流入时,另一线圈的"·"为互感电压的"+"极,反之,当电流由"·"端流出时,另一线圈的"·"为互感电压的"-"极。互感电压的这一定向法简言之为:"·"入"·"正;"·"出"·"负。读者要牢牢记住。

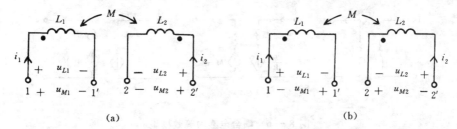

(a)   (b)

图 8-4　耦合电感的自感电压、互感电压

例 8-2　写出图 8-5 所示各耦合电感的 VAR,若电路为正弦稳态情况,试写出 VAR 的相量形式。

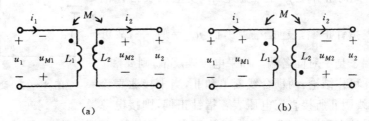

(a)   (b)

图 8-5　例 8-2 电路

解　为了便于写出耦合电感的 VAR,可先在各线圈上标出互感电压的极性(见图中所示)。自感电压的极性永远与电流方向关联,故未标明。

图(a)的 VAR:

$$u_1 = L_1 \frac{\mathrm{d}i_1}{\mathrm{d}t} - M \frac{\mathrm{d}i_2}{\mathrm{d}t}$$

$$u_2 = -L_2 \frac{\mathrm{d}i_2}{\mathrm{d}t} + M \frac{\mathrm{d}i_1}{\mathrm{d}t}$$

$$\dot{U}_1 = \mathrm{j}\omega L_1 \dot{I}_1 - \mathrm{j}\omega M \dot{I}_2$$

$$\dot{U}_2 = -\mathrm{j}\omega L_2 \dot{I}_2 + \mathrm{j}\omega M \dot{I}_1$$

图(b)的 VAR:

$$u_1 = L_1 \frac{\mathrm{d}i_1}{\mathrm{d}t} + M \frac{\mathrm{d}i_2}{\mathrm{d}t}$$

$$u_2 = -L_2 \frac{\mathrm{d}i_2}{\mathrm{d}t} - M \frac{\mathrm{d}i_1}{\mathrm{d}t}$$

$$\dot{U}_1 = \mathrm{j}\omega L_1 \dot{I}_1 + \mathrm{j}\omega M \dot{I}_2$$

$$\dot{U}_2 = -\mathrm{j}\omega L_2 \dot{I}_2 - \mathrm{j}\omega M \dot{I}_1$$

熟练掌握了互感电压极性的判定法后,书写 VAR 时,可不必在图中标出互感电压的极性。

耦合电感的自感电压、互感电压分别与两线圈电流的变化率成正比,因此耦合电感是一个动态记忆元件。对含耦合电感电路的分析,较前面各章更为复杂,特别容易出错的是遗漏互感电压或判错其极性,为此,我们可将线圈中的互感电压用流控压源(CCVS)表示,它与自感串联。例如图 8—5(a)[现示于图 8—6(a)]电路可等效为图 8—6(b),在正弦稳态情况下,其相量模型如图 8—6(c)所示。

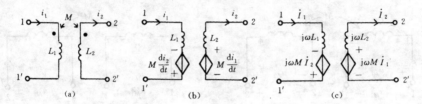

图 8—6 耦合电感的等效模型

同名端可用实验方法确定。一个简单的实验电路如图 8—7 所示,图中 R 是一限流电阻,避免开关 S 闭合后 i_1 过大。电源可用干电池。在开关 S 闭合瞬间,$\frac{\mathrm{d}i_1}{\mathrm{d}t} > 0$,此时 Ⅱ 中会产生互感电压,使电压表指针偏转。如果电压表指针正偏,表明 $u_{cd} > 0$,而 $u_{M2} = M \frac{\mathrm{d}i_1}{\mathrm{d}t}$,故可知 a 和 c 两个端子是一对同名端。如果电压表反偏,则 a 和 c 为异名端。由此可作结论:两耦合线圈 Ⅰ 和 Ⅱ,当 Ⅰ 接通直流电源的一瞬间,线圈 Ⅱ 所接直流电压表若指针正偏,则接电源

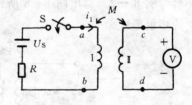

图 8—7 测同名端的电路

"＋"极的端子和接电压表"＋"极的端子为同名端,若指针反偏,则它们为异名端。图 8—7 中,如果开关 S 已闭合,则在 S 断开的一瞬间,直流电压表指针也将偏转,其结论与上述相反。

例 8—3 试判断图 8—8 中 S 断开瞬间,2、2′间电压的真实极性。

解 设电流 i_1 方向如图所示,根据互感电压极性判断法,可定 u_{M2} 极性,如图所示。因为 $u_{M2} = M \frac{\mathrm{d}i_1}{\mathrm{d}t}$,S 断开瞬间,$\frac{\mathrm{d}i_1}{\mathrm{d}t} < 0$,故 $u_{M2} < 0$,此时真实极性是:2′为"＋",2 为"—"。

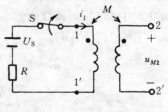

图 8—8 例 8—3 电路

三、耦合系数

工程上为了定量描述两个耦合线圈(设为 Ⅰ 和 Ⅱ)耦合的疏密程度,将 $\frac{\Psi_{12}}{\Psi_{11}}$ 和 $\frac{\Psi_{21}}{\Psi_{22}}$ 的几何

平均值定义为它们的耦合系数,用 k 表示,即

$$k \overset{\text{def}}{=\!=\!=} \sqrt{\frac{\Psi_{12}}{\Psi_{11}} \cdot \frac{\Psi_{21}}{\Psi_{22}}} \tag{8-7}$$

将 $\Psi_{11}=L_1 i_1$,$\Psi_{12}=M i_2$,$\Psi_{22}=L_2 i_2$,$\Psi_{21}=M i_1$ 代入上式,于是得到

$$k=\frac{M}{\sqrt{L_1 L_2}}$$

或

$$M=k\sqrt{L_1 L_2} \tag{8-8}$$

耦合系数 k 的大小与线圈的结构、两线圈的相互位置以及周围磁介质有关。如果两线圈紧密叠绕在一起,则任一线圈电流产生的磁通全部与两线圈的每一匝相交链,这是一种理想状态,称为全耦合。设线圈 I 和 II 的匝数分别为 N_1、N_2,全耦合时,互磁通与自磁通相等,因此有 $\Phi_{21}=\Phi_{11}$,$\Phi_{12}=\Phi_{22}$,于是自、互磁链分别为 $\Psi_{11}=N_1\Phi_{11}$,$\Psi_{22}=N_2\Phi_{22}$ 和 $\Psi_{12}=N_1\Phi_{22}$,$\Psi_{21}=N_2\Phi_{11}$,将它们代入式(8-7),得到 $k=1$。如果两耦合线圈相隔甚远,或者它们的轴线互相垂直,则互磁链 Ψ_{12} 和 Ψ_{21} 均为零,这种状态称为无耦合,由式(8-7)可得无耦合时的 $k=0$。由此可见,耦合系数 k 的范围是:$0 \leqslant k \leqslant 1$。根据式(8-8),$M$ 的范围是:$0 \leqslant M \leqslant \sqrt{L_1 L_2}$。$k$ 大则 M 大,表明两线圈耦合得紧,称为紧耦合;$k=1$ 为全耦合,此时 $M=\sqrt{L_1 L_2}$;k 小则 M 小,表明两线圈耦合得松,称为松耦合;$k=0$ 为无耦合,此时 $M=0$。在电子技术及电气工程中,为了更有效地传输信号或功率,总希望 k 值接近于 1,为此,常将线圈绕在铁磁材料制成的芯柱上。由于铁磁物质的磁导率很高,因此线圈电流产生的磁通绝大部分集中在铁芯内,从而使耦合线圈近似为全耦合,即 $k \approx 1$。在工程上,有时又要尽量减小互感的作用以避免线圈之间相互干扰,这时,除了采用屏蔽手段外,一个有效的方法就是合理地安排线圈的相互位置,以使 k 值尽量减小。

第二节　正弦稳态互感耦合电路的计算

含有耦合电感的电路称为互感耦合电路。正弦稳态互感耦合电路的计算,仍用相量法。对简单的互感耦合电路,用观察法计算,对复杂的互感耦合电路,常用回路(网孔)电流法分析,这是因为互感电压很容易用回路(网孔)电流表示。节点电压法所列的方程是节点电压方程,故很少应用节点电压法直接分析互感耦合电路。本节通过例题说明正弦稳态互感耦合电路计算的观察法和回路电流法。

例 8-4 图 8-9 电路,2、2′开路,试写出 $\dot{U}_2$ 的表达式。

解 2、2′开路,$j\omega L_1$ 上仅有自感电压,$j\omega L_2$ 上仅有互感电压。于是

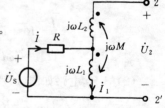

$$\dot{I}_1 = \dot{I} = \frac{\dot{U}_S}{R+j\omega L_1}$$

$$\dot{U}_2 = j\omega M \dot{I}_1 + j\omega L_1 \dot{I}_1 = j\omega(L_1+M)\dot{I}_1$$

$$= \frac{j\omega(L_1+M)}{R+j\omega L_1}\dot{U}_S$$

图 8-9　例 8-4 电路

例 8-5 图 8-10(a)中,u_{S1} 和 u_{S2} 为同频率正弦量,试列网孔电流方程的相量形式。

解 将图(a)中 L_1、L_2 上的互感电压用受控源表示,得到图(b),对图(b)列回路电流方程

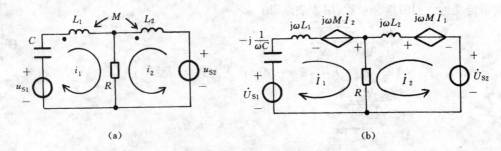

(a)   (b)

图 8 — 10 例 8 — 5 电路

为

$$\left(R+j\omega L_1-j\frac{1}{\omega C}\right)\dot{I}_1+R\dot{I}_2=\dot{U}_{S1}+j\omega M\dot{I}_2$$

$$R\dot{I}_1+(R+j\omega L_2)\dot{I}_2=\dot{U}_{S2}+j\omega M\dot{I}_1$$

即

$$\left(R+j\omega L_1-j\frac{1}{\omega C}\right)\dot{I}_1+(R-j\omega M)\dot{I}_2=\dot{U}_{S1}$$

$$(R-j\omega M)\dot{I}_1+(R+j\omega L_2)\dot{I}_2=\dot{U}_{S2}$$

例 8 — 6 图 8—11(a)中,$R_1=3\ \Omega,R_2=5\ \Omega,\omega L_1=7.5\ \Omega,\omega L_2=12.5\ \Omega,\omega M=6\ \Omega,\dot{U}_S=$ $50\underline{/0°}$V。(1) 开关 S 断开,求 $\dot{I}$ 和 $\dot{U}_{bc}$;(2) S 闭合,求 $\dot{I}$ 和 $\dot{I}_1$。

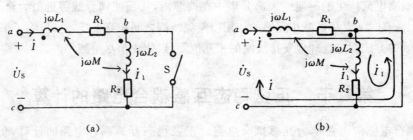

(a)   (b)

图 8 — 11 例 8 — 6 电路

解

(1) S 开,$\dot{I}=\dot{I}_1$,列回路电流方程为

$$(j\omega L_1+j\omega M+R_1+j\omega L_2+j\omega M+R_2)\dot{I}=\dot{U}_S$$

$$\dot{I}=\frac{\dot{U}_S}{R_1+R_2+j(\omega L_1+\omega L_2+2\omega M)}=\frac{50\underline{/0°}}{8+j32}\ \text{A}=1.516\underline{/-75.96°}\ \text{A}$$

$$\dot{U}_{bc}=(j\omega L_2+j\omega M+R_2)\dot{I}=29.05\underline{/-1.08°}\ \text{V}$$

(2) S 合,电路如图(b)所示,用回路电流法求 $\dot{I}$ 和 $\dot{I}_1$。选回路如图(b)中所示,于是有

$$(j\omega L_1+R_1)\dot{I}+j\omega M\dot{I}_1=\dot{U}_S$$

$$j\omega M\dot{I}+(j\omega L_2+R_2)\dot{I}_1=0$$

即

$$(3+j7.5)\dot{I}+j6\dot{I}_1=50\underline{/0°}$$

$$j6\dot{I}+(5+j12.5)\dot{I}_1=0$$

联立解得

$$\dot{I}=7.79\underline{/-51.5°}\ \text{A}, \quad \dot{I}_1=3.47\underline{/150.3°}\ \text{A}。$$

第三节　耦合电感的去耦等效

含耦合电感的电路,用观察法或回路电流法直接列电路方程时,往往容易将互感电压及其极性弄错。本节介绍用等效变换的方法来消除两个耦合线圈之间的互感,这样就可按无耦合电感电路的分析法计算电路。

两耦合电感直接相连有三种基本形式:串联,一点相连,并联。这三种耦合电感用无耦合的等效电路模型代替,称为去耦等效电路,简称去耦电路。下面对这三种连接方式的耦合电感进行去耦分析。

一、耦合电感的串联

两耦合电感的串联有两种形式,如图 8－12 所示。图(a)中,电流从两线圈的同名端流入(或流出),这种连接称为顺串或顺接;图(b)中,电流从两线圈的异名端流入(或流出),这种连接称为反串或反接。现在分析耦合电感串联支路的 VAR。由图 8－12 有

(a)   (b)

图 8 － 12　耦合电感的串联

$$u = u_{ac} + u_{cb} = \left(L_1 \frac{di}{dt} \pm M \frac{di}{dt} \right) + \left(L_2 \frac{di}{dt} \pm M \frac{di}{dt} \right)$$

$$= (L_1 \pm M) \frac{di}{dt} + (L_2 \pm M) \frac{di}{dt} \tag{8-9}$$

或
$$u = (L_1 + L_2 \pm 2M) \frac{di}{dt} = L_{eq} \frac{di}{dt} \tag{8-10}$$

式中,$L_{eq} = L_1 + L_2 \pm 2M$。各式 M 前的符号,上面对应顺串,下面对应反串(以下同)。根据式(8－9)和式(8－10),图 8－12[现示于图 8－13(a)]等效为 图 8－13(b)和(c),它们是耦合电感串联时的去耦等效电路。图 8－13(b)中,$L_1 \pm M$ 和 $L_2 \pm M$ 分别为两耦合电感的去耦等效电感;图 8－13(c)中,L_{eq} 是两耦合电感串联后的总等值电感。可以看出,顺串时,各线圈的等

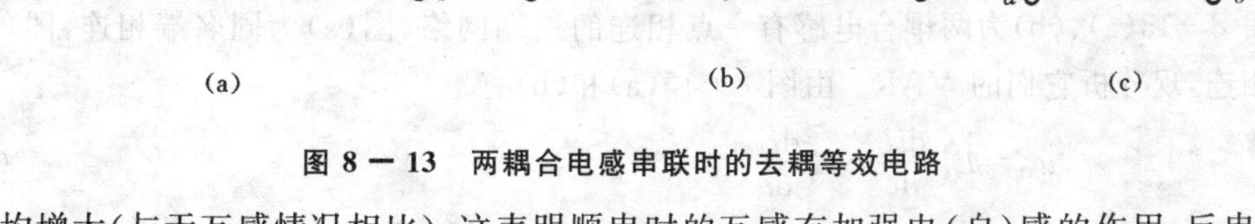

(a)   (b)   (c)

图 8 － 13　两耦合电感串联时的去耦等效电路

值电感均增大(与无互感情况相比),这表明顺串时的互感有加强电(自)感的作用;反串时,各线圈的等值电感均减小,这表明反串时的互感有削弱电(自)感的作用。互感的这种削弱作用,称为"容性"效应。M 值有可能大于 L_1(或 L_2),故反串时,线圈Ⅰ(或Ⅱ)的等值电感有可能为负,呈容性。但是反串的总等值电感 L_{eq} 不可能为负,这是因为耦合电感为储能元件,在任何时刻,其总磁场储能 $W_L(t) = \frac{1}{2} L_{eq} i(t)$ 不可能为负,故必有 $L_{eq} \geqslant 0$,这可由极限的全耦合情况

予以证明:全耦合时,$M=\sqrt{L_1 L_2}$,故反串等值电感

$$L_{eq}=L_1+L_2-2M=L_1+L_2-2\sqrt{L_1 L_2}=(\sqrt{L_1}-\sqrt{L_2})^2\geqslant 0$$

由上不等式可得

$$M\leqslant \frac{1}{2}(L_1+L_2)$$

这说明耦合电感的互感 M 不大于两自感的算术平均值。

耦合电感顺串时的总等值电感大于反串时的总等值电感,根据这一特点,可用实验方法测定耦合线圈的同名端,读者试自行拟一实验电路,并说明测定方法。利用式 $L_{eq}=L_1+L_2\pm 2M$ 也可测互感 M 值,设 L'_{eq} 和 L''_{eq} 分别为顺串和反串时的总等值电感,于是有

$$M=\frac{L'_{eq}-L''_{eq}}{4}$$

例 8—7　图 8—14(a),试求输入阻抗 Z_i、耦合电感的电压 $\dot{U}_{ab}$、$\dot{U}_{dc}$ 以及耦合系数 k。

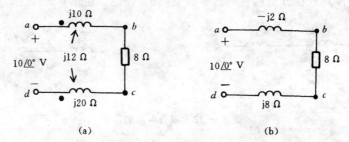

(a)　　　　　　　　　　(b)

图 8—14　例 8—7 电路

解　图(a)中两耦合电感反串,画出去耦等效电路图(b)。由图(b)得

$$Z_i=Z_{ab}=(-j2+8+j8)\ \Omega=(8+j6)\ \Omega=10\underline{/36.9°}\ \Omega$$

$$\dot{U}_{ab}=\left(\frac{-j2}{8+j6}\times 10\underline{/0°}\right)\ V=\left(\frac{20\underline{/-90°}}{10\underline{/36.9°}}\right)\ V=2\underline{/-126.9°}\ V$$

$$\dot{U}_{dc}=\left(\frac{-j8}{8+j6}\times 10\underline{/0°}\right)\ V=\left(\frac{80\underline{/-90°}}{10\underline{/36.9°}}\right)\ V=8\underline{/-126.9°}\ V$$

$$k=\frac{12}{\sqrt{10\times 20}}=0.85$$

二、耦合电感有一点相连的三端网络

图 8—15(a)、(b)为两耦合电感有一点相连的三端网络,图(a)为同名端相连,图(b)为异名端相连,现分析它们的 VAR。由图 8—15(a)和(b)有

$$u_{31}=L_1\frac{di_1}{dt}\pm M\frac{di_2}{dt} \tag{8-11}$$

$$u_{32}=L_2\frac{di_2}{dt}\pm M\frac{di_1}{dt} \tag{8-12}$$

上两式中,M 前的符号,上面对应同名端相连情况,下面对应异名端相连情况(以下同)。将 $i_2=i-i_1$ 和 $i_1=i-i_2$ 分别代入式(8—11)和式(8—12),于是有

$$u_{31}=L_1\frac{di_1}{dt}\pm M\frac{d(i-i_1)}{dt}=\pm M\frac{di}{dt}+(L_1\mp M)\frac{di_1}{dt} \tag{8-13}$$

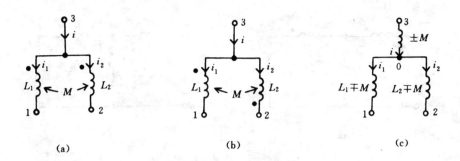

图 8 — 15 耦合电感一点相联时的去耦电路

$$u_{32} = L_2 \frac{\mathrm{d}i_2}{\mathrm{d}t} \pm M \frac{\mathrm{d}(i - i_2)}{\mathrm{d}t} = \pm M \frac{\mathrm{d}i}{\mathrm{d}t} + (L_2 \mp M) \frac{\mathrm{d}i_2}{\mathrm{d}t} \qquad (8-14)$$

根据式(8—13)和式(8—14),图 8—15(a)和(b)的去耦等效电路如图 8—15(c)所示。需要指出,去耦电路中多出了一个节点 0,它在原电路中不存在。初学者分析电路时,易将点 0 误认为点 3,这要特别注意。

图 8—12 所示的两耦合电感串联电路,可以看成是有一点相连的三端(a、b、c)网络,只不过相连的点 c 抽出去的一端(相当于图 8—15 的点 3)为开路。当按三端网络去耦时,其结果与串联分析所得结果相同。

三、耦合电感的并联

图 8—16(a)、(b)所示为耦合电感并联的两种形式。从 a、b、c 三点观察,L_1、L_2 构成耦合电感一点相连的三端网络,因此图 8—16(a)和(b)的去耦电路如图 8—16(c)所示,M 前的符号,上面对应同名端并联,下面对应异名端并联。由图 8—16(c)可得 a、d 之间的等值电感 L_{eq} [图(d)所示]为

$$L_{eq} = \pm M + \frac{(L_1 \mp M)(L_2 \mp M)}{(L_1 \mp M) + (L_2 \mp M)} = \frac{L_1 L_2 - M^2}{L_1 + L_2 \mp 2M}$$

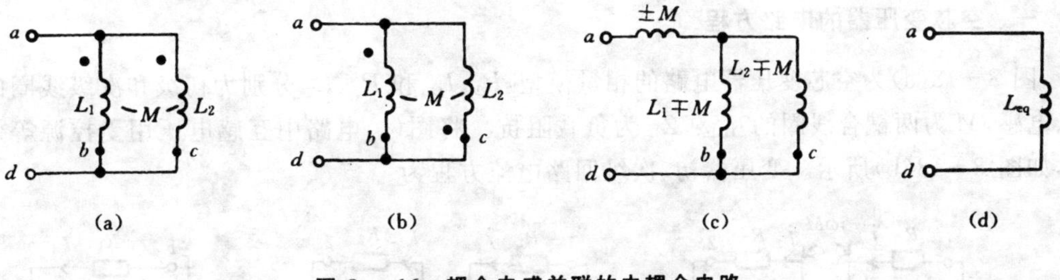

图 8 — 16 耦合电感并联的去耦合电路

例 8 — 8 图 8—17(a),求 Z_{ab}、$\dot{I}_1$、$\dot{I}_2$、$\dot{I}$、$\dot{U}_1$、$\dot{U}_2$ 以及耦合系数 k。图中各阻抗单位为 Ω。

解 图(a)中,两耦合电感属于同名端相连情况。作去耦等效电路图(b),注意 $\dot{U}_1$、$\dot{U}_2$ 的位置。由图(b)求各量如下

$$Z_{ab} = \left[j4 + \frac{(j2 - j3)(j2 + j1)}{(j2 - j3) + (j2 + j1)} \right] \Omega = (j4 - j1.5)\ \Omega = j2.5\ \Omega$$

$$\dot{I} = \left(\frac{10 \underline{/0^\circ}}{j2.5} \right) \text{A} = (-j4)\ \text{A} = 4 \underline{/-90^\circ}\ \text{A}$$

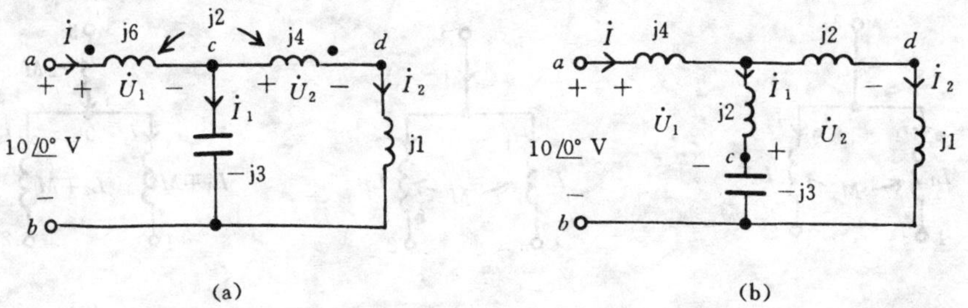

$$10\underline{/0°}\ \text{V}$$ (figures (a) and (b))

(a)　　　　　　　　(b)

图 8 — 17　例 8 —8 电路

$$\dot{I}_1 = \left[\frac{j2+j1}{(j2-j3)+(j2+j1)} \times 4\underline{/-90°}\right] \text{A} = 6\underline{/-90°}\ \text{A}$$

$$\dot{I}_2 = \dot{I} - \dot{I}_1 = 2\underline{/90°}\ \text{A}$$

$$\dot{U}_1 = \dot{U}_{ac} = j4\dot{I} + j2\dot{I}_1 = [j4(-j4)+j2(-j6)]\ \text{V} = 28\underline{/0°}\ \text{V}$$

$$\dot{U}_2 = \dot{U}_{cd} = -j2\dot{I}_1 + j2\dot{I}_2 = [-j2(-j6)+j2\times j2]\ \text{V} = -16\ \text{V} = 16\underline{/180°}\ \text{V}$$

$$k = \frac{2}{\sqrt{6\times4}} = 0.408$$

第四节　空芯变压器电路分析

变压器是利用互感耦合来实现从一个电路向另一个电路传递能量或信号的一种器件,它是由两个具有互感耦合的线圈(也称绕组)组成,一个线圈接电源,称为变压器的初级线圈或原边,另一线圈接负载,称为变压器的次级线圈或副边。线圈可以绕在铁芯上,构成铁芯变压器,也可以绕在非铁磁材料的芯柱上,构成空芯变压器。铁芯变压器耦合系数接近于 1,属于紧耦合,空芯变压器耦合系数较小,属于松耦合。本节介绍空芯变压器电路的分析。

一、空芯变压器的电路方程

图 8—18(a)为空芯变压器电路的相量模型,R_1、L_1 和 R_2、L_2 分别为初级和次级线圈的电阻、电感,M 为两耦合线圈的互感,Z_L 为负载阻抗。将图(a)电路中互感电压用受控源等效代替,如图 8—18(b)所示。变压器初、次级回路电流方程为

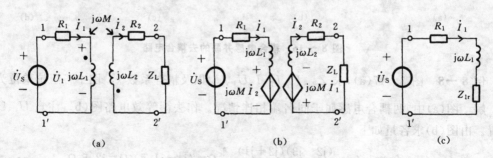

(a)　　　　　　　　(b)　　　　　　　　(c)

图 8 — 18　空芯变压器电路

$$(R_1 + j\omega L_1)\dot{I}_1 + j\omega M\dot{I}_2 = \dot{U}_S$$

194

$$\mathrm{j}\omega M\dot{I}_1+(R_2+\mathrm{j}\omega L_2+Z_\mathrm{L})\dot{I}_2=0$$

或写成

$$\left.\begin{array}{l}Z_{11}\dot{I}_1+Z_{12}\dot{I}_2=\dot{U}_\mathrm{s}\\[2mm]Z_{21}\dot{I}_1+Z_{22}\dot{I}_2=0\end{array}\right\} \tag{8-15}$$

式中

$$Z_{11}=R_1+\mathrm{j}\omega L_1=R_{11}+\mathrm{j}X_{11}$$

$$Z_{22}=R_2+\mathrm{j}\omega L_2+Z_\mathrm{L}=R_{22}+\mathrm{j}X_{22}$$

Z_{11}、Z_{22} 分别为初、次级回路的自阻抗,R_{11}、R_{22} 为自电阻,X_{11}、X_{22} 为自电抗。式(8-15)中

$$Z_{12}=Z_{21}=\mathrm{j}\omega M$$

为初、次级回路的互阻抗。由式(8-15)可得

$$\dot{I}_1=\frac{\begin{vmatrix}\dot{U}_\mathrm{s}&Z_{12}\\0&Z_{22}\end{vmatrix}}{\begin{vmatrix}Z_{11}&Z_{12}\\Z_{21}&Z_{22}\end{vmatrix}}=\frac{Z_{22}\dot{U}_\mathrm{s}}{Z_{11}Z_{22}-Z_{12}Z_{21}}=\frac{\dot{U}_\mathrm{s}}{Z_{11}-\dfrac{(\mathrm{j}\omega M)^2}{Z_{22}}}=\frac{\dot{U}_\mathrm{s}}{Z_{11}+\dfrac{\omega^2 M^2}{Z_{22}}} \tag{8-16}$$

$$\dot{I}_2=\frac{\begin{vmatrix}Z_{11}&\dot{U}_\mathrm{s}\\Z_{21}&0\end{vmatrix}}{\begin{vmatrix}Z_{11}&Z_{12}\\Z_{21}&Z_{22}\end{vmatrix}}=\frac{-Z_{21}\dot{U}_\mathrm{s}}{Z_{11}Z_{22}-Z_{12}Z_{21}}=\frac{-\mathrm{j}\omega M\dfrac{\dot{U}_\mathrm{s}}{Z_{11}}}{Z_{22}-\dfrac{(\mathrm{j}\omega M)^2}{Z_{11}}}=\frac{-\mathrm{j}\omega M\dfrac{\dot{U}_\mathrm{s}}{Z_{11}}}{Z_{22}+\dfrac{\omega^2 M^2}{Z_{11}}} \tag{8-17}$$

图 8-18(a)中,若 $\mathrm{j}\omega L_2$ 的"·"改在上方,此时式(8-16)仍成立,即它与同名端的位置无关,但式(8-17)则需将"-"号改为"+"号。

二、初级反映电路

根据式(8-16)可作初级等效电路如图 8-18(c)所示,它也称为初级反映电路,图中 $Z_{1\mathrm{r}}=\omega^2 M^2/Z_{22}$ 或 $Z_{1\mathrm{r}}=-(\mathrm{j}\omega M)^2/Z_{22}$(第十四章分析复频域耦合电路的反映电路时必须用此形式)。利用初级反映电路可以很简便地求出 1、1′间的输入阻抗、初级电流以及耦合电感电压 $\dot{U}_1$。输入阻抗 Z_i 为

$$Z_\mathrm{i}=R_1+\mathrm{j}\omega L_1+\frac{\omega^2 M^2}{Z_{22}}=Z_{11}+Z_{1\mathrm{r}} \tag{8-18}$$

式中,$Z_{1\mathrm{r}}=\omega^2 M^2/Z_{22}$ 称为次级回路对初级回路的反映阻抗,简称初级反映阻抗。式(8-18)表明,初级输入阻抗 Z_i 由两部分组成,一是初级回路的自阻抗 Z_{11},另一是初级反映阻抗 $Z_{1\mathrm{r}}$。$Z_{1\mathrm{r}}$ 是次级回路电流通过互感耦合而反映到初级的一个等效阻抗。对照图 8-18(b)可以看出,它就是初级回路受控源的等效阻抗,其上电压就是初级线圈的互感电压。

初级反映阻抗 $Z_{1\mathrm{r}}$ 可写成如下形式

$$Z_{1r} = \frac{\omega^2 M^2}{Z_{22}} = \frac{\omega^2 M^2}{R_{22} + jX_{22}} = \frac{\omega^2 M^2}{R_{22}^2 + X_{22}^2} R_{22} + j \frac{\omega^2 M^2}{R_{22}^2 + X_{22}^2}(-X_{22}) = R_{1r} + jX_{1r}$$

式中

$$R_{1r} = \frac{\omega^2 M^2}{R_{22}^2 + X_{22}^2} R_{22} = \frac{\omega^2 M^2}{|Z_{22}|^2} R_{22}$$

$$X_{1r} = \frac{\omega^2 M^2}{R_{22}^2 + X_{22}^2}(-X_{22}) = \frac{\omega^2 M^2}{|Z_{22}|^2}(-X_{22})$$

它们分别称为反映电阻和反映电抗。由上两式可以看出，R_{1r} 恒为正，X_{1r} 与 X_{22} 的符号相反。当次级回路为感性时，初级反映阻抗为容性；次级回路为容性时，初级反映阻抗为感性。

由初级反映电路求得电源供出的功率 P_1 为

$$P_1 = I_1^2 R_1 + I_1^2 R_{1r}$$

上式表明，电源供出的功率由两部分组成，其中 $I_1^2 R_1$ 是消耗在初级电阻 R_1 上的功率，另一部分 $I_1^2 R_{1r}$，显然是通过互感耦合而传递到次级回路的功率，即次级回路自阻抗 R_{22} 所消耗的功率，因此有 $I_1^2 R_{1r} = I_2^2 R_{22}$。该式亦可通过计算得以证明（见例 $8-12$）。

三、次级反映电路

由式($8-17$)可得变压器次级等效电路如图 $8-19$(a)所示，也称为次级反映电路，图中 $Z_{2r} = \omega^2 M^2 / Z_{11}$ 或 $Z_{2r} = -(j\omega M)^2 / Z_{11}$（复频域电路用），称为初级对次级的反映阻抗，简称次级反映阻抗。图 $8-19$(a)实质上是图 $8-18$(a)的戴维南等效电路，图中 $-j\omega M \dot{U}_S / Z_{11}$ 是变压器次级的开路电压 $\dot{U}_{OC}$。图 $8-19$(b)为求开路电压的电路，图中 $\dot{I}_0$ 为次级开路（未接负载）时的初级电流，由图(b)可得

$$\dot{I}_0 = \frac{\dot{U}_S}{R_1 + j\omega L_1} = \frac{\dot{U}_S}{Z_{11}}$$

故

$$\dot{U}_{OC} = -j\omega M \dot{I}_0 = -\frac{j\omega M \dot{U}_S}{Z_{11}}$$

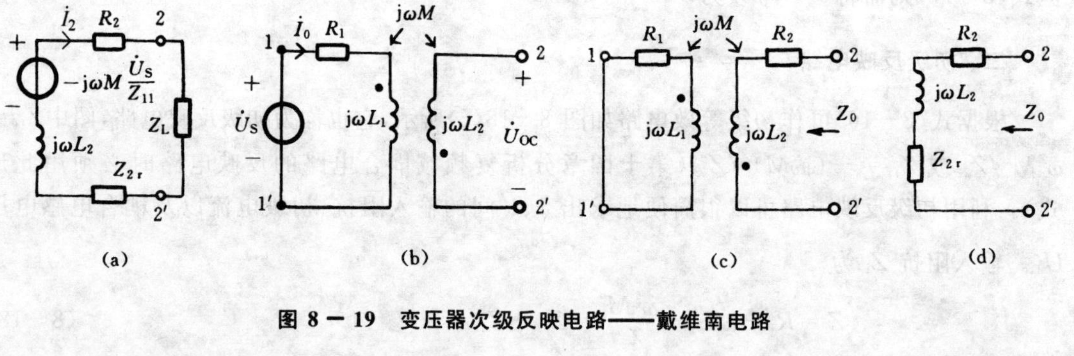

图 $8-19$ 变压器次级反映电路——戴维南电路

$\dot{U}_{OC}$ 与同名端的位置有关。图 $8-19$(a)中的 $R_2 + j\omega L_2 + Z_{2r}$ 是戴维南等效电源的内阻抗 Z_0，图 $8-19$(c)为 Z_0 的图示电路。用伏安法分析 Z_0 时，2、2′为初级，1、1′为次级，因此 Z_0 的等效电路为图 $8-19$(d)，$Z_{2r} = \omega^2 M^2 / Z_{11}$，它与同名端的位置无关。由图 $8-19$(d)可见

$$Z_0 = R_2 + j\omega L_2 + Z_{2r} = R_2 + j\omega L_2 + \frac{\omega^2 M^2}{Z_{11}} \tag{8-19}$$

例 8—9 图 8—20 电路,次级短路。已知 $L_1=0.1$ H,$L_2=0.4$ H,(1) 若 $M=0.12$ H,求耦合系数 k 和 ab 端的等值电感 L_{eq};(2) 若 L_1 与 L_2 全耦合,求 M 和 L_{ab}。

解

(1)
$$k=\frac{M}{\sqrt{L_1 L_2}}=\frac{0.12}{\sqrt{0.1\times 0.4}}=0.6$$

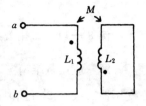

图 8—20 例 8—9 电路

用初级反映电路求 L_{ab}:

$$Z_{ab}=j\omega L_1+Z_{1r}=j\omega L_1+\frac{\omega^2 M^2}{j\omega L_2}$$

$$=j\omega\left(L_1-\frac{M^2}{L_2}\right)=j\omega L_{ab}$$

故
$$L_{ab}=L_1-\frac{M^2}{L_2}=\left(0.1-\frac{0.12^2}{0.4}\right)\text{ H}=0.064\text{ H}=64\text{ mH}$$

(2) 全耦合时,$k=1$,于是

$$M=\sqrt{L_1 L_2}=(\sqrt{0.1\times 0.4})\text{ H}=0.2\text{ H}$$

$$L_{ab}=L_1-\frac{M^2}{L_2}=L_1-\frac{L_1 L_2}{L_2}=0$$

由此例看出

$$L_{ab}=L_1-\frac{M^2}{L_2}=L_1-\frac{k^2 L_1 L_2}{L_2}=(1-k^2)L_1<L_1$$

它表明,当次级短路时,初级等效电感 L_{ab} 小于初级自感 L_1,k 越大,L_{ab} 越小,当 $k=1$(全耦合)时,$L_{ab}=0$,相当于初级短路,因此全耦合或紧耦合变压器,次级不允许短路,否则变压器会被烧毁。

例 8—10 试求图 8—21(a)电路中的 $\dot{I}_1$、$\dot{U}_1$ 和 $\dot{I}_2$。

解 画初级反映电路如图 8—21(b)所示。图中

$$Z_{1r}=\left(\frac{20^2}{20+j40}\right)\Omega=\left(\frac{400}{20+j40}\right)\Omega=(4-j8)\Omega$$

$$\dot{I}_1=\left(\frac{200\underline{/0°}}{10+j100+Z_{1r}}\right)\text{A}=\left(\frac{200\underline{/0°}}{14+j92}\right)\text{A}=2.149\underline{/-81.4°}\text{ A}$$

$$\dot{U}_1=(j100+Z_{1r})\dot{I}_1=[(4+j92)\times 2.149\underline{/-81.4°}]\text{ V}=198\underline{/6.1°}\text{ V}$$

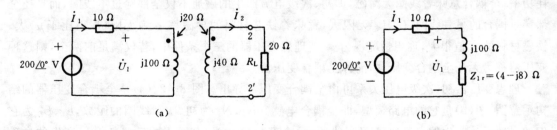

图 8—21 例 8—10 电路

初级电流已求出,故可列次级回路电流方程求 $\dot{I}_2$,即

$$(20+\text{j}40)\dot{I}_2-\text{j}20\,\dot{I}_1=0$$

$$\dot{I}_2=\left(\frac{\text{j}20\,\dot{I}_1}{20+\text{j}40}\right)\text{A}=\left(\frac{20\underline{/90°}\times2.149\underline{/-81.4°}}{20+\text{j}40}\right)\text{A}=0.961\underline{/-54.8°}\ \text{A}$$

例 8－11 试用戴维南定理求例 8－10 的 $\dot{I}_2$。

解 应用戴维南定理将图 8－21(a)等效为图 8－22。$\dot{U}_0$ 为变压器次级 2、2′开路时的开路电压 $\dot{U}_{\text{OC}}$,由图 8－21(a)可得

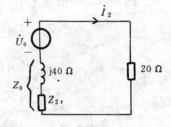

图 8 — 22 例 8 — 11 电路

$$\dot{U}_0=\dot{U}_{\text{OC}}=\text{j}20\,\dot{I}_0=\left(\text{j}20\times\frac{200\underline{/0°}}{10+\text{j}100}\right)\text{V}=39.8\underline{/5.7°}\ \text{V}$$

$$Z_0=\text{j}40+Z_{2\text{r}}=\left(\text{j}40+\frac{20^2}{10+\text{j}100}\right)\Omega=(0.395+\text{j}36.04)\ \Omega$$

$$\dot{I}_2=\frac{\dot{U}_0}{Z_0+20}=\left(\frac{39.8\underline{/5.7°}}{20.4+\text{j}36.04}\right)\text{A}=0.961\underline{/-54.8°}\ \text{A}$$

与上例求得的相同。

例 8－12 接续例 8－10,求 R_L 吸收的功率 P_L。

解 1 由初级反映电路求解。由图 8－21(b)有

$$P_L=I_1^2\,\text{Re}[Z_{1\text{r}}]=(2.149^2\times4)\ \text{W}=18.47\ \text{W}$$

解 2 由次级回路求解

$$P_L=I_2^2\,R_L=(0.961^2\times20)\ \text{W}=18.47\ \text{W}$$

第五节 理想变压器的伏安关系

理想变压器也是一种耦合元件,它是从实际的铁芯变压器抽象出来的。铁芯变压器的用途极广,可用来变换电压、电流,如电源变压器;还可以用来变换阻抗以达到阻抗匹配的目的,如极间变压器、输入变压器和输出变压器。铁芯变压器的电磁性能比较复杂,一个性能良好的铁芯变压器,若忽略一些次要因素,可近似为理想变压器。理想变压器的条件是:无损耗;全耦合;L_1、L_2 无限大,但比值为常数。无损耗意味着忽略了初、次级线圈的电阻以及铁芯内的损耗功率;全耦合意味着线圈无漏磁,即初、次级电流产生的磁通不仅全部穿过本线圈,而且还全部穿过耦合的另一线圈;L_1、L_2 无限大,意味着铁芯材料的导磁率 μ 为无限(L 正比于 μ)大。铁磁材料的 μ 值很大,理想情况视为 ∞。理想变压器的三个条件中,若仅满足前两个,则这种变压器称为无耗全耦合变压器,简称全耦合变压器。

理想变压器初、次级电压关系可由全耦合变压器导出。图 8－23(a)是全耦合变压器的结构示意图,图(b)是它的电路模型,即全耦合电感。N_1、N_2 为初、次级线圈的匝数,L_1、L_2 为它们的自感。i_1 产生的自磁通 Φ_{11}(实线所示)全部与 N_1、N_2 交链,故 $\Phi_{21}=\Phi_{11}$,i_2 产生的自磁通 Φ_{22}(虚线示)也全部与 N_1、N_2 交链,故 $\Phi_{12}=\Phi_{22}$。初、次级线圈中的总磁通相等,为 $\Phi=\Phi_{11}+\Phi_{22}$,初、次级线圈的总磁链分别为 $\Psi_1=N_1\Phi$ 和 $\Psi_2=N_2\Phi$,于是

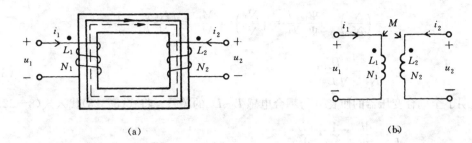

(a)   (b)

图 8—23   全耦合变压器及其电路模型

$$u_1 = \frac{\mathrm{d}\Psi_1}{\mathrm{d}t} = N_1\frac{\mathrm{d}\Phi}{\mathrm{d}t}$$

$$u_2 = \frac{\mathrm{d}\Psi_2}{\mathrm{d}t} = N_2\frac{\mathrm{d}\Phi}{\mathrm{d}t}$$

故

$$\frac{u_1}{u_2} = \frac{N_1}{N_2} = n$$

式中，$n = N_1/N_2$ 称为变压器的匝比或变比。图 8—23(a)中，若 u_2 的极性为上"－"下"＋"，或 N_2 的"·"在下方(线圈 2 反绕时情况)，这时有

$$\frac{u_1}{u_2} = -n$$

归纳之，初、次级电压关系为

$$\frac{u_1}{u_2} = \pm n \quad 或 \quad u_2 = \pm\frac{1}{n}u_1 \tag{8-20}$$

正弦稳态电路中，上式的相量形式为

$$\frac{\dot{U}_1}{\dot{U}_2} = \pm n \quad 或 \quad \dot{U}_2 = \pm\frac{1}{n}\dot{U}_1 \tag{8-21}$$

式(8—20)和(8—21)中，正、负号的取法是：若 u_1、u_2 的"＋"("－")极在两耦合电感的同名端"·"处，则取正，反之，若 u_1、u_2 的"＋"("－")极在异名端处，则取负，"＋"号表示 u_1 与 u_2 或 $\dot{U}_1$ 与 $\dot{U}_2$ 同相，"－"号表示它们反相。上两式表明，全耦合变压器初、次级电压的大小与其匝数成正比，$N_1 > N_2$ 时，$u_1 > u_2$ 或 $U_1 > U_2$，此为降压变压器，反之为升压变压器。理想变压器满足无耗全耦合条件，故式(8—20)、式(8—21)对理想变压器成立。

现在分析理想变压器初、次级电流的关系。由图 8—23(b)有

$$u_1 = L_1\frac{\mathrm{d}i_1}{\mathrm{d}t} + M\frac{\mathrm{d}i_2}{\mathrm{d}t} = L_1\frac{\mathrm{d}i_1}{\mathrm{d}t} + \sqrt{L_1L_2}\cdot\frac{\mathrm{d}i_2}{\mathrm{d}t}$$

$$\frac{u_1}{L_1} = \frac{\mathrm{d}i_1}{\mathrm{d}t} + \sqrt{\frac{L_2}{L_1}}\cdot\frac{\mathrm{d}i_2}{\mathrm{d}t} \tag{8-22}$$

根据自感、互感定义式(8—1)、式(8—2)以及全耦合的特性，于是

$$\frac{L_2}{L_1} = \frac{\Psi_{22}/i_2}{\Psi_{11}/i_1} = \frac{N_2\Phi_{22}/i_2}{N_1\Phi_{11}/i_1} = \frac{N_2}{N_1}\cdot\frac{\Phi_{12}/i_2}{\Phi_{21}/i_1} = \frac{N_2^2}{N_1^2}\cdot\frac{N_1\Phi_{12}/i_2}{N_2\Phi_{21}/i_1}$$

$$= \left(\frac{N_2}{N_1}\right)^2 \cdot \frac{\Psi_{12}/i_2}{\Psi_{21}/i_1} = \left(\frac{N_2}{N_1}\right)^2 \cdot \frac{M_{12}}{M_{21}} = \left(\frac{N_2}{N_1}\right)^2 = \frac{1}{n^2}$$

所以
$$n = \frac{N_1}{N_2} = \sqrt{\frac{L_1}{L_2}} \tag{8-23}$$

上式表明了全耦合变压器的匝比 n 与耦合电感 L_1、L_2 的关系。将式(8−23)代入式(8−22),得

$$\frac{u_1}{L_1} = \frac{\mathrm{d}i_1}{\mathrm{d}t} + \frac{1}{n} \cdot \frac{\mathrm{d}i_2}{\mathrm{d}t}$$

当 $L_1 \to \infty$ 时(理想变压器的第三个条件),上式为

$$\frac{\mathrm{d}i_1}{\mathrm{d}t} = -\frac{1}{n} \cdot \frac{\mathrm{d}i_2}{\mathrm{d}t}$$

积分后得

$$i_1 = -\frac{1}{n}i_2 + A$$

A 为积分常数,如略去两线圈中的任何直流电流,则 $A=0$,于是有

$$\frac{i_1}{i_2} = -\frac{1}{n}$$

图 8−23 中,若 i_2 由"·"流出,或次级线圈的"·"在下方,则上式为

$$\frac{i_1}{i_2} = \frac{1}{n}$$

归纳之,初、次级电流关系为

$$\frac{i_1}{i_2} = \pm\frac{1}{n} \quad \text{或} \quad i_2 = \pm n i_1 \tag{8-24}$$

上式的相量形式为

$$\frac{\dot{I}_1}{\dot{I}_2} = \pm\frac{1}{n} \quad \text{或} \quad \dot{I}_2 = \pm n \dot{I}_1 \tag{8-25}$$

式(8−24)、式(8−25)中"+"、"−"号的取法是:若 i_1 和 i_2 分别由同名端"·"流入(或流出)线圈,则取"−",反之,若 i_1、i_2 由异名端流入线圈,则取"+"。需要指出,上两式仅对理想变压器成立。式(8−24)、式(8−25)表明,理想变压器初、次级电流的大小与其匝数成反比,降压变压器次级电流大于初级电流,升压变压器则相反;式中"+"、"−"号表示初、次级电流的相位关系,"+"号为同相,"−"号为反相。

式(8−20)和式(8−24)是理想变压器的 VAR,式(8−21)和式(8−25)为其相量形式。它们都是一组代数方程,所以理想变压器是一种静态无记忆元件,VAR 中仅有一个参数 n,故 n 是理想变压器唯一的一个参数。理想变压器的电路模型如图 8−24 所示,图中 $n:1$ 表示初、次级匝比关系,即当次级为 1 匝时,初级为 n 匝。也可用 $1:n$ 表明匝数关系,即当初级为 1 匝时,次级为 n 匝,或次级为 1 匝时,初级为 $1/n$ 匝。

图 8−24,设 u_1、u_2 的"+"极均在"·"端,i_1、i_2 均由"·"流入,于是 $u_2 = u_1/n$,$i_2 = -ni_1$。这时理想变压器初、次级瞬时功率的和为

$$p_1 + p_2 = u_1 i_1 + u_2 i_2 = u_1 i_1 + \frac{1}{n}u_1(-ni_1) = 0$$

上式表明,在任何瞬时,从初级和次级输入理想变压器的总功率恒为零,即从初级输入的功率全部都从次级输出到负载,所以理想变压器不消耗能量,也不储存能量,因而是一个无记忆元件,其电路模型中的线圈只是一种符号,并不意味着任何电感的作用,并不代表 L_1、L_2,这是需要注意的。

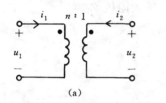

图 8－24　理想变压器
电路模型

理想变压器是电路的一个基本元件,应从数学上定义,为了易于接受,前面从全耦合变压器引出了它。理想变压器的定义是:凡满足式(8－20)和式(8－24)的四端网络称为理想变压器。根据这两式,图 8－25(a)所示理想变压器可等效为图(b)或图(c)。由此可见,理想变压器可以用受控源电路模拟,这样就为理想变压器的实现提供了可能,例如两个回转器级联可构成一个理想变压器(见第十二章第五节)。

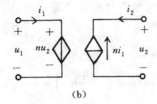
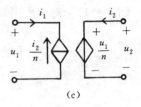

（a）　　　　　　　（b）　　　　　　　（c）

图 8 － 25　理想变压器的等效电路模型

例 8－13　求图 8－26 所示电路中的 $\dot{I}_1$、$\dot{I}_2$。

解　用回路电流法分析。设变压器初、次级电压 $\dot{U}_1$、$\dot{U}_2$ 如图所示。回路电流方程为

$$20\dot{I}_1 - 10\dot{I}_2 + \dot{U}_1 = 120\underline{/0°}$$
$$-10\dot{I}_1 + 20\dot{I}_2 - \dot{U}_2 = 0$$

补充方程为

$$\dot{U}_1 = 2\dot{U}_2$$
$$\dot{I}_1 = \frac{\dot{I}_2}{2}$$

由上面的四个方程解得

$$\dot{I}_1 = 2\underline{/0°}\ \text{A}, \qquad \dot{I}_2 = 4\underline{/0°}\ \text{A}$$

图 8 － 26　例 8 －13 电路

例 8－14　电路如图 8－27 所示,试求理想变压器初级电压 $\dot{U}_1$ 及 ab 两端的输入阻抗 Z_i。

解　用节点电压法求 $\dot{U}_1$。以 b 点为参考点,列节点电压方程如下

$$\left(\frac{1}{1} + \frac{1}{1}\right)\dot{U}_1 - \frac{1}{1}\dot{U}_2 = \frac{10}{1} - \dot{I}_1$$

$$-\frac{1}{1}\dot{U}_1 + \left(\frac{1}{1} + \frac{1}{-\text{j}1}\right)\dot{U}_2 = \dot{I}_2$$

即

$$2\dot{U}_1 - \dot{U}_2 + \dot{I}_1 = 10$$
$$-\dot{U}_1 + (1+\text{j}1)\dot{U}_2 - \dot{I}_2 = 0$$

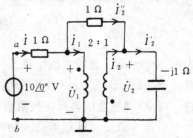

图 8 － 27　例 8 －14 电路

补充方程为

$$\dot{U}_2 = -\dot{U}_1/2$$

$$\dot{I}_2 = -2\dot{I}_1$$

由上面的四个方程解得

$$\dot{U}_1 = 3.07\underline{/-4.4^\circ}\ \text{V}$$

ab 端输入阻抗为 $Z_i = 10/\dot{I}$。由图可见

$$\dot{I} = \frac{10 - \dot{U}_1}{1} = (10 - 3.07\underline{/-4.4^\circ})\ \text{A} = (6.941 + j0.235)\ \text{A} = 6.94\underline{/1.94^\circ}\ \text{A}$$

故

$$Z_i = \frac{10}{\dot{I}} = \left(\frac{10}{6.94\underline{/1.94^\circ}}\right)\ \Omega = 1.44\underline{/-1.94^\circ}\ \Omega$$

例 8-15 对上例电路用观察法分析 a、b 端口的 VAR，求输入阻抗 Z_i。

解

$$\dot{I}_2' = \frac{\dot{U}_2}{-j1} = -j\frac{1}{2}\dot{U}_1$$

$$\dot{I}_2'' = \frac{\dot{U}_1 - \dot{U}_2}{1} = \dot{U}_1 - \left(-\frac{1}{2}\dot{U}_1\right) = \frac{3}{2}\dot{U}_1$$

$$\dot{I}_2 = \dot{I}_2' - \dot{I}_2'' = -\left(\frac{3}{2} + j\frac{1}{2}\right)\dot{U}_1$$

$$\dot{I}_1 = -\frac{1}{2}\dot{I}_2 = \frac{1}{2}\left(\frac{3}{2} + j\frac{1}{2}\right)\dot{U}_1 = \left(\frac{3}{4} + j\frac{1}{4}\right)\dot{U}_1$$

$$\dot{I} = \dot{I}_1 + \dot{I}_2'' = \left(\frac{3}{4} + j\frac{1}{4}\right)\dot{U}_1 + \frac{3}{2}\dot{U}_1 = (2.25 + j0.25)\dot{U}_1$$

$$= 2.264\underline{/6.34^\circ}\ \dot{U}_1$$

$$\dot{U}_{ab} = 1 \times \dot{I} + \dot{U}_1 = (2.25 + j0.25)\dot{U}_1 + \dot{U}_1 = 3.26\underline{/4.4^\circ}\ \dot{U}_1$$

$$Z_i = \frac{\dot{U}_{ab}}{\dot{I}} = \left(\frac{3.26\underline{/4.4^\circ}}{2.264\underline{/6.34^\circ}}\right)\ \Omega = 1.44\underline{/-1.94^\circ}\ \Omega$$

第六节　理想变压器的阻抗变换作用

理想变压器有变换电压和电流的作用，因而也必然具备变换阻抗的作用。图 8-28(a) 电路中，Z_L 为负载阻抗。变压器初级输入阻抗 Z_i 为

$$Z_i = \frac{\dot{U}_1}{\dot{I}_1} = \frac{n\dot{U}_2}{\dot{I}_2/n} = n^2 \cdot \frac{\dot{U}_2}{\dot{I}_2} = n^2 Z_L = Z_L' \tag{8-26}$$

式中，$Z_L' = n^2 Z_L$ 与同名端位置无关，它是次级阻抗折算到初级的量，称为初级折算阻抗。根据式(8-26)，图 8-28(a) 等效为图(b)，图(b) 称为理想变压器的初级等效电路或初级折算电路。可见，理想变压器有变换阻抗的作用，电子技术中常利用这一性质来实现阻抗匹配，通过改变匝比 n 以使负载获得最大功率。需要指出，匝比 n 只改变折算阻抗的大小（模），并不改变阻抗角，因此匹配条件是模匹配，即 $|Z_L'| = |Z_S|$，Z_S 是信号源的内阻抗。电阻、电感的阻抗与参数 R、L 成正比，因此次级电阻、电感折算到初级时，应乘以 n^2，即 $R' = n^2 R$，$L' = n^2 L$；电

导、电容的阻抗与参数 G、C 成反比,因此次级电导、电容折算到初级时,应除以 n^2,即 $G'=G/n^2$,$C'=C/n^2$。可见,$n>1$(降压变压器)时,变换后的电阻、电感值增大,而电导、电容值减小,$n<1$(升压变压器)时的情况与上述相反。

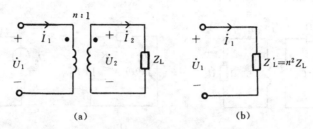

图 8 — 28 理想变压器阻抗变换

理想变压器不消耗也不储存能量,因此图 8—28(a)中 Z_L 消耗的功率等于图 8—28(b)中 Z'_L 所消耗的功率。我们常用图(b)电路分析阻抗匹配并计算最大功率。

例 8—16 图 8—29(a),$\dot{U}_S=10\underline{/0^\circ}$ V,$R_S=2$ Ω,负载 $R_L=32$ Ω,为使负载获得最大功率 P_{max},试求 n 及 P_{max}。

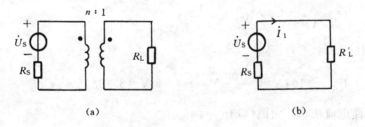

图 8 — 29　例 8 —16 电路

解　画出初级折算电路如图(b)所示。为使负载获得最大功率,应有

$$R'_L=R_S$$

即　　　　　　$$32n^2=2$$

$$n=\sqrt{\frac{2}{32}}=\frac{1}{4}=0.25$$

得　　　　　　$$P_{max}=\frac{U_S^2}{4R_S}=\left(\frac{10^2}{4\times2}\right)\text{ W}=12.5\text{ W}$$

例 8—17 上例图 8—29(a)中,负载改为 $Z_L=(15+j20)$ Ω,重新求 n 和 P_{max}。

解　　　　$$Z_L=(15+j20)\text{ Ω}=25\underline{/53.1^\circ}\text{ Ω}$$

匹配条件为　　$$|Z'_L|=R_S$$

即　　　　　　$$n^2|Z_L|=R_S$$

故　　　　　　$$n^2=\frac{R_S}{|Z_L|}=\frac{2}{25}=0.08,\quad n=0.283$$

$$Z'_L=n^2Z_L=0.08(15+j20)\text{ Ω}=(1.2+j1.6)\text{ Ω}$$

$$P_{max}=I_1^2R'_L=\frac{U_S^2}{|R_S+Z'_L|^2}R'_L=\frac{100\times1.2}{|2+1.2+j1.6|^2}\text{ W}$$

$$= \frac{120}{12.8} \text{ W} = 9.375 \text{ W}$$

例 8-18 电路如图 8-30 所示,试求 $\dot{U}_2$。

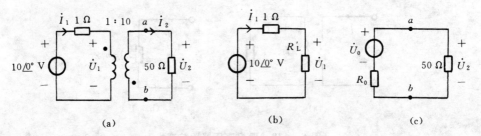

(a)　　　　　　　　(b)　　　　　　　(c)

图 8-30　例 8-18 电路

解 1　用初级折算电路求。折算电路如图(b)所示

$$R_L' = \left(\frac{1}{10^2} \times 50 \right) \Omega = 0.5 \Omega$$

$$\dot{U}_1 = \left(\frac{0.5}{1+0.5} \times 10 \right) \text{ V} = \frac{10}{3} \text{ V}$$

返回到原电路图(a),得

$$\dot{U}_2 = -10 \dot{U}_1 = -\frac{100}{3} \text{ V} = -33.3 \text{ V} = 33.3\underline{/180°} \text{ V}$$

解 2　用回路电流法求。由图(a)有

$$1 \times \dot{I}_1 + \dot{U}_1 = 10\underline{/0°}$$

$$50 \dot{I}_2 - \dot{U}_2 = 0$$

补充方程为

$$\dot{U}_1 = -\frac{\dot{U}_2}{10}$$

$$\dot{I}_1 = -10 \dot{I}_2$$

由上面的四个方程解得

$$\dot{U}_2 = -\frac{100}{3} \text{ V} = -33.3 \text{ V} = 33.3\underline{/180°} \text{ V}$$

解 3　用戴维南定理求。图(a)的戴维南电路如图(c)所示,图中,$\dot{U}_0$ 为图(a)中 a、b 端的开路电压。a、b 开路时,$\dot{I}_2 = 0$,于是 $\dot{I}_1 = 0$,$\dot{U}_1 = 10\underline{/0°}$ V,故

$$\dot{U}_0 = \dot{U}_{OC} = -10 \dot{U}_1 = -100 \text{ V} = 100\underline{/180°} \text{ V}$$

等效电源内阻 R_0 为图(a)中外施电压为零(短路)时,从 a、b 端向左看时的等效电阻,即初级 1 Ω 折算到次级的电阻。R_0 为

$$R_0 = (10^2 \times 1) \Omega = 100 \quad \Omega$$

由图(c)　　　　$\dot{U}_2 = \dfrac{50}{R_0+50}\dot{U}_0 = \left(\dfrac{50}{150}\times100\underline{/180°}\right)$ V $=33.3\underline{/180°}$ V

第七节　全耦合变压器

一、全耦合变压器

无损耗、全耦合、有限电感量的变压器简称为全耦合变压器。

图 8－31(a)为全耦合变压器电路，$M=\sqrt{L_1L_2}$，初、次级匝数为 N_1、N_2，匝比 $n=N_1/N_2$ $=\sqrt{L_1/L_2}$[式(8－23)]。第五节已分析了全耦合变压器初、次级电压的关系为 $\dot{U}_1/\dot{U}_2=\pm n$，对图 8－31(a)为

$$\frac{\dot{U}_1}{\dot{U}_2}=n \tag{8－27}$$

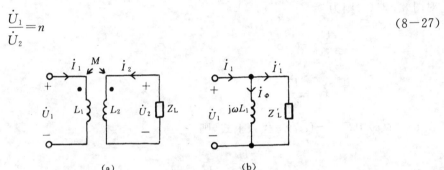

图 8－31　全耦合变压器的等效电路

下面分析全耦合变压器初、次级电流关系。由图 8－31(a)有

$$\dot{U}_1=\mathrm{j}\omega L_1\dot{I}_1+\mathrm{j}\omega M\dot{I}_2$$

于是　　　　$\dot{I}_1=\dfrac{\dot{U}_1}{\mathrm{j}\omega L_1}-\dfrac{M}{L_1}\dot{I}_2=\dfrac{\dot{U}_1}{\mathrm{j}\omega L_1}-\dfrac{\sqrt{L_1L_2}}{L_1}\cdot\dot{I}_2$

$$=\dfrac{\dot{U}_1}{\mathrm{j}\omega L_1}-\sqrt{\dfrac{L_2}{L_1}}\cdot\dot{I}_2=\dot{I}_\Phi-\dfrac{\dot{I}_2}{n}$$

或　　　　$\dot{I}_1=\dot{I}_\Phi+\dot{I}_1'$ 　　　　(8－28)

式中　　　　$\dot{I}_\Phi=\dfrac{\dot{U}_1}{\mathrm{j}\omega L_1}$ 　　　　(8－29)

$$\dot{I}_1'=-\dfrac{\dot{I}_2}{n}$$

若图 8－31(a)中的 $\dot{I}_2$ 反向，则

$$\dot{I}_1'=\dfrac{\dot{I}_2}{n}$$

所以　　　　$\dfrac{\dot{I}_1'}{\dot{I}_2}=\pm\dfrac{1}{n}$ 　　或　　$\dot{I}_1'=\pm\dfrac{\dot{I}_2}{n}$ 　　　　(8－30)

由式(8－28)、式(8－29)和式(8－30)得到

$$\dot{I}_1 = \dot{I}_\Phi + \dot{I}_1' = \dot{I}_\Phi \pm \frac{\dot{I}_2}{n} = \frac{\dot{U}_1}{j\omega L_1} \pm \frac{\dot{I}_2}{n} \qquad\qquad (8-31)$$

式(8−31)表明了全耦合变压器初、次级电流的关系,式中"+、−"号的取法是:若$\dot{I}_1$和$\dot{I}_2$由异名端流入变压器则取"+",反之,若$\dot{I}_1$和$\dot{I}_2$由同名端流入变压器则取"−"。

综上所述,全耦合变压器的伏安关系为

$$\begin{cases} \dfrac{\dot{U}_1}{\dot{U}_2} = \pm n \\[2mm] \dot{I}_1 = \dot{I}_\Phi \pm \dfrac{\dot{I}_2}{n} = \dfrac{\dot{U}_1}{j\omega L_1} \pm \dfrac{\dot{I}_2}{n} \end{cases}$$

对图8−31(a)则为

$$\frac{\dot{U}_1}{\dot{U}_2} = n$$

$$\dot{I}_1 = \frac{\dot{U}_1}{j\omega L_1} - \frac{\dot{I}_2}{n}$$

图8−31(a)中$\dot{I}_2 = -\dot{U}_2/Z_L$代入上式,则

$$\dot{I}_1 = \frac{\dot{U}_1}{j\omega L_1} - \frac{-\dfrac{\dot{U}_2}{Z_L}}{n} = \frac{\dot{U}_1}{j\omega L_1} + \frac{\dot{U}_2}{nZ_L}$$

$\dot{U}_2 = \dot{U}_1/n$代入上式,于是

$$\dot{I}_1 = \frac{\dot{U}_1}{j\omega L_1} + \frac{\dot{U}_1}{n^2 Z_L} = \frac{\dot{U}_1}{j\omega L_1} + \frac{\dot{U}_1}{Z_L'} \qquad\qquad (8-32)$$

式中,$Z_L' = n^2 Z_L$。式(8−32)对应的等效电路如图8−31(b)所示,它称为初级折算电路,Z_L'称为初级折算阻抗,$\dot{I}_\Phi$称为励磁电流。

可以证明,图8−31(b)所示折算电路及折算阻抗$Z_L' = n^2 Z_L$均与同名端的位置无关。

由图8−31(b)可见,L_1愈大,I_Φ愈小,当$L_1 \to \infty$时,$\dot{I}_\Phi = 0$,于是$\dot{I}_1 = -\dot{I}_2/n$,全耦合变压器变成了理想变压器,图8−31(b)所示的初级折算电路变成了图8−28(b)所示的理想变压器初级等效电路(折算电路)。

二、全耦合自耦变压器

铁芯上只绕有一个绕组(绕圈),在绕组上引出一个可滑动的抽头,这样构成的四端网络,称为自耦变压器。由于铁芯的μ值高,损耗电阻小可忽略不计,因而可视为全耦合,其电路模型如图8−32(a)所示,图中N_1、N_2为所示绕组的匝数。无线电工程中用的带抽头的电感线圈,常密集地绕在高频磁芯上,这种线圈也可看成是全耦合自耦变压器。由分析可得全耦合自耦变压器的 VAR 与双绕组全耦合变压器的 VAR 相同,因此图8−32(a)可等效为图(b)。若全耦合自耦变压器的L_1、L_2均趋于∞,则就变成了理想变压器。

例 8 − 19 图 8 − 33(a)所示电路,已知$\dot{U}_S = 100\underline{/0°}$ V,$R_1 = 20$ Ω,$R_2 = 10$ Ω,

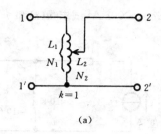
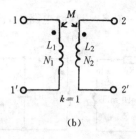

图 8 — 32 全耦合自耦变压器的等效电路

$\omega L_1 = 80$ Ω, $\omega L_2 = 20$ Ω, $\omega M = 40$ Ω, $R_L = 10$ Ω。试求 $\dot{I}_1$、$\dot{I}_2$ 和 $\dot{U}_2$。

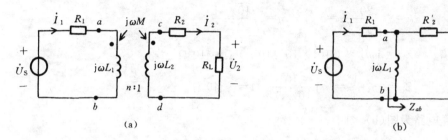
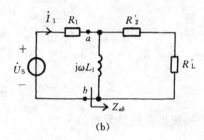

图 8 — 33 例 8 — 19 电路

解 1 $k = \dfrac{\omega M}{\sqrt{\omega L_1 \omega L_2}} = \dfrac{40}{\sqrt{80 \times 20}} = 1$，变压器为全耦合，所以匝比

$$n = \sqrt{\dfrac{\omega L_1}{\omega L_2}} = \sqrt{\dfrac{80}{20}} = 2$$

用初级折算电路分析。作初级折算电路图(b)，则

$$R_2' = n^2 R_2 = 40 \ \Omega, \qquad R_L' = n^2 R_L = 40 \ \Omega$$

$$Z_{ab} = j\omega L_1 \ /\!/ \ (R_2' + R_L') = \dfrac{j80 \times 80}{j80 + 80} \ \Omega = (40 + j40) \ \Omega = 40\sqrt{2}\underline{/45^\circ} \ \Omega$$

$$\dot{I}_1 = \dfrac{\dot{U}_S}{R_1 + Z_{ab}} = \dfrac{100\underline{/0^\circ}}{20 + 40 + j40} \ A = \dfrac{100\underline{/0^\circ}}{60 + j40} \ A = 1.387\underline{/-33.7^\circ} \ A$$

$$\dot{U}_{ab} = Z_{ab}\dot{I}_1 = (40\sqrt{2}\underline{/45^\circ} \times 1.387\underline{/-33.7^\circ}) \ V = 78.46\underline{/11.3^\circ} \ V$$

返回到原电路图(a)

$$\dot{U}_{cd} = \dfrac{1}{n}\dot{U}_{ab} = \left(\dfrac{1}{2} \times 78.46\underline{/11.3^\circ}\right) \ V = 39.23\underline{/11.3^\circ} \ V$$

$$\dot{I}_2 = \dfrac{\dot{U}_{cd}}{R_2 + R_L} = \dfrac{39.23\underline{/11.3^\circ}}{20} \ A = 1.96\underline{/11.3^\circ} \ A$$

$$\dot{U}_2 = R_L \dot{I}_2 = (10 \times 1.96\underline{/11.3^\circ}) \ V = 19.6\underline{/11.3^\circ} \ V$$

解 2 用回路电流法分析。对原电路列回路电流方程为

$$(R_1 + j\omega L_1)\dot{I}_1 - j\omega M \dot{I}_2 = \dot{U}_S$$

$$-j\omega M \dot{I}_1 + (R_2 + R_L + j\omega L_2)\dot{I}_2 = 0$$

代入数据，解出结果同解 1。

207

例 8－20 图 8－34(a)电路中,已知 $i_S(t)=\sqrt{2}\cos 1000t$ A,试求 $u(t)$ 和 $i_2(t)$。

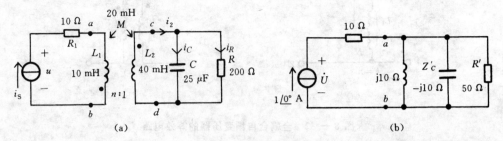

图 8－34 例 8－20 电路

解

$$k=\frac{20}{\sqrt{10\times 40}}=1, \qquad n=\sqrt{\frac{10}{40}}=\frac{1}{2}$$

$$Z_{L1}=j\omega L_1=(j10^3\times 10\times 10^{-3})\ \Omega=j10\ \Omega$$

$$Z_C=-j\frac{1}{\omega C}=-j\frac{10^6}{10^3\times 25}\ \Omega=-j40\ \Omega$$

初级折算电路为图(b),图中

$$Z_C'=n^2Z_C=-j10\ \Omega, \qquad R'=n^2R=50\ \Omega$$

$$Z_{ab}=[j10\ /\!/\ (-j10)\ /\!/\ 50]\ \Omega=50\ \Omega$$

$$\dot U=(10+Z_{ab})\dot I_S=(60\times 1\underline{/0^\circ})\ \text{V}=60\underline{/0^\circ}\ \text{V}$$

$$\dot U_{ab}=Z_{ab}\dot I_S=50\underline{/0^\circ}\ \text{V}$$

由原电路图(a)有

$$\dot U_{cd}=-\frac{1}{n}\dot U_{ab}=(-2\times 50\underline{/0^\circ})\ \text{V}=-100\underline{/0^\circ}\ \text{V}=100\underline{/180^\circ}\ \text{V}$$

$$\dot I_C=\frac{\dot U_{cd}}{Z_C}=\frac{100\underline{/180^\circ}}{-j40}\ \text{A}=2.5\underline{/-90^\circ}\ \text{A}$$

$$\dot I_R=\frac{\dot U_{cd}}{R}=\frac{100\underline{/180^\circ}}{200}\ \text{A}=0.5\underline{/180^\circ}\ \text{A}$$

$$\dot I_2=\dot I_R+\dot I_C=(-0.5-j2.5)\ \text{A}=2.55\underline{/-101.3^\circ}\ \text{A}$$

于是

$$u(t)=60\sqrt{2}\cos 1\,000t\ \ (\text{V})$$

$$i_2(t)=2.55\sqrt{2}\cos(1\,000t-101.3^\circ)\ \text{A}$$

习   题

8－1 试标出图示线圈的同名端。

8－2 试写出图示各耦合电感伏安关系的时域形式和相量形式。在什么情况下才可以写成相量形式?

8－3 上题图(a),设 $L_1=6$ H,$L_2=3$ H,$M=4$ H,$i_1=2+5\cos(10t+30^\circ)$ A,$i_2=$

208

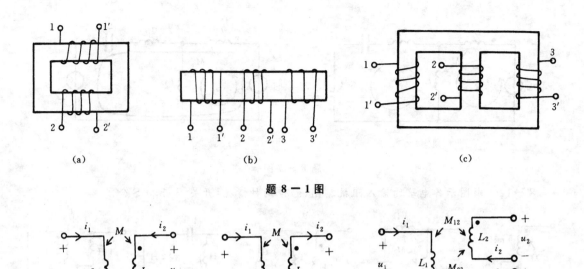

題 8－1 圖

(a)　　　　　　　(b)　　　　　　　(c)

題 8－2 圖

$10e^{-5t}$ A。試求耦合系數 k，電壓 u_1 和 u_2。

8－4　圖示電路，已知 $L_1=L_2=0.1$ H，$M=0.05$ H，$i_S=\sin t$ A，$u_S=\cos t$ V。求：耦合系數 k，i、u_1、u_2 和 u。

8－5　圖示電路，$R_1=R_2=6$ Ω，$\omega L_1=\omega L_2=10$ Ω，$\omega M=5$ Ω，$\dot{U}_S=6\underline{/0^\circ}$ V。2、2′ 開路。求 $\dot{U}_2$。

8－6　圖示電路，$\dot{U}_S=40\underline{/0^\circ}$ V，$\omega L_1=\omega L_2=10$ Ω，$\omega L_3=12$ Ω，$\omega M_1=6$ Ω，$\omega M_2=5$ Ω，2、2′ 開路。求 $\dot{U}_2$。

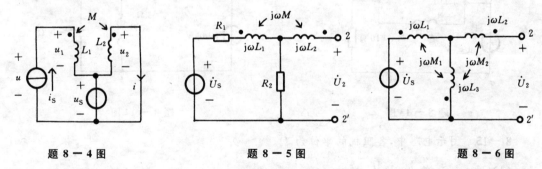

題 8－4 圖　　　　　　　題 8－5 圖　　　　　　　題 8－6 圖

8－7　圖示電路中，u_{S1} 和 u_{S2} 為同頻率正弦量，試按圖示電流列回路電流方程的相量形式。

8－8　兩個電感線圈串聯時的等效電感為 160 mH，將其中一個線圈反接後的等效電感為 40 mH。已知其中一個線圈的自感為 20 mH，求耦合系數 k。

8－9　用去耦法重求題 8－5。畫出去耦等效電路。

8－10　用去耦法重求題 8－6。畫出去耦等效電路。

8－11　用去耦法重求題 8－7(a)。畫出去耦等效電路。

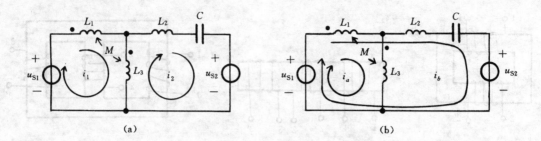

题 8 − 7 图

8 − 12 求图示各电路的输入阻抗。图(a)分两种情况:开关 S 开和 S 合。

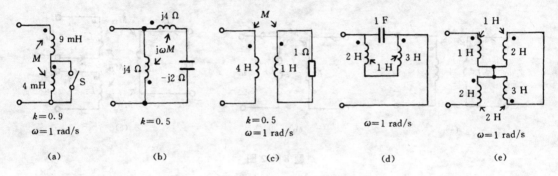

题 8 − 12 图

8 − 13 图示电路,已知 10 Ω 电阻功率为 32 W,试确定耦合系数 k。

8 − 14 图示电路,用以下两种方法求 $\dot{U}_{ab}$:

(1) 去耦、串并联法;

(2) 戴维南定理。

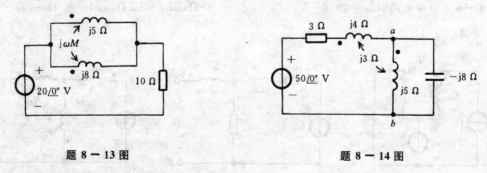

题 8 − 13 图   题 8 − 14 图

8 − 15 图示电路中,各阻抗的单位为 Ω。

(1) 用去耦法求 $\dot{I}_1$、$\dot{I}_2$、$\dot{U}_C$;

(2) 用戴维南定理求 $\dot{U}_C$。

8 − 16 图示电路中,各阻抗的单位为 Ω,试用以下两种方法求 $\dot{I}_1$ 和 $\dot{U}_2$:

(1) 回路电流法;

(2) 初级反映电路法。

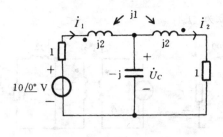

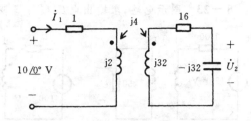

题 8 - 15 图　　　　　　　　　　　　　题 8 - 16 图

8 - 17　用戴维南定理求题 $8-16$ 电路的 $\dot{U}_2$。

8 - 18　图示电路,为使负载 Z_L 获得最大功率,$Z_L=$? 它所获得的最大功率 P_{max} 为多少?

8 - 19　图示电路,求输入阻抗 Z_{ab}。

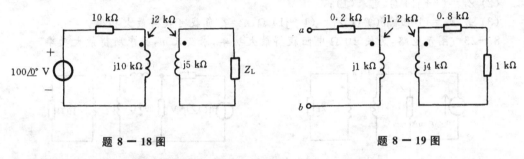

题 8 - 18 图　　　　　　　　　　　　　题 8 - 19 图

8 - 20　图示电路,试写出各理想变压器的伏安关系。

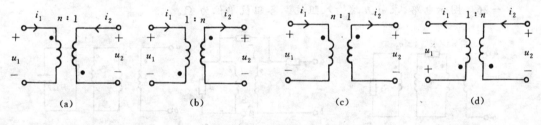

　(a)　　　　　　　　(b)　　　　　　　　(c)　　　　　　　　(d)

题 8 - 20 图

8 - 21　图示电路,求 $\dot{I}$。

8 - 22　图示电路,试用以下两种方法求 $\dot{I}_1$、$\dot{I}_2$ 及 R 吸收的功率 P:

(1) 节点电压法;

(2) 回路电流法。

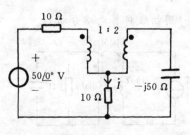

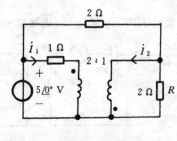

题 8 - 21 图　　　　　　　　　　　　　题 8 - 22 图

8－23 图示电路,求输出电压 $\dot{U}_2$。各阻抗单位为 Ω。

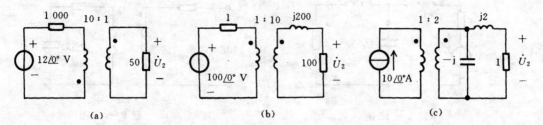

题 8－23 图

8－24 图示电路。

(1) $Z_L=1\ \Omega, n=?$ 负载 Z_L 可获得最大功率 P_{max},并求 P_{max};

(2) $Z_L=(1+j1)\ \Omega$,重求(1);

(3) 若 $Z_S=(100+j50)\ \Omega$、$Z_L=(1+j1)\ \Omega, n=?$ 负载可获得最大功率。

8－25 图示电路,为使 10 Ω 电阻获得最大功率,求变比 n,并求所得最大功率。

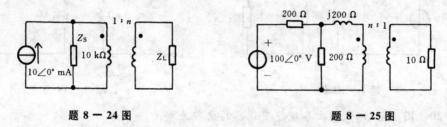

题 8－24 图   题 8－25 图

8－26 图示电路,求 a、b 端输入阻抗。各阻抗单位为 Ω。

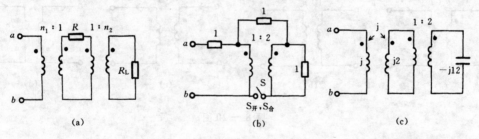

题 8－26 图

8－27 求图示电路中的阻抗 Z。已知电流表读数为 10 A,正弦电压 $U=10$ V。

8－28 图示电路中,变压器全耦合,已知 $\omega M=6\ \Omega$。

(1) 求 ωL_2;

(2) 欲使 $\dot{U}$ 与 $\dot{I}_S$ 同相位,试确定初、次级匝比 n(用初级折算电路分析)。

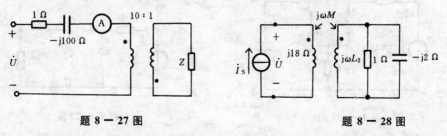

题 8－27 图   题 8－28 图

8-29 图示电路,用初级折算电路求 $\dot{I}_1$、$\dot{U}_2$ 和 $\dot{I}_2$。

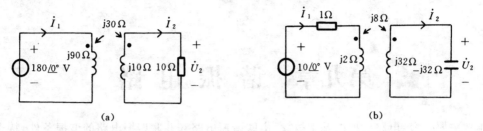

(a)   (b)

题 8—29 图

8-30 若图示电路中的耦合线圈是理想的,求 a、b 端口的输入电阻。

8-31 试求图示电路 a、b 端口的输入电阻。

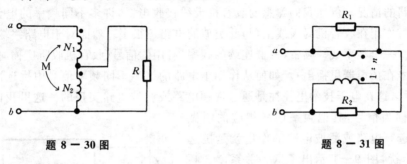

题 8—30 图   题 8—31 图

第九章 谐振电路

本章主要内容:电路谐振的基本概念;串联谐振电路和并联谐振电路的谐振条件、特点、频率特性、选择性和通频带;纯电抗串并联谐振电路等。

前几章分析了单一频率正弦信号作用的电路。实际中,常遇到许多不同频率信号同时作用于一个电路的情况。例如我们熟悉的收音机天线接收电路,许多不同频率的电台发出的广播信号都同时作用在收音机的天线上,与此类似的电路还很多。然而对于电路终端的负载,往往只要求获得一个频率或一频带(一群连续的频率)有用的信号(收音机收听广播时,就只有一个电台的信号在扬声器里播出)。如何从作用于电路的许多不同频率信号中挑选出一个或一频带有用信号,这在电子技术里往往是通过选频电路或滤波电路实现的。这里我们将有用频率的信号简称为信号,其他频率信号相应的叫做干扰。所以选频电路或滤波电路的作用就是挑选信号、滤除干扰,图 9—1 示出了这一关系。选频电路很多,实际中用得较多的是由谐振电路构成的选频和滤波电路,它们在电子技术中的应用极为广泛。本章介绍谐振电路。

任何一个由电阻、电感和电容构成的无源二端网络,当输入电流与输入电压同相时,则它们之

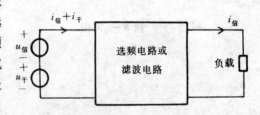

图 9—1 选频、滤波示意图

间出现和谐的起伏(同时出现最大值、最小值和零值),这种物理现象称为谐振。能发生谐振的选频电路称为谐振电路,其中最简单且最常见的是 RLC 串联谐振电路和 RLC 并联谐振电路两种。

第一节 串联谐振电路

一、串联谐振的条件

图 9—2 为 RLC 串联谐振电路,信号源为正弦电压源,其相量为 $\dot{U}_\mathrm{S}$,电路阻抗

$$Z = R + \mathrm{j}\left(\omega L - \frac{1}{\omega C}\right) = R + \mathrm{j}X$$

当电抗 $X=0$ 时,$Z=R$ 为纯电阻,于是输入电流 $\dot{I}$ 与输入电压 $\dot{U}_\mathrm{S}$ 同相位,电路谐振。由此可见,串联谐振的条件是电路的输入电抗 $X=0$。设谐振时的角频率和频率分别为 ω_0 和 f_0,于是有

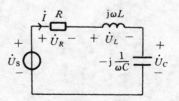

图 9—2 RLC 串联谐振电路

214

$$\omega_0 L - \frac{1}{\omega_0 C} = 0 \tag{9-1}$$

因此

$$\left.\begin{array}{l} \omega_0 = \dfrac{1}{\sqrt{LC}} \\[3mm] f_0 = \dfrac{1}{2\pi\sqrt{LC}} \end{array}\right\} \tag{9-2}$$

式(9-2)表明,谐振频率只取决于电路参数 L、C,而与电路的激励无关,因此它是电路本身固有的、表示其特性的一个重要参数,称为电路的固有谐振频率。若电路参数 LC 一定,则只有当信号源的频率等于电路的固有谐振频率时,电路才会谐振。若信号源的频率一定,则可通过改变电路的 L 或 C,或同时改变 L、C 使电路对信号源谐振。这种通过调节电路本身的参数以达到对信号源谐振的过程称为调谐。收音机的输入谐振电路就是调节可变电容器的电容量,以使电路对欲收电台频率发生谐振。

二、串联谐振的特点

RLC 串联谐振电路发生谐振时,输入电抗 $X=0$,所以输入阻抗和输入导纳分别为

$$Z_0 = R + jX = R = Z_{\min}$$

和

$$Y_0 = \frac{1}{Z_0} = \frac{1}{R} = Y_{\max}$$

阻抗和导纳为纯阻性,阻抗达最小,导纳达最大。由式(9-1)可见,串联谐振时

$$\omega_0 L = \frac{1}{\omega_0 C} = \frac{L}{\sqrt{LC}} = \sqrt{\frac{L}{C}} = \rho \tag{9-3}$$

式中,$\rho = \sqrt{L/C}$ 称为串联谐振电路的特性阻抗,单位为欧姆,它是一个由电路参数 L、C 决定的常数。

串联谐振时电路中的电流为

$$\dot{I}_0 = \frac{\dot{U}_{\mathrm{S}}}{Z_0} = \frac{\dot{U}_{\mathrm{S}}}{R} = \dot{I}_{\max}$$

电流 $\dot{I}_0$ 与电压 $\dot{U}_{\mathrm{S}}$ 同相,且达到最大值。这一特点是串联谐振电路的一个重要特性。

串联谐振时,R、L、C 上的电压分别为

$$\left.\begin{array}{l} \dot{U}_{R0} = R\dot{I}_0 = \dot{U}_{\mathrm{S}} \\[3mm] \dot{U}_{L0} = j\omega_0 L\dot{I}_0 = j\dfrac{\omega_0 L}{R}\dot{U}_{\mathrm{S}} = jQ\dot{U}_{\mathrm{S}} \\[3mm] \dot{U}_{C0} = -j\dfrac{1}{\omega_0 C}\dot{I}_0 = -j\omega_0 L\dot{I}_0 = -jQ\dot{U}_{\mathrm{S}} \end{array}\right\} \tag{9-4}$$

上列式中

$$Q = \frac{\omega_0 L}{R} = \frac{1}{\omega_0 CR} = \frac{\rho}{R} = \frac{1}{R}\sqrt{\frac{L}{C}} \tag{9-5}$$

称为串联谐振电路的品质因数(无功功率和品质因数都用 Q 表示,注意不要混淆。读者可根据上下文加以区别),Q 无量纲。由式(9-5)可见,品质因数 Q 仅取决于电路参数,因而它也

是电路的一个固有量。串联谐振时,电流最大,故电阻电压 U_{R0} 也最大,这一特点常用来测定谐振电路的固有谐振频率。由式(9-4)看出,串联谐振时,电感电压有效值与电容电压有效值相等,均为信号电压的 Q 倍,即

$$U_{L0} = U_{C0} = QU_S$$

通信和电子技术中的谐振电路,品质因数 Q 一般可达几十至几百,故电路发生串联谐振时,电感电压和电容电压为外施电压的几十至几百倍,即使信号电压不高,电感、电容上的电压仍可能较高,所以串联谐振又称为电压谐振。这种特性在电信技术中常用来提高所需信号的电压以达到选频的目的。需要指出,电力工程中,谐振时出现的高电压会使某些设备损坏,因此应设法避免谐振现象发生。

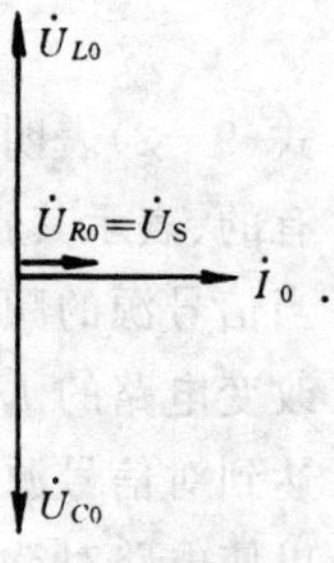

串联谐振时的相量图如图 9-3 所示。由相量图或式(9-4)可见,串联谐振时电感电压与电容电压大小相等、相位相反,相互完全抵消,因此电抗 X 上的电压 $\dot{U}_{X0}$ 为零。

图 9-3 串联谐振相量图

谐振电路品质因数的广义定义是

$$Q = \frac{\text{谐振时 } L \text{ 或 } C \text{ 无功功率的绝对值}}{\text{谐振时电路损耗的有功功率}} \tag{9-6}$$

根据此定义,RLC 串联谐振电路的品质因数为

$$Q = \frac{I_0^2 \omega_0 L}{I_0^2 R} = \frac{\omega_0 L}{R} = \frac{1}{R}\sqrt{\frac{L}{C}} = \frac{\rho}{R}$$

此即式(9-5)。上式表明,Q 与回路电阻 R 成反比,R 越大,耗能越多,Q 值愈低,反之 Q 值愈高。Q 值的高低反映了电路损耗的大小,这就是为什么称 Q 为谐振电路品质因数的原因。

例 9-1 将一电感 $L = 4$ mH、电阻 $R = 50$ Ω 的线圈与 $C = 160$ pF 的电容器串联接在 $U = 2.5$ V 的正弦电压上。电源频率为多少时电路发生谐振,此时电路中电流 I_0 和电容电压 U_{C0} 各为多少?

解

$$f_0 = \frac{1}{2\pi\sqrt{LC}} = \frac{1}{2\pi\sqrt{4\times10^{-3}\times160\times10^{-12}}} \text{ Hz} = (199\times10^3) \text{ Hz} = 199 \text{ kHz}$$

$$I_0 = \frac{U}{R} = \frac{2.5}{50} \text{ A} = 0.05 \text{ A} = 50 \text{ mA}$$

$$Q = \frac{\rho}{R} = \frac{1}{R}\sqrt{\frac{L}{C}} = \frac{1}{50}\sqrt{\frac{4\times10^{-3}}{160\times10^{-12}}} = 100$$

$$U_{C0} = QU = (100\times2.5) \text{ V} = 250 \text{ V}$$

可见 U_{C0} 大大超过了外加电压。

例 9-2 某收音机输入调谐回路可简化为一线圈和一可变电容器串联的电路。已知线圈电感 $L = 300$ μH,今欲使谐振频率范围为 535 kHz～1 605 kHz(中波频率范围),试求 C 的变化范围。

解

$$C = \frac{1}{\omega_0^2 L} = \frac{1}{(2\pi f_0)^2 L}$$

当 $f_{01} = 535$ kHz 时

$$C_1 = \frac{1}{(2\pi \times 535 \times 10^3)^2 \times 300 \times 10^{-6}} \text{F} = (295 \times 10^{-12}) \text{F} = 295 \text{ pF}$$

当 $f_{02} = 1\,605$ kHz 时

$$C_2 = \frac{1}{(2\pi \times 1\,605 \times 10^3)^2 \times 300 \times 10^{-6}} \text{F} = (32.8 \times 10^{-12}) \text{F} = 32.8 \text{ pF}$$

所以 C 的变化范围是 32.8 pF～295 pF。

例 9－3 图 9－4(a)所示电路中，已知 $u_S(t) = 10\sqrt{2}\cos 1\,000t$ V，$R_S = 2\ \Omega$，$L = 52$ mH，调 C 使电路谐振。(1) 求未并负载 R_L 时的 C、Q、I、U_L 和 U_C；(2) 并负载 $R_L = 260\ \Omega$，重求(1) 以及 I_L 和 I_R；(3) 并负载 $R_L = 2$ kΩ，求 C、Q。

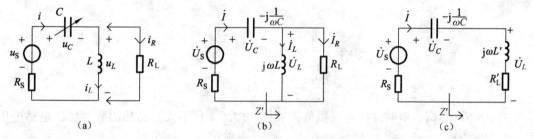

图 9－4 例 9－3 电路

解 (1) 未并负载 R_L

$$C = \frac{1}{\omega^2 L} = \frac{1}{1\,000^2 \times 52 \times 10^{-3}} \text{F} = 19.23\ \mu\text{F}$$

$$I = \frac{U_S}{R_S} = \frac{10}{2} = 5 \text{ A}$$

$$Q = \frac{\omega L}{R_S} = \frac{1\,000 \times 52 \times 10^{-3}}{2} = 26$$

$$U_L = U_C = QU_S = 26 \times 10 \text{ V} = 260 \text{ V}$$

(2) 并负载 $R_L = 260\ \Omega$，画相量模型如图 9－4(b)所示。

$$Z' = R_L // j\omega L = 260 // j52 = \frac{260 \times j52}{260 + j52}\ \Omega$$

$$= 51\underline{/78.69°}\ \Omega = (10 + j50)\ \Omega$$

图 9－4(b)等效为图(c)，图(c)中

$$R_L' = 10\ \Omega, \quad \omega L' = 50\ \Omega$$

由谐振条件 $X = 0$ 有

$$\frac{1}{\omega C} = \omega L' = 50$$

于是

$$C = \frac{1}{50\omega} = \frac{1}{50 \times 1\,000} \text{F} = 20\ \mu\text{F}$$

$$Q = \frac{1}{\omega C (R_S + R_L')} = \frac{\omega L'}{R_S R_L'} = \frac{50}{2 + 10} = 4.167$$

$$I=\frac{U_\mathrm{S}}{R_\mathrm{S}+R_\mathrm{L}'}=\frac{10}{12}\ \mathrm{A}=0.833\ 3\ \mathrm{A}=833.3\ \mathrm{mA}$$

$$U_C=QU_\mathrm{S}=4.167\times10\ \mathrm{V}=41.67\ \mathrm{V}$$

$$U_L=|Z'|I=51\times0.833\ 3\ \mathrm{V}=42.5\ \mathrm{V}\quad(\text{注意}:U_L\neq QU_\mathrm{S})$$

由图(b)

$$I_R=\frac{U_L}{R_\mathrm{L}}=\frac{42.5}{260}\ \mathrm{A}=163.5\ \mathrm{mA}$$

$$I_L=\frac{U_L}{\omega L}=\frac{42.5}{52}\ \mathrm{A}=817.3\ \mathrm{mA}$$

（3）并负载 $R_\mathrm{L}=2\ \mathrm{k\Omega}$，相量模型仍为图(b)和图(c)所示。

$$Z'=R_\mathrm{L}//\mathrm{j}\omega L=\frac{2\ 000\times\mathrm{j}52}{2\ 000+\mathrm{j}52}\ \Omega=51.98\underline{/88.51°}\ \Omega$$

$$=(1.351+\mathrm{j}51.96)\Omega=R_\mathrm{L}'+\mathrm{j}\omega L'$$

$$R_\mathrm{L}'=1.351\ \Omega,\quad\omega L'=51.96\ \Omega$$

$$\frac{1}{\omega C}=\omega L'=51.96\ \Omega$$

$$C=\frac{1}{51.96\omega}=\frac{1}{51.96\times1\ 000}\ \mathrm{F}=19.24\ \mu\mathrm{F}$$

$$Q=\frac{\omega L'}{R_\mathrm{S}+R_\mathrm{L}'}=\frac{51.96}{2+1.351}=15.51$$

由上例看出，调容串联谐振电路接负载后，C 增大（变化不大），品质因数、电流、电感电压和电容电压均减小。R_L 愈小，影响愈大；R_L 愈大，影响愈小。

第二节　*RLC* 串联谐振电路的频率特性和通频带

RLC 串联谐振电路是一种选频电路，为了了解其选频性能，需要分析电路的频率特性。频率特性是指电路中电流、电压、阻抗（导纳）等量与频率的关系。

一、阻抗频率特性

图 9—2 所示 *RLC* 串联谐振电路，其阻抗与频率的关系为

$$Z(\omega)=R+\mathrm{j}\left(\omega L-\frac{1}{\omega C}\right)=R+\mathrm{j}X(\omega)=|Z(\omega)|\underline{/\varphi(\omega)}$$

式中

$$X(\omega)=X_L(\omega)+X_C(\omega)=\omega L-\frac{1}{\omega C}$$

$$|Z(\omega)|=\sqrt{R^2+\left(\omega L-\frac{1}{\omega C}\right)^2}$$

$$\varphi(\omega)=\arctan\frac{\omega L-\dfrac{1}{\omega C}}{R}$$

阻抗与频率的关系称为阻抗频率特性，对应的特性曲线如图 9—5 所示。由图可见，$\omega=\omega_0$ 时，$X=0$，$\varphi=0$，电路呈阻性，$|Z(\omega)|=R$ 为最小；$\omega<\omega_0$ 时，$X<0$，电路呈容性；$\omega=0$ 时，$\varphi=-\pi/2$，电路为纯容性，$|Z|=\infty$；$\omega>\omega_0$ 时，$X>0$，电路呈感性；$\omega\to\infty$ 时，$\varphi=\pi/2$，电路为纯感性，$|Z|=\infty$。

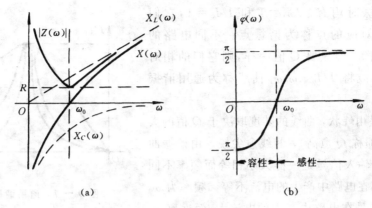

图 9—5 阻抗频率特性

二、电流幅频特性

RLC 串联电路的电流有效值 I 与频率的关系为

$$I(\omega)=\frac{U_\text{s}}{|Z(\omega)|}=\frac{U_\text{s}}{\sqrt{R^2+\left(\omega L-\dfrac{1}{\omega C}\right)^2}} \tag{9—7}$$

式(9—7)称为电流幅频特性,其特性曲线称为谐振曲线,如图 9—6 所示。由曲线可见,$\omega=\omega_0$ 时,电流 I 最大;$\omega=0$ 和 $\omega\to\infty$ 时,电流 $I=0$ 最小。

不同串联谐振电路的 ω_0、I_0 不等,谐振曲线也不同,为了便于统一分析,我们用相对概念的电流幅频特性,即用 $\dfrac{I}{I_0}=f\left(\dfrac{\omega}{\omega_0}\right)$ 来分析电路。

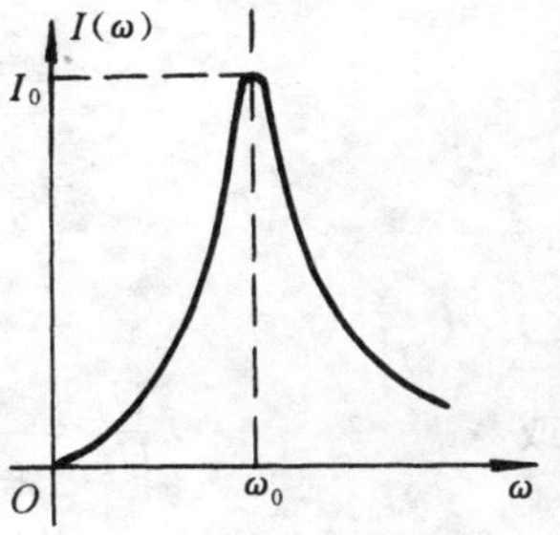

RLC 串联谐振电路,设 U_s 不变,于是

$$\frac{I}{I_0}=\frac{U_\text{s}\left/\sqrt{R^2+\left(\omega L-\dfrac{1}{\omega C}\right)^2}\right.}{U_\text{s}/R}=\frac{R}{\sqrt{R^2+\left(\omega L-\dfrac{1}{\omega C}\right)^2}}$$

图 9—6 电流幅频特性

$$=\frac{1}{\sqrt{1+\dfrac{1}{R^2}\left(\omega L-\dfrac{1}{\omega C}\right)^2}}=\frac{1}{\sqrt{1+\left(\dfrac{\omega L}{R}-\dfrac{1}{\omega CR}\right)^2}}$$

$$=\frac{1}{\sqrt{1+\left(\dfrac{\omega_0 L}{R}\cdot\dfrac{\omega}{\omega_0}-\dfrac{1}{\omega_0 CR}\cdot\dfrac{\omega_0}{\omega}\right)^2}}=\frac{1}{\sqrt{1+\left[\dfrac{\omega_0 L}{R}\left(\dfrac{\omega}{\omega_0}-\dfrac{\omega_0}{\omega}\right)\right]^2}}$$

即 $\qquad \dfrac{I}{I_0}=\dfrac{1}{\sqrt{1+Q^2\left(\dfrac{\omega}{\omega_0}-\dfrac{\omega_0}{\omega}\right)^2}}\qquad$ 或 $\qquad \dfrac{I}{I_0}=\dfrac{1}{\sqrt{1+Q^2\left(\dfrac{f}{f_0}-\dfrac{f_0}{f}\right)^2}} \tag{9—8}$

式(9—8)称为相对电流幅频特性,对应的谐振曲线如图 9—7 所示。由图可见,任何串联

谐振电路在谐振时均有 $\omega/\omega_0=1$ 和 $I/I_0=1$，它们在谐振曲线上对应的点称为谐振点。不同电路的 ω_0、I_0 通常不相等，但只要 Q 值一样，则它们的相对谐振曲线相同，故将 I/I_0—ω/ω_0 曲线称为通用谐振曲线。

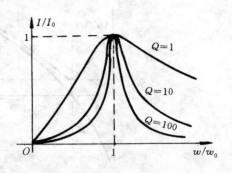

图 9—7 通用谐振曲线

谐振曲线呈山峰状，曲线的陡度取决于 Q 值的大小，Q 愈大(习惯称 Q 愈高)，曲线愈尖锐。由谐振曲线可以看出，当输入信号是一群大小相等而频率不同的电压时，它们在电路中产生的电流不等。频率为 ω_0 及其附近值的信号在电路中产生的电流大,而远离 ω_0 的信号产生的电流小。由此可见，串联谐振电路有选择 ω_0 及其附近信号而抑制远离 ω_0 信号的能力，这一特性称为选择性。显然，Q 值愈高，选择性愈好。

三、电感电压和电容电压的幅频特性

实际电路中,通过串联谐振电路的有用信号通常是由电感或电容通过某种耦合(磁耦合或电容耦合)方式而输到下一级电路,因此有必要讨论串联谐振电路中电感电压和电容电压的频率特性。

RLC 串联电路中,$U_L=\omega LI$,应用式(9—8),于是

$$U_L=\omega LI=\frac{\omega LI_0}{\sqrt{1+Q^2\left(\frac{\omega}{\omega_0}-\frac{\omega_0}{\omega}\right)^2}}=\frac{\omega}{\omega_0}\cdot\frac{\omega_0 LI_0}{\sqrt{1+Q^2\left(\frac{\omega}{\omega_0}-\frac{\omega_0}{\omega}\right)^2}}$$

$$=\frac{\omega}{\omega_0}\cdot\frac{U_{L0}}{\sqrt{1+Q^2\left(\frac{\omega}{\omega_0}-\frac{\omega_0}{\omega}\right)^2}}=\frac{\omega}{\omega_0}\cdot\frac{QU_S}{\sqrt{1+Q^2\left(\frac{\omega}{\omega_0}-\frac{\omega_0}{\omega}\right)^2}}$$

或

$$\frac{U_L}{U_{L0}}=\frac{\omega}{\omega_0}\cdot\frac{1}{\sqrt{1+Q^2\left(\frac{\omega}{\omega_0}-\frac{\omega_0}{\omega}\right)^2}}$$

同样方法分析可得电容电压为

$$U_C=\frac{\omega_0}{\omega}\cdot\frac{QU_S}{\sqrt{1+Q^2\left(\frac{\omega}{\omega_0}-\frac{\omega_0}{\omega}\right)^2}}$$

和

$$\frac{U_0}{U_{C0}}=\frac{\omega_0}{\omega}\cdot\frac{1}{\sqrt{1+Q^2\left(\frac{\omega}{\omega_0}-\frac{\omega_0}{\omega}\right)^2}}$$

图 9—8 画出了 U_L—ω/ω_0 和 U_C—ω/ω_0 特性曲线。可以证明,当品质因数 $Q>1/\sqrt{2}=0.707$ 时,曲线上出现峰值,且有 $U_{C\max}=U_{L\max}$。Q 值愈大,两峰愈靠近谐振频率。只要电路 Q 值不是太小(一般不小于10),就可近似地看成 $U_{C\max}$ 和 $U_{L\max}$ 出现在谐振频率处,且为信号电

压 U_s 的 Q 倍，即 $U_{Cmax} = U_{Lmax} = QU_s$。

例 9—4 某收音机调谐电路的电感线圈 $L = 250 \ \mu H$、$R = 20 \ \Omega$ 与可变电容器构成串联谐振电路。（1）若要收听频率为 $f_1 = 640 \ kHz$ 的甲电台节目，问 C 应为多少？（2）若甲电台电磁波在谐振电路输入端产生的电压为 u_1，其有效值为 $10 \ \mu V$，试求 u_1 在回路中产生的电流 I_1 及 L 两端的电压 U_{L1}；（3）频率为 $f_2 = 730 \ kHz$ 的乙电台电磁波在谐振电路输入端产生的电压为 u_2，其有效值也是 $10 \ \mu V$，试求 u_2 产生的电流 I_2 及电感电压 U_{L2}，并求 I_2/I_1 和 U_{L2}/U_{L1}。

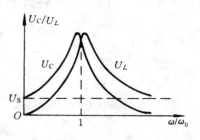

图 9—8 电感电压、电容电压的频率特性

解

（1）
$$C = C_0 = \frac{1}{\omega_1^2 L} = \frac{1}{(2\pi \times 640 \times 10^3)^2 \times 250 \times 10^{-6}} \ F = (247 \times 10^{-12}) \ F = 247 \ pF$$

（2）
$$I_1 = \frac{U_1}{R} = \frac{10}{20} \ \mu A = 0.5 \ \mu A$$

$$Q = \frac{\omega_0 L}{R} = \frac{2\pi \times 640 \times 10^3 \times 250 \times 10^{-6}}{20} = 50.3$$

$$U_{L1} = QU_1 = (50.3 \times 10) \ \mu V = 503 \ \mu V$$

（3）
$$\frac{I_2}{I_1} = \frac{I_2}{I_0} = \frac{1}{\sqrt{1 + Q^2 \left(\frac{f_2}{f_1} - \frac{f_1}{f_2}\right)^2}} = \frac{1}{\sqrt{1 + 50.3^2 \left(\frac{730}{640} - \frac{640}{730}\right)^2}} = 0.075$$

$$\frac{I_2}{I_1} = 0.075 = 7.5\%$$

$$I_2 = 0.075 I_1 = 0.0375 \ \mu A$$

$$\frac{U_{L2}}{U_{L1}} = \frac{f_2}{f_1} \cdot \frac{1}{\sqrt{1 + Q^2 \left(\frac{f_2}{f_1} - \frac{f_1}{f_2}\right)^2}} = \frac{730}{640} \times 0.075 = 0.086$$

$$\frac{U_{L2}}{U_{L1}} = 8.6\%$$

$$U_{L2} = 0.086 U_{L1} = 43 \ \mu V$$

由上例可以看出串联谐振电路具有选择能力。

四、串联谐振电路的通频带

实际中的有用信号，一般为具有一定频率宽度的一群连续信号，为使它们通过串联谐振电路后不失真地输出，这就要求电路的谐振曲线不能太尖锐，也即 Q 值不宜太高。因此，谐振电路除有一个选择性指标外，还有一个通频带指标。通频带是指谐振曲线上以谐振频率 ω_0 为中心的一段频带，当这一频带的信号通过串联谐振电路时，它在电路中不致产生明显的失真，这一频带我们称为通频带。通频带的宽度按惯例是以语音信号来定义的，实践表明，功率变化不到一半的声音，人的听觉辨不出它的变化，因此就以等于谐振功率之半的功率所对应的一段频带定义为电路

的通频带。设 RLC 串联谐振电路在谐振时的功率为 P_0，$P_0/2$ 所对应的电流为 I，于是

$$\frac{P_0}{2} = I^2 R$$

$$I = \sqrt{\frac{P_0}{2R}}$$

将 $P_0 = I_0^2 R$ 代入上式，则

$$I = \sqrt{\frac{P_0}{2R}} = \sqrt{\frac{I_0^2 R}{2R}} = \frac{1}{\sqrt{2}} I_0 = 0.707 I_0$$

或
$$\frac{I}{I_0} = \frac{1}{\sqrt{2}} = 0.707 \tag{9-9}$$

所以在 I/I_0—ω（或 I—ω）曲线上对应于 $I/I_0 = 0.707$（或 $I = 0.707 I_0$）的那一段频带 $\omega_2 - \omega_1$（见图 9-9）就是电路的通频带，简称通带，记为 BW_ω，即

$$BW_\omega = \omega_2 - \omega_1$$

两个边界频率 ω_2 和 ω_1 分别称为上边频（上截止频率）和下边频（下截止频率）。

现在分析通频带 BW_ω 与电路品质因数 Q 的关系。根据式(9-9)，

$$I = \frac{I_0}{\sqrt{2}} = \frac{U_S}{\sqrt{2}R}$$

而
$$I = \frac{U_S}{\sqrt{R^2 + X^2}}$$

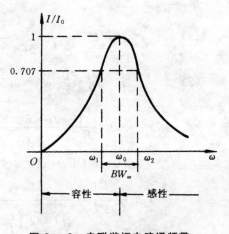

图 9-9 串联谐振电路通频带

于是
$$\sqrt{R^2 + X^2} = \sqrt{2}R$$

$$X = \pm R$$

即
$$\omega L - \frac{1}{\omega C} = \pm R$$

由图 9-9 可见，$\omega = \omega_2$ 时电路呈感性，$X > 0$，故

$$\omega_2 L - \frac{1}{\omega_2 C} = +R$$

$\omega = \omega_1$ 时电路呈容性，$X < 0$，故

$$\omega_1 L - \frac{1}{\omega_1 C} = -R$$

上两式联立，解得

$$\omega_2 - \omega_1 = \frac{R}{L} = \frac{\omega_0 R}{\omega_0 L} = \frac{\omega_0}{\omega_0 \frac{L}{R}} = \frac{\omega_0}{Q}$$

即
$$\left. \begin{array}{l} BW_\omega = \dfrac{\omega_0}{Q} \\[3mm] BW_f = \dfrac{f_0}{Q} \end{array} \right\} \tag{9-10}$$

式(9-10)表明,通频带与 $f_0(\omega_0)$ 成正比,与 Q 成反比。高 Q 电路的选择性好,但通带窄,若通带太窄,就会使有用信号频带中的一部分不能顺利通过电路而引起失真。可见电路的选择性与通频带之间有一定矛盾,实际应用中要两者兼顾。

例 9-5 RLC 串联谐振电路的电压源 $u_S(t)=\cos\omega t$ (mV),频率 $f=1$ MHz。调节电容 C 使电路发生谐振,这时测得 $I_0=100\ \mu A$、$U_{C0}=100$ mV。试求 R、L、C 以及 Q 和 BW_f。

解

$$R=\frac{U_S}{I_0}=\frac{0.707\times10^{-3}}{100\times10^{-6}}\ \Omega=7.07\ \Omega$$

$$Q=\frac{U_{C0}}{U_S}=\frac{100}{0.707}=141$$

$$BW_f=\frac{f_0}{Q}=\frac{10^6}{141}\ Hz=7.09\ kHz$$

$$L=\frac{RQ}{\omega_0}=\frac{7.07\times141}{2\pi\times10^6}\ H=0.159\ mH$$

$$C=\frac{1}{\omega^2 L}=\frac{1}{(2\pi\times10^6)^2\times0.159\times10^{-3}}\ F=159\ pF$$

第三节　并联谐振电路

串联谐振电路中,若信号源内阻很大,则电路 Q 值很低,电路失去了选频能力。电子技术中的电源(等效电源)常为高内阻电源,这时不能用串联谐振电路选频,为此我们介绍适用于高阻电源的一种选频电路——并联谐振电路。

一、RLC 并联谐振电路谐振条件及特点

图 9-10 所示为 RLC 并联谐振电路。输入导纳为

$$Y=\frac{1}{R}+j\left(\omega C-\frac{1}{\omega L}\right)=G+jB$$

式中,$G=1/R$,$B=\omega C-1/\omega L$。当 $B=0$ 时,$Y=G$ 为纯阻性,输入电压与输入电流同相,电路谐振。并联谐振的条件是输入导纳 $B=0$,即

$$\omega_0 C-\frac{1}{\omega_0 L}=0$$

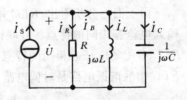

图 9-10　RLC 并联谐振电路

于是谐振频率为

$$\omega_0=\frac{1}{\sqrt{LC}}$$

$$f_0=\frac{1}{2\pi\sqrt{LC}}$$

上式与 RLC 串联电路的谐振频率公式相同,实质上它们是对偶关系。

并联谐振电路的谐振导纳和阻抗分别为

$$Y_0=G+jB=G=Y_{min}$$

和
$$Z_0 = \frac{1}{Y_0} = R = Z_{\max}$$

导纳和阻抗为纯阻性,导纳达最小,阻抗达最大。

$$\omega_0 L = \frac{1}{\omega_0 C} = \sqrt{\frac{L}{C}} = \rho$$

式中,$\rho = \sqrt{L/C}$ 为 LC 回路的特性阻抗。上式与式(9-3)完全相同。

品质因数,根据式(9-6)有

$$Q = \frac{U^2/\omega_0 L}{U^2/R} = \frac{R}{\omega_0 L} = \omega_0 CR = \frac{R}{\rho}$$

它与 RLC 串联谐振电路式(9-5)的形式相反。

谐振时,电路的输入电压

$$\dot{U}_0 = Z_0 \dot{I}_S = R \dot{I}_S$$

达最大。各支路电流为

$$\dot{I}_{R0} = \frac{\dot{U}_0}{R} = \dot{I}_S$$

$$\dot{I}_{L0} = \frac{\dot{U}_0}{j\omega_0 L} = -j\frac{R}{\omega_0 L}\dot{I}_S = -jQ\dot{I}_S$$

$$\dot{I}_{C0} = j\omega_0 C \dot{U}_0 = j\omega_0 CR \dot{I}_S = jQ\dot{I}_S$$

$$I_{L0} = I_{C0} = QI_S$$

一般谐振电路的 Q 值很高,所以即使信号源的 I_S 较小,但电感和电容中的电流仍可能很大,故并联谐振又称为电流谐振。电路谐振时的相量图如图 9-11 所示。图 9-10 中所示的 $\dot{I}_B$ 在谐振时为

$$\dot{I}_{B0} = \dot{I}_{L0} + \dot{I}_{C0} = 0$$

它意味着电路谐振时,L、C 并联支路对外相当于开路(虚断)。

由上面的分析看出,RLC 并联谐振的输入电压与 RLC 串联谐振的输入电流有相同的特点。并联谐振时,R、L、C 中的电流与串联谐振时 R、L、C 上的电压有相同的特点。可见 RLC(即 GCL)并联谐振电路与 RLC 串联谐振电路是对偶电路。

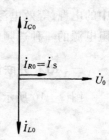

图 9-11　并联谐振
相量图

二、电感线圈与电容器并联谐振电路

通常并联谐振电路是由电感线圈与电容器并联组成,如图 9-12(a)所示,图中 R 为电感线圈的损耗电阻。图 9-12(a)可等效为图(b)。电感线圈的阻抗设为 Z_1,$Z_1 = R + j\omega L$,其对应的导纳为 $Y_1 = G_1 + jB_1$。根据阻抗、导纳等效转换公式有

$$Y_1 = G_1 + jB_1 = \frac{R}{R^2 + (\omega L)^2} + j\frac{-\omega L}{R^2 + (\omega L)^2}$$

于是电路的输入导纳 Y 为

$$Y = Y_1 + Y_C = \frac{R}{R^2 + (\omega L)^2} + j\left(\frac{-\omega L}{R^2 + \omega^2 L^2} + \omega C\right) = G + jB \qquad (9-11)$$

$B = 0$ 时电路谐振,由上式有

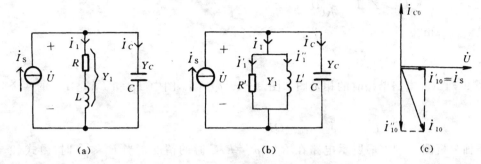

$$(a) \qquad (b) \qquad (c)$$

图 9—12 电感线圈和电容并联谐振

$$\frac{-\omega L}{R^2 + \omega^2 L^2} + \omega C = 0$$

解得并联谐振角频率为

$$\omega_0 = \sqrt{\frac{L - R^2 C}{L^2 C}} = \frac{1}{\sqrt{LC}}\sqrt{1 - \frac{R^2 C}{L}} = \frac{1}{\sqrt{LC}}\sqrt{1 - \frac{R^2}{\rho^2}} \qquad (9-12)$$

式中 $\rho = \sqrt{L/C}$。由上式可见，只有当 $\dfrac{R^2 C}{L} < 1$ 即 $R^2 < \dfrac{L}{C}$ 时，ω_0 才是实数，电路才可能谐振。

图 9—12(b)所示电路的谐振频率为

$$\omega_0 = \frac{1}{\sqrt{L_0' C}} \qquad (9-13)$$

式中，L_0' 为谐振时的 L' 值(L' 与频率有关)。式(9—13)与式(9—12)等价。

电路并联谐振时，由式(9—11)可得谐振导纳为

$$Y_0 = \frac{R}{R^2 + (\omega_0 L)^2}$$

将式(9—12)代入上式得

$$Y_0 = \frac{RC}{L} = \frac{R}{\rho^2}$$

谐振阻抗

$$Z_0 = \frac{1}{Y_0} = \frac{L}{RC} = \frac{\rho^2}{R}$$

因此图 9—12(b)中的 R' 在谐振时的值为

$$R_0' = Z_0 = \frac{L}{RC} = \frac{\rho^2}{R} \qquad (9-14)$$

电路的品质因数由定义式(9—6)有

$$Q = \frac{\omega_0 L}{R} \qquad (9-15)$$

对等效电路图(b)则为

$$Q = \frac{R_0'}{\omega_0 L_0'} = \frac{Z_0}{\omega_0 L_0'} = Z_0 \omega_0 C$$

上式与式(9—15)等价。

谐振电压

$$\dot{U}_0 = Z_0\,\dot{I}_{\mathrm S} = \frac{L}{RC}\dot{I}_{\mathrm S}$$

谐振电容电流

$$\dot{I}_{C0} = \mathrm{j}Q\dot{I}_{\mathrm S}$$

图 9—12(a)电路谐振时的相量图如图 9—12(c)所示,图中 $\dot{I}_{10}'$ 和 $\dot{I}_{10}''$ 是 $\dot{I}_{10}$ 的两个分量,显然

$$I_{10}' = I_{\mathrm S}, \quad I_{10}'' = I_{C0} = QI_{\mathrm S}$$

下面分析图 9—12(a)所示电路在 $R^2 \ll \rho^2 = L/C$ 时的情况。当 $R^2 \ll \rho^2$ 时,由式(9—12)得到

$$\omega_0 = \frac{1}{\sqrt{LC}}$$

对照式(9—13)可见,此时图 9—12(b)中的 $L_0' = L$。电路的品质因数

$$Q = \frac{\omega_0 L}{R} \approx \frac{\dfrac{1}{\sqrt{LC}}L}{R} = \frac{\sqrt{\dfrac{L}{C}}}{R} = \frac{\rho}{R}$$

因为 $R^2 \ll \rho^2$,所以 Q 很大。Q 值大的电路称为高 Q 电路,高 Q 电路的条件是 $R^2 \ll \rho^2 = L/C$。

由于高 Q 电路的 $Q \approx \rho/R$,故高 Q 电路的谐振阻抗

$$Z_0 = \frac{L}{RC} = \frac{\rho^2}{R} \approx Q^2 R \quad 或 \quad Z_0 \approx Q\rho$$

综上所述,现对图 9—12(a)所示并联谐振电路作结论如下:

(1) $R^2 \ll \rho^2 = L/C$ 时,电路为高 Q 电路。高 Q 电路的谐振角频率 $\omega_0 \approx 1/\sqrt{LC}$,等效电路图 9—12(b)中的 $L_0' \approx L$。非高 Q 电路的 ω_0 按式(9—12)计算;

(2) 电路的品质因素 $Q = \omega_0 L/R$ 或 $Q = R_0'\omega_0 C$。高 Q 电路的 $Q = \omega_0 L/R \approx \rho/R$;

(3) 谐振阻抗 $Z_0 = \rho^2/R = L/RC$,它与 Q 值无关。等效电路图(b)中的 $R_0' = Z_0$。高 Q 电路的 $Z_0 = \rho^2/R \approx Q^2 R$ 或 $Z_0 \approx Q\rho = Q\sqrt{L/C}$;

(4) 图 9—12(a)电路用图(b)等效电路分析更简便、清晰,特别是在有载的情况。

例 9—6 并联谐振电路如图 9—13(a)所示,已知 $I_{\mathrm S} = 0.2\ \mathrm{mA}$,$L = 540\ \mu\mathrm{H}$,$C = 200\ \mathrm{pF}$,求未并负载 $R_{\mathrm L}$ 时,电路的谐振频率 ω_0 和 f_0、Q 值、谐振阻抗 Z_0、谐振电压 U_0 及谐振电流 I_{10} 和 I_{C0}。(1) $R = 16.5\ \Omega$;(2) $R = 200\ \Omega$。

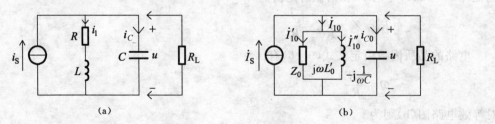

(a)　　　　　　　　　　(b)

图 9—13　例 9—6 电路

解 将图(a)电路等效为图(b)

(1) $R = 16.5\ \Omega$

$$\rho = \sqrt{\frac{L}{C}} = \sqrt{\frac{540 \times 10^{-6}}{200 \times 10^{-12}}} \ \Omega = 1 \ 643 \ \Omega$$

$\rho \gg R$,所以电路为高 Q 电路。

$$\omega_0 = \frac{1}{\sqrt{LC}} \sqrt{1 - \left(\frac{R}{\rho}\right)^2} \approx \frac{1}{\sqrt{LC}} = \frac{1}{\sqrt{540 \times 10^{-6} \times 200 \times 10^{-12}}} \ \text{rad/s}$$

$$= 3 \ 043 \ \text{krad/s}$$

$$f_0 = \frac{\omega_0}{2\pi} = \frac{3 \ 043}{2\pi} \ \text{kHz} = 484.3 \ \text{kHz}$$

$$Q = \frac{\omega_0 L}{R} \approx \frac{\rho}{R} = \frac{1 \ 643}{16.5} = 99.58$$

$$Z_0 = \frac{\rho^2}{R} = \frac{1 \ 643^2}{16.5} \ \Omega = 163.6 \ \text{k}\Omega$$

或
$$Z_0 = Q^2 R = (99.58^2 \times 16.5) \ \Omega = 163.6 \ \text{k}\Omega$$

$$U_0 = Z_0 I_S = (163.6 \times 0.2) \ \text{V} = 32.72 \ \text{V}$$

$$I_{10} \approx I_{C0} = Q I_S = (99.58 \times 0.2) \ \text{mA} = 19.9 \ \text{mA}$$

(2) $R = 200 \ \Omega$。ρ 不变,$\rho = 1 \ 643 \ \Omega$,不满足 $\rho \gg R$,所以

$$\omega_0 = \frac{1}{\sqrt{LC}} \sqrt{1 - \left(\frac{R}{\rho}\right)^2} = 3 \ 043 \sqrt{1 - \left(\frac{200}{1 \ 643}\right)^2} \ \text{krad/s} = 3 \ 020 \ \text{krad/s}$$

$$f_0 = \frac{\omega_0}{2\pi} = 480.7 \ \text{kHz}$$

$$Z_0 = \frac{\rho^2}{R} = \frac{1 \ 643^2}{200} \ \Omega = 13.5 \ \text{k}\Omega$$

$$Q = \frac{\omega_0 L}{R} = \frac{3 \ 020 \times 10^3 \times 540 \times 10^{-6}}{200} = 8.155$$

或由图(b)
$$Q = Z_0 \omega_0 C = 13.5 \times 3 \ 020 \times 10^3 \times 200 \times 10^{-12} = 8.155$$

$$U_0 = Z_0 I_S = (13.5 \times 0.2) \ \text{V} = 2.7 \ \text{V}$$

$$I_{C0} = Q I_S = 8.155 \times 0.2 \ \text{mA} = 1.642 \ \text{mA}$$

$$I_{10} = \sqrt{I_{10}'^2 + I_{10}''^2} = \sqrt{I_S^2 + I_{C0}^2} = \sqrt{0.2^2 + 1.642^2} \ \text{mA} = 1.643 \ \text{mA}$$

由上看出,电感支路中的电阻 R 增大时,ω_0、Q、Z_0 和 U_0 等均下降,ω_0 下降不多,而其他量却下降严重。

例 9—7 求上例并有负载 R_L [见图 9—13(a)]时的 ω_0、f_0、Q 和 U_0。已知 $R = 16.5 \ \Omega$,$R_L = 200 \ \text{k}\Omega$。

解 并联负载 R_L 不影响 ω_0、f_0 和 Z_0,所以

$$\omega_0 = 3 \ 043 \ \text{krad/s}, \quad f_0 = 484.3 \ \text{kHz}, \quad Z_0 = 163.6 \ \text{k}\Omega$$

由图 9—13(b)可见,输入阻抗

$$Z_i = Z_0 \ /\!/ \ R_L = \frac{163.6 \times 200}{163.6 + 200} \ \text{k}\Omega = 90 \ \text{k}\Omega$$

$$Q = Z_i \omega_0 C = 90 \times 10^3 \times 3 \ 043 \times 10^3 \times 200 \times 10^{-12} = 54.77$$

或
$$Q = \frac{Z_i}{\omega_0 L_0} \approx \frac{Z_i}{\omega_0 L_0} = \frac{Z_i}{\rho} = \frac{90 \times 10^3}{1 \ 643} = 54.77$$

$$U_0 = |Z_i| I_S = (90 \times 0.2) \text{ V} = 18 \text{ V}$$

由上看出,并联谐振电路有载时的 f_0、Z_0 不变(即与空载时的相同),而 Q 和 U_0 下降,负载 R_L 愈小,下降愈大(因为 $Z_i = Z_0 // R_L$)。

三、RLC(或 GCL)并联谐振电路的频率特性和通频带

GCL 并联谐振电路是 RLC 串联谐振电路的对偶电路。因此其导纳的频率特性(曲线)和电压幅频特性(曲线),分别与 RLC 串联谐振电路的阻抗频率特性(曲线)和电流幅频特性(曲线)相同,选择性和通频带的概念完全一样,通频带的计算公式也相同。需要说明的是,并联谐振电路的选择性和通频带是通过电压幅频特性分析的。

第四节　纯电抗串并联谐振电路

本节讨论由纯电感和纯电容组成的简单串并联谐振电路,如图 9－14 所示。

图 9－14(a)电路的输入阻抗

$$Z = j\omega L_1 + \frac{j\omega L_2(1/j\omega C)}{j(\omega L_2 - 1/\omega C)} = j\left[\frac{\omega^3 L_1 L_2 C_2 - \omega(L_1 + L_2)}{\omega^2 L_2 C_2 - 1}\right] = jX \qquad (9-16)$$

输入导纳

$$Y = \frac{1}{Z} = j\left[\frac{1 - \omega^2 L_2 C_2}{\omega^3 L_1 L_2 C_2 - \omega(L_1 + L_2)}\right] = jB \qquad (9-17)$$

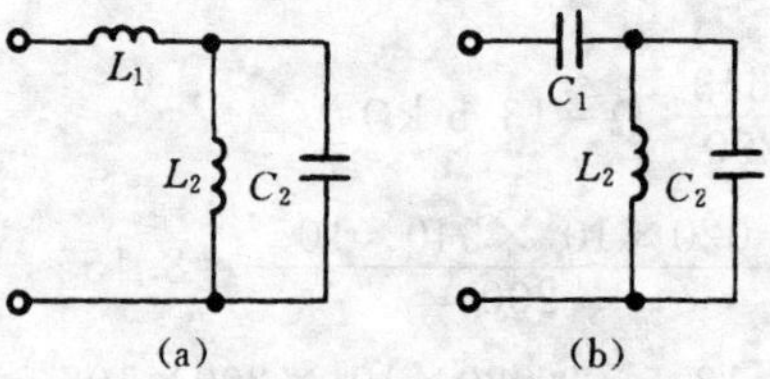

图 9 － 14　电抗串并联谐振

$B=0$ 时电路发生并联谐振,由式(9－17)有

$$1 - \omega^2 L_2 C_2 = 0$$

于是解得并联谐振角频率 $\omega_{0并}$ 为

$$\omega_{0并} = \frac{1}{\sqrt{L_2 C_2}} \qquad (9-18)$$

并联谐振输入导纳 $Y_0 = jB = 0$,阻抗 $Z_0 = 1/Y_0 = \infty$,相当于开路。上式正是图 9－14(a)输入端开路时(L_1 不起作用)电路的并联谐振频率。

$X=0$ 时,电路发生串联谐振,根据式(9－16),此时有

$$\omega^3 L_1 L_2 C_2 - \omega(L_1 + L_2) = 0$$

解得串联谐振频率 $\omega_{0串}$ 为

$$\omega_{0串} = \sqrt{\frac{L_1 + L_2}{L_1 L_2 C_2}} \qquad (9-19)$$

串联谐振时的阻抗 $Z_0 = 0$,相当于短路。上式正是图 9－14(a)输入端短路时(L_1 并 L_2)等效电路 $L'C_2$ 的串联谐振频率,$L' = L_1 // L_2 = L_1 L_2/(L_1 + L_2)$。

由式(9-18)、式(9-19)可见，$\omega_{0\text{串}} > \omega_{0\text{并}}$。从电路的物理概念上分析也可得到此关系。当 L_2C_2 并联电路为容性时，它才可能与 L_1 发生串联谐振，而 L_2C_2 并联电路在 $\omega > \omega_{0\text{并}}$ 时才为容性，因此 $\omega_{0\text{串}}$ 必大于 $\omega_{0\text{并}}$。

图 9-14(b)电路的分析与图 9-14(a)电路的分析类似，可得到

$$\omega_{0\text{并}} = \frac{1}{\sqrt{L_2C_2}} \tag{9-20}$$

串联谐振频率经推导得

$$\omega_{0\text{串}} = \frac{1}{\sqrt{L_2(C_1+C_2)}} \tag{9-21}$$

由上看出，$\omega_{0\text{串}} < \omega_{0\text{并}}$。式(9-20)、(9-21)的分析与式(9-18)、式(9-19)的分析相同，它们分别是图 9-14(b)在开路、短路时的等效电路的并联、串联谐振频率。

图 9-15(a)是另一种形式的纯电抗串并联谐振电路，类似上面的分析方法可得串联谐振频率和并联谐振频率分别为

$$\omega_{0\text{串}} = \frac{1}{\sqrt{L_2C_2}} \quad \text{和} \quad \omega_{0\text{并}} = \sqrt{\frac{C_1+C_2}{C_1C_2L_2}}$$

图 9-15(b)所示电路的谐振，请读者自行分析。

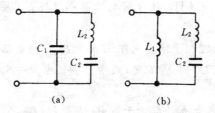

图 9 — 15 电抗串并联谐振

例 9-8 图 9-16 所示电路，已知 $L_1 = 2\text{H}$，输入信号电压 $u_S = U_{1m}\cos\omega_1 t + U_{2m}\cos\omega_2 t$，$\omega_1 = 1\ 000\ \text{rad/s}$，$\omega_2 = 2\ 000\ \text{rad/s}$。要求 ω_2 的信号全部传输到负载(R_L)，而 ω_1 的信号不传输到负载。求 C_1 和 L_2。

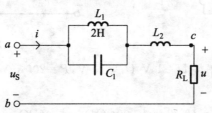

图 9 — 16 例 9 —8 电路

解 使电路对 ω_1 发生并联谐振，这时 $Z_{ac} = \infty$，于是电流 $i = 0$，负载电压 $u = 0$，也即 ω_1 信号传输不到负载；使电路对 ω_2 发生串联谐振，这时 $Z_{ac} = 0$，于是 ω_2 信号全部传输到负载。

$$C_1 = \frac{1}{\omega_1^2 L_1} = \frac{1}{(1\ 000)^2 \times 2}\ \text{F} = 0.5 \times 10^{-6}\ \text{F} = 0.5\ \mu\text{F}$$

设 $L' = L_1 // L_2$，则

$$L' = \frac{1}{\omega_2^2 C_1} = \frac{10^6}{(2\ 000)^2 \times 0.5}\ \text{H} = 0.5\ \text{H}$$

即
$$\frac{L_1 L_2}{L_1 + L_2} = 0.5$$

$$\frac{2 L_2}{2 + L_2} = 0.5$$

解得
$$L_2 = \frac{1}{1.5} \text{ H} = 0.667 \text{ H}$$

习　　题

9—1　电感线圈与电容器串联。电感线圈的 $L=160\ \mu\text{H}$、$R=10\ \Omega$，电容 $C=250$ pF。

(1) 求电路固有谐振频率 f_0，特性阻抗 ρ；

(2) 输入的电源电压 $u_S = 0.2\sqrt{2}\cos 2\pi ft$ (V)，内阻为零，为使电路谐振，电源频率 f 应为多少？求谐振时的 X_{L0}、X_{C0}，品质因数 Q，回路电流 I_0，电容电压 U_{C0} 和线圈电压 U_{RL}，并画出相量图；

(3) 若电源内阻 $R_S = 190\ \Omega$，电路谐振，以上各量哪些不受影响？哪些受影响？并求受影响各量的值；

(4) 若电源的频率 $f = 500$ kHz，试分析电路属感性还是容性，回路电流大于还是小于谐振电流。

9—2　应用串联谐振原理测量线圈电阻 R 和电感 L 的电路如图所示。已知 $R_1 = 10\ \Omega$，$C = 0.1\ \mu\text{F}$，输入电压有效值 $U = 1$ V 不变，频率可调。当 $f = 800$ Hz 时，电压表指示最大为 0.8 V。试求 R、L。

9—3　图示电路谐振，各电表读数示于图中，试求 U,Z_C,Z_{RL},Q。

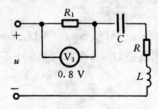
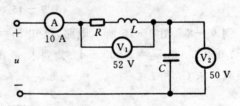

題 9—2 图　　　　　　　題 9—3 图

9—4　图示电路谐振，测得 $U = 1$ V，$U_1 = 40$ V，$P = 200$ mW。求无源二端网络 N_0 的等效阻抗 Z。

9—5　图示电路谐振，$u = 10\sqrt{2}\cos 1\,000t$ (V)。求：C、Q、$u_C(t)$、$u_1(t)$ 和 $u_2(t)$。

9—6　RLC 串联电路，当 $f = 50$ Hz 时，$X_C = -50$ kΩ，当 $f = 20$ kHz 时，电路谐振。求 L。

9—7　求图示电路的谐振角频率。

9—8　某收音机调谐 RLC 串联电路的 $R = 10\ \Omega$，$L = 100\ \mu\text{H}$，当电容调到 $C = 150$ pF 时，收到的电台的频率是多少？并求电路的通频带 BW_f。若另一电台的频率比它高 10%，试问它在接收回路中产生的电流为谐振电流的多少倍？（用百分数表示，假设这两个电台在输入端的电压相等）

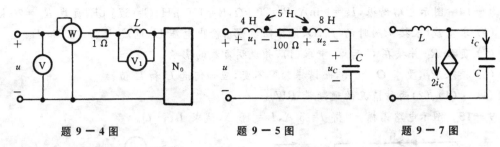

题 9-4 图　　　　　题 9-5 图　　　　　题 9-7 图

9-9 一个 $200\ \mu H$ 的线圈与可变电容 C 串联,输入正弦电压为 $u(t)$。调 C,当 $C=120\ pF$ 时,电路电流达最大为 $40\ mA$,当 $C=100\ pF$ 时,电流为 $5\ mA$。

(1) 求电压的频率 f 和有效值 U,电路谐振时的 Q 值和通频带 BW_f;

(2) 电压 U 不变,若在电路中再串一个电阻 $R_L=50\ \Omega$,试求谐振时的回路电流,品质因数和通频带。

9-10 图示电路,电源电压 $U_S=10\ V$,$\omega=1\ 000\ rad/s$。

(1) 未接负载 R_L,求电路谐振时的 C、Q、U_C 及输出电压 U_L;

(2) 并接负载 $R_L=10\ \Omega$,重求(1);

(3) 并接负载 $R_L=100\ \Omega$,重求(1)。通过计算说明负载的影响。

9-11 图示电路谐振,$u=100\sqrt{2}\cos10^6t$ (V),$L_1=0.1\ mH$,$L_2=0.3\ mH$,$M=0.1\ mH$,负载 $R_L=100\ \Omega$。求 C、I 和 U_1。

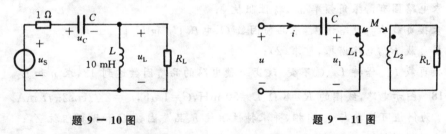

题 9-10 图　　　　　　　　　　题 9-11 图

9-12 图示电路中电感线圈和电容串联,输入电压 $U=1\ V$。

(1) 若电路固有谐振频率 $f_0=3.5\ MHz$,特性阻抗 $\rho=1\ k\Omega$,求 L 和 C;

(2) 若线圈(R,L)在谐振时的品质因数 $Q_L=50$(线圈品质因数定义为 $\omega L/R$),求谐振时电容电压 U_C 和 BW_f;

(3) 若在电容两端并接负载 $R_L=10\rho$,求电路谐振频率 f_0'、品质因数 Q'、电容电压 U_C' 及通频带 BW_f'。

9-13 图示电路,$u=120\sqrt{2}\cos2\pi\times400t$ (V),$C=10\ \mu F$,谐振时 $I_C=10\ A$。试分别用解析法和相量图法求 R_L 和 L。

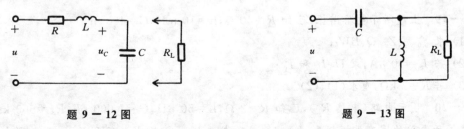

题 9-12 图　　　　　　　　　　题 9-13 图

9—14 图示电路谐振,$I_S=1$ mA,$R=20$ kΩ,$L=150$ μH,$C=675$ pF,负载 $R_L=20$ kΩ。

(1) 求空载(未接 R_L)时的 f_0,Q,谐振阻抗 Z_0,输出电压 U,电流 I_R、I_L、I_C 和 I_1;

(2) 负载 R_L 并接在 C 两端,重求(1),并说明负载的影响;

(3) 接入 R_L,要求 Q 为 25,而谐振频率不变,应如何选 C 和 L 值;

(4) 求(1)、(2)两种情况的通频带 BW_f。

9—15 图示电路谐振,测得 $I=5$ A,$I_1=15$ A,试求 I_2 和 Q。

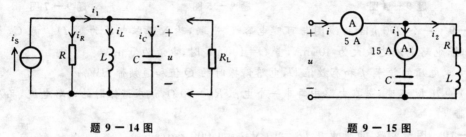

| 题 9—14 图 | 题 9—15 图 |

9—16 图示电路,$R_1=R_2=50$ Ω,$L=25$ mH,$u=120\sqrt{2}\cos1\,000t$ (V)。

(1) $C=?$ 电路谐振;

(2) 求谐振时的 I、I_1、I_2、I_3。

9—17 图示电路中变压器为全耦合,变比 $n=2$。已知正弦电压 u_S 的有效值 $U_S=40$ V,$R_S=40$ kΩ,$C=50$ pF,$L_1=100$ μH,负载 $R_L=10$ kΩ。

(1) 求电路固有谐振角频率 ω_0,特性阻抗 ρ;

(2) 未接负载 R_L,电路谐振,求品质因数 Q、电压 U_1 和 U_2;

(3) 接负载 R_L,电路谐振,重求(2);

(4) 接负载 R_L,保持 L_1、C 不变,改变 n 使电路的品质因数达到 18,求 n 和 L_2。

9—18 图示电路,线圈的 $R=8$ Ω,$L=50$ mH,$C=1$ μF,$i_S=2\sqrt{2}\cos2\pi ft$ mA。

(1) f 为何值可使 u 与 i_S 同相,并求特性阻抗 ρ、品质因数 Q 和谐振阻抗 Z_0;

(2) 求谐振时的 $u(t)$、$i_L(t)$ 和 $i_C(t)$;

(3) 若电路并接一负载 $R_L=3$ kΩ,求谐振时的输入阻抗 Z_i、品质因素 Q 及电压 U。

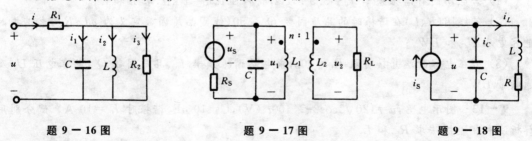

| 题 9—16 图 | 题 9—17 图 | 题 9—18 图 |

9—19 上题所示电路谐振,已知 $R=40$ Ω,$L=10$ mH,$C=400$ pF。

(1) 求 f_0、ρ、Z_0、Q、BW_f;

(2) 若 $I_S=10$ μA,求 U、I_L 和 I_C;

(3) 若 $R=2$ kΩ,重求(1)、(2)。

9—20 图示电路(未接 R_L),已知 $R=2$ Ω,$L=50$ μH,$C=1\,000$ pF,$R_S=500$ kΩ,电流源频率等于电路的固有谐振频率,$I_S=1$ mA。求:ρ,ω_0,Q,输出电压 U 和 L、C 并联电路的输

入电流 I_1。

9—21 上题电路若并接负载 $R_L = 100$ kΩ,其他不变,试求谐振时电路的品质因数 Q、通频带 BW_ω 及负载端电压 U。

9—22 图示电路,已知 $U = 220$ V,$R_1 = R_2 = 50$ Ω,$L_1 = 0.2$ H,$L_2 = 0.1$ H,$C_1 = 5$ μF,$C_2 = 10$ μF,电流表 A_1 读数为零,试求电流表 A_2 的读数。

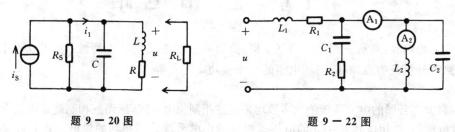

题 9—20 图　　　　　　　　　题 9—22 图

9—23 图示电路,$C_1 = 9.4$ μF,输入信号电压 $u = U_{1m} \cos 2\pi f_1 t + U_{2m} \cos 2\pi f_2 t$,$f_1 = 50$ Hz,$f_2 = 150$ Hz。要求频率为 150 Hz 的信号全部传输到负载,频率为 50 Hz 的信号不传输到负载,试求 L_1 和 L_2。

9—24 图示电路,$R = 10$ Ω,$L_2 = 2$ mH,$C_1 = 375$ μF,$C_2 = 125$ μF。$u = 100\sqrt{2} \cos \omega t$ V,其频率可调。

(1) $f = ?$ 可使 $I = 0$,并求此时的 $i_1(t)$ 和 $i_2(t)$;

(2) $f = ?$ 可使 I 为最大,并求此时的 $i_1(t)$ 和 $i_2(t)$。

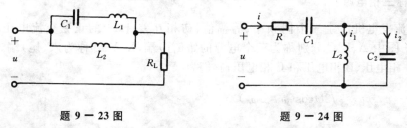

题 9—23 图　　　　　　　　　题 9—24 图

9—25 图示电路,$U = 200$ V,$\omega = 10^4$ rad/s。求:

(1) 使电路发生并联谐振的 C 值及各电流表读数;

(2) 使电路发生串联谐振的 C 值及各电流表读数。

9—26 图示电路,$u_S(t) = \cos 10^5 t$ V,虚线方框所示部分为负载,试求其吸收的功率 P。为使负载获得最大功率 $P_{\max}$,可在电路中串一无源元件,试求该元件值,并求 $P_{\max}$。

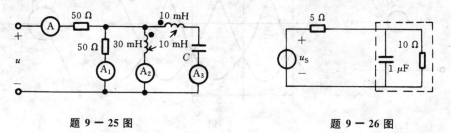

题 9—25 图　　　　　　　　　题 9—26 图

第十章　三　相　电　路

本章主要内容:对称三相电源的基本概念;对称三相电路的基本特性和分析方法;不对称三相电路的分析及中点位移;三相电路的功率及功率测量等。

目前,世界各国的电力系统绝大多数均采用三相制供电方式,所谓三相制就是由三个频率相同、有效值相等、初相位互差 120°的电压源组成的供电系统。三相制的供电方式有许多显著优点,例如三相发配电设备在同样功率、电压的条件下比直流或单相交流的简单、体积小、效率高、节省材料,三相电动机结构简单、运行可靠、使用和维护方便等。

本章介绍对称三相电路的基本概念、分析计算方法,不对称三相电路的概念及中点位移,并介绍三相电路的功率及其测量等内容。

第一节　对称三相电源和三相负载

一、对称三相电源

三相交流发电机产生三个同频率、等幅值、初相互差 120° 的正弦交流电压,它们如图 10-1所示。图中 A、B、C 分别称为三个电源的始(首)端,X、Y、Z 称为末(尾)端。u_A、u_B、u_C 分别称为 A 相电压、B 相电压和 C 相电压,它们为

$$u_A = \sqrt{2}U\cos(\omega t + \psi_A)$$

$$u_B = \sqrt{2}U\cos(\omega t + \psi_A - 120°)$$

$$u_C = \sqrt{2}U\cos(\omega t + \psi_A - 240°) = \sqrt{2}U\cos(\omega t + \psi_A + 120°)$$

(10-1)

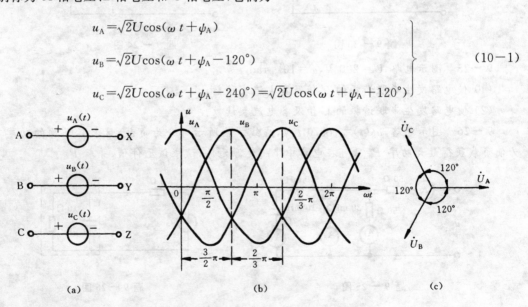

(a)   (b)   (c)

图 10-1　对称三相电压及其波形、相量图

式(10-1)所示三相电压的相量形式为

$$\left.\begin{array}{l}\dot{U}_\text{A}=U\ \underline{/\psi_\text{A}}\\[4pt]\dot{U}_\text{B}=U\ \underline{/\psi_\text{A}-120°}=\dot{U}_\text{A}\ \underline{/-120°}\\[4pt]\dot{U}_\text{C}=U\ \underline{/\psi_\text{A}+120°}=\dot{U}_\text{A}\ \underline{/120°}\end{array}\right\}\qquad(10-2)$$

当 u_A 的初相位 $\psi_\text{A}=0°$ 时,三相电压的波形图和相量图分别如图 $10-1$(b)和(c)所示。

对称三相电源中每一相电压经过同一值(如正的最大值)的先后顺序称为相序,上述相序是 A−B−C。图 $10-1$(c)所示相量图中,$\dot{U}_\text{A}$、$\dot{U}_\text{B}$、$\dot{U}_\text{C}$ 是顺时针方向排列,故称为顺序或正序。如果 $u_\text{B}=\sqrt{2}U\cos(\omega t+120°)$,$u_\text{C}=\sqrt{2}U\cos(\omega t-120°)$,则相量图中 $\dot{U}_\text{A}$、$\dot{U}_\text{B}$、$\dot{U}_\text{C}$ 是逆时针排列,称为逆序或负序。对称三相电源不论正序还是负序,均满足 $u_\text{A}+u_\text{B}+u_\text{C}=0$ 和 $\dot{U}_\text{A}+\dot{U}_\text{B}+\dot{U}_\text{C}=0$。电力系统一般采用正序,此后如无特殊说明均指正序。

二、三相电源的连接

将图 $10-1$(a)所示三相电源的负极端(尾端)X、Y、Z 连接在一起,正极端(首端)A、B、C 与外电路相连,这样就构成了一个星形(Y 形)连接的对称三相电源,如图 $10-2$(a)或(b)所示,连在一起的 X、Y、Z 点用 N 表示,称为电源的中(性)点。由 A、B、C 向外引出的导线,称为端线或火线,

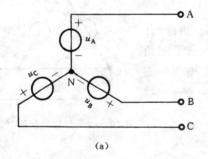

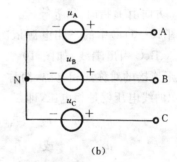

(a)　　　　　　　　　　　　　(b)

图 10 − 2　三相电源的 Y 形连接

由中点 N 向外引出的为中线。端线之间的电压,称为线电压,记为 $\dot{U}_\text{AB}$、$\dot{U}_\text{BC}$、$\dot{U}_\text{CA}$,电源每一相的电压称为相电压,记为 $\dot{U}_\text{A}$、$\dot{U}_\text{B}$、$\dot{U}_\text{C}$ 或 $\dot{U}_\text{AN}$、$\dot{U}_\text{BN}$、$\dot{U}_\text{CN}$。线压与相压间的关系由 KVL 有

$$\dot{U}_\text{AB}=\dot{U}_\text{A}-\dot{U}_\text{B}=\dot{U}_\text{A}+(-\dot{U}_\text{B})$$
$$\dot{U}_\text{BC}=\dot{U}_\text{B}-\dot{U}_\text{C}=\dot{U}_\text{B}+(-\dot{U}_\text{C})$$
$$\dot{U}_\text{CA}=\dot{U}_\text{C}-\dot{U}_\text{A}=\dot{U}_\text{C}+(-\dot{U}_\text{A})$$

由此关系画电源各相压、线压的相量图如图 $10-3$(a)所示($\psi_\text{A}=0$ 情况)。由图中几何关系可以看出 $U_\text{AB}=U_\text{BC}=U_\text{CA}$,$U_\text{AB}=2U_\text{A}\cos30°=\sqrt{3}U_\text{A}$,故有

$$U_\text{L}=\sqrt{3}U_\text{P}$$

式中,U_L 为线电压有效值,U_P 为相电压有效值。在相位关系上,线电压 $\dot{U}_\text{ab}$、$\dot{U}_\text{bc}$ 和 $\dot{U}_\text{CA}$ 分别超前对应相电压 $\dot{U}_\text{A}$、$\dot{U}_\text{B}$ 和 $\dot{U}_\text{C}30°$,因此有

$$\dot{U}_\text{AB}=\sqrt{3}\dot{U}_\text{A}\ \underline{/30°}$$

$$\dot{U}_\text{BC}=\sqrt{3}\dot{U}_\text{B}\ \underline{/30°}=\dot{U}_\text{AB}\underline{/-120°}$$

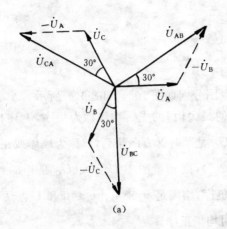

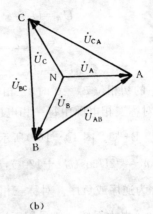

(a)   (b)

图 10－3   电源 Y 联时的线电压与相电压

$$\dot{U}_{CA}=\sqrt{3}\dot{U}_{C}\ \underline{/30°}=\dot{U}_{AB}\underline{/120°}$$

$\dot{U}_{AB}$、$\dot{U}_{BC}$、$\dot{U}_{CA}$ 也是一组对称电压。相量图亦可画成图 10－3(b)的形式。采用(b)图时,要注意各

电压的方向与下标顺序相反,例如 $\dot{U}_{A}$(即 $\dot{U}_{AN}$)方向为由 N 指

向 A,$\dot{U}_{AB}$ 方向由 B 指向 A,等等。

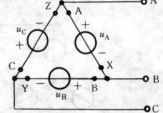

图 10－4   三相电源的 △形连接

　　将图 10－1(a)中的三相电源依次首(端)尾(端)相连,并

从端子 A、B、C 引出端线,如图 10－4 所示,这就构成了三角

形或 △形连接的对称三相电源,简称三角形或 △形电源。三

角形电源的线电压就是相电压,即

$$u_{AB}=u_{A}\quad 或\quad \dot{U}_{AB}=\dot{U}_{A}$$

$$u_{BC}=u_{B}\quad 或\quad \dot{U}_{BC}=\dot{U}_{B}$$

$$u_{CA}=u_{C}\quad 或\quad \dot{U}_{CA}=\dot{U}_{C}$$

　　三角形连接的对称三相电源形成一个闭合回路,回路电压 $u_{A}+u_{B}+u_{C}=0$,故在无输出时

回路内无环行电流,称为环流。但是,若有一相电源首尾接错(即接反),三相电压之和就不为

零,这样就会在电源回路内产生很大的环流,致使电源烧毁。因此,三相电源连成三角形时,必

须注意首尾不得接反。

三、三相负载

　　三相负载的连接也有星形和三角形之分,如果每相负载阻抗相等,则称为对称三相负载,

否则为不对称三相负载。

第二节   对称三相电路

　　三相电源与三相负载相连构成的电路称为三相电路。三相电路中,若电源、负载均对称且

三条端线上的阻抗相等,这就构成了对称三相电路。三相电路的形式有 Y—Y(前面的 Y 是

电源连接,后面的 Y 是负载连接)、Y_0—Y_0(有中线的 Y—Y)、Y—△、△—Y 和 △—△ 等五

种,其中 Y_0—Y_0 为三相四线系统,其他均为三相三线系统。本节分析几种典型的对称三相电路。

236

一、$Y_0—Y_0$,$Y—Y$ 对称三相电路

对称 $Y_0—Y_0$ 三相电路如图 10—5(a)所示。图中 Z_l、Z_N 和 Z 分别是端线阻抗、中线阻抗和负载阻抗。流过端线的电流 $\dot{I}_A$、$\dot{I}_B$、$\dot{I}_C$ 称为线电流。流过各相电源的电流和各相负载的电流分别称为电源相电流和负载相电流,由图可见,它们等于对应的线电流。此电路用节点电压法分析简便。由节点电压方程有

$$\left(3\times\frac{1}{Z_l+Z}+\frac{1}{Z_N}\right)\dot{U}_{N'N}=\frac{\dot{U}_A}{Z_l+Z}+\frac{\dot{U}_B}{Z_l+Z}+\frac{\dot{U}_C}{Z_l+Z}$$

所以

$$\dot{U}_{N'N}=\frac{\dfrac{\dot{U}_A}{Z_l+Z}+\dfrac{\dot{U}_B}{Z_l+Z}+\dfrac{\dot{U}_C}{Z_l+Z}}{3\times\dfrac{1}{Z_l+Z}+\dfrac{1}{Z_N}}=\frac{\dfrac{1}{Z_l+Z}(\dot{U}_A+\dot{U}_B+\dot{U}_C)}{\dfrac{3}{Z_l+Z}+\dfrac{1}{Z_N}}$$

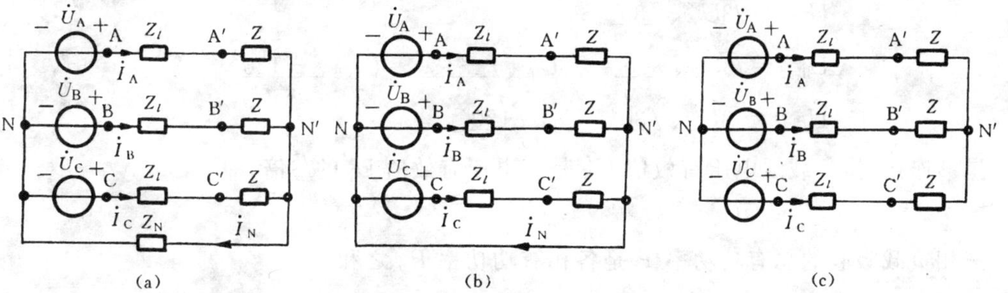

图 10—5 对称 $Y_0—Y_0$ 三相电路

由于 $\dot{U}_A+\dot{U}_B+\dot{U}_C=0$,故

中线电压 $\qquad\dot{U}_{N'N}=0$

中线电流 $\qquad\dot{I}_N=\dfrac{\dot{U}_{N'N}}{Z_N}=0$ $\qquad\qquad\qquad\qquad\qquad$ (10—3)

式(10—3)中,$\dot{U}_{N'N}=0$ 表明负载中性点与电源中性点等电位,N'、N 相当于短路,于是图 10—5(a)可等效为图 10—5(b);$\dot{I}_N=0$ 表明中线相当于开路,故图 10—5(b)又可等效为图 10—5(c)。图 10—5(a)、(b)、(c)相互等效,在对电路进行分析计算时用图(b)最简便。

对称 $Y_0—Y_0$ 系统中线电流为零,意味着中线的设置没有意义,可以去掉,这样就构成了对称 $Y—Y$ 系统[图 10—5(c)]。三相动力负载都是对称的,所以三相对称 Y 联电源对三相 Y 联动力负载的供电都是 $Y—Y$ 系统。

图 10—5(a)、(b)、(c)所示三个电路相互等效,在对图(a)、(c)进行分析计算时,应将它们等效为图(b),由图 10—5(b)有

$$\dot{I}_A=\frac{\dot{U}_A}{Z_l+Z}$$

$$\dot{I}_B=\frac{\dot{U}_B}{Z_l+Z}=\dot{I}_A\,\underline{/-120°}$$

$$\dot{I}_C=\frac{\dot{U}_C}{Z_l+Z}=\dot{I}_A\,\underline{/120°}$$

$\qquad\qquad\qquad\qquad\qquad$ (10—4)

它们也是一组对称量,且相互独立,彼此无关,因此只要计算出任一相的电流、电压,其余两相

即可由对称关系得出。这种计算方法称为单相计算法，通常计算 A 相，图 10-6 为 A 相计算电路（等效电路）。A 相计算电路中需要注意的是：N'、N 之间是短路线，与中线阻抗 Z_N 无关，$N'-N$ 短接线上的电流是 A 相电流，不是中线电流。

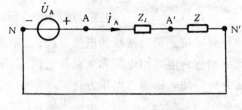

图 10 - 6 单相计算电路

图 10-5 中，负载的相电压为

$$\dot{U}_{A'N'} = Z\dot{I}_A$$

$$\dot{U}_{B'N'} = Z\dot{I}_B = \dot{U}_{A'N'}\underline{/-120°}$$

$$\dot{U}_{C'N'} = Z\dot{I}_C = \dot{U}_{A'N'}\underline{/120°}$$

负载线电压与相电压之间仍为 $\sqrt{3}$ 和 30° 的关系，即

$$\dot{U}_{A'B'} = \sqrt{3}\dot{U}_{A'N'}\underline{/30°}$$

$$\dot{U}_{B'C'} = \sqrt{3}\dot{U}_{B'N'}\underline{/30°} = \sqrt{3}\dot{U}_{A'N'}\underline{/-120°} = \dot{U}_{A'B'}\underline{/-120°}$$

$$\dot{U}_{C'A'} = \sqrt{3}\dot{U}_{C'N'}\underline{/30°} = \dot{U}_{A'B'}\underline{/120°}$$

负载星形连接时，负载线电压有效值 U'_l 是相电压有效值 U'_p 的 $\sqrt{3}$ 倍，即

$$U'_l = \sqrt{3}U'_p$$

三相负载吸收的总有功功率 P 是各相有功功率 P_p 之和

$$P = 3P_p = 3U'_p I'_p \cos\varphi = 3\frac{U'_l}{\sqrt{3}}I'_l\cos\varphi = \sqrt{3}U'_l I'_l \cos\varphi$$

同理，三相负载吸收的总无功功率为

$$Q = 3U'_p I'_p \sin\varphi = \sqrt{3}U'_l I'_l \sin\varphi$$

上两式中，φ 是相负载的阻抗角，$\varphi = \varphi_Z$，也即负载相电压与相电流的相位差角，即

$$\varphi = \psi_{uA} - \psi_{iA} = \psi_{uB} - \psi_{iB} = \psi_{uC} - \psi_{iC}$$

上式更具普遍性。

例 10-1 对称三相三线制电路如图 10-7(a)所示。已知 $\dot{U}_{AB} = 380\underline{/30°}$ V，$Z = (3 + j4)$ Ω。求负载电流、相电压及 P、Q，并画相量图。

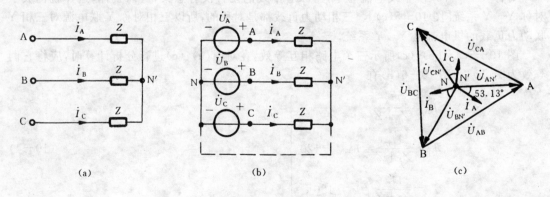

(a)   (b)   (c)

图 10 - 7　例 10-1 图

解 将图 10−7(a)等效为图(b)，$\dot{U}_A = \dfrac{\dot{U}_{AB}}{\sqrt{3}} \underline{/-30°} = 220 \underline{/0°}$ V，由于 N′ 与 N 等电位，因此可假想一根短路线将 N′−N 短接如图(b)虚线所示。应用单相计算法有

$$\dot{I}_A = \frac{\dot{U}_A}{Z} = \frac{220 \underline{/0°}}{3+j4} \text{ A} = \frac{220 \underline{/0°}}{5 \underline{/55.1°}} \text{ A} = 44 \underline{/-53.1°} \text{ A}$$

$$\dot{I}_B = \dot{I}_A \underline{/-120°} = 44 \underline{/-173.1°} \text{ A}$$

$$\dot{I}_C = \dot{I}_A \underline{/120°} = 44 \underline{/66.9°} \text{ A}$$

负载相电压等于对应的电源相电压，即

$$\dot{U}_{AN'} = \dot{U}_A = 220 \underline{/0°} \text{ V}$$

$$\dot{U}_{BN'} = \dot{U}_A \underline{/-120°} = 220 \underline{/-120°} \text{ V}$$

$$\dot{U}_{CN'} = \dot{U}_A \underline{/120°} = 220 \underline{/120°} \text{ V}$$

负载吸收的 P、Q 为

$$P = \sqrt{3} U_l I_l \cos\varphi_Z = \left[\sqrt{3} \times 380 \times 44 \times \cos\left(\arctan\frac{4}{3}\right) \right] \text{ W}$$

$$= 17\,376 \text{ W} \approx 17.38 \text{ kW}$$

$$Q = \sqrt{3} U_l I_l \sin\varphi_Z = \left[\sqrt{3} \times 380 \times 44 \times \sin\left(\arctan\frac{4}{3}\right) \right] \text{ var}$$

$$= 23\,167.9 \text{ var} \approx 23.17 \text{ kvar}$$

相量图如图 10−7(c)所示，N′ 与 N 重合。

例 10−2 对称三相电路如图 10−8 所示，已知线电压 $U_l = 658$ V，$Z_1 = R_1 + jX_1 = (30 + j20)$ Ω，$R_2 = 40$ Ω，$Z_N = 2$ Ω。求负载 1、2 的线电流 I_{l1}、I_{l2}，中线电流 I_N，电源端线电流 I_l 和功率 P、Q。

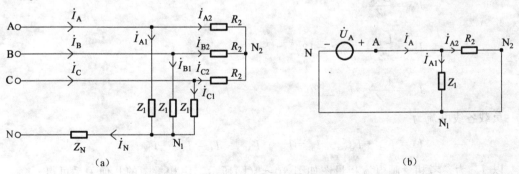

图 10−8 例 10−2 电路

解 负载 1、2 的中性点 N_1、N_2 与电源中性点 N 等电位，因此两负载是并联。画 A 相计算电路如图(b)所示，设 $\dot{U}_A$ 为参考相量，即

$$\dot{U}_A = \frac{U_l}{\sqrt{3}} \underline{/0°} = \frac{658}{\sqrt{3}} \underline{/0°} \text{ V} = 380 \underline{/0°} \text{ V}$$

由图(b)得

$$\dot I_{A1} = \frac{\dot U_A}{Z_1} = \frac{380\ \underline{/0^\circ}}{30+\mathrm j20}\ \text{A} = 10.54\ \underline{/-33.69^\circ}\ \text{A} = (8.772-\mathrm j5.846)\ \text{A}$$

$$\dot I_{A2} = \frac{\dot U_A}{Z_2} = \frac{380\ \underline{/0^\circ}}{40}\ \text{A} = 9.5\ \underline{/0^\circ}\ \text{A}$$

$$\dot I_A = \dot I_{A1} + \dot I_{A2} = (8.772-\mathrm j5.846+9.5)\ \text{A} = (18.27-\mathrm j5.846)\ \text{A}$$
$$= 19.18\ \underline{/-17.74^\circ}\ \text{A}$$

所以 $\qquad I_{l1} = 10.54\ \text{A}, \quad I_{l2} = 9.5\ \text{A}, \quad I_l = 19.18\ \text{A}, \quad I_N = 0$

功率 $\qquad P = 3(I_{l1}^2 R_1 + I_{l2}^2 R_2) = 3(10.54^2 \times 30 + 9.5^2 \times 40)\ \text{W} = 20.83\ \text{kW}$
$\qquad Q = 3I_{l1}^2 X_1 = 3 \times 10.54^2 \times 20\ \text{var} = 6.665\ \text{kvar}$

二、负载为 △ 连接的对称三相电路

图 10−9(a)所示为负载 △联时的对称三相电路。对称三角形负载接于对称三相电源时,不论电源是 Y 联还是 △联,负载上的相电压即是线电压,故可直接由线电压求负载各相电流。负载各相电流为

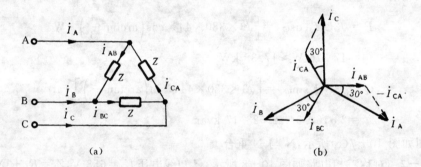

(a)   (b)

图 10 − 9　负载为 △ 连接的三相电路

$$\dot I_{AB} = \frac{\dot U_{AB}}{Z}$$

$$\dot I_{BC} = \frac{\dot U_{BC}}{Z} = \dot I_{AB}\underline{/-120^\circ}$$

$$\dot I_{CA} = \frac{\dot U_{CA}}{Z} = \dot I_{AB}\underline{/120^\circ}$$

负载各线电流为

$$\dot I_A = \dot I_{AB} - \dot I_{CA}, \quad \dot I_B = \dot I_{BC} - \dot I_{AB}, \quad \dot I_C = \dot I_{CA} - \dot I_{BC}$$

以 $\dot I_{AB}$ 为参考相量画电流相量图如图 10−9(b)所示。由相量图的几何关系可得

$$\left. \begin{aligned} \dot I_A &= \sqrt 3 \dot I_{AB}\underline{/-30^\circ} \\ \dot I_B &= \sqrt 3 \dot I_{BC}\underline{/-30^\circ} = \dot I_A\ \underline{/-120^\circ} \\ \dot I_C &= \sqrt 3 \dot I_{CA}\underline{/-30^\circ} = \dot I_A\ \underline{/120^\circ} \end{aligned} \right\} \qquad (10-5)$$

式(10−5)表明,对称三相电路中,三角形连接的负载的线电流对称,且滞后于对应的相电流 30°,线电流的有效值 I_l 等于相电流有效值 I_p 的 $\sqrt 3$ 倍,即

$$I_l = \sqrt{3}\,I_p$$

三角形负载的线电压等于相电压,即 $U_l = U_p$。

三角形负载吸收的总有功功率为

$$P = 3U_p I_p \cos\varphi_Z = \sqrt{3}\,U_l I_l \cos\varphi_Z$$

吸收的总无功功率为

$$Q = 3U_p I_p \sin\varphi_Z = \sqrt{3}\,U_l I_l \sin\varphi_Z$$

例 10—3 图 10—10 所示对称三相电路,已知电源线电压 U_l,线路阻抗 Z_l,负载阻抗 $Z_1 = R_1 + jX_1 = Z_1\underline{/\varphi_1}$,$Z_2 = R_2 + jX_2 = Z_2\underline{/\varphi_2}$。求 $\dot{I}_A$、$\dot{I}_{A1}$、$\dot{I}_{A2}$、$\dot{I}_{A'B'}$ 及三相负载吸收的功率 P_1、Q_1,P_2、Q_2。

解 设电源星形连接,$\dot{U}_A$ 为参考相量,即 $\dot{U}_A = (U_l/\sqrt{3})\underline{/0°}$。将三角形负载 Z_2 等效为星形负载 Z_2',$Z_2' = Z_2/3$。画 A 相计算电路如图 10—10(b) 所示。

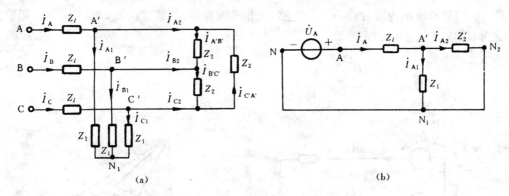

图 10 — 10 例 10 —3 电路

由图可得

$$\dot{I}_A = \frac{\dot{U}_A}{Z_l + \dfrac{Z_1 Z_2'}{Z_1 + Z_2'}}, \quad \dot{I}_{A1} = \frac{Z_2'}{Z_l + Z_2'}\dot{I}_A, \quad \dot{I}_{A2} = \frac{Z_1}{Z_l + Z_2'}\dot{I}_A$$

$$\dot{I}_{A'B'} = \frac{\dot{I}_{A2}}{\sqrt{3}}\underline{/30°}, \quad U_l' = I_{A'B'}|Z_2|$$

星形负载吸收的总功率

$$P_1 = 3I_{A1}^2 R_1 \quad \text{或} \quad P_1 = \sqrt{3}\,U_l' I_{A1} \cos\varphi_1$$

$$Q_1 = 3I_{A1}^2 X_1 \quad \text{或} \quad Q_1 = \sqrt{3}\,U_l' I_{A1} \sin\varphi_1$$

三角形负载吸收的总功率

$$P_2 = 3I_{A'B'}^2 R_2 \quad \text{或} \quad P_2 = \sqrt{3}\,U_l' I_{A2} \cos\varphi_2$$

$$Q_2 = 3I_{A'B'}^2 X_2 \quad \text{或} \quad Q_2 = \sqrt{3}\,U_l' I_{A2} \sin\varphi_2$$

此例若无线路阻抗 Z_l,则不必将 △ 联的 Z_2 转换为 Y 联,而可直接对两组负载分别进行计算,然后再求总电流。计算如下:仍以 $\dot{U}_A$ 为参考相量,$\dot{U}_A = (U_l/\sqrt{3})\underline{/0°}$,于是

$$\dot{I}_{A1} = \frac{\dot{U}_A}{Z_1} = \frac{U_l\underline{/0°}}{\sqrt{3}\,Z_1}$$

$$\dot{I}_{A'B'} = \frac{U_l \ \underline{/30°}}{Z_2}$$

$$\dot{I}_{A2} = \sqrt{3}\dot{I}_{A'B'} \ \underline{/-30°}$$

$$\dot{I}_A = \dot{I}_{A1} + \dot{I}_{A2}$$

第三节　不对称三相电路和中点位移

三相电路中,只要有一部分不对称就称为不对称三相电路。通常三相电源是对称或近似对称的,不对称常常是由于负载所引起。例如家用电器、照明灯具都是 Y_0—Y_0 系统中的单相负载,各相分配并不均匀。三相三线系统中的负载一般都对称,但发生故障时,如短路或断路,则将引起不对称。不对称三相电路的分析,不能引用上一节介绍的方法,只能用正弦稳态电路的一般分析方法进行。

图 10—11(a)所示为不对称 Y—Y 电路,三相电源对称,负载 Z_A、Z_B、Z_C 不对称。用节点电压法分析,由节点电压方程有

$$\dot{U}_{N'N} = \frac{\dfrac{\dot{U}_A}{Z_A} + \dfrac{\dot{U}_B}{Z_B} + \dfrac{\dot{U}_C}{Z_C}}{\dfrac{1}{Z_A} + \dfrac{1}{Z_B} + \dfrac{1}{Z_C}}$$

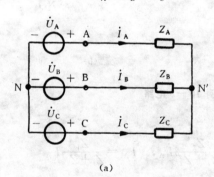

(a)

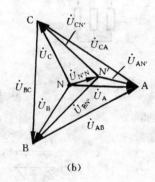

(b)

图 10—11　不对称三相电路

由于负载不对称,因此 $\dot{U}_{N'N} \neq 0$,即 N′ 与 N 的电位不等,于是各相负载电压不对称。

$$\dot{U}_{AN'} = \dot{U}_A - \dot{U}_{N'N}$$

$$\dot{U}_{BN'} = \dot{U}_B - \dot{U}_{N'N}$$

$$\dot{U}_{CN'} = \dot{U}_C - \dot{U}_{N'N}$$

各相电流为

$$\dot{I}_A = \frac{\dot{U}_{AN'}}{Z_A}, \quad \dot{I}_B = \frac{\dot{U}_{BN'}}{Z_B}, \quad \dot{I}_C = \frac{\dot{U}_{CN'}}{Z_C}$$

负载各电压的相量图示于图 10—11(b)。N′ 与 N 电位不等,反映在相量图上是 N′ 与 N 不重合,这一现象称为中点位移,$\dot{U}_{N'N}$ 是中点位移电压。画相量图时,在对称电源电压相量图上,先从中点 N 画出 $\dot{U}_{N'N}$,于是 N′ 点的位置就确定了,然后由 N′ 到 A、B、C 分别画出 $\dot{U}_{AN'}$、$\dot{U}_{BN'}$ 和

$\dot{U}_{CN'}$。由于中点位移,负载各相电压有的小于其额定电压,有的大于额定电压。负载愈不对称,中点位移愈大,各相电压不对称就愈严重,可见中点位移将使负载工作不正常。不对称严重时,过高的相电压会损坏负载(设备),危及安全。

低压配电系统中,当存在单相负载(如照明、家用电器、单相电动机等)时,三相不可能对称,这时应采用 Y_0—Y_0 三相四线系统。对三相四线系统,由节点电压方程有

$$\dot{U}_{N'N}=\frac{\dfrac{\dot{U}_A}{Z_A}+\dfrac{\dot{U}_B}{Z_B}+\dfrac{\dot{U}_C}{Z_C}}{\dfrac{1}{Z_A}+\dfrac{1}{Z_B}+\dfrac{1}{Z_C}+\dfrac{1}{Z_N}}$$

式中,Z_N 为中线阻抗。不难看出,Z_N 愈大,$\dot{U}_{N'N}$ 愈大,$Z_N \to \infty$ 时,$\dot{U}_{N'N}$ 最大,此时系统为无中线 Y—Y 的情况;Z_N 愈小,$\dot{U}_{N'N}$ 愈小,中点位移愈小,$Z_N \to 0$ 时,$\dot{U}_{N'N} \to 0$,中点无位移,此时负载相电压即为电源相电压,各相负载互不影响。可见,在 Y_0—Y_0 系统中,应尽量减小中线阻抗。为防止中线断路,严禁在中线上设置开关或熔断器。

例 10—4 三个(三组)额定电压为 220 V 的单相负载 Y 联,它们接于额定电压为 220 V 的对称三相 Y 联电源上,如图 10—11(a)所示。已知 $Z_A=Z_B=48.4\ \Omega$,$Z_C=242\ \Omega$,试求各相负载电压并画出相量图。

解 设 $\dot{U}_A=220\ \underline{/0°}$ V。由节点电压方程得

$$\dot{U}_{N'N}=\frac{\dfrac{\dot{U}_A}{Z_A}+\dfrac{\dot{U}_B}{Z_B}+\dfrac{\dot{U}_C}{Z_C}}{\dfrac{1}{Z_A}+\dfrac{1}{Z_B}+\dfrac{1}{Z_C}}$$

$$=\frac{\dfrac{220}{48.4}+\dfrac{220\ \underline{/-120°}}{48.4}+\dfrac{220\ \underline{/120°}}{242}}{2\times\dfrac{1}{48.4}+\dfrac{1}{242}}\ \text{V}$$

$$=-80\ \underline{/120°}\ \text{V}=80\ \underline{/-60°}\ \text{V}$$

$$\dot{U}_{N'N}=-\dot{U}_{N'N}=80\ \underline{/120°}\ \text{V}$$

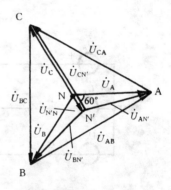

图 10—12 例 10—4 图

各负载相电压

$$\dot{U}_{AN'}=\dot{U}_A+\dot{U}_{NN'}=(220+80\ \underline{/120°})\ \text{V}=192\ \underline{/21.2°}\ \text{V}$$

$$\dot{U}_{BN'}=\dot{U}_B+\dot{U}_{NN'}=(220\ \underline{/-120°}+80\ \underline{/120°})\ \text{V}=192\ \underline{/-141°}\ \text{V}$$

$$\dot{U}_{CN'}=\dot{U}_C+\dot{U}_{NN'}=(220\ \underline{/120°}+80\ \underline{/120°})\ \text{V}=300\ \underline{/120°}\ \text{V}$$

电压相量图如图 10—12 所示。

由上面的分析可见,各相负载电压均不等于其额定电压。A、B 相电压降低,负载不能正常工作;C 相电压过高,负载很易损坏。

例 10—5 为使上例各相负载电压均为其额定值 220 V,采用 Y_0—Y_0 接线,如图 10—13 所示。设中线阻抗很小忽略不计,试求 I_A、I_B、I_C、I_N 及三相总功率 P。

解 设 $\dot{U}_A=220\ \underline{/0°}$ V,由于中线阻抗被忽略,故有

$$\dot{I}_A = \frac{\dot{U}_A}{Z_A} = \frac{220\ \underline{/0^\circ}}{48.4}\ \mathrm{A} = 4.55\ \underline{/0^\circ}\ \mathrm{A}$$

$$\dot{I}_B = \frac{\dot{U}_B}{Z_B} = \frac{220\ \underline{/-120^\circ}}{48.4}\ \mathrm{A}$$

$$= 4.55\ \underline{/-120^\circ}\ \mathrm{A}$$

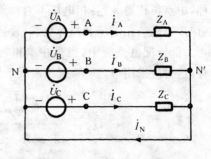

图 10 — 13 例 10 — 5 图

$$\dot{I}_C = \frac{\dot{U}_C}{Z_C} = \frac{220\ \underline{/120^\circ}}{242}\ \mathrm{A} = 0.91\ \underline{/120^\circ}\ \mathrm{A}$$

$$\dot{I}_N = \dot{I}_A + \dot{I}_B + \dot{I}_C = 3.64\ \underline{/-60^\circ}\ \mathrm{A}$$

所以 $I_A = I_B = 4.55\ \mathrm{A}, \quad I_C = 0.91\ \mathrm{A},$

    $I_N = 3.64\ \mathrm{A}$

$$P = P_A + P_B + P_C = \left(2 \times \frac{220^2}{48.4} + \frac{220^2}{242}\right)\ \mathrm{W} = 2\ 200\ \mathrm{W}$$

例 10 —6 图 10—14(a)是一种测定相序的电路。图中,R 是白炽灯的电阻,$R = 1/\omega C$,三相电源对称。试求 $\dot{U}_{N'N}$、$\dot{U}_{BN'}$、$\dot{U}_{CN'}$,画相量图,并说明如何根据两个白炽灯的亮度来确定相序。

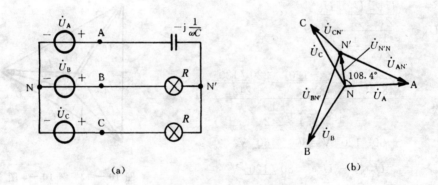

(a)   (b)

图 10 — 14 例 10 —6 图

解 设 $\dot{U}_A = U\ \underline{/0^\circ}$

$$\dot{U}_{N'N} = \frac{\mathrm{j}\omega C \dot{U}_A + (\dot{U}_B + \dot{U}_C)/R}{\mathrm{j}\omega C + (2/R)} = \frac{\mathrm{j}\dot{U}_A + \dot{U}_B + \dot{U}_C}{\mathrm{j} + 2} = \frac{(\mathrm{j}+1)\dot{U}_A}{\mathrm{j}+2}$$

$$= 0.632U\ \underline{/108.4^\circ}\ \mathrm{V}$$

$$\dot{U}_{BN'} = \dot{U}_B - \dot{U}_{N'N} = 1.5U\ \underline{/-101.6^\circ}\ \mathrm{V}$$

$$\dot{U}_{CN'} = \dot{U}_C - \dot{U}_{N'N} = 0.4U\ \underline{/138.4^\circ}\ \mathrm{V}$$

图 10—14(b)为所对应的相量图。从上面的结果看出,若以接电容 C 的相为 A 相,则灯亮的为 B 相,灯暗的为 C 相。

第四节 三相电路的功率、功率因数

一、对称三相电路的功率、功率因数

对称三相电路的负载,无论是星形连接还是三角形连接,它们所吸收的 P 和 Q 均分别为

$$P=\sqrt{3}U_l I_l \cos\varphi \quad 或 \quad P=3U_p I_p \cos\varphi$$

$$Q=\sqrt{3}U_l I_l \sin\varphi \quad 或 \quad Q=3U_p I_p \sin\varphi$$

式中,φ 为对称三相负载每相阻抗的阻抗角,即负载相电压与相电流的相位差角。

对称三相电路的视在功率 S 定义为

$$S=\sqrt{P^2+Q^2}=\sqrt{(\sqrt{3}U_l I_l \cos\varphi_Z)^2+(\sqrt{3}U_l I_l \sin\varphi_Z)^2}$$

$$=\sqrt{3}U_l I_l$$

或 $$S=3U_p I_p$$

功率因数定义为

$$\lambda=\frac{P}{S}=\cos\varphi$$

可见对称三相电路的功率因数等于相负载的功率因数。三相电路也存在提高功率因数的问题,提高三相电路功率因素的方法是与三相负载并联一组对称三相电容。

以星形负载为例说明对称三相电路的瞬时功率。设 $u_{AN'}=U_{pm}\cos\omega t$,$i_A=I_{pm}\cos(\omega t-\varphi)$,则负载各相瞬时功率分别为

$$p_A=u_{AN'}i_A=U_{pm}\cos\omega t\times I_{pm}\cos(\omega t-\varphi)$$
$$=U_p I_p[\cos\varphi+\cos(2\omega t-\varphi)]$$
$$p_B=u_{BN'}i_B=U_{pm}\cos(\omega t-120°)\times I_{pm}\cos(\omega t-\varphi-120°)$$
$$=U_p I_p[\cos\varphi+\cos(2\omega t-\varphi-240°)]$$
$$p_C=u_{CN'}i_C=U_{pm}\cos(\omega t+120°)\times I_{pm}\cos(\omega t-\varphi+120°)$$
$$=U_p I_p[\cos\varphi+\cos(2\omega t-\varphi+240°)]$$

p_A、p_B、p_C 的第二项对称,它们之和为零,故三相负载吸收的总瞬时功率为

$$p=p_A+p_B+p_C=3U_p I_p \cos\varphi=P$$

此式表明对称三相电路的总瞬时功率是一常数,其值等于有功功率 P。对三相电动机来说,瞬时功率恒定表明电动机转动平稳,这是对称三相电路的优点之一。

二、不对称三相电路的功率、功率因数

不对称三相负载吸收的有功功率、无功功率及视在功率分别为各相负载吸收的功率之和,即

$$P=P_A+P_B+P_C=U_A I_A \cos\varphi_A+U_B I_B \cos\varphi_B+U_C I_C \cos\varphi_C$$
$$Q=Q_A+Q_B+Q_C=U_A I_A \sin\varphi_A+U_B I_B \sin\varphi_B+U_C I_C \sin\varphi_C$$
$$S=\sqrt{P^2+Q^2}$$

三相电路的功率因数为

$$\lambda=\frac{P}{S}$$

通常,对工厂企业来说,采用一段时间内的平均功率因数 $\lambda_{平均}$ 更有意义。平均功率因数可由有功电度表和无功电度表的读数间接求得。电度表是测量负载在一段时间 T 内吸收的电能,其单位为"度",1 度即 1 千瓦小时(1 kW·h)。无功"度"是千乏小时(kvar·h)。故有

$$有功电度数 = P_{平} \ T = S_{平} \cos\varphi \cdot T$$

$$无功电度数 = Q_{平} \ T = S_{平} \sin\varphi \cdot T$$

$$\frac{无功电度数}{有功电度数} = \frac{S_{平} \sin\varphi \cdot T}{S_{平} \cos\varphi \cdot T} = \tan\varphi$$

上面各式中的 $P_{平}$、$Q_{平}$ 和 $S_{平}$ 是时间段 T 内的平均有功功率、平均无功功率和平均视在功率。根据三角公式,由上式可得

$$\cos\varphi = \sqrt{\frac{1}{1+\tan^2\varphi}}$$

因此,平均功率因数为

$$\lambda_{平均} = \frac{1}{\sqrt{1+(无功电度数/有功电度数)^2}}$$

三、三相功率的测量

三相四线制电路中,每一相电路接一个功率表,共用三个单相功率表分别测各相功率,三个功率表读数之和即为三相总功率,这种测量法称为三表法。三相负载对称时,只需一个功率表测出一相功率,其读数的 3 倍即三相负载消耗的总功率,这种测量法称为一表法。

三相三线制电路,不论负载对称与否均可采用二表法测量。二表法接线如图 10-15 所示,图中虚线隔开的三种接法仅用其一,习惯上常用第一种(左侧所示)。

可以证明,图中两个功率表读数的代数和即为三相负载吸收的总有功功率。设第一种接法功率表的功率分别为 P_1 和 P_2,根据复功率的概念,则

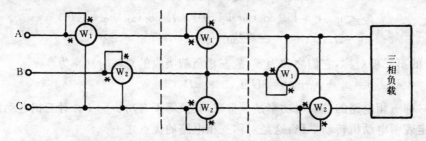

图 10-15 三相三线制二表法测功率接线图

$$P_1 = U_{AC} I_A \cos(\psi_{uAC} - \psi_{iA}) = \mathrm{Re}[\dot{U}_{AC} \dot{I}_A^*]$$

$$P_2 = U_{BC} I_B \cos(\psi_{uBC} - \psi_{iB}) = \mathrm{Re}[\dot{U}_{BC} \dot{I}_B^*]$$

因此

$$P_1 + P_2 = \mathrm{Re}[\dot{U}_{AC} \dot{I}_A^*] + \mathrm{Re}[\dot{U}_{BC} \dot{I}_B^*] = \mathrm{Re}[\dot{U}_{AC} \dot{I}_A^* + \dot{U}_{BC} \dot{I}_B^*]$$

因为 $\dot{U}_{AC} = \dot{U}_A - \dot{U}_C$, $\dot{U}_{BC} = \dot{U}_B - \dot{U}_C$, $\dot{I}_A^* + \dot{I}_B^* = -\dot{I}_C^*$,将它们代入上式得

$$P_1 + P_2 = \mathrm{Re}[\dot{U}_A \dot{I}_A^* + \dot{U}_B \dot{I}_B^* + \dot{U}_C \dot{I}_C^*] = \mathrm{Re}[\tilde{S}_A + \tilde{S}_B + \tilde{S}_C]$$

$$= \mathrm{Re}[\tilde{S}]$$

而三相负载的有功功率 $P = \text{Re}[\widetilde{S}]$，故有

$$P_1 + P_2 = P$$

需要指出，用二表法测功率时，有可能会出现一个表指针反偏的情况，这时应将反偏表的电流线圈的两个端子互换，互换后功率表虽正偏，但计算时应取负值。一般来讲，单独一个表的读数是没有意义的。供电系统的配电盘上，一般用一个三相功率表直接测总功率。三相功率表的结构相当于图 10—15 所示的两个单相功率表的组合。

例 10—7 对称三相电路如图 10—16(a)所示，电源线电压 $U_l = 380$ V，负载 1 为 Y 联，其阻抗 $Z_1 = (30 + j40)$ Ω，负载 2 是三相电动机，其功率 $P_M = 1.7$ kW，功率因数为 0.8（滞后）。(1) 求电源输出的线电流 I_l 和有功功率 P；(2) 画出用二表法测电动机功率的接线图，并求各功率表的读数。

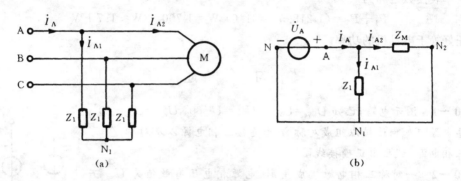

图 10—16 例 10—7 电路

解 图(a)中的电动机可用 Y 联对称三相负载替代，每相阻抗设为 Z_M。画出图 10—16 (a)电路的单相计算电路如图(b)所示。

(1) 电源相电压 $U_p = U_l / \sqrt{3} = 220$ V，设 $\dot{U}_A = 220 \underline{/0°}$ V。

$$\dot{I}_{A1} = \frac{\dot{U}_A}{Z_1} = \frac{220 \underline{/0°}}{30 + j40} \text{ A} = 4.4 \underline{/-53.1°} \text{ A}$$

$$I_{A2} = \frac{P_M}{\sqrt{3} U_l \cos\varphi} = \frac{1\ 700}{\sqrt{3} \times 3\ 800 \times 0.8} \text{ A} = 3.23 \text{ A}$$

$\cos\varphi = 0.8$（滞后），得

$$\varphi = 36.9°$$

而　　　　　　$$\varphi = \psi_{uA} - \psi_{iA2}$$

故　　　　　　$$\psi_{iA2} = \psi_{uA} - \varphi = 0 - 36.9° = -36.9°$$

于是　　　　$$\dot{I}_{A2} = I_{A2} \underline{/\psi_{iA2}} = 3.23 \underline{/-36.9°} \text{ A}$$

$$\dot{I}_A = \dot{I}_{A1} + \dot{I}_{A2} = (4.4 \underline{/-53.1°} + 3.23 \underline{/-36.9°}) \text{ A} = 7.56 \underline{/-46.2°} \text{ A}$$

$$P = \sqrt{3} U_l I_l \cos(\psi_{uA} - \psi_{iA}) = (\sqrt{3} \times 380 \times 7.56 \cos 46.2°) \text{ W}$$

$$\approx 3.44 \times 10^3 \text{ W} = 3.44 \text{ kW}$$

(2) 二表法测电动机功率的接线图如图 10—17 所示，由图可见

$$P_1 = U_{AC} I_{A2} \cos(\psi_{uAC} - \psi_{iA2})$$

$$P_2 = U_{BC} I_{B2} \cos(\psi_{uBC} - \psi_{iB2})$$

因为 $\dot{U}_A = U_A\angle 0°$,所以

$$\psi_{uAC} = -30°, \psi_{uBC} = -90°$$

因为 $\psi_{iA2} = -36.9°$,故

$$\psi_{iB2} = \psi_{iA2} - 120° = -36.9° - 120° = -156.9°$$

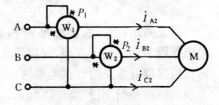

图 10—17　例 10—7 二表法测电动机功率

于是

$$\begin{aligned}
P_1 &= U_{AC}I_{A2}\cos(\psi_{uAC} - \psi_{iA2})\\
&= [380 \times 3.23\cos(-30° + 36.9°)]\ \text{W}\\
&= (380 \times 3.23\cos 6.9°)\ \text{W} = 1\,218.5\ \text{W}
\end{aligned}$$

$$\begin{aligned}
P_2 &= U_{BC}I_{B2}\cos(\psi_{uBC} - \psi_{iB2}) = [380 \times 3.23\cos(-90° + 156.9°)]\ \text{W}\\
&= (380 \times 3.23\cos 66.9°)\ \text{W} = 481.6\ \text{W}
\end{aligned}$$

两个功率表读数之和为

$$P_1 + P_2 = (1\,218.5 + 481.6)\ \text{W} = 1\,700.1\ \text{W} \approx 1.7\ \text{kW}$$

其值正好等于电动机的功率。

习　　题

10—1 图示电路,已知 $\dot{U}_{ab} = U\angle 0°$,$\dot{U}_{cd} = U\angle 60°$,$U_{ef} = U\angle -60°$。问这些电源应如何连接以组成对称 Y 形连接三相电源以及对称 △ 形连接三相电源,试画出正确接线图。

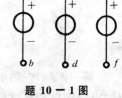

题 10—1 图

10—2 一对称三相电源接成星形,电源相电压有效值为 U。若将 C 相电源极性接反,试画出接线图,并以 $\dot{U}_A$ 为参考相量求各端线间的电压。

10—3 Y 形连接对称三相负载每相阻抗 $Z = (8+j6)\ \Omega$,线电压为 380 V(电源对称)。

(1) 求各相电流、三相总功率 P 和 Q;

(2) 以 $\dot{U}_A$ 为参考相量画相量图(包括相电压、线电压和电流)。

10—4 已知对称三相电路的星形负载阻抗 $Z = (165+j84)\ \Omega$,端线阻抗 $Z_l = (2+j1)\ \Omega$,中线阻抗 $Z_N = (1+j1)\ \Omega$,线电压 $U_l = 380\ \text{V}$。求负载的电流、相电压和线电压,并作负载侧电路的相量图(以 $\dot{U}_{A'N'}$ 为参考相量)。

10—5 已知对称三相电路的三角形负载阻抗 $Z = (8+j6)\ \Omega$,线电压为 380 V。

(1) 求负载相电流、线电流、总功率 P 和 Q;

(2) 以 $\dot{I}_{AB}$ 为参考相量画负载电流相量图(包括各相电流和线电流)。

10—6 已知对称三相电路的线电压 $\dot{U}_{AB} = 658\angle 0°\ \text{V}$(电源端),三角形负载阻抗 $Z = (18+j15)\ \Omega$,端线阻抗 $Z_l = (1+j2)\ \Omega$。试画电路图及单相计算电路,求线电流 $\dot{I}_A$、负载相电流 $\dot{I}_{A'B'}$、相电压 $\dot{U}_{A'B'}$、功率 P、Q 和功率因数 λ。

10—7 图示为对称三相电路,电源线电压 $U_l = 380\ \text{V}$,Y 联负载 $Z_1 = 30\angle 30°\ \Omega$,△联负载 $Z_2 = 60\angle 60°\ \Omega$。求各电压表和电流表的读数(有效值),并求负载吸收的总功率 P 和 Q。

10—8 图示对称三相电路,线电压 $U_l = 380\ \text{V}$,若三相负载吸收的功率为 11.4 kW,线

电流为 20 A,求负载 Z。

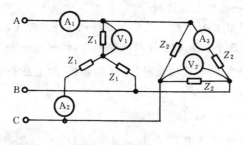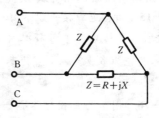

题 10 - 7 图　　　　　　　　　　题 10 - 8 图

10 - 9　对称三相 Y 联负载接于对称三相电源时的线电流为 I_{lY},功率为 P_Y,将此三相负载改接成△形后再接于同一对称三相电源上,此时的线电流和功率分别为 $I_{l\triangle}$ 和 $P_\triangle$,试分析 I_{lY} 与 $I_{l\triangle}$、P_Y 与 $P_\triangle$ 的关系。

10 - 10　图示对称工频三相耦合电路的线电压 $U_l = 380$ V,$R = 30$ Ω,$L = 0.29$ H,$M = 0.12$ H。求相电流和负载吸收的总功率。

10 - 11　图示电路,对称三相电源相电压为 220 V,对称三相负载每相阻抗 $Z = (15 + j30)$ Ω,阻抗 $Z' = (20 + j10)$ Ω。(1)对称三相负载各相电流有效值是否相等,并求之;(2)求 Z' 中电流的有效值;(3)求三相电源供出的线电流有效值。

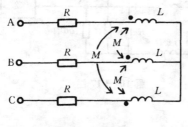

题 10 - 10 图　　　　　　　　　　题 10 - 11 图

10 - 12　对称三相电路,负载 Y 联。已知线电压 $\dot{U}_{CB} = 173.2 \underline{/90°}$ V,线电流 $\dot{I}_C = 2 \underline{/180°}$ A,试求三相负载吸收的功率 P。

10 - 13　图示对称三相电路中,$U_{A'B'} = 380$ V,三相电动机吸收的功率为 $P' = 4.5$ kW,功率因数 $\lambda' = 0.75$(滞后),传输线阻抗 $Z_l = (2 + j4)$ Ω。

(1)求线电流 I_l,电源端的线电压 U_l、功率因数 λ、功率 P,线路阻抗 Z_l 上的功率损失 ΔP;

(2)与电动机并一对称三相电容,功率因数提高到 1,重求(1)。

10 - 14　图示电路。对称三相电源线电压为 380 V,接一组不对称负载。$Z_A = (40 + j20)$ Ω,$Z_B = (15 + j25)$ Ω,$Z_C = (30 + j10)$ Ω。

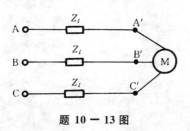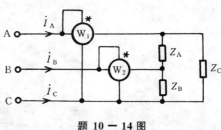

题 10 - 13 图　　　　　　　　　　题 10 - 14 图

(1) 求电源的线电流;

(2) 用二表法测三相负载功率,试求每一功率表的读数。

10-15 对称电源接一组不对称 Y 联负载且有中线。已知电源线电压为 380 V,不对称各相负载分别为 220 V、100 W 灯泡一个、二个、三个。如果中线因故障断开,试问哪一相负载上的电压最高,其值为多少?以 $\dot{U}_{AB}$ 为参考相量画负载电压相量图(包括线电压、相电压和中点位移电压)。

10-16 图示为三相对称 Y—Y 电路,线电压 $\dot{U}_{AB} = 380 \underline{/30°}$ V。

(1) 如果 A 相负载开路(在 A 点右侧断开),试求 $\dot{U}_{AN'}$、$\dot{U}_{BN'}$、$\dot{U}_{CN'}$ 及 $\dot{U}_{N'N}$,并以 $\dot{U}_A$ 为参考相量画电压相量图(包括电源和负载各线、相电压及中点位移电压);

(2) 如果 A 相负载短路,重求(1)。

10-17 图示对称三相电路,对称三相负载 2 的线电压为 380 V,功率为 1.5 kW,功率因数为 0.91(滞后)。

(1) 画出单相计算电路并求电源端线电压和线电流的有效值;

(2) 若用二表法测负载 2 的平均功率,试画接线图。

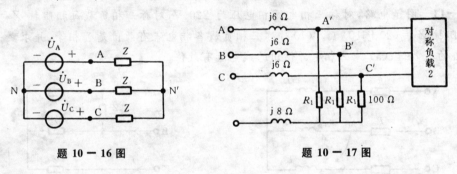

题 10-16 图　　　　　　　题 10-17 图

第十一章 周期非正弦电路

本章介绍周期非正弦电路的基本概念和分析计算方法,主要内容有:周期非正弦信号展开为傅里叶级数;信号的频谱;周期非正弦信号的有效值、平均值;周期非正弦电路的平均功率;周期非正弦电路响应分析的叠加法以及三相电路的高次谐波等。

第一节 周期非正弦信号

前面介绍了直流和正弦交流信号激励下电路的响应,但在电工、电子等工程技术中,常会遇到电路的激励和响应是周期非正弦信号,例如电子技术中常有图 11-1 (a)、(b)、(c) 所示方波、锯齿波、尖脉冲波等。交流发电机虽缜密设计、精确制造,但实际发出的电压并非理想正弦波。非线性电路在正弦信号作用下,响应是非正弦波,例如在正弦电压作用下的铁芯线圈和铁芯变压器,由于磁饱和的影响,其电流为图 11-1 (d) 所示尖顶波(忽略了磁滞和涡流的影响)。非线性元件二极管组成的全波整流电路,在正弦电压激励下,输出电压为图 11-1 (e)所示的全波整流波(其周期以输入信号的周期计)。含有周期非正弦信号的电路称为周期非正弦电路。

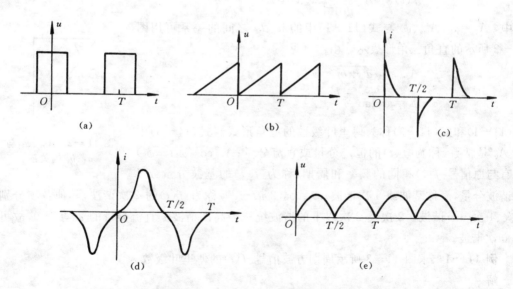

图 11-1 周期非正弦信号波形

周期非正弦电路的形成有这样几种情况:① 周期非正弦激励源作用于线性非时变电路;② 若干个不同频率的正弦激励源作用于线性非时变电路;③ 正弦激励源作用于非线性电路或时变电路;④ 以上情况兼而有之。本章讨论第一、二种情况。

第二节 周期非正弦信号的傅里叶级数

任何周期非正弦函数当满足狄里赫利条件时[①]，都可展开成傅里叶级数。电工、电子技术中的周期非正弦信号通常都满足狄里赫利条件。

设周期非正弦信号 $f(t)$ 的周期为 T，角频率 $\omega = 2\pi/T$。$f(t)$ 的傅里叶级数展开式为

$$f(t) = a_0 + (a_1\cos\omega_1 t + b_1\sin\omega_1 t) + (a_2\cos2\omega_1 t + b_2\sin2\omega_1 t) + \cdots +$$

$$(a_k\cos k\omega_1 t + b_k\sin k\omega_1 t) + \cdots$$

或
$$f(t) = a_0 + \sum_{k=1}^{\infty}(a_k\cos k\omega_1 t + b_k\sin k\omega_1 t) \tag{11-1}$$

式中，$\omega_1 = \omega = 2\pi/T; k = 1,2,3,\cdots; a_0$、$a_k$ 和 b_k 称为傅里叶系数，其计算式为

$$\left.\begin{aligned} a_0 &= \frac{1}{T}\int_0^T f(t)\mathrm{d}t = \frac{1}{T}\int_{-T/2}^{T/2}f(t)\mathrm{d}t \\ a_k &= \frac{2}{T}\int_0^T f(t)\cos k\omega_1 t\mathrm{d}t = \frac{1}{\pi}\int_0^{2\pi}f(t)\cos k\omega_1 t\mathrm{d}(\omega_1 t) \\ b_k &= \frac{2}{T}\int_0^T f(t)\sin k\omega_1 t\mathrm{d}t = \frac{1}{\pi}\int_0^{2\pi}f(t)\sin k\omega_1 t\mathrm{d}(\omega_1 t) \end{aligned}\right\} \tag{11-2}$$

式（11-1）中，同频率余弦函数和正弦函数合并后，变成如下形式

$$f(t) = A_0 + A_{1m}\cos(\omega_1 t + \psi_1) + A_{2m}\cos(2\omega_1 t + \psi_2) + \cdots +$$

$$A_{km}\cos(k\omega_1 t + \psi_k) + \cdots$$

即
$$f(t) = A_0 + \sum_{k=1}^{\infty}A_{km}\cos(k\omega_1 t + \psi_k) \tag{11-3}$$

式中，$A_0 = a_0$，A_{km}、ψ_k 与式（11-1）中的 a_k、b_k 之间的关系可用图 11-2 所示的直角三角形表示。由图可见

$$A_{km} = \sqrt{a_k^2 + b_k^2}$$

$$\psi_k = \arctan\frac{-b_k}{a_k}$$

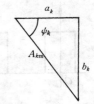

图 11-2 A_{km}、ψ_k 与 a_k、b_k 的关系

式（11-1）和式（11-3）称为傅里叶级数的三角形式。式（11-3）中的 A_0 是常数，称为 $f(t)$ 的恒定分量或直流分量；$A_{1m}\cos(\omega_1 t + \psi_1)$ 具有与原信号 $f(t)$ 相同的频率和周期，称为 $f(t)$ 的基波分量或 1 次谐波分量，简称基波或 1 次谐波；$A_{2m}\cos(2\omega_1 t + \psi_2)$ 称为 $f(t)$ 的 2 次谐波；其他各项分别为 3 次、4 次……谐波。2 次及 2 次以上的谐波统称为高次谐波。直流分量的 ω 等于 0，故可称为 0 次谐波。

例 11-1 求图 11-3 所示周期方波信号 $f(t)$ 的傅里叶级数。

解

（1）傅里叶系数 a_0、a_k、b_k：由式（11-2）有

[①] 狄里赫利条件是：周期非正弦函数 $f(t)$ 在一个周期内只有有限个第一类不连续点；在一个周期内只有有限个极大和极小值；在周期 T 内绝对可积，即 $\int_0^T |f(t)|\,dt =$ 有限值。

$$a_0 = \frac{1}{T}\int_{-T/2}^{T/2} f(t)\,\mathrm{d}t = \frac{1}{T}\int_{-T/4}^{T/4} E\mathrm{d}t = \frac{E}{2}$$

$$a_k = \frac{1}{\pi}\int_{-\pi}^{\pi} f(t)\cos k\omega_1 t\,\mathrm{d}(\omega_1 t)$$

$$= \frac{1}{\pi}\int_{-\pi/2}^{\pi/2} E\cos k\omega_1 t\,\mathrm{d}(\omega_1 t) = \frac{2E}{k\pi}\sin\frac{k\pi}{2}$$

$$= \begin{cases} 0 & k = 2,4,6,\cdots \\ \dfrac{2E}{k\pi} & k = 1,5,9,\cdots \\ -\dfrac{2E}{k\pi} & k = 3,7,11,\cdots \end{cases}$$

$$b_k = \frac{1}{\pi}\int_{-\pi}^{\pi} f(t)\sin k\omega_1 t\,\mathrm{d}(\omega_1 t) = \frac{1}{\pi}\int_{-\pi/2}^{\pi/2} E\sin k\omega_1 t\,\mathrm{d}(\omega_1 t) = 0$$

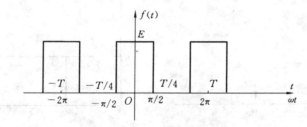

图 11－3　周期方波信号

（2）$f(t)$的傅里叶级数展开式：将求得的傅里叶系数代入式（11-1），得

$$f(t) = \frac{E}{2} + \frac{2E}{\pi}\left(\cos\omega_1 t - \frac{1}{3}\cos 3\omega_1 t + \frac{1}{5}\cos 5\omega_1 t - \frac{1}{7}\cos 7\omega_1 t + \cdots\right) \qquad (11-4)$$

几种常用的周期非正弦信号的傅里叶级数见本章末附表 11-1。

周期非正弦信号的傅里叶级数有无穷多项，由于它具有收敛性，因此，一般只取前若干项近似表示。项数取得愈多，近似效果愈好。上例方波信号的傅里叶级数展开式，若取前四项即取到 5 次谐波，其合成波形如图 11-4(a)所示，若取前 7 项即取到 11 次谐波，则合成波形如图 11-4(b)所示。可见所取谐波项数愈多，合成的波形愈接近原信号波形。

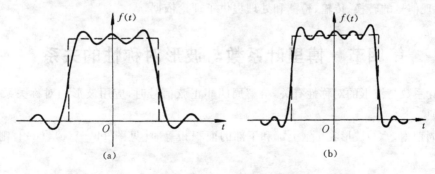

图 11－4　谐波合成的波形

第三节　周期非正弦信号的频谱

周期非正弦信号可分解为直流及各次谐波分量,它们都具有一定的幅值和初相位,为了直观、清晰地看出各谐波幅值 A_{km} 和初相位 ψ_k 与频率 $k\omega_1$ 的关系,我们以 $k\omega_1$ 为横坐标,A_{km} 和 ψ_k 为纵坐标,对应 $k\omega_1$ 的 A_{km} 和 ψ_k 用竖线表示,这样就得到了一系列离散竖线所构成的图形,它们分别称为幅度频谱图和相位频谱图,简称幅度频谱和相位频谱。图 11-3 所示的方波信号,其傅里叶级数式(11-4)改写成式(11-3)的形式,则

$$f(t) = \frac{E}{2} + \frac{2E}{\pi}\Big[\cos\omega_1 t + \frac{1}{3}\cos(3\omega_1 t + \pi) + \frac{1}{5}\cos 5\omega_1 t +$$

$$\frac{1}{7}\cos(7\omega_1 t + \pi) + \cdots\Big] \tag{11-5}$$

根据式(11-5),方波信号的幅度频谱和相位频谱分别如图 11-5(a)、(b)所示。

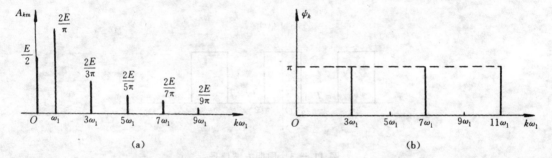

图 11 - 5　周期方波信号的幅度频谱和相位频谱

频谱图中的竖线称为谱线,谱线只可能在离散点 $k\omega_1$ 的位置上出现,因此是离散频谱。谱线的间距取决于信号 $f(t)$ 的周期 T,T 愈大,ω_1 愈小,谱线间距越窄,谱线越密。

信号的幅度频谱和相位频谱的重要性在不同场合有所不同,如传送语音信号时,重要的是使各频率分量的幅值相对不变,以保持原来的音调,即不失真,因此幅度频谱很重要,而相位频谱并不重要,因为人的听觉对各频率分量的相位关系不敏感。但是在传送图像信号时,保持各频率分量间的相位关系则对图像的不失真具有重要意义。

频谱图使我们对信号的分析从时域进入到频域,这对信号本质的认识具有十分重要的意义,它为实现信号的转换、传输、检测和处理提供了理论依据。

第四节　傅里叶系数与波形对称性的关系

傅里叶系数与波形的对称性有关,分解周期非正弦信号时,应用波形的对称关系,将使计算大为简便。

一个周期内,$f(t)$ 波形在 t 轴上部和下部的面积相等时[见图 11-1(c)、(d)],则 $f(t)$ 的傅里叶系数

$$a_0 = \frac{1}{T}\int_0^T f(t)\mathrm{d}t = 0$$

一、奇函数 $f(t)$

满足 $f(t)=-f(-t)$ 的函数称为奇函数,其波形以原点对称。$\sin k\omega_1 t$ 是奇函数,但 $\sin(k\omega_1 t+\psi_k)$ 不是,因为它不对称于原点。奇函数按式(11-1)展开时只含奇函数的正弦分量,因此傅里叶系数

$$a_0=0, \quad a_k=0$$

故奇函数 $f(t)$ 的傅里叶展开式为

$$f(t)=\sum_{k=1}^{\infty} b_k \sin k\omega_1 t$$

图 11-1(d)所示信号为奇函数。

二、偶函数 $f(t)$

满足 $f(t)=f(-t)$ 的函数称为偶函数,其波形以纵轴对称。$\cos k\omega_1 t$ 是偶函数,但 $\cos(k\omega_1 t+\psi_k)$ 不是。偶函数按式(11-1)展开时不含奇函数的正弦分量。因此傅里叶系数

$$b_k=0$$

故偶函数 $f(t)$ 的傅里叶展开式为

$$f(t)=a_0+\sum_{k=1}^{\infty} a_k \cos k\omega_1 t$$

图 11-1(a)所示信号为偶函数。

三、奇谐波函数 $f(t)$

满足 $f(t)=-f(t\pm T/2)$ 的函数称为奇谐波函数,其波形特点是:前半周波形平移半个周期后与后半周波形对横轴对称,呈镜像关系,这种对称也称为镜像对称。图 11-6 所示 $f(t)$ 为奇谐波函数。奇谐波函数的傅里叶级数不含恒定分量及偶谐波分量,因此傅里叶系数

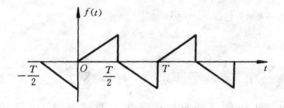

图 11-6 奇谐波函数

$$a_0=0, \quad a_{2k}=b_{2k}=0 \qquad (k=1,2,3,\cdots)$$

故奇谐波函数 $f(t)$ 的傅里叶展开式为

$$f(t)=A_{1m}\cos(\omega_1 t+\psi_1)+A_{3m}\cos(3\omega_1 t+\psi_3)+A_{5m}\cos(5\omega_1 t+\psi_5)+\cdots$$

四、偶谐波函数 $f(t)$

满足 $f(t)=f(t\pm T/2)$ 的函数为偶谐波函数,其波形特点是:后半周波形是前半周的重复。图 11-1(e)所示信号为偶谐波函数。偶谐波函数的傅里叶级数不含奇谐波分量。傅里叶系数

$$a_{2k-1}=b_{2k-1}=0 \qquad (k=1,2,3,\cdots)$$

故偶谐波函数 $f(t)$ 的傅里叶展开式为

$$f(t) = A_0 + A_{2m}\cos(2\omega_1 t + \psi_2) + A_{4m}\cos(4\omega_1 t + \psi_4) + \cdots$$

需要指出,奇函数和偶函数除与函数的波形有关外,还与计时起点有关,例如图 11-1(d) 所示的尖顶波,在纵轴平移 $T/4$ 后,信号就由奇函数变成了偶函数。奇谐波函数和偶谐波函数与计时起点无关,仅与波形有关。

第五节　周期非正弦信号的有效值、平均值和电路的功率

一、周期非正弦信号的有效值和平均值

任何周期信号的有效值等于其瞬时量的方均根值(见第六章第一节)。周期信号 $i(t)$ 的有效值为

$$I = \sqrt{\frac{1}{T}\int_0^T i^2 \mathrm{d}t}$$

将 $i(t)$ 的傅里叶级数代入,则

$$I = \sqrt{\frac{1}{T}\int_0^T \left[I_0 + \sum_{k=1}^{\infty} I_{km}\cos(k\omega_1 t + \psi_k)\right]^2 \mathrm{d}t} \tag{11-6}$$

式(11-6)中,根号内的函数展开后有如下四类项:

(1) $\dfrac{1}{T}\displaystyle\int_0^T I_0^2 \mathrm{d}t = I_0^2$

(2) $\dfrac{1}{T}\displaystyle\int_0^T I_{km}^2 \cos^2(k\omega_1 t + \psi_k)\mathrm{d}t = \dfrac{I_{km}^2}{2} = I_k^2$

(3) $\dfrac{1}{T}\displaystyle\int_0^T \left[2I_{km}\cos(k\omega_1 t + \psi_k) \times I_{qm}\cos(q\omega_1 t + \psi_q)\right]\mathrm{d}t = 0$

式中,$k \neq q$,此项说明不同频率的正弦量乘积在一个周期内的平均值为零。

(4) $\dfrac{1}{T}\displaystyle\int_0^T 2I_0 I_{km}\cos(k\omega_1 t + \psi_k)\mathrm{d}t = 0$

于是可得

$$I = \sqrt{I_0^2 + I_1^2 + I_2^2 + \cdots} = \sqrt{I_0^2 + \sum_{k=1}^{\infty} I_k^2} \tag{11-7}$$

式(11-7)表明,周期非正弦信号的有效值等于其直流分量平方与各谐波有效值平方和的平方根。

同理,周期非正弦电压 u 的有效值为

$$U = \sqrt{U_0^2 + \sum_{k=1}^{\infty} U_k^2}$$

需要指出,周期非正弦信号的有效值只与各谐波分量的有效值有关而与相位无关。因此,当两个信号的幅度频谱相同而相位频谱不同时,它们的有效值相等,但波形不一样,最大值不相等。这里以基波和三次谐波叠加为例说明。设

$$i' = I_{1m}\cos\omega_1 t + I_{3m}\cos3\omega_1 t = i_1 + i_3$$

$$i'' = I_{1m}\cos\omega_1 t - I_{3m}\cos3\omega_1 t = i_1 - i_3$$

它们的波形分别如图 11-7(a)、(b)所示。由图可见这两种波形截然不同,最大值也完全不等。

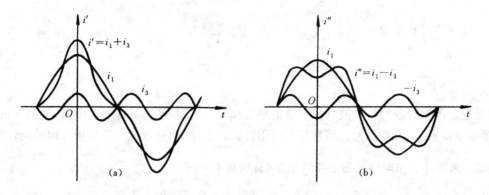

图 11-7 波形不同有效值相等之例

电工、电子技术中,有时要用到电压、电流的平均值。平均值的定义是:信号的绝对值在一个周期内的平均值。以电流 i 为例,其平均值为

$$I_{av} = \frac{1}{T}\int_0^T |i|\, dt \qquad (11-8)$$

正弦电流 $i = I_m \cos\omega t$ 的绝对值 $|i|$ 的波形是全波整流波形,根据式(11-8),正弦电流的平均值为

$$I_{av} = \frac{1}{T}\int_0^T |I_m\cos\omega t|\, dt = \frac{4I_m}{T}\int_0^{T/4}\cos\omega t \cdot dt$$

$$= \frac{4I_m}{\omega t}\sin\omega t \Big|_0^{T/4} = 0.637I_m = 0.898I \approx 0.9I$$

此式表明,正弦信号的平均值约为有效值的 0.9 倍,或有效值约为平均值的 1.11 倍。

例 11-2 试求 $u = [10 + 20\cos\omega_1 t - 12\cos(2\omega_1 t + 60°) + 8\sin 3\omega_1 t]$ V 的有效值 U。

解
$$U = \sqrt{10^2 + \left(\frac{20}{\sqrt{2}}\right)^2 + \left(\frac{12}{\sqrt{2}}\right)^2 + \left(\frac{8}{\sqrt{2}}\right)^2}\ \text{V} = \sqrt{404}\ \text{V} = 20.1\ \text{V}$$

例 11-3 已知 $i_1 = (5 + 10\cos\omega t)$ A,$i_2 = [10 + 20\cos(\omega t + 30°) + 10\cos(3\omega t + 45°)]$ A,$i = i_1 + i_2$。求 i 的有效值 I。

解 $i = i_1 + i_2 = [15 + 10\cos\omega t + 20\cos(\omega t + 30°) + 10\cos(3\omega t + 45°)]$ A

用相量法计算 $10\cos\omega t + 20\cos(\omega t + 30°)$。

$$10\ \underline{/0°} + 20\ \underline{/30°} = 10 + 17.32 + j10 = 27.32 + j10 = 29.09\ \underline{/20.1°}$$

所以
$$10\cos\omega t + 20\cos(\omega t + 30°) = 29.09\cos(\omega t + 20.1°)$$

$$i = [15 + 29.09\cos(\omega t + 20.1°) + 10\cos(3\omega t + 45°)]\ \text{A}$$

$$I = \sqrt{15^2 + \frac{29.09^2}{2} + \frac{10^2}{2}}\ \text{A} = 26.42\ \text{A}$$

例 11-4 求图 11-8 所示锯齿波电压 u 的有效值。

解 图 11-8 所示锯齿波电压可写成

$$u = \frac{U_m}{T}t \qquad (0 < t < T)$$

用方均根值求有效值有

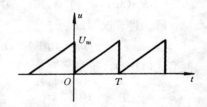

图 11-8 例 11-4 图

$$U = \sqrt{\frac{1}{T}\int_0^T u^2\,\mathrm{d}t} = \sqrt{\frac{1}{T}\int_0^T \left(\frac{U_\mathrm{m}}{T}\right)^2 t^2\,\mathrm{d}t} = \sqrt{\frac{U_\mathrm{m}^2}{T^3}\int_0^T t^2\,\mathrm{d}t}$$

$$= \sqrt{\frac{U_\mathrm{m}^2}{T^3}\cdot\frac{t^3}{3}\bigg|_0^T} = \frac{U_\mathrm{m}}{\sqrt{3}}$$

此题若用锯齿波的各谐波分量有效值平方和的平方根计算,只能取有限项,显然会出现误差,项数取得愈少,误差愈大。周期信号可用解析式表达时,有效值应直接用方均根值计算。

二、周期非正弦电流电路的平均功率(有功功率)

图 11—9 所示二端网络 N 的输入电压 u 和输入电流 i 均为周期非正弦量。设

$$u = U_0 + \sum_{k=1}^{\infty} U_{km}\cos(k\omega_1 t + \psi_{uk})$$

$$i = I_0 + \sum_{k=1}^{\infty} I_{km}\cos(k\omega_1 t + \psi_{ik})$$

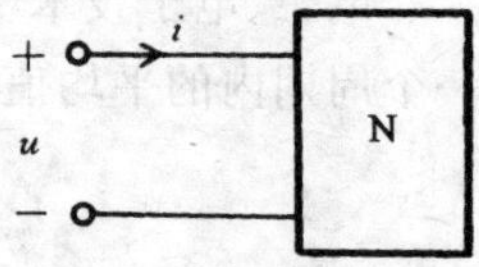

网络 N 吸收的平均功率为

$$P = \frac{1}{T}\int_0^T ui\,\mathrm{d}t$$

$$= \frac{1}{T}\int_0^T [U_0 + \sum U_{km}\cos(k\omega_1 t + \psi_{uk})]\times$$

$$[I_0 + \sum I_{km}\cos(k\omega_1 t + \psi_{ik})]\mathrm{d}t$$

图 11—9 非正弦信号
作用下的二端网络

此式展开后也有四类不同项,其中正弦量在一个周期内的平均值为零,不同频率正弦量的乘积在一个周期内的平均值也为零,因而最后得

$$\left.\begin{aligned}
P &= U_0 I_0 + \sum_{k=1}^{\infty} U_k I_k\cos\varphi_k \\
&= U_0 I_0 + U_1 I_1\cos\varphi_1 + U_2 I_2\cos\varphi_2 + \cdots \\
\text{或}\qquad P &= P_0 + P_1 + P_2 + \cdots + \sum_{k=0}^{\infty} P_k
\end{aligned}\right\} \qquad (11-9)$$

式中,$\varphi_k = \psi_{uk} - \psi_{ik}$ 是 k 次谐波电压与 k 次谐波电流之间的相位差。式(11-9)表明,周期非正弦电路吸收的平均功率等于直流分量和各谐波分量的平均功率之和,这称为功率叠加定理。由上面的分析可见:① 只有同频率正弦电压和电流才产生平均功率,不同频率的电压和电流是不产生平均功率的;② 不同谐波产生的功率可以叠加(注意:同频率信号产生的功率不能叠加)。

例 11—5 图 11—9 中,设 $u = (10 + 100\sin t + 50\cos 2t - 30\cos 3t)$ V, $i = [2 + 10\cos(t - 30°) + 5\cos(3t + 45°)]$ A,求二端网络 N 吸收的平均功率 P。

解 将 u 改写成

$$u = [10 + 100\cos(t - 90°) + 50\cos 2t + 30\cos(3t + 180°)]\ \text{V}$$

根据式(11-9),于是

$$P = \left[10\times 2 + \frac{100}{\sqrt{2}}\times\frac{10}{\sqrt{2}}\cos(-90° + 30°) + \frac{30}{\sqrt{2}}\times\frac{5}{\sqrt{2}}\cos(180° - 45°)\right]\ \text{W}$$

$$= (20 + 250 - 53)\ \text{W} = 217\ \text{W}$$

第六节　周期非正弦信号激励时电路的响应

线性电路在周期非正弦信号激励下，其时域响应（即瞬时量）可用叠加定理计算。步骤如下：

（1）将周期非正弦激励展开成傅里叶级数。傅里叶级数具有收敛性，因此在分析时可取前若干项，所取项数由要求的精度确定；

（2）使激励的直流分量单独作用于电路，求出对应的直流响应。直流电路中电感相当于短路，电容相当于开路；

（3）使激励的各谐波分量分别单独作用于电路，用相量法求出对应的时域响应；

（4）将直流响应和各谐波时域响应叠加，即得待求响应的瞬时式。

对各谐波电路进行分析时，应先用相量法求出响应相量，然后再求瞬时量。需要注意的是，电感和电容对各谐波呈现的阻抗不同，它们的 k 次谐波阻抗分别为

$$Z_{L(k)} = \mathrm{j}k\omega_1 L = k\mathrm{j}\omega_1 L = kZ_{L(1)}$$

和

$$Z_{C(k)} = -\mathrm{j}\frac{1}{k\omega_1 C} = \frac{1}{k}\left(-\mathrm{j}\frac{1}{\omega_1 C}\right) = \frac{1}{k}Z_{C(1)}$$

两式中，$Z_{L(1)} = \mathrm{j}\omega_1 L$ 和 $Z_{C(1)} = -\mathrm{j}/\omega_1 C$ 分别是 L 和 C 的基波阻抗。

例 11-6　图 11-10(a)所示电路，已知 $i_S(t) = (10 + 5\cos\omega t + 2\cos 2\omega t)$ A，$R = 2\ \Omega$，$\omega L = 150\ \Omega$，$\frac{1}{\omega C_1} = 400\ \Omega$，$\frac{1}{\omega C_2} = 200\ \Omega$。试求 $u(t)$ 和 U。

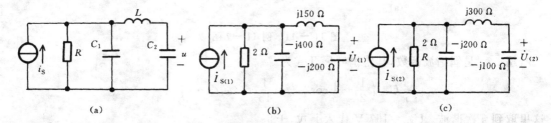

图 11-10　例 11-6 电路

解

（1）电流源直流分量 $I_{S(0)} = 10$ A 单独作用时，u 的直流分量为

$$u_{(0)} = RI_{S(0)} = U_0 = 20\ \text{V}$$

（2）电流源基波分量 $i_{S(1)} = 5\cos\omega t$ A 单独作用时，电路的相量模型如图(b)所示，图中 $\dot I_{S(1)} = (5/\sqrt{2})\underline{/0°}$ A。由分流公式及欧姆定律有

$$\dot U_{(1)} = \frac{\dfrac{1}{-\mathrm{j}50}\dot I_{S(1)}}{\dfrac{1}{2} + \dfrac{1}{-\mathrm{j}400} + \dfrac{1}{-\mathrm{j}50}} \times (-\mathrm{j}200)$$

$$= \frac{\mathrm{j}\dfrac{1}{50} \times \dfrac{5}{\sqrt{2}}\underline{/0°}}{0.5\underline{/2.58°}} \times (-\mathrm{j}200)\ \text{V} = \frac{20\underline{/0°}}{0.5\sqrt{2}\underline{/2.58°}}\ \text{V}$$

$$= 20\sqrt{2}\underline{/-2.58°}\ \text{V}$$

$$u_{(1)} = 40\cos(\omega t - 2.58°)\ \text{V}$$

(3) 电流源二次谐波分量 $i_{S(2)}=2\cos2\omega t$ A 单独作用时,电路的相量模型如图(c)所示,图中 $\dot{I}_{S(2)}=(2/\sqrt{2})\underline{/0°}$ A. 由图可见,电路发生并联谐振,由分压公式得

$$\dot{U}_{(2)}=\frac{-\mathrm{j}100}{\mathrm{j}300-\mathrm{j}100}\times R\,\dot{I}_{S(2)}=\frac{-\mathrm{j}100}{\mathrm{j}200}\times2\times\frac{2}{\sqrt{2}}\underline{/0°}\ \mathrm{V}$$

$$=(-2/\sqrt{2})\underline{/0°}\ \mathrm{V}=\sqrt{2}\underline{/180°}\ \mathrm{V}$$

$$u_{(2)}=2\cos(2\omega t+180°)\ \mathrm{V}$$

(4) 求 u,U

$$u=u_{(0)}+u_{(1)}+u_{(2)}=[20+40\cos(\omega t-2.58°)+2\cos(2\omega t+180°)]\ \mathrm{V}$$

或 $$u=[20+40\cos(\omega t-2.58°)-2\cos2\omega t]\ \mathrm{V}$$

$$U=\sqrt{20^2+\frac{40^2}{2}+\frac{2^2}{2}}\ \mathrm{V}=34.67\ \mathrm{V}$$

例 11 —7 图 11—11(a)电路中 $L=5$ H,$C=10\ \mu\mathrm{F}$,负载电阻 $R=2\ \mathrm{k}\Omega$,u_S 为正弦全波整流电压如图(b)所示。设 u_S 的 $\omega=314\ \mathrm{rad/s}$,$U_{Sm}=157\ \mathrm{V}$。试求负载电压 u 的各谐波分量。

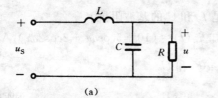
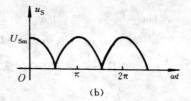

图 11 — 11 例 11 —7 图

解 u_S 是偶谐波函数,其傅里叶展开式为

$$u_S=\frac{4}{\pi}U_{Sm}\left(\frac{1}{2}+\frac{1}{3}\cos2\omega_1t-\frac{1}{15}\cos4\omega_1t+\cdots\right)$$

这里取到 4 次谐波。$U_{Sm}=157$ V 代入上式,于是

$$u_S=(100+66.7\cos2\omega_1t-13.33\cos4\omega_1t)\ \mathrm{V}$$

式中,$\omega_1=\omega=314\ \mathrm{rad/s}$。

设负载 R 两端电压 u 的第 k 次谐波最大值相量为 $\dot{U}_{m(k)}$,由节点电压法有

$$\left(\frac{1}{\mathrm{j}k\omega_1L}+\frac{1}{R}+\mathrm{j}k\omega_1C\right)\dot{U}_{m(k)}=\frac{1}{\mathrm{j}k\omega_1L}\dot{U}_{Sm(k)}$$

于是 $$\dot{U}_{m(k)}=\frac{\dot{U}_{Sm(k)}}{\left(\frac{1}{R}+\mathrm{j}k\omega_1C\right)\mathrm{j}k\omega_1L+1}$$

令 $k=0,2,4$,并代入数据,可分别求得

$$U_0=100\ \mathrm{V}$$

$$U_{m(2)}=3.55\ \mathrm{V}$$

$$U_{m(4)}=0.171\ \mathrm{V}$$

本例所示电路图 11—11(a)是全波整流电路的滤波电路,利用电感对高频电流的抑制作

用及电容对高频电流的分流作用,使整流后电压中的 2 次、4 次等谐波分量大大削弱,因而负载端的电压接近直流。

第七节 不同频率正弦电源共同作用下电路的分析

几个不同频率正弦电源共同作用于电路时,响应的瞬时值可用叠加定理计算,因此,响应中含有与电源频率相同的正弦量。设响应电流

$$i=i_1+i_2=I_{1m}\cos(\omega_1 t+\psi_1)+I_{2m}\cos(\omega_2 t+\psi_2)$$

式中,$\omega_1\neq\omega_2$。i_1 的周期 $T_1=2\pi/\omega_1$,i_2 的周期 $T_2=2\pi/\omega_2$。若 T_1、T_2 存在最小公倍数 T(或 ω_1、ω_2 存在最大公约数 ω),则 i 是一个以 T 为周期(或以 ω 为角频率)的非正弦量,否则就是非周期性的。例如 $i=5\cos4\pi t+10\cos(6\pi t+30°)$ 是周期性的,其角频率 $\omega=2\pi$ rad/s,周期 $T=2\pi/\omega=1$ s。$i=5\cos4\pi t+10\cos(6t+30°)$ 是非周期的。我们只讨论周期性的情况。

多个不同频率正弦电源作用下的周期非正弦电路,其分析计算方法与前几节所述相同。

例 11－8 求图 11－12 电路中 R 吸收的平均功率 P。(1) $u_{S1}=100\cos(314t+60°)$ V,$u_{S2}=50\cos471t$ V;(2) $u_{S1}=100\cos(314t+60°)$ V,$u_{S2}=50$ V;(3) $u_{S1}=100\cos(314t+60°)$ V,$u_{S2}=[30\cos314t+50\cos471t]$ V。

解

(1) u_{S1}、u_{S2} 的角频率分别是 $\omega=157$ rad/s 的 2 倍和 3 倍,所以电路是周期性的,周期 $T=2\pi/\omega=0.04$ s。用叠加定理求平均功率。u_{S1} 单独作用时

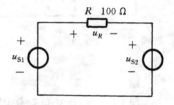

图 11－12 例 11－8 电路

$$P'=\frac{U_{S1}^2}{R}=\frac{(100/\sqrt{2})^2}{100}\text{ W}=50\text{ W}$$

u_{S2} 单独作用时

$$P''=\frac{U_{S2}^2}{R}=\frac{(50/\sqrt{2})^2}{100}\text{ W}=12.5\text{ W}$$

故得 $\qquad P=P'+P''=62.5$ W

也可对原电路按 $P=U_R^2/R$ 进行计算如下:

$$u_R=u_{S1}-u_{S2}$$
$$U_R=\sqrt{U_{S1}^2+U_{S2}^2},\quad U_R^2=U_{S1}^2+U_{S2}^2$$

所以 $\qquad P=\dfrac{U_R^2}{R}=\dfrac{U_{S1}^2+U_{S2}^2}{R}=\dfrac{(100/\sqrt{2})^2+(50/\sqrt{2})^2}{100}$ W$=62.5$ W

(2) u_{S1} 单独作用时产生的功率与(1)中的相同,即

$$P'=50\text{ W}$$

$u_{S2}=50$ V 单独作用时

$$P''=\frac{U_{S2}^2}{R}=\frac{50^2}{100}\text{ W}=25\text{ W}$$

根据功率叠加定理

$$P=P'+P''=(50+25)\text{ W}=75\text{ W}$$

(3) u_{S1} 与 u_{S2} 的第一个分量是同频率正弦量,同频率正弦量产生的平均功率不存在叠加定理,但可用叠加定理求电阻电压,然后再求平均功率。

u_{S1} 和 u_{S2} 的第一个分量共同作用时,电阻电压为

$$u_R' = [100\cos(314t+60°) - 30\cos314t]\ \text{V}$$

$$\dot{U}_{Rm}' = (100\ \underline{/60°} - 30\ \underline{/0°})\ \text{V} = (20+\text{j}86.6)\ \text{V} = 88.9\ \underline{/77°}\ \text{V}$$

$$P' = \frac{(U_R')^2}{R} = \frac{(88.9/\sqrt{2})^2}{100}\ \text{W} = 39.5\ \text{W}$$

u_{S2} 的第二个分量单独作用时产生的功率与(1)中的相同,即

$$P'' = 12.5\ \text{W}$$

根据功率叠加定理得

$$P = P' + P'' = (39.5+12.5)\ \text{W} = 52\ \text{W}$$

例 11 – 9 图 11 – 13(a)所示电路。$R_1 = R_2 = 8\ \Omega$,$C = \frac{1}{16}\ \text{F}$,$U_{S1} = 10\ \text{V}$,$u_{S2} = 12\cos4t\ \text{V}$,$i_S = 10\cos(5t+30°)\ \text{A}$。求 u、i、U、I,电压源 u_{S2}、电流源 i_S 供出的平均功率以及 R_2 吸收的平均功率。

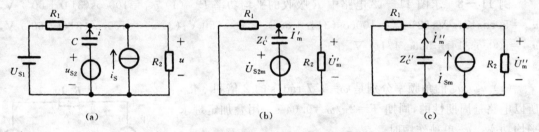

(a)　　　　　　　　(b)　　　　　　　　(c)

图 11 – 13　例 11 – 9 电路

解

(1) $U_{S1} = 10\ \text{V}$ 单独作用时,电容支路和电流源支路均为开路,i 和 u 的直流分量分别为

$$I_0 = 0$$

$$U_0 = \frac{R_2}{R_1+R_2} U_{S1} = \left(\frac{8}{8+8} \times 10\right)\ \text{V} = 5\ \text{V}$$

(2) $u_{S2} = 12\cos4t\ \text{V}$ 单独作用时:$\omega' = 4\ \text{rad/s}$,电容 C 的阻抗为

$$Z_C' = -\text{j}\frac{1}{\omega C} = -\text{j}\frac{1}{4 \times \frac{1}{16}}\ \Omega = -\text{j}4\ \Omega$$

电路最大值相量模型如图 11–13(b)所示,图中 $Z_C' = -\text{j}4\ \Omega$,$\dot{U}_{S2m} = 12\ \underline{/0°}\ \text{V}$

$$\dot{I}_m' = \frac{\dot{U}_{S2m}}{(R_1 /\!/ R_2) + Z_C'} = \frac{12\ \underline{/0°}}{4-\text{j}4}\ \text{A} = \frac{12\ \underline{/0°}}{4\sqrt{2}\ \underline{/-45°}}\ \text{A} = 1.5\sqrt{2}\ \underline{/45°}\ \text{A}$$

$$\dot{U}_m' = (R_1 /\!/ R_2)\dot{I}_m' = (4 \times 1.5\sqrt{2}\ \underline{/45°})\ \text{V} = 6\sqrt{2}\ \underline{/45°}\ \text{V}$$

$$i' = 1.5\sqrt{2}\cos(4t+45°)\ \text{A}$$

$$u' = 6\sqrt{2}\cos(4t+45°)\ \text{V}$$

u_{S2} 供出的平均功率为

$$P_{uS2} = U_{S2}I'\cos(\varphi_{uS2} - \varphi_{i'}) = \left[\frac{12}{\sqrt{2}} \times 1.5\cos(0°-45°)\right]\ \text{W} = 9\ \text{W}$$

(3) $i_S = 10\cos(5t+30°)\ \text{A}$ 单独作用时:$\omega'' = 5\ \text{rad/s}$,电容 C 的阻抗为

$$Z_C'' = -\mathrm{j}\,\frac{1}{\omega'C} = -\mathrm{j}\,\frac{16}{5}\ \Omega = -\mathrm{j}3.2\ \Omega$$

电路的最大值相量模型如图 11—13(c)所示。

$$\dot{U}_m'' = (R_1 /\!/ R_2 /\!/ Z_C'')\dot{I}_{Sm} = \left[\frac{4(-\mathrm{j}3.2)}{4-\mathrm{j}3.2} \times 10\ \underline{/30°}\right]\ \mathrm{V} = 25\ \underline{/-21.3°}\ \mathrm{V}$$

$$\dot{I}_m'' = \frac{-\dot{U}_m''}{Z_C''} = \frac{-25\ \underline{/-21.3°}}{-\mathrm{j}3.2}\ \mathrm{V} = -7.81\ \underline{/68.7°}\ \mathrm{A}$$

$$i'' = -7.81\cos(5t+68.7°)\ \mathrm{A}$$

$$u'' = 25\cos(5t-21.3°)\ \mathrm{V}$$

i_S 供出的平均功率为

$$P_{iS} = U''I_S\cos(\psi_{u''}-\psi_{iS}) = \left[\frac{25}{\sqrt{2}} \times \frac{10}{\sqrt{2}}\cos(-21.3°-30°)\right]\ \mathrm{W} = 78.16\ \mathrm{W}$$

（4）
$$i = I_0 + i' + i'' = [1.5\sqrt{2}\cos(4t+45°) - 7.81\cos(5t+68.7°)]\ \mathrm{A}$$

$$u = U_0 + u' + u'' = [5 + 6\sqrt{2}\cos(4t+45°) + 25\cos(5t-21.3°)]\ \mathrm{V}$$

$$I = \sqrt{1.5^2 + \frac{7.81^2}{2}}\ \mathrm{A} = 5.72\ \mathrm{A}$$

$$U = \sqrt{5^2 + 6^2 + \frac{25^2}{2}}\ \mathrm{V} = \sqrt{373.5}\ \mathrm{V} = 19.3\ \mathrm{V}$$

R_2 吸收的平均功率

$$P_{R2} = \frac{U^2}{R_2} = \frac{373.5}{8}\ \mathrm{W} = 46.7\ \mathrm{W}$$

第八节　对称三相电路中的高次谐波

　　三相发电机产生的电压并非理想正弦波,它或多或少含有一些高次谐波,变压器的励磁电流是对称的尖顶波,它也含有高次谐波。本节分析在对称三相周期非正弦电压作用下,三相电路的特点。

一、对称三相周期非正弦电压

对称三相周期非正弦电压在时间上依次相差 1/3 周期。设 A 相电压为

$$u_A = u(t)$$

则 B 相和 C 相的电压分别为

$$u_B = u\left(t - \frac{T}{3}\right)$$

和

$$u_C = u\left(t - \frac{2T}{3}\right)$$

式中,T 为周期。

　　电力工程技术中,周期非正弦电压一般都属于奇谐波函数,其傅里叶级数展开式中只有奇次谐波。设 u_A 的傅里叶级数为

$$u_A = \sqrt{2}U_1\cos(\omega_1 t + \psi_1) + \sqrt{2}U_3\cos(3\omega_1 t + \psi_3) +$$

$$\sqrt{2}U_5\cos(5\omega_1 t+\psi_5)+\sqrt{2}U_7\cos(7\omega_1 t+\psi_7)+\cdots \tag{11-10}$$

式中，$\omega_1=2\pi/T$。将式(11-10)中的 t 换成 $t-T/3$，则得 B 相电压为

$$u_B=\sqrt{2}U_1\cos\left[\omega_1\left(t-\frac{T}{3}\right)+\psi_1\right]+\sqrt{2}U_3\cos\left[3\omega_1\left(t-\frac{T}{3}\right)+\psi_3\right]+$$

$$\sqrt{2}U_5\cos\left[5\omega_1\left(t-\frac{T}{3}\right)+\psi_5\right]+\sqrt{2}U_7\cos\left[7\omega_1\left(t-\frac{T}{3}\right)+\psi_7\right]+\cdots$$

考虑到 $k\omega_1 T=k2\pi$，于是

$$u_B=\sqrt{2}U_1\cos(\omega_1 t+\psi_1-120°)+\sqrt{2}U_3\cos(3\omega_1 t+\psi_3)+$$

$$\sqrt{2}U_5\cos(5\omega_1 t+\psi_5+120°)+\sqrt{2}U_7\cos(7\omega_1 t+\psi_7-120°)+\cdots \tag{11-11}$$

同理将式(11-10)中的 t 换成 $t-2T/3$，再考虑到 $k\omega_1 T=k2\pi$，于是得 C 相电压为

$$u_C=\sqrt{2}U_1\cos(\omega_1 t+\psi_1+120°)+\sqrt{2}U_3\cos(3\omega_1 t+\psi_3)+$$

$$\sqrt{2}U_5\cos(5\omega_1 t+\psi_5-120°)+\sqrt{2}U_7\cos(7\omega_1 t+\psi_7+120°)+\cdots \tag{11-12}$$

由式(11-10)、式(11-11)和式(11-12)可见，u_A、u_B、u_C 中的基波、7 次、13 次等谐波都是正序对称三相电压，称为正序对称组；u_A、u_B、u_C 中的 5 次、11 次、17 次等谐波都是负序对称三相电压，称为负序对称组；u_A、u_B、u_C 中的 3 次谐波是大小相等、相位相同的正弦量，称为零序对称三相电压。9 次、15 次等谐波也是零序对称三相电压，它们统称为零序对称组。三相电压中的基波分量、3 次谐波分量及 5 次谐波分量的相量图如图 11-14 所示。

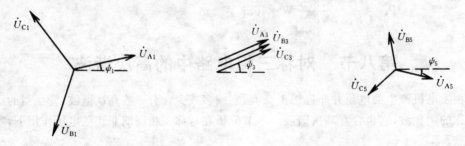

图 11-14 对称三相电压的 1、3、5 次谐波相量图

二、对称非正弦三相 Y—Y 电路

对称非正弦 Y—Y 电路响应的瞬时量仍用叠加定理分析，这里主要讨论电压、电流的特点。

图 11-15 为对称 Y—Y 电路，电源相电压 u_A、u_B、u_C 为奇谐波函数，因此电源相电压的有效值

$$U_p=\sqrt{U_{p1}^2+U_{p3}^2+U_{p5}^2+U_{p7}^2+\cdots} \tag{11-13}$$

式中，U_{p1}、U_{p3}、U_{p5}……分别是基波、3 次、5 次……谐波的有效值。电源相电压各谐波中，正、负序分量的线电压有效值与相电压有效值仍为 $\sqrt{3}$ 的关系，即

$$U_{l1}=\sqrt{3}U_{p1},\quad U_{l5}=\sqrt{3}U_{p5},\quad U_{l7}=\sqrt{3}U_{p7}$$

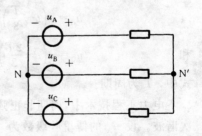

图 11-15 对称 Y—Y 电路

电源相电压的零序分量中,3 次谐波分量为 u_{A3}、u_{B3}、u_{C3},它们对应的线电压为

$$u_{AB3} = u_{A3} - u_{B3}, \quad u_{BC3} = u_{B3} - u_{C3}, \quad u_{CA3} = u_{C3} - u_{A3}$$

由于 $u_{A3} = u_{B3} = u_{C3}$,因此

$$u_{AB3} = u_{BC3} = u_{CA3} = 0$$

同样,零序分量的 9 次、15 次……谐波的线电压也为零。

由上可见,对称三相电源作 Y 联时线电压中无零序分量,线电压的有效值

$$U_l = \sqrt{U_{l1}^2 + U_{l5}^2 + U_{l7}^2 + \cdots} = \sqrt{3}\sqrt{U_{p1}^2 + U_{p5}^2 + U_{p7}^2 + \cdots} \tag{11-14}$$

式(11-13)、式(11-14)表明,对称 Y 形连接的电源,其线电压有效值小于相电压有效值的 $\sqrt{3}$ 倍,即

$$U_l < \sqrt{3} U_p$$

线电压无零序分量还可从另一角度分析。以 3 次谐波为例,取广义回路 ABCA,根据 KVL

$$u_{AB3} + u_{BC3} + u_{CA3} = 0 \tag{11-15}$$

由于 $u_{A3} = u_{B3} = u_{C3}$ 且电路对称,故 $u_{AB3} = u_{BC3} = u_{CA3}$,为满足式(11-15)必然有

$$u_{AB3} = u_{BC3} = u_{CA3} = 0$$

9 次、15 次……零序谐波线电压也是如此。由此可见,线电压中无零序分量。这一分析方法和结论,对任何连接形式(Y 或 △)的对称三相电路(三线制和四线制)均成立。

电源中正序或负序谐波作用时,电路的分析与第十章对称三相电路的分析相同,这里仅分析电源零序谐波作用的情况。

图 11-16 所示为 3 次谐波对应的 Y-Y 三相电路,图中 $\dot{U}_{A3}$、$\dot{U}_{B3}$、$\dot{U}_{C3}$ 是电源相电压的 3 次谐波相量,Z_3 是负载对应于 3 次谐波频率时的阻抗。由于 $\dot{U}_{A3} = \dot{U}_{B3} = \dot{U}_{C3}$ 且电路对称,因而线电流 $\dot{I}_{A3} = \dot{I}_{B3} = \dot{I}_{C3}$。根据 KCL

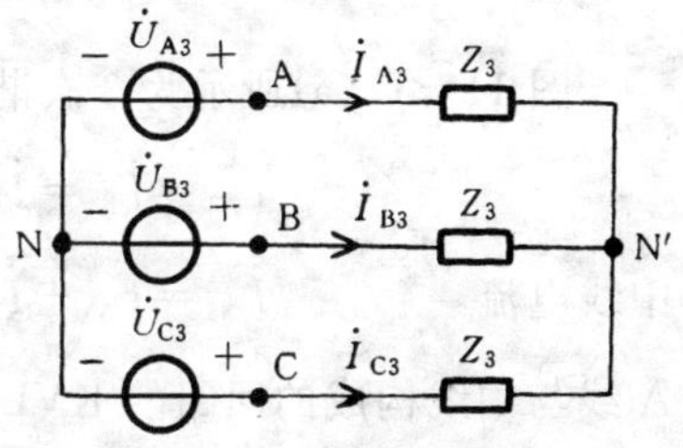

图 11-16 Y-Y 电路的
3 次谐波

$$\dot{I}_{A3} + \dot{I}_{B3} + \dot{I}_{C3} = 0$$

故必有

$$\dot{I}_{A3} = \dot{I}_{B3} = \dot{I}_{C3} = 0$$

同理,9 次、15 次……零序谐波电流也如此。由此可见,对称三相 Y-Y 无中线电路的线电流不含零序分量,这一结论对任何连接形式的对称三相三线制电路均成立,这时线电流有效值为

$$I_l = \sqrt{I_{l1}^2 + I_{l5}^2 + I_{l7}^2 + \cdots}$$

由于对称 Y-Y 系统线电流无零序分量,因此 Y 联负载的相电压也不含零序分量。负载相电压有效值为

$$U_p' = \sqrt{U_{p1}'^2 + U_{p5}'^2 + U_{p7}'^2 + \cdots}$$

式中,U_{p1}'、U_{p5}'、U_{p7}'……分别是负载相电压中的基波、5 次、7 次……正负序谐波的有效值。负载线电压不含零序分量,因此 Y 接负载的线电压与相电压有效值之间仍存在 $\sqrt{3}$ 关系,即

$$U_l' = \sqrt{3} U_p'$$

图 11-17 中,负载中性点与电源中性点之间的三次谐波电压为

$$\dot{U}_{N'N3} = -Z_3 \dot{I}_{A3} + \dot{U}_{A3} = \dot{U}_{A3}$$

同理,对 9 次、15 次……谐波也存在类似关系,因此,N′N 之间的电压有效值为

$$U_{N'N} = \sqrt{U_{p3}^2 + U_{p9}^2 + U_{p15}^2 + \cdots}$$

式中,U_{p3}、U_{p9}、U_{p15}……为电源相电压的 3 次、9 次、15 次、……零序谐波的有效值。

三、对称非正弦三相 Y_0—Y_0 电路

对称非正弦三相 Y_0—Y_0 电路也只需分析零序谐波,下面以 3 次谐波为例说明零序电流的计算方法。

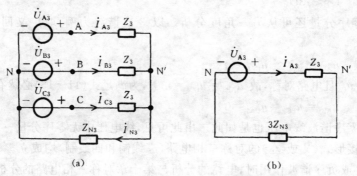

图 11 - 17 对称 Y_0 —Y_0 电路的 3 次谐波

图 11-17(a)所示为 3 次谐波对应的电路,由于对称,所以

$$\dot{I}_{A3} = \dot{I}_{B3} = \dot{I}_{C3}$$

中线电流 $\dot{I}_{N3} = \dot{I}_{A3} + \dot{I}_{B3} + \dot{I}_{C3} = 3\dot{I}_{A3}$

A 线与中线构成的回路的 KVL 方程为

$$Z_3 \dot{I}_{A3} + Z_N \dot{I}_{N3} = \dot{U}_A$$

即 $$Z_3 \dot{I}_{A3} + Z_N \times 3 \dot{I}_{N3} = \dot{U}_A$$

于是 $$\dot{I}_{A3} = \frac{\dot{U}_{A3}}{Z_3 + 3Z_{N3}} \tag{11-16}$$

$$\dot{I}_{N3} = 3\dot{I}_{A3} = \frac{3\dot{U}_{A3}}{Z_3 + 3Z_{N3}}$$

$\dot{I}_{A3}$ 也可用单相电路计算。根据式(11-16),3 次谐波单相计算电路如图 11-17(b)所示。其他零序谐波也有相对应的单相计算电路。必须注意,零序单相计算电路中,中线阻抗要以零序阻抗 3 倍的形式出现。

从以上分析可见,对称 Y_0—Y_0 三相四线制中,线电流除含正、负序谐波外,还含有零序谐波,中线电流则只有零序谐波。线电流有效值和中线电流有效值分别为

$$I_l = \sqrt{I_{l1}^2 + I_{l3}^2 + I_{l5}^2 + I_{l7}^2 + \cdots}$$

$$I_N = \sqrt{I_{N3}^2 + I_{N9}^2 + I_{N15}^2 + \cdots}$$

线电流的零序分量在负载上产生零序相电压,故负载相电压含有零序分量,其有效值为

$$U_p' = \sqrt{U_{p1}'^2 + U_{p3}'^2 + U_{p5}'^2 + U_{p7}'^2 + \cdots}$$

负载线电压不含零序分量,因此 Y 接负载的线电压有效值小于相电压有效值的 $\sqrt{3}$ 倍,即

$$U_l' < \sqrt{3} U_p'$$

四、三角形连接的电源和负载

三角形连接的电源也只需分析零序谐波的情况,这里仍以 3 次谐波为例说明。3 次谐波电路如图 11-18 所示,图中 Z_{S3} 是实际电源对应于 3 次谐波的内阻抗,$\dot{I}_3$ 为 3 次谐波环流。由于 $\dot{U}_{A3} = \dot{U}_{B3} = \dot{U}_{C3}$,因此

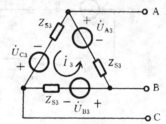

$$\dot{I}_3 = \frac{\dot{U}_{A3} + \dot{U}_{B3} + \dot{U}_{C3}}{3Z_{S3}} = \frac{\dot{U}_{A3}}{Z_{S3}} \qquad (11-17)$$

相电压 $\qquad \dot{U}_{AB3} = \dot{U}_{A3} - Z_{S3}\dot{I}_3 = \dot{U}_{A3} - \dot{U}_{A3} = 0$

同理 $\qquad \dot{U}_{BC3} = \dot{U}_{CA3} = 0$

图 11-18 △接电源的 3 次谐波

零序分量的其他谐波也如此。由此可见,对称非正弦电源作三角形连接时,相电压(线电压)不含零序分量。实际电源的内阻抗 Z_{S3} 都很小,式(11-17)所示的环流相当大,这对电源的运行很不利,会使电源过热。因此三相同步发电机的电枢绕组不能连接成 △形。

对三角形负载来说,由于线电压无零序分量,因此负载相电压和相电流也均无零序分量,线电流和相电流有效值之间仍满足 $\sqrt{3}$ 的关系,即

$$I_l' = \sqrt{3} I_p'$$

例 11-10 对称三相电路如图 11-19(a)所示,非正弦电源的 $u_A = 220\sqrt{2}\cos\omega t + 100\sqrt{2}\cos 3\omega t$ V,$\omega = 314$ rad/s,电路中 $R = 300\ \Omega$,$L = 0.2$ H,$C = 10\ \mu$F。求线电压 U_{AB}、线电流 I_A、中线电流 I_N 和中点间电压 $U_{N'N}$。

解 用叠加定理进行计算:

(1) 三相电源的基波电压单独作用时,电路为正序对称三相电路,其单相计算电路如图(b)所示,图中

$$\frac{1}{\omega C} = \frac{1}{314 \times 10 \times 10^{-6}}\ \Omega = 318\ \Omega$$

$$\omega L = 314 \times 0.2\ \Omega = 62.8\ \Omega$$

$$\dot{I}_{A1} = \frac{\dot{U}_{A1}}{R - \mathrm{j}\dfrac{1}{\omega C}} = \frac{220\ \underline{/0°}}{300 - \mathrm{j}318}\ \mathrm{A} = 0.503\ \underline{/46.7°}\ \mathrm{A}$$

$$\dot{U}_{AB1} = \sqrt{3}\dot{U}_{A1}\ \underline{/30°} = 380\ \underline{/30°}\ \mathrm{V}$$

$$\dot{I}_{N1} = 0, \quad \dot{U}_{N'N1} = 0$$

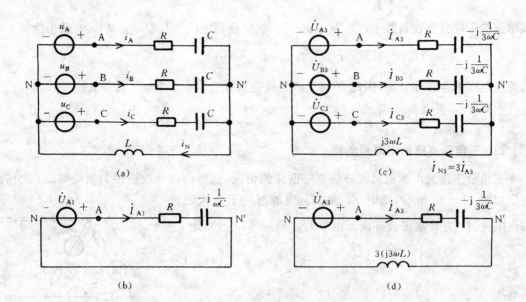

图 11—19 例 11—10 电路

（2）三相电源的 3 次谐波电压单独作用时，对应的相量模型如图（c）所示，图示 $\dot{I}_{A3} = \dot{I}_{B3} = \dot{I}_{C3}$，$\dot{I}_{N3} = 3\dot{I}_{A3}$。A 线与中线构成的回路的 KVL 方程为

$$\left(R - j\frac{1}{3\omega C}\right)\dot{I}_{A3} + j3\omega L \times 3\dot{I}_{A3} = \dot{U}_{A3}$$

于是

$$\dot{I}_{A3} = \frac{\dot{U}_{A3}}{R - j\frac{1}{3\omega C} + j9\omega L} = \frac{100\underline{/0°}}{300 - j\frac{318}{3} + j9 \times 62.8}\ A$$

$$= \frac{100\underline{/0°}}{300 + j459}\ A = 0.182\underline{/-56.8°}\ A$$

$$\dot{I}_{N3} = 3\dot{I}_{A3} = 0.546\underline{/-56.8°}\ A$$

$$\dot{U}_{N'N3} = j3\omega L \times \dot{I}_{N3} = j3\omega L \times 3\dot{I}_{A3} = j9\omega L\ \dot{I}_{A3} = 103\underline{/33.2°}\ A$$

$$\dot{U}_{AB3} = 0$$

3 次谐波的电流也可由图（d）所示的单相电路计算。

（3）U_{AB}、I_A、I_N、$\dot{U}_{N'N}$

$$U_{AB} = \sqrt{U_{AB1}^2 + U_{AB3}^2} = \sqrt{380^2 + 0^2}\ V = 380\ V$$

$$I_A = \sqrt{I_{A1}^2 + I_{A3}^2} = \sqrt{0.563^2 + 0.182^2}\ V = 0.535\ A$$

$$I_N = \sqrt{I_{N1}^2 + I_{N3}^2} = \sqrt{0^2 + 0.546^2}\ V = 0.546\ A$$

$$U_{N'N} = \sqrt{U_{N'N1}^2 + U_{N'N3}^2} = \sqrt{0^2 + 103^2}\ V = 103\ V$$

习 题

11—1 求图示周期非正弦信号 $f(t)$ 的傅里叶级数。

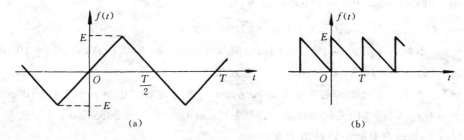

(a)

(b)

题 11—1 图

11—2 判断图示各波形的傅里叶级数包含哪些分量,并写出它们的表达式。

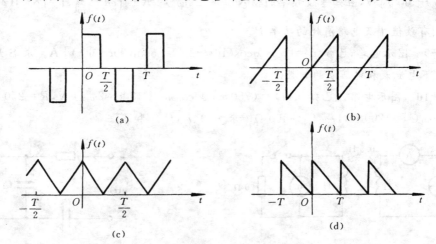

(a)

(b)

(c)

(d)

题 11—2 图

11—3 信号 $f(t)$ 在 1/4 周期内的波形如图所示。试按下列不同要求画出 $f(t)$ 在整个周期内的波形。

(1) 只包含正弦奇函数项;

(2) 只包含常数项和余弦偶函数项;

(3) 只包含正弦奇函数的奇次谐波项。

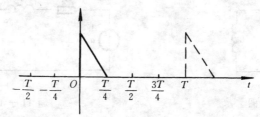

题 11—3 图

11—4 试求题 11—1 图(a)所示信号 $f(t)$ 的有效值 F。

11—5 已知下列各条件，求 $u=u_1+u_2$ 的有效值 U。

(1) $u_1=100$ V，$u_2=\sqrt{2}100\cos\omega t$ V；

(2) $u_1=\sqrt{2}100\cos 2\omega t$ V，$u_2=\sqrt{2}100\cos\omega t$ V；

(3) $u_1=100+\sqrt{2}100\cos(\omega t-30°)$ V，$u_2=\sqrt{2}100\cos\omega t$ V。

11—6 已知 $i_1=[10\cos\omega t+5\cos(3\omega t-30°)-3\cos(5\omega t+60°)]$ A，$i_2=[5+20\cos(\omega t-30°)+10\cos(5\omega t+45°)]$ A，求 $i=i_1+i_2$ 的有效值 I。

11—7 单口网络的输入电压 u 与输入电流 i 的方向关联。已知 $u=[100+100\cos(\omega t+30°)+30\cos 3\omega t]$ V，$i=[10+50\cos(\omega t-15°)+10\sin(3\omega t-60°)+20\cos 5\omega t]$ A。试求 u，i 的有效值 U、I 和网络消耗的平均功率 P。

11—8 RLC 串联电路，输入电压 u 与输入电流 i 方向关联。已知 $u=[50\cos\omega_1 t+25\cos(3\omega_1 t+60°)]$ V，且知基波频率的输入阻抗 $Z(j\omega_1)=R+j\left(\omega L-\dfrac{1}{\omega C}\right)=[8+j(2-8)]$ Ω。求电流 i、有效值 I 及电路消耗的功率 P。

11—9 图示电路，已知 $i_S=[5+10\cos(10t-20°)-5\sin(30t+60°)]$ A。求 S 开、合两种稳态情况下电流表和电压表的读数。

11—10 图示电路。已知 $u(t)=(750+500\cos\omega_1 t+180\cos 2\omega_1 t)$ V，$R=250$ Ω，$\omega_1 L=300$ Ω，$1/\omega_1 C_1=1200$ Ω，$1/\omega_1 C_2=400$ Ω。求 $i(t)$、$i_L(t)$、I 和 I_L。

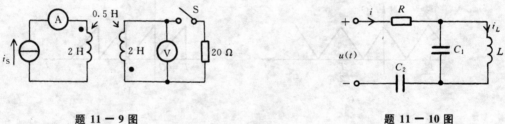

题 11—9 图　　　　　　　　　　　　题 11—10 图

11—11 图示电路。$u=(6+10\cos 2t)$ V，$i=[2+K\cos(2t-53.1°)]$ A。试求 R、L、K 以及电路在 $u=(10+5\cos t+5\cos 2t)$ V 作用时的电流 i。

11—12 图示电路。$u_S=U_0+U_m\cos\omega t$，$R_1=50$ Ω，$R_2=100$ Ω，$\omega L=70$ Ω，$1/\omega C=100$ Ω，电流表 A_1 的读数是 1 A，A_2 的读数是 1.5 A。求 u_S 的有效值 U_S 及电源供出的平均功率 P。

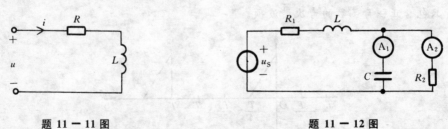

题 11—11 图　　　　　　　　　　　　题 11—12 图

11—13 RL 串联电路，$R=5$ Ω，$L=10$ mH，输入电压为 u。试求 u 为下列不同值时电路消耗的平均功率。

(1) $u=(20\cos 1\,000t-15\sin 1\,000t)$ V；

(2) $u = (20\cos1\,000t - 15\sin500t)$ V；

(3) $u = [20\cos1\,000t - 15\sin(1\,000t - 36.9°)]$ V；

(4) $u = (20\cos1\,000t - 15\sin750t)$ V。

11—14 求图示电路中各电表的读数(有效值)。已知 $U_S = 10$ V，$i_S = 2\sqrt{2}\cos100t$ A。

11—15 图示电路。已知 $u_1 = (2 + 2\cos2t)$ V，$u_2 = 3\sin2t$ V。试求 u_R、U_R 及电路消耗的平均功率 P。

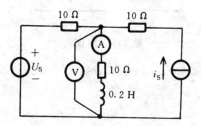

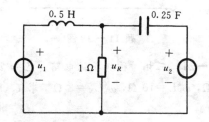

题 11—14 图　　　　　　　　　　题 11—15 图

11—16 图示电路。已知 $u_S = (100 + 20\cos1\,000t)$ V，$i_S = (10\cos1\,000t + 10\cos2\,000t)$ mA。求 u_C 及电流源供出的平均功率 P。

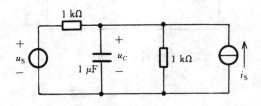

题 11—16 图

11—17 图示电路。已知 $R = 2$ Ω，$L_1 = 1$ H，$C_1 = 1$ F，$L_2 = 0.5$ H，$C_2 = 0.5$ F，$u_S = (10\cos t + 5\cos2t)$ V。

(1) 求 $i(t)$、$u_C(t)$；

(2) C_1L_1 并联 $R_1 = 2$ Ω(见图中虚线所示)后，重求 $i(t)$、$u_C(t)$。

11—18 图示电路。已知 $u = [100 + 60\cos(\omega_1 t + 30°) + 20\sin(3\omega_1 t + 30°)]$ V，$R = 10$ Ω，$\omega_1 L_1 = 3$ Ω，$\omega_1 L_2 = 6$ Ω，$1/\omega_1 C_1 = 27$ Ω，$1/\omega_1 C_2 = 6$ Ω。求 $i(t)$、$i_1(t)$、$i_2(t)$ 及电路消耗的平均功率 P。

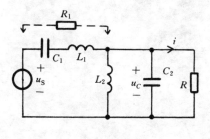

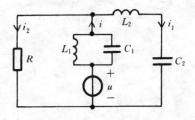

题 11—17 图　　　　　　　　　　题 11—18 图

11—19 图示滤波电路，要求负载中不含 3 次谐波分量而基波分量能全部传至负载。试求 C_1 和 C_2。已知 $L = 1$ H，$\omega = 1\,000$ rad/s。

11 —20 图示电路,输入 $u_S(t)$ 为非正弦波,其中含有 $3\omega_1$ 及 $7\omega_1$ 的谐波分量。如果要求在输出电压 $u(t)$ 中不含这两个谐波分量,试问 L 和 C 应为多少?

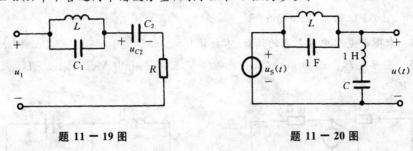

题 11 — 19 图   题 11 — 20 图

11 —21 三相对称非正弦电路。已知 $u_A = (200\sqrt{2}\cos\omega_1 t + 50\sqrt{2}\cos 3\omega_1 t + 10\sqrt{2}\cos 5\omega_1 t)$ V,$R = 40\ \Omega$,$\omega_1 L = 10\ \Omega$,$\omega_1 L_N = 2\ \Omega$。求 i_A、i_B、i_C、i_N 和 $u_{N'N}$。

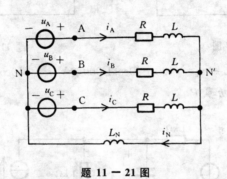

题 11 — 21 图

$f(t)$ 的波形图	$f(t)$ 分解为傅里叶级数	A（有效值）	A_{av}（平均值）
	$f(t) = A_{m}\cos(\omega_1 t)$	$\dfrac{A_{m}}{\sqrt{2}}$	$\dfrac{2A_{m}}{\pi}$
	$f(t) = \dfrac{4A_{max}}{\alpha\pi}\Big[\sin\alpha\sin(\omega_1 t) +$ $\dfrac{1}{9}\sin(3\alpha)\sin(3\omega_1 t) +$ $\dfrac{1}{25}\sin(5\alpha)\sin(5\omega_1 t) + \cdots +$ $\dfrac{1}{k^2}\alpha\sin(k\alpha)\sin(kw_1 t) + \cdots\Big]$ $\Big($式中 $\alpha = \dfrac{2\pi d}{T}$, k 为奇数$\Big)$	$A_{max}\sqrt{1 - \dfrac{4\alpha}{3\pi}}$	$A_{max}\Big(1 - \dfrac{\alpha}{\pi}\Big)$
	$f(t) = A_{max}\Big\{\dfrac{1}{2} - \dfrac{1}{\pi}\Big[\sin(\omega_1 t) +$ $\dfrac{1}{2}\sin(2\omega_1 t) + \dfrac{1}{3}\sin(3\omega_1 t) + \cdots\Big]\Big\}$	$\dfrac{A_{max}}{\sqrt{3}}$	$\dfrac{A_{max}}{2}$
	$f(t) = A_{max}\Big\{\alpha + \dfrac{2}{\pi}\Big[\sin(\alpha\pi)\cos(\omega_1 t) +$ $\dfrac{1}{2}\sin(2\alpha\pi)\cos(2\omega_1 t) +$ $\dfrac{1}{3}\sin(3\alpha\pi)\cos(3\omega_1 t) + \cdots\Big]\Big\}$	$\sqrt{\alpha}A_{max}$	αA_{max}
	$f(t) = \dfrac{8A_{max}}{\pi^2}\Big[\sin(\omega_1 t) - \dfrac{1}{9}\sin(3\omega_1 t) + \dfrac{1}{25}\sin(5\omega_1 t) - \cdots +$ $\dfrac{(-1)^{\frac{k-1}{2}}}{k^2}\sin(k\omega_1 t) + \cdots\Big]$ （k 为奇数）	$\dfrac{A_{max}}{\sqrt{3}}$	$\dfrac{A_{max}}{2}$
	$f(t) = \dfrac{4A_{max}}{\pi}\Big[\sin(\omega_1 t) +$ $\dfrac{1}{3}\sin(3\omega_1 t) + \dfrac{1}{5}\sin(5\omega_1 t) + \cdots +$ $\dfrac{1}{k}\sin(k\omega_1 t) + \cdots\Big]$ （k 为奇数）	A_{max}	A_{max}
	$f(t) = \dfrac{4A_{m}}{\pi}\Big[\dfrac{1}{2} + \dfrac{1}{1\times 3}\cos(2\omega_1 t) -$ $\dfrac{1}{3\times 5}\cos(4\omega_1 t) +$ $\dfrac{1}{5\times 7}\cos(6\omega_1 t) - \cdots\Big]$	$\dfrac{A_{m}}{\sqrt{2}}$	$\dfrac{2A_{m}}{\pi}$

第十二章 双口网络

本章分析不含独立源的线性双口网络,主要内容有:双口网络的伏安方程及对应参数——Y、Z、T、H;双口网络的等效电路;含双口网络的电路分析;双口网络的连接。最后介绍回转器、负阻抗变换器等常用的双口元器件。

第一节 双口网络概述

网络端口的定义是:网络中某一对端子,若任一瞬时由一个端子流入网络的电流等于由另一个端子流出的电流,则这两个端子称为一个端口。只有一个端口的网络称为单口网络,简称单口,二端网络是单口网络;只有两个端口的网络称为双口网络,简称双口。图 12—1(a)、(b)所示的理想变压器和滤波电路都是双口网络,图(c)所示带中线的三相负载,不是双口,只是四端网络。多绕组变压器的每一个绕组都满足端口条件,因而是多口网络。

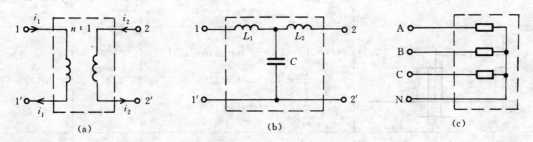

图 12 — 1　双口网络和四端网络

电路中双口的两对端子与外电路相连,用双口概念分析电路时,感兴趣的是端口处的伏安关系,因此需要建立双口的伏安方程,这里称为参数方程。描述双口的参数方程有多种,以适应不同电路分析之需。不同的参数方程的参数之间有着一定的联系,掌握其关系就可实现参数方程间的转换。利用参数方程可建立双口的最简等效电路,这样就可使整体电路的分析得以简化。若干简单双口的适当组合可得到复杂双口。本章着重分析双口网络的参数方程及参数,各种参数方程间的关系,双口的等效电路;含双口的电路的分析以及双口的连接,等等。电子技术中,回转器和负阻抗变换器已经是一种常用器件,本章将它们作为器件对待,介绍它们的特性及应用。

第二节 双口网络的伏安方程及参数

图 12—2 中的 N 是不含独立源的线性双口网络,端口 1—1$'$ 和 2—2$'$ 分别简称为端口 1 和端口 2。端口 1 和 2 的电压、电流参考方向如图所示,它们分别是 $\dot{U}_1$、$\dot{I}_1$ 和 $\dot{U}_2$、$\dot{I}_2$。根据电路理论,这四个量中任意两个量必是另两个量的函数,这样就构成了一组组描述双口特性的伏

安方程和相对应的参数。四个量的组合有六种,故有六组伏安方程和参数,我们主要讨论四种。

一、双口网络的 Y 参数和方程

图 12-2 电路,以端口电压 $\dot{U}_1$、$\dot{U}_2$ 为自变量分析端口电流 $\dot{I}_1$、$\dot{I}_2$ 与它们的关系。将图示端口 1、2 的电压 $\dot{U}_1$、$\dot{U}_2$ 分别用电压源替代如图 12-3 所示,由于双口内部无独立源,故可用叠加定理分析 $\dot{I}_1$ 和 $\dot{I}_2$。由叠加定理有

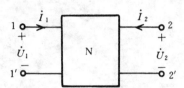

图 12 - 2 双口网络   图 12 - 3 双口 Y 参数方程分析图

$$\left.\begin{aligned}\dot{I}_1 &= Y_{11}\dot{U}_1 + Y_{12}\dot{U}_2 \\ \dot{I}_2 &= Y_{21}\dot{U}_1 + Y_{22}\dot{U}_2\end{aligned}\right\} \tag{12-1}$$

式中,$Y_{11}\dot{U}_1$ 和 $Y_{21}\dot{U}_1$ 分别为电压源 $\dot{U}_1$ 单独作用时($\dot{U}_2=0$)端口 1 和端口 2 的电流;$Y_{12}\dot{U}_2$ 和 $Y_{22}\dot{U}_2$ 分别为电压源 $\dot{U}_2$ 单独作用时($\dot{U}_1=0$)端口 1 和端口 2 的电流。Y_{11},Y_{12},Y_{21},Y_{22} 具有电导量纲,称为双口网络的 Y 参数。伏安方程式(12-1)称为双口网络的 Y 参数方程,其矩阵形式为

$$\begin{bmatrix}\dot{I}_1 \\ \dot{I}_2\end{bmatrix} = \begin{bmatrix}Y_{11} & Y_{12} \\ Y_{21} & Y_{22}\end{bmatrix}\begin{bmatrix}\dot{U}_1 \\ \dot{U}_2\end{bmatrix} = Y\begin{bmatrix}\dot{U}_1 \\ \dot{U}_2\end{bmatrix} \tag{12-2}$$

式中,$Y = \begin{bmatrix}Y_{11} & Y_{12} \\ Y_{21} & Y_{22}\end{bmatrix}$ 称为 Y 参数矩阵或短路导纳矩阵。

对于给定的双口网络,其 Y 参数可以通过计算或测量得到。令式(12-1)中的 $\dot{U}_2=0$(端口 2 短路),对应电路如图 12-4(a)所示。由式(12-1)有

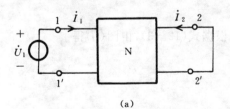
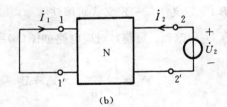

(a)   (b)

图 12 - 4 Y 参数计算电路

$$Y_{11} = \left.\frac{\dot{I}_1}{\dot{U}_1}\right|_{\dot{U}_2=0}, \qquad Y_{21} = \left.\frac{\dot{I}_2}{\dot{U}_1}\right|_{\dot{U}_2=0} \tag{12-3}$$

由此式可见,Y_{11} 是端口 2 短路时,端口 1 的输入导纳,也称驱动点导纳;Y_{21} 是端口 2 短路时,

端口 2 与端口 1 之间的转移导纳。令式(12−1)的 $\dot{U}_1=0$(端口 1 短路),电路如图 12−4(b)所示。根据式(12−1)得出

$$Y_{12}=\frac{\dot{I}_1}{\dot{U}_2}\Bigg|_{\dot{U}_1=0}, \qquad Y_{22}=\frac{\dot{I}_2}{\dot{U}_2}\Bigg|_{\dot{U}_1=0} \qquad (12-4)$$

由此式可见,Y_{12} 是端口 1 短路时,端口 1 与端口 2 之间的转移导纳;Y_{22} 是端口 1 短路时端口 2 的输入导纳或驱动点导纳。

式(12−3)和式(12−4)称为 Y 参数定义式,归纳为

$$Y_{jk}=\frac{\dot{I}_j}{\dot{U}_k}\Bigg|_{\dot{U}_{\sharp k}=0} \qquad (j=1,2;\ k=1,2) \qquad (12-5)$$

式中,当分母 $\dot{U}_k=\dot{U}_1$ 时,$\dot{U}_{\sharp k}=\dot{U}_2$;$\dot{U}_k=\dot{U}_2$ 时,$\dot{U}_{\sharp k}=\dot{U}_1$。

Y 参数均由端口 1 或 2 短路时求得,故又称为短路导纳参数。式(12−3)、式(12−4)表明了 Y 参数的物理概念,并提供了计算和测量的方法。

例 12−1 求图 12−5(a)所示双口的 Y 参数。

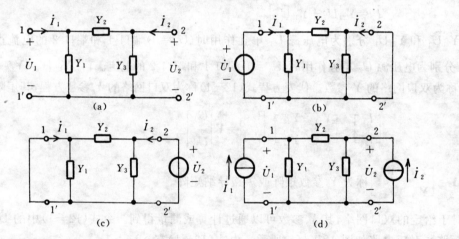

图 12−5 例 12−1 电路

解 1 定义法——定义式求解法

令 $\dot{U}_2=0(2、2'$ 短路),对应电路如图(b)所示,根据式(12−3),由图(b)得

$$Y_{11}=\frac{\dot{I}_1}{\dot{U}_1}\Bigg|_{\dot{U}_2=0}=Y_1+Y_2$$

$$Y_{21}=\frac{\dot{I}_2}{\dot{U}_1}\Bigg|_{\dot{U}_2=0}=\frac{-Y_2\dot{U}_1}{\dot{U}_1}=-Y_2$$

令 $\dot{U}_1=0(1、1'$ 短路),对应电路如图 12−5(c)所示,根据式(12−4),由图(c)得

$$Y_{12}=\frac{\dot{I}_1}{\dot{U}_2}\Bigg|_{\dot{U}_1=0}=\frac{-Y_2\dot{U}_2}{\dot{U}_2}=-Y_2$$

$$Y_{22} = \frac{\dot{I}_2}{\dot{U}_2} \bigg|_{\dot{U}_1 = 0} = Y_2 + Y_3$$

图(a)双口网络的 Y 参数矩阵为

$$\boldsymbol{Y} = \begin{bmatrix} Y_1 + Y_2 & -Y_2 \\ -Y_2 & Y_2 + Y_3 \end{bmatrix}$$

解 2 列方程法

将图 12-5(a)端口 1 和端口 2 的电流分别用电流源替代如图(d)所示。以 $1'(2')$ 为参考点列节点电压方程为

$$(Y_1 + Y_2)\dot{U}_1 - Y_2 \dot{U}_2 = \dot{I}_1$$

$$-Y_2 \dot{U}_1 + (Y_2 + Y_3)\dot{U}_2 = \dot{I}_2$$

即

$$\dot{I}_1 = (Y_1 + Y_2)\dot{U}_1 - Y_2 \dot{U}_2 = Y_{11}\dot{U}_1 + Y_{12}\dot{U}_2$$

$$\dot{I}_2 = -Y_2 \dot{U}_2 + (Y_2 + Y_3)\dot{U}_2 = Y_{21}\dot{U}_1 + Y_{22}\dot{U}_2$$

于是得 $\quad Y_{11} = Y_1 + Y_2, \quad Y_{12} = Y_{21} = -Y_2, \quad Y_{22} = Y_2 + Y_3$

上例中 $Y_{12} = Y_{21} = -Y_2$，对于线性无源(既无独立源也无受控源)双口网络，这一关系具有普遍性，它不难由无源双口的互易定理得到证明。无源双口满足互易定理，这种双口称为互易双口。互易双口的 $Y_{12} = Y_{21}$，故 4 个参数仅 3 个独立，因此进行 3 次计算或测量就可确定 4 个参数。含受控源的双口一般不满足互易定理，这时 $Y_{12} \neq Y_{21}$。

图 12-5(a)所示电路中，若 $Y_1 = Y_3$，则电路结构对称，此时由上例的计算可得 $Y_{11} = Y_{22}$，可见结构对称的互易双口除 $Y_{12} = Y_{21}$ 外还有 $Y_{11} = Y_{22}$，因此 4 个参数仅 2 个独立，进行 2 次计算或测量即可确定 4 个参数。

满足 $Y_{12} = Y_{21}$ 和 $Y_{11} = Y_{22}$ 的双口网络，若将端口 1 和端口 2 互换位置再与外电路连接，此时外部特性与互换前完全一样，具有这种特性的双口网络称为电气对称双口网络，简称对称双口。结构对称的互易双口在电气上一定对称，但是电气对称的双口不一定结构对称。图 12-6 示出了若干对称互易双口的例子，它们依次称为对称 T 形，对称 Ⅱ 形，对称桥 T 形和对称格形。

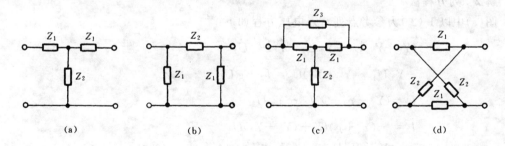

图 12 - 6 对称双口网络

例 12-2 求图 12-7(a)所示双口的 Y 参数和 Y 参数矩阵。

解 1 定义法

(1) 由式(12-3)

$$Y_{11} = \frac{\dot{I}_1}{\dot{U}_1} \bigg|_{\dot{U}_2 = 0}, \quad Y_{21} = \frac{\dot{I}_2}{\dot{U}_1} \bigg|_{\dot{U}_2 = 0}$$

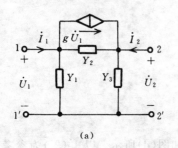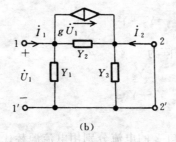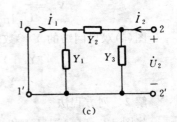

图 12 — 7　例 12 —2 电路

计算 Y_{11} 和 Y_{21} 的电路示于图(b),由图(b)有

$$\dot{I}_1 = Y_1 \dot{U}_1 + Y_2 \dot{U}_1 + g \dot{U}_1 = (Y_1 + Y_2 + g)\dot{U}_1$$

$$\dot{I}_2 = -Y_2 \dot{U}_1 - g \dot{U}_1 = -(Y_2 + g)\dot{U}_1$$

故　　　　　　　$Y_{11} = Y_1 + Y_2 + g$

$$Y_{21} = -(Y_2 + g)$$

（2）由式(12-4)

$$Y_{22} = \frac{\dot{I}_2}{\dot{U}_2}\bigg|_{\dot{U}_1 = 0}, \quad Y_{12} = \frac{\dot{I}_1}{\dot{U}_2}\bigg|_{\dot{U}_1 = 0}$$

计算 Y_{22}、Y_{21} 的电路如图(c)所示,由图(c)有

$$Y_{22} = \frac{\dot{I}_2}{\dot{U}_2}\bigg|_{\dot{U}_1 = 0} = Y_2 + Y_3$$

$$Y_{12} = \frac{\dot{I}_1}{\dot{U}_2}\bigg|_{\dot{U}_1 = 0} = \frac{-Y_2 \dot{U}_2}{\dot{U}_2} = -Y_2$$

于是　　　　　$\boldsymbol{Y} = \begin{bmatrix} Y_1 + Y_2 + g & -Y_2 \\ -(Y_2 + g) & Y_2 + Y_3 \end{bmatrix}$

解 2　列方程法

图(a)中以 $1'(2')$ 为参考点列节点电压方程如下:

$$(Y_1 + Y_2)\dot{U}_1 - Y_2 \dot{U}_2 = \dot{I}_1 - g \dot{U}_1$$

$$-Y_2 \dot{U}_1 + (Y_2 + Y_3)\dot{U}_2 = \dot{I}_2 + g \dot{U}_1$$

即　　　　　$\dot{I}_1 = (Y_1 + Y_2 + g)\dot{U}_1 - Y_2 \dot{U}_2$

$$\dot{I}_2 = -(Y_2 + g)\dot{U}_1 + (Y_2 + Y_3)\dot{U}_2$$

所以　　　　$\boldsymbol{Y} = \begin{bmatrix} Y_1 + Y_2 + g & -Y_2 \\ -(Y_2 + g) & Y_2 + Y_3 \end{bmatrix}$

由上两例看出,Ⅱ形双口 Y 参数的计算用节点电压法比用定义法要简便得多,特别是互易双口。实际上,在求Ⅱ形互易双口的 Y 参数时,不必列出方程,而可根据节点电压方程自导纳、互导纳的概念直接确定 Y_{11}、$Y_{12}(Y_{21})$ 和 Y_{22},例如对图 12-5(a)所示双口,可直接看出

$$Y_{11} = Y_1 + Y_2, \quad Y_{12} = Y_{21} = -Y_2, \quad Y_{22} = Y_2 + Y_3$$

例 12 —3　求图 12-8(a)、(b)所示双口的 Y 参数矩阵。

278

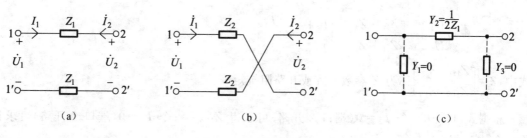

图 12 - 8   例 12 - 3 电路

解   (1) 对图(a)电路用节点电压方程分析。

图(a)中的两个 Z_1 为串联,合在一起为 $2Z_1$,对应导纳为 $Y_2 = \frac{1}{2Z_1}$,如图(c)所示。为构成 Ⅱ 形电路,虚设 Y_1 和 Y_3[见图(c)中虚线],显然它们均为零,于是得

$$Y_{11} = Y_1 + Y_2 = \frac{1}{2Z_1}$$

$$Y_{12} = Y_{21} = -Y_2 = -\frac{1}{2Z_1}$$

$$Y_{22} = Y_2 + Y_3 = \frac{1}{2Z_1}$$

所以
$$\boldsymbol{Y} = \begin{bmatrix} \dfrac{1}{2Z_1} & -\dfrac{1}{2Z_1} \\[3mm] -\dfrac{1}{2Z_1} & \dfrac{1}{2Z_1} \end{bmatrix}$$

(2) 对图(b)电路用定义法分析。由式(12-3)有

$$Y_{22} = Y_{11} = \left.\frac{\dot{I}_1}{\dot{U}_1}\right|_{\dot{U}_2 = 0} = \frac{1}{2Z_2}$$

$$Y_{12} = Y_{21} = \left.\frac{\dot{I}_2}{\dot{U}_1}\right|_{\dot{U}_2 = 0} = \frac{\dfrac{\dot{U}_1}{2Z_1}}{\dot{U}_1} = \frac{1}{2Z_2}$$

$$\boldsymbol{Y} = \begin{bmatrix} \dfrac{1}{2Z_2} & \dfrac{1}{2Z_2} \\[3mm] \dfrac{1}{2Z_2} & \dfrac{1}{2Z_2} \end{bmatrix}$$

二、双口网络的 Z 参数和方程

图 12-2 电路,以端口电流 $\dot{I}_1$、$\dot{I}_2$ 为自变量,分析端口电压 $\dot{U}_1$、$\dot{U}_2$ 与它们的关系。将图示端口 1、2 的电流 $\dot{I}_1$、$\dot{I}_2$ 分别用电流源替代如图 12-9 所示。由叠加定理有

$$\left.\begin{array}{l} \dot{U}_1 = Z_{11}\dot{I}_1 + Z_{12}\dot{I}_2 \\ \dot{U}_2 = Z_{21}\dot{I}_1 + Z_{22}\dot{I}_2 \end{array}\right\} \qquad (12-6)$$

式中各系数具有阻抗量纲,称为 Z 参数,伏安方程式(12-6)称为 Z 参数方程,其矩阵形式为

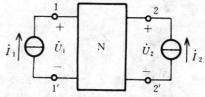

图 12 - 9   双口 Z 参数方程分析图

$$\begin{bmatrix} \dot{U}_1 \\ \dot{U}_2 \end{bmatrix} = \begin{bmatrix} Z_{11} & Z_{12} \\ Z_{21} & Z_{22} \end{bmatrix} \begin{bmatrix} \dot{I}_1 \\ \dot{I}_2 \end{bmatrix} = \mathbf{Z} \begin{bmatrix} \dot{I}_1 \\ \dot{I}_2 \end{bmatrix} \tag{12-7}$$

式中,$\mathbf{Z} = \begin{bmatrix} Z_{11} & Z_{12} \\ Z_{21} & Z_{22} \end{bmatrix}$ 称为 Z 参数矩阵或开路阻抗矩阵。

根据式(12—6),令 $\dot{I}_2 = 0$(端口 2 开路)可求得 Z_{11}、Z_{21};令 $\dot{I}_1 = 0$(端口 1 开路)可求得 Z_{12}、Z_{22},它们是

$$\left. \begin{array}{ll} Z_{11} = \dfrac{\dot{U}_1}{\dot{I}_1} \bigg|_{i_2=0}, & Z_{21} = \dfrac{\dot{U}_2}{\dot{I}_1} \bigg|_{i_2=0} \\[3mm] Z_{12} = \dfrac{\dot{U}_1}{\dot{I}_2} \bigg|_{i_1=0}, & Z_{22} = \dfrac{\dot{U}_2}{\dot{I}_2} \bigg|_{i_1=0} \end{array} \right\} \tag{12-8}$$

归纳为

$$Z_{jk} = \dfrac{\dot{U}_j}{\dot{I}_k} \bigg|_{i_{\#k}=0} \qquad (j=1,2; \ k=1,2) \tag{12-9}$$

式(12—8)称为 Z 参数定义式,它反映了 Z 参数的物理概念,并提供了计算和测量方法。Z_{11} 是端口 2 开路时端口 1 的输入阻抗或驱动点阻抗;Z_{21} 是端口 2 开路时端口 2 对端口 1 的转移阻抗;Z_{12} 是端口 1 开路时端口 1 对端口 2 的转移阻抗;Z_{22} 是端口 1 开路时端口 2 的输入阻抗或驱动点阻抗。由于 4 个 Z 参数均由端口 1 或 2 开路求得,故 Z 参数也称为开路阻抗参数。

与 Y 参数类似,互易双口网络的 Z 参数满足 $Z_{12} = Z_{21}$,因此 4 个参数仅 3 个独立。对称互易双口网络除了 $Z_{12} = Z_{21}$ 外,还有 $Z_{11} = Z_{22}$,因此 4 个 Z 参数仅 2 个独立。

例 12—4 求图 12—10 所示双口的 Z 参数矩阵。

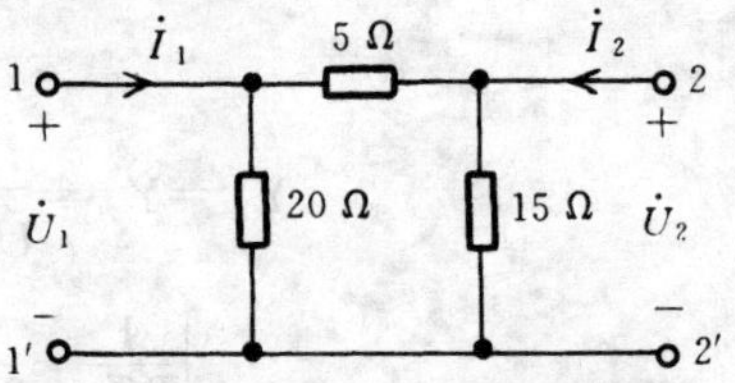

解 由式(12—8)有

图 12—10 例 12—4 电路

$$Z_{11} = \dfrac{\dot{U}_1}{\dot{I}_1} \bigg|_{i_2=0} = [20 /\!/ (5+15)] \ \Omega = 10 \ \Omega$$

$$Z_{21} = \dfrac{\dot{U}_2}{\dot{I}_1} \bigg|_{i_2=0} = \dfrac{(\dot{I}_1/2)15}{\dot{I}_1} = 7.5 \ \Omega$$

$$Z_{12} = Z_{21} = 7.5 \ \Omega$$

$$Z_{22} = \dfrac{\dot{U}_2}{\dot{I}_2} \bigg|_{i_1=0} = [15 /\!/ (5+20)] \ \Omega = 9.375 \ \Omega$$

$$\mathbf{Z} = \begin{bmatrix} 10 & 7.5 \\ 7.5 & 9.375 \end{bmatrix} \Omega$$

例 12—5 求图 12—11 所示双口网络的 Z 参数。

解 Z 参数可用定义式计算,但对于 T 形结构的双口网络,直接用网孔电流方程求解更为简便。将图 12—11(a)等效转换为图(b),其网孔电流方程为

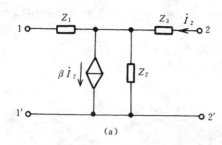

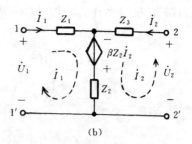

图 12 － 11　例 12 －5 电路

$$(Z_1+Z_2)\dot{I}_1+Z_2\dot{I}_2-\beta Z_2\dot{I}_2=\dot{U}_1$$

$$Z_2\dot{I}_1+(Z_2+Z_3)\dot{I}_2-\beta Z_2\dot{I}_2=\dot{U}_2$$

即
$$\dot{U}_1=(Z_1+Z_2)\dot{I}_1+(1-\beta)Z_2\dot{I}_2$$

$$\dot{U}_2=Z_2\dot{I}_1+(Z_2-\beta Z_2+Z_3)\dot{I}_2$$

于是得
$$Z_{11}=Z_1+Z_2,\quad Z_{12}=(1-\beta)Z_2$$

$$Z_{21}=Z_2,\quad Z_{22}=(1-\beta)Z_2+Z_3$$

此双口为非互易网络,所以 $Z_{12}\neq Z_{21}$。

　　T 形双口 Z 参数的计算用网孔电流法比定义法要简便得多,特别是互易双口。T 形互易双口可直接根据网孔电流方程自阻抗、互阻抗的概念确定 Z_{11}、$Z_{12}(Z_{21})$ 和 Z_{22},而不必列出方程。例如图 12－11(a)所示电路在没有受控流源时,可直接看出 $Z_{11}=Z_1+Z_2$、$Z_{12}=Z_{21}=Z_2$、$Z_{22}=Z_2+Z_3$。

　　Z 参数和 Y 参数从不同的方面表征了同一个双口的特性,因此它们之间必然存在一定的关系,由式(12－2)和式(12－7)有

$$\begin{bmatrix}\dot{I}_1\\\dot{I}_2\end{bmatrix}=\boldsymbol{Y}\begin{bmatrix}\dot{U}_1\\\dot{U}_2\end{bmatrix}=\boldsymbol{YZ}\begin{bmatrix}\dot{I}_1\\\dot{I}_2\end{bmatrix}$$

所以
$$\boldsymbol{YZ}=1$$

此式表明 $\boldsymbol{Z}$ 和 $\boldsymbol{Y}$ 互为逆矩阵,即

$$\boldsymbol{Z}=\boldsymbol{Y}^{-1},\qquad \boldsymbol{Y}=\boldsymbol{Z}^{-1}$$

式中,$\boldsymbol{Y}^{-1}$ 和 $\boldsymbol{Z}^{-1}$ 分别是 $\boldsymbol{Y}$ 和 $\boldsymbol{Z}$ 的逆矩阵,即

$$\boldsymbol{Z}=\boldsymbol{Y}^{-1}=\frac{1}{\Delta_Y}\begin{bmatrix}Y_{22}&-Y_{12}\\-Y_{21}&Y_{11}\end{bmatrix},\quad \boldsymbol{Y}=\boldsymbol{Z}^{-1}=\frac{1}{\Delta_Z}\begin{bmatrix}Z_{22}&-Z_{12}\\-Z_{21}&Z_{11}\end{bmatrix}$$

式中,Δ_Y 和 Δ_Z 分别是 $\boldsymbol{Y}$ 矩阵和 $\boldsymbol{Z}$ 矩阵对应的行列式的值,$\Delta_Y=Y_{11}Y_{22}-Y_{12}Y_{21}$,$\Delta_Z=Z_{11}Z_{22}-Z_{12}Z_{21}$。根据 $\boldsymbol{Z}$、$\boldsymbol{Y}$ 互逆关系,若已知双口的 $\boldsymbol{Z}$,可求得对应的 $\boldsymbol{Y}$,但若 $\Delta_Z=0$,则 $\boldsymbol{Z}$ 的逆矩阵不存在,也即该双口不存在 Y 参数,反之亦然。图 12－12 所示双口网络,可直接看出 4 个 Z 参数均等于 Z_1,因此 $\Delta_Z=0$,故该双口不存在 Y 参数。

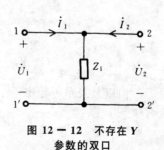

图 12 － 12　不存在 Y
参数的双口

三、双口网络的 T 参数和方程

　　为了便于分析信号的传输,常用一个端口的电压、电流表示另一端口的电压、电流。将端

口 1 作为输入,端口 2 作为输出,以 $\dot{U}_2$ 和 $\dot{I}_2$ 表示 $\dot{U}_1$、$\dot{I}_1$ 可得 T 参数方程或传输参数方程如下

$$\left.\begin{array}{l} \dot{U}_1 = A\dot{U}_2 + B(-\dot{I}_2) \\ \dot{I}_1 = C\dot{U}_2 + D(-\dot{I}_2) \end{array}\right\} \tag{12-10}$$

其矩阵形式为

$$\begin{bmatrix} \dot{U}_1 \\ \dot{I}_1 \end{bmatrix} = \begin{bmatrix} A & B \\ C & D \end{bmatrix} \begin{bmatrix} \dot{U}_2 \\ -\dot{I}_2 \end{bmatrix} = \boldsymbol{T} \begin{bmatrix} \dot{U}_2 \\ -\dot{I}_2 \end{bmatrix} \tag{12-11}$$

式中

$$\boldsymbol{T} = \begin{bmatrix} A & B \\ C & D \end{bmatrix}$$

称为 T 参数矩阵或传输参数矩阵,系数 A、B、C、D[①] 称为 T 参数或传输参数。由式(12-10)得

$$\left.\begin{array}{ll} A = \dfrac{\dot{U}_1}{\dot{U}_2}\bigg|_{\dot{I}_2=0}, & B = \dfrac{\dot{U}_1}{-\dot{I}_2}\bigg|_{\dot{U}_2=0} \\[3mm] C = \dfrac{\dot{I}_1}{\dot{U}_2}\bigg|_{\dot{I}_2=0}, & D = \dfrac{\dot{I}_1}{-\dot{I}_2}\bigg|_{\dot{U}_2=0} \end{array}\right\} \tag{12-12}$$

式(12-12)称为 T 参数定义式,它表明了 T 参数的物理概念。A 是端口 2 开路时两端口的电压比,无量纲;B 是端口 2 短路时的转移阻抗;C 是端口 2 开路时的转移导纳;D 是端口 2 短路时的电流比,无量纲,它们都具有转移性质。

在图 12-2 所示的参考方向下,式(12-10)中的 $-\dot{I}_2$ 表示的是端口 2 的输出电流。用 $-\dot{I}_2$ 是为了便于计算级联双口(本章第五节介绍)的 T 参数矩阵。

T 参数方程可由 Y 参数方程导出。由式(12-1)的第二式得

$$\dot{U}_1 = -\frac{Y_{22}}{Y_{21}}\dot{U}_2 - \frac{1}{Y_{21}}(-\dot{I}_2) \tag{12-13}$$

将式(12-13)代入式(12-1)的第一式,整理后得

$$\dot{I}_1 = \left(Y_{12} - \frac{Y_{11}Y_{22}}{Y_{21}}\right)\dot{U}_2 - \frac{Y_{11}}{Y_{21}}(-\dot{I}_2) \tag{12-14}$$

式(12-13)和式(12-14)即为 T 参数方程。双口的 T 参数和 Y 参数的关系是

$$\left.\begin{array}{ll} A = -\dfrac{Y_{22}}{Y_{21}}, & B = -\dfrac{1}{Y_{21}} \\[3mm] C = Y_{12} - \dfrac{Y_{11}Y_{22}}{Y_{21}}, & D = -\dfrac{Y_{11}}{Y_{21}} \end{array}\right\} \tag{12-15}$$

由以上关系可导出

$$AD - BC = \frac{Y_{22}Y_{11}}{Y_{21}^2} - \frac{Y_{11}Y_{22} - Y_{12}Y_{21}}{Y_{21}^2} = \frac{Y_{12}}{Y_{21}}$$

---

① 有的资料用 A_{11},A_{12},A_{21},A_{22} 表示,称为 A 参数。

互易双口的 $Y_{12}=Y_{21}$，因此

$$AD-BC=1 \tag{12-16}$$

此时 4 个参数仅 3 个独立。对称双口的 $Y_{11}=Y_{22}$ 代入式(12-15)，得

$$A=D \tag{12-17}$$

这是对称双口 T 参数应满足的条件。对称互易双口满足式(12-16)和式(12-17)，故 4 个参数仅 2 个独立。

例 12－6 求图 12-13(a)所示双口的 T 参数。

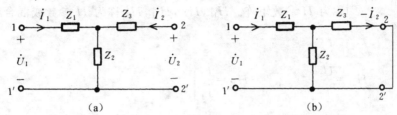

图 12 — 13　例 12 —7 电路

解

(1) 令端口 2 开路，根据式(12-12)求 A、C。

$$A=\left.\frac{\dot{U}_1}{\dot{U}_2}\right|_{\dot{I}_2=0}=\frac{\dot{U}_1}{\dfrac{Z_1}{Z_1+Z_2}\dot{U}_1}=1+\frac{Z_1}{Z_2}$$

$$C=\left.\frac{\dot{I}_1}{\dot{U}_2}\right|_{\dot{I}_2=0}=\frac{\dot{I}_1}{Z_2\,\dot{I}_1}=\frac{1}{Z_2}$$

(2) 令端口 2 短路，根据式(12-12)求 B、D。

端口 2 短路时的电路如图(b)所示(注意 $-\dot{I}_2$ 的方向)，由图可得

$$-\dot{I}_2=\frac{Z_2}{Z_2+Z_3}\dot{I}_1=\frac{Z_2}{Z_2+Z_3}\cdot\frac{\dot{U}_1}{Z_1+(Z_2 Z_3)/(Z_2+Z_3)}$$

$$=\frac{Z_2\,\dot{U}_1}{Z_1 Z_2+Z_2 Z_3+Z_3 Z_1}$$

于是

$$B=\left.\frac{\dot{U}_1}{-\dot{I}_2}\right|_{\dot{U}_2=0}=\frac{Z_1 Z_2+Z_2 Z_3+Z_3 Z_1}{Z_2}$$

$$D=\left.\frac{\dot{I}_1}{-\dot{I}_2}\right|_{\dot{U}_2=0}=\frac{\dot{I}_1}{Z_2\,\dot{I}_1/(Z_2+Z_3)}=1+\frac{Z_3}{Z_2}$$

该例是互易双口，所以也可以只求出三个参数(如 A、C、D)，然后根据 $AD-BC=1$ 求出另一参数(B)。

四、双口网络的 H 参数和方程

图 12-2 所示双口网络，用 $\dot{I}_1$ 和 $\dot{U}_2$ 表示 $\dot{U}_1$、$\dot{I}_2$ 时，可得 H 参数方程如下

$$\left.\begin{array}{l}\dot{U}_1 = H_{11}\dot{I}_1 + H_{12}\dot{U}_2 \\ \dot{I}_2 = H_{21}\dot{I}_1 + H_{22}\dot{U}_2\end{array}\right\} \qquad (12-18)$$

其矩阵形式为

$$\begin{bmatrix} \dot{U}_1 \\ \dot{I}_2 \end{bmatrix} = \begin{bmatrix} H_{11} & H_{12} \\ H_{21} & H_{22} \end{bmatrix} \begin{bmatrix} \dot{I}_1 \\ \dot{U}_2 \end{bmatrix} = \boldsymbol{H} \begin{bmatrix} \dot{I}_1 \\ \dot{U}_2 \end{bmatrix}$$

式中，$\boldsymbol{H} = \begin{bmatrix} H_{11} & H_{12} \\ H_{21} & H_{22} \end{bmatrix}$ 称为 H 参数矩阵。H_{11}，H_{12}，H_{21}，H_{22} 称为 H 参数或混合参数。由式 (12-18) 可得

$$\left.\begin{array}{ll} H_{11} = \dfrac{\dot{U}_1}{\dot{I}_1}\bigg|_{\dot{U}_2=0}, & H_{21} = \dfrac{\dot{I}_2}{\dot{I}_1}\bigg|_{\dot{U}_2=0} \\[3mm] H_{12} = \dfrac{\dot{U}_1}{\dot{U}_2}\bigg|_{\dot{I}_1=0}, & H_{22} = \dfrac{\dot{I}_2}{\dot{U}_2}\bigg|_{\dot{I}_1=0} \end{array}\right\} \qquad (12-19)$$

式 (12-19) 称为 H 参数定义式，H_{11} 是端口 2 短路时端口 1 的输入阻抗；H_{21} 是端口 2 短路时的转移电流比，无量纲；H_{12} 是端口 1 开路时的转移电压比，无量纲；H_{22} 是端口 1 开路时端口 2 的输入导纳。模拟电子电路常以 H 参数作为其主要的分析工具。

双口的 H 参数也可由 Y 参数导出，它们之间的关系是

$$\left.\begin{array}{ll} H_{11} = \dfrac{1}{Y_{11}}, & H_{12} = -\dfrac{Y_{12}}{Y_{11}} \\[3mm] H_{21} = \dfrac{Y_{21}}{Y_{11}}, & H_{22} = Y_{22} - \dfrac{Y_{12}Y_{21}}{Y_{11}} \end{array}\right\} \qquad (12-20)$$

互易双口有 $Y_{12} = Y_{21}$，因此 H 参数的互易条件是

$$H_{12} = -H_{21} \qquad (12-21)$$

此时 4 个参数仅 3 个独立。对称双口的 $Y_{11} = Y_{22}$，由式 (12-20) 可得

$$H_{11}H_{22} - H_{12}H_{21} = 1 \qquad (12-22)$$

这是对称双口 H 参数应满足的条件。对称互易双口满足式 (12-21) 和式 (12-22)，故 4 个参数仅 2 个独立。

例 12-7 图 12-14 所示是晶体管在低频小信号下的简化等效电路，图中 β 为晶体管的电流放大倍数，试求双口的 H 参数。

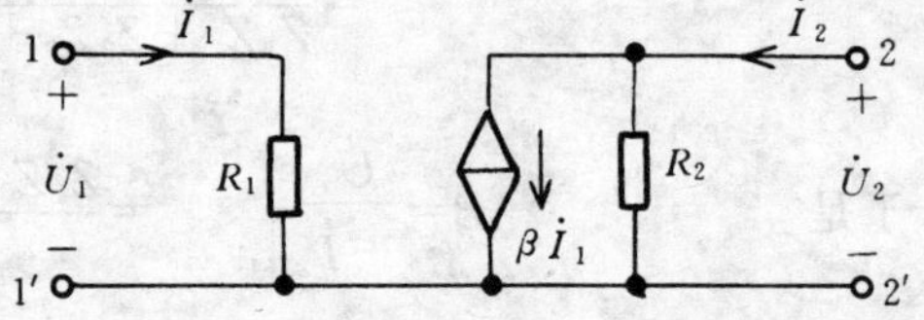

解 1 由 H 参数定义式 (12-19) 得

图 12-14 例 12-7 电路

$$H_{11} = \dfrac{\dot{U}_1}{\dot{I}_1}\bigg|_{\dot{U}_2=0} = R_1, \qquad H_{21} = \dfrac{\dot{I}_2}{\dot{I}_1}\bigg|_{\dot{U}_2=0} = \beta$$

$$H_{12} = \dfrac{\dot{U}_1}{\dot{U}_2}\bigg|_{\dot{I}_1=0} = 0, \qquad H_{22} = \dfrac{\dot{I}_2}{\dot{U}_2}\bigg|_{\dot{I}_1=0} = \dfrac{1}{R_2}$$

解 2 以 $\dot{I}_1$、$\dot{U}_2$ 为自变量，用观察法直接写出 H 参数方程为

$$\dot{U}_1 = R_1\dot{I}_1$$

$$\dot{I}_2 = \beta \dot{I}_1 + \frac{1}{R_2}\dot{U}_2$$

对照式(12-18)可得

$$H_{11}=R_1, \quad H_{12}=0, \quad H_{21}=\beta, \quad H_{22}=\frac{1}{R_2}$$

以上讨论了表征双口特征的四种常用参数,除此以外还有两种参数,它们分别与 T 参数、H 参数相类似,只是将两个端口的变量进行了互换,它们分别称 T' 参数(或反向传输参数)和 G 参数。T' 参数矩阵与 T 参数矩阵互为逆矩阵;G 参数矩阵与 H 参数矩阵互为逆矩阵。

线性双口网络可以用本节介绍的各种参数来描述其两个端口的电压、电流之间的关系,由双口的一组参数可求出其他各组参数。各组参数之间的关系列于表 12-1。

Y、Z、H、T 参数间的关系 表 12-1

	Y		Z		H		T		互易条件	对称条件
Y	Y_{11}	Y_{12}	$\dfrac{Z_{22}}{\Delta_Z}$	$\dfrac{-Z_{12}}{\Delta_Z}$	$\dfrac{1}{H_{11}}$	$\dfrac{-H_{12}}{H_{11}}$	$\dfrac{D}{B}$	$\dfrac{-\Delta_T}{B}$	$Y_{12}=Y_{21}$	$Y_{11}=Y_{22}$
	Y_{21}	Y_{22}	$\dfrac{-Z_{21}}{\Delta_Z}$	$\dfrac{Z_{11}}{\Delta_Z}$	$\dfrac{H_{21}}{H_{11}}$	$\dfrac{\Delta_H}{H_{11}}$	$\dfrac{-1}{B}$	$\dfrac{A}{B}$		
Z	$\dfrac{Y_{22}}{\Delta_Y}$	$\dfrac{-Y_{12}}{\Delta_Y}$	Z_{11}	Z_{12}	$\dfrac{\Delta_H}{H_{22}}$	$\dfrac{H_{12}}{H_{22}}$	$\dfrac{A}{C}$	$\dfrac{\Delta_T}{C}$	$Z_{12}=Z_{21}$	$Z_{11}=Z_{22}$
	$\dfrac{-Y_{21}}{\Delta_Y}$	$\dfrac{Y_{11}}{\Delta_Y}$	Z_{21}	Z_{22}	$\dfrac{-H_{21}}{H_{22}}$	$\dfrac{1}{H_{22}}$	$\dfrac{1}{C}$	$\dfrac{D}{C}$		
H	$\dfrac{1}{Y_{11}}$	$\dfrac{-Y_{12}}{Y_{11}}$	$\dfrac{\Delta_Z}{Z_{22}}$	$\dfrac{Z_{12}}{Z_{22}}$	H_{11}	H_{12}	$\dfrac{B}{D}$	$\dfrac{\Delta_T}{D}$	$H_{12}=-H_{21}$	$\Delta_H=1$
	$\dfrac{Y_{21}}{Y_{11}}$	$\dfrac{\Delta_Y}{Y_{11}}$	$\dfrac{-Z_{21}}{Z_{22}}$	$\dfrac{1}{Z_{22}}$	H_{21}	H_{22}	$\dfrac{-1}{D}$	$\dfrac{C}{D}$		
T	$\dfrac{-Y_{22}}{Y_{21}}$	$\dfrac{-1}{Y_{21}}$	$\dfrac{Z_{11}}{Z_{21}}$	$\dfrac{\Delta_Z}{Z_{21}}$	$\dfrac{-\Delta_H}{H_{21}}$	$\dfrac{-H_{11}}{H_{21}}$	A	B	$AD-BC=1$	$A=D$
	$\dfrac{-\Delta_Y}{Y_{21}}$	$\dfrac{-Y_{11}}{Y_{21}}$	$\dfrac{1}{Z_{21}}$	$\dfrac{Z_{22}}{Z_{21}}$	$\dfrac{-H_{22}}{H_{21}}$	$\dfrac{-1}{H_{21}}$	C	D		

注:$\Delta_Y=Y_{11}Y_{22}-Y_{12}Y_{21}$, $\Delta_Z=Z_{11}Z_{22}-Z_{12}Z_{21}$, $\Delta_H=H_{11}H_{22}-H_{12}H_{21}$, $\Delta_T=AD-BC$。

第三节 双口网络的等效电路

本节分析互易双口网络和非互易双口网络的最简等效电路。

一、互易双口的等效电路

互易双口的 4 个参数仅 3 个独立,因此这种网络的最简形式的等效电路为三个元件(阻抗或导纳)组成的 T 形电路或 Π 形电路,它们分别如图 12-15(a)和(b)所示。

互易双口 T 形等效电路各元件值可由 Z 参数直接求得。设图 12-16(a)所示互易双口 N

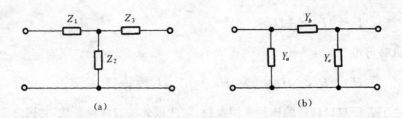

图 12 — 15　互易双口的等效电路

的 Z 参数矩阵为 $\boldsymbol{Z}=\begin{bmatrix} Z_{11} & Z_{12} \\ Z_{21} & Z_{22} \end{bmatrix}$，T 形等效电路如图 $12-16$(b)所示。由网孔电流方程自阻抗、互阻抗的概念有

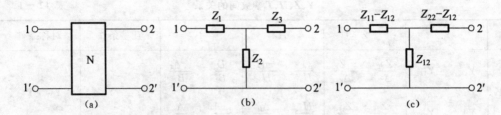

图 12 — 16　互易双口 T 形等效电路及各元件阻抗与 Z 参数的关系

$$Z_{11}=Z_1+Z_2, \quad Z_{12}=Z_{21}=Z_2, \quad Z_{22}=Z_2+Z_3$$

于是得
$$Z_2=Z_{12}$$
$$Z_1=Z_{11}-Z_{12}$$
$$Z_3=Z_{22}-Z_{12}$$

图 $12-16$(c)示出了各元件阻抗与 Z 参数的关系。

例 12 — 8　已知某双口 Z 参数矩阵 $\boldsymbol{Z}=\begin{bmatrix} 10 & 4 \\ 4 & 15 \end{bmatrix}\Omega$，求此双口的 T 形等效电路。

解　该双口的 $Z_{12}=Z_{21}$，所以是互易双口，其 T 形等效电路如图 $12-16$(b)所示,图中
$$Z_2=Z_{12}=4\ \Omega, \quad Z_1+Z_2=Z_{11}=10\ \Omega, \quad Z_2+Z_3=Z_{22}=15\ \Omega$$
于是　　　　　　　$Z_1=6\ \Omega, \quad Z_2=4\ \Omega, \quad Z_3=11\ \Omega$

互易双口 Π 形等效电路各元件值可由 Y 参数直接求得。设图 $12-16$(a)所示互易双口 N 的 Y 参数矩阵为 $\boldsymbol{Y}=\begin{bmatrix} Y_{11} & Y_{12} \\ Y_{21} & Y_{22} \end{bmatrix}$，Π 形等效电路如图 $12-17$(a)所示。由节点电压方程自导纳、互导纳的概念有

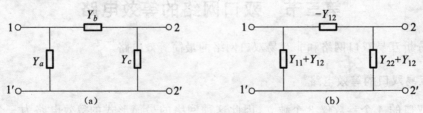

图 12 — 17　互易双口 Π 形等效电路及各元件导纳与 Y 参数的关系

$$Y_{11}=Y_a+Y_b, \quad Y_{12}=Y_{21}=-Y_b, \quad Y_{22}=Y_b+Y_c$$

于是得
$$Y_b=-Y_{12}$$
$$Y_a=Y_{11}+Y_{12}$$
$$Y_c=Y_{22}+Y_{12}$$

图 12—17(b)示出了互易双口 Ⅱ 形等效电路各元件导纳与 Y 参数的关系。

例 12—9 已知某双口 Y 参数矩阵 $Y=\begin{bmatrix} 0.1+\text{j}0.1 & -\text{j}0.5 \\ -\text{j}0.5 & 0.2+\text{j}0.5 \end{bmatrix}$ S,求此双口的 Ⅱ 形等效电路,各元件用理想电路元件(R、L、C)的阻抗表示。

解 该双口为互易双口,Ⅱ 形等效电路如图 12—18(a)所示,图中

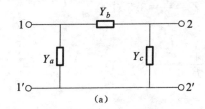 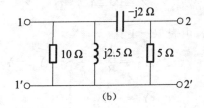

图 12—18 例 12—9 电路

$$Y_a+Y_b=Y_{11}=(0.1+\text{j}0.1)\ \text{S}$$
$$Y_b=-Y_{12}=\text{j}0.5\ \text{S}$$
$$Y_b+Y_c=Y_{22}=(0.2+\text{j}0.5)\ \text{S}$$

于是得
$$Y_a=(0.1-\text{j}0.4)\ \text{S}$$
$$Y_b=-Y_{12}=\text{j}0.5\ \text{S}$$
$$Y_c=0.2\ \text{S}$$

用理想元件阻抗表示的 Ⅱ 形等效电路如图(b)所示。

互易双口已知 T 参数时,其等效电路元件值的求法有两种:① 用定义式求出 T 形或 Ⅱ 形等效电路的 T 参数表达式,再对照已知的 T 参数即可求得元件值;② 利用表 12—1,将已知的 T 参数转换为 Z 或 Y 参数,再由它们定元件值。

例 12—10 某双口的 T 参数矩阵为 $T=\begin{bmatrix} 3 & 7\ \Omega \\ 2\text{S} & 5 \end{bmatrix}$,求此双口的 Ⅱ 形等效电路。

解 1 $\quad \Delta_T=\begin{vmatrix} 3 & 7 \\ 2 & 5 \end{vmatrix}=1$

此双口为互易网络,对应的 Ⅱ 形等效电路如图 12—19 所示,其 T 参数方程为

$$\dot{U}_1=A\dot{U}_2+B(-\dot{I}_2)$$
$$\dot{I}_1=C\dot{U}_2+D(-\dot{I}_2)$$

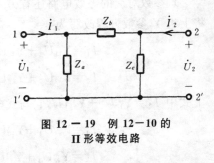

图 12—19 例 12—10 的 Ⅱ 形等效电路

于是 $\quad A=\dfrac{\dot{U}_1}{\dot{U}_2}\bigg|_{i_2=0}=\dfrac{\dot{U}_1}{[Z_c/(Z_b+Z_c)]\dot{U}_1}=\dfrac{Z_b+Z_c}{Z_c}$

$\qquad\qquad =1+\dfrac{Z_b}{Z_c}$

$$B=\left.\frac{\dot{U}_1}{-\dot{I}_2}\right|_{\dot{U}_2=0}=\frac{\dot{U}_1}{\dfrac{\dot{U}_1}{Z_b}}=Z_b$$

$$D=\left.\frac{\dot{I}_1}{-\dot{I}_2}\right|_{\dot{U}_2=0}=\frac{\dot{I}_1}{\dfrac{Z_a}{Z_a+Z_b}\dot{I}_1}=\frac{Z_a+Z_b}{Z_a}=1+\frac{Z_b}{Z_a}$$

对照已知的 T 参数得

$$1+\frac{Z_b}{Z_c}=3,\quad Z_b=7,\quad 1+\frac{Z_b}{Z_a}=5$$

于是

$$Z_a=\frac{7}{4}=1.75\ \Omega,\quad Z_b=7\ \Omega,\quad Z_c=\frac{7}{2}=3.5\ \Omega$$

解 2 由表 12-1 有

$$Y_{11}=\frac{D}{B}=\frac{5}{7}\ \text{S},\quad Y_{12}=Y_{21}=-\frac{1}{B}=-\frac{1}{7}\ \text{S},\quad Y_{22}=\frac{A}{B}=\frac{3}{7}\ \text{S}$$

于是得

$$Y_b=-Y_{12}=\frac{1}{7}\ \text{S}$$

$$Y_a=Y_{11}+Y_{12}=\left(\frac{5}{7}-\frac{1}{7}\right)\text{S}=\frac{4}{7}\ \text{S}$$

$$Y_c=Y_{22}+Y_{12}=\left(\frac{3}{7}-\frac{1}{7}\right)\text{S}=\frac{2}{7}\ \text{S}$$

或

$$Z_b=7\ \Omega,\quad Z_a=\frac{7}{4}\ \Omega=1.75\ \Omega,\quad Z_c=\frac{7}{2}\ \Omega=3.5\ \Omega$$

二、非互易双口的等效电路

非互易双口的 4 个参数均独立,故其等效电路由四个元件组成,分析如下:

设某双口的 Y 参数为 Y_{11}、Y_{12}、Y_{21} 和 Y_{22},且 $Y_{12}\neq Y_{21}$。根据双口的 Y 参数方程

$$\dot{I}_1=Y_{11}\dot{U}_1+Y_{12}\dot{U}_2$$

$$\dot{I}_2=Y_{21}\dot{U}_1+Y_{22}\dot{U}_2$$

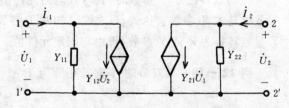

图 12-20 非互易双口的分离式等效电路

可直接得到等效电路如图 12-20 所示,称为分离式等效电路。

Y 参数对应的等效电路还有另一种形式。将上组 Y 参数方程改写为

$$\left.\begin{array}{l}\dot{I}_1=Y_{11}\dot{U}_1+Y_{12}\dot{U}_2\\[2mm]\dot{I}_2=Y_{12}\dot{U}_1+Y_{22}\dot{U}_2+(Y_{21}-Y_{12})\dot{U}_1=\dot{I}_2'+(Y_{21}-Y_{12})\dot{U}_1\end{array}\right\}\qquad(12-23)$$

上式中 $\dot{I}_2'=Y_{12}\dot{U}_1+Y_{22}\dot{U}_2$,它与式(12-23)的第一式联立,有

$$\left.\begin{array}{l}\dot{I}_1=Y_{11}\dot{U}_1+Y_{12}\dot{U}_2\\[2mm]\dot{I}_2'=Y_{12}\dot{U}_1+Y_{22}\dot{U}_2\end{array}\right\}\qquad(12-24)$$

式(12-24)是一互易双口的 Y 参数方程,其对应的 II 形等效电路如图 12-21(a)所示,不难求得

$$Y_a = Y_{11} + Y_{12}, \quad Y_b = -Y_{12}, \quad Y_c = Y_{22} + Y_{12}$$

在图 12-21(a)的基础上,根据式(12-23)可得等效电路如图 12-21(b)所示,它称为 Π 形等效电路。各元件导纳及受控源与 Y 参数的关系已在图中标明。

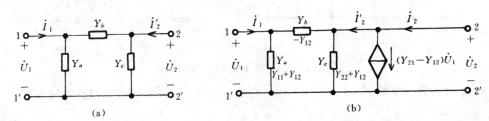

图 12-21 非互易双口的 Π 形等效电路

Z 参数的非互易等效电路的分析与上类似。由 Z 参数方程

$$\dot{U}_1 = Z_{11}\dot{I}_1 + Z_{12}\dot{I}_2$$
$$\dot{U}_2 = Z_{21}\dot{I}_1 + Z_{22}\dot{I}_2$$

可得双口分离式等效电路如图 12-22(a)所示。Z 参数对应的等效电路还有另一种形式。将上组 Z 参数方程改写为

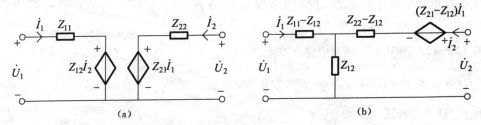

图 12-22 非互易双口分离式和 Π 形等效电路

$$\dot{U}_1 = Z_{11}\dot{I}_1 + Z_{12}\dot{I}_2$$
$$\dot{U}_2 = Z_{12}\dot{I}_1 + Z_{22}\dot{I}_2 + (Z_{21} - Z_{12})\dot{I}_1$$

可得 T 形等效电路如图 12-22(b)所示。

T 参数非互易双口的等效电路不便由 T 参数方程直接得到,这时可通过参数变换(表 12-1)将矩阵 $\boldsymbol{T}$ 转换为 $\boldsymbol{Y}$ 或 $\boldsymbol{Z}$,然后再画等效电路。

例 12-11 某双口的 $\boldsymbol{Y} = \begin{bmatrix} 1 & -0.2 \\ 0.4 & 0.5 \end{bmatrix}$ S,求它的等效电路。

解 已知的 Y 参数中 $Y_{12} \neq Y_{21}$,故该双口是非互易的,其 Y 参数方程为

$$\dot{I}_1 = \dot{U}_1 - 0.2\dot{U}_2$$
$$\dot{I}_2 = 0.4\dot{U}_1 + 0.5\dot{U}_2$$

分离式等效电路:由 Y 参数方程可得等效电路如图 12-23(a)所示。

Π 形等效电路:将 Y 参数方程改写成

$$\dot{I}_1 = \dot{U}_1 - 0.2\dot{U}_2$$
$$\dot{I}_2 = -0.2\dot{U}_1 + 0.5\dot{U}_2 + 0.6\dot{U}_1$$

289

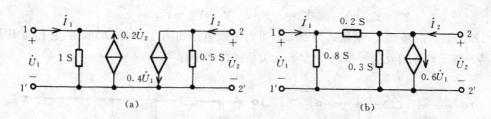

图 12 — 23 例 12—11 的等效电路

对应的 Π 形等效电路如图 12—23(b)所示,它也可按图 12—21(b)所示规律直接得到。

第四节 双口电路的分析

图 12—24 所示含有双口网络 N 的电路称为双口电路,输入端 1—1′接电源,输出端 2—2′接负载。分析双口电路的方法有二,一是将双口网络作为黑合(内部结构不明),根据已知的参数矩阵写出参数方程,再根据双口外部情况写出补充方程,将它们联立求解即可得到待求量;二是根据已知的参数矩阵画出双口网络的等效电路(白合),然后对整体电路进行分析计算。

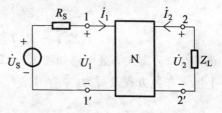

图 12—24 双口电路

例 12—12 图 12—24 所示电路,已知 $\dot{U}_\mathrm{S}=10\underline{/0°}$ V,

$R_\mathrm{S}=1$ Ω,负载 $Z_\mathrm{L}=3$ Ω,双口 N 的 Z 参数矩阵 $\mathbf{Z}=\begin{bmatrix} 10+\mathrm{j}6 & 10 \\ 10 & 17 \end{bmatrix}$ Ω,求 $\dot{I}_2$。

解 1 联立方程法

$$\dot{U}_1=(10+\mathrm{j}6)\dot{I}_1+10\,\dot{I}_2$$
$$\dot{U}_2=10\,\dot{I}_1+17\,\dot{I}_2 \left.\right\} \text{参数方程}$$
$$\dot{U}_1=\dot{U}_\mathrm{S}-R_\mathrm{S}\,\dot{I}_1=10\underline{/0°}-\dot{I}_1$$
$$\dot{U}_2=-Z_\mathrm{L}\,\dot{I}_2=-3\,\dot{I}_2 \left.\right\} \text{补充方程}$$

联立求解得

$$\dot{I}_2=\frac{5}{6\sqrt{2}}\underline{/135°}\text{ A}=0.589\underline{/135°}\text{ A}$$

解 2 等效电路法

双口 N 为互易双口,根据已知量画出等效电路如图 12—25 所示,由阻抗串并联法有

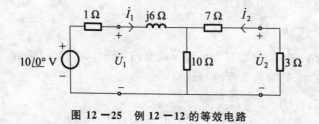

图 12—25 例 12—12 的等效电路

$$\dot{I}_1 = \frac{10\,\underline{/0°}}{1+j6+(10/\!/10)}\,\text{A} = \frac{10\,\underline{/0°}}{6+j6}\,\text{A} = \frac{5}{3\sqrt{2}}\underline{/-45°}\,\text{A}$$

于是
$$\dot{I}_2 = -\frac{\dot{I}_1}{2} = -\frac{5}{6\sqrt{2}}\underline{/-45°}\,\text{A} = 0.589\,\underline{/135°}\,\text{A}$$

例 12—13 图 12—24 所示电路,已知 $\dot{U}_s = 100\,\underline{/0°}$ V, $R_s = 10\ \Omega$, $Z_L = 5\ \Omega$,双口 N 的 Y

参数矩阵 $Y = \begin{bmatrix} 0.5 & -0.1 \\ 0.4 & 1 \end{bmatrix}$ S。求 $\dot{U}_1$, $\dot{U}_2$。

解 等效电路法

双口 N 为非互易双口,图 12—24 的等效电路如图 12—26 所示,图中

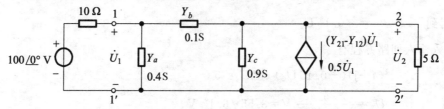

图 12—26 例 12—13 的等效电路

$$Y_a = Y_{11} + Y_{12} = (0.5 - 0.1)\ \text{S} = 0.4\ \text{S}$$
$$Y_b = -Y_{12} = 0.1\ \text{S}$$
$$Y_c = Y_{22} + Y_{12} = (1 - 0.1)\ \text{S} = 0.9\ \text{S}$$

以 $1'(2')$ 为参考点列节点电压方程如下

$$\left(\frac{1}{10} + 0.4 + 0.1\right)\dot{U}_1 - 0.1\dot{U}_2 = \frac{100\,\underline{/0°}}{10}$$

$$-0.1\dot{U}_1 + \left(0.1 + 0.9 + \frac{1}{5}\right)\dot{U}_2 = -0.5\dot{U}_1$$

即
$$0.6\dot{U}_1 - 0.1\dot{U}_2 = 10\,\underline{/0°}$$

$$0.4\dot{U}_1 + 1.2\dot{U}_2 = 0$$

解得
$$\dot{U}_1 = 15.8\ \text{V}, \quad \dot{U}_2 = -5.26\ \text{V}$$

该例用分离式等效电路求解也很简便,请读者自行分析。

例 12—14 图 12—24 所示电路,若 $\dot{U}_s = 5\,\underline{/0°}$ V, $R_s = 4\ \Omega$, $Z_L = 5\ \Omega$,双口 N 的 H 参数

矩阵 $H = \begin{bmatrix} j\Omega & 2 \\ 3 & 0.25\text{S} \end{bmatrix}$。试求 $\dot{U}_2$。

解 H 参数方程为

$$\dot{U}_1 = j\dot{I}_1 + 2\dot{U}_2$$

$$\dot{I}_2 = 3\dot{I}_1 + 0.25\dot{U}_2$$

上式中 $H_{12} \neq -H_{21}$,故 N 为非互易双口,其对应的等效电路如图 12—27 虚线框内所示。图 12—27 是图 12—24 的等效电路。

输入回路的 KVL 方程为

$$(4+j)\dot{I}_1 + 2\dot{U}_2 = 5$$

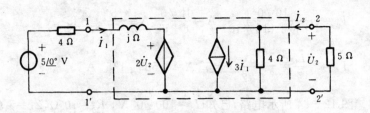

图 12 － 27　例 12 －14 的等效电路

输出端节点 2 的 KCL 方程为

$$\left(\frac{1}{4}+\frac{1}{5}\right)\dot{U}_2+3\,\dot{I}_1=0$$

由上式得到

$$\dot{I}_1=-0.15\,\dot{U}_2$$

将 $\dot{I}_1$ 代入输入回路方程有

$$(4+\mathrm{j})(-0.15\,\dot{U}_2)+2\,\dot{U}_2=5$$

于是

$$\dot{U}_2=\frac{5}{1.4-\mathrm{j}0.5}\ \mathrm{V}=3.55\ \underline{/6.1^\circ}\ \mathrm{V}$$

例 12 －15　图 12－24 所示电路,已知 $\dot{U}_\mathrm{S}=12\ \underline{/0^\circ}$ V, $R_\mathrm{S}=5\ \Omega$,双口 N 的 T 参数矩阵

$T=\begin{bmatrix}-\mathrm{j}1.5 & -8.5\Omega\\ -\mathrm{j}0.5\mathrm{S} & -1.5\end{bmatrix}$, $Z_\mathrm{L}=R_\mathrm{L}$,为使 R_L 获得最大功率 $P_{\max}$,试求 R_L 和 $P_{\max}$。

解 1　(1) 用戴维南定理将图 12－24 等效为图 12－28(a)所示电路。

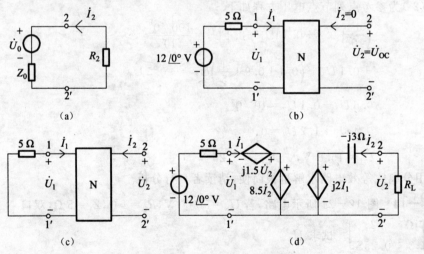

图 12 － 28　例 12 －15 电路

$\dot{U}_0=\dot{U}_{\mathrm{OC}}$:求 $\dot{U}_{\mathrm{OC}}$ 的电路如图 12－28(b)所示,图中 $\dot{I}_2=0$, $\dot{U}_2=\dot{U}_{\mathrm{OC}}$。图(b)的 T 参数方程和补充方程为

$$\left.\begin{aligned}\dot{U}_1&=-\mathrm{j}1.5\,\dot{U}_2-8.5\,\dot{I}_2=-\mathrm{j}1.5\,\dot{U}_{\mathrm{OC}}\\ \dot{I}_1&=-\mathrm{j}0.5\,\dot{U}_2-1.5\,\dot{I}_2=-\mathrm{j}0.5\,\dot{U}_{\mathrm{OC}}\end{aligned}\right\}\quad T\text{ 参数方程}$$

$$\dot{U}_1=\dot{U}_\mathrm{S}-R_\mathrm{S}\,\dot{I}_1=12-5\,\dot{I}_1\qquad\text{补充方程}$$

三个方程联立求解得

$$\dot{U}_{OC}=3 \underline{/90°}\ \text{V}, \quad 故 \quad \dot{U}_0=\dot{U}_{OC}=3 \underline{/90°}\ \text{V}$$

$Z_0=Z_{22'}\big|_{N_0}$：用伏安法求 Z_0，对应电路如图(c)所示。图(c)的 T 参数方程和补充方程为

$$\left.\begin{aligned}\dot{U}_1&=-\text{j}1.5\dot{U}_2+8.5\dot{I}_2\\ \dot{I}_1&=-\text{j}0.5\dot{U}_2+1.5\dot{I}_2\end{aligned}\right\}\ T\ 参数方程 \qquad\qquad (\text{a})$$

$$\dot{U}_1=-R_S\dot{I}_1=-5\dot{I}_1 \qquad 补充方程$$

联立方程解得

$$\dot{U}_2=-\text{j}4\dot{I}_2$$

于是

$$Z_0=\frac{\dot{U}_2}{\dot{I}_2}=-\text{j}4\ \Omega$$

(2) R_L、$P_{\max}$

由模匹配

$$R_L=|Z_0|=4\ \Omega$$

$$P_{\max}=I_2^2 R_L=\frac{U_0^2}{|Z_0+R_L|^2}R_L=\frac{3^2\times 4}{|4-\text{j}4|^2}\ \text{W}=1.125\ \text{W}$$

解 2 等效电路法

将 T 参数方程式(a)的第二式改写成

$$\dot{U}_2=-\frac{1}{\text{j}0.5}\dot{I}_1+\frac{1.5}{\text{j}0.5}\dot{I}_2=\text{j}2\dot{I}_1-\text{j}3\dot{I}_2$$

于是式(a)变为

$$\dot{U}_1=-\text{j}1.5\dot{U}_2+8.5\dot{I}_2$$

$$\dot{U}_2=\text{j}2\dot{I}_1-\text{j}3\dot{I}_2$$

根据上组方程，图 12-24 所示电路可等效为图 12-28(d)所示的分离式电路。对此电路应用戴维南定理和最大功率传输定理可简便地求得待求量，此处从略，请读者自行计算。

第五节　双口网络的连接

一些复杂的双口网络，常可看成是某些简单双口的组合。掌握双口网络的相互连接，便可由一些简单双口的特性得到复杂双口的特性。设计、实现一个复杂双口时，用一些简单双口作为"积木块"，用适当的方式将它们连接起来，使之具有所需特性，这样做往往比直接设计复杂双口要简捷容易。因此讨论双口的连接具有重要意义。

若干个双口按一定方式连接构成的双口称为复合双口，感兴趣的是复合双口的参数与被连双口的参数之间的关系。

一、双口的级联

图 12-29 所示双口 N_1 与双口 N_2 的连接形式称为 N_1 与 N_2 的级联，也称为链联。设 N_1、N_2 的 T 参数矩阵分别为

$$\boldsymbol{T}'=\begin{bmatrix}A' & B'\\ C' & D'\end{bmatrix}、\quad \boldsymbol{T}''=\begin{bmatrix}A'' & B''\\ C'' & D''\end{bmatrix}$$

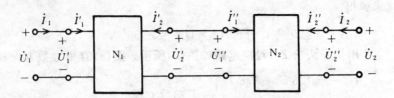

图 12 — 29 双口的级联

N_1、N_2 对应的 T 参数方程矩阵形式为

$$\begin{bmatrix} \dot{U}_1' \\ \dot{I}_1' \end{bmatrix} = \boldsymbol{T}' \begin{bmatrix} \dot{U}_2' \\ -\dot{I}_2' \end{bmatrix}, \quad \begin{bmatrix} \dot{U}_1'' \\ \dot{I}_1'' \end{bmatrix} = \boldsymbol{T}'' \begin{bmatrix} \dot{U}_2'' \\ -\dot{I}_2'' \end{bmatrix} .$$

由于 $\dot{U}_1 = \dot{U}_1'$、$\dot{I}_1 = \dot{I}_1'$、$\dot{U}_2' = \dot{U}_1''$、$-\dot{I}_2' = \dot{I}_1''$、$\dot{U}_2'' = \dot{U}_2$、$\dot{I}_2'' = \dot{I}_2$，因此

$$\begin{bmatrix} \dot{U}_1 \\ \dot{I}_1 \end{bmatrix} = \begin{bmatrix} \dot{U}_1' \\ \dot{I}_1' \end{bmatrix} = \boldsymbol{T}' \begin{bmatrix} \dot{U}_2' \\ -\dot{I}_2' \end{bmatrix} = \boldsymbol{T}' \begin{bmatrix} \dot{U}_1'' \\ \dot{I}_1'' \end{bmatrix} = \boldsymbol{T}'\boldsymbol{T}'' \begin{bmatrix} \dot{U}_2'' \\ -\dot{I}_2'' \end{bmatrix}$$

$$= \boldsymbol{T}'\boldsymbol{T}'' \begin{bmatrix} \dot{U}_2 \\ -\dot{I}_2 \end{bmatrix} = \boldsymbol{T} \begin{bmatrix} \dot{U}_2 \\ -\dot{I}_2 \end{bmatrix}$$

式中，$\boldsymbol{T}$ 是复合双口的 T 参数矩阵，它与双口 N_1、N_2 的 T 参数矩阵的关系为

$$\boldsymbol{T} = \boldsymbol{T}'\boldsymbol{T}''$$

即

$$\boldsymbol{T} = \begin{bmatrix} A' & B' \\ C' & D' \end{bmatrix} \begin{bmatrix} A'' & B'' \\ C'' & D'' \end{bmatrix} = \begin{bmatrix} A'A'' + B'C'' & A'B'' + B'D'' \\ C'A'' + D'C'' & C'B'' + D'D'' \end{bmatrix}$$

由以上分析可知，级联复合双口的 T 参数矩阵等于被连双口 T 参数矩阵的乘积。

例 12 —16 试求图 12—30(a)所示双口网络的 T 参数矩阵。

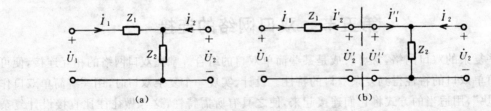

图 12 — 30 例 12 —16 电路

解 图 12—30(a)所示双口可看成是两个双口的级联，示于图(b)。两个双口的 T 参数方程由观察可得

$$\begin{cases} \dot{U}_1 = \dot{U}_2' - Z_1 \dot{I}_2' \\ \dot{I}_1 = -\dot{I}_2' \end{cases}, \quad \begin{cases} \dot{U}_1'' = \dot{U}_2 \\ \dot{I}_1'' = \dfrac{1}{Z_2}\dot{U}_2 - \dot{I}_2 \end{cases}$$

故

$$\boldsymbol{T}' = \begin{bmatrix} 1 & Z_1 \\ 0 & 1 \end{bmatrix}, \quad \boldsymbol{T}'' = \begin{bmatrix} 1 & 0 \\ 1/Z_2 & 1 \end{bmatrix}$$

294

于是图(a)双口的 T 参数矩阵为

$$T = T'T'' = \begin{bmatrix} 1 & Z_1 \\ 0 & 1 \end{bmatrix} \begin{bmatrix} 1 & 0 \\ \dfrac{1}{Z_2} & 1 \end{bmatrix} = \begin{bmatrix} 1+\dfrac{Z_1}{Z_2} & Z_1 \\ \dfrac{1}{Z_2} & 1 \end{bmatrix}$$

二、双口的并联

图 12-31 所示两个双口 N_1 与 N_2 的连接形式称为 N_1 与 N_2 的并联。并联时,两个双口的输入电压和输出电压被强制为相同,即 $\dot{U}_1' = \dot{U}_1'' = \dot{U}_1$,$\dot{U}_2' = \dot{U}_2'' = \dot{U}_2$。如果 N_1、N_2 的端口条件(由端口的一个端子流入的电流等于由该端口另一个端子流出的电流)不因并联连接而破坏,则复合双口的输入、输出端的总电流为

$$\dot{I}_1 = \dot{I}_1' + \dot{I}_1'', \quad \dot{I}_2 = \dot{I}_2' + \dot{I}_2''$$

设 N_1、N_2 的 Y 参数矩阵分别为

$$Y' = \begin{bmatrix} Y_{11}' & Y_{12}' \\ Y_{21}' & Y_{22}' \end{bmatrix}, \quad Y'' = \begin{bmatrix} Y_{11}'' & Y_{12}'' \\ Y_{21}'' & Y_{22}'' \end{bmatrix}$$

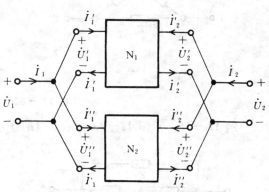

图 12-31 双口的并联

则

$$\begin{bmatrix} \dot{I}_1 \\ \dot{I}_2 \end{bmatrix} = \begin{bmatrix} \dot{I}_1' \\ \dot{I}_2' \end{bmatrix} + \begin{bmatrix} \dot{I}_1'' \\ \dot{I}_2'' \end{bmatrix} = Y' \begin{bmatrix} \dot{U}_1' \\ \dot{U}_2' \end{bmatrix} + Y'' \begin{bmatrix} \dot{U}_1'' \\ \dot{U}_2'' \end{bmatrix}$$

因为

$$\dot{U}_1' = \dot{U}_1'' = \dot{U}_1, \quad \dot{U}_2' = \dot{U}_2'' = \dot{U}_2$$

故得

$$\begin{bmatrix} \dot{I}_1 \\ \dot{I}_2 \end{bmatrix} = (Y' + Y'') \begin{bmatrix} \dot{U}_1 \\ \dot{U}_2 \end{bmatrix} = Y \begin{bmatrix} \dot{U}_1 \\ \dot{U}_2 \end{bmatrix}$$

式中

$$Y = Y' + Y'' = \begin{bmatrix} Y_{11}' + Y_{11}'' & Y_{12}' + Y_{12}'' \\ Y_{21}' + Y_{21}'' & Y_{22}' + Y_{22}'' \end{bmatrix}$$

此为复合双口的 Y 参数矩阵。

由以上分析可知,并联复合双口的 Y 参数矩阵等于各被连双口 Y 参数矩阵的和。

例 12-17 求图 12-32(a)所示双口的 Y 参数。

解 图(a)可看成图(b)所示的两个双口 N_1、N_2 的并联。由例 12-3 有

$$Y' = \begin{bmatrix} \dfrac{1}{2Z_1} & -\dfrac{1}{2Z_1} \\ -\dfrac{1}{2Z_1} & \dfrac{1}{2Z_1} \end{bmatrix}, \quad Y'' = \begin{bmatrix} \dfrac{1}{2Z_2} & \dfrac{1}{2Z_2} \\ \dfrac{1}{2Z_2} & \dfrac{1}{2Z_2} \end{bmatrix}$$

于是得

$$Y_{11} = Y_{22} = Y_{11}' + Y_{11}'' = \frac{1}{2Z_1} + \frac{1}{2Z_2} = \frac{Z_1 + Z_2}{2Z_1 Z_2}$$

$$Y_{12} = Y_{21} = Y'_{12} + Y''_{12} = -\frac{1}{2Z_1} + \frac{1}{2Z_2} = \frac{Z_1 - Z_2}{2Z_1 Z_2}$$

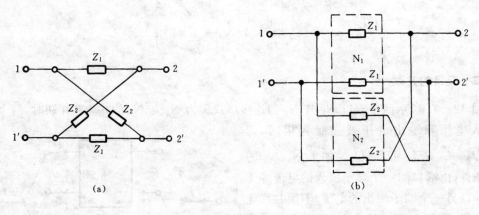

(a)　　　　　　　　(b)

图 12－32　例 12－17 电路

例 12－18　求图 12－33 所示双口的 Y 参数矩阵。

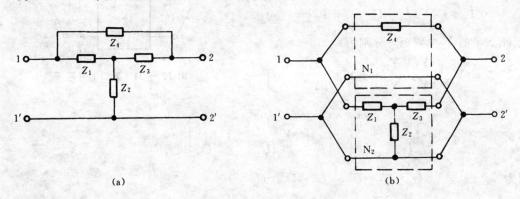

(a)　　　　　　　　(b)

图 12－33　例 12－18 电路

解　图(a)可看做图(b)所示的两个双口 N_1、N_2 的并联,观察求得

$$\boldsymbol{Y}' = \begin{bmatrix} \dfrac{1}{Z_4} & -\dfrac{1}{Z_4} \\ -\dfrac{1}{Z_4} & \dfrac{1}{Z_4} \end{bmatrix}, \quad \boldsymbol{Z}'' = \begin{bmatrix} Z_1 + Z_2 & Z_2 \\ Z_2 & Z_2 + Z_3 \end{bmatrix}$$

$\boldsymbol{Y}''$ 是 $\boldsymbol{Z}''$ 的逆矩阵,即 $\boldsymbol{Y}'' = (\boldsymbol{Z}'')^{-1}$,于是得

$$\boldsymbol{Y} = \boldsymbol{Y}' + \boldsymbol{Y}'' = \begin{bmatrix} \dfrac{1}{Z_4} + \dfrac{Z_2 + Z_3}{\Delta_z} & -\dfrac{1}{Z_4} - \dfrac{Z_2}{\Delta_z} \\ -\dfrac{1}{Z_4} - \dfrac{Z_2}{\Delta_z} & \dfrac{1}{Z_4} + \dfrac{Z_1 + Z_2}{\Delta_z} \end{bmatrix}$$

三、双口的串联

图 12－34 所示两个双口 N_1 与 N_2 的连接形式称为 N_1 与 N_2 的串联。N_1 与 N_2 串联后

只要端口条件仍然成立,用类似前面的分析方法可求出复合双口的 Z 参数矩阵为 N_1、N_2 的 Z 参数矩阵的和,即

$$Z = Z' + Z''$$

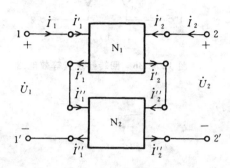

图 12—34 双口的串联

例 12—19 求图 12—35(a)所示双口的 Z 参数。

解 将图(a)画成图(b)所示两个双口的串联形式。容易得到 N_1、N_2 的 Z 参数矩阵为

$$Z' = \begin{bmatrix} 3 & 0 \\ 5 & 2 \end{bmatrix}, \quad Z'' = \begin{bmatrix} 1 & 1 \\ 1 & 1 \end{bmatrix}$$

于是

$$Z = Z' + Z'' = \begin{bmatrix} 4 & 1 \\ 6 & 3 \end{bmatrix} \Omega$$

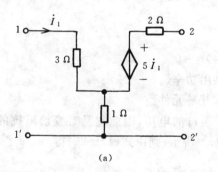
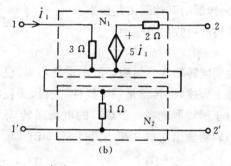

图 12—35 例 12—19 电路

第六节 回转器和负阻抗变换器

回转器和负阻抗变换器是两种多端元件,也都是双口网络,本节介绍它们的特性。

一、回转器

回转器的电路符号如图 12—36(a)所示,在图示参考方向下,回转器的伏安关系为

$$\left.\begin{aligned} u_1 &= -ri_2 \\ u_2 &= ri_1 \end{aligned}\right\} \tag{12—25}$$

或

$$\left.\begin{aligned} i_1 &= gu_2 \\ i_2 &= -gu_1 \end{aligned}\right\} \tag{12—26}$$

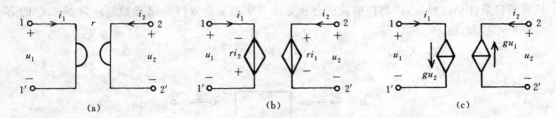

图 12 — 36 回转器及其等效电路

其 T 参数方程为

$$u_1 = -ri_2 \qquad \qquad u_1 = -\dfrac{i_2}{g}$$
$$i_1 = \dfrac{u_2}{r} \qquad 或 \qquad i_1 = gu_2$$

T 参数矩阵为

$$\boldsymbol{T} = \begin{bmatrix} 0 & r \\ \dfrac{1}{r} & 0 \end{bmatrix} = \begin{bmatrix} 0 & \dfrac{1}{g} \\ g & 0 \end{bmatrix} \tag{12—27}$$

式中,r 具有电阻量纲,称为回转电阻;g 具有电导量纲,称为回转电导。g 与 r 互为倒数,它们统称为回转参数。

由上式看出回转器不具有互易性,它是非互易元件。根据式(12—25)、式(12—26)可画出回转器的等效电路如图 12—36(b)和(c)所示。由图可见,回转器能将端口 2 的电流(电压)"回转"成端口 1 的电压(电流),同时又能将端口 1 的电流(电压)"回转"成端口 2 的电压(电流)。回转器的名称就由此而来。

回转器吸收的功率为

$$p = u_1 i_1 + u_2 i_2 = (-ri_2)i_1 + (ri_1)i_2 = 0$$

此式说明回转器在任何瞬时既不消耗功率,也不供出功率。

综上所述,回转器是一个线性、无源、无耗的非互易元件。

由于回转器能将一个端口的电流回转成另一端口的电压,因此它具有变换阻抗的能力。若在回转器输出端口 2 接一阻抗 Z,如图 12—37(a) 所示,则由式(12—25)得

$$\dot{U}_1 = -r\dot{I}_2 = -r\left(-\dfrac{\dot{U}_2}{Z}\right) = r\left(\dfrac{r\dot{I}_1}{Z}\right) = \dfrac{r^2\,\dot{I}_1}{Z}$$

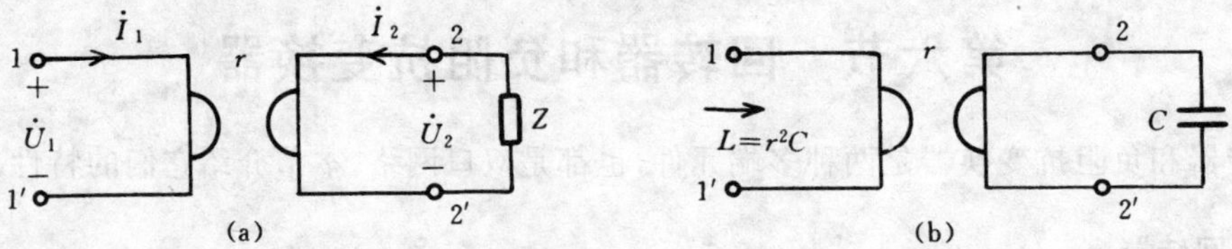

图 12 — 37 回转的阻抗变换特性

于是端口 1 的输入阻抗 Z_i 为

$$Z_i = \dfrac{\dot{U}_1}{\dot{I}_1} = \dfrac{r^2}{Z}$$

上式说明回转器的输入阻抗 Z_i 与负载阻抗 Z 的性质相反,若负载为感性(容性),则输入

阻抗为容性(感性)。图 12-37(b)所示为回转器输出端接一电容 C 的情况,这时

$$Z_i = \frac{r^2}{Z_C} = j\omega(r^2 C) = j\omega L$$

式中,$L = r^2 C$,可见输出端接电容元件的回转器其输入端等效为一个电感元件,其等效电感值与回转电阻的平方成正比。若 $C = 1\ \mu F$,$r = 10^4\ \Omega$ 则 $L = r^2 C = 100\ H$,可见一个具有回转电阻 $r = 10^4\ \Omega$ 的回转器可将 $1\ \mu F$ 电容回转成 $100\ H$ 的电感,这对电子技术实现集成化和小型化具有重要意义。电感元件一般由线圈和铁芯构成,体积大、分量重给电路的集成化和小型化带来了困难。应用回转器可将电容元件模拟为电感元件,从而解决了这一困难,但是它在功率、工作频率等方面有限制,所以并非在一切情况下都是可行的。

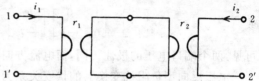

用两个回转器级联可构成一个理想变压器。图 12-38 所示为两个回转器级联的电路,两个回转器的电阻分别是 r_1 和 r_2,T 参数矩阵分别是 $\boldsymbol{T'}$ 和 $\boldsymbol{T''}$。根据式(12-27)可得图 12-38 的 T 参数矩阵为

图 12-38 回转器级联实现理想变压器

$$\boldsymbol{T} = \boldsymbol{T'}\boldsymbol{T''} = \begin{bmatrix} 0 & r_1 \\ \dfrac{1}{r_1} & 0 \end{bmatrix} \begin{bmatrix} 0 & r_2 \\ \dfrac{1}{r_2} & 0 \end{bmatrix}$$

$$= \begin{bmatrix} \dfrac{r_1}{r_2} & 0 \\ 0 & \dfrac{r_2}{r_1} \end{bmatrix} = \begin{bmatrix} n & 0 \\ 0 & \dfrac{1}{n} \end{bmatrix}$$

式中,$n = r_1/r_2$。上式与 $n:1$ 理想变压器的 T 参数矩阵完全相同。

实现回转器的电路有许多种,图 12-39 是用运算放大器实现回转器电路的一个例子。

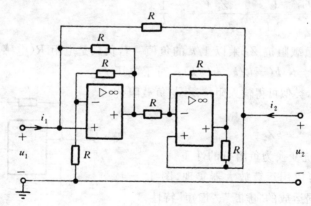

图 12-39 实现回转器的电路

二、负阻抗变换器

负阻抗变换器(NIC)也是一种新型双口元件,它没有专用的电路符号,通常用图 12-40(a)和(b)中的符号表示。图(a)表示电流反向型(INIC),图(b)表示电压反向型(VNIC)。

电流反向型负阻抗变换器的伏安关系为

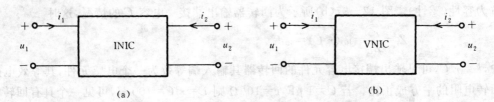

(a)   (b)

图 12 — 40 负阻抗变换器

$$\left.\begin{array}{l} u_1 = u_2 \\ i_1 = ki_2 \end{array}\right\} \tag{12-28}$$

或

$$\begin{bmatrix} u_1 \\ i_1 \end{bmatrix} = \begin{bmatrix} 1 & 0 \\ 0 & -k \end{bmatrix} \begin{bmatrix} u_2 \\ -i_2 \end{bmatrix}$$

可见,两个端口电压的极性相同,而电流方向相反,所以称为电流反向型负阻抗变换器。

电压反向型负阻抗变换器的伏安关系为

$$\left.\begin{array}{l} u_1 = -ku_2 \\ i_1 = -i_2 \end{array}\right\} \tag{12-29}$$

或

$$\begin{bmatrix} u_1 \\ i_1 \end{bmatrix} = \begin{bmatrix} -k & 0 \\ 0 & 1 \end{bmatrix} \begin{bmatrix} u_2 \\ -i_2 \end{bmatrix}$$

由式(12-29)可见,经过 VNIC 后输入电压被反向。

以上所示 NIC 的伏安关系均为 T 参数方程。下面分析 NIC 的特性。

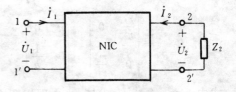

图 12 — 41 NIC 的阻抗变换

负阻抗变换器端口 2 接负载 Z_2 如图 12−41 所示。对于电流反向型负阻抗变换器,由式(12−28)及 $\dot{U}_2 = -Z_2 \dot{I}_2$ 可得输入阻抗

$$Z_i = \frac{\dot{U}_1}{\dot{I}_1} = \frac{\dot{U}_2}{k \dot{I}_2} = \frac{-Z_2 \dot{I}_2}{k \dot{I}_2} = -\frac{1}{k} Z_2$$

可见输入阻抗 Z_i 是负载阻抗 Z_2 乘以 $1/k$ 的负值。若负载是电阻 R(电感 L、电容 C),则输入电阻(电感、电容)为 $-R/k(-L/k, -C/k)$。对于电压反向型负阻抗变换器,类似可得输入阻抗 Z_i 与负载阻抗 Z_2 的关系为

$$Z_i = -kZ_2$$

同样,它具有将正阻抗变换为负阻抗的性质。

负阻抗变换器可以用运算放大器实现,图 12−42 为 INIC 的电路,根据运放的"虚断"、"虚短"特性

$$i_1 = \frac{u_1 - u_3}{R_1}, \quad i_2 = \frac{u_2 - u_3}{R_2}, \quad u_1 = u_2$$

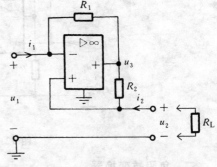

图 12 — 42 运算放大器组成
的 INIC 电路

于是有

$$i_1 = \frac{R_2}{R_1} i_2$$

该双口的 T 参数方程为

$$u_1 = u_2$$

$$i_1 = \frac{R_2}{R_1} i_2$$

它与式(12−28)相同,可见这是电流反向型负阻抗变换器。当图 12−42 的端口 2 接电阻 R_L 时,端口 1 的输入电阻 R_i 为

$$R_i = \frac{u_1}{i_1} = \frac{u_2}{\dfrac{R_2}{R_1} i_2} = \frac{-R_L i_2}{\dfrac{R_2}{R_1} i_2} = -\frac{R_1}{R_2} R_L$$

习 题

12−1 求图示双口的 Y 参数矩阵。图(a)用定义法;图(b)、(c)用节点电压法。

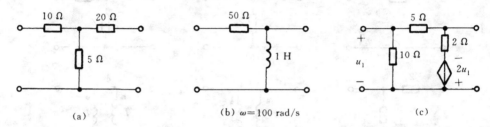

(a)   (b) $\omega = 100$ rad/s   (c)

题 12−1 图

12−2 以下是某双口网络的测试结果。试求 Y 参数。

(1) 端口 1、1′开路时,$U_2 = 15$ V,$I_2 = 30$ A,$U_1 = 10$ V;

(2) 端口 1、1′短路时,$U_2 = 10$ V,$I_2 = 4$ A,$I_1 = -5$ A。

12−3 求图示双口的 Z 参数矩阵。图(a)用定义法;图(b)、(c)用方程法。

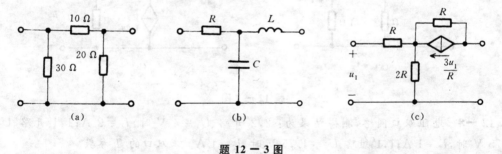

(a)   (b)   (c)

题 12−3 图

12−4 求图示双口的 Y 和 Z 参数矩阵。

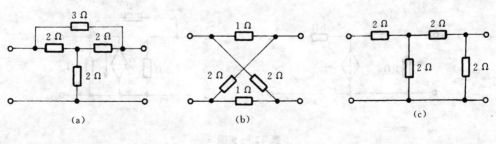

(a)   (b)   (c)

题 12−4 图

12—5 求图示双口的 Y 和 Z 参数矩阵。

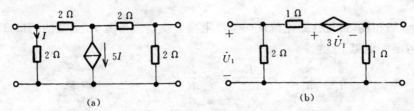

(a) (b)

题 12—5 图

12—6 求图示双口的 T 参数矩阵。

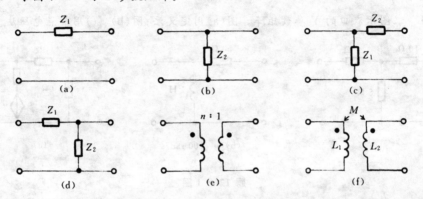

(a) (b) (c)

(d) (e) (f)

题 12—6 图

12—7 求图示双口的 T 参数矩阵。

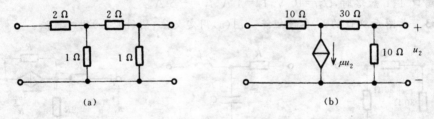

(a) (b)

题 12—7 图

12—8 电阻双口网络,测得结果为:$2,2'$开路、$U_1=4$ V 时,$I_1=2$ A;$1,1'$开路、$U_2=1.875$ V 时,$I_2=1$ A;$1,1'$短路,$U_2=1.75$ V 时,$I_2=1$ A。求双口的 T 参数。

12—9 求图示双口的 H 参数矩阵。

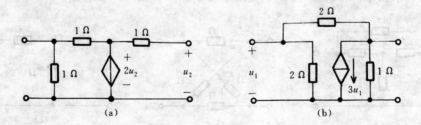

(a) (b)

题 12—9 图

12—10 已知双口的 Z 参数矩阵如下:

302

a. $\begin{bmatrix} 3 & 1 \\ 1 & 2 \end{bmatrix} \Omega$; b. $\begin{bmatrix} 1+j2 & -j2 \\ -j2 & 3-j2 \end{bmatrix} \Omega$; c. $\begin{bmatrix} 3 & 2 \\ -4 & 4 \end{bmatrix} \Omega$。

求：(1) a 所示矩阵的 T 形和 Ⅱ 形(用逆矩阵将 Z 转换为 Y)等效电路；

(2) b 所示矩阵的 T 形等效电路,各元件用理想电路元件(R、L、C)的阻抗表示；

(3) c 所示矩阵的分离式和 T 形等效电路。

12 — 11 已知双口的 Y 参数矩阵如下：

a. $\begin{bmatrix} 0.4 & -0.2 \\ -0.2 & 0.5 \end{bmatrix} S$; b. $\begin{bmatrix} 0.2+j0.3 & -0.1+j0.2 \\ -0.1+j0.2 & 0.5-j0.2 \end{bmatrix} S$; c. $\begin{bmatrix} 5 & -2 \\ 0 & 3 \end{bmatrix} S$

求：(1) a 所示矩阵的 Ⅱ 形和 T 形(用逆矩阵将 Y 转换为 Z)等效电路；

(2) b 所示矩阵的 Ⅱ 形等效电路,各元件用理想电路元件(R、L、C)的阻抗表示；

(3) c 所示矩阵的分离式和 Ⅱ 形等效电路。

12 — 12 已知双口的 Y 参数矩阵 $Y = \begin{bmatrix} 1.5 & -1.2 \\ -1.2 & 1.8 \end{bmatrix} S$。此双口中是否有受控源？试由等效电路求 H 参数。

12 — 13 某互易双口,当端口 2 开、短路时,分别测得端口 1 的开路阻抗为 $Z_{OC1}=j30\ \Omega$、短路阻抗为 $Z_{SC1}=j25.5\ \Omega$；当端口 1 开路时,测得端口 2 的开路阻抗为 $Z_{OC2}=j8\ \Omega$。试求此双口的 T 形等效电路。

12 — 14 已知某双口网络 Z 参数矩阵 $Z = \begin{bmatrix} 12 & 8 \\ 5 & 15 \end{bmatrix} \Omega$,双口网络的等效电路之一如图所示,试求 R_1、R_2 和 r。

12 — 15 图示电路,已知 $\dot{U}_S=60\ \underline{/0°}\ V$,$R_S=1\ \Omega$,双口 N 的 Z 参数矩阵 $Z = \begin{bmatrix} 8 & 3 \\ 3 & 3+j5 \end{bmatrix} \Omega$。

(1) 画等效电路；(2) 负载 R_L 等于多少可获得最大功率 P_{max}？求 R_L 和 P_{max}。

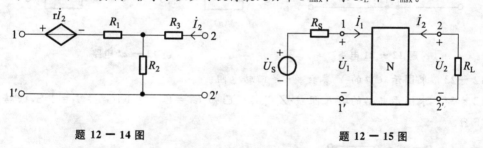

题 12 — 14 图　　　　　　　题 12 — 15 图

12 — 16 设题 12 — 15 图所示为直流电路,已知 $U_S=12\ V$,$R_S=2\ \Omega$,$R_L=10\ \Omega$,双口 N 的 Y 参数矩阵 $Y = \begin{bmatrix} 0.2 & -0.2 \\ -0.1 & 0.4 \end{bmatrix} S$。试画分离式等效电路并求 U_2。

12 — 17 设题 12 — 15 图所示为直流电路,双口 N 的 T 参数矩阵 $T = \begin{bmatrix} 2 & 8\ \Omega \\ 0.5\ S & 2.5 \end{bmatrix}$,已知 $U_S=10\ V$,$R_S=1\ \Omega$。求：

(1) $R_L=3\ \Omega$ 时转移电压比 U_2/U_S 和转移电流比 I_2/I_1；

(2) R_L 为何值时,它可获得最大功率。并求此最大功率值。

12—18 设题12—15图所示为直流电路,双口 N 的 H 参数矩阵为 $\boldsymbol{H} = \begin{bmatrix} 40\ \Omega & 0.4 \\ 10 & 0.1\ \text{S} \end{bmatrix}$, $R_{\text{S}} = 5\ \Omega$, $R_{\text{L}} = 10\ \Omega$。求 N 的电压转移函数 U_2/U_{S}。

12—19 图示双口,根据题12—6所得结果求 T 参数。

12—20 图示电路,N_1、N_2 的 T 参数为 $A=3$、$B=25\ \Omega$、$C=0.2\ \text{S}$、$D=2$。求(1) 复合双口的 T 参数;(2) 电压增益 $U_{\text{O}}/U_{\text{S}}$。

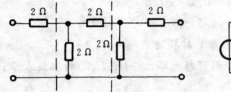
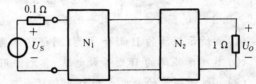

题 12 — 19 电路   题 12 — 20 电路

12—21 用双口并联方法求图示电路的 Y 参数。

12—22 图示电路中,双口 N 的 T 参数方程为

$$U_1 = 2U_2 - 30I_2$$
$$I_1 = 0.1U_2 - 2I_2$$

图(a)中的输入电阻为 R_{i},图(b)中的输入电阻为 R_{i}',$R_{\text{i}} = 6R_{\text{i}}'$。试求 R。

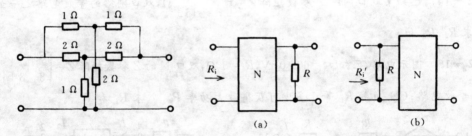

题 12 — 21 电路   题 12 — 22 电路

12—23 求图示双口的 Y 参数。r 是回转电阻。

12—24 求图示电路的输入阻抗 $Z_{\text{i}}(\text{j}\omega)$。已知 $C_1 = C_2 = 1\ \text{F}$, $G_1 = G_2 = 1\ \text{S}$,回转电阻 $r = 0.5\ \Omega$。

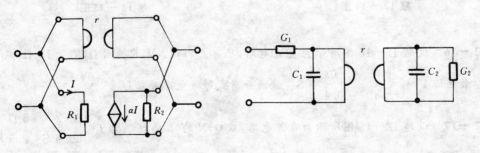

题 12 — 23 图   题 12 — 24 图

第十三章　动态电路的时域分析

本章讨论动态电路的一阶 RC 电路、一阶 RL 电路和二阶 RLC 电路的时域分析。主要内容有：动态电路的换路定律及初始值的计算；直流一阶电路动态分析的经典法；直流一阶电路动态分析的三要素法；电路的稳态响应、暂态响应、零输入响应、零状态响应和完全响应；线性动态电路的叠加定理；一阶电路的阶跃响应和冲激响应；动态电路初始状态的跃变及 RL 电路切断电源；正弦一阶电路的分析——四要素法；直流二阶 RLC 串联电路的零输入响应、零状态响应和完全响应等。

第一节　动态过程和换路定律

一、动态过程（瞬态过程）

含有储能元件的电路，当激励或电路结构发生突变时，电路由原来的稳定状态变到新的稳定状态不可能即刻完成，而需要一段时间，也即要有一段过程。电路由一种稳定状态到另一种稳定状态的中间过程称为过渡过程或动态过程，由于这一过程的时间实际上都很短暂，故常称为瞬态过程。下面以例说明。

图 13-1 RC 电路，开关闭合前电容未充电，电容电压 $u_C = 0$，开关闭合后电路达稳态时，$u_C = U_S$。u_C 由原来的零值变到稳态时的 U_S 值不可能即刻完成，而需要经历一段时间，这可以从两方面来分析：

(1) 从电容元件伏安关系分析：假设开关闭合后 u_C 立即由零跃变到 U_S，则在开关由开到闭这一无限小的时间间隔内（$\Delta t \to 0$），电容电压的变化为一有限值，因此回路电流 $i \to \infty$（$i = C du_C/dt$），$u_R \to \infty$，$U_S \neq u_R + u_C$，这违背了 KVL，因而是不可能的；

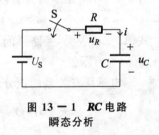

图 13-1　RC 电路瞬态分析

(2) 从电容的储能分析：开关闭合前，电容未充电，电容储能（$w_C = Cu_C^2/2$）为零，开关闭合后，若 u_C 由零立即跃变到稳态值 U_S，则储能由零跃变到 $CU_S^2/2$。在开关由开到闭这一无限小的时间间隔内，电容储能的变化是一有限值，因此功率（$p = dw_C/dt$）为无限大，于是电压源要供出无限大的电流，这样也违背了 KVL，所以也是不可能的。RL 串联电路接通电压源 U_S 时，电感电流 i_L 的分析与 RC 电路中 u_C 的分析类似。i_L 在开关闭合瞬间也不可能由原来的零值跃变到稳态值（U_S/R），而必须经历一段时间后才能达到稳态。

由上面的分析可见，动态过程（瞬时过程）是由电路中 VAR 为微分（积分）形式的元件引起，从能量的观点上讲，则因储能元件的储能不能发生跃变而致。VAR 为微分（积分）形式的元件才能引起动态过程，故将这类元件称为动态元件（如 L、C）。含有动态元件的电路称为动态电路。只有动态电路才会出现过渡过程，而电阻电路是没有过渡过程的。需要指出，动态电路在某些特殊情况下不出现过渡过程。

过渡过程的时间,从理论上讲是无限大,但在大多数实际电路中,是极其短暂的,一般在微秒或毫秒的数量级内。尽管瞬态的时间如此短暂,但是其重要性却不可忽视,这是因为在瞬态过程中,电路的电压和电流具有完全不同于稳态时的变化规律,电子信息、通信、计算机、自动控制等都是利用这一规律完成某种功能。然而在电力系统中可能会出现比稳态值高出数倍或数十倍的电压或电流(称为过电压或过电流),以致损坏设备,应注意避免。当电路在非周期脉冲作用下,电路的响应根本达不到稳态,而总是处于一连串的过渡过程中,因此分析电路的瞬态,研究过渡过程中电压、电流的变化规律和相应的分析方法有着重要的意义。

二、换路、换路定律

电路中开关的开、闭,元件参数的变更等统称为换路。一般令换路瞬时为 $t=0$,换路前瞬时为 $t=0_-$,换路后瞬时为 $t=0_+$。0_- 和 0_+ 分别为零的左极限和右极限。前面从物理概念上说明了电容电压 u_C 和电感电流 i_L 在换路前后瞬间不能跃变,下面从数学上进行分析。

第一章分析了电容伏安关系的积分形式为

$$u_C(t) = \frac{1}{C}\int_{-\infty}^{t} i_C(\xi)\,\mathrm{d}\xi$$

设 t_0 为 $-\infty$ 到 t 这一段时间中的一个瞬时,以 t_0 分段积分,则上式变为

$$u_C(t) = \frac{1}{C}\int_{-\infty}^{t_0} i_C(\xi)\,\mathrm{d}\xi + \frac{1}{C}\int_{t_0}^{t} i_C(\xi)\,\mathrm{d}\xi = u_C(t_0) + \frac{1}{C}\int_{t_0}^{t} i_C(\xi)\,\mathrm{d}\xi$$

取 $t_0=0_-$、$t=0_+$ 代入上式,则有

$$u_C(0_+) = u_C(0_-) + \frac{1}{C}\int_{0_-}^{0_+} i_C(\xi)\,\mathrm{d}\xi$$

若 $i_C(t)$ 在换路瞬时为有限值,则上式右边第二项的积分为零,于是

$$u_C(0_+) = u_C(0_-) \tag{13-1}$$

式(13-1)表明,换路瞬间,电容电压不会跃变。但要注意,其前提条件是换路瞬时电容电流 $i_C(0)$ 为有限值。

电感伏安关系的积分形式为

$$i_L(t) = \frac{1}{L}\int_{-\infty}^{t} u_L(\xi)\,\mathrm{d}\xi$$

同样分析可得

$$i_L(0_+) = i_L(0_-) + \frac{1}{L}\int_{0_-}^{0_+} u_L(\xi)\,\mathrm{d}\xi$$

若 $u_L(t)$ 在换路瞬时为有限值,则上式为

$$i_L(0_+) = i_L(0_-) \tag{13-2}$$

式(13-2)表明,换路瞬间,电感电流不会跃变,其前提条件是换路瞬时,电感电压 $u_L(0)$ 为有限值。

式(13-1)和式(13-2)称为动态电路的换路定律,它是分析瞬态过程的一个重要依据。需要说明,换路定律反映的是在换路瞬间,仅电容电压和电感电流不能跃变,而其他量(i_C、u_L、i_R 和 u_R 等)是可以跃变的。例如图12-1电路,换路前瞬间电容电流 $i(0_-)=0$,电压 $u_C(0_-)=0$,换路后瞬间,$u_C(0_+)=u_C(0_-)=0$,电容相当于短路,于是 $i(0_+)=U_S/R$。可见电容电流在换路瞬间发生了跃变。电路的换路时刻若为 t_0,则换路定律为

$$u_C(t_{0+}) = u_C(t_{0-})$$

和
$$i_L(t_{0+}) = i_L(t_{0-})$$

式中，t_{0-} 为换路前瞬时；t_{0+} 为换路后瞬时。上两式成立的前提条件分别是换路瞬间 $i_C(t_0)$ 为有限值和 $u_L(t_0)$ 为有限值。

动态电路中，电容电压反映了电容储能状态，电感电流反映了电感储能状态。反映某时刻电路储能大小的电容电压和电感电流，称为电路在该时刻的状态。换路后瞬时的电容电压 $u_C(0_+)$ 和电感电流 $i_L(0_+)$ 称为电路的初始状态，初始状态为零的电路，称为零状态电路。

第二节　电路初始值的计算

动态元件的 VAR 为微分或积分形式，因此描述动态电路的响应—激励方程（输出—输入方程）是微分方程。解微分方程将出现积分常数，它需要由初始条件确定，也即由响应的初始值确定。本节分析电路初始值的计算。

初始值是 $t=0_+$ 时的电流、电压值，即 $i(0_+)$、$u(0_+)$。计算初始值时，需要画出 $t=0_+$ 电路。设电路的 $u_C(0_-)$ 和 $i_L(0_-)$ 为已知，根据换路定律，则 $u_C(0_+)=u_C(0_-)$ 和 $i_L(0_+)=i_L(0_-)$ 为已知量。应用替代定理，将 C 用电压源 $u_C(0_+)$ 替代，L 用电流源 $i_L(0_+)$ 替代，于是 $t=0_+$ 电路是一个电阻电路。应用电阻电路的计算方法即可求得待求的初始值。求初始值的步骤如下：

（1）作 $t=0_-$ 电路，求出 $u_C(0_-)$ 和 $i_L(0_-)$。换路前电路若为直流稳态电路，则 $t=0_-$ 电路中，L 相当于短路，C 相当于开路；

（2）作 $t=0_+$ 电路（这最关键）。将电路中的电容 C 用电压源 $u_C(0_+)$ 替代，$u_C(0_+)=u_C(0_-)$；电感 L 用电流源 $i_L(0_+)$ 替代，$i_L(0_+)=i_L(0_-)$。替代后的 $t=0_+$ 电路为电阻电路；

（3）对 $t=0_+$ 电路求待求的初始值。计算方法与直流电阻电路相同。

例 13—1　求图 13—2(a)电路开关闭合后各电压、电流的初始值。已知换路前电路已处稳态。

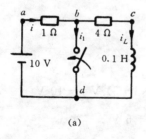 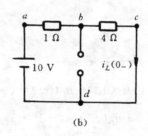 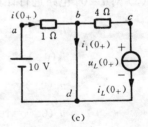

（a）　　　　　　　　　（b）　　　　　　　　　（c）

图 13—2　例 13—1电路

解

（1）作 $t=0_-$ 电路如图(b)所示，

$$i_L(0_-) = \frac{10}{1+4} \text{ A} = 2 \text{ A}$$

（2）作 $t=0_+$ 电路如图(c)所示，图中流源 $i_L(0_+)=i_L(0_-)=2$ A。

（3）对 $t=0_+$ 电路进行计算。

$$i_L(0_+) = 2 \text{ A}$$

$$i(0_+) = \frac{10}{1} \text{ A} = 10 \text{ A}$$

$$i_1(0_+) = i(0_+) - i_L(0_+) = 8 \text{ A}$$

$$u_{ab}(0_+) = 1 \times i(0_+) = 10 \text{ V}$$

$$u_{bc}(0_+) = 4 \times i_L(0_+) = 8 \text{ V}$$

$$u_L(0_+) = u_{cb}(0_+) = -8 \text{ V}$$

例 13—2 图 13—3(a)电路换路前已稳定,$t=0$ 时开关打开。求 $i_1(0_+)$、$i_2(0_+)$、$u_L(0_+)$ 和 $u_a(0_+)$。

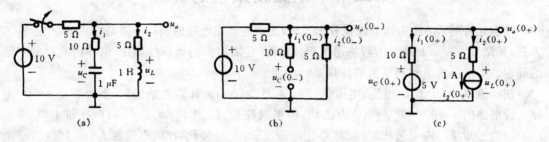

图 13—3 例 13—2 电路

解

(1) $t=0_-$ 电路如图(b)所示

$$i_2(0_-) = \frac{10}{5+5} \text{ A} = 1 \text{ A}$$

$$i_1(0_-) = 0$$

$$u_C(0_-) = 5i_2(0_-) = 5 \text{ V}$$

(2) $t=0_+$ 电路如图(c)所示,图中压源 $u_C(0_+) = u_C(0_-) = 5$ V,流源 $i_2(0_+) = i_2(0_-) = 1$ A。

(3) 对 $t=0_+$ 电路进行计算

$$i_2(0_+) = 1 \text{ A}$$

$$i_1(0_+) = -i_2(0_+) = -1 \text{ A}$$

$$u_L(0_+) = -(5+10)i_2(0_+) + u_C(0_+) = (-15 \times 1 + 5) \text{ V} = -10 \text{ V}$$

$$u_a(0_+) = 10i_1(0_+) + u_C(0_+) = (-10+5) \text{ V} = -5 \text{ V}$$

初始值的计算不仅是为了确定动态电路微分方程解中的积分常数,而且可以分析一些实际电路在换路瞬时所出现的过电压和过电流(见习题 13—1),从而采取措施以保护之。

第三节　直流一阶电路动态分析的经典法

只含一个动态元件的线性电路,其数学模型是一阶常微分方程,用一阶微分方程描述的电路称为一阶电路。一阶电路中的激励源是直流电源时,称为直流一阶电路。直流一阶电路的时域分析方法中,最基本的是经典法,所谓经典法就是求解电路响应微分方程的方法。本节用经典法分析直流一阶电路的动态过程。

一、直流一阶 RC 电路的动态分析

以图 13−4 为例说明直流一阶 RC 电路的经典分析法。$t=0$ 时开关闭合(在开关处以"$t=0$"表示),设 $u_C(0_-)=U_0$。换路后,由 KVL 有

$$Ri+u_C=U_s \quad (t>0) \tag{13-3}$$

$i=C\dfrac{\mathrm{d}u_C}{\mathrm{d}t}$ 代入式(13−3),得

$$RC\frac{\mathrm{d}u_C}{\mathrm{d}t}+u_C=U_s \quad (t>0) \tag{13-4}$$

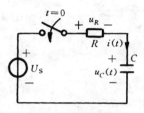

图 13 − 4 直流一阶 RC 电路

式(13−4)是线性非齐次微分方程,其解由两部分组成,一是特解 $u_{Cp}(t)$,另一是式(13−4)所对应的齐次微分方程的通解 $u_{Ch}(t)$,称为齐次解。因此,

$$u_C(t)=u_{Cp}(t)+u_{Ch}t(t) \quad (t>0) \tag{13-5}$$

特解 u_{Cp} 满足原微分方程(13−4)式,即

$$RC\frac{\mathrm{d}u_{Cp}}{\mathrm{d}t}+u_{Cp}=U_s \quad (t>0)$$

取 $u_{Cp}(t)=A$(常数)代入上式,可得

$$A=U_s$$

故 $\qquad u_{Cp}=U_s \tag{13-6}$

式(13−6)表明,u_C 的特解就是开关闭合后电路达稳态时的 u_C 值,这是必然的,因为稳态时的电容电压必须满足式(13−4)。

齐次解 $u_{Ch}t(t)$ 满足齐次微分方程,即

$$RC\frac{\mathrm{d}u_{Ch}t}{\mathrm{d}t}+u_{Ch}t=0 \quad (t>0) \tag{13-7}$$

它的通解为

$$u_{Ch}t(t)=Ke^{st} \quad (t>0) \tag{13-8}$$

式中 K 是积分常数。上式代入式(13−7),于是

$$RCKse^{st}+Ke^{st}=0$$

即 $\qquad RCs+1=0 \tag{13-9}$

式(13−9)称为式(13−7)的特征方程。特征方程的根 s 为

$$s=-\frac{1}{RC}$$

将 s 值代入式(13−8)得

$$u_{Ch}t=Ke^{-\frac{1}{RC}t} \quad (t>0) \tag{13-10}$$

式(13−6)和式(13−10)代入式(13−5),得到

$$u_C(t)=U_s+Ke^{-\frac{1}{RC}t} \quad (t>0) \tag{13-11}$$

积分常数 K 由电路的初始条件确定。将 $t=0_+$ 代入上式,于是

$$u_C(0_+)=U_s+K$$

而由换路定律有

$$u_C(0_+)=u_C(0_-)=U_0$$

故
$$U_S + K = U_0$$
$$K = U_0 - U_S$$

将 K 值代入式(13-11),得到

$$u_C(t) = U_S + (U_0 - U_S)e^{-\frac{1}{RC}t} \quad (t>0) \tag{13-12}$$

图(13-4)电路中的电流 $i(t)$ 为

$$i(t) = C\frac{du_C}{dt} = \frac{U_S - U_0}{R}e^{-\frac{1}{RC}t} \quad (t>0) \tag{13-13}$$

或

$$i(t) = \frac{u_R}{R} = \frac{U_S - u_C}{R} = \frac{U_S - U_0}{R}e^{-\frac{1}{RC}t} \quad (t>0)$$

图 13-5(a)和(b)画出了 $U_0 < U_S$ 情况下的 $u_{Cp}(t)$、$u_{Ch}t(t)$、$u_C(t)$ 和 $i(t)$ 的波形。由图 13-5 可以看出,$t=0$ 时 u_C 未跃变,而 i 发生了跃变。

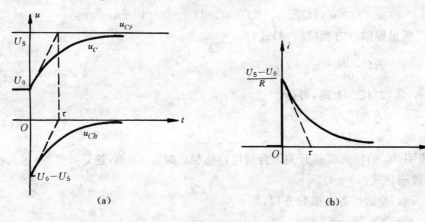

图 13 - 5 瞬态过程 $u_C(t)$、$i(t)$ 的波形

我们也可用经典法直接求图 13-4 电路中的 $i(t)$。根据电容的 VAR,电容电压

$$u_C = \frac{1}{C}\int i\,dt$$

将它代入式(13-3),于是有

$$Ri + \frac{1}{C}\int i\,dt = U_S \quad (t>0)$$

对上式求导一次得

$$R\frac{di}{dt} + \frac{1}{C}i = 0 \quad (t>0) \tag{13-14}$$

这是一阶齐次微分方程,其解为

$$i(t) = Ke^{st}$$

式(13-14)的特征方程为

$$Rs + \frac{1}{C} = 0$$

所以

$$s = -\frac{1}{RC}$$

$$i(t) = Ke^{-\frac{1}{RC}t} \quad (t>0) \tag{13-15}$$

310

图 13—4 的 $t=0_+$ 电路中，$u_C(0_+)=u_C(0_-)=U_0$，于是

$$i(0_+)=\frac{u_R(0_+)}{R}=\frac{U_S-u_C(0_+)}{R}=\frac{U_S-U_0}{R}$$

$i(0_+)$ 代入式(13—15)，则得

$$i(t)=\frac{U_S-U_0}{R}e^{-\frac{1}{RC}t} \quad (t>0)$$

上式与式(13—13)完全相同。

　　微分方程的解为电路的响应，方程的特解称为强制响应(分量)，因为它是由外加激励强制产生的，其形式一般与激励形式相同。若强制响应为常数或周期函数，则这一分量又称为稳态响应(分量)。一阶微分方程的齐次解为一固定形式 Ke^{st}，称为固有响应(分量)。由于 $s=-1/RC<0$，因此固有响应随时间 t 的增大而减小，当 $t\to\infty$ 时，这一分量消失，故又称它为暂态响应(分量)。响应按性质分可写成

响应＝强制响应＋暂态响应

按工作状态分可写成

响应＝稳态响应＋暂态响应

式(13—12)所示的 $u_C(t)$，其右侧第一项为 $u_C(t)$ 的强制响应或稳态响应，第二项为固有响应或暂态响应，式(13—13)的 $i(t)$ 只有固有响应(暂态响应)，其强制响应(稳态响应)为零。

　　由式(13—12)、式(13—13)看出，u_C 和 i 的暂态响应分量均按同一指数规律 $e^{-t/RC}$ 变化，其衰减的快慢取决于电路参数 R 和 C 的乘积。乘积 RC 为一常数，具有时间量纲

$[R]\cdot[C]=$欧·法＝欧·库/伏＝欧·安秒/伏＝秒

因此乘积 RC 称为时间常数，用 τ 表示，即

$$\tau=RC$$

τ 的单位为秒，而 $s=-1/RC=-1/\tau$ 的单位为 1/秒，具有频率的量纲，故 s 称为电路的固有频率。引出 τ 这一物理量后，式(13—12)和式(13—13)可改写为

$$u_C(t)=U_S+(U_0-U_S)e^{-\frac{1}{\tau}t} \quad (t>0)$$

$$i(t)=\frac{U_S-U_0}{R}e^{-\frac{1}{\tau}t} \quad (t>0)$$

它们的暂态响应分量衰减的快慢取决于电路时间常数 τ 的大小，τ 愈大，衰减愈慢；τ 愈小，衰减愈快。需要指出，电路中所有电压和电流的暂态响应都随时间按同一指数规律变化，它们具有相同的时间常数。

　　时间常数 τ 是一阶电路的一个重要参数，它出现在电流、电压的暂态响应中，现以电压为例来说明 τ 的物理概念。设电压的暂态响应为

$$u_h(t)=Ke^{-\frac{t}{\tau}} \tag{13—16}$$

$t=0_+$ 时

$$u_h(0_+)=K$$

$t=\tau$ 时

$$u_h(\tau)=Ke^{-1}=0.368K=36.8\%u_h(0_+)$$

由上式可见，τ 是暂态响应由其初始值降到初值的 36.8% 时所对应的时间。

　　τ 的图示分析如下：

图 13-6 示出了 $u_h(t)$ 的波形。$t=0_+$ 时，u_h 的变化率由式(13-16)得

$$\frac{\mathrm{d}u_h}{\mathrm{d}t}\bigg|_{t=0_+}=-\frac{1}{\tau}K\mathrm{e}^{-\frac{t}{\tau}}\bigg|_{t=0_+}=-\frac{K}{\tau} \tag{13-17}$$

在 $u_h(t)$ 的波形上 $t=0_+$ 的 A 点作切线 $\overline{ab}$，它与横轴的夹角为 α，由图可见

$$\frac{\mathrm{d}u_h}{\mathrm{d}t}\bigg|_{t=0_+}=-\tan\alpha=-\frac{\overline{OA}}{\overline{OB}}=-\frac{K}{\overline{OB}} \tag{13-18}$$

对照式(13-17)和式(13-18)，于是有

$$\overline{OB}=\tau$$

$\overline{OB}$ 称为 A 点的次切距。同样分析方法可以证明，$u_h(t)$ 波形上任一点的次切距均等于 τ（见图 13-6 中所示），这一结论对任何暂态响应均成立。根据这一概念，也可在响应波形上示出 τ（见图 13-5 中所示）。τ 的一般图示是：在响应波形上 $t=t_0$ 的点作切线，使之与稳态响应波形相交，该交点的横坐标到 t_0 之间的时间即为时间常数 τ。

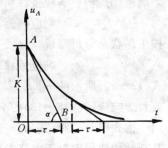

图 13-6 τ 的图示

电路中各暂态响应的形式均为 $K\mathrm{e}^{-\frac{t}{\tau}}$，$t\to\infty$ 时它为零，暂态响应消失，电路进入稳态，可见动态电路瞬态过程的时间为无限大。然而实际上并非如此。为了说明 $K\mathrm{e}^{-\frac{t}{\tau}}$ 随时间增长而衰减的情况，列表 13-1。由表 13-1 可以看出，当 $t=(4\sim5)\tau$ 时，暂态响应已衰减到其初值的 $1.8\%\sim0.67\%$，这时可认为电路已达到稳态，所以实际上瞬态过程的时间为 $4\tau\sim5\tau$。电子技术中 τ 的数量级是 $\mathrm{ms}\sim\mathrm{ns}$。

暂态响应随时间增长而衰减的情况   表 13-1

时间：t	0	τ	2τ	3τ	4τ	5τ
暂态响应：$K\mathrm{e}^{-\frac{t}{\tau}}$	K	$36.8\%K$	$13.5\%K$	$5\%K$	$1.83\%K$	$0.674\%K$

二、直流一阶 *RL* 电路动态分析

图 13-7(a)所示为 $t>0$ 时的直流 RL 电路，设 $i_L(0_-)=I_0$。由 KCL 有

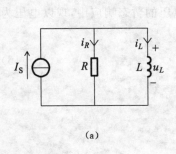

(a)

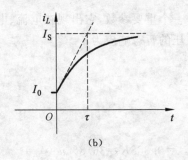

(b)

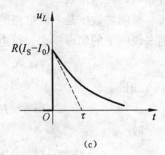

(c)

图 13-7 直流一阶 *RL* 电路的瞬态

$$i_R + i_L = I_S \quad (t>0)$$

以 i_L 为变量,将 $i_R = \dfrac{u_L}{R} = \dfrac{L}{R}\dfrac{\mathrm{d}i_L}{\mathrm{d}t}$ 代入上式,得

$$\frac{L}{R}\frac{\mathrm{d}i_L}{\mathrm{d}t} + i_L = I_S \quad (t>0) \tag{13-19}$$

式(13-19)之解为

$$i_L(t) = i_{Lp}(t) + i_{Lh}(t) \quad (t>0) \tag{13-20}$$

上式中的 i_{Lp} 和 i_{Lh} 分别是式(13-19)的特解和齐次解。与直流 RC 电路的分析类似,i_{Lp} 是一常数,将它代入式(13-19)后可得

$$i_{Lp}(t) = I_S \tag{13-21}$$

可见它是电路稳态时的 i_L 值,故 $i_{Lp}(t)$ 称为电流 $i_L(t)$ 的稳态响应分量。$i_{Lh}(t)$ 满足齐次微分方程,即

$$\frac{L}{R}\frac{\mathrm{d}i_{Lh}}{\mathrm{d}t} + Ri_{Lh} = 0 \quad (t>0)$$

其解 $$i_{Lh}(t) = K\mathrm{e}^{st} \quad (t>0)$$

它是 $i_L(t)$ 的暂态响应分量。微分方程的特征方程和特征根分别为

$$\frac{L}{R}s + 1 = 0 \quad \text{和} \quad s = -\frac{R}{L}$$

于是 $$i_{Lh}(t) = K\mathrm{e}^{-\frac{R}{L}t} \quad (t>0) \tag{13-22}$$

式(13-21)、式(13-22)代入式(13-20),得

$$i_L(t) = I_S + K\mathrm{e}^{-\frac{R}{L}t} \quad (t>0) \tag{13-23}$$

$t = 0_+$ 代入上式,于是

$$i_L(0_+) = I_S + K$$

而由换路定律有

$$i_L(0_+) = i_L(0_-) = I_0$$

故 $$K = I_0 - I_S$$

将 K 值代入式(13-23),得

$$i_L(t) = I_S + (I_0 - I_S)\mathrm{e}^{-\frac{R}{L}t} \quad (t>0)$$

或 $$i_L(t) = I_S + (I_0 - I_S)\mathrm{e}^{-\frac{1}{\tau}t} \quad (t>0) \tag{13-24}$$

式中,$\tau = L/R$,它具有时间的量纲,称为 RL 电路的时间常数。式(13-24)右侧第一项特解在电路中称为 $i_L(t)$ 的强制响应或稳态响应,第二项齐次解称为 $i_L(t)$ 的固有响应或暂态响应。

电感电压

$$u_L(t) = L\frac{\mathrm{d}i_L}{\mathrm{d}t} = R(I_S - I_0)\mathrm{e}^{-\frac{R}{L}t} = R(I_S - I_0)\mathrm{e}^{-\frac{1}{\tau}t} \quad (t>0)$$

或 $$u_L(t) = Ri_R = R(I_S - i_L) = R(I_S - I_0)\mathrm{e}^{-\frac{1}{\tau}t} \quad (t>0)$$

同样亦可由 $u_L(t)$ 的微分方程求出 $u_L(t)$,结果与上相同。

图 13-7(b)、(c)画出了 $I_0 < I_S$ 情况下的 $i_L(t)$、$u_L(t)$ 的波形,并示出了 τ。

现在对直流一阶电路经典分析法的步骤总结如下:

(1) 对换路后($t>0$)电路列响应的微分方程;

（2）求微分方程的特解，它等于电路稳态时的响应值；

（3）求微分方程的齐次解，它是一固定形式：$K\mathrm{e}^{st}$ 或 $K\mathrm{e}^{-t/\tau}$；

（4）求特征方程的根 s 或求时间常数 τ。电压源激励的 RC 串联电路或电流源激励的 RC 并联电路有 $\tau = RC$，对于同样形式的 RL 电路，则 $\tau = L/R$；

（5）响应微分方程的解等于其特解与齐次解之和。由初始条件定响应中的积分常数 K，最后求得响应；

（6）画响应的波形，它从初始值开始，按指数规律 $\mathrm{e}^{-t/\tau}$ 变化到稳态值。

例 13—3 图 13—8 所示电路原已稳定，$t=0$ 时开关断开，试用经典法求 $t>0$ 时的 $u_C(t)$ 及其稳态响应和暂态响应，并画它们的波形。

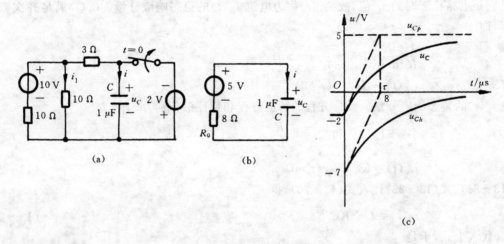

图 13—8 例 13—3 图

解 由图可见，

$$u_C(0_-) = -2 \text{ V}$$

将换路后的电路用戴维南定理等效为图(b)，由 KVL 有

$$u_C + 8i = 5$$

$i = 10^{-6}\,\mathrm{d}u_C/\mathrm{d}t$ 代入上式得

$$8 \times 10^{-6}\frac{\mathrm{d}u_C}{\mathrm{d}t} + u_C = 5$$

其解

$$u_C(t) = u_{Cp}(t) + u_{Ch}t(t)$$
$$u_{Cp}(t) = 5 \text{ V}$$
$$\tau = R_0 C = 8 \times 10^{-6} \quad s = 8 \ \mu\mathrm{s}$$

$$u_{Ch}t(t) = K\mathrm{e}^{-\frac{1}{\tau}t} = K\mathrm{e}^{-\frac{10^6}{8}t} = K\mathrm{e}^{-125 \times 10^3 t} \tag{a}$$

于是

$$u_C(t) = u_{Cp} + u_{Ch}t = 5 + K\mathrm{e}^{-125 \times 10^3 t} \tag{b}$$
$$u_C(0_+) = 5 + K$$

由换路定律

$$u_C(0_+) = u_C(0_-) = -2 \text{ V}$$

故

$$5 + K = -2$$

$$K = -7$$

K 值代入式(a)、(b)得

$$\left.\begin{array}{l} u_{Ch}t(t) = -7\mathrm{e}^{-125 \times 10^3 t} \ \mathrm{V} \\[2mm] u_C(t) = 5 - 7\mathrm{e}^{-125 \times 10^3 t} \ \mathrm{V} \end{array}\right\} \quad (t > 0,\ t:\ \mathrm{s})$$

或

$$\left.\begin{array}{l} u_{Ch}t(t) = -7\mathrm{e}^{-0.125t} \ \mathrm{V} \\[2mm] u_C(t) = 5 - 7\mathrm{e}^{-0.125t} \ \mathrm{V} \end{array}\right\} \quad (t > 0,\ t:\ \mu\mathrm{s})$$

u_{Cp}、$u_{Ch}t(t)$ 和 $u_C(t)$ 的波形如图 13-8(c)所示。

第四节　直流一阶电路动态分析的三要素法

根据动态分析的经典法,任何一阶电路的响应 $r(t)$ 均等于微分方程的特解 $r_p(t)$ 与齐次解 $r_k(t)$ 之和,而齐次解的形式固定为 $K\mathrm{e}^{st} = K\mathrm{e}^{-\frac{t}{\tau}}$,因此响应 $r(t)$ 为

$$r(t) = r_p(t) + r_h(t) = r_p(t) + K\mathrm{e}^{-\frac{t}{\tau}} \quad (t > 0) \tag{13-25}$$

直流电路中,$r_p(t)$ 等于 $r(t)$ 的稳态值,也即 $t \to \infty$ 时的值,用 $r(\infty)$ 表示,称为 $r(t)$ 的终值。于是上式可改写成

$$r(t) = r(\infty) + K\mathrm{e}^{-\frac{1}{\tau}t} \quad (t > 0)$$

$r(\infty)$ 是一常数,与时间无关,故 $t = 0_+$ 代入上式有

$$r(0_+) = r(\infty) + K \tag{13-26}$$
$$K = r(0_+) - r(\infty)$$

将 K 值代入式(13-26),于是得到

$$r(t) = r(\infty) + [r(0_+) - r(\infty)]\mathrm{e}^{-\frac{1}{\tau}t} \quad (t > 0) \tag{13-27}$$

用上式计算一阶电路响应的方法称为三要素法,式(13-27)称为三要素法公式,简称三要素公式,其三要素是:初值 $r(0_+)$、终值 $r(\infty)$ 和时间常数 τ。响应 $u(t)$ 和 $i(t)$ 的三要素公式为

$$\left.\begin{array}{l} u(t) = u(\infty) + [u(0_+) - u(\infty)]\mathrm{e}^{-\frac{1}{\tau}t} \quad (t > 0) \\[2mm] i(t) = i(\infty) + [i(0_+) - i(\infty)]\mathrm{e}^{-\frac{1}{\tau}t} \quad (t > 0) \end{array}\right\} \tag{13-28}$$

若电路在 t_0 瞬时换路,则响应 $r(t)$ 的三要素公式为

$$r(t) = r(\infty) + [r(t_{0+}) - r(\infty)]\mathrm{e}^{-\frac{1}{\tau}(t-t_0)} \quad (t > t_0) \tag{13-29}$$

三要素法是由经典法总结出来的,它的最大优点是不需要列微分方程,而只要求出三个要素并代入三要素公式即可求得响应 $r(t)$。三要素法是分析直流一阶电路最常用的方法。

三要素法中初值的计算在第二节已作了详细分析。终值即稳态值可应用直流电阻电路的计算方法计算,直流稳态电路中,C 相当于开路,L 相当于短路,故它是一个纯电阻性电路。时间常数 τ,对 RC 电路为 $\tau = RC$,对 RL 电路为 $\tau = GL(G = 1/R)$,它们是对偶关系。任意结构的一阶 $RC(RL)$ 电路 τ 的计算方法是,将 $C(L)$ 以外部分用戴维南等效电源替代,于是 $\tau = R_0 C$ (或 L/R_0),式中 R_0 为戴维南等效电源的内阻。τ 存在于固有响应中,固有响应对应齐次微分方程,也即对应激励源为零的电路,因此也可以这样求 τ:先令电路中的独立源为零,然后将电

路简化为 $R_0C(R_0L)$ 串联回路,则 $\tau=R_0C(L/R_0)$。例如图 13-9(a)电路的时间常数 τ 的计算

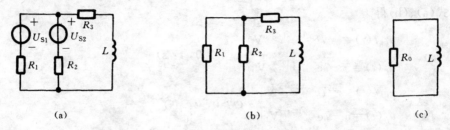

(a)   (b)   (c)

图 13-9 τ 的计算电路

电路如图 13-9(b)所示,简化为图 13-9(c),图(c)中

$$R_0=(R_1 /\!/ R_2)+R_3=\frac{R_1R_2}{R_1+R_2}+R_3=\frac{R_1R_2+R_2R_3+R_3R_1}{R_1+R_2}$$

于是

$$\tau=\frac{L}{R_0}=\frac{(R_1+R_2)L}{R_1R_2+R_2R_3+R_3R_1}$$

根据三要素公式(13-28)不难画出 $u(t)$ 和 $i(t)$ 的波形,它们均从初值开始按指数规律 $e^{-t/\tau}$ 变化到终值。

例 13-4 试用三要素法求例 13-3 的 $u_C(t)$。

解

(1) 由图 13-8(a)求得 $u_C(0_-)=-2$ V,因此 $u_C(0_+)=u_C(0_-)=-2$ V。

(2) 将图 13-8(a)在 $t>0$ 时的电路(开关开的情况)用戴维南定理简化为图 13-8(b),由图(b)得

$$u_C(\infty)=5 \text{ V}$$

$$\tau=R_0C=(8\times1)\ \mu s=(8\times10^{-6})\ s$$

(3) 将三要素 $u_C(0_+)$、$u_C(\infty)$ 和 τ 代入三要素公式,于是

$$u_C(t)=u_C(\infty)+[u_C(0_+)-u_C(\infty)]e^{-\frac{t}{\tau}}=5+(-2-5)e^{-\frac{10^6}{8}t}$$

$$=(5-7e^{-125\times10^3t})\ V\quad(t>0)$$

由上分析可见,三要素法比经典法简便得多。

例 13-5 写出图 13-10(a)、(b)所示波形的 $i(t)$ 表达式。

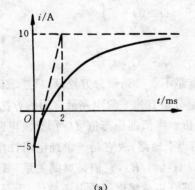
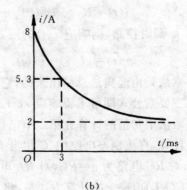

(a)   (b)

图 13-10 例 13-5 图

316

解

图(a)：

$$i(0_+) = -5 \text{ A}, \quad i(\infty) = 10 \text{ A}, \quad \tau = 2 \text{ ms} = (2 \times 10^{-3}) \text{ s}$$

于是

$$i(t) = i(\infty) + [i(0_+) - i(\infty)] e^{-\frac{1}{\tau}} = (10 - 15 e^{-500t}) \text{ A} \quad (t > 0)$$

图(b)：

$$i(0_+) = 8 \text{ A}, \quad i(\infty) = 2 \text{ A}$$

于是

$$i(t) = i(\infty) + [i(0_+) - i(\infty)] e^{-\frac{1}{\tau}} = (2 + 6 e^{-\frac{1}{\tau}t}) \text{ A} \quad (t > 0)$$

由图(b)可见

$$i(3) = 5.3 \text{ A}$$

故

$$i(3) = 2 + 6 e^{-\frac{3}{\tau}} = 5.3$$

$$-\frac{3}{\tau} = \ln \frac{5.3 - 2}{6} = \ln \frac{3.3}{6}$$

$$\tau = \frac{-3}{\ln \frac{3.3}{6}} \text{ ms} \approx 5 \text{ ms} = 5 \times 10^{-3} \text{ s}$$

所以

$$i(t) = (2 + 6 e^{-200t}) \text{ A} \quad (t > 0)$$

例 13—6 图 13—11(a)，$t = 0$ 时开关闭合，换路前电路已处稳态，试用三要素法求 $t > 0$ 时的 $u_C(t)$、i_C 和 $i(t)$，并画 $u_C(t)$ 和 $i_C(t)$ 的波形。图中电阻单位为 Ω，电容为 F。

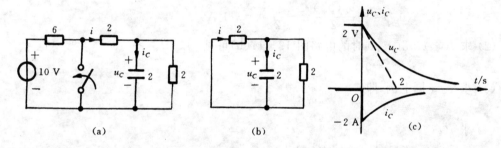

(a)　　　　　　(b)　　　　　　(c)

图 13—11 例 13—6 图

解 画出 $t > 0$ 电路如图(b)所示，求 $u_C(t)$ 的三要素。

(1) 求初值 $u_C(0_+)$。由 $t = 0_-$ 电路可求得

$$u_C(0_-) = \left(\frac{2}{6+2+2} \times 10 \right) \text{ V} = 2 \text{ V}$$

故

$$u_C(0_+) = u_C(0_-) = 2 \text{ V}$$

(2) 求终值 $u_C(\infty)$。由图(b)可见

$$u_C(\infty) = 0$$

(3) 求时间常数 τ

$$\tau = [(2 /\!/ 2) \times 2] \text{ s} = 2 \text{ s}$$

(4) 求 $u_C(t)$、i_C 和 $i(t)$

$$u_C(t) = u_C(\infty) + [u_C(0_+) - u_C(\infty)] e^{-\frac{1}{\tau}t} = 2 e^{-\frac{1}{2}t} \text{ V} \quad (t > 0)$$

$$i_C = C \frac{du_C}{dt} = 2 \left(-\frac{1}{2} \times 2 e^{-\frac{1}{2}t} \right) = -2 e^{-\frac{1}{2}t} \text{ A} \quad (t > 0)$$

317

由图(b)有 $\qquad i(t)=-\dfrac{u_C(t)}{2}=-e^{-\frac{1}{2}t}$ A $\quad(t>0)$

画 $u_C(t)$ 和 $i_C(t)$ 的波形如图 13—11(c)所示(图中 u_C、i_C 的纵坐标比例尺度不同)。

该例 $t>0$ 的电路(图 b)中无输入激励源,这种电路称为零输入电路,响应称为零输入响应。电路中的物理过程是电容 C 放电的过程。电容在 $t=0_+$ 时的储能为

$$w_C(0_+)=\frac{1}{2}Cu_C^2(0_+)=\frac{1}{2}Cu_C^2(0_-)=\left(\frac{1}{2}\times 2\times 4\right)\text{J}=4\text{ J}$$

换路后,C 通过并联电阻 R_0($R_0=R_1/\!/R_2=1\ \Omega$)放电,C 的能量放完则过程结束。可见零输入电路的瞬态过程是由储能元件释放能量所造成。根据能量守恒定律,R_0 在瞬态过程中消耗的能量应等于 $w_C(0_+)$,这可通过计算予以证明。在瞬态过程中,R_0 消耗的能量为

$$w_R=\int_0^\infty p_{R0}\mathrm{d}t=\int_0^\infty R_0 i_C^2\mathrm{d}t=\int_0^\infty 1\times(-2e^{-t/2})^2\mathrm{d}t$$

$$=-4e^{-t}\Big|_0^\infty=4\text{ J}$$

可见,$w_R=w_C(0_+)$。

例 13—7 对上例用三要素法直接求 $t>0$ 时的 $i(t)$。

解

(1) 求 $i(0_+)$。作 $t=0_+$ 电路如图 13—13(a)所示,图中电压源 $u_C(0_+)=u_C(0_-)=2$ V。由图可求得

$$i(0_+)=-\frac{u_C(0_+)}{2}=-\frac{2}{2}\text{A}=-1\text{ A}$$

(2) 求 $i(\infty)$。由 $t>0$ 时的电路图 13—11(b)可见

$$i(\infty)=0$$

(3) 求 τ。τ 同上例,即

$$\tau=2\text{ s}$$

(4) 求 $i(t)$

$$i(t)=i(\infty)+[i(0_+)-i(\infty)]e^{-\frac{1}{\tau}t}=-e^{-\frac{1}{2}t}\text{ A}\quad(t>0)$$

它与上例求出的相同。

作 $i(t)$ 波形如图 13—12(b)所示。

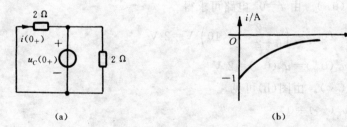

图 13—12 例 13—7 图

例 13—8 图 13—13(a)所示电路,$t=0$ 时开关打开,换路前电路已稳定。试求 $t>0$ 时的 $i_L(t)$、$i_1(t)$、$i(t)$ 和 $u_L(t)$。

解 由图(a)有

$$i_L(0_-)=0$$

318

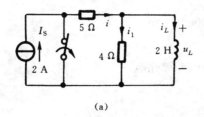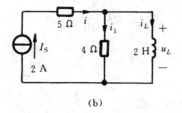

$$(a) \qquad\qquad (b)$$

图 13 — 13 例 13 — 8 电路

$t>0$ 时的电路如图(b)所示。i_L 的初值、终值和 τ 分别为

$$i_L(0_+)=i_L(0_-)=0, \quad i_L(\infty)=2 \text{ A}, \quad \tau=\frac{2}{4} \text{ s}=0.5 \text{ s}$$

故

$$i_L(t)=i_L(\infty)+[i_L(0_+)-i_L(\infty)]e^{-\frac{t}{\tau}}=i_L(\infty)(1-e^{-\frac{t}{\tau}})$$
$$=2(1-e^{-2t}) \text{ A} \quad (t>0)$$

$$u_L(t)=2\frac{di_L}{dt}=8e^{-2t} \text{ V} \quad (t>0)$$

$$i_1(t)=\frac{u_L(t)}{4}=2e^{-2t} \text{ A} \quad (t>0)$$

$$i(t)=I_S=2 \text{ A} \quad (t>0)$$

读者试直接由三要素法求 $i_1(t)$ 和 $u_L(t)$。

上例电路的初始状态 $i_L(0_+)=0$,这种零初始状态的电路称为零状态电路,响应称为零状态响应。零状态电路的瞬态过程是由输入激励源产生的。

例 13 — 9 图 13—14(a)电路,电容原来未充电,$t=0$ 时开关接至 1 点,$t=20$ ms 时,开关换接至 2 点,试求 $t>0$ 时的 $u_C(t)$、$i_C(t)$,并画它们的波形。

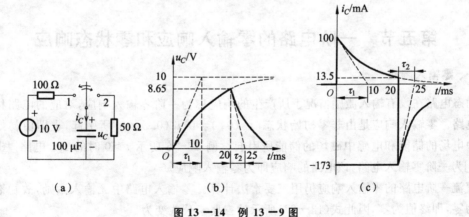

$$(a) \qquad\qquad (b) \qquad\qquad (c)$$

图 13 —14 例 13 —9 图

解

(1) $0<t<0.02$ s,开关接至 1 点

由图(a)可见,这时电路为零状态电路,其瞬态过程为电容的充电过程。由图(a)有

$$u_C(0_+)=u_C(0_-)=0, \quad u_C(\infty)=10 \text{ V}$$

$$\tau_1=(100\times100\times10^{-6}) \text{ s}=10^{-2} \text{ s}=10 \text{ ms}$$

$$u_C=u_C(\infty)+[u_C(0_+)-u_C(\infty)]e^{-\frac{t}{\tau_1}}=u_C(\infty)(1-e^{-\frac{t}{\tau_1}})=10(1-e^{-100t}) \text{ V}$$

$$i_C = C\frac{\mathrm{d}u_C}{\mathrm{d}t} = 0.1\ \mathrm{e}^{-100t}\ \mathrm{A} = 100\mathrm{e}^{-100t}\ \mathrm{mA}$$

或
$$i_C = \frac{10 - u_C}{100} = 0.1\mathrm{e}^{-100t}\ \mathrm{A} = 100\mathrm{e}^{-100t}\ \mathrm{mA}$$

$t = 0.02_-$ s 时

$$u_C(0.02_-) = 10(1 - \mathrm{e}^{-100 \times 0.02})\ \mathrm{V} = 8.65\ \mathrm{V}$$

$$i_C(0.02_-) = 100\mathrm{e}^{-100 \times 0.02}\ \mathrm{mA} = 100\mathrm{e}^{-2}\ \mathrm{mA} = 13.5\ \mathrm{mA}$$

（2）$t > 0.02$ s，开关换接至 2 点

这时电路为零输入电路，其瞬态过程为电容的放电过程。换路时间 $t_0 = 0.02$ s，因此应该用式（13-29）所示的三要素公式进行分析。

$$u_C(0.02_+) = u_C(0.02_-) = 8.65\ \mathrm{V}$$

$$u_C(\infty) = 0$$

$$\tau_2 = (50 \times 100 \times 10^{-6})\ \mathrm{s} = (5 \times 10^{-3})\ \mathrm{s} = 5\ \mathrm{ms}$$

$$u_C = u_C(\infty) + [u_C(0.02_+) - u_C(\infty)]\mathrm{e}^{(t-t_0)/\tau_2}$$
$$= u_C(0.02_+)\mathrm{e}^{-(t-t_0)/\tau_2} = 8.65\mathrm{e}^{-200(t-0.02)}\ \mathrm{V}$$

$$i_C = -\frac{u_C}{50} = -0.173\mathrm{e}^{-200(t-0.02)}\ \mathrm{A} = -173\mathrm{e}^{-200(t-0.02)}\ \mathrm{mA}$$

$$i_C(0.02_+) = -173\ \mathrm{mA}$$

（3）$u_C(t)$ 和 $i_C(t)$ 的波形如图 13-14（b）和（c）所示，由图可见：① 两次换路时，u_C 均不跃变，而 i_C 跃变；② 因为 $\tau_1 > \tau_2$，故电容充电过程变化慢，放电过程变化快。

第五节 一阶电路的零输入响应和零状态响应

一、零输入响应

动态电路在没有输入激励情况下所产生的响应称为一阶零输入响应，对应的电路称为零输入电路。零输入响应是由非零初始状态[$u_C(0_+) \neq 0$、$i_L(0_+) \neq 0$]所引起，也即由初始时刻电容中电场的储能和电感中磁场的储能所引起。例 13-6 所示 $t > 0$ 时的 RC 电路[图 13-11（b）]为一阶零输入电路，该电路的响应即为零输入响应。

直流一阶电路的零输入响应仍用三要素法计算。零输入电路中无输入激励，故稳态响应分量为零，即终值为零，因此式（13-27）所示的三要素公式变为

$$r(t) = r(0_+)\mathrm{e}^{-\frac{1}{\tau}t} \quad (t > 0) \tag{13-30}$$

对于零输入电压和零输入电流则为

$$u(t) = u(0_+)\mathrm{e}^{-\frac{t}{\tau}} \quad (t > 0)$$

$$i(t) = i(0_+)\mathrm{e}^{-\frac{t}{\tau}} \quad (t > 0)$$

式（13-30）中，响应初值 $r(0_+)$ 可由 $t = 0_+$ 电路求得。$t = 0_+$ 电路中的激励源仅为 $u_C(0_+)$ 或 $i_L(0_+)$，根据线性电路响应与激励呈线性关系的特点，$r(0_+)$ 正比于 $u_C(0_+)$ 或 $i_L(0_+)$。由

此可见,零输入响应与非零初始状态的 $u_C(0_+)$ 或 $i_L(0_+)$ 成正比,这一关系称为零输入比例性,即若初始状态增加 α 倍,则零输入响应也相应地增大 α 倍。

例 13-10　图 13-15 为 $t>0$ 时的电路,设 $i_L(0_+)=I_0$,试求 $t>0$ 时的 $i_L(t)$、$i_1(t)$ 和 $u_L(t)$。

解　图 13-15 中的 R_0 和 τ 分别为

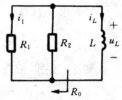

图 13-15　例 13-10 电路

$$R_0=R_1 /\!/ R_2=\frac{R_1 R_2}{R_1+R_2}$$

$$\tau=\frac{L}{R_0}=\frac{(R_1+R_2)L}{R_1 R_2}$$

由式(13-30)有

$$i_L(t)=i_L(0_+)\mathrm{e}^{-\frac{t}{\tau}}=I_0\mathrm{e}^{-R_0 t/L} \quad (t>0)$$

由分流公式

$$i_1(t)=\frac{-R_2}{R_1+R_2}i_L(t)=\frac{-R_2}{R_1+R_2}I_0\mathrm{e}^{-R_0 t/L} \quad (t>0)$$

$$u_L(t)=R_1 i_1(t)=-\frac{R_1 R_2}{R_1+R_2}I_0\mathrm{e}^{-R_0 t/L} \quad (t>0)$$

由上面的三个式子可见,零输入响应均与初始状态 $i_L(0_+)=I_0$ 成正比。

例 13-11　图 13-16(a)所示电路,各电阻单位为 Ω,$t=0$ 时开关打开,求 $t>0$ 时的 $u_{ab}(t)$。

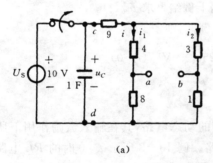
(a)

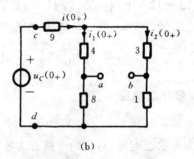
(b)

图 13-16　例 13-11 电路

解 1　直接由三要素法求 $u_{ab}(t)$。由图(a)有 $u_C(0_-)=10$ V,因此

$$u_C(0_+)=u_C(0_-)=10 \text{ V}$$

(1) 求 $u_{ab}(0_+)$。作 $t=0_+$ 电路如图(b)所示。由图(b)可求得

$$R_{cd}=\left[9+\frac{(4+8)(3+1)}{4+8+3+1}\right]\Omega=12 \ \Omega$$

$$i(0_+)=\frac{u_C(0_+)}{R_{cd}}=\frac{10}{12} \text{ A}=\frac{5}{6} \text{ A}$$

$$i_1(0_+)=\frac{3+1}{8+4+3+1}\times i(0_+)=\left(\frac{4}{16}\times\frac{5}{6}\right) \text{ A}=\frac{5}{24} \text{ A}$$

$$i_2(0_+)=\frac{8+4}{8+4+3+1}\times i(0_+)=\left(\frac{12}{16}\times\frac{5}{6}\right) \text{ A}=\frac{15}{24} \text{ A}$$

$$u_{ab}(0_+)=-4i_1(0_+)+3i_2(0_+)=\left(-4\times\frac{5}{24}+3\times\frac{15}{24}\right) \text{ A}=\frac{25}{24} \text{ A}$$

（2）求 τ

$$\tau = R_{cd}C = (12 \times 1)\text{ s} = 12\text{ s}$$

（3）求 $u_{ab}(t)$

$$u_{ab}(t) = u_{ab}(0_+)\text{e}^{-\frac{t}{\tau}} = \frac{25}{24}\text{e}^{-\frac{1}{12}t}\text{ V} \quad (t>0)$$

解 2 先求 $u_C(t)$，再由 $u_C(t)$ 求 $u_{ab}(t)$

$$u_C(0_+) = u_C(0_-) = 10\text{ V}$$

R_{cd} 和 τ 的求法同解 1

$$\tau = R_{cd}C = 12\text{ s}$$

于是

$$u_C(t) = 10\text{e}^{-\frac{1}{12}t}\text{ V} \quad (t>0)$$

由图（a）开关打开的情况有

$$i(t) = \frac{u_C(t)}{R_{cd}} = \frac{5}{6}\text{e}^{-\frac{t}{12}}\text{ A} = 0.833\text{e}^{-\frac{t}{12}}\text{ A} \quad (t>0)$$

$$i_1(t) = \frac{4}{12+4}i(t) = \frac{5}{24}\text{e}^{-\frac{t}{12}}\text{ A} = 0.208\text{e}^{-\frac{t}{12}}\text{ A} \quad (t>0)$$

$$i_2(t) = \frac{12}{12+4}i(t) = \frac{15}{24}\text{e}^{-\frac{t}{12}}\text{ A} = 0.625\text{e}^{-\frac{t}{12}}\text{ A} \quad (t>0)$$

故得

$$u_{ab}(t) = -4i_1 + 3i_2 = \frac{25}{24}\text{e}^{-\frac{t}{12}}\text{ V} = 1.042\text{e}^{-\frac{t}{12}}\text{ V} \quad (t>0)$$

例 13—12 上例电路，若 $U_s = 12$ V，试根据上例结果求 $u_{ab}(t)$。

解 $u_C(0_+) = u_C(0_-) = 12$ V，根据零输入比例性，则

$$u_{ab}(t) = \left(\frac{12}{10} \times \frac{25}{24}\text{e}^{-\frac{t}{12}}\right)\text{ V} = 1.25\text{e}^{-\frac{t}{12}}\text{ V} \quad (t>0)$$

二、零状态响应

具有零初始状态[$u_C(0_+) = 0$ 和 $i_L(0_+) = 0$]的动态电路，其在输入激励作用下所产生的响应称为零状态响应，对应的电路称为零状态电路。例 13—8 所示 $t>0$ 时的 RL 电路为直流一阶零状态电路[因为 $i_L(0_+) = 0$]，该电路响应为零状态响应。

直流一阶电路的零状态响应仍可用式（13—27）所示的三要素公式计算，即

$$r(t) = r(\infty) + [r(0_+) - r(\infty)]\text{e}^{-\frac{1}{\tau}t} \quad (t>0) \tag{13—31}$$

若零状态响应为 $u_C(t)$ 和 $i_L(t)$，则由于 $u_C(0_+) = 0$ 和 $i_L(0_-) = 0$，于是上式变为

$$u_C(t) = u_C(\infty)(1 - \text{e}^{-\frac{t}{\tau}}) \quad (t>0) \tag{13—32}$$

和

$$i_L(t) = i_L(\infty)(1 - \text{e}^{-\frac{t}{\tau}}) \quad (t>0) \tag{13—33}$$

需要指出，式（13—32）和式（13—33）只能分别用于计算零状态时的电容电压和电感电流，至于其他量的零状态响应，则必须用式（13—31）计算。

例 13—13 图 13—17 所示为 $t>0$ 时的电路，已知 U_s、R、C 及 $u_C(0_-) = 0$，试求 $u_C(t)$ 和 $i(t)$。

解 该电路为零状态电路，$u_C(t)$ 为

$$u_C(t) = u_C(\infty)(1 - \text{e}^{-\frac{t}{\tau}}) = U_s(1 - \text{e}^{-\frac{1}{RC}}) \quad (t>0)$$

电流 $i(t)$ 为

$$i(t) = i(\infty) + [i(0_+) - i(\infty)]e^{-\frac{t}{\tau}} \quad (t > 0)$$

由图 13-17 可得

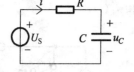

图 13-17 例 13-13 电路

$$i(\infty) = 0, \quad i(0_+) = \frac{U_S}{R} \quad [因为 u_C(0_+) = 0]$$

于是

$$i(t) = i(0_+)e^{-\frac{t}{\tau}} = \frac{U_S}{R}e^{-\frac{t}{RC}} \quad (t > 0)$$

零状态响应稳态值 $r(\infty)$ 和初值 $r(0_+)$ 所对应的电路(稳态电路和初始电路)中,只有输入激励源,根据线性电路响应与激励呈线性关系的特点,故 $r(\infty)$ 和 $r(0_+)$ 均与输入激励呈线性关系,因此,任何零状态响应 $r(t)$ 与输入激励呈线性关系,称为零状态线性。若电路中仅有一个输入激励源,则零状态响应与该激励成正比关系,称为零状态比例性。

例 13-14 图 13-18(a)电路,$t=0$ 时开关闭合,$i_L(0_-) = 0$。试求:(1) $t > 0$ 时的 $i_L(t)$;(2) 若 200 V 压源增为 300 V,重求(1)。

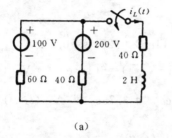 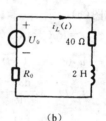

(a)   (b)

图 13-18 例 13-14 电路

解

(1) 用戴维南定理将图(a)在 $t > 0$ 时的电路等效为图(b),图(b)中等效电源的 U_0 和 R_0 分别为

$$U_0 = \left(100 + 60 \times \frac{200 - 100}{60 + 40}\right) V = 160 \text{ V}$$

和

$$R_0 = (60 /\!/ 40) \Omega = \frac{60 \times 40}{60 + 40} \Omega = 24 \text{ }\Omega$$

图(b)中得

$$i_L(0_+) = i_L(0_-) = 0$$

$$i_L(\infty) = \frac{U_0}{R_0 + 40} = \frac{160}{64} \text{ A} = 2.5 \text{ A}$$

$$\tau = \frac{2}{R_0 + 40} = \frac{1}{32} \text{ s}$$

于是

$$i_L(t) = i_L(\infty)(1 - e^{-\frac{t}{\tau}}) = 2.5(1 - e^{-32t}) \text{ A} \quad (t > 0)$$

(2) 200 V 压源增为 300 V 时,图 13-18(b)中的 U_0 为

$$U_0 = \left(100 + \frac{300 - 100}{60 + 40} \times 60\right) V = 220 \text{ V}$$

它是(1)中 U_0 的 220/160 倍。根据零状态比例性,故得

$$i_L(t) = \frac{220}{160} \times 2.5(1 - e^{-32t}) \text{ A} \approx 3.44(1 - e^{-32t}) \text{ A} \quad (t > 0)$$

例 13—15 图 13—19(a)电路在换路前已处稳态，$t=0$ 时开关打开，求 $t>0$ 时的 $i_C(t)$ 和 $i_1(t)$。

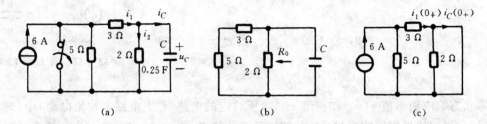

图 13—19 例 13—15 电路

解 1 先求 $u_C(t)$，再根据 $u_C(t)$ 求 $i_C(t)$ 和 $i_1(t)$

$$u_C(0_+)=u_C(0_-)=0$$

$$u_C(\infty)=2i_2(\infty)=\left(2\times\frac{6}{2}\right)\text{ V}=6\text{ V}$$

τ 的计算电路如图(b)所示，

$$\tau=R_0C=[(2//8)\times0.25]\text{ s}=(1.6\times0.25)\text{ s}=0.4\text{ s}$$

于是

$$u_C(t)=u_C(\infty)(1-e^{-\frac{t}{\tau}})=6(1-e^{-\frac{t}{0.4}})=6(1-e^{-2.5t})\text{ V}\quad(t>0)$$

$$i_C(t)=C\frac{\mathrm{d}u_C}{\mathrm{d}t}=0.25\times6\times2.5e^{-2.5t}=3.75e^{-2.5t}\text{ A}\quad(t>0)$$

$$i_2(t)=\frac{u_C(t)}{2}=3(1-e^{-2.5t})\text{ A}\quad(t>0)$$

$$i_1(t)=i_C(t)+i_2(t)=(3+0.75e^{-2.5t})\text{ A}\quad(t>0)$$

解 2 直接用三要素法求 $i_C(t)$ 和 $i_1(t)$

画出 $t=0_+$ 电路如图(c)所示，可求得

$$i_1(0_+)=i_C(0_+)=\left(\frac{5}{5+3}\times6\right)\text{ A}=3.75\text{ A}$$

由图(a)的稳态电路有

$$i_C(\infty)=0$$

$$i_1(\infty)=\left(\frac{6}{2}\right)\text{ A}=3\text{ A}$$

时间常数 τ 的计算同解 1，即

$$\tau=0.4\text{ s}$$

由三要素公式，则

$$i_C(t)=i_C(\infty)+[i_C(0_+)-i_C(\infty)]e^{-\frac{t}{\tau}}=3.75e^{-2.5t}\text{ A}\quad(t>0)$$

$$i_1(t)=i_1(\infty)+[i_1(0_+)-i_1(\infty)]e^{-\frac{t}{\tau}}=[3+(3.75-3)e^{-2.5t}]\text{ A}$$

$$=(3+0.75e^{-2.5t})\text{ A}\quad(t>0)$$

例 13—16 图 13—20(a)电路，电容原来未充电，$t=0$ 时开关闭合，求 $t>0$ 时的 $u_1(t)$。

解

(1) 求 $u_1(0_+)$。作 $t=0_+$ 电路如图(b)所示，因为 $u_C(0_+)=u_C(0_-)=0$，故 C 相当于短路。由节点电压法有

324

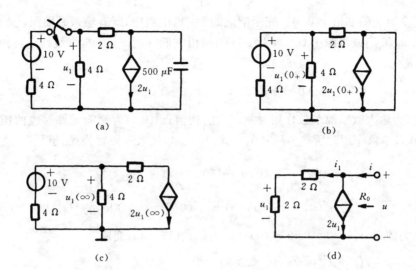

图 13 — 20 例 13 —16 电路

$$\left(\frac{1}{4}+\frac{1}{4}+\frac{1}{2}\right)u_1(0_+)=\frac{10}{4}$$

即　　　　　　　　$$u_1(0_+)=\frac{10}{4}\text{ V}=2.5\text{ V}$$

(2) 求 $u_1(\infty)$。作 $t=\infty$ 电路如图(c)所示,由节点电压法有

$$\left(\frac{1}{4}+\frac{1}{4}\right)u_1(\infty)=\frac{10}{4}-2u_1(\infty)$$

于是　　　　　　　$$u_1(\infty)=1\text{ V}$$

(3) 求 τ。$\tau=R_0C$,R_0 的计算电路如图(d)所示,用伏安法计算。设 u,于是有

$$i=i_1+2u_1=i_1+2\times2i_1=5i_1=5\times\frac{u}{2+2}=\frac{5}{4}u$$

故　　　　　　　　$$R_0=\frac{u}{i}=\frac{4}{5}\text{ }\Omega=0.8\text{ }\Omega$$

$$\tau=R_0C=(0.8\times500\times10^{-6})\text{ s}=(4\times10^{-4})\text{ s}$$

(4) 求 u_1

$$u_1(t)=u_1(\infty)+[u_1(0_+)-u_1(\infty)]e^{\frac{-t}{\tau}}=(1+1.5e^{-2\,500t})\text{ V}\quad(t>0)$$

三、完全响应

非零初始状态电路在输入激励作用下产生的响应称为完全响应。直流一阶电路的完全响应仍用三要素法分析(见例 13—4)。

第六节　直流一阶动态电路的叠加定理

非零初始状态 $[u_C(0_+)\neq0,i_L(0_+)\neq0]$ 的一阶电路在输入激励作用下所产生的响应称为完全响应。直流电源激励时,完全响应也用三要素法计算,即

$$r(t)=r(\infty)+[r(0_+)-r(\infty)]e^{-\frac{t}{\tau}}\quad(t>0)$$

现在分析完全响应的初值 $r(0_+)$。完全响应的 $t=0_+$ 电路中,既有输入激励源,又有非零初始状态的压源 $u_C(0_+)$ 或流源 $i_L(0_+)$,因此 $r(0_+)$ 由它们共同产生,根据线性电路的叠加定理,$r(0_+)$ 可写成

$$r(0_+) = r'(0_+) + r''(0_+) \qquad (13-34)$$

式中,$r'(0_+)$ 为输入激励源单独作用时所产生的初值;$r''(0_+)$ 为储能元件对应的压源 $u_C(0_+)$ 或流源 $i_L(0_+)$ 单独作用时所产生的初值。式(13-34)代入三要素公式,于是

$$r(t) = r(\infty) + [r'(0_+) + r''(0_+) - r(\infty)]e^{-\frac{t}{\tau}}$$

$$= r''(0_+)e^{-\frac{t}{\tau}} + r(\infty) + [r'(0_+) - r(\infty)]e^{-\frac{t}{\tau}} \qquad (t>0) \qquad (13-35)$$

当输入激励为零时,$r'(0_+)=0$ 和 $r(\infty)=0$,因此式(13-35)变成

$$r(t) = r''(0_+)e^{-\frac{t}{\tau}} \qquad (t>0)$$

显然它是电路的零输入响应,用 $r_{zi}(t)$ 表示。当电路的初始状态为零时,$r''(0_+)=0$,式(13-35)变成

$$r(t) = r(\infty) + [r'(0_+) - r(\infty)]e^{-\frac{t}{\tau}} \qquad (t>0)$$

它是电路的零状态响应,用 r_{zs} 表示。因此式(13-35)可写成

$$r(t) = r_{zi}(t) + r_{zs}(t) \qquad (t>0) \qquad (13-36)$$

式(13-36)表明,线性动态电路的完全响应是零输入响应和零状态响应的叠加,称为线性动态电路的叠加定理。线性动态电路叠加定理虽然是通过直流一阶线性电路分析得到,但实际上,它对任意阶数的线性动态电路都成立。

图 13-21(a)为换路后 $t>0$ 时的电路,设 $u_C(0_+)=U_0$。根据动态电路的叠加定理,画出叠加电路如图 13-21(a)、(b)、(c)所示。图(b)为图(a)的零输入电路,其初始状态为原电路的初始状态,即 $u_{Czi}(0_+)=u_C(0_+)=U_0$;图(c)为图(a)的零状态电路,其结构形式虽然与原电路图(a)相同,但初始状态为零,即 $u_{Czs}(0_+)=0$。图(b)所示的零输入电路,根据三要素法可得

$$u_{Czi}(t) = u_{Czi}(0_+)e^{-\frac{t}{\tau}} = U_0 e^{-\frac{t}{RC}} \qquad (t>0)$$

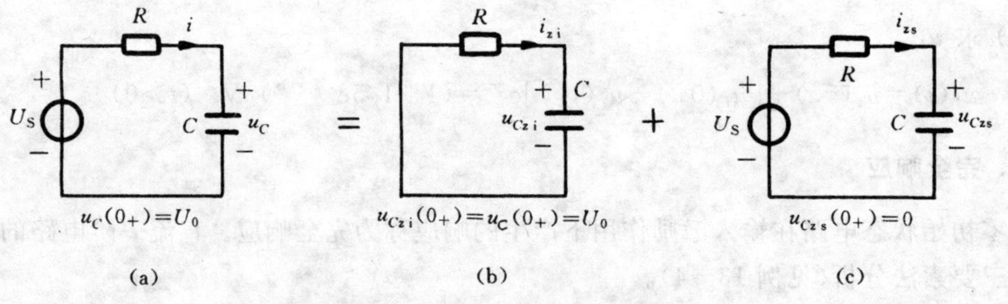

图 13-21 线性动态电路叠加定理示意图

$$i_{zi}(t) = i_{zi}(0_+)e^{-\frac{t}{\tau}} = -\frac{U_0}{R}e^{-\frac{t}{RC}} \qquad (t>0)$$

图(c)所示零状态电路,根据三要素法可得

$$u_{Czs}(t) = u_C(\infty)(1-e^{-\frac{t}{\tau}}) = U_S(1-e^{-\frac{t}{RC}}) \qquad (t>0)$$

$$i_{zs}(t) = i_{zs}(\infty) + [i_{zs}(0_+) - i_{zs}(\infty)]e^{-\frac{t}{\tau}} = \frac{U_s}{R_0}e^{-\frac{t}{RC}} \quad (t>0)$$

根据线性动态电路的叠加定理,于是

$$u_C(t) = u_{Czi}(t) + u_{Czs}(t) = U_0 e^{-\frac{t}{RC}} + U_s(1-e^{-\frac{t}{RC}}) \tag{13-37}$$

$$= U_s + (U_0 - U_s)e^{-\frac{t}{RC}} \quad (t>0)$$

$$i(t) = i_{zi}(t) + i_{zs}(t) = -\frac{U_0}{R}e^{-\frac{t}{RC}} + \frac{U_s}{R}e^{-\frac{t}{RC}} = \frac{U_s - U_0}{R}e^{-\frac{t}{RC}} \quad (t>0)$$

图 13-21(a)电路,若直接用三要素法求完全响应 $u_C(t)$ 和 $i(t)$,则有

$$u_C(t) = u_C(\infty) + [u_C(0_+) - u_C(\infty)]e^{-\frac{t}{\tau}}$$

$$= U_s + (U_0 - U_s)e^{-\frac{t}{RC}} \quad (t>0)$$

$$i(t) = i(\infty) + [i(0_+) - i(\infty)]e^{-\frac{t}{\tau}}$$

$$= 0 + \left[\frac{-u_C(0_+) + U_s}{R} - 0\right]e^{-\frac{t}{RC}} = \frac{U_s - U_0}{R}e^{-\frac{t}{RC}} \quad (t>0)$$

它们与由线性动态电路叠加定理求得的结果一致。

由上面的分析可见,u_C 可按两种方式分解,即

$$u_C(t) = \underbrace{U_0 e^{-\frac{t}{RC}}}_{\text{零输入响应}} + \underbrace{U_s(1-e^{-\frac{t}{RC}})}_{\text{零状态响应}} = u_{Czi} + u_{Czs}$$

$$u_C(t) = \underbrace{U_s}_{\substack{\text{强制响应}\\(\text{稳态响应})}} + \underbrace{(U_0 - U_s)e^{-\frac{t}{RC}}}_{\substack{\text{固有响应}\\(\text{暂态响应})}}$$

图 13-22 示出了这两种分解的波形(设 $U_s > U_0$)。同样,电流也可按上述两种方式分解。

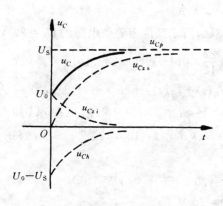

图 13 — 22 完全响应的两种分解方式

例 13-17 图 13-23(a)所示为 $t>0$ 时的电路,已知 $i(0_+) = 2$ A,试求 $t>0$ 时电流 $i(t)$ 的零输入响应 $i_{zi}(t)$、零状态响应 $i_{zs}(t)$ 和完全响应 $i(t)$。

解 (1)用戴维南定理将图(a)等效为图(b),求得等效电源的电压 U_0 和内阻 R_0 分别为

$$U_0 = 12 \text{ V}, \quad R_0 = 2 \text{ }\Omega$$

(2)画图(b)的叠加电路如图(c)、(d)所示。

图(c): $\quad i_{zi(0_+)} = 2$ A, $\tau = \frac{L}{R_0} = \frac{1}{4}$ s

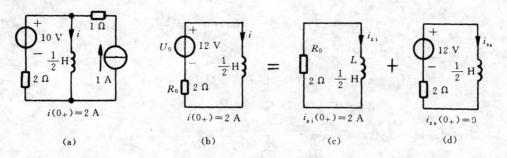

图 13 — 23 例 13 —17 电路

$$i_{zi}(t) = i_{zi}(0_+)e^{-t/\tau} = 2e^{-4t} \text{ A} \quad (t>0)$$

图(d)： $\quad i_{zs}(0_+) = 0, \quad i_{zs}(\infty) = 6 \text{ A}$

$$i_{zs}(t) = i_{zs}(\infty)(1-e^{-t/\tau}) = 6(1-e^{-4t}) \text{ A} \quad (t>0)$$

(3) 完全响应

$$i(t) = i_{zi}(t) + i_{zs}(t) = [2e^{-4t} + 6(1-e^{-4t})] \text{ A} \quad (t>0)$$

或 $\qquad i(t) = (6-4e^{-4t}) \text{ A} \quad (t>0)$

例 13 —18 由上例结果重新求 $t>0$ 时的 $i(t)$。(1) $i(0_+)=5$ A,其他不变;(2) 10 V 压源增为 20 V,其他不变。

解 (1) 零状态电流 i_{zs} 不变,零输入电流 i_{zi} 改变。

$$i_{zs}(t) = 6(1-e^{-4t}) \text{ A}$$

$$i_{zi}(t) = i(0_+)e^{-4t} = 5e^{-4t} \text{ A}$$

$$i(t) = i_{zi}(t) + i_{zs}(t) = [5e^{-4t} + 6(1-e^{-4t})] \text{ A} = (6-e^{-4t}) \text{ A}$$

(2) i_{zi} 不变,i_{zs} 改变。

$$i_{zi}(t) = 2e^{-4t} \text{ A}$$

压源为 20 V 时,图 13-23(b)所示戴维南等效电源的 $U_0 = 22$ V,所以

$$i_{zs}(t) = \frac{22}{12} \times 6(1-e^{-4t}) \text{ A} = 11(1-e^{-4t}) \text{ A}$$

$$i(t) = i_{zi}(t) + i_{zs}(t) = [2e^{-4t} + 11(1-e^{-4t})] \text{ A} = (11-9e^{-4t}) \text{ A}$$

例 13 —19 图 13 — 24 所示为 $t>0$ 时的电路,已知 $U_S = 25$ V 时,$u_C(t) = (20-15e^{-5\times10^4 t})$ V。若 $U_S = 20$ V、$u_C(0_+) = 10$ V,试求 $t>0$ 时的 $u_C(t)$。

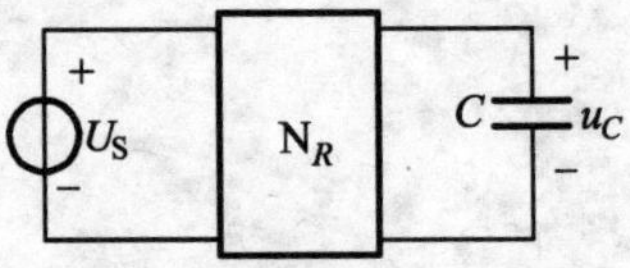

解 (1) $U_S = 25$ V

$$u_C(t) = (20-15e^{-5\times10^4 t}) \text{ V}$$

所以 $\qquad u_C(\infty) = 20 \text{ V}$

$$u_C(0_+) - u_C(\infty) = -15 \text{ V}$$

$$u_C(0_+) = u_C(\infty) - 15 = (20-15) \text{ V} = 5 \text{ V}$$

于是 $\qquad u_{Czi}(t) = u_C(0_+)e^{-5\times10^4 t} = 5e^{-5\times10^4 t} \text{ V}$

$$u_{Czs}(t) = u_C(\infty)(1-e^{-5\times10^4 t}) = 20(1-e^{-5\times10^4 t}) \text{ V}$$

(2) $U_S = 20$ V、$u_C(0_+) = 10$ V

$$u_{Czi}(t) = 10e^{-5\times10^4 t} \text{ V}$$

图 13 — 24 例 13 — 19 电路

328

$$u_{Czs}(t) = \frac{20}{25} \times 20(1 - e^{-5 \times 10^4 t}) \text{ V} = 16(1 - e^{-5 \times 10^{-4} t}) \text{ V}$$

$$u_C(t) = u_{Czi}(t) + u_{Czs}(t) = [10 e^{-5 \times 10^4 t} + 16(1 - e^{-5 \times 10^{-4} t})] \text{ V}$$

或 $\qquad u_C(t) = (16 - 6 e^{-5 \times 10^4 t}) \text{ V}$

第七节　阶跃函数、脉冲信号作用下的一阶电路

在动态电路分析中,我们常引用阶跃函数描述电路的激励和响应。单位阶跃函数记为 $\varepsilon(t)$,其定义为

$$\varepsilon(t) = \begin{cases} 0 & (t<0) \\ 1 & (t>0) \end{cases} \qquad\qquad (13-38)$$

$\varepsilon(t)$ 的波形如图 13-25(a)所示。$\varepsilon(t)$ 在 $t=0$ 时跃变,由零跃变到 1。$t<0$ 时,$\varepsilon(t)=0$;$t>0$ 时,$\varepsilon(t)=1$。根据变量置换的关系,$\varepsilon(t-t_0)$ 在 $t-t_0=0$ 时跃变,由零跃变到 1。$t-t_0<0$(即 $t<t_0$)时,函数值为零;$t-t_0>0$(即 $t>t_0$)时,函数值为 1,所以

$$\varepsilon(t-t_0) = \begin{cases} 0 & (t<t_0) \\ 1 & (t>t_0) \end{cases}$$

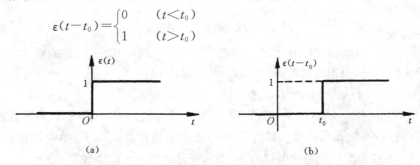

图 13-25　单位阶跃函数

其波形如图 13-25(b)所示。由图可见,它是 $\varepsilon(t)$ 延时 t_0 的结果,故又称为延时单位阶跃函数。$\varepsilon(t)$、$\varepsilon(t-t_0)$ 乘以常数 A,则构成幅值为 A 的阶跃函数 $A\varepsilon(t)$ 和幅值为 A 的延时阶跃函数 $A\varepsilon(t-t_0)$。阶跃函数可用来描述开关的动作,例如图 13-26(a)电路可用图(b)表示。图(b)反映了 $t<0$ 时,输入电压为零;$t>0$ 时,输入电压为 U_s。同样,图 13-26(c)电路可用图(d)表示。

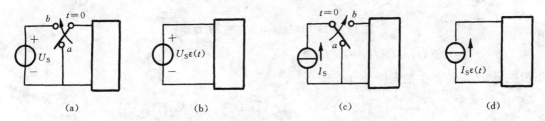

图 13-26　用阶跃函数表示电路接向直流电压、直流电流

电路在单位阶跃信号激励下的零状态响应称为单位阶跃响应。一阶电路在阶跃信号 $U_s\varepsilon(t)$[或 $I_s\varepsilon(t)$]作用下的响应,与在直流信号 U_s(或 I_s)作用下的响应相同,不再分析。

引出阶跃函数后,电路的零状态响应乘以 $\varepsilon(t)$ 就完整地表明了零状态响应在整个时间域 $(-\infty,\infty)$ 的情况,这时不必在响应表达式的后面注以 $t>0$。例如,RC 串联零状态电路在直

流电压 U_S 或在阶跃电压 $U_\mathrm{S}\varepsilon(t)$ 作用下,由三要素法计算所得的 $u_C(t)$ 和 $i_C(t)$ 可表示为

$$u_C(t)=U_\mathrm{S}(1-\mathrm{e}^{-t/\tau})\varepsilon(t)$$

和

$$i_C(t)=\frac{U_\mathrm{S}}{R}\mathrm{e}^{-t/\tau}\varepsilon(t)$$

阶跃函数和延时阶跃函数可用以描述矩形脉冲。图 13-27(a)所示的 $f(t)$ 是幅值为 A 的矩形脉冲信号,它可看成是图(b)阶跃信号和图(c)延时阶跃信号的叠加。即

$$f(t)=A\varepsilon(t)-A\varepsilon(t-t_0) \tag{13-39}$$

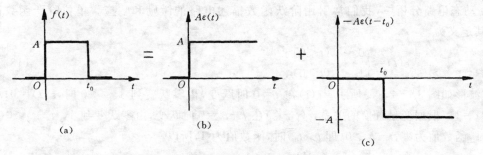

(a)   (b)   (c)

图 13 — 27　矩形脉冲的组成

现在分析一阶电路在脉冲信号激励时的响应。图 3-28(a)所示电路的输入电压 $u(t)$ 为图(b)所示的矩形脉冲,根据式(13-39),$u_\mathrm{S}(t)$ 可表示为

$$u_\mathrm{S}(t)=U_\mathrm{S}\varepsilon(t)-U_\mathrm{S}\varepsilon(t-t_0)=u_\mathrm{S1}+u_\mathrm{S2}$$

式中,$u_\mathrm{S1}=U_\mathrm{S}\varepsilon(t)$,$u_\mathrm{S2}=-U_\mathrm{S}\varepsilon(t-t_0)$。图 13-28(a)可等效为图(c)。图(c)是零状态电路,根据零状态线性特点,零状态响应可用线性电路的叠加定理计算。设 u_S1 单独作用时产生的电流为 $i_L^{(1)}(t)$,u_S2 单独作用时产生的电流为 $i_L^{(2)}(t)$,于是

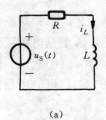 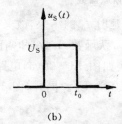 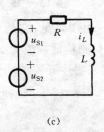 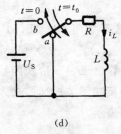

(a)   (b)   (c)   (d)

图 13 — 28　矩形脉冲作用于 RL 电路

$$i_L(t)=i_L^{(1)}(t)+i_L^{(2)}(t)$$

根据三要素法,u_S1 产生的电流 $i_L^{(1)}(t)$ 为

$$i_L^{(1)}(t)=i_L^{(1)}(\infty)(1-\mathrm{e}^{-t/\tau})\varepsilon(t)=\frac{U_\mathrm{S}}{R}(1-\mathrm{e}^{-t/\tau})\varepsilon(t)$$

式中,$\tau=L/R$。u_S2 是 u_S1 延时 t_0 后的负值,因此,响应 $i_L^{(2)}(t)$ 是 $i_L^{(1)}(t)$ 延时 t_0 后的负值,故有

$$i_L^{(2)}(t)=-\frac{U_\mathrm{S}}{R}(1-\mathrm{e}^{-\frac{t-t_0}{\tau}})\varepsilon(t-t_0)$$

于是

$$i_L(t)=i_L^{(1)}(t)+i_L^{(2)}(t)=\frac{U_\mathrm{S}}{R}(1-\mathrm{e}^{-\frac{t}{\tau}})\varepsilon(t)-\frac{U_\mathrm{S}}{R}(1-\mathrm{e}^{-\frac{t-t_0}{\tau}})\varepsilon(t-t_0)$$

330

$i_L(t)$ 的波形如图 13-29 所示。

图 13-28(a)亦可用图 13-28(d)表示，$i_L(t)$ 可按两次换路进行分析。这种方法不如上述的简便。

电子电路中常遇到脉冲序列作用的电路，图 13-30 为一方波序列作用于 RC 电路。在方波序列作用下，电路处于不断地充电和放电过程中，现在分析电容电压 u_C 随时间的变化过程。

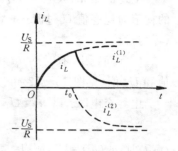

图 13-29　矩形脉冲产生的响应

(1) $\tau \ll T$ 的情况。电路瞬态过程的时间是 $4\sim5$ 倍的 τ，由于电路的 $\tau \ll T$，故电容的每一次充、放电都能达到稳态，$u_C(t)$ 和 $u_R(t)$ 的波形如图 13-31 所示。

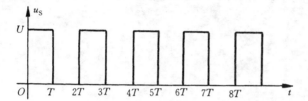

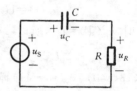

图 13-30　脉冲序列作用于 RC 电路

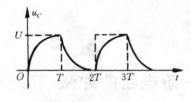

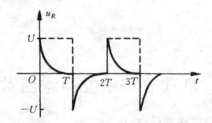

图 13-31　脉冲序列作用下 u_C、u_R 的波形($\tau \ll T$ 的情况)

(2) $\tau > T$ 的情况。图 13-32 画出了在这一情况下 $u_C(t)$ 的波形。在 $0\sim T$ 时间内，电容充电，u_C 从零开始上升，但因时间常数 $\tau > T$，在 $t=T$ 时 u_C 还未达到稳态值 U，输入方波变成了零，电容转而放电，u_C 开始下降，到 $t=2T$ 时，u_C 还未降到零，输入方波又变到 U，电容又开始充电，但这次充电时，u_C 的初始值已不再是零，比上一次的要高。在最初若干个周期内，每个周期开始充电时，u_C 的初始电压都在不断地升高；同样，电容放电时，u_C 的初始值也在不断升高，经过一段时间后，电容充、放电的初始电压就稳定在一定的数值上(图中所示的 U_1 和 U_2)，于是 $u_C(t)$ 进入了周期变化的稳态过程($4\tau\sim5\tau$ 时间之后)。

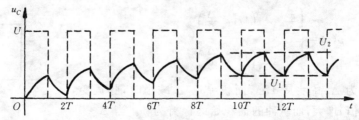

图 13-32　脉冲序列作用下 u_C 的波形($\tau > T$ 的情况)

上述电路充、放电过程中，需要注意的是：电容每一次充电时，u_C 都是由充电开始时刻的初值向稳态值 U 过渡；电容每一次放电时，u_C 也都是由放电开始时刻的初值向稳态值 0（零）过渡。

实际问题中，有时感兴趣的是 u_C 进入周期变化后的稳态过程。在稳态情况下，u_C 的 U_1 值和 U_2 值（见图 13—32）可按下述方法进行计算。

电容充电时：以 $u_C = U_1$ 的时刻为计时起点，由三要素法有

$$u_C(t) = U + (U_1 - U)e^{-\frac{t}{\tau}}$$

$t = T$ 时，$u_C(T) = U_2$，所以

$$U_2 = U + (U_1 - U)e^{-\frac{T}{\tau}} \tag{13—40}$$

电容放电时：以 $u_C = U_2$ 的时刻为计时起点，由三要素法有

$$u_C(t) = U_2 e^{-\frac{t}{\tau}}$$

$t = T$ 时，$u_C(T) = U_1$，所以

$$U_1 = U_2 e^{-\frac{T}{\tau}} \tag{13—41}$$

由式（13—40）、式（13—41）解得

$$U_2 = \frac{1 - e^{-\frac{T}{\tau}}}{1 - e^{-\frac{2T}{\tau}}} U = \frac{U}{1 + e^{-\frac{T}{\tau}}}$$

$$U_1 = U_2 e^{-\frac{T}{\tau}} = \frac{U e^{-\frac{T}{\tau}}}{1 + e^{-\frac{T}{\tau}}}$$

第八节　单位冲激函数和一阶电路的冲激响应

一、单位冲激函数

自然界中某些物理现象所涉及的物理量有这样的特点，它们作用的时间极短、数值极大而效果有限，例如力学中瞬间作用的冲击力、电路中电容瞬间充电或放电的电流等。单位冲激函数就是以这类问题为背景提出的。单位冲激函数又称 δ 函数，其定义为

$$\begin{cases} \delta(t) = 0 & (t \neq 0) \\ \int_{-\infty}^{\infty} \delta(t)\mathrm{d}t = 1 \end{cases} \tag{13—42}$$

单位冲激函数可看做是图 13—33 所示单位脉冲函数 $p(t)$ 在 $\Delta \to 0$ 时的极限。单位脉冲函数 $p(t)$ 定义为

$$p(t) = \begin{cases} \dfrac{1}{\Delta} & \left(|t| < \dfrac{\Delta}{2}\right) \\ 0 & \left(|t| > \dfrac{\Delta}{2}\right) \end{cases}$$

单位脉冲的宽度为 Δ，高度是 $1/\Delta$，面积＝1。Δ 减小时，脉宽变窄，脉高（脉冲幅值）增大，而脉冲的面积始终保持为 1。当 $\Delta \to 0$ 时，脉高趋于无限大，但面积仍为 1，这时单位脉冲函数就变成了单位冲激函数。单位冲激函数 $\delta(t)$ 用图 13—34 所示的符号表示。$A\delta(t)$ 表示的是面积为 A

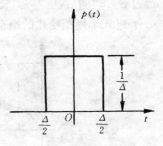

图 13—33　单位脉冲函数

的冲激函数,对应图 13－33 来说,就是脉宽为 Δ、脉高为 A/Δ 的脉冲。根据变量置换的关系,函数 $\delta(t-t_0)$ 的定义为

$$\begin{cases} \delta(t-t_0)=0 & (t\neq t_0) \\ \displaystyle\int_{-\infty}^{\infty} \delta(t-t_0)\mathrm{d}t = 1 \end{cases} \qquad (13-43)$$

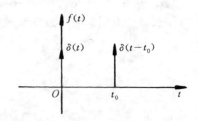

图 13－34　单位冲激函数的符号

其对应的符号如图 13－34 中所示。需要指出,式(13－42)中积分式的有效积分域为 $0_-\sim 0_+$,式(13－43)中积分式的有效积分域为 $t_{0_-}\sim t_{0_+}$。

$\delta(t)$ 函数在 $(-\infty,t)$ 时间域内的积分为

$$\int_{-\infty}^{t} \delta(t)\mathrm{d}t = \begin{cases} 0 & t<0 \\ 1 & t>0 \end{cases} \qquad (13-44)$$

上式右侧所示正是 $\varepsilon(t)$,所以

$$\varepsilon(t) = \int_{-\infty}^{t} \delta(t)\mathrm{d}t$$

或

$$\delta(t) = \frac{\mathrm{d}\varepsilon(t)}{\mathrm{d}t}$$

二、一阶电路的冲激响应

零状态电路对单位冲激信号的响应称为(单位)冲激响应。冲激响应的分析分两个时间阶段:① $t=0$ 时:电路受冲激信号激励,冲激信号的幅值为无限大,从而使储能元件的储能突增,从而立即为电路建立了初始状态,$t=0_+$ 后电路的响应即由该初始状态产生;② $t>0$ 时:$\delta(t)$ 信号消失,电路中无激励源,电路为零输入电路,这一阶段的瞬态过程是由储能元件释放能量造成。下面举例分析。

例 13－20　试求图 13－35(a)所示电路的 $u_C(t)$ 和 $i_C(t)$,已知 $u_C(0_-)=0$。

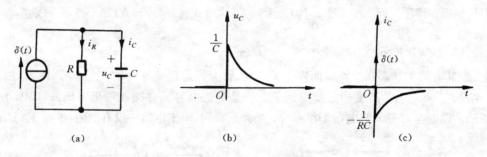

图 13－35　例 13－20 图

解

(1) $t=0$ 时。列 u_C 的微分方程

$$i_C+i_R=\delta(t)$$

$$C\frac{\mathrm{d}u_C}{\mathrm{d}t}+\frac{1}{R}u_C=\delta(t)$$

由上式可见,u_C 不可能含有冲激函数,否则方程式等号两边不平衡。u_C 不含冲激函数,$i_R=u_C/R$ 也不会含冲激函数。根据 KCL,故有 $i_C=\delta(t)$,即

$$i_C(0) = \delta(t)$$

(2) $t > 0$ 时。电路为零输入电路,用三要素法求 $u_C(t)$

$$u_C(\infty) = 0, \quad \tau = RC$$

$$u_C(0_+) = u_C(0_-) + \frac{1}{C}\int_{0_-}^{0_+} i_C(t)\mathrm{d}t = 0 + \frac{1}{C}\int_{0_-}^{0_+} \delta(t)\mathrm{d}t = \frac{1}{C}$$

所以
$$u_C(t) = u_C(0_+)\mathrm{e}^{-\frac{t}{\tau}} = \frac{1}{C}\mathrm{e}^{-\frac{t}{RC}}$$

$$i_C(t) = -\frac{u_R(t)}{R} = -\frac{u_C(t)}{R} = -\frac{1}{RC}\mathrm{e}^{-\frac{t}{RC}}$$

(3) $t \geqslant 0$ 时的 $u_C(t)$、$i_C(t)$

$$u_C(t) = \frac{1}{C}\mathrm{e}^{-\frac{t}{RC}}\varepsilon(t)$$

$$i_C(t) = \delta(t) - \frac{1}{RC}\mathrm{e}^{-\frac{t}{RC}}\varepsilon(t)$$

$u_C(t)$、$i_C(t)$ 的波形如图 13—35(b)、(c) 所示。

第九节　动态电路初始状态的跃变及 *RL* 电路切断电源

一、动态电路初始状态的跃变

前面各节的瞬态分析中,初始条件都是根据换路定律式(13—1)和式(13—2)确定的,即
$$u_C(0_+) = u_C(0_-)$$
$$i_L(0_+) = i_L(0_-)$$
上两式成立的前提条件分别是 $i_C(0)$ 和 $u_L(0)$ 为有限值。但是在某些电路中,这两个前提条件无法满足,也即在换路瞬间,$i_C(0)$ 和 $u_L(0)$ 为无限大,这时式(13—1)和式(13—2)不再成立,即
$$u_C(0_+) \neq u_C(0_-)$$
$$i_L(0_+) \neq i_L(0_-)$$
上两式意味着初始状态在换路瞬间发生了跃变,称为强迫跃变。

电路初始状态发生跃变的最简单例子之一是理想电容元件接通理想电压源,如图 13—36 (a)所示。设电容 C 原未充电,$u_C(0_-) = 0$。换路后瞬间,由于电路中没有电阻,根据 KVL,u_C 立

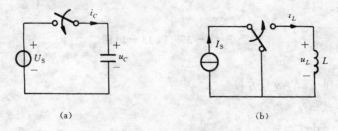

(a)　　　　　　　　(b)

图 13—36　强迫跃变典型电路

即跃变到 U_S,与此同时,电流 $i_C = C\mathrm{d}u_C/\mathrm{d}t$ 趋于无穷大,这表明电容电压的跃变是以电容电流出现无穷大为条件的。从物理概念上分析,由于电容电压在换路后瞬间强迫跃变到 U_S,说明电容

电压在这一瞬间就充满了电荷 q,从而使 $u_C(0_+)=q/C=U_s$,而这只有在 $i_C(0_+)\to\infty$ 才能实现。初始状态跃变的第二个简单例子是理想电感元件接通理想电流源,如图 13-36(b)所示。图中 $i_L(0_-)=0$,换路后瞬间,根据 KCL,$i_L(0_+)=I_s$,电感电流由零跃变到 I_s,与此同时,电感电压 $u_L=Ldi_L/dt$ 趋于无穷大。这表明,电感电流的跃变是以电感电压出现无穷大为条件的。

上面定性说明了图 13-36 中的 i_C 和 u_L 在换路瞬时为无穷大,下面以例说明该无穷大的定量值。

例 13-21 图 13-36(a)所示电路,电容原来未充电,$t=0$ 时开关闭合。求 $t\geqslant0$ 时的 $u_C(t)$ 和 $i_C(t)$。

解 $t<0$ 时,$u_C=0$,所以 $u_C(0_-)=0$,而由 KVL,$u_C(0_+)=U_s$,且 $u_C(t)$ 一直保持 U_s 不变,因此有

$$u_C(t)=U_s\varepsilon(t)$$

于是

$$i_C(t)=C\frac{du_C(t)}{dt}=CU_s\frac{d\varepsilon(t)}{dt}=CU_s\delta(t)$$

图 13-36(b)所示电路的 $i_L(t)$ 和 $u_L(t)$ 的分析与上例类同。

图 13-36 所示的两个电路,其瞬态过程都在一瞬间完成。实际上这是不可能的,因为任何实际的电容器和电感线圈都存在损耗电阻 R,故它们的瞬态过程仍为 RC 或 RL 电路的瞬态过程,只不过因为 R 很小,时间常数 τ 小,变化过程很快而已。

一阶 $RC(RL)$ 电路初始状态跃变情况的分析本书不作详细讨论,仅举一例说明。

例 13-22 图 13-37(a)所示分压器电路中(R_1 和 R_2 构成直流分压器),C_2 代表输出端某电子装置的输入电容,C_1 是人为接入以进行补偿的。换路前,设电容无储能。$t=0$ 时,开关闭合,试求 $t>0$ 时该补偿分压器的输出电压 $u_2(t)$。

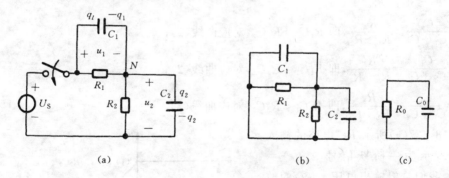

(a)   (b)   (c)

图 13-37 例 13-22 电路

解 用三要素法求 $u_2(t)$。根据题意,$u_{C1}(0_-)=u_{C2}(0_-)=0$,换路后,若认为 $u_{C1}(0_+)=u_C(0_-)=0$ 和 $u_{C2}(0_+)=u_{C2}(0_-)=0$,则 $U_s\neq u_{C1}(0_+)+u_{C2}(0_+)$,这违背了 KVL,因而是不可能的。所以,换路瞬间电容电压必将跃变,即 $u_C(0_+)\neq u_C(0_-)$。电容电压跃变反映了在换路瞬间,电容电流不是有限值。

(1)求 $u_2(0_+)$。$t=0_+$ 时,由 KVL 有

$$u_1(0_+)+u_2(0_+)=U_s \tag{a}$$

为了求出 $u_2(0_+)$,必须再列一个方程与式(a)联立。根据电荷守恒定律,节点 N 处的总电荷量在换路瞬间应保持不变,即换路后瞬间的总电荷 $Q(0_+)$ 应等于换路前瞬间的总电荷 $Q(0_-)$。

设 C_1 和 C_2 上的电荷分别为 q_1 和 q_2 [见图(a)]，根据 $Q(0_+)=Q(0_-)$，于是有

$$-q_1(0_+)+q_2(0_+)=-q_1(0_-)+q_2(0_-)$$

即

$$-C_1u_1(0_+)+C_2u_2(0_+)=-C_1u_1(0_-)+C_2u_2(0_-)$$

由于 $t=0_-$ 时

$$u_1(0_-)=u_2(0_-)=0$$

故

$$-C_1u_1(0_+)+C_2u_2(0_+)=0 \tag{b}$$

联立式(a)和式(b)，可求得

$$u_2(0_+)=\frac{C_1}{C_1+C_2}U_S$$

（2）求 $u_2(\infty)$。稳态时 C_1、C_2 相当于开路，于是

$$u_2(\infty)=\frac{R_2}{R_1+R_2}U_S$$

（3）求 τ。τ 的计算电路如图 13-37(b)所示，简化为图(c)，由图(c)得

$$\tau=R_0C_0$$

式中

$$R_0=\frac{R_1R_2}{R_1+R_2}, \quad C_0=C_1+C_2$$

（4）求 $u_2(t)$。根据三要素法

$$u_2(t)=u_2(\infty)+[u_2(0_+)-u_2(\infty)]\mathrm{e}^{-\frac{t}{\tau}}$$

$$=\frac{R_2}{R_1+R_2}U_S+\left(\frac{C_1}{C_1+C_2}-\frac{R_2}{R_1+R_2}\right)U_S\mathrm{e}^{-\frac{t}{R_0C_0}} \quad (t>0) \tag{c}$$

（5）画 $u_2(t)$ 波形。根据式(c)中暂态响应分量系数的三种不同情况，可画出三条不同波形，如图 13-38 所示。

① $\dfrac{C_1}{C_1+C_2}>\dfrac{R_2}{R_1+R_2}$，即 $R_1C_1>R_2C_2$，对应曲线(1)；

② $\dfrac{C_1}{C_1+C_2}=\dfrac{R_2}{R_1+R_2}$，即 $R_1C_1=R_2C_2$，对应曲线(2)；

③ $\dfrac{C_1}{C_1+C_2}<\dfrac{R_2}{R_1+R_2}$，即 $R_1C_1<R_2C_2$，对应曲线(3)。

图 13-37(a)所示 RC 电路的输入电压可表示为一阶跃信号 $u_S(t)=U_S\varepsilon(t)$。我们希望输出电压 $u_2(t)$ 的波形与输入电压波形一样，也是阶跃信号。由图 13-38 可见，第(2)条曲线满足这一要求，这就是我们在电路中人为补入 C_1 的目的。图 13-38 中，曲线(1)情况称为过补偿，曲线(2)称为完全补偿，曲线(3)称为欠补偿。不论哪一种，u_1、u_2 在换路瞬间都发生了跃变，也即电容电流在这一瞬间为无穷大。实际的电源总有内阻 R_S，这时电路变成了二阶电路，不能用三要素法分析。对于内阻较小的电源，利用图 13-37(a)所示模型进行分析，显然计算简便，结果也

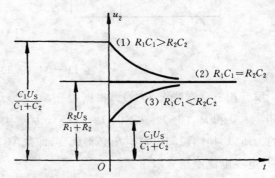

图 13-38 补偿分压器的输出波形

能较好地近似反映实际情况。

这里说明一下如何判断一阶电路。只含一个储能元件的电路肯定是一阶电路,含有两个以上性质相同(电容或电感)的储能元件的电路,则由 $t>0$ 的零输入电路判断。若零输入电路可简化为电阻与电容(或电感)的串联电路[如图 13-37(c)所示],则为一阶电路,否则不是。例如图 13-37(a)中的电源若含有内阻 R_s,则零输入电路不能简化为图 13-37(c)的形式,因此不是一阶电路。

一阶 RL 电路初始状态跃变$[i_L(0_+)\neq i_L(0_-)]$情况要用磁链守恒定律$[\psi(0_+)=\psi(0_-)]$分析,此处从略。

二、RL 电路切断电源

在实际电路中,往往会碰到 RL 电路突然切断电源的情况,如图 13-39(a)所示。图中,当开关突然断开时,电流 i 将被迫跃变到零,这时电感电压 $u_L=L di/dt$ 将趋于无穷大,开关 S 两触头间的电压也为无穷大。严格说来,这种情况是不存在的,因为当开关两触头间电压高达某一值时,触头间空气被击穿而出现电弧或火花,它使电路接通,从而延缓了换路的时间。若电弧很强,则会将触头烧焦,严重情况下,电弧会长久不熄,这将危及操作人员的安全并可能引起火灾。电弧和火花是一个非线性电阻,比较复杂,很难做定量分析。不过可以肯定的是:电感电流减小得愈迅速、电感量愈大,则电感两端的电压就愈大,这往往会使设备绝缘损坏,应当充分注意。对于有较大电感元件的电路,必要时应设置图 13-39(b)所示的保护支路,在断开 S 前,先将开关 S_1 闭合,使电阻 R_0 接入。这样当 S 断开时,电感电流 i 可通过 R_0 继续流动,而不会突变到零。这种情况下,换路后瞬时的电感电压为

$$u_L(0_+)=-(R+R_0)i(0_+)=-(R+R_0)i(0_-)$$

R_0 值不大时,$u_L(0_+)$不会过大,线圈不致损坏。

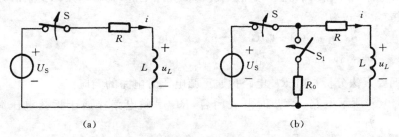

图 13-39 RL 电路切断电源

以上分析了 RL 电路切断电源时造成的危害。事物总是两方面的,在电感量较小的某些电路中,利用了开关切断时在电感上产生的瞬间高电压进行工作,例如日光灯照明电路,启动器(相当于自动开关)断开瞬间,镇流器(电感线圈)上产生的高电压作用于灯管两端灯丝,从而使灯管点燃、发光照明。

第十节　正弦一阶电路的分析——四要素法

以上分析了直流信号、阶跃信号以及矩形脉冲信号激励下的一阶电路,本节分析一阶电路在正弦信号激励下的响应。

在正弦信号激励下,一阶电路的响应可用经典法分析,这时响应 $r(t)$ 仍由微分方程的特解 $r_p(t)$ 和齐次解 $r_k(t)$ 组成,即

$$r(t)=r_p(t)+r_k(t) \qquad (t>0)$$

特解 $r_p(t)$ 是电路的强制响应,也即稳态响应。正弦一阶电路的稳态响应是时间的函数,用 $r_稳(t)$ 表示。齐次解 $r_h(t)$ 是电路的固有响应,即暂态响应,它仍为 $r_h(t)=Ke^{-t/\tau}$,因此响应 $r(t)$ 可表示为

$$r(t)=r_稳(t)+Ke^{-t/\tau} \qquad (t>0) \tag{13-45}$$

$t=0_+$ 代入上式,则

$$r(0_+)=r_稳(0_+)+K$$
$$K=r(0_+)-r_稳(0_+)$$

将 K 值代入式(13−45)得

$$r(t)=r_稳(t)+[r(0_+)-r_稳(0_+)]e^{t/\tau} \qquad (t>0) \tag{13-46}$$

式(13−46)是计算正弦一阶电路响应的公式,式中,$r_稳(t)$ 是正弦一阶电路的稳态响应,$r_稳(0_+)$ 是稳态响应的初值,$r(0_+)$ 和 τ 分别是响应的初值和时间常数。$r(0_+)$ 和 τ 的计算方法与直流一阶电路的完全一样。式(13−46)中共有四个要素,确定了这四个要素后,即可求出正弦一阶电路的响应。作者在经典法的基础上提出式(13−46)并称之为四要素法公式,简称四要素公式,用此公式计算响应的方法称为四要素法。四要素法不仅可计算正弦一阶电路的响应,也可用来分析具有稳态响应的其他一阶电路。直流一阶电路的三要素法是四要素法的一个特例,因此四要素法具有更为普遍的意义。四要素公式更为普遍的形式及应用这里从略。直流一阶电路中,稳态响应是一个常数,因此稳态响应的初值与稳态值相等,稳态值用 $r(\infty)$ 表示,于是式(13−46)所示的四要素公式就变成了式(13−27)所示的三要素公式。

正弦一阶电路的零输入响应、零状态响应以及完全响应,都可以用四要素法分析。响应电压、电流的四要素公式为

$$\left. \begin{aligned} u(t)&=u_稳(t)+[u(0_+)-u_稳(0_+)]e^{-t/\tau} \quad (t>0) \\ i(t)&=i_稳(t)+[i(0_+)-i_稳(0_+)]e^{-t/\tau} \quad (t>0) \end{aligned} \right\} \tag{13-47}$$

下面用四要素法分析一阶 RL 电路接通正弦电压时电路的响应。

图 13−40(a)所示电路,$t=0$ 时开关闭合,RL 串联电路接通于正弦电压源 $u_S(t)$。设 $i(0_-)=0$,$u_S(t)$ 为

$$u_S(t)=U_m\cos(\omega t+\psi_u)$$

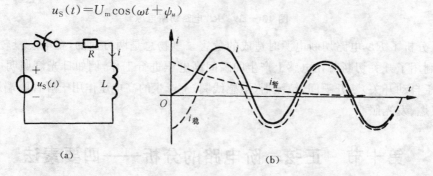

图 13 − 40 RL 电路接通正弦交流电压及电流波形

式中,ψ_u 是开关闭合瞬间电源电压 $u_S(t)$ 的初相位,又称为接入相位角。开关闭合时刻不同,

338

ψ_u 也不同。例如,若开关在 $u_S(t)$ 为正的最大值时闭合,则 $\psi_u = 0$;若开关在 u_S 由正值减小到零的瞬时闭合,则 $\psi_u = \pi/2$。下面用四要素法分析图 13—40(a)电路在 $t > 0$ 时电感电流 $i(t)$ 的变化规律。

$i(t)$ 的初始值 $i(0_+) = i(0_-) = 0$

$i(t)$ 的稳态响应 $i_稳(t)$ 用相量法计算。由图 13—40(a)可得

$$\dot{I}_m = \frac{\dot{U}_m}{R + j\omega L} = \frac{\dot{U}_m}{Z} = \frac{U_m \underline{/\psi_u}}{|Z| \underline{/\varphi_Z}} = I_m \underline{/\psi_u - \varphi_Z}$$

式中阻抗模 $|Z| = \sqrt{R^2 + (\omega L)^2}$

阻抗角 $\varphi_Z = -\arctan \dfrac{\omega L}{R}$

于是可得 $i(t)$ 的稳态响应为

$$i_稳(t) = I_m \cos(\omega t + \psi_u - \varphi_Z)$$

稳态响应的初始值为

$$i_稳(0_+) = I_m \cos(\psi_u - \varphi_Z)$$

时间常数

$$\tau = \frac{L}{R}$$

根据式(13—47)可得

$$i(t) = I_m \cos(\omega t + \psi_u - \varphi_Z) - I_m \cos(\psi_u - \varphi_Z) e^{-\frac{t}{\tau}} \qquad (t > 0) \qquad (13-48)$$

式中第一项是 $i(t)$ 的稳态响应 $i_稳(t)$,第二项是暂态响应 $i_暂(t)$。图 12—40(b)示出了 $i_稳(t)$、$i_暂(t)$ 和 $i(t)$ 的波形。由图可以看到,在某些时刻,$i(t)$ 可能超过其稳态响应的幅值。暂态响应 $i_暂(t)$ 按指数规律下降,由于 $i(0_+) = 0$,故暂态响应初始值与稳态响应初始值大小相等,符号相反。稳态响应的初始值与电源电压的接入相位角 ψ_u 有关,也即与开关闭合的时刻有关,因此 $i(t)$ 的变化过程取决于电源的接入相位角 ψ_u。下面讨论几种特殊情况:

(1) 开关闭合时,$u_S(t)$ 的接入相位角为

$$\psi_u = \varphi_Z \pm 90°$$

即 $\psi_u - \varphi_Z = \pm 90°$

由式(13—48)可见,第二项暂态响应 $i_暂(t) = 0$。在这种情况下,电路一经接通即进入稳态。

(2) 若开关接通时 $u_S(t)$ 的接入角为

$$\psi_u = \varphi_Z \quad 或 \quad \psi_u = \varphi_Z + \pi$$

即 $\psi_u - \varphi_Z = 0$ 或 π

由式(13—48)可见,第二项暂态响应的初始值为 $-I_m$ 或 $+I_m$[图 13—40(b)所示为 $\psi_u - \varphi_Z = \pi$]。这种情况下,根据 $i_稳(t)$、$i_暂(t)$ 和 $i(t)$ 的波形可以看出,$i(t)$ 的最大值 i_{max} 约在开关闭合经过 $T/2$(T 为 u_S 的周期)时出现。在任何情况下,i_{max} 都不会超过稳态电流幅值 I_m 的两倍,若电路的时间常数 $\tau \gg T$,则 $i_{max} \approx 2I_m = 2U_m/|Z|$,这种过电流情况在某些电路中是需要考虑的。

RC 串联电路接通正弦电压的分析与上类似,这里不再讨论。

例 13—23   图 13—41(a)所示为 $t > 0$ 时的电路,u_S 为正弦电压。已知 $i(0_-) = -10$ A,时间常数 $\tau = 15$ ms,$i(t)$ 的稳态响应 $i_稳(t)$ 的波形如图(b)中实线所示。求 $t > 0$ 时的 $i(t)$、画 $i_暂(t)$ 和 $i(t)$ 的波形于图(b)中($t = 5\tau$ 过程结束)。

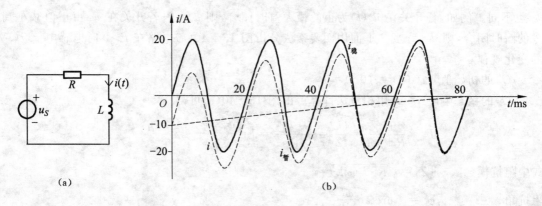

图 13—41　例 13—23 图

解　由四要素法有

$$i(t) = i_稳(t) + [i(0_+) - i_稳(0_+)]e^{-\frac{t}{\tau}} \quad (t>0)$$

式中　　　　$i(0_+) = i(0_-) = -10 \text{ A}, \quad \tau = 15 \text{ ms} = 15 \times 10^{-3} \text{ s}$

由图(b)：　　$i_稳(t) = 20\sin\omega t \text{ A}$

$$\omega = \frac{2\pi}{T} = \frac{2\pi}{20 \times 10^{-3}} \text{ rad/s} = 100\pi \text{ rad/s} = 314 \text{ rad/s}$$

所以　　　　$i_稳(t) = 20\sin 100\pi t \text{ A}$

$$i_稳(0_+) = 0$$

$$i(t) = i_稳(t) + [i(0_+) - i_稳(0_+)]e^{-\frac{t}{\tau}}$$

$$= (20\sin 100\pi t - 10e^{-\frac{10^3}{15}t}) \text{ A} \quad (t>0)$$

$$i_暂(t) = -10e^{-\frac{10^3}{15}t} \text{ A}$$

$i_暂(t)$、$i(t)$ 波形如图(b)中虚线所示。

第十一节　二阶 *RLC* 串联电路的零输入响应

前面讨论的动态电路都是只含有一个独立动态元件的 *RL* 或 *RC* 一阶电路。下面介绍含有两个独立动态元件的二阶电路。二阶电路中,两个动态元件可能是一个电容和一个电感,或两个独立电容,或两个独立电感。本节分析 *RLC* 串联电路的零输入响应。

图 13—42 中,$t=0$ 时开关闭合,$i(0_-)$、$u_C(0_-)$ 为已知。根据 KVL

$$u_R(t) + u_L(t) + u_C(t) = 0 \quad (t>0) \tag{13-49}$$

以 $u_C(t)$ 为变量,根据元件的 VAR,于是

$$u_R(t) = Ri = RC\frac{\mathrm{d}u_C}{\mathrm{d}t}$$

$$u_L(t) = L\frac{\mathrm{d}i}{\mathrm{d}t} = LC\frac{\mathrm{d}^2u_C}{\mathrm{d}t^2}$$

将它们代入式(13—49),得

$$LC \frac{\mathrm{d}^2 u_C}{\mathrm{d}t^2} + RC \frac{\mathrm{d}u_C}{\mathrm{d}t} + u_C = 0 \quad (t>0) \tag{13-50}$$

这是一个二阶线性齐次微分方程,其解的形式由特征方程根的性质确定。式(13-50)的特征方程为

$$LCs^2 + RCs + 1 = 0$$

其根有两个,它们是

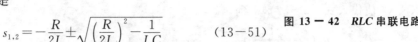

图 13 — 42 *RLC* 串联电路

$$s_{1,2} = -\frac{R}{2L} \pm \sqrt{\left(\frac{R}{2L}\right)^2 - \frac{1}{LC}} \tag{13-51}$$

由上式可见,特征根 s_1、s_2 由电路本身固有参数 R、L、C 的数值所决定。s_1、s_2 具有频率量纲,称为电路的固有频率。固有频率 s_1 和 s_2 可出现三种不同的情况:

(1) $\frac{R}{2L} > \frac{1}{\sqrt{LC}}$ 即 $R > 2\sqrt{L/C} = 2\rho$ 时,s_1、s_2 为两个不相等的负实根。式中,$\rho = \sqrt{L/C}$ 为图 13-40 所示电路的特性阻抗;

(2) $\frac{R}{2L} = \frac{1}{\sqrt{LC}}$ 即 $R = 2\sqrt{L/C} = 2\rho$ 时,s_1、s_2 为两个相等的负实根;

(3) $\frac{R}{2L} < \frac{1}{\sqrt{LC}}$ 即 $R < 2\sqrt{L/C} = 2\rho$ 时,s_1、s_2 为一对共轭复根。

下面对上述三种情况进行讨论,均假设 $u_C(0_-) = U_0$,$i(0_-) = 0$。

一、$R > 2\sqrt{L/C}$ 的过阻尼情况

$R > 2\sqrt{L/C} = 2\rho$ 时,固有频率 s_1、s_2 为两不相等的负实数。由式(13-51)有

$$s_{1,2} = -\frac{R}{2L} \pm \sqrt{\left(\frac{R}{2L}\right)^2 - \frac{1}{LC}} = -\alpha \pm \sqrt{\alpha^2 - \omega_0^2}$$

式中,$\alpha = R/2L$,$\omega_0 = 1/\sqrt{LC}$。于是

$$s_1 = -\alpha + \sqrt{\alpha^2 - \omega_0^2} = -\alpha_1$$

$$s_2 = -\alpha - \sqrt{\alpha^2 - \omega_0^2} = -\alpha_2$$

式中 α_1、α_2 均为正实数,且 $\alpha_1 < \alpha_2$。式(13-50)的解为

$$u_C(t) = K_1 e^{-\alpha_1 t} + K_2 e^{-\alpha_2 t} \quad (t>0) \tag{13-52}$$

对上式求导一次得

$$u_C'(t) = \frac{\mathrm{d}u_C}{\mathrm{d}t} = -\alpha_1 K_1 e^{-\alpha_1 t} - \alpha_2 K_2 e^{-\alpha_2 t} \quad (t>0) \tag{13-53}$$

由初始条件 $u_C(0_+)$ 和 $u_C'(0_+)$ 可定积分常数 K_1、K_2。由换路定律有

$$u_C(0_+) = u_C(0_-) = U_0$$

根据电容的 VAR,$i_C(t) = C \frac{\mathrm{d}u_C}{\mathrm{d}t}$,于是

$$u_C'(0_+) = \frac{i_C(0_+)}{C} = \frac{i(0_+)}{C} = \frac{i(0_-)}{C} = 0$$

$t = 0_+$ 代入式(13-52)和式(13-53),并考虑到 $u_C(0_+) = U_0$ 和 $u_C'(0_+) = 0$,于是得到

$$K_1 + K_2 = U_0$$

$$-\alpha_1 K_1 - \alpha_2 K_2 = 0$$

联立上两方程,解得

$$K_1 = \frac{\alpha_2}{\alpha_2 - \alpha_1} U_0$$

$$K_2 = \frac{-\alpha_1}{\alpha_2 - \alpha_1} U_0$$

将 K_1、K_2 值代入式(13−52),得到

$$u_C(t) = \frac{U_0}{\alpha_2 - \alpha_1}(\alpha_2 e^{-\alpha_1 t} - \alpha_1 e^{-\alpha_2 t}) \quad (t > 0) \tag{13−54}$$

电流
$$i(t) = C\frac{du_C}{dt} = \frac{\alpha_1 \alpha_2 C U_0}{\alpha_2 - \alpha_1}(e^{-\alpha_2 t} - e^{-\alpha_1 t}) \quad (t > 0) \tag{13−55}$$

需要注意,式(13−54)和式(13−55)是在 $u_C(0_+) = U_0$、$i(0_+) = 0$ 的条件下得到的,若 $i(0_+)$ $\neq 0$,则应由式(13−52)、(13−53)重新求 K_1、K_2。

图 13−43 画出了 $u_C(t)$ 和式 $i(t)$ 的波形。式(13−54) 和式(13−55)中,由于 $\alpha_1 < \alpha_2$,$e^{-\alpha_1 t}$ 比 $e^{-\alpha_2 t}$ 衰减得慢,故 $u_C(t)$ 恒为正,$i(t)$ 恒为负。从图 13−43 看到,电容电压 u_C 从它的初始值 U_0 开始单调地下降,电容自始至终在放电,最后趋于零。电流的初始值和稳态值为零,因此在某一时刻 t_m,电流达到最大值,此时 $di/dt = 0$。式(13−55)对 t 求导并令其为零,于是得到

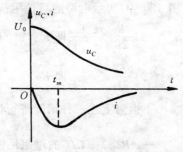

图 13 − 43 过阻尼 u_C、i 波形

$$\alpha_1 e^{-\alpha_1 t} - \alpha_2 e^{-\alpha_2 t} = 0$$

或
$$e^{(\alpha_2 - \alpha_1)t} = \frac{\alpha_2}{\alpha_1}$$

故得
$$t = t_m = \frac{1}{\alpha_2 - \alpha_1}\ln\frac{\alpha_2}{\alpha_1}$$

从 $u_C(t)$、$i(t)$ 的波形可以看出电路中能量的转换过程。在 $t < t_m$ 期间,u_C 从 U_0 开始一直下降,i 从零开始向它的负的最大值增加,因此在这个阶段,电容释放的电场能量,一部分转化为电感中的磁场能量,并在 t_m 时达最大值,另一部分转化为电阻中消耗的热能。在 $t > t_m$ 期间,u_C 继续单调下降,i 从负的最大值逐渐下降,直到 u_C 和 i 均下降到零值结束。在这个阶段内,电容和电感一起释放能量供给电阻消耗并转换为热能,直到耗尽为止。由于电路的电阻比较大($R > 2\rho$),电阻消耗能量迅速,因此不会出现电场能与磁场能反复不断地互相转换,所以整个过程为非振荡性的,称为过阻尼情况。

例 13−24 已知图 13−42 RLC 串联电路中,$R = 20\ \Omega$,$L = 2\ H$,$C = \frac{1}{32}\ F$,$u_C(0_-) =$ 3 V,$i(0_-) = 0$,$t = 0$ 时换路。求 $t > 0$ 时的 $u_C(t)$、$i(t)$、$u_L(t)$ 和 $u_R(t)$。

解 $\rho = \sqrt{L/C} = \sqrt{2 \times 32}\ \Omega = 8\ \Omega$,$R = 20\ \Omega > 2\rho = 16\ \Omega$,因而电路为过阻尼情况。电路固有频率为

$$s_{1,2} = -\frac{R}{2L} \pm \sqrt{\left(\frac{R}{2L}\right)^2 - \frac{1}{LC}} = -5 \pm \sqrt{5^2 - 16} = -5 \pm 3 = -\alpha_{1,2}$$

即
$$\alpha_1 = 2, \quad \alpha_2 = 8$$

故　　　　　　　$u_C(t)=K_1\mathrm{e}^{-a_1t}+K_2\mathrm{e}^{-a_2t}=K_1\mathrm{e}^{-2t}+K_2\mathrm{e}^{-8t}$　$(t>0)$

$$\frac{\mathrm{d}u_C}{\mathrm{d}t}=-2K_1\mathrm{e}^{-2t}-8K_2\mathrm{e}^{-8t}\quad(t>0)$$

代入初始条件

$$u_C(0_+)=u_C(0_-)=3\ \mathrm{V}$$

$$u_C'(0_+)=\frac{i(0_+)}{C}=\frac{i(0_-)}{C}=0$$

于是　　　　　　　$u_C(0_+)=K_1+K_3=3$

$$u_C'(0_+)=-2K_1-8K_2=0$$

解得　　　　　　　$K_1=4,\quad K_2=-1$

于是　　　　　　　$u_C(t)=(4\mathrm{e}^{-2t}-\mathrm{e}^{-8t})\ \mathrm{V}\quad(t>0)$

$$i(t)=C\frac{\mathrm{d}u_C}{\mathrm{d}t}=\frac{1}{32}\times(-8\mathrm{e}^{-2t}+8\mathrm{e}^{-8t})\ \mathrm{A}=\left(-\frac{1}{4}\mathrm{e}^{-2t}+\frac{1}{4}\mathrm{e}^{-8t}\right)\ \mathrm{A}\quad(t>0)$$

$$u_R(t)=Ri=20\times\left(-\frac{1}{4}\mathrm{e}^{-2t}+\frac{1}{4}\mathrm{e}^{-8t}\right)\ \mathrm{V}=(-5\mathrm{e}^{-2t}+5\mathrm{e}^{-8t})\ \mathrm{V}\quad(t>0)$$

$$u_L(t)=L\frac{\mathrm{d}i}{\mathrm{d}t}=2\times\left(\frac{1}{2}\mathrm{e}^{-2t}-2\mathrm{e}^{-8t}\right)\ \mathrm{V}=(\mathrm{e}^{-2t}-4\mathrm{e}^{-8t})\ \mathrm{V}\quad(t>0)$$

二、$R=2\sqrt{L/C}$的临界阻尼情况

$R=2\sqrt{L/C}=2\rho$ 时，由式(13-51)有

$$s_1=s_2=-\frac{R}{2L}=-\alpha$$

s_1、s_2 为两个相等的负实数。齐次微分方程(13-50)式的解为

$$u_C(t)=K_1\mathrm{e}^{-\alpha t}+K_2t\mathrm{e}^{-\alpha t}\quad(t>0)\tag{13-56}$$

其一阶导数

$$u_C'(t)=-\alpha K_1\mathrm{e}^{-\alpha t}+K_2\mathrm{e}^{-\alpha t}-\alpha K_2t\mathrm{e}^{-\alpha t}\quad(t>0)\tag{13-57}$$

初始条件

$$u_C(0_+)=u_C(0_-)=U_0$$

$$u_C'(0_+)=\frac{i_C(0_+)}{C}=\frac{i(0_+)}{C}=\frac{i(0_-)}{C}=0$$

将初始条件代入式(13-56)、式(13-57)，于是有

$$K_1=u_C(0_+)=U_0$$

$$-\alpha K_1+K_2=u_C'(0_+)=0$$

解得　　　　　　　$K_1=U_0,\quad K_2=\alpha U_0$

故　　　　　　　$u_C(t)=(1+\alpha t)U_0\mathrm{e}^{-\alpha t}\quad(t>0)$

$$i(t)=C\frac{\mathrm{d}u_C}{\mathrm{d}t}=CU_0[\alpha\mathrm{e}^{-\alpha t}-\alpha(1+\alpha t)\mathrm{e}^{-\alpha t}]$$

$$=-C\alpha^2U_0t\mathrm{e}^{-\alpha t}=-C\left(\frac{R}{2L}\right)^2U_0t\mathrm{e}^{-\alpha t}=-\frac{U_0}{L}t\mathrm{e}^{-\alpha t}$$

上两式是在 $u_C(0_+)=U_0$、$i(0_+)=0$ 的条件下得到的。若 $i(0_-)\neq0$，则需由式(13-56)和式

(13−57)重定积分常数。

$u_C(t)$、$i(t)$波形与图 13−43 所示的过阻尼情况的 $u_C(t)$、$i(t)$ 波形基本相似,只是电流 i 的峰点要略迟一些出现,峰值要大一些,但电流经过峰值后衰减得稍快一些。这种情况的电路响应仍然是非振荡性的,但是如果电阻稍微减小以致 $R<2\rho=2\sqrt{L/C}$,则响应将为振荡性的,因此这种情况称为临界阻尼情况。

例 13−25 例 13−24 中,若 $R=16\ \Omega$,$u_C(0_-)=3\ \text{V}$,$i_L(0_-)=0.1\ \text{A}$,其余条件不变,求 $t>0$ 时的 $u_C(t)$ 和 $i(t)$。

解 由上例 $2\rho=2\sqrt{L/C}=16\ \Omega$,因此 $R=2\rho$,电路为临界阻尼情况。电路固有频率为

$$s_{1,2}=-\alpha=-\frac{R}{2L}=-\frac{16}{2\times2}=-4$$

根据式(13−56)和式(13−57),故

$$u_C(t)=K_1\text{e}^{-4t}+K_2t\text{e}^{-4t}\quad(t>0)$$

$$u_C'(t)=-4K_1\text{e}^{-4t}+K_2\text{e}^{-4t}-4K_2t\text{e}^{-4t}\quad(t>0)$$

代入初始条件

$$u_C(0_+)=u_C(0_-)=3\ \text{V}$$

$$u_C'(0_+)=\frac{i_L(0_+)}{C}=\frac{i_L(0_-)}{C}=\frac{0.1}{1/32}\ \text{V/s}=3.2\ \text{V/s}$$

故有

$$u_C(0_+)=K_1=3$$

$$u_C'(0_+)=-4K_1+K_2=3.2$$

可得

$$K_1=3,\quad K_2=15.2$$

因此有

$$u_C(t)=(3\text{e}^{-4t}+15.2t\text{e}^{-4t})\ \text{V}\quad(t>0)$$

$$i(t)=C\frac{\text{d}u_C}{\text{d}t}=(0.1\text{e}^{-4t}-1.9t\text{e}^{-4t})\ \text{A}\quad(t>0)$$

三、$R<2\sqrt{L/C}$的欠阻尼振荡情况

$R<2\sqrt{L/C}=2\rho$ 时,由式(13−51)有

$$s_{1,2}=-\frac{R}{2L}\pm\sqrt{\left(\frac{R}{2L}\right)^2-\frac{1}{LC}}=-\frac{R}{2L}\pm\text{j}\sqrt{\frac{1}{LC}-\left(\frac{R}{2L}\right)^2}$$

$$=-\alpha\pm\text{j}\sqrt{\omega_0^2-\alpha^2}=-\alpha\pm\text{j}\omega_d$$

式中,$\alpha=-R/2L$,$\omega_0=1/\sqrt{LC}$,$\omega_d=\sqrt{\omega_0^2-\alpha^2}$。由上可见,固有频率 s_1、s_2 为一对共轭复数,这时齐次微分方程(13−50)式的解为

$$u_C(t)=\text{e}^{-\alpha t}(K_1\cos\omega_d t+K_2\sin\omega_d t)\quad(t>0) \tag{13−58}$$

上式也可写成

$$u_C(t)=K\text{e}^{-\alpha t}\cos(\omega_d t-\theta)\quad(t>0) \tag{13−59}$$

式中

$$K=\sqrt{K_1^2+K_2^2}$$

$$\theta=-\arctan\frac{K_2}{K_1}$$

上两式中的 K_1、K_2 或 K、θ 由初始条件 $u_C(0_+)$ 和 $u_C'(0_+)$ 确定。下面分析式(13−58)。

对式(13-58)求导一次,得

$$u_C' = -\alpha e^{-\alpha t}(K_1 \cos\omega_d t + K_2 \sin\omega_d t) +$$
$$e^{-\alpha t}(-K_1\omega_d \sin\omega_d t + K_2\omega_d \cos\omega_d t) \quad (t>0) \tag{13-60}$$

将 $t = 0_+$ 代入式(13-58)和式(13-60),并考虑到 $u_C(0_+) = u_C(0_-) = U_0$ 和 $u_C'(0_+) = i(0_+)/C = i(0_-)/C = 0$,于是有

$$K_1 = U_0, \quad K_2 = \alpha U_0/\omega_d$$

将 K_1、K_2 值代入式(13-58),得到

$$u_C(t) = U_0 e^{-\alpha t}\left(\cos\omega_d t + \frac{\alpha}{\omega_d}\sin\omega_d t\right)$$

$$= \sqrt{1 + \left(\frac{\alpha}{\omega_d}\right)^2} U_0 e^{-\alpha t} \cos\left(\omega_d t - \arctan\frac{\alpha}{\omega_d}\right) \quad (t>0)$$

因为

$$\sqrt{1 + \left(\frac{\alpha}{\omega_d}\right)^2} = \sqrt{\frac{\omega_d^2 + \alpha^2}{\omega_d^2}} = \sqrt{\frac{\omega_0^2}{\omega_d^2}} = \frac{\omega_0}{\omega_d}$$

于是上式可改写成

$$u_C(t) = \frac{\omega_0}{\omega_d} U_0 e^{-\alpha t} \cos(\omega_d t - \theta) \quad (t>0) \tag{13-61}$$

式中

$$\theta = \arctan\frac{\alpha}{\omega_d} \tag{13-62}$$

根据 $i = C \mathrm{d}u_C/\mathrm{d}t$,可求得电流为

$$i(t) = -\frac{1}{\omega_d L} U_0 e^{-\alpha t} \sin\omega_d t \quad (t>0) \tag{13-63}$$

式(13-61)、(13-63)说明 $u_C(t)$、$i(t)$ 是衰减振荡,它们的波形如图 13-44 所示。$u_C(t)$ 和 $i(t)$ 的振幅分别是 $\omega_0 U_0 e^{-\alpha t}/\omega_d$ 和 $U_0 e^{-\alpha t}/\omega_d L$,它们随时间作指数衰减,$\alpha$ 愈大,衰减愈快。ω_d 是衰减振荡的角频率,ω_d 愈大,振荡周期愈小,振荡加快。图中所示按指数规律衰减的虚线,称为包络线。显然,如果 α 增大,包络线就衰减得快,振荡的振幅衰减得更快。电路这种衰减振荡情况,称为欠阻尼情况,这时电路的固有频率 s 是复数,其实部 α 反映振荡的衰减情况,虚部 ω_d 即为振荡的角频率。

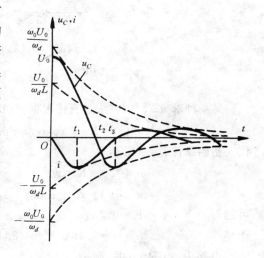

图 13-44 欠阻尼 $u_C(t)$、$i(t)$ 波形

在欠阻尼情况下,由于电阻比较小($R < 2\rho$),因而电容中电场能量与电感中磁场能量互相之间有许多次的能量交换,在这个能量交换过程中,也有部分能量供给电阻损耗。图 13-44 波形在 $t = 0 \sim t_1$ 期间,u_C 从最大值 U_0 开始下降,$|i|$ 从零开始上升,并到 t_1 时达最大。此阶段电容释放电场能量,除供电阻消耗外,另一部分转变为电感中的磁场能量,磁场能量从零开始增加到 t_1 时的最大值。在 $t = t_1 \sim t_2$ 期间,电容电压和电感电流一起下降,并在 t_2 时 u_C 降为零。这阶段电容和电感一起释放能量供电阻消耗。在 $t = t_2 \sim t_3$ 期间,$|i|$ 继续下降直到零,但 $|u_C|$ 开始从零上升到最大。这阶段电感释放磁场能量供电阻消耗外,还有一部分转换为电容中的电场能,其电场能从零开始增加直到最大。到 $t = t_3$

时,过渡过程经历了半个周期。$t > t_3$ 以后,又重复前面从 $t=0$ 开始的过程,只是电容电压和电感电流都与前面反向而已。由于电阻消耗能量,电路初始储能终归会消耗殆尽,因此最终有 $u_C \to 0, i \to 0$。

式(13—61)和式(13—63)是在 $u_C(0_+) = U_0, i(0_+) = 0$ 的条件下得到的,若不满足这组条件,则应由式(13—58)和式(13—60)重新求积分常数。

例 13—26 例 13—24 中,将 R 改作 8 Ω,其余条件不变,求 $t > 0$ 时的 $u_C(t)$ 和 $i(t)$。

解 由例 13—24 知,$2\rho = 2\sqrt{L/C} = 16$ Ω,现有 $R = 8$ Ω $< 2\rho$,因此电路为欠阻尼振荡情况。两个固有频率为

$$s_{1,2} = -\frac{R}{2L} \pm \mathrm{j}\sqrt{\frac{1}{LC} - \left(\frac{R}{2L}\right)^2} = -\frac{8}{4} \pm \mathrm{j}\sqrt{16-4} = -2 \pm \mathrm{j}3.464 = -\alpha \pm \mathrm{j}\omega_d$$

式中　　　　　　$\alpha = 2, \quad \omega_d = 3.464$

根据式(13—58)有

$$u_C(t) = \mathrm{e}^{-\alpha t}(K_1 \cos\omega_d t + K_2 \sin\omega_d t)$$
$$= \mathrm{e}^{-2t}(K_1 \cos 3.464t + K_2 \sin 3.464t) \quad (t > 0)$$

代入初始条件

$$u_C(0_+) = 3 \text{ V}$$
$$u_C'(0_+) = \frac{i(0_+)}{C} = 0$$

则有　　　　　　$u_C(0_+) = K_1 = 3$

$$u_C'(0_+) = -\alpha K_1 + K_2 \omega_d = -2K_1 + 3.464K_2 = 0$$

可解得　　　　　　$K_1 = 3, \quad K_2 = 1.732$

故有　　　　　　$u_C(t) = \mathrm{e}^{-2t}(3\cos 3.464t + 1.732\sin 3.464t)$

$$= \sqrt{3^2 + 1.732^2}\,\mathrm{e}^{-2t}\cos\left(3.464t - \arctan\frac{1.732}{3}\right)$$

$$= 3.464\mathrm{e}^{-2t}\cos(3.464t - 30°) \text{ V} \quad (t > 0)$$

$$i(t) = C\frac{\mathrm{d}u_C}{\mathrm{d}t} = -0.433\mathrm{e}^{-2t}\sin 3.464t \text{ A} \quad (t > 0)$$

另一种求 $u_C(t)$ 的方法是直接根据式(13—59)来求得,即

$$u_C(t) = K\mathrm{e}^{-\alpha t}\cos(\omega_d t - \theta) = K\mathrm{e}^{-2t}\cos(3.464t - \theta) \quad (t > 0)$$

代入初始条件有

$$u_C(0_+) = K\cos\theta = 3$$
$$u_C'(0_+) = K(-\alpha\cos\theta + \omega_d\sin\theta) = -2K\cos\theta + 3.464K\sin\theta = 0$$

可解得　　　　　　$K = 3.464, \quad \theta = 30°$

于是　　　　　　$u_C(t) = 3.464\mathrm{e}^{-2t}\cos(3.464t - 30°) \text{ V} \quad (t > 0)$

电路中,当 $R = 0$ 时,则

$$\alpha = R/2L = 0$$
$$\omega_d = \sqrt{\omega_0^2 - \alpha^2} = \omega_0 = 1/\sqrt{LC}$$

由式(13—62)

$$\theta = \arctan(\alpha/\omega_d) = 0$$

因此式(13—61)和式(13—63)变为

$$u_C(t) = U_0\cos\omega_0 t \quad (t>0)$$

$$i(t) = -\frac{U_0}{\omega_0 L}\sin\omega_0 t \quad (t>0)$$

并有
$$u_L(t) = -u_C(t) = -U_0\cos\omega_0 t \quad (t>0)$$

$u_C(t)$、$i(t)$ 和 $u_L(t)$ 的波形如图 13—45 所示。此时电路的各响应均作等幅振荡,电路的这一工作情况称为无阻尼情况,它可看成欠阻尼情况下当 $R\to0$ 的极限情况。此时的振荡角频率为 ω_0,称为自由振荡角频率($\omega_0 = 1/\sqrt{LC}$ 就是电路的谐振角频率)。由于 $R=0$,电路没有能量损耗,故电容与电感之间不断进行电场能量与磁场能量的往返转换,经久不息,形成周而复始的自由振荡。

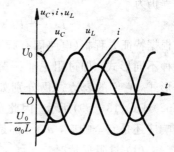

图 13—45 无阻尼 u_C、i、u_L 波形

例 13—27 例 13—24 中,若 $R=0$,$u_C(0_-)=3$ V,$i(0_-)=0.1$ A,其他条件不变,求 $t>0$ 时的 $u_C(t)$ 和 $i(t)$。

解 因 $R=0$,故为无阻尼振荡情况,

$$\alpha = \frac{R}{2L} = 0$$

$$\omega_d = \omega_0 = \frac{1}{LC} = \frac{1}{\sqrt{2\times\frac{1}{32}}} \text{ rad/s} = 4 \text{ rad/s}$$

根据式(13—59)
$$u_C(t) = Ke^{-\alpha t}\cos(\omega_d t - \theta) = K\cos(\omega_0 t - \theta) \quad (t>0)$$

于是
$$u_C'(t) = -K\omega_0\sin(\omega_0 t - \theta)$$

代入初始条件

$$u_C(0_+) = u_C(0_-) = 3 \text{ V}$$

$$u_C'(0_+) = \frac{i(0_+)}{C} = \frac{i(0_-)}{C} = \frac{0.1}{1/32} \text{ V/s} = 3.2 \text{ V/s}$$

则有
$$u_C(0_+) = K\cos\theta = 3$$

$$u_C'(0_+) = K\omega_0\sin\theta = 3.2$$

可解得
$$K = 3.1, \quad \theta = 14.93°$$

故有
$$u_C(t) = 3.1\cos(4t - 14.93°) \text{ V} \quad (t>0)$$

$$i(t) = C\frac{\mathrm{d}u_C}{\mathrm{d}t} = -\frac{1}{32}\times3.1\times4\sin(4t - 14.93°)$$

$$= 0.385\cos(4t + 75.07°) \text{ A} \quad (t>0)$$

第十二节 直流二阶 RLC 串联电路的零状态响应和完全响应

图 13—46 所示电路,$t=0$ 时开关闭合,电路接通直流电压源 U_s。$t>0$ 时响应 $u_C(t)$ 的微分方程为

$$LC\frac{\mathrm{d}^2 u_C}{\mathrm{d}t^2} + RC\frac{\mathrm{d}u_C}{\mathrm{d}t} + u_C = U_s \quad (t>0) \tag{13—64}$$

它是一个二阶常系数线性非齐次微分方程。与一阶微分方程一样,其解为特解 $u_{Cp}(t)$ 和齐次

通解 $u_{Ch}(t)$ 所组成,即
$$u_C(t) = u_{Cp}(t) + u_{Ch}(t) \quad (t>0)$$

特解 $u_{Cp}(t)$ 为电路的强制响应,在这里即为电路的稳态响应。由图 13-46 可见
$$u_{Cp}(t) = U_S$$

齐次解 $u_{Ch}(t)$ 为电路的固有响应,其形式由特征方程的根所确定。式(13-64)的特征方程仍为
$$LCs^2 + RCs + 1 = 0$$

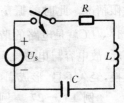

图 13-46 *RLC* 接通直流

根据特征方程根(电路固有频率)s_1、s_2 的三种不同情况,$u_{Cp}(t)$ 有三种不同形式,即过阻尼非振荡、临界阻尼非振荡和欠阻尼衰减振荡形式,它们的表达式仍分别如式(13-52)、式(13-56)和式(13-58)或式(13-59)所示。因此在直流电压源激励之下,不论是零状态响应还是完全响应,$u_C(t)$ 都是下列三种形式之一:

(1) 过阻尼情况
$$u_C(t) = u_{Cp}(t) + u_{Ch}(t) = U_S + K_1 e^{-a_1 t} + K_2 e^{-a_2 t} \quad (t>0)$$

(2) 临界阻尼情况
$$u_C(t) = U_S + K_1 e^{-at} + K_2 t e^{-at} \quad (t>0)$$

(3) 欠阻尼情况
$$u_C(t) = U_S + e^{-at}(K_1 \cos\omega_d t + K_2 \sin\omega_d t) \quad (t>0)$$

或
$$u_C(t) = U_S + K e^{-at} \cos(\omega_d t - \theta) \quad (t>0)$$

以上三种情况的积分常数 K_1、K_2 或 K、θ 可根据初始条件 $u_C(0_+) = u_C(0_-)$ 和 $u_C'(0_+) = i(0_+)/C = i(0_-)/C$ 来确定。若 $u_C(0_-) = 0$ 和 $i_C(0_-) = 0$,则电路响应为零状态响应。若 $u_C(0_-)$ 与 $i_L(0_-)$ 两者至少有一个非零,则为完全响应。

例 13-28 图 13-46 电路,$R = 8\ \Omega$,$L = 2\ \text{H}$,$C = \frac{1}{32}\ \text{F}$,$u_C(0_-) = 0$,$i_L(0_-) = 0$,$U_S = 1\ \text{V}$,$t=0$ 时开关闭合。求 $t>0$ 时的 $u_C(t)$ 并作出其波形图。

解 该例的电路参数与例 13-26 的相同,故知电路为欠阻尼情况,两固有频率为 $s_1 = -2 + j3.464$,$s_2 = -2 - j3.464$,因此 $u_C(t)$ 的齐次解为
$$u_{Ch}(t) = e^{-2t}(K_1 \cos 3.464t + K_2 \sin 3.464t) \quad (t>0)$$
在直流压源 $U_S = 1\ \text{V}$ 的作用下,$u_C(t)$ 的特解即电路的稳态响应为
$$u_{Cp}(t) = U_S = 1\ \text{V}$$
因而 $\quad u_C(t) = u_{Cp}(t) + u_{Ch}(t) = 1 + e^{-2t}(K_1 \cos 3.464t + K_2 \sin 3.464t) \quad (t>0)$
该电路为零状态电路,代入初始条件有
$$u_C(0_+) = 1 + K_1 = 0$$
$$u_C'(0_+) = -2K_1 + 3.464K_2 = \frac{i_L(0_+)}{C} = 0$$
解得 $\quad K_1 = -1, \quad K_2 = -0.577$
于是 $\quad u_C(t) = 1 + e^{-2t}(-\cos 3.464t - 0.577\sin 3.464t)$
$$= 1 + 1.155 e^{-2t} \cos(3.464t + 150°)\ \text{V} \quad (t>0)$$

$u_C(t)$ 波形如图 13-47 所示。

线性直流二阶电路的响应,可以用经典法分析,即

$$响应＝强制响应＋固有响应$$

或

$$响应＝稳态响应＋暂态响应$$

固有响应根据特征根的不同而有三种形式。完全响应也可以根据动态电路的叠加定理进行计算,即

$$完全响应＝零输入响应＋零状态响应$$

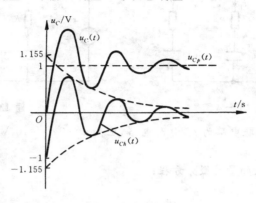

图 13 — 47   例 13 — 28 的 $u_C(t)$ 波形

与线性一阶电路一样,零输入响应与非零初始状态 $u_C(0_+)$、$i_L(0_+)$ 是线性关系,零状态响应与输入激励 U_S、I_S 是线性关系。零输入响应和零状态响应均可用经典法分别进行计算。零状态响应的时域分析,除了经典法外,还有卷积积分法和杜阿美尔积分法,这里不再介绍。

习　　题

13 — 1　图示电路在开关闭合时,伏特表的读数为 2 V。求开关打开瞬间伏特表两端电压。已知 $R = 1\ \Omega$,伏特表内阻为 3 kΩ。

13 — 2　求图示电路开关闭合瞬间各电压、电流的初值。已知开关闭合前电路已处于稳态。

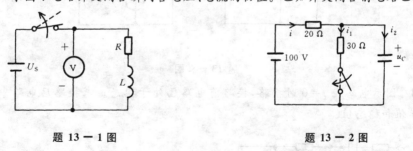

题 13 — 1 图　　　　　　　　　　　　　　题 13 — 2 图

13 — 3　图示各电路在 $t = 0$ 时换路,换路前电路已稳定。试求 $u(0_+)$ 和 $i(0_+)$。

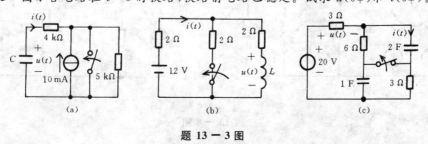

题 13 — 3 图

13—4 电路如图所示，$i_S=5$ A，$R=10$ Ω，$R_1=5$ Ω，$R_2=5$ Ω。当 $t=0$ 时，开关 S 闭合，S 闭合前电路处于稳态且 C_2 无储能。求 $i(0_+)$、$i_1(0_+)$、$i_2(0_+)$。

13—5 图示电路中，$U_S=60$ V，$R_S=2$ Ω，$R_C=10$ Ω，$R_L=3$ Ω，$R=6$ Ω。开关 S 打开前电路已处于稳态，$t=0$ 时 S 打开，求图示各电压、电流的初始值。

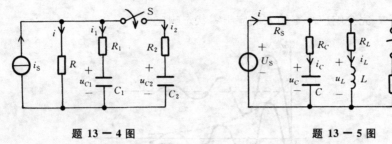

题 13—4 图　　　　　　　　题 13—5 图

13—6 图示 RC 串联电路为 $t>0$ 时电路，已知 $u_C(0_+)=10$ V，$R=1$ kΩ，$C=1$ μF。

(1) 写出以 $i(t)$ 为未知量的微分方程；

(2) 求 $i(0_+)$；

(3) 用经典法求 $i(t)$，并画 $i(t)$ 波形图；

(4) 求 $t=1.5$ ms 时 $i(t)$ 的值。

题 13—6 图

13—7 图示各电路中，$R_1=100$ Ω，$R_2=200$ Ω，$R_3=300$ Ω，$L=2$ mH，$C=1$ μF。

(1) 把各电路除动态元件以外的部分化简为戴维南或诺顿等效电路；

(2) 利用化简后的电路列出图中所注明的 u 或 i 的微分方程；

(3) 求各电路的固有频率及时间常数。

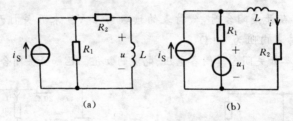

(a)　　　　　　　　(b)

题 13—7 图

13—8 图示电路在 $t=0$ 时换路，换路前电路已处于稳态。求换路后电路中所有电压、电流的初始值和稳态值。

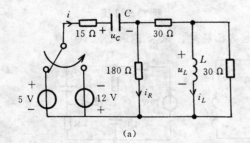
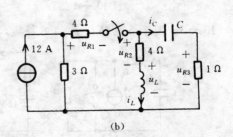

(a)　　　　　　　　(b)

题 13—8 图

13 -9 $t>0$ 时的电路如图所示,已知 $i_1(0_-)=2$ A, $u_4(0_-)=4$ V。求各电流的初始值和稳态值。

13 -10 图示电路,已知 $R=1$ kΩ, $C=1$ μF。$t=0$ 时开关闭合,闭合前电容无储能。求 (1) $t>0$ 时的 $u_a(t)$,并画 $u_a(t)$ 的波形;(2) $u_a(t)$ 通过零值($u_a=0$)的时间 t_0。

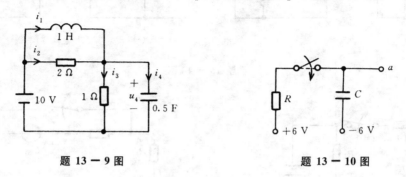

题 13 - 9 图　　　　　　　　　　　题 13 - 10 图

13 -11 一个高压电容器原先已充电,其电压为 10 kV,从电路中断开后,经过 15 min,它的电压降低为 3.2 kV,问:

(1) 再过 15 min 电压将降为多少?

(2) 如果电容 $C=15$ μF,那么它的绝缘电阻是多少?

(3) 需经多少时间,可使电压降至 30 V 以下?

(4) 如果以一根电阻为 0.2 Ω 的导线将电容接地放电,最大放电电流是多少?若认为在 5τ 时间内放电完毕,那么放电的平均功率是多少?

(5) 如果以 100 kΩ 的电阻将其放电,应放电多少时间? 并重答(4)。

13 -12 图示电路的开关在 $t=0$ 时闭合,闭合前电感无储能。试求 $t>0$ 时的 $i_L(t)$、$u_L(t)$ 和 $i(t)$,并画它们的波形。

13 -13 图示电路,开关在 $t=0$ 时闭合,在闭合前电容无储能。试求 $t>0$ 时的 $u_C(t)$ 及 $i(t)$,并画它们的波形。

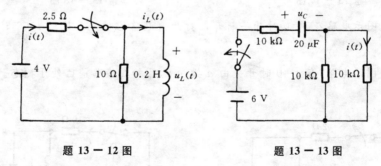

题 13 - 12 图　　　　　　　　　　题 13 - 13 图

13 -14 求图示电路的时间常数。

13 -15 图示电路,已知 $U_{S1}=20$ V, $U_{S2}=10$ V, $R_1=6$ kΩ, $R_2=4$ kΩ, $C=5$ μF。$t=0$ 时开关打开,打开前电路已稳定。试求 $t>0$ 时的 $u_C(t)$,并画出 $u_C(t)$ 波形。

13 -16 图示电路,已知 $U_{S1}=3$ V, $U_{S2}=8$ V, $R_1=10$ Ω, $R_2=15$ Ω, $L=0.1$ H。$t=0$ 时换路,换路前电路已稳定。试求 $t>0$ 时的 $i_L(t)$,并画 $i_L(t)$ 的波形。

13 -17 图示电路在 $t=0$ 时换路,换路前电路已稳定。试求 $t>0$ 时的 $i(t)$、$u_L(t)$,绘 $i(t)$ 的波形,并求 $i(t)$ 通过零值($i=0$)的时间 t_0。

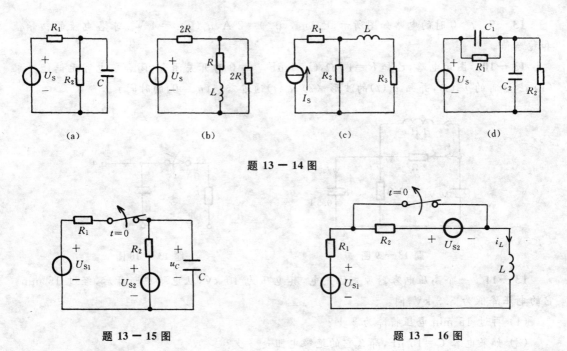

(a)　　　　　　(b)　　　　　　(c)　　　　　　(d)

题 13 — 14 图

题 13 — 15 图　　　　　　　　　　　题 13 — 16 图

13 — 18　图示电路在 $t=0$ 时换路,换路前电路已稳定。试求 $t>0$ 时的 $u_C(t)$、$i_C(t)$ 和 $i(t)$。

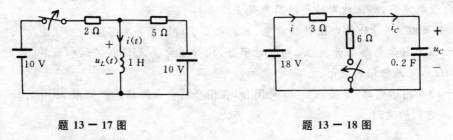

题 13 — 17 图　　　　　　　　　　题 13 — 18 图

13 — 19　图示电路在 $t=0$ 时开关断开,打开前电路已稳定。试求 $t>0$ 时的 $i(t)$,并画波形。

13 — 20　图示电路,在 $t=0$ 时开关由 a 投向 b,已知在换路前已处于稳态。试求 $t>0$ 时的 i_L、i 与 u_L。

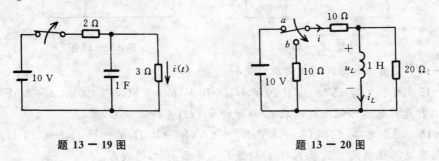

题 13 — 19 图　　　　　　　　　　题 13 — 20 图

13 — 21　图示电路在 $t<0$ 时处于稳定状态,$t=0$ 时断开开关。经 0.5 s 电容电压降为 48.5 V,经 1 s 降为 29.4 V。求 R、C 的值并写出电容电压 u_C 的表达式。

13-22 图示电路中的开关未打开前,电路已达稳态,$t=0$ 时开关打开。已知 $U_s=$ 10 V,$R_1=2$ kΩ,$R_2=R_3=4$ kΩ,$L=200$ mH。求 $i_L(t)$、$u_L(t)$。

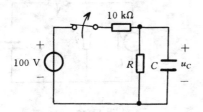

题 13 — 21 图

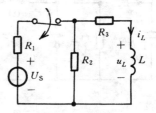

题 13 — 22 图

13-23 电路如图所示,已知 $i(0_+)=2$ A,求 $t>0$ 时的 $u(t)$。

13-24 图示电路中,$U=220$ V,$R=3$ Ω,$L=2$ H,D 为理想二极管。开关断开前电路已稳定(D 不通)。开关断开后,电感线圈通过二极管支路放电。试选择放电电阻 R_f 的数值,使得:

(1) 放电开始时线圈两端的瞬时电压不超过正常工作电压 U 的 5 倍;

(2) 整个放电过程在 1 s 内基本结束(以 5τ 计)。

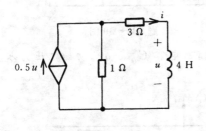

题 13 — 23 图

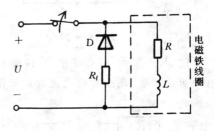

题 13 — 24 图

13-25 图示电路,电容原未充电,$t=0$ 时开关闭合。试求 (1) $t>0$ 时的 $u_a(t)$、$i_C(t)$、$i_1(t)$ 和 $i_2(t)$;(2) $t=15$ μs 时的 u_a 及 i_C 值。

13-26 图示电路在开关闭合前处于稳态,$t=0$ 时闭合开关,经过多长时间电流 $i_1(t)$ 与 $i_2(t)$ 相等?这时 $i_1(t)$ 有多大?

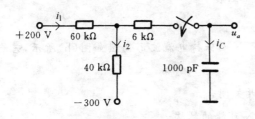

题 13 — 25 图

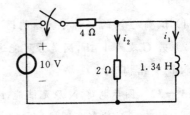

题 13 — 26 图

13-27 图示电路,$t=0$ 时换路,换路前电路已处于稳态。求 $t>0$ 时的 $i(t)$ 和 $u(t)$,并画它们的波形。

13-28 图示电路,已知 $I_s=20$ mA,$R=2$ kΩ,$t=0$ 时换路。

(1) 为了使 $u_C(t)$ 的固有响应为零,试求 $u_C(0_-)$;

(2) 若 $u_C(0_-) = -10$ V，为使 $u_C(1\ \text{ms}) = 0$，试求 C 的值。

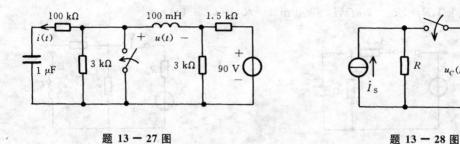

题 13 — 27 图   题 13 — 28 图

13 — 29 图示为 $t > 0$ 时的电路，已知 $u(0_-) = 0$，求 $t > 0$ 时的 $u(t)$，并画 $u(t)$ 的波形。

13 — 30 图示电路在 $t = 0$ 时换路，换路前电路已稳定，试求 $t > 0$ 时的 $i(t)$。

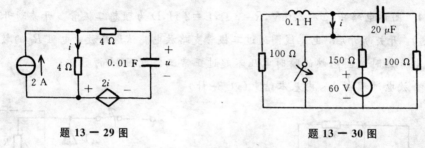

题 13 — 29 图   题 13 — 30 图

13 — 31 图示(a)电路中 N 仅含有直流电源及电阻，电容 $C = 5\ \mu\text{F}$，初始电压为零。在 $t = 0$ 时开关闭合，闭合后的电流波形如图(b)所示。

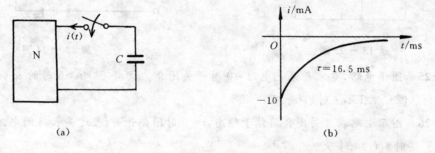

(a)   (b)

题 13 — 31 图

(1) 试确定 N 的一种可能结构；

(2) 若 C 改为 $1\ \mu\text{F}$，问是否可能通过改变 N 而保持电流波形仍然如图(b)所示，若能，试确定 N 的新结构形式。

13 — 32 图示电路 N 原无储能，$t = 0$ 时开关闭合。

(1) 若 $u(t)$ 的波形如图(b)所示，试确定 N 可能的结构；

(2) 若 $u(t)$ 的波形如图(c)所示，试确定 N 可能的结构。

13 — 33 试求题 13—16 电路中 $i_L(t)$ 的零输入响应 $i_{Lzi}(t)$ 和零状态响应 $i_{Lzs}(t)$，并用动态电路的叠加定理求完全响应 $i_L(t)$。

13 — 34 图示电路，$t = 0$ 时开关闭合，已知 $U_S = 50$ V，$u_C(0_-) = 20$ V。

(1) 试用动态电路的叠加定理求 $u_C(t)$ 和 $i(t)$；

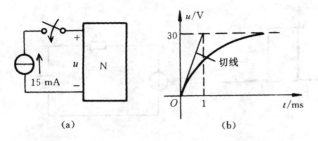
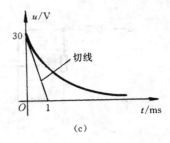

(a)　　　　　　　　(b)　　　　　　　　(c)

题 13－32 图

(2) 若 U_S 为 30V, 其他不变, 重求 $u_C(t)$;

(3) 若 $u_C(0_-)=-15$ V, 其他不变, 重求 $u_C(t)$。

13－35　图示为 $t>0$ 时的电路, 已知 $U_S=30$ V 时, $i(t)=(3-4e^{-5t})$ A, 若 $U_S=10$ V, $i(0_+)=2$ A, 试求 $i(t)$。

13－36　图示电路中, C 原未充电。$t=0$ 时开关 S 接至 a 点, $t=4$ ms 时, S 换接至 b 点。试求 $t>0$ 时的 $u_C(t)$, 绘 $u_C(t)$ 波形, 并求 $u_C(t)$ 经过零值($u_C=0$)时的时间 t_0。

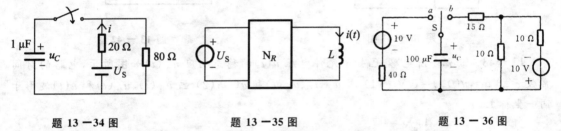

题 13－34 图　　　　　　题 13－35 图　　　　　　题 13－36 图

13－37　图示电路中, N 内部只含电源和电阻, 若 1 V 的直流电压源于 $t=0$ 时作用于电路, 输出端所得零状态响应为

$$u_0(t)=\left(\frac{1}{2}+\frac{1}{8}e^{-0.25t}\right) \text{ V}\quad(t>0)$$

若把电路中的电容换成 2 H 的电感, 输出端的零状态响应 $u_0(t)$ 将如何?

13－38　图示电路中 $i(0)=0$, 求 $t>0$ 时的 $i(t)$, 并画它的波形。

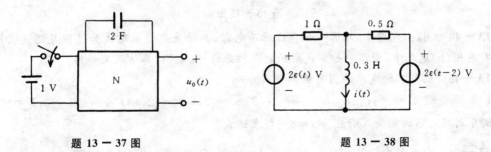

题 13－37 图　　　　　　　　题 13－38 图

13－39　图(a)所示电路中的电压 $u(t)$ 的波形如图(b)所示, 试求 $u_C(t)$ 并画其波形。

13－40　图示电路中无初始储能, 电源电压为 $u_S=K\delta(t)$。试求 $u_C(t)$、$u_R(t)$。

13－41　图示电路无初始储能, 电流源 $i_S(t)=\delta(t)$ mA。试求冲激响应 $u_C(t)$。

355

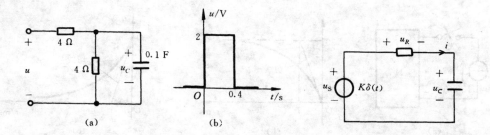

(a) (b)	
题 13 － 39 图	题 13 － 40 图

13 － 42 图示电路中，$u_C(0_-)=2$ V，$u_S(t)=10\sin(314t-45°)$ V，$t=0$ 时开关闭合。试求 $t>0$ 时的 $u_C(t)$。

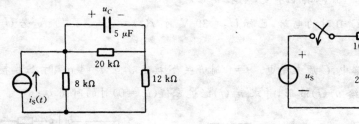

题 13 － 41 图 　　　　　　　　　题 13 － 42 图

13 － 43 正弦一阶电路，已知某元件电压 $u(t)$ 的稳态响应 $u_稳(t)$ 如图所示，电路的时间常数 $\tau=3$ ms，$u(0_+)=0$ V。(1) 求 $u_稳(t)$、$u_暂(t)$ 和 $u(t)$；(2) 画 $u_稳(t)$、$u_暂(t)$ 和 $u(t)$ 波形于同一坐标上。

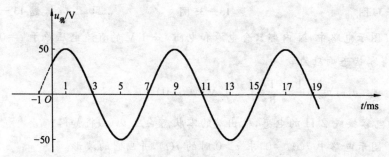

题 13 － 43 图

13 － 44 图(a)电路中，增添一如虚线所示电容，其结果是使电路成为过阻尼还是欠阻尼情况？在图(b)电路中，增添一如虚线所示的受控源($0<\alpha<1$)，其结果又如何？

13 － 45 已知二阶电路的固有频率分别为：

(1) $s_1=-2$，$s_2=-3$；(2) $s_1=s_2=-2$；(3) $s_1=j2$，$s_2=-j2$；(4) $s_1=-2+j3$；$s_3=-2-j3$。试分别写电路的零输入响应 $y(t)$ 的一般表达式。

13 － 46 求上题中满足初始条件 $y(0_+)=1$，$\left.\dfrac{dy}{dt}\right|_{t=0_+}=2$ 的 $y(t)$ 的特解。

13 － 47 图示电路，开关打开前电路已达稳态，$t=0$ 时开关断开。求 $u_C(0_+)$、$i_L(0_+)$、$\left.\dfrac{du_C}{dt}\right|_{t=0_+}$ 和 $\left.\dfrac{di_L}{dt}\right|_{t=0_+}$。

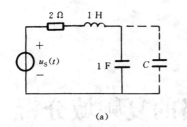

(a)

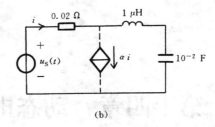

(b)

题 13－44 图

13－48   图示电路,开关在 $t=0$ 时闭合,若要求开关闭合后电路中不出现过渡过程,则 $u_C(0_-)$ 和 $i_L(0_-)$ 应分别为何值?

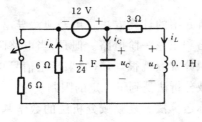

题 13－47 图

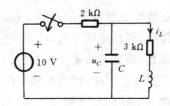

题 13－48 图

13－49   图示电路,开关在 $t=0$ 时打开,打开前电路已处于稳态。求 $t>0$ 时的 $u_C(t)$。选择 R 使两固有频率之和为 -5。

13－50   图示电路,$t=0$ 时开关闭合,已知 $R=4\ \Omega$,$L=1\ H$,$C=(1/4)\ F$,$u_C(0_-)=4\ V$,$i_L(0_-)=2\ A$。试求 $t>0$ 时的零输入($U_S=0$)响应 $i_L(t)$。

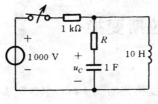

题 13－49 图

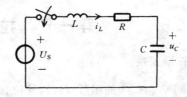

题 13－50 图

13－51   图示电路,开关在 $t=0$ 时打开,打开前电路已处稳态。求 $t\geqslant0$ 时的 $u_C(t)$ 和 $i_L(t)$。已知:$R_1=1\ k\Omega$,$R_2=4\ k\Omega$,$L=100\ H$,$C=4\ \mu F$,$U_S=150\ V$。

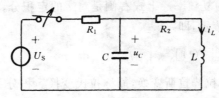

题 13－51 图

13－52   上题电路,设 $R_1=10\ \Omega$,$R_2=0\ \Omega$,$L=1\ H$,$C=10\ \mu F$,$U_S=100\ V$。开关在 $t=0$ 时打开,打开前电路已稳定。求 $t\geqslant0$ 时的 $i_L(t)$ 和 $u_C(t)$。

13－53   题 13－50 图,$t=0$ 时开关闭合,设 $u_C(0_-)=0$,$i_L(0_-)=0$,$L=1\ H$,$C=1\ \mu F$,$U_S=100\ V$。若:(1) 电阻 $R=3\ k\Omega$;(2) $R=2\ k\Omega$;(3) $R=200\ \Omega$。试分别求在上述电阻值时的 $i_L(t)$ 和 $u_C(t)$ $(t>0)$。

第十四章 动态电路的复频域分析

本章主要内容：拉普拉斯变换及其性质，拉普拉斯反变换的部分分式展开法，复频域的电路定律、元件 VAR 及电路模型，动态电路的复频域分析法等。

上章讨论了线性动态电路的时域分析，所介绍的计算方法是由经典法导出。经典法的优点是物理概念清晰，特别适用于直流一阶电路和正弦一阶电路。但是，当电路阶数较高时，列写电路的微分方程、确定初始条件和相应的积分常数就很烦琐，如果激励信号再比较复杂，就更增加了计算的难度。因此，动态电路的时域分析法受到了一定的限制。

本章介绍动态电路的复频域分析法，也称运算法。复频域分析法的数学基础是拉普拉斯变换[法国数学家 P. S. Laplace(1749~1827)提出]。复频域分析法是应用拉普拉斯变换将时域电路的 KCL、KVL 和元件的 VAR 变换成复频域形式；将电路的时域模型变换为复频域模型(运算电路)；对运算电路列代数方程求复频域响应，通过拉普拉斯反变换再求时域响应。这种分析方法是一种变换法，正如正弦稳态电路的时域响应可用相量法(相量变换法)分析一样。复频域分析法避免了列微分方程，因而比时域法简单、便捷。

第一节 拉普拉斯变换

一、拉普拉斯变换

定义在区间 $0 \leqslant t < \infty$ 的函数 $f(t)$，其拉普拉斯变换记为 $\mathcal{L}[f(t)]$("$\mathcal{L}$"是拉普拉斯变换符号)，$f(t)$ 的拉普拉斯变换定义为

$$\mathcal{L}[f(t)] = \int_{0_-}^{\infty} f(t) e^{-st} \, dt$$

式中 $s = \sigma + j\omega$ 是一复数，称为复频率。上式右侧是对 t 的定积分，因此积分结果与 t 无关，而是复频率 s 的函数，用 $F(s)$ 表示，即

$$F(s) = \mathcal{L}[f(t)] = \int_{0_-}^{\infty} f(t) e^{-st} \, dt \qquad (14-1)$$

式(14-1)中，$F(s)$ 是 $f(t)$ 的拉普拉斯变换，简称拉氏变换。积分下限 0_- 是考虑了 $f(t)$ 在 $t = 0$ 时可能出现的冲激函数 $\delta(t)$。通常将 $F(s)$ 称为 $f(t)$ 的象函数，$f(t)$ 称为 $F(s)$ 的原函数。原函数用小写字母表示，象函数用大写字母表示，例如电压 $u(t)$ 和电流 $i(t)$ 的象函数分别记为 $U(s)$ 和 $I(s)$，即

$$U(s) = \mathcal{L}[u(t)], \qquad I(s) = \mathcal{L}[i(t)]$$

如果已知 $F(s)$，则原函数

$$f(t) = \frac{1}{2\pi j} \int_{C-j\infty}^{C+j\infty} F(s) e^{st} \, ds$$

式中 C 为正值常数。上式称为 $F(s)$ 的拉普拉斯反变换,简称拉氏反变换,记为 $\mathscr{L}^{-1}[F(s)]$,因此有

$$f(t) = \mathscr{L}^{-1}[F(s)] = \frac{1}{2\pi j}\int_{C-j\infty}^{C+j\infty} F(s)e^{st}\,ds \qquad (14-2)$$

式中,$\mathscr{L}^{-1}$ 为拉氏反变换符号。

现在简单地说明拉氏变换的存在性。由式(14−1)有

$$F(s) = \int_{0_-}^{\infty} f(t)e^{-st}\,dt = \int_{0_-}^{\infty} f(t)e^{-\sigma t}e^{-j\omega t}\,dt$$

式中,若 $f(t)e^{-\sigma t}$ 绝对可积,即 $\int_{0_-}^{\infty} |f(t)e^{-\sigma t}|\,dt$ 存在,则 $f(t)$ 的拉氏变换 $F(s)$ 存在。使 $f(t)e^{-\sigma t}$ 绝对可积的 σ 值(是一范围)称为拉氏变换的收敛域,现以例说明。设信号 $f(t) = e^{3t}$,由拉氏变换定义式得

$$F(s) = \int_{0_-}^{\infty} f(t)e^{-\sigma t}e^{j\omega t}\,dt = \int_{0_-}^{\infty} e^{-(\sigma-3)t}e^{-j\omega t}\,dt$$

显然,只有当 $\sigma>3$ 时,$f(t)e^{-\sigma t}$ 才绝对可积,$F(s)$ 存在。在复平面上将 $\sigma>3$ 的范围称为 $f(t) = e^{3t}$ 的拉氏变换收敛域,如图 14−1 中阴影范围所示。$\sigma=3$ 称为 $F(s)$ 在复平面内的收敛横坐标,对应 $\sigma=3$ 的垂直线称为收敛轴。

电气、通信、电子工程中的信号 $f(t)$,一般都是指数阶函数,即 $f(t)$ 满足

$$|f(t)| \leqslant Me^{ct} \qquad (0\leqslant t<\infty)$$

式中,M 和 c 均为正值常数。对指数阶函数 $f(t)$ 有

$$\int_{0_-}^{\infty} |f(t)e^{-\sigma t}|\,dt \leqslant \int_{0_-}^{\infty} Me^{-(\sigma-c)t}\,dt = \frac{M}{\sigma-c} \qquad (\sigma>c)$$

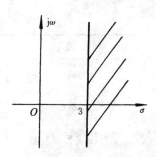

图 14−1 拉氏变换的收敛域

可见,只要 $\sigma>c$,此积分就存在,$f(t)$ 的拉氏变换存在。下面的讨论中,不再对收敛域进行分析。

二、若干常用函数的拉普拉斯变换

1. 指数函数 $Ae^{-\alpha t}$(A、α 为实数或复数)

由式(14−1),$Ae^{-\alpha t}$ 的拉氏变换为

$$\mathscr{L}[Ae^{-\alpha t}] = \int_{0_-}^{\infty} Ae^{-\alpha t}e^{-st}\,dt = A\int_{0_-}^{\infty} e^{-(s+\alpha)t}\,dt$$

$$= \frac{-Ae^{-(s+\alpha)t}}{s+\alpha}\bigg|_{0_-}^{\infty} = \frac{A}{s+\alpha} \qquad (14-3)$$

2. 阶跃函数 $A\varepsilon(t)$ 和常数 A(A 为实数)

$$\mathscr{L}[A\varepsilon(t)] = \int_{0_-}^{\infty} A\varepsilon(t)e^{-st}\,dt = A\int_{0_-}^{\infty} e^{-st}\,dt = \frac{A}{s} \qquad (14-4)$$

对于常数 A,由于拉氏变换的积分下限为 0_-,所以 A 的拉氏变换与 $A\varepsilon(t)$ 的相同,因此

$$\mathscr{L}[A] = \frac{A}{s} \qquad (14-5)$$

式(14−4)、式(14−5)也可由式(14−3)令 $\alpha=0$ 得到。

3. 单位冲激函数 $\delta(t)$

$$\mathscr{L}[\delta(t)] = \int_{0_-}^{\infty} \delta(t) e^{-st} dt = \int_{0_-}^{\infty} \delta(t) e^{-s \times 0} dt = \int_{0_-}^{0_+} \delta(t) dt = 1$$

4. 正弦函数 $\sin\omega t$、余弦函数 $\cos\omega t$

根据欧拉公式

$$\sin\omega t = \frac{1}{2\mathrm{j}}(e^{\mathrm{j}\omega t} - e^{-\mathrm{j}\omega t})$$

于是

$$\mathscr{L}[\sin\omega t] = \mathscr{L}\left[\frac{1}{2\mathrm{j}}(e^{\mathrm{j}\omega t} - e^{-\mathrm{j}\omega t})\right] = \frac{1}{2\mathrm{j}}\left(\frac{1}{s-\mathrm{j}\omega} - \frac{1}{s+\mathrm{j}\omega}\right) = \frac{\omega}{s^2 + \omega^2}$$

$$\cos\omega t = \frac{1}{2}(e^{\mathrm{j}\omega t} + e^{-\mathrm{j}\omega t})$$

于是

$$\mathscr{L}[\cos\omega t] = \frac{s}{s^2 + \omega^2}$$

其他函数的拉氏变换不再推导。常用函数的拉氏变换列于表 14-1 中供参考使用。

常用函数的拉氏变换 表 14-1

原 函 数	象 函 数	原 函 数	象 函 数
A	$\dfrac{A}{s}$	$\sin(\omega t + \psi)$	$\dfrac{s\sin\psi + \omega\cos\psi}{s^2 + \omega^2}$
$A\delta(t)$	A	$\cos(\omega t + \psi)$	$\dfrac{s\cos\psi - \omega\sin\psi}{s^2 + \omega^2}$
$e^{-\alpha t}$ (α 实数或复数)	$\dfrac{1}{s+\alpha}$	$e^{-\alpha t}\sin\omega t$	$\dfrac{\omega}{(s+\alpha)^2 + \omega^2}$
t	$\dfrac{1}{s^2}$		
t^n (n 正整数)	$\dfrac{n!}{s^{n+1}}$	$e^{-\alpha t}\cos\omega t$	$\dfrac{s+\alpha}{(s+\alpha)^2 + \omega^2}$
$\sin\omega t$	$\dfrac{\omega}{s^2 + \omega^2}$	$te^{-\alpha t}$	$\dfrac{1}{(s+\alpha)^2}$
$\cos\omega t$	$\dfrac{s}{s^2 + \omega^2}$	$t^n e^{-\alpha t}$ (n 正整数)	$\dfrac{n!}{(s+\alpha)^{n+1}}$
		$2|K|e^{\alpha t}\cos(\omega t + \theta)$	$\dfrac{|K|e^{\mathrm{j}\theta}}{s-p_1} + \dfrac{|K|e^{-\mathrm{j}\theta}}{s-p_2}$ $\left(\begin{matrix} p_1 = \alpha + \mathrm{j}\omega \\ p_2 = \alpha - \mathrm{j}\omega \end{matrix}\right)$

需要指出,由于拉普拉斯变换的积分下限为 0_-,因此 $f(t)$ 在 $t<0$ 范围内的值对拉氏变换不起作用,故 $f(t)\varepsilon(t)$ 的拉氏变换与 $f(t)$ 的拉氏变换相同。表 14-1 中的各原函数 $f(t)$ 也可写成 $f(t)\varepsilon(t)$ [$\delta(t)$ 除外]。

第二节 拉普拉斯变换的基本性质

本节仅介绍与线性电路分析有关的一些基本性质。

一、线性性质

若

$$\mathscr{L}[f_1(t)] = F_1(s), \quad \mathscr{L}[f_2(t)] = F_2(s)$$

则

$$\mathscr{L}[k_1 f_1(t) + k_2 f_2(t)] = k_1 F_1(s) + k_2 F_2(s)$$

式中，k_1、k_2 为任意常数。

证明：
$$\mathscr{L}\left[k_1 f_1(t) + k_2 f_2(t)\right] = \int_{0_-}^{\infty} \left[k_1 f_1(t) + k_2 f_2(t)\right] \mathrm{e}^{-st} \mathrm{d}t$$

$$= k_1 \int_{0_-}^{\infty} f_1(t) \mathrm{e}^{-st} \mathrm{d}t + k_2 \int_{0_-}^{\infty} f_2(t) \mathrm{e}^{-st} \mathrm{d}t$$

$$= k_1 F_1(s) + k_2 F_2(s)$$

第一节中对正弦（余弦）函数拉氏变换的推导，已经体现了拉氏变换的线性性质。

二、微分性质

若
$$\mathscr{L}\left[f(t)\right] = F(s)$$

则
$$\mathscr{L}\left[\frac{\mathrm{d}f(t)}{\mathrm{d}t}\right] = s\mathscr{L}\left[f(t)\right] - f(0_-) = sF(s) - f(0_-)$$

式中，$f(0_-)$ 为 $f(t)$ 在 $t = 0_-$ 时的值。

证明：
$$\mathscr{L}\left[\frac{\mathrm{d}f(t)}{\mathrm{d}t}\right] = \int_{0_-}^{\infty} \frac{\mathrm{d}f(t)}{\mathrm{d}t} \mathrm{e}^{-st} \mathrm{d}t = \int_{0_-}^{\infty} \mathrm{e}^{-st} \mathrm{d}f(t)$$

应用分部积分公式 $\int_{0_-}^{\infty} u \mathrm{d}v = uv \Big|_{0_-}^{\infty} - \int_{0_-}^{\infty} v \mathrm{d}u$，对上式，令 $u = \mathrm{e}^{-st}$，$v = f(t)$，于是

$$\mathscr{L}\left[\frac{\mathrm{d}f(t)}{\mathrm{d}t}\right] = \mathrm{e}^{-st} f(t) \Big|_{0_-}^{\infty} - \int_{0_-}^{\infty} f(t) \mathrm{d}(\mathrm{e}^{-st})$$

$$= -f(0_-) + s\int_{0_-}^{\infty} f(t) \mathrm{e}^{-st} \mathrm{d}t = s\mathscr{L}\left[f(t)\right] - f(0_-)$$

$$= sF(s) - f(0_-)$$

$\delta(t)$ 是 $\varepsilon(t)$ 的一阶导数，利用拉氏变换的微分性质，由 $\varepsilon(t)$ 的象函数可得 $\delta(t)$ 的象函数。

$$\mathscr{L}\left[\delta(t)\right] = \mathscr{L}\left[\frac{\mathrm{d}\varepsilon(t)}{\mathrm{d}t}\right] = s\mathscr{L}\left[\varepsilon(t)\right] - \varepsilon(0_-) = s \cdot \frac{1}{s} - 0 = 1$$

三、积分性质

若
$$\mathscr{L}\left[f(t)\right] = F(s)$$

则
$$\mathscr{L}\left[\int_{0_-}^{t} f(\xi) \mathrm{d}\xi\right] = \frac{F(s)}{s}$$

证明：
$$\mathscr{L}\left[\int_{0_-}^{t} f(\xi) \mathrm{d}\xi\right] = \int_{0_-}^{\infty} \left[\int_{0_-}^{t} f(\xi) \mathrm{d}\xi\right] \mathrm{e}^{-st} \mathrm{d}t$$

$$= \int_{0_-}^{\infty} \left[\int_{0_-}^{t} f(\xi) \mathrm{d}\xi\right] \mathrm{d}\left(\frac{\mathrm{e}^{-st}}{-s}\right)$$

应用分部积分法，令 $u = \int_{0_-}^{t} f(\xi) \mathrm{d}\xi$，$v = \frac{\mathrm{e}^{-st}}{-s}$，于是有

$$\mathscr{L}\left[\int_{0_-}^{t} f(\xi) \mathrm{d}\xi\right] = \left[\int_{0_-}^{t} f(\xi) \mathrm{d}\xi\right] \frac{\mathrm{e}^{-st}}{-s} \Big|_{0_-}^{\infty} - \int_{0_-}^{\infty} \frac{\mathrm{e}^{-st}}{-s} f(t) \mathrm{d}t$$

此式等号右边的第一项为零，故有

$$\mathscr{L}\left[\int_{0_-}^{t} f(\xi) \mathrm{d}\xi\right] = \frac{1}{s} \int_{0_-}^{\infty} f(t) \mathrm{e}^{-st} \mathrm{d}t = \frac{1}{s} \mathscr{L}\left[f(t)\right] = \frac{F(s)}{s}$$

函数 $t\varepsilon(t)$ 是 $\varepsilon(t)$ 的积分，$t\varepsilon(t) = \int_{0_-}^{t} \varepsilon(\xi) \mathrm{d}\xi$。由 $\varepsilon(t)$ 的象函数通过拉氏变换的积分性质，

即可得到 $t\varepsilon(t)$ 的象函数。由积分性质有

$$\mathscr{L}[t\varepsilon(t)]=\mathscr{L}\left[\int_{0_-}^{t}\varepsilon(\xi)\mathrm{d}\xi\right]=\frac{\mathscr{L}[\varepsilon(t)]}{s}=\frac{1}{s^2}$$

四、延时性质

若　　　　　　　　$\mathscr{L}[f(t)\varepsilon(t)]=F(s)$

则　　　　　　　　$\mathscr{L}[f(t-t_0)\varepsilon(t-t_0)]=\mathrm{e}^{-st_0}F(s)$

式中，$f(t-t_0)\varepsilon(t-t_0)$ 是函数 $f(t)\varepsilon(t)$ 延时 t_0 的结果。

证明：　　$\mathscr{L}[f(t-t_0)\varepsilon(t-t_0)]=\int_{0_-}^{\infty}f(t-t_0)\varepsilon(t-t_0)\mathrm{e}^{-st}\mathrm{d}t$

$$=\int_{t_0_-}^{\infty}f(t-t_0)\mathrm{e}^{-st}\mathrm{d}t$$

令 $t-t_0=\xi$，于是 $t=\xi+t_0$，$\mathrm{d}t=\mathrm{d}\xi$。故有

$$\mathscr{L}[f(t-t_0)\varepsilon(t-t_0)]=\int_{0_-}^{\infty}f(\xi)\mathrm{e}^{-s(\xi+t_0)}\mathrm{d}\xi$$

$$=\mathrm{e}^{-st_0}\int_{0_-}^{\infty}f(\xi)\mathrm{e}^{-s\xi}\mathrm{d}\xi=F(s)\mathrm{e}^{-st_0}$$

例 14 —1　求 $(t-3)\varepsilon(t-2)$ 的拉普拉斯变换。

解　　　$(t-3)\varepsilon(t-2)=(t-2-1)\varepsilon(t-2)=(t-2)\varepsilon(t-2)-\varepsilon(t-2)$

根据 $\mathscr{L}[t\varepsilon(t)]=1/s^2$、$\mathscr{L}[\varepsilon(t)]=1/s$ 以及线性延时性质，于是

$$\mathscr{L}[(t-3)\varepsilon(t-2)]=\mathscr{L}[(t-2)\varepsilon(t-2)-\varepsilon(t-2)]$$

$$=\frac{1}{s^2}\mathrm{e}^{-2s}-\frac{1}{s}\mathrm{e}^{-2s}=\frac{(1-s)\mathrm{e}^{-2s}}{s^2}$$

例 14 —2　求图 14—2 所示矩形脉冲的拉氏变换。

解　图 14—2 所示 $f(t)$ 可写成如下形式：

$$f(t)=A\varepsilon(t)-A\varepsilon(t-t_0)$$

根据 $\mathscr{L}[A\varepsilon(t)]=\dfrac{A}{s}$ 及拉氏变换的线性性质和延时性质，于是

$$\mathscr{L}[f(t)]=\mathscr{L}[A\varepsilon(t)]-\mathscr{L}[A\varepsilon(t-t_0)]=\frac{A}{s}-\frac{A}{s}\mathrm{e}^{-st_0}$$

$$=\frac{A}{s}(1-\mathrm{e}^{-st_0})$$

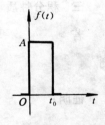

图 14 — 2　例 14 —2 图

例 14 —3　求图 14—3 所示脉冲序列的拉氏变换。

解　设 $f(t)$ 在 $0<t<T$ 区间内的函数为 $f_1(t)\varepsilon(t)$，于是 $f(t)$ 可写成如下形式：

$$f(t)=f_1(t)\varepsilon(t)+f_1(t-T)\varepsilon(t-T)+$$
$$f_1(t-2T)\varepsilon(t-2T)+\cdots$$

令 $\mathscr{L}[f_1(t)\varepsilon(t)]=F_1(s)$，则由拉氏变换的线性性质和延时性质，可得 $f(t)$ 的拉氏变换为

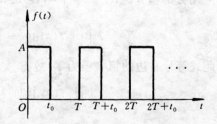

图 14 — 3　例 14 —3 图

$$\mathscr{L}\left[f(t)\right]=F_1(s)+F_1(s)\mathrm{e}^{-sT}+F_1(s)\mathrm{e}^{-2sT}+\cdots$$
$$=F_1(s)(1+\mathrm{e}^{-sT}+\mathrm{e}^{-2sT}+\cdots)$$

此式括号内是一个公比为 $q=\mathrm{e}^{-sT}$ 的等比级数,其和为 $1/(1-\mathrm{e}^{-sT})$。由例 $14-2$ 有 $F_1(s)=A(1-\mathrm{e}^{-st_0})/s$,于是脉冲序列 $f(t)$ 的拉氏变换为

$$\mathscr{L}\left[f(t)\right]=\frac{F_1(s)}{1-\mathrm{e}^{-sT}}=\frac{A(1-\mathrm{e}^{st_0})}{s(1-\mathrm{e}^{-sT})}$$

第三节　拉普拉斯反变换的部分分式展开法

用复频域法(拉普拉斯变换法)分析电路时,对复频域电路直接求得的是响应象函数。由象函数求原函数时,理论上可用式($14-2$)进行计算,但该式复杂不实用,本节介绍求原函数的部分分式展开法。

线性电路中响应的象函数 $F(s)$ 通常都是 s 的有理分式,它可表示为两个 s 的多项式之比,即

$$F(s)=\frac{N(s)}{D(s)}=\frac{a_m s^m+a_{m-1}s^{m-1}+\cdots+a_1 s+a_0}{b_n s^n+b_{n-1}s^{n-1}+\cdots+b_1 s+b_0}\tag{14-6}$$

式中,系数 a_k 和 $b_k(k=0,1,2,\cdots)$ 均为实数,m 和 n 为正整数,$n\geqslant m$(实际电路中,通常不出现 $n<m$ 的情况)。我们主要讨论 $F(s)$ 为真分式($n>m$)的情况,$n=m$ 的情况将在后面以例说明。式($14-6$)中,$D(s)$ 是 s 的 n 次多项式,$D(s)=0$ 的根可分为不等实根、共轭复根和重根三种情况,下面分别讨论。

一、$D(s)=0$ 有 n 个不等实根

设 $D(s)=0$ 有 n 个不等实根 $p_1,p_2,\cdots,p_n$,即

$$D(s)=b_n(s-p_1)(s-p_2)\cdots(s-p_n)$$

$$F(s)=\frac{N(s)}{D(s)}=\frac{N(s)}{b_n(s-p_1)(s-p_2)\cdots(s-p_n)}\tag{14-7}$$

将此式展开为部分分式如下:

$$F(s)=\frac{N(s)}{D(s)}=\frac{K_1}{s-p_1}+\frac{K_2}{s-p_2}+\cdots+\frac{K_i}{s-p_i}+\cdots+\frac{K_n}{s-p_n}\tag{14-8}$$

式中,$K_1,K_2,\cdots$ 为待定系数。若求得各系数,则式($14-8$)所示 $F(s)$ 的原函数为

$$f(t)=K_1\mathrm{e}^{p_1 t}+K_2\mathrm{e}^{p_2 t}+\cdots+K_n\mathrm{e}^{p_n t}=\sum_{i=1}^{n}K_i\mathrm{e}^{p_i t}$$

现在分析 $K_i(i=1,2,\cdots,n)$ 的求法。以 K_1 为例,式($14-8$)等号两侧同乘以 $(s-p_1)$ 得

$$(s-p_1)F(s)=K_1+(s-p_1)\left(\frac{K_2}{s-p_2}+\frac{K_3}{s-p_3}+\cdots+\frac{K_n}{s-p_n}\right)$$

令 $s=p_1$,于是上式等号右端除了 K_1 外,其余各项均为零。考虑到式($14-7$),于是得到

$$K_1=(s-p_1)F(s)\big|_{s=p_1}=\frac{N(s)}{b_n(s-p_2)(s-p_3)\cdots(s-p_n)}\bigg|_{s=p_1}$$

同理有 $\qquad K_i=(s-p_i)F(s)\big|_{s=p_i}\quad(i=1,2,\cdots,n)\tag{14-9}$

待定系数 K_i 亦可按另一方法求出。由式（14－9），$K_i = \dfrac{(s-p_i)N(s)}{D(s)}\bigg|_{s=p_i}$，当 $s=p_i$ 时，

$D(s)=0$、$s-p_i=0$，$K_i=\dfrac{0}{0}$ 为不定式，应用罗比塔法则有

$$K_i = \lim_{s \to p_i} \frac{(s-p_i)N(s)}{D(s)} = \lim_{s \to p_i} \frac{\dfrac{\mathrm{d}}{\mathrm{d}s}[(s-p_i)N(s)]}{\dfrac{\mathrm{d}}{\mathrm{d}s}[D(s)]}$$

$$= \lim_{s \to p_i} \frac{N(s)+(s-p_i)N'(s)}{D'(s)} = \lim_{s \to p_i} \frac{N(s)}{D'(s)}$$

$$= \frac{N(s)}{D'(s)}\bigg|_{s=p_i}$$

因为 p_i 只是 $D(s)=0$ 的单根，$s \to p_i$ 时 $D'(s) \neq 0$，上式成立，故得

$$K_i = \frac{N(s)}{D'(s)}\bigg|_{s=p_i} \tag{14－10}$$

例 14－4　求 $F(s)=(s+4)/(2s^2+6s+4)$ 的原函数 $f(t)$。

解
$$F(s) = \frac{s+4}{2s^2+6s+4} = \frac{s+4}{2(s^2+3s+2)}$$

式中，$s^2+3s+2=0$ 的根为 $p_1=-1$ 和 $p_2=-2$，因此

$$F(s) = \frac{s+4}{2s^2+6s+4} = \frac{s+4}{2(s^2+3s+2)} = \frac{s+4}{2(s+1)(s+2)} = \frac{K_1}{s+1} + \frac{K_2}{s+2}$$

由式（14－10）得

$$K_1 = \frac{N(s)}{D'(s)}\bigg|_{s=-1} = \frac{s+4}{(2s^2+6s+4)'}\bigg|_{s=-1} = \frac{s+4}{4s+6}\bigg|_{s=-1} = 1.5$$

$$K_2 = \frac{N(s)}{D'(s)}\bigg|_{s=-2} = \frac{s+4}{4s+6}\bigg|_{s=-2} = -1$$

于是
$$F(s) = \frac{1.5}{s+1} + \frac{-1}{s+2}$$

$$f(t) = 1.5\mathrm{e}^{-t} - \mathrm{e}^{-2t} \quad (t>0)$$

K_1、K_2 亦可由式（14－9）计算如下：

$$K_1 = (s+1)F(s)\big|_{s=-1} = \frac{s+4}{2(s+2)}\bigg|_{s=-1} = 1.5$$

$$K_2 = (s+2)F(s)\big|_{s=-2} = \frac{s+4}{2(s+1)}\bigg|_{s=-2} = -1$$

它们与式（14－9）求出的结果相同。

例 14－5　求 $F(s)=(2s^2+7s+2)/(s^2+3s+2)$ 的原函数 $f(t)$。

解　首先将 $F(s)$ 化为真分式，然后再用部分分式展开

$$F(s) = \frac{2s^2+7s+2}{s^2+3s+2} = \frac{2(s^2+3s+2)+s-2}{s^2+3s+2}$$

$$= 2 + \frac{s-2}{s^2+3s+2} = 2 + \frac{s-2}{(s+1)(s+2)} = 2 + \frac{K_1}{s+1} + \frac{K_2}{s+2}$$

由式（14－10）得

$$K_1 = \frac{s-2}{(s^2+3s+2)'}\bigg|_{s=-1} = \frac{s-2}{2s+3}\bigg|_{s=-1} = -3$$

$$K_2 = \frac{s-2}{(s^2+3s+2)'}\bigg|_{s=-2} = \frac{s-2}{2s+3}\bigg|_{s=-2} = 4$$

于是

$$F(s) = 2 + \frac{-3}{s+1} + \frac{4}{s+2}$$

$$f(t) = \mathscr{L}^{-1}[F(s)] = 2\delta(t) + (4e^{-2t} - 3e^{-t})\varepsilon(t)$$

二、$D(s)=0$ 含有共轭复根

设 $D(s)=0$ 的根是一对共轭复数。$p_1 = \alpha + j\omega$ 和 $p_2 = \alpha - j\omega$，则

$$F(s) = \frac{N(s)}{D(s)} = \frac{N(s)}{(s-\alpha-j\omega)(s-\alpha+j\omega)}$$

$$= \frac{K_1}{s-\alpha-j\omega} + \frac{K_2}{s-\alpha+j\omega}$$

K_1、K_2 仍用式(14-9)或式(14-10)计算，即

$$K_1 = (s-\alpha-j\omega)F(s)\big|_{s=\alpha+j\omega} = \frac{N(s)}{D'(s)}\bigg|_{s=\alpha+j\omega}$$

$$K_2 = (s-\alpha+j\omega)F(s)\big|_{s=\alpha-j\omega} = \frac{N(s)}{D'(s)}\bigg|_{s=\alpha-j\omega}$$

因为 $F(s)$ 是实系数有理分式，故 K_1 和 K_2 也是一对共轭复数。设 $K_1 = |K|e^{j\theta}$，则 $K_2 = |K|e^{-j\theta}$，于是 $F(s)$ 为

$$F(s) = \frac{K_1}{s-p_1} + \frac{K_2}{s-p_2} = \frac{|K|e^{j\theta}}{S-\alpha-j\omega} + \frac{|K|e^{-j\theta}}{S-\alpha+j\omega} \quad (p_1=\alpha+j\omega,\ p_2=\alpha-j\omega)$$

原函数

$$f(t) = |K|e^{j\theta}e^{p_1 t} + |K|e^{-j\theta}e^{p_2 t} = |K|e^{j\theta}e^{(\alpha+j\omega)t} + |K|e^{-j\theta}e^{(\alpha-j\omega)t}$$

$$= |K|e^{\alpha t}[e^{j(\omega t+\theta)} + e^{-j(\omega t+\theta)}]$$

$$= 2|K|e^{\alpha t}\cos(\omega t+\theta) \tag{14-11}$$

例 14-6 求 $F(s) = (s^2+3s+8)/[(s+3)(s^2+2s+5)]$ 的原函数 $f(t)$。

解 $(s+3)(s^2+3s+5)=0$ 的根为

$$p_1 = -3, \quad p_2 = -1+j2, \quad p_3 = -1-j2$$

故

$$F(s) = \frac{s^2+3s+8}{(s+3)(s^2+3s+5)} = \frac{K_1}{s+3} + \frac{K_2}{s+1-j2} + \frac{K_3}{s+1+j2}$$

由式(14-9)有

$$K_1 = (s+3)F(s)\big|_{s=-3} = \frac{s^2+3s+8}{s^2+2s+5}\bigg|_{s=-3} = 1$$

$$K_2 = (s+1-j2)F(s)\big|_{s=-1+j2} = \frac{s^2+3s+8}{(s+3)(s+1+j2)}\bigg|_{s=-1+j2} = 0.25e^{-j90°}$$

$$K_3 = (s+1+j2)F(s)\big|_{s=-1-j2} = \frac{s^2+3s+8}{(s+3)(s+1-j2)}\bigg|_{s=-1-j2} = 0.25e^{j90°}$$

可见 K_2 和 K_3 是一对共轭复数，于是得

$$F(s) = \frac{1}{s+3} + \frac{0.25e^{-j90°}}{s+1-j2} + \frac{0.25e^{j90°}}{s+1+j2}$$

利用式(14-11)直接写出 $F(s)$ 后两项之和的原函数,于是

$$f(t) = e^{-3t} + 2|K|e^{\alpha t}\cos(\omega t + \theta)$$

式中　　　　　　　　$|K| = 0.25, \theta = -90°, \alpha = -1, \omega = 2$

故　　　　　　$f(t) = e^{-3t} + 0.5e^{-t}\cos(2t - 90°) = e^{-3t} + 0.5\sin 2t \quad (t > 0)$

例 14-7　求 $F(s) = (s+1)/(s^2 + 6s + 10)$ 的原函数 $f(t)$。

解　用配方法分析如下:

$$F(s) = \frac{s+1}{s^2 + 6s + 10} = \frac{s+3-2}{(s+3)^2 + 1} = \frac{s+3}{(s+3)^2 + 1} - \frac{2}{(s+3)^2 + 1}$$

根据表 14-1 有

$$f(t) = e^{-3t}\cos t - 2e^{-3t}\sin t$$

于是得　　　　　　　$f(t) = 2.236 e^{-3t}\cos(t + 63.43°)$

可见配方法直观、简捷。

三、$D(s) = 0$ 含有重根

以 $D(s) = 0$ 含有三重根为例说明。设

$$F(s) = \frac{N(s)}{D(s)} = \frac{N(s)}{(s-p_1)^3(s-p_2)(s-p_3)}$$

将 $F(s)$ 展开为部分分式,于是有

$$F(s) = \frac{K_{11}}{(s-p_1)^3} + \frac{K_{12}}{(s-p_1)^2} + \frac{K_{13}}{s-p_1} + \frac{K_2}{s-p_2} + \frac{K_3}{s-p_3} \tag{14-12}$$

K_2、K_3 仍用式(14-9)或式(14-10)进行计算。现在分析 K_{11}、K_{12}、K_{13} 的求法。将式(14-12)等号两侧同乘以 $(s-p_1)^3$,得

$$(s-p_1)^3 F(s) = K_{11} + K_{12}(s-p_1) + K_{13}(s-p_1)^2 + (s-p_1)\left(\frac{K_2}{s-p_2} + \frac{K_3}{s-p_3}\right) \tag{14-13}$$

令 $s = p_1$ 并代入上式,于是得

$$K_{11} = (s-p_1)^3 F(s)\big|_{s=p_1}$$

将式(14-13)对 s 求导一次有

$$\frac{d}{ds}\left[(s-p_1)^3 F(s)\right] = K_{12} + 2K_{13}(s-p_1) + \frac{d}{ds}\left[(s-p_1)\left(\frac{K_2}{s-p_2} + \frac{K_3}{s-p_3}\right)\right]$$

令 $s = p_1$ 并代入上式,于是得

$$K_{12} = \frac{d}{ds}\left[(s-p_1)^3 F(s)\right]\bigg|_{s=p_1}$$

同理可得

$$K_{13} = \frac{1}{2}\frac{d^2}{ds^2}\left[(s-p_1)^3 F(s)\right]\bigg|_{s=p_1}$$

若 p_1 是 $D(s) = 0$ 的 q 重根,则 $F(s)$ 展开式中系数

$$K_{1i} = \frac{1}{(i-1)!}\frac{d^{i-1}}{ds^{i-1}}\left[(s-p_1)^q F(s)\right]\bigg|_{s=p_1} \quad (i = 1, 2, \cdots, q)$$

例 14-8　求 $F(s) = (s-2)/[(s+1)^3 s]$ 的原函数 $f(t)$。

解　　　　$F(s) = \frac{s-2}{(s+1)^3 s} = \frac{K_{11}}{(s+1)^3} + \frac{K_{12}}{(s+1)^2} + \frac{K_{13}}{s+1} + \frac{K_2}{s}$

$$K_{11}=(s+1)^3 F(s)\big|_{s=-1}=\frac{s-2}{s}\bigg|_{s=-1}=3$$

$$K_{12}=\frac{\mathrm{d}}{\mathrm{d}s}\big[(s+1)^3 F(s)\big]\bigg|_{s=-1}=\frac{\mathrm{d}}{\mathrm{d}s}\Big(\frac{s-2}{s}\Big)\bigg|_{s=-1}=2$$

$$K_{13}=\frac{1}{2}\frac{\mathrm{d}^2}{\mathrm{d}s^2}\big[(s+1)^3 F(s)\big]\bigg|_{s=-1}=\frac{1}{2}\frac{\mathrm{d}}{\mathrm{d}s}\Big(\frac{2}{s^2}\Big)\bigg|_{s=-1}=2$$

$$K_2=sF(s)\big|_{s=0}=\frac{s-2}{(s+1)^3}\bigg|_{s=0}=-2$$

于是
$$F(s)=\frac{s-2}{(s+1)^3 s}=\frac{3}{(s+1)^3}+\frac{2}{(s+1)^2}+\frac{2}{s+1}-\frac{2}{s}$$

$$f(t)=\mathscr{L}\big[F(s)\big]=(1.5t^2\mathrm{e}^{-t}+2t\mathrm{e}^{-t}+2\mathrm{e}^{-t}+2\mathrm{e}^{-t}-2)\varepsilon(t)$$

第四节 复频域的电路定律、元件 伏安关系及电路模型

一、基尔霍夫定律的复频域形式

时域中基尔霍夫电流定律(KCL)为
$$\sum i(t)=0$$
对此式进行拉氏变换,根据拉氏变换的线性性质,于是有
$$\sum I(s)=0 \tag{14-14}$$
式(14-14) 为 KCL 的复频域形式。

时域中基尔霍夫电压定律(KVL)为
$$\sum u(t)=0$$
同理,KVL 的复频域形式为
$$\sum U(s)=0$$

二、电路元件伏安关系的复频域形式

1. 电阻元件

图 14-4(a)是电阻元件的时域模型,其伏安关系(欧姆定律)为

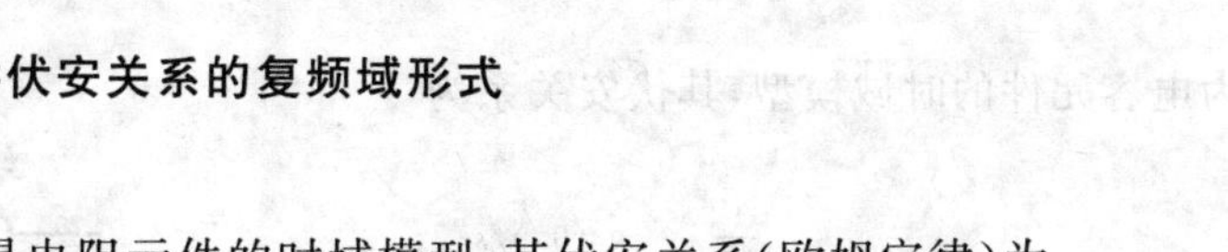

图 14-4 电阻元件时域模型和复频域模型

$$u_R(t)=Ri_R(t)$$
或
$$i_R(t)=Gu_R(t)$$

进行拉氏变换后有

$$U_R(s) = RI_R(s) \Bigg\} \tag{14-15}$$

或
$$I_R(s) = GU_R(s)$$

式(14-15)为电阻元件伏安关系的复频域形式,相应的复频域模型如图 14-4(b)所示。复频域模型常称为运算电路。

2. 电感元件

图 14-5(a)是电感元件的时域模型,其伏安关系为

$$u_L(t) = L\frac{\mathrm{d}i_L(t)}{\mathrm{d}t}$$

或
$$i_L(t) = i_L(0_-) + \frac{1}{L}\int_{0_-}^{t} u_L(\xi)\mathrm{d}\xi$$

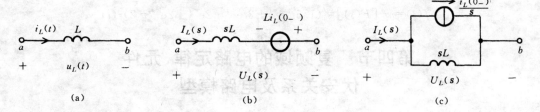

图 14 — 5 电感元件时域模型和复频域模型

进行拉氏变换后有

$$U_L(s) = sLI_L(s) - Li_L(0_-) \tag{14-16}$$

或
$$I_L(s) = \frac{i_L(0_-)}{s} + \frac{1}{sL}U_L(s) \tag{14-17}$$

式(14-16)和式(14-17)为电感元件伏安关系的复频域形式,它们对应的复频域模型(运算电路)分别如图 14-5(b)、(c)所示,图(b)与图(c)等效,可相互转换。由图可见,它们相互转换的规律与正弦稳态电路中实际压、流源等效转换的规律相同。图 14-5(b)、(c)中的 sL 称为电感的复频域阻抗或运算阻抗,$Li_L(0_-)$ 称为电感的附加电压源,$i_L(0_-)/s$ 称为电感的附加电流源。电感的附加电源仅取决于电感在 $t=0_-$ 时的状态[即 $i_L(0_-)$],它在复频域模型中如同独立源。

3. 电容元件

图 14-6(a)为电容元件的时域模型,其伏安关系为

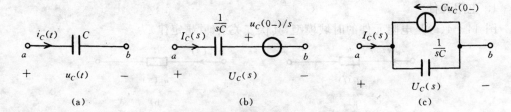

图 14 — 6 电容元件的时域模型和复频域模型

$$u_C(t) = u_C(0_-) + \frac{1}{C}\int_{0_-}^{t} i_C(\xi)\mathrm{d}\xi$$

或
$$i_C(t) = C \frac{\mathrm{d}u_C(t)}{\mathrm{d}t}$$

进行拉氏变换后有

$$U_C(s) = \frac{u_C(0_-)}{s} + \frac{1}{sC} I_C(s) \qquad (14-18)$$

或
$$I_C(s) = sCU_C(s) - Cu_C(0_-) \qquad (14-19)$$

式(14-18)和式(14-19)为电容元件伏安关系的复频域形式,它们对应的复频域模型(运算电路)分别如图14-6(b)、(c)所示。图(b)与图(c)等效,它们相互转换的规律与正弦稳态电路中的相同。图中$1/sC$称为电容的复频域阻抗或运算电抗,$u_C(0_-)/s$为电容的附加电压源,$Cu_C(0_-)$为附加电流源。电容的附加电源仅取决于电容在$t = 0_-$时的状态[即$u_C(0_-)$],它在复频域模型中如同独立源。

4. 耦合电感元件

图14-7(a)为耦合电感的时域模型,其伏安关系为

$$u_1(t) = L_1 \frac{\mathrm{d}i_1(t)}{\mathrm{d}t} + M \frac{\mathrm{d}i_2(t)}{\mathrm{d}t}$$

$$u_2(t) = L_2 \frac{\mathrm{d}i_2(t)}{\mathrm{d}t} + M \frac{\mathrm{d}i_1(t)}{\mathrm{d}t}$$

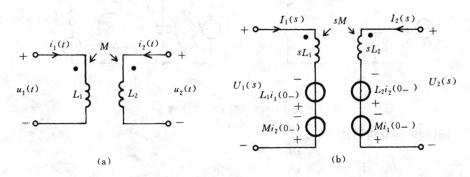

图 14 - 7   耦合电感的时域模型和复频域模型

进行拉氏变换后有

$$\left.\begin{array}{l} U_1(s) = sL_1 I_1(s) - L_1 i_1(0_-) + sMI_2(s) - Mi_2(0_-) \\ U_2(s) = sL_2 I_2(s) - L_2 i_2(0_-) + sMI_1(s) - Mi_1(0_-) \end{array}\right\} \qquad (14-20)$$

式(14-20)为耦合电感伏安关系的复频域形式,其对应的复频域模型(运算电路)如图14-7(b)所示。图中sM称为互感的复频域阻抗或运算阻抗,$Mi_1(0_-)$和$Mi_2(0_-)$为耦合电感的附加电压源,在复频域中如同独立源。

第五节   动态电路复频域分析法

KCL、KVL的复频域形式$\sum I(s) = 0$、$\sum U(s) = 0$与正弦稳态电路中的相量形式$\sum \dot{I} = 0$、$\sum \dot{U} = 0$相似;复频域中R、L、C的运算阻抗分别为R、sL、$1/sC$,它们与正弦稳态电路中的复阻抗R、$\mathrm{j}\omega L$、$1/\mathrm{j}\omega C$相似;R、L、C伏安关系的复频域形式,在$i_L(0_-) = 0$和$u_C(0_-) = 0$的

情况下也分别与 R、L、C 伏安关系的相量形式相似。因此在 $i_L(0_-)=0$ 和 $u_C(0_-)$ 的情况下电路的复频域模型即运算电路,与正弦稳态电路的相量模型完全相同,仅只需将相量模型中的 $j\omega$ 改为 s 即可。所以正弦稳态电路中的相量分析法对运算电路全部有效。在 $i_L(0_-)$ 和 $u_C(0_-)$ 不为零的情况下,将出现附加电源,因可视之为独立源,故运算电路与类似的相量模型对应,仍可用类似的方法进行分析计算。

动态电路复频域分析法,就是对运算电路进行分析的方法,简称运算法。运算法分析电路的步骤如下:

(1) 求出换路前电路的 $u_C(0_-)$、$i_L(0_-)$ 以及换路后电路激励的象函数;

(2) 根据元件的复频域模型画出整个电路的运算电路;

(3) 对运算电路进行计算,求出响应象函数;

(4) 应用拉氏反变换,求出响应原函数。

运算法与相量法类似,是一种运用变换的手段求解时域响应的方法。不同的是,前者分析的是动态电路的瞬态(动态)情况,而后者分析的是动态电路的稳态(静态)情况。

例 14 — 9 图 14—8(a)所示为 $t>0$ 时的电路。已知:$R=12\ \Omega$,$L=2\ \mathrm{H}$,$C=1/16\ \mathrm{F}$,$i_S(t)=5\ \mathrm{A}$,$i(0_-)=2\ \mathrm{A}$,$u_C(0_-)=0$。求 $t>0$ 时的 $i(t)$。

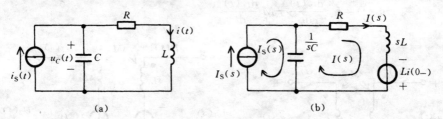

图 14 — 8　例 14 —9 电路

解　图(a)的运算电路如图(b)所示,图中

$$I_S(s)=\mathscr{L}[5]=\frac{5}{s}$$

用网孔电流法求 $I(s)$。网孔电流如图(b)中所示,网孔电流方程为

$$\left(R+sL+\frac{1}{sC}\right)I(s)-\frac{1}{sC}I_S(s)=Li(0_-)$$

于是

$$I(s)=\frac{Li(0_-)+\dfrac{1}{sC}I_S(s)}{R+sL+\dfrac{1}{sC}}$$

代入数据后

$$I(s)=\frac{4+\dfrac{16}{s}\times\dfrac{5}{s}}{12+2s+\dfrac{16}{s}}=\frac{2s^2+40}{s^3+6s^2+8s}=\frac{2s^2+40}{s(s+2)(s+4)}$$

$$=\frac{5}{s}-\frac{12}{s+2}+\frac{9}{s+4}$$

于是

$$i(t)=(5-12e^{-2t}+9e^{-4t})\ \mathrm{A}\quad(t>0)$$

例 14 — 10　求上例电流 $i(t)$ 的零输入响应分量和零状态响应分量。

解 上例 $I(s)$ 的表达式为

$$I(s) = \frac{Li(0_-) + \frac{1}{sC}I_S(s)}{R + sL + \frac{1}{sC}}$$

将其写成

$$I(s) = \frac{Li(0_-)}{R + sL + \frac{1}{sC}} + \frac{\frac{1}{sC}I_S(s)}{R + sL + \frac{1}{sC}}$$

上式右侧第一项是初始状态作用于电路的结果,其拉氏反变换就是电流 $i(t)$ 的零输入响应分量,第二项是输入激励作用于电路的结果,其拉氏反变换即是电流 $i(t)$ 的零状态响应分量。因此

$$I_{zi}(s) = \frac{Li(0_-)}{R + sL + \frac{1}{sC}} = \frac{4}{12 + 2s + \frac{16}{s}} = \frac{2s}{s^2 + 6s + 8}$$

$$= \frac{-2}{s+2} + \frac{4}{s+4}$$

$$I_{zs}(s) = \frac{\frac{1}{sC}I_S(s)}{R + sL + \frac{1}{sC}} = \frac{\frac{16}{s} \times \frac{5}{s}}{12 + 2s + \frac{16}{s}} = \frac{40}{s^3 + 6s^2 + 8s}$$

$$= \frac{5}{s} + \frac{-10}{s+2} + \frac{5}{s+4}$$

所以　　　　　　$i_{zi}(t) = (-2e^{-2t} + 4e^{-4t}) \text{ A} \quad (t > 0)$

　　　　　　　　$i_{zs}(t) = (5 - 10e^{-2t} + 5e^{-4t}) \text{ A} \quad (t > 0)$

例 14 —11 图 14—9(a) 所示电路,$t = 0$ 时开关闭合。换路前电路已稳定,且已知 $u_C(0_-) = 100$ V。试求 $t > 0$ 时的 $i(t)$。

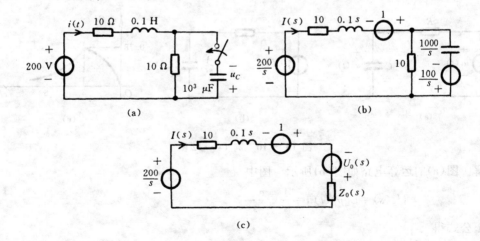

图 14 — 9　例 14 —11 电路

解　　　　　　$i(0_-) = \frac{200}{10+10} \text{ A} = 10 \text{ A}$

画运算电路如图(b)所示,用戴维南定理将图(b)等效为图(c)。图(c)中

371

$$U_0(s) = U_{OC}(s) = \frac{10}{10 + \dfrac{1\,000}{s}} \times \frac{100}{s} = \frac{100}{s+100}$$

$$Z_0(s) = 10 /\!/ \frac{1\,000}{s} = \frac{10 \times \dfrac{1\,000}{s}}{10 + \dfrac{1\,000}{s}} = \frac{1\,000}{s+100}$$

于是

$$I(s) = \frac{\dfrac{200}{s} + 1 + U_0(s)}{10 + 0.1s + Z_0(s)} = \frac{\dfrac{200}{s} + 1 + \dfrac{100}{s+100}}{10 + 0.1s + \dfrac{1\,000}{s+100}}$$

$$= \frac{10s^2 + 4\,000s + 2 \times 10^5}{s(s^2 + 200s + 2 \times 10^4)} = \frac{10s^2 + 4\,000s + 2 \times 10^5}{s(s+100-\mathrm{j}100)(s+100+\mathrm{j}100)}$$

$$= \frac{10}{s} + \frac{10\mathrm{e}^{-\mathrm{j}90°}}{s+100-\mathrm{j}100} + \frac{10\mathrm{e}^{\mathrm{j}90°}}{s+100+\mathrm{j}100}$$

由拉氏反变换(14-11)式

$$\mathscr{L}^{-1}\left[\frac{10\mathrm{e}^{-\mathrm{j}90°}}{s+100-\mathrm{j}100} + \frac{10\mathrm{e}^{\mathrm{j}90°}}{s+100+\mathrm{j}100}\right] = 2 \times 10\mathrm{e}^{-100t}\cos(100t-90°)$$

$$= 20\mathrm{e}^{-100t}\sin 100t$$

于是得

$$i(t) = (10 + 20\mathrm{e}^{-100t}\sin 100t)\ \mathrm{A} \quad (t > 0)$$

需要说明,复频域中的电压、电流和阻抗的量纲已不再是 V、A 和 Ω,因此运算电路中的各量不注明单位。

例 14-12 图 14-10 所示电路,已知 $R=5\ \Omega$,$C=0.4\ \mathrm{F}$,$u_s(t) = [\varepsilon(t) - \varepsilon(t-3)]\ \mathrm{V}$。求零状态响应 $u_C(t)$。

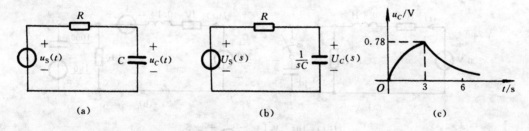

图 14-10 例 14-12 图

解 图(a)的运算电路如图(b)所示。图中

$$U_s(s) = L[u_s(t)] = \frac{1}{s} - \frac{\mathrm{e}^{-3s}}{s}$$

由分压公式得

$$U_C(s) = \frac{\dfrac{1}{sC}}{R + \dfrac{1}{sC}} U_s(s) = \frac{U_s(s)}{sRC+1} = \frac{1-\mathrm{e}^{-3s}}{sRC\left(s + \dfrac{1}{RC}\right)}$$

代入数据得

372

$$U_C(s) = \frac{1-e^{-3s}}{2s\left(s+\dfrac{1}{2}\right)} = \left[\frac{1}{s} - \frac{1}{s+\dfrac{1}{2}}\right](1-e^{-3s})$$

其原函数为

$$u_C(t) = (1-e^{-0.5t})\varepsilon(t) - [1-e^{-0.5(t-3)}]\varepsilon(t-3)$$
$$= (1-e^{-0.5t})[\varepsilon(t)-\varepsilon(t-3)] + [e^{-0.5(t-3)}-e^{-0.5t}]\varepsilon(t-3)$$

或

$$u_C(t) = \begin{cases} (1-e^{-0.5t}) \text{ V} & (1 < t \leqslant 3) \\ 0.777e^{-0.5(t-3)} \text{ V} & (t \geqslant 3) \end{cases}$$

$u_C(t)$ 的波形如图(c)所示。

例 14-13 图 14-11(a)电路,已知 $R_1 = R_2 = 10\ \Omega, L_1 = 2\ \text{H}, L_2 = 3\ \text{H}, U_S = 100\ \text{V}$,电路已处于稳态。$t=0$ 时开关打开。试求 $t>0$ 时的 $i_1(t)$、$i_2(t)$、$u_{L1}(t)$ 和 $u_{L2}(t)$,并画 $i_1(t)$、$i_2(t)$ 和 $u_{L1}(t)$ 的波形。

解 $i_1(0_-) = U_S/R_1 = 100/10 = 10\ \text{A}, i_2(0_-) = 0, U_S(s) = U_S/s = 100/s$。作运算电路如图(b)所示,由运算电路有

$$I_1(s) = I_2(s) = \frac{L_1 i_1(0_-) + U_S(s)}{sL_1 + sL_2 + R_1 + R_2} = \frac{20 + \dfrac{100}{s}}{5s + 20}$$

$$= \frac{4s+20}{s^2+4s} = \frac{4s+20}{s(s+4)} = \frac{5}{s} - \frac{1}{s+4}$$

$$U_{L1}(s) = -L_1 i_1(0_-) + sL_1 I_1(s) = -20 + \frac{8s+40}{s+4}$$

$$= -20 + \frac{8(s+4)+8}{s+4} = -12 + \frac{8}{s+4}$$

$$U_{L2}(s) = sL_2 I_2(s) = \frac{12s+60}{s+4} = 12 + \frac{12}{s+4}$$

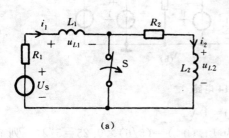
(a)

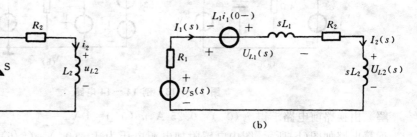
(b)

图 14-11 例 14-13 电路

于是 $\qquad i_1(t) = \mathcal{L}^{-1}[I_1(s)] = (5-e^{-4t})\ \text{A} \quad (t>0)$

在 $t>0$ 范围内,$i_2(t) = i_1(t)$,但由于 $t<0$ 时 $i_2(t)=0$,故 $i_2(t)$ 可表示为

$$i_2(t) = (5-e^{-4t})\varepsilon(t)\ \text{A}$$

电感电压 $\qquad u_{L1}(t) = \mathcal{L}^{-1}[U_{L1}(s)] = [-12\delta(t) + 8e^{-4t}\varepsilon(t)]\ \text{V}$

$$u_{L2}(t)=\mathscr{L}^{-1}\big[U_{L2}(s)\big]=\big[12\delta(t)+12\mathrm{e}^{-4t}\varepsilon(t)\big]\ \mathrm{V}$$

$u_{L2}(t)$也可如下求解：

$$u_{L2}(t)=L_2\frac{\mathrm{d}i_2(t)}{\mathrm{d}t}=3\frac{\mathrm{d}\big[(5-\mathrm{e}^{-4t})\varepsilon(t)\big]}{\mathrm{d}t}$$

$$=3\left[\frac{\mathrm{d}(5-\mathrm{e}^{-4t})}{\mathrm{d}t}\varepsilon(t)+(5-\mathrm{e}^{-4t})\frac{\mathrm{d}\varepsilon(t)}{\mathrm{d}t}\right]\ \mathrm{V}$$

$$=3\big[4\mathrm{e}^{-4t}\varepsilon(t)+(5-\mathrm{e}^{-4t})\delta(t)\big]\ \mathrm{V}$$

$$=\big[12\mathrm{e}^{-4t}\varepsilon(t)+3(5-\mathrm{e}^{-4\times0})\delta(t)\big]\ \mathrm{V}$$

$$=\big[12\mathrm{e}^{-4t}\varepsilon(t)+12\delta(t)\big]\ \mathrm{V}$$

$u_{L1}(t)$如用上述方法求解会失去δ函数项，这是因为$i_1(t)$的时间域是$t>0$，而$\delta(t)$只出现在$t=0$瞬间。

电感电流$i_1(t)$、$i_2(t)$和电压$u_{L1}(t)$的波形如图14-12所示。

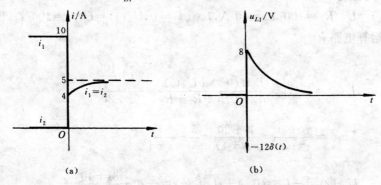

图14-12　例14-13波形

例14-14　图14-13(a)电路已稳定，$t=0$时开关闭合。试求$t>0$时的$u_C(t)$。

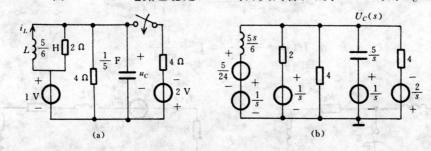

图14-13　例14-14电路

解　由换路前电路求得$i_L(0_-)=0.25\ \mathrm{A}$，$u_C(0_-)=1\ \mathrm{V}$。

运算电路如图(b)所示，图中电感附加电源电压为$Li_L(0_-)=(5/6)\times0.25=5/24$。列节点电压方程

$$\left(\frac{6}{5s}+\frac{1}{2}+\frac{1}{4}+\frac{s}{5}+\frac{1}{4}\right)U_C(s)=\frac{\frac{1}{s}+\frac{5}{24}}{\frac{5s}{6}}+\frac{\frac{1}{s}}{\frac{1}{2}}+\frac{\frac{1}{s}}{\frac{1}{5}}-\frac{\frac{2}{s}}{\frac{1}{4}}$$

得

$$U_C(s)=\frac{4s^2+5s+24}{4s(s^2+5s+6)}=\frac{1}{s}-\frac{\frac{15}{4}}{s+2}+\frac{\frac{15}{4}}{s+3}$$

于是 $\qquad u_C(t)=[1+3.75(e^{-3t}-e^{-2t})]$ V $(t>0)$

习　　题

14—1 求下列函数的拉普拉斯变换。

(1) t^2-4t+1;

(2) $\delta(t)+(a-b)e^{-bt}$;

(3) $(t+1)[\varepsilon(t-2)+\varepsilon(t-3)]$;

(4) $(t-\alpha)e^{-b(t-a)}\varepsilon(t-\alpha)$;

(5) $\sin\omega(t-\tau)\varepsilon(t-\tau)$。

14—2 求图示波形的拉普拉斯变换。

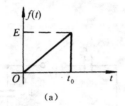

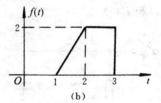

(a)　　　　　　　(b)

题 14—2 图

14—3 求下列各象函数的拉普拉斯反变换。

(1) $\dfrac{5s+1}{2s^2+6s+4}$;

(2) $\dfrac{2s^2+15s+10}{s^2+6s+8}$;

(3) $\dfrac{s-2}{s(s+1)^2}$;

(4) $\dfrac{s+1}{s^3+2s^2+2s}$;

(5) $\dfrac{s+8}{s^2+4s+13}$;

(6) $\dfrac{se^{-2s}}{s+3}$。

14—4 图示各电路原已达稳态,$t=0$ 时开关闭合。试分别画出 $t>0$ 时的运算电路。

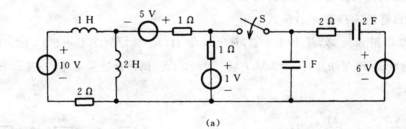

(a)

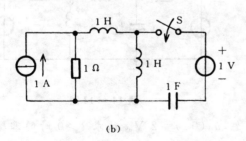

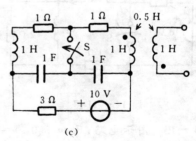

(b)　　　　　　　　　　(c)

题 14—4 图

14—5 求图示电路 $t>0$ 时的 $i(t)$。

14—6 图示电路。已知:$U_S=100$ V,$R=300$ kΩ,$C_1=2$ μF,$C_2=3$ μF,$u_{C1}(0_-)=10$ V,$u_{C2}(0_-)=0$,$t=0$ 时开关闭合。试求 $t>0$ 时的 $u_{C1}(t)$ 和 $u_{C2}(t)$。

14—7 图示电路,$t=0$ 时开关闭合。试求 $t>0$ 时的零状态响应 $u_C(t)$。

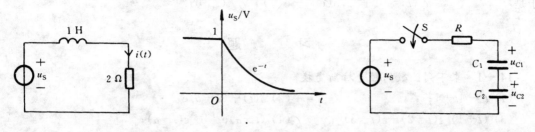

题 14—5 图　　　　　　　　　　　题 14—6 图

14—8　图示电路，$t=0$ 时开关闭合。已知 $u_{C1}(0_-)=3$ V，$u_{C2}(0_-)=0$，试用节点电压法求 $t\geqslant0$ 时的 $u_{C1}(t)$ 和 $i_1(t)$。

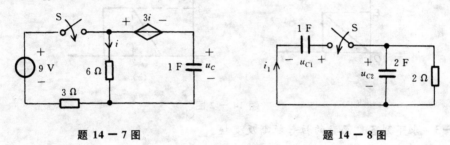

题 14—7 图　　　　　　　　　　　题 14—8 图

14—9　用运算法重做第十三章题 13—39。

14—10　用运算法重做第十三章题 13—40 和题 13—41。

14—11　图示电路原来已处于稳态，$t=0$ 时开关闭合。

(1) 试用戴维南定理求 $t>0$ 时的 $i(t)$；

(2) 由已得的 $i(t)$ 求 $u(t)$ 和 $i_1(t)$。

14—12　图示电路，$R_1=1/3$ Ω，$R_2=1/2$ Ω，$R_3=1/5$ Ω，$C=8$ F，$L=1/3$ H，$u_1=10\varepsilon(t)$ V，$u_2=5\varepsilon(t)$ V，$u_C(0_-)=2$ V，$i_L(0_-)=10$ A。试画出运算电路，并列出 a、b 两点的节点电压方程。

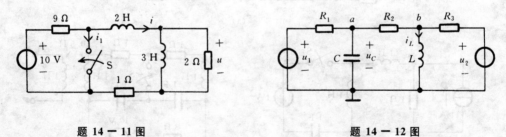

题 14—11 图　　　　　　　　　　　题 14—12 图

14—13　图示电路，已知 $i(0_-)=-2$ A，$u_C(0_-)=2$ V。试求 $t>0$ 时的零输入响应 $u_C(t)$。

14—14　图示电路，$t=0$ 时开关闭合。试求 $t>0$ 时的零状态响应 $i_1(t)$ 和 $i_2(t)$。

14—15　图示电路原已处于稳态，$t=0$ 时开关打开。试求 $t>0$ 时的 $u(t)$。

14—16　图示电路，已知 $R_1=R_2=100$ Ω，$L=0.4$ H，$C=100$ μF，$U_S=50$ V，电路已处于稳态，$t=0$ 时开关打开。试求 $t>0$ 时的 $i(t)$。

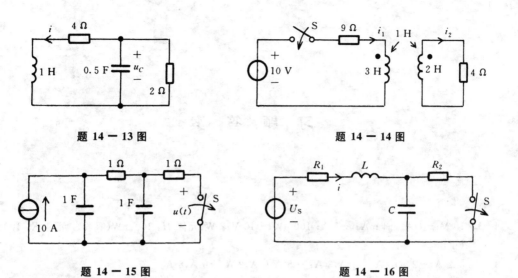

题 14－13 图 　　　　　　　　　　　题 14－14 图

题 14－15 图 　　　　　　　　　　　题 14－16 图

14－17　图示为 $t>0$ 时的电路，已知 $u_C(0_-)=1\ \text{V}$，$i_L(0_-)=1\ \text{A}$。试求 $t>0$ 时的 $i(t)$。

14－18　图示电路，已知 $R_1=R_2=10\ \Omega$，$R_3=2\ \Omega$，$L_1=1\ \text{H}$，$L_2=L_3=2\ \text{H}$，$M=1\ \text{H}$，$U_S=20\ \text{V}$，换路前电路已处于稳态，$t=0$ 时开关断开。试求 $t>0$ 时的 $i_2(t)$ 和 $i_3(t)$。

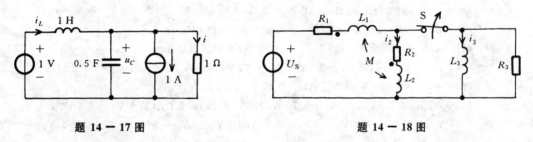

题 14－17 图 　　　　　　　　　　　题 14－18 图

习 题 答 案

第一章

1—1 10 V;−1 A;−4 mA;−1 A;100 μW;−10 V;2 W;元件 H:100 mW(吸收),元件 K:100 mW（供出）。

1—2 −2 A,−2 A,3 A,−4 A,3 A;−5 A,0 A,2 A,−6 A,8 A。

1—4 −6 A;7 A,−1 A;−8 A。

1—5 8 V,−10 V,18 V;$U_1=−5$ V,$U_2=10$ V,$U_6=14$ V。

1—6 −20 W,10 W,15 W,−5 W。

1—7 5 Ω,20 W;−5 Ω,−5 W;4 Ω,4 W;−1 mA,10 mW;−10 V,10 mW;−1 mA;10 μW。

1—8 0.2 Ω;0.2 Ω;−0.2 Ω。

1—9 (1) 48.4 Ω;(2) 20 Ω,30 Ω,3 kW;(3) 5 A,3A,600 W。

1—13 (1) 8 mV;(2) $−24e^{−2t}$ mV;(3) $−80\sin10t$ mV;(4) 0V。

1—14 (1) −4 A,48 W(吸收);(2) 2 A;(3) −4 A,0 V;(4) 0 A,−1 V。

1—15 6 V,2 V,0 V;4 V,0 V,−2 V;25 V,−95 V,205 V。

1—16 (1) 2 A,0 A,−20 W;(2) 7 A,−2 A,−64 V,70 V。

1—17 (1) 3.75 A,2.5 A,6.25 A,−3.75 A,10 A,6.25 A,2 Ω;(2) 5 V,−7.5 V,2.5 V。

1—18 −40 V,−10 V;−20 V,−10 A;7.6 A;60 V,20 V,−8 A;−15 V,−5 V;−20 V,−45 V,1 A,7 A。

1—19 3 A,−6 V;13 A,150 V;−4 A,50 V。

1—20 −7 A,−32 V,224 W(供出)。

1—21 1 A,1A,−1 A,2 A。

1—22 (1) −0.75 A,−1.125 A,0.5 A,−2.875 A;(2) 1 V,−6 V;5 V,−10 V。

1—23 1.2 V,−0.2 V。

1—24 (1) 7 A;(2) 7 V;(3) 14 A。

1—25 (1) 23.9 A;(2) −24 V,72 V。

1—26 0.72 V,19.28 V。

1—27 −66 V。

第二章

2—1 1.448 Ω,5 Ω,3 Ω,14 Ω,1.5 Ω,$R/10$。

2—2 (1) 1.5 kΩ,1.5 kΩ,1 kΩ; (2) 19 kΩ,180 kΩ,1.8 MΩ。

2—3 $(R_2+R_3)u_S/(R_1+R_2+R_3)\sim R_3u_S/(R_1+R_2+R_3)$; $R_3u_S/(R_1+R_3)\sim R_3u_S/(R_1+R_2+R_3)$;

$(R_2+R_3)u_S/(R_1+R_2+R_3) \sim R_3 u_S/(R_1+R_3)$。

2—4 4 A；2 A，-2 A，-2 A，4 A，4 A，6 A；5 A，5 A，-5 A，5 A，10 A，10 A。

2—5 (1) 0.105 Ω，0.421 Ω，4.737 Ω，43.37 Ω；(2) 2 V，-2 V，0 V。

2—6 (1) 10.45 mW(吸)，41.8 mW(吸)，20.9 mW(吸)，45.71 mW(供)，27.43 mW(供)；
(2) 13.64 A。

2—7 -8.33%；不小于 90 kΩ。

7—8 0.333 A；34.78 μA，191.3 V。

2—9 -1 A，-2 V；0.2 A，0 V。

2—10 (1) 无载：2.5 V，7.5 V；有载：2.326 V，6.977 V；(2) 10.4 V，2 V，1 A，0.4 A。

2—12 180 kΩ，1.8 MΩ。

2—13 (1) 2.22 V，0.444 A。

2—14 1.5 A，25 V，15 W。

2—16 $[(U_S/R_1)-I_S]R_1R_2/(R_1+R_2)$；$-R_1I_S-U_S$；10 A。

2—17 6.25 V，-2.16 A。

2—18 1 A，2.5 A，4.5 A，0.5 A。

2—19 4.67 A，5.33 A，0.667 A，6 A，4 A，10 A。

2—20 0.233 A。

2—21 40 Ω；10 Ω；10 Ω。

2—22 $1/(1+\mu)$；$1/(1+\mu)$；$1+8/(6-\mu)$。

2—23 300 Ω；-25 Ω；$R_3(R_1+R_2)/(R_1+R_2-\mu\alpha R_3)$；$-0.533$ Ω。

2—24 1 Ω；36 Ω；2.18 Ω；0.875 Ω。

2—25 0.583 Ω，0.75 Ω。

2—26 9 V。

2—27 $-102\,u_i$。

2—28 (1) $1+R_2/R_1$；(2) $-R_1R_3/R_2$。

2—29 (1) -2；(2) 10 S。

2—30 (1) R_S/R_1；(2) R_S。

第三章

3—1 6 A，-2 A，-4 A；54.3 mA，-44.3 mA，25.7 mA，28.6 mA，-15.7 mA。

3—2 -1.25 A，1.42 A，1.11 A，0.3 A，0.17 A，0.14 A。

3—3 3.6 A，0.4 A，4 A；0.312 5 mA，1.375 mA，1.688 mA。

3—4 (1) 2.7 V；(2) 2.25 mA。

3—7 10 V。

3—8 -0.425 A，-0.45 A，-0.875 A，1.125 A，13 V。

3—9 0 A，4 V。

3—10 10 W(吸)，34 W(供)，10 W(吸)；1 W(供)，1 W(供)。

3—11 -0.658 A，0.342 A，-0.632 A，1.369 A；2.03 W(吸)，4.29 W(供)，10.2 W(供)，0.684 W(吸)。

3—12 R_1+R_2，$-R_2$，$-(1+\mu)R_2$，$(1+\mu)R_2+R_3$。

3—13 2.89 V，0.789 V。

3-14　20 mA, 80 mW(吸)。

3-17　1 A

3-18　1.875 A；3.2 A。

3-22　-25 V；-0.964 mA。

3-25　12.5 V。

3-28　125 W(供), 350 W(供)。

3-29　6.2 V；-17.1 V。

3-30　0.204 A。

3-33　$R_2R_4(u_1-u_2)/R_1R_3$。

第四章

4-1　$(-2+0.8\cos 10t)$ A, $(2+3.2\cos 10t)$ V。

4-2　5 A。

4-3　-0.7 A；3 A。

4-4　0.324 A。

4-5　0.96 V, 1.68 A。

4-6　3 V。

4-7　4.4 A。

4-8　6 mA。

4-9　0 V；4 Ω。

4-10　3 A。

4-11　6 V, 12.6 Ω；-2 V, 6 Ω；14 V, 2.5 Ω；13.3 V, 2.07 kΩ；25 V, 0.667 kΩ；43.5 V, 3.09 kΩ；14.17 V, 120.8 Ω；250 V, 15 kΩ；16 V, 10.67 Ω；55 V, 13.75 Ω。

4-12　(1) 1.55 mA；(2) -70 V。

4-13　-91.8 mA。

4-14　-0.667 V。

4-15　1.02 A；0.333 V。

4-16　0.571 A。

4-18　20 V, 5 Ω。

4-19　10 V, 5 kΩ。

4-20　6 V, 2 kΩ。

4-21　0.75 A。

4-25　$I_{sc}=13$ A, $R_0=0.8$ Ω, $I=1.529$ A；$I_{sc}=122.5$ A, $R_0=160$ Ω, $I=-75.38$ A。

4-26　(1) 0 V, 8 Ω；(2) 1.5 A, 6 Ω。

4-27　10 V, 0.5 Ω；-0.5 V, 0.25 Ω。

4-28　0.5 A, -0.533 Ω；0.667 A, 22.5 Ω。

4-29　0.533 A；0.206 A。

4-30　10 Ω, 1.6 W, 8.33%。

4-31　(1) 10 Ω, 35.16 W；(2) 并联电流源 3.75 A。

4-32　4 Ω, 2.25 W。

4-33　0.75 A。

4—34 0.5 A。

4—35 $(43.75t+30)$ A，$(20t+14.5)$ A。

4—36 (1) 2 Ω，4 050 W；(2) 0.571 Ω。

4—37 100 V。

4—38 (1) −74 mA，−37 mA，37 mA；(2) 4 A，2 A，−2 A；(3) −1 A，−0.5 A，0.5 A。

第五章

5—1 0.94 V，0.47 mA，1.35 mA。

5—2 3 A，15 V。

5—3 2 W。

5—4 1 V，1 A，1.5 A；4 V，−2 A，3 A。

5—6 $i=(0.1u+1)$ A$(u<-10$ V)，$i=0(u>-10$ V)； $i=(0.5u+2)$ A$(u<0)$，$u=0$ $(i>2$ A)。

5—7 (1) 1.33 mA；(2) 2.86 V。

5—8 (1) 6 mA；(2) −4.44 V。

5—11 (1) 1 V，1 V；(2) 0.5 V，0 V；(3) −2 V，0 V。

5—12 0.5 V，30 mA。

5—13 (1) 1 V，2 kΩ；(2) 2.5 kΩ；(3) 3 mA；(4) 2.5 kΩ。

5—14 1.6 V；0.8 V。

5—15 $(1.791+0.109\cos\omega t)$ V，$(8.209+0.891\cos\omega t)$ A。

5—16 $14.3\cos2t$ mA，$71.5\cos2t$ mV。

第六章

6—1 (1) 100 V，159.15 Hz，6.283 ms，60°； (2) 50 V，−43.49 V； (3) $100\cos(1\,000t-120°)$ V。

6—2 $10\cos314t$ A，$10\cos(314t-60°)$ A，$10\cos(314t+135°)$ A，$10\cos(314t+90°)$ A。

6—3 −150°，150°。

6—5 (1) 16.09+j8.06，−20+j34.64，−69.3−j40，10+j10；
      (2) $5\underline{/53.13°}$，$19.21\underline{/-38.66°}$，$10\underline{/126.87°}$，$11.31\underline{/-45°}$。

6—6 (1) $5\underline{/-100°}$ V，$70.71\underline{/-160°}$ V，$28.28\underline{/160°}$ mA，$25.5\underline{/-123.7°}$ A；
      (2) $17.89\sqrt{2}\cos(200\pi t+116.6°)$ V，$10\sqrt{2}\cos(200\pi t-90°)$ V，
      $8.94\sqrt{2}\cos(200\pi t-116.6°)$ A，$9.435\sqrt{2}\cos(200\pi t+28°)$ A。

6—7 (1) $13.68\cos(500\pi t-45°)$ A； (2) $10\cos(500\pi t-60°)$ A，$17.32\cos(500\pi t+30°)$ A；
      (3) $4\cos1\,000t$ V。

6—8 (1) 0；(2) $381\sqrt{2}\cos(314t+30°)$ V，$381\sqrt{2}\cos(314t-90°)$ V，$381\sqrt{2}\cos(314t+150°)$ V。

6—9 $79.05\sqrt{2}\cos(\omega t-63.4°)$ V。

6—10 (1) 5 H； (2) 0.05 F。

6—11 $10\sqrt{2}\cos100t$ A，$20\sqrt{2}\cos(100t-90°)$ A，$4\sqrt{2}\cos(100t+90°)$ A，$18.9\sqrt{2}\cos(100t-58°)$ A。

6—12 $3.162\underline{/-26.6°}$ A。

6—13　14.14$\underline{/30°}$ V，17.78$\underline{/120°}$ V，14.07$\underline{/-60°}$ V，14.62$\underline{/44.7°}$ V。

6—14　(1) 86.6 V；　(2) 25 V。

6—15　(1) 7.07 A；　(2) 40.31 A。

6—16　30 Ω，127.3 mH。

第七章

7—1　(1) 5$\underline{/-10°}$ Ω；　(2) 44$\underline{/60°}$ Ω；　(3) 100$\underline{/30°}$ Ω；　(4) 10$\underline{/-152.6°}$ Ω；　(5) 707$\underline{/15°}$ Ω。

7—2　5.13$\underline{/-16.3°}$ Ω，6.08$\underline{/-4.86°}$ Ω，1$\underline{/0°}$ Ω。

7—3　$-r+j\omega L$，$j/(\beta-1)\omega C$。

7—4　7.07$\underline{/-45°}$ A。

7—5　5×10^{-4} S，$4\sqrt{2}\cos(5\times10^4 t)$ V，$2\sqrt{2}\cos(5\times10^4 t)$ mA，$0.8\sqrt{2}\cos(5\times10^4 t-90°)$ A，

　　　$0.8\sqrt{2}\cos(5\times10^4 t+90°)$ A。

7—6　4 A，8 A，6 A，4.472 A，i 滞后 u 为 26.57°。

7—7　(1) 24.66 Ω，5.435 mH；　(2) 5.413 Ω，160 μF。

7—8　5 Ω。

7—9　(1) 22.36 Ω，0.224 H；　(2) −22.36 Ω，447.2 μF。

7—10　−0.173 2 S，57.8 mH；　0.173 2 S，173 2 μF。

7—11　(1) 0.032 4 Ω，0.828 F；　(2) 0.482 Ω，0.773 F。

7—12　19.1 mH。

7—13　29.7 Ω，0.144 H。

7—14　(1) $RC=\sqrt{3}/\omega$；　(2) 193.6 Ω，8 475 pF。

7—15　(1) 5 V，53.13°；　(2) 3.162 V，−18.43°。

7—16　14.14 Ω，7.071 Ω，−4.714 Ω。

7—17　$2.236\sqrt{2}\cos(2t+63.43°)$ V。

7—18　$\dot{U}_{ab}=17.89\underline{/26.6°}$ V，1.789$\underline{/-63.4°}$ A，0.895$\underline{/116.6°}$ A，0.895$\underline{/-63.4°}$ A；

　　　$\dot{I}_1=7.07\underline{/-28.7°}$ A；　$\dot{U}_{ab}=79.06\underline{/-18.43°}$ V。

7—20　$6\cos(3\,000t+90°)$ mA。

7—21　$\sqrt{6}/RC$，1/29。

7—22　$1/RC$，1/3。

7—23　5 mA，7.37$\underline{/-106°}$ mA，6.13$\underline{/80.3°}$ mA，1.46$\underline{/-135°}$ mA。

7—24　5$\underline{/-36.87°}$ V。

7—25　$\mu R_2 \dot{U}_S/[R_1+(1+\mu)R_2+j\omega CR_1 R_2]$。

7—26　3$\underline{/0°}$ V，3 Ω。

7—27　3$\underline{/-36.9°}$ A。

7—28　25 μF。

7—29　$Y_{11}-Y_{12}Y_{21}/(Y_2+Y_{22})$，$-Y_{21}/(Y_2+Y_{22})$。

7—30　5 A；2 V 或 18 V。

7—31　18 Ω，24 Ω。

7—32　3.464 A。

7—33　16.67 Ω，6 Ω，8 Ω。

7—35　461.5 W，307.7 var；−707.1 W，842.6 var；25 W，25 var；3 000 W，−4 000 var。

7—36　流源：4.168 W，5.834 var；压源：8.33 W，1.67 var。

7—37　1.2 Ω，24.8 Ω，4.12 Ω，31.38 Ω。X_1、X_2 还有另几组答案。

7—38　(1) 200 kV·A，173.2 kvar，909 A；　(2) 111 kV·A，48.43 kvar，505 A；　(3) 111 kV·A，−48.43 kvar，505 A。

7—39　(1) 44 kW，25.5 kvar，50.86 kV·A，0.865(滞后)；　(2) 193.2 A，45.45 A，231.2 A。

7—40　(1) 568.2 A；　(2) 1 747 μF，568.2 A，505.1 A；　(3) 4 933 μF，568.2 A，454.5 A。

7—41　(1) 9.96+j5.75 Ω；　(2) 22.6+j22.6 Ω；　(3) 17.4−j15 Ω。

7—42　91.8 A，0.981(滞后)。

7—43　128.9 Ω，9.75 μF，0.5 W。

7—44　(1) (2−j2) kΩ，10 W；　(2) 2.828 kΩ，8.284 W。

第八章

8—2　$u_1=L_1\dfrac{\mathrm{d}i_1}{\mathrm{d}t}-M\dfrac{\mathrm{d}i_2}{\mathrm{d}t}$，$u_2=L_2\dfrac{\mathrm{d}i_2}{\mathrm{d}t}-M\dfrac{\mathrm{d}i_1}{\mathrm{d}t}$；$u_1=L_1\dfrac{\mathrm{d}i_1}{\mathrm{d}t}+M\dfrac{\mathrm{d}i_2}{\mathrm{d}t}$，$u_2=-L_2\dfrac{\mathrm{d}i_2}{\mathrm{d}t}-M\dfrac{\mathrm{d}i_1}{\mathrm{d}t}$；$u_1=L_1\dfrac{\mathrm{d}i_1}{\mathrm{d}t}+M_{12}\dfrac{\mathrm{d}i_2}{\mathrm{d}t}-M_{31}\dfrac{\mathrm{d}i_3}{\mathrm{d}t}$，$u_2=-L_2\dfrac{\mathrm{d}i_2}{\mathrm{d}t}-M_{12}\dfrac{\mathrm{d}i_1}{\mathrm{d}t}+M_{23}\dfrac{\mathrm{d}i_3}{\mathrm{d}t}$，$u_3=L_3\dfrac{\mathrm{d}i_3}{\mathrm{d}t}-M_{31}\dfrac{\mathrm{d}i_1}{\mathrm{d}t}-M_{23}\dfrac{\mathrm{d}i_2}{\mathrm{d}t}$。

8—3　0.943；$[300\sin(10t-150°)+200\mathrm{e}^{-5t}]$ V，$[200\sin(10t+30°)-150\mathrm{e}^{-5t}]$ V。

8—4　0.5，10.5$\sin t$ A，0.425$\cos(t-180°)$ V，$\cos(t-180°)$ V，0.575$\cos t$ V。

8—5　3$\underline{/0°}$ V。

8—6　4$\underline{/0°}$ V。

8—8　0.75。

8—12　j23.8×10⁻³ Ω，j1.71×10⁻³ Ω；j0.4 Ω；(0.5+j3.5) Ω；−j1.5 Ω；j2.8 Ω。

8—13　0.791。

8—14　29.26$\underline{/4.72°}$ V。

8—15　5$\sqrt{2}\underline{/-45°}$ A，0 A，5$\sqrt{2}\underline{/-135°}$ V。

8—16　3.54$\underline{/-45°}$ A，28.28$\underline{/-45°}$ V。

8—18　(0.2−j4.8) kΩ，250 mW。

8—19　(334.7+j701) Ω。

8—20　$u_1/u_2=-n$，$i_1/i_2=1/n$；$u_1/u_2=-1/n$，$i_1/i_2=-n$；$u_1/u_2=n$，$i_1/i_2=1/n$；$u_1/u_2=-1/n$，$i_1/i_2=n$。

8—21　1.41$\underline{/45°}$ A。

8—22　2$\underline{/0°}$ A，4$\underline{/0°}$ A，1.125 W。

8—23　1$\underline{/180°}$ V，353.6$\underline{/-45°}$ V，3.53$\underline{/-135°}$ V。

8—24　(1) 0.01，250 mW；　(2) $n=0.011\,9$，207 mW；　(3) 0.112。

8—25　4.729，3.863 W。

8—26　$n_1^2R+(n_1/n_2)^2R_L$；S开：1.25 Ω，S合：1.2 Ω；j2 Ω。

8—27　j1 Ω。

8—28　(1) 2 Ω；　(2) 3。

8—29　2.83$\underline{/-45°}$ A，60$\underline{/0°}$ V，6$\underline{/0°}$ A；0 A，40$\underline{/0°}$ V，1.25$\underline{/90°}$ A。

8-30 $(1+N_1/N_2)^2R$。

8-31 $(n-1)^2R_1R_2/(R_1+n^2R_2)$。

第九章

9-1 (1) 796 kHz, 800 Ω; (2) 800 Ω, −800 Ω, 80, 20 mA, 16 V, 16 V; (3) 4, 1 mA, 0.8 V, 0.8 V。

9-2 2.5 Ω, 0.396 H。

9-3 14.28 V, −j5 Ω, 5.2 $\underline{/74.06°}$ Ω, 3.5。

9-4 $(4-j200)$ Ω。

9-5 0.5 μF, 20, $200\sqrt{2}\cos(1\,000t−90°)$ V, $100\sqrt{2}\cos(1\,000t−90°)$ V, $300\sqrt{2}\cos(1\,000t+90°)$ V。

9-6 995 μH。

9-7 $1/\sqrt{3LC}$。

9-8 1.3 MHz, 15.9 kHz, 6.4%。

9-9 (1) 1 027 kHz, 1.3 V, 39.7, 25.9 kHz; (2) 15.76 mA, 15.65, 65.62 kHz。

9-10 (1) 100 μF, 10, 100 V; (2) 200 μF, 0.833, 8.33 V, 11.79 V; (3) 101 μF, 4.97, 49.7 V, 50 V。

9-11 0.014 3 μF, 10 A, 707 V。

9-12 (1) 45.47 μH, 45.47 pF; (2) 50 V, 70 kHz; (3) 3.48 MHz, 8.29, 8.29 V, 420 kHz。

9-13 144 Ω, 17.3 mH。

9-14 (1) 500 kHz, 42.4, 20 kΩ, 20 V, 1 mA, 42.4 mA, 42.4 mA, 0 A; (2) 500 kHz, 21.2, 10 kΩ, 10 V, 0.5 mA, 21.2 mA, 21.2 mA, 0.5 A; (3) 795 pF, 127 μH; (4) 11.78 kHz, 23.56 kHz。

9-15 15.8 A, 3。

9-16 (1) 40 μF; (2) 1.2 A, 2.4 A, 2.4 A, 1.2 A。

9-17 (1) $14.14×10^6$ rad/s, 1.414 kΩ; (2) 28.28, 40 V, 20 V; (3) 14.14, 20 V, 10 V; (4) 2.645, 14.29 μH。

9-18 (1) 712 Hz, 223.6 Ω, 27.95, 6.25 kΩ;(2) $12.5\sqrt{2}\cos2\pi×712t$ V, $55.9\sqrt{2}\cos(2\pi×712t−90°)$ mA, $55.9\sqrt{2}\cos(2\pi×712t+90°)$ mA; (3) 2.027 kΩ, 9.065, 4.054 V。

9-19 (1) 79.6 kHz, 5 kΩ, 625 kΩ, 125, 636.5 Hz; (2) 6.25 V, 1.25 mA; (3) 72.93 kHz, 5 kΩ, 12.5 kΩ, 2.29, 31.83 kHz, 125 mV, 25 μA, 22.9 μA。

9-20 223.6 Ω, $4\,472×10^3$ rad/s, 106.5, 23.8 V, 0.952 mA。

9-21 86, $52×10^3$ rad/s, 19.23 V。

9-22 4.54 A。

9-23 0.12 H, 0.96 H。

9-24 (1) 318.3 Hz, $25\sqrt{2}\cos(2\,000t−90°)$ A, $25\sqrt{2}\cos(2\,000t+90°)$ A;
     (2) 159.1 Hz, $13.33\sqrt{2}\cos1\,000t$ A, $3.33\sqrt{2}\cos(1\,000t+180°)$ A。

9-25　(1) 0.5 μF, 2 A, 0.5 A;　(2) 1.5 μF, 4 A, 0 A, 2 A, 6 A。

9-26　20 mW, 25 mW。

第十章

10-2　$\dot{U}_{AB}=\sqrt{3}U\underline{/30°}$, $\dot{U}_{BC}=U\underline{/180°}$, $U_{CA}=U\underline{/-120°}$。

10-3　22$\underline{/-36.87°}$ A, 22$\underline{/-156.87°}$ A, 22$\underline{/83.13°}$ A, 11.58 kW, 8.688 kvar。

10-4　1.174 A, 217.4 V, 376.5 V。

10-5　38 A, 65.82 A, 34.66 kW, 26 kvar。

10-6　38.39$\underline{/-75°}$ A, 22.16$\underline{/-45°}$ A, 519.2$\underline{/-5.19°}$ V, 26.52 kW, 22.10 kvar, 0.768(滞后)。

10-7　220 V, 380 V, 17.71 A, 7.333 A, 6.333 A, 7 800 W, 8 662 var。

10-8　(28.5+j16.5) Ω 或 (28.5-j16.5) Ω。

10-10　3.592 A, 1 161 W。

10-11　(3) 20.5 A, 23.5 A, 6.56 A。

10-12　300 W。

10-13　(1) 9.116 A, 447.3 V, 0.71(滞后), 5 014 W, 498.6 W;　(2) 6.837 A, 407.5 V, 0.993(滞后), 4 793 W, 280.5 W。

10-14　(1) 18.5$\underline{/-57.3°}$ A, 20.9$\underline{/170°}$ A, 16$\underline{/48.5°}$ A;　(2) 7 022 W, 2 718 W。

10-15　接一个灯的相电压最高, 276.8 V。

10-16　(1) 329$\underline{/0°}$ V, 190$\underline{/-90°}$ V, 190$\underline{/90°}$ V, 110$\underline{/180°}$ V;　(2) 0 V, 380$\underline{/-150°}$ V, 380$\underline{/150°}$ V, 220$\underline{/0°}$ V。

10-17　395 V, 4.59 A。

第十一章

11-4　$E/\sqrt{3}$。

11-5　(1) 141.4 V;　(2) 141.4 V;　(3) 217.5 V。

11-6　22.05 A。

11-7　124.3 V, 40 A, 2 638 W。

11-8　$[5\cos(\omega_1 t+36.9°)+2.88\cos(3\omega_1 t+37.4°)]$A, 4.08 A, 133.18 W。

11-9　9.354 A, 63.74 V, 30.1 V。

11-10　$2\cos\omega_1 t$ A, $(2.667\cos\omega_1 t+0.3\sin2\omega_1 t)$ A, 1.414 A, 1.9 A。

11-11　3 Ω, 2 H, 2 A, $[10/3+1.39\cos(t-33.7°)+\cos(2t-53.1°)]$ A。

11-12　221 V, 387.5 W。

11-13　(1) 12.5 W; (2) 19.25 W; (3) 19.7 W; (4) 14.1 W。

11-14　0.866 A, 16.6 V。

11-15　$[2+2.236\cos(2t-26.57°)]$ V, 2.55 V, 6.5 W。

11-16　$[50+13.42\cos(1\,000t-26.57°)+3.536\cos(2\,000t-45°)]$ V, 72.5 mW。

11-17　(1) $[5\cos t+2\cos(2t-36.87°)]$ A，$[10\cos t+4\cos(2t-36.87°)]$ V；

　　　(2) $[5\cos t+1.733\cos(2t-19.44°)]$ A，$[10\cos t+3.467\cos(2t-19.44°)]$ V。

11-18　$[10+17.78\cos(\omega t-60°)]$ A。$17.78\cos(\omega t-60°)$ A，10 A。

11-19　$1/9$ μF，$8/9$ μF。

11-20　$L=1/(49\,\omega_1^2)$，$C=1/(9\omega_1^2)$；$L=1/(9\omega_1^2)$，$C=1/(49\omega_1^2)$。

11-21　$4.85\sqrt{2}\cos(\omega_1 t-14°)+0.8\sqrt{2}\cos(3\omega_1 t-50.2°)+0.156\sqrt{2}\cos(5\omega_1 t-51.3°)$ A；

　　　$4.85\sqrt{2}\cos(\omega_1 t-134°)+0.8\sqrt{2}\cos(3\omega_1 t-50.2°)+0.156\sqrt{2}\cos(5\omega_1 t+68.7°)$ A；

　　　$4.85\sqrt{2}\cos(\omega_1 t+106°)+0.8\sqrt{2}\cos(3\omega_1 t-50.2°)+0.156\sqrt{2}\cos(5\omega_1 t-171.3°)$ A；

　　　$2.4\sqrt{2}\cos(3\omega_1 t-50.2°)$ A；$14.4\sqrt{2}\cos(3\omega_1 t+39.8°)$ V。

第十二章

12-1　$\begin{bmatrix} 1/14 & -1/70 \\ -1/70 & 3/70 \end{bmatrix}$；$\begin{bmatrix} 1/50 & -1/50 \\ -1/50 & 1/50-\text{j}/100 \end{bmatrix}$ S；$\begin{bmatrix} 0.3 & -0.2 \\ 0.8 & 0.7 \end{bmatrix}$ S。

12-2　0.75 S，−0.5 S，2.4 S，0.4 S。

12-3　$\begin{bmatrix} 15 & 10 \\ 10 & 40/3 \end{bmatrix}$ Ω；$\begin{bmatrix} R+1/\text{j}\omega C & 1/\text{j}\omega C \\ 1/\text{j}\omega C & \text{j}\omega L+1/\text{j}\omega C \end{bmatrix}$；$\begin{bmatrix} 3R & 2R \\ -7R & -3R \end{bmatrix}$。

12-4　$\begin{bmatrix} 2/3 & -1/2 \\ -1/2 & 2/3 \end{bmatrix}$ S，$\begin{bmatrix} 24/7 & 18/7 \\ 18/7 & 24/7 \end{bmatrix}$ Ω；$\begin{bmatrix} 0.75 & -0.25 \\ -0.25 & 0.75 \end{bmatrix}$ S，$\begin{bmatrix} 1.5 & 0.5 \\ 0.5 & 1.5 \end{bmatrix}$ Ω；

　　　$\begin{bmatrix} 1/3 & -1/6 \\ -1/6 & 5/6 \end{bmatrix}$ S，$\begin{bmatrix} 10/3 & 2/3 \\ 2/3 & 4/3 \end{bmatrix}$ Ω。

12-5　$\begin{bmatrix} 2 & -0.25 \\ 1 & 0.75 \end{bmatrix}$ S，$\begin{bmatrix} 3/7 & 1/7 \\ -4/7 & 8/7 \end{bmatrix}$ Ω；$\begin{bmatrix} -1.5 & -1 \\ 2 & 2 \end{bmatrix}$ S，$\begin{bmatrix} -2 & -1 \\ 2 & 1.5 \end{bmatrix}$ Ω。

12-6　$\begin{bmatrix} 1 & Z_1 \\ 0 & 1 \end{bmatrix}$，$\begin{bmatrix} 1 & 0 \\ 1/Z_2 & 1 \end{bmatrix}$，$\begin{bmatrix} 1 & Z_2 \\ 1/Z_1 & 1+Z_2/Z_1 \end{bmatrix}$，$\begin{bmatrix} 1+Z_1/Z_2 & Z_1 \\ 1/Z_2 & 1 \end{bmatrix}$，$\begin{bmatrix} n & 0 \\ 0 & 1/n \end{bmatrix}$，

　　　$\begin{bmatrix} L_1/M & \text{j}\omega(L_1 L_2-M^2)/M \\ 1/\text{j}\omega M & L_2/M \end{bmatrix}$。

12-7　$\begin{bmatrix} 11 & 8 \ \Omega \\ 4 \ \text{S} & 3 \end{bmatrix}$，$\begin{bmatrix} 5+10u & 40 \ \Omega \\ (0.1+u) \ \text{S} & 1 \end{bmatrix}$。

12-8　4，7 Ω，2 S，3.75。

12-9　$\begin{bmatrix} 0.5 \ \Omega & 1 \\ 0 & -1 \ \text{S} \end{bmatrix}$，$\begin{bmatrix} 1 \ \Omega & 1/2 \\ 2.5 & 11/4 \ \text{S} \end{bmatrix}$。

12-10　(1) 2 Ω，1 Ω，1 Ω；0.2 S，0.2 S，0.4 S；(2) 1 Ω串j4 Ω，−j2 Ω，3 Ω。

12—11　(1) 0.2 S,0.2 S,0.3S; 1.875 Ω,1.25 Ω,1.25 Ω; (2) 10 Ω并−j2 Ω,10 Ω并j5 Ω,2.5 Ω。

12—12　0.667 Ω, +0.8, −0.8, 0.84 S。

12—13　j24 Ω, j6 Ω, j2 Ω; 或 j36 Ω, −j6 Ω, j14 Ω。

12—14　7 Ω, 5 Ω, 10 Ω, 3 Ω。

12—15　5.385 Ω, 27.08 W

12—16　1.818 V

12—17　(1) 1/6, −1/4; (2) 4.2 Ω, 0.952 W。

12—18　−2。

12—19　5, 16 Ω, 1.5 S, 5。

12—20　(1) 14, 125 Ω, 1 S, 9; (2) 1/140。

12—21　(39/40) S, (−21/40) S, (−21/40) S, (39/40) S。

12—22　3 Ω。

12—23　$1/R_1$, $1/r$, $−(1/r)−(\alpha/R_1)$, $1/R_2$。

12—24　$(−\omega^2+j2\omega+5)/(−\omega^2+j\omega+4)$。

第十三章

13—1　−6 000 V。

13—2　100 V, 10/3 A, −10/3 A, 0 A。

13—3　50 V, 12.5 mA; −3 V, 4.5 A; 7 V, 1 A。

13—4　3 A, −4 A, 6 A。

13—5　30 V, 25/3 V, 65/6 A, 5/6 A, 10 A。

13—6　(1) $\dfrac{di}{dt}+10^3 i=0$; (2) 10 mA; (3) 3.23 mA。

13—7　$\dfrac{du}{dt}+1.5\times10^5 u=100\dfrac{di_S}{dt}$, $s=−1.5\times10^5$; $\dfrac{di}{dt}+1.5\times10^5 i=500(u_1+100i_S)$, $s=−1.5\times10^5$。

13—8　$u_C(0_+)=5$ V, $u_L(0_+)=−51/8$ V, $i(0_+)=−17/60$ A, $i_R(0_+)=−17/240$ A, $i_L(0_+)=0$; $u_{R1}(0_+)=18$ V, $u_{R2}(0_+)=0$ V, $u_L(0_+)=4.5$ V, $i_L(0_+)=0$, $i_C(0_+)=4.5$ A。

13—9　初值: 2 A, 3 A, 4 A, 1 A。

13—10　$(6−12\,e^{−10^3 t})$ V, 0.693 ms。

13—11　(1) 1.024 kV; (2) 52.66 MΩ; (3) 4 588.5 s; (4) 50 kA, 50 MW; (5) 7.5 s, 0.1 A, 100 W。

13—12　$1.6(1−e^{−10t})$ A, $3.2e^{−10t}$ V, $(1.6−1.28e^{−10t})$ A。

13—13　$6(1−e^{−10t/3})$ V, $0.2e^{−10t/3}$ mA。

13—14　$R_1R_2C/(R_1+R_2)$; $L/2R$; $L/(R_2+R_3)$; $R_1R_2(C_1+C_2)/(R_1+R_2)$。

13—15　$(10+4e^{−50t})$ V。

13—16　$(−0.2+0.5e^{−250t})$ A。

13—17　$(−2+5e^{−5t})$ A, $−25e^{−5t}$ V, 0.183 s。

13—18　$(12+6e^{−2.5t})$ V, $−3e^{−2.5t}$ A, $2(1−e^{−2.5t})$ A。

13—19　$2e^{−t/3}$ A。

13—20　$e^{−10t}$ A, $0.5e^{−10t}$ A, $−10e^{−10t}$ V。

13—21　40 kΩ, 25 μF, $80e^{−t}$ V。

13-22 $1.25e^{-4\times10^4 t}$ mA；$-10e^{-4\times10^4 t}$ V。

13-23 $-16e^{-2t}$ V。

13-24 $7\ \Omega \leqslant R_f \leqslant 15\ \Omega$。

13-25 (1) $-100(1-e^{-\frac{10^5 t}{3}})$ V，$-\dfrac{10}{3}e^{-\frac{10^5 t}{3}}$ mA，$\left(5-\dfrac{4}{3}e^{-\frac{10^5 t}{3}}\right)$ mA，$(5+2e^{-\frac{10^5 t}{3}})$ mA；

   (2) -39.35 V，-2.02 mA。

13-26 0.513 s，1 A。

13-27 $-0.45e^{-10t}$ mA，$-45e^{-10^4 t}$ V。

13-28 (1) 40 V； (2) 2.24 μF。

13-29 $12(1-e^{-10t})$ V。

13-30 $0.24(e^{-500t}-e^{-1\,000t})$ A。

13-31 (1) 33 V 压源和 3.3 kΩ 电阻串联； (2) 165 V 压源和 16.5 Ω 电阻串联。

13-32 (1) 2 kΩ 和 0.5 μF 并联； (2) 2 kΩ 和 2 H 并联。

13-33 $0.3e^{-250t}$ A，$-0.2(1-e^{-250t})$ A，$(-0.2+0.5e^{-250t})$ A。

13-34 (1) $u_{Czi}=20e^{-t/\tau}$ V，$u_{Czs}=40(1-e^{-t/\tau})$ V，$\tau=16\times10^{-6}$ s，$i_{zi}=-e^{-t/\tau}$ A，

   $i_{zs}=(0.5+2e^{-t/\tau})$ A；(2) $u_{Czs}=24(1-e^{-t/\tau})$ V，$u_C=(24-4e^{-t/\tau})$ V；

   (3) $u_{Czi}=-15e^{-t/\tau}$ V，$u=(40-55e^{-t/\tau})$ V。

13-35 $(1+e^{-5t})$ A。

13-36 $\{10(1-e^{-t/4})[\varepsilon(t)-\varepsilon(t-4)]+[-5+11.32e^{-(t-4)/2}]\varepsilon(t-4)\}$ V，$t_0=5.634$ ms。

13-37 $[0.5+0.125(1-e^{-t})]$ V。

13-38 $\{2(1-e^{-t/0.9})\varepsilon(t)+4[1-e^{-(t-2)/0.9}]\varepsilon(t-2)\}$ A。

13-39 $\{(1-e^{-5t})[\varepsilon(t)-\varepsilon(t-0.4)]+0.865e^{-5(t-0.4)}\varepsilon(t-0.4)\}$ V。

13-40 $(K/RC)e^{-t/RC}\varepsilon(t)$，$K\delta(t)-(K/RC)e^{-t/RC}\varepsilon(t)$。

13-41 $80e^{-20t}$ V。

13-42 $[1.11\sqrt{2}\sin(314t-126°)+3.27e^{-50t}]$ V。

13-43 $[50\cos(250\pi t-45°)-35.36e^{-10^3 t/3}]$ V。

13-44 欠阻尼；欠阻尼。

13-45 (1) $K_1 e^{-2t}+K_2 e^{-3t}$； (2) $K_1 e^{-2t}+K_2 t e^{-2t}$； (3) $K\sin(2t+\theta)$； (4) $Ke^{-2t}\sin(3t+\theta)$。

13-46 (1) $5e^{-2t}-4e^{-3t}$； (2) $e^{-2t}+4te^{-2t}$； (3) 1，$141\sin(2t+45°)$；

   (4) $1.667e^{-2t}\sin(3t+36.86°)$。

13-47 6 V，2 A，-24 V/s，0.4 A/s。

13-48 6 V，2 mA。

13-49 50 Ω，$0.202(e^{-4.98t}-e^{-0.02t})$ V。

13-50 $2(1-4t)e^{-2t}$ A。

13-51 $32.7e^{-20t}\cos(45.8t-23.6°)$ mA。

13-52 $10\cos316.2t$ A，$-3\,162\sin316.2t$ V。

13-53 (1) $0.044(e^{-382t}-e^{-2\,618t})$ A，$(100-117e^{-382t}+17e^{-2\,618t})$ V；

   (2) $100e^{-1\,000t}$ A，$[100-100(1+1\,000t)e^{-1\,000t}]$ V；

第十四章

14-1 (1) $(s^2-4s+2)/s^3$; (2) $(s+a)/(s+b)$; (3) $[(3s+1)e^{-2s}+(4s+1)e^{-3s}]/s^2$;

(4) $e^{-as}/(s+b)^2$; (5) $\omega e^{-\tau s}/(s^2+\omega^2)$.

14-2 $E(1-e^{-t_0 s})/t_0 s^2 - Ee^{-t_0 s}/s$; $2(e^{-s}-e^{-2s}-se^{-3s})/s^2$.

14-3 (1) $4.5e^{-2t}-2e^{-t}$; (2) $2\delta(t)+9e^{-4t}-6e^{-2t}$; (3) $-2+2e^{-t}+3te^{-t}$;

(4) $0.5+0.707e^{-t}\cos(t-135°)$; (5) $2.236e^{-2t}\cos(3t-63.43°)$; (6) $\delta(t-2)-3e^{-3(t-2)}\varepsilon(t-2)$.

14-5 $(e^{-t}-0.5e^{-2t})$ A.

14-6 $(64-54e^{-2.78t})$ V, $36(1-e^{-2.78t})$ V.

14-7 $3(1-e^{-t})$ V.

14-8 $e^{-t/6}$ V, $\left[2\delta(t)+\dfrac{1}{6}e^{-t/6}\right]$ A.

14-11 (1) $\left(\dfrac{9}{11}e^{-t/6}+\dfrac{2}{11}e^{-2t}\right)$ A; (2) $\dfrac{6}{11}(e^{-2t}-e^{-t/6})$ V, $\left(\dfrac{10}{9}-\dfrac{9}{11}e^{-t/6}-\dfrac{2}{11}e^{-2t}\right)$ A.

14-12 $(5+8s)U_a(s)-2U_b(s)=16+(30/s)$, $-2U_a(s)+(7+3/s)U_b(s)=15/s$.

14-13 $8e^{-2t}-6e^{-3t}$ V.

14-14 $(1.11-0.305e^{-1.66t}-0.805e^{-4.34t})$ A, $(0.75e^{-1.66t}-0.75e^{-4.34t})\varepsilon(t)$ A.

14-15 $(-2.5e^{-2t}+5t+12.5)$ V.

14-16 $0.408e^{-125t}\cos(96.8t-52.2°)$ A.

14-17 $(1-2e^{-t}\sin t)$ A.

14-18 $(1-0.2e^{-4t})$ A, $2e^{-t}$ A.

参 考 文 献

[1] 李瀚荪. 电路分析基础. 3版. 北京：高等教育出版社，1993.

[2] 俞大光. 电工基础(中册). 修订本. 北京：高等教育出版社，1965.

[3] 邱关源. 电路. 4版. 北京：高等教育出版社，1999.

[4] 江缉光. 电路原理(上、下册). 北京：清华大学出版社，1996.

[5] 狄苏尔 C A，葛守仁. 电路基本理论. 林争辉，主译. 北京：人民教育出版社，1979.

[6] 卡拉汉 D A 等. 现代电路分析导论. 方孝慈，译. 北京：人民教育出版社，1979.

[7] 林争辉. 电路理论(第一卷). 北京：高等教育出版社，1988.

[8] 斯科特 R E. 线性电路. 郑翔，董达生，译. 北京：高等教育出版社，1965.

[9] 德陶佐 M L 等. 系统、网络与计算. 江缉光等，译. 北京：人民教育出版社，1978.

[10] 周宝珀. 电路分析. 成都：西南交通大学出版社，1996.